留守名簿　関東軍防疫給水部　第1冊

西山勝夫　編・解説

●十五年戦争陸軍留守名簿資料集①

不二出版

『留守名簿 関東軍防疫給水部』復刻にあたって

一、本書の原簿冊名は、「関東軍防疫給水部 満洲第六五九部隊 留守名簿」（昭和二〇年一月一日、関東軍防疫給水部）である。

一、本書は、西山勝夫氏が独立行政法人国立公文書館から入手したデータを使用した。

一、本書は第1冊に解説（西山勝夫 著）を収録した。また、五十音順の名簿表ア～ソを第1冊に収録し、タ～ワと別冊（ア～ヨ）を第2冊に収録した。

一、収録にあたっては、次の処理を施した。

1．本文紙下部中央に復刻版の通し頁を付した。

2．復刻版第1冊第1頁は73％縮小で収録した。

3．復刻版第1冊第1頁から第6頁はカラーで収録した。本書解説との照会のため、必要に応じ復刻版に柱（＊付き）を付して注記した。

4．復刻版第7頁以降は国立公文書館から提供されたデータの都合によりモノクロで収録した。可読性を向上させるためデータに調整を施したが、原本の状態や提供データの状態により不鮮明な個所があり、文字が判読できない箇所がある。ご了承いただきたい。

5．白頁、裏写り頁は適宜割愛した。付箋が付してあった頁については裏写り頁（裏面）も収録した。

一、国立公文書館の写しとの照会ができるよう、写しの頁数は、「＊Ｐ○○」と必要に応じて柱に表記した。

（不二出版）

第1冊 目次

（注記）第2冊の復刻版頁数は379～812です。（不二出版）

『留守名簿　関東軍防疫給水部』からみえる関東軍防疫給水部の構成の概要

西山勝夫

一．はじめに

次稿「『留守名簿　関東軍防疫給水部』の公開をめぐって」で詳しく述べるように二〇一八年一月に国立公文書館により部分公開が決定された『留守名簿　関東軍防疫給水部』は、原本のカラースキャニングの利用方法を申し出たが、表紙部分四枚のjpg形式のカラーファイル以外はモノクロ代替複写物のモノクロスキャニング七四七枚のjpg形式のファイル（国立公文書館ページ番号7から始まる連続ページ番号で最後はp753。以下「p〇〇」とする。本復刻版の頁数は〔　〕で表記）での提供となった。

表紙部分の三枚目〔4〕、四枚目〔6〕、p7－p9〔7－9〕には手書きの表が貼付されている。カラー四枚目〔6〕には「行方不明者　21・4・5」の表題で、一一名の兵種と姓名などが記された貼付物と右ページの左下に直接記された番号「000－01」（原簿頁数0）が複写されている。これには、氏名欄の後に「右の者は昭和十九年三月二十五日　大本営参謀本部派遣せられ　サイパン方面に特殊防疫調査のため出動せるものなることの昭和二十年九月九日附関東軍防疫給水部長より報告ありたるものなり」との付記がある。左側は袋掛けされているようであるが、情報を隠すためではなく複写を容易にするためのものと考えられる。というのはp7－p11の右側の貼付物は、カラー四枚目〔6〕のモノクロであることが外見から判断されるからである。p7－p11の左側〔7－11〕は貼付物が二枚あるのでめくらない状態とめくった状態を複数回複写したもので、p7〔7〕の貼付物をめくるとp8、p9〔8、9〕が表れるが、同じ貼付物で複写範囲が異なるだけであることが複写物の外見からわかる。貼付されている四枚の表の翻刻結果を**表1**～**表4**に示す。

p12右側〔12〕は表題が「情報部　二九」と記された名簿であるが上下反転しており、p7－p11の左側〔7－11〕の貼付物の台紙として使われたものと考えられる。p13右側〔14〕はp12左側〔13〕の裏に当たる。外見上から、p12右側〔12〕と同類の名簿のように見えるが、最上行には関東軍支配下の地域の支部名が記されている。このことから関東軍の情報部の名簿が台紙や緩衝ページに使用されたものと考えられる。

焦点の部隊員の諸情報が所定の書式に沿って記された名簿表はp13左側〔15〕から始まっている。以降、名簿表の表面は左側、その裏面が右側に複写されているという体裁になっている。ところどころに、上述と同類の緩衝ページがある。例えばp441左側〔475〕（379～812は第2冊に収録）には「防給　留　5－4　3班（古橋）」とある。留守名簿を班で分担していたことがうかがえる。p749の左側〔807〕が名簿表の最後のページとなっている。名簿表の様式は、最右列に「関東軍防疫給水部　留守名簿　昭和　年　月　日　関東軍防疫給水部」の表題があり、次の左列に記入項目名、続いて記入欄という様式のものと記入欄のみのものがある。各頁の左上にアイウエオ順のカナ文字が、右下には、手書きの原簿ページ（丁）番号が記入されている。所定の項目は、編入年月日、前所属及其編入年月日、本籍、留守担当者の住所・続柄・氏名、徴集年、任官年、役種兵種官等並等給級俸月給額・発令年月日、氏名、生年月日、留守宅渡ノ有無、補修年月日の順となっており、そのほかに欄外（上下）に記入された事項（以下では、一括して諸項目と称する）からなっていた。その他に、隊員によっては、付箋による追記、修正、但書があった。軍医少佐の長友浪男については、原簿ページ番号389－10、11〔465、466〕として、1ページ大の身上申告書寫が貼付されていた。名簿表は次頁上段に示してあるように破損、汚染が著しく、読み取り困難な個所がかなり散見される。そのほかに読み取り困難な字体もかなりある。

これらの読み取り困難な字については一字ごとに「●」を割付け、スプレッドシートに名簿表を翻刻し、カラー四枚目の「行方不明者　21・4・5」の表題に記載された一一名の兵種と姓名も追加し、通覧できるようにした。なお、読み取り困難な字については、今後様々な方法で解読されると考えられるので、本スプレッドシートも暫定的といえる。

p750の左側〔808〕の複写からは参謀本部の便箋が綴じられていることがわかる。p751－p753〔809－811〕は同じ部分を添付された表の状態を変えて複写してある。参謀本部の便箋が使われていたが、貼付されていた表に付記され

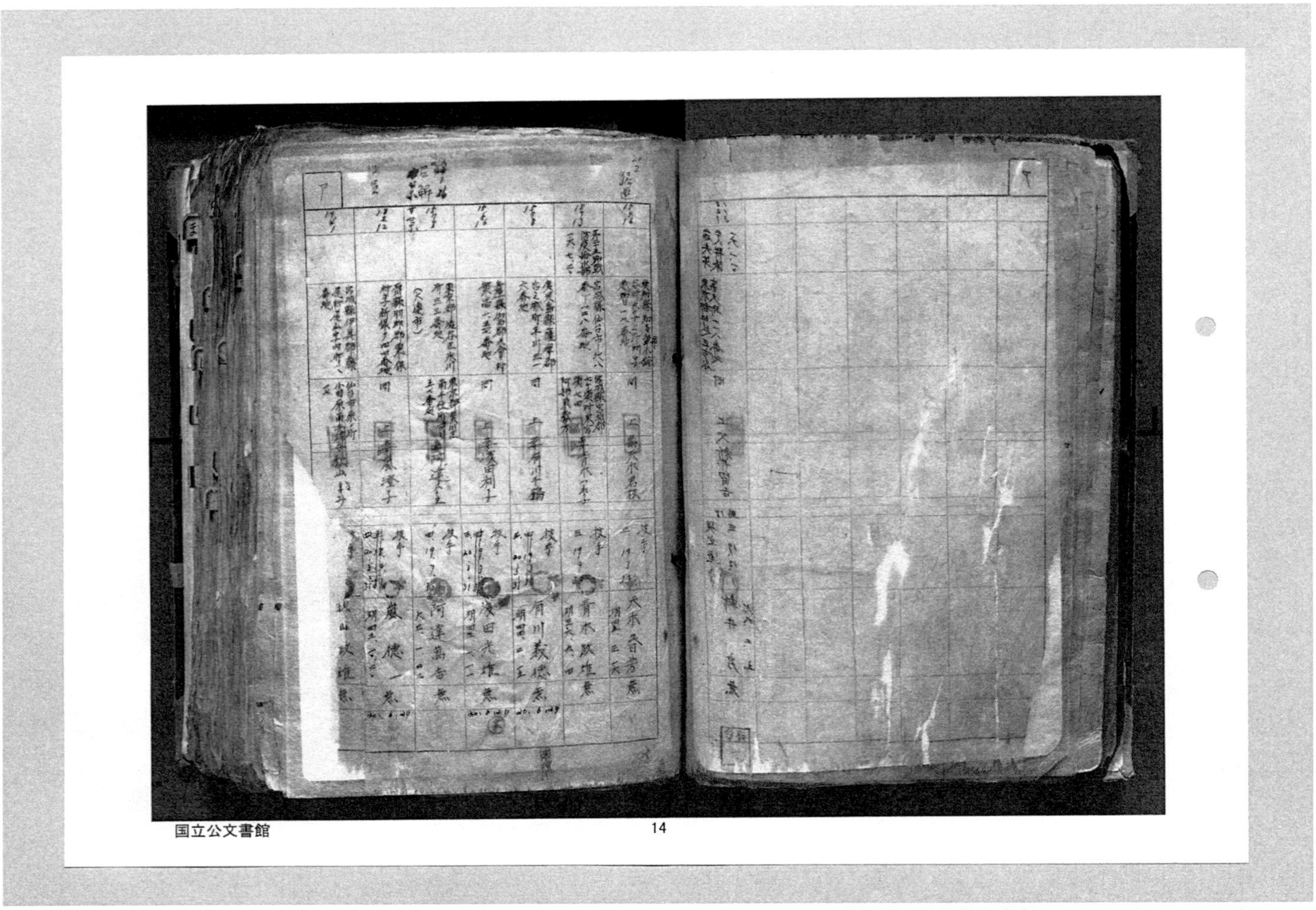

（注記）国立公文書館 jpg ファイル p14〔16〕

表１．（表題無、カラー３枚目〔4〕）

区分	人員	女性
文官	261	
嘱託	13	
雇傭人（工員を含む）	2,036	382
計	2,310	

表２．留守名簿整理票（昭和20年６月20日、p７〔7〕）

留守名簿整理票（昭和20年６月20日）			
固有名	関東軍防疫給水部		
通稱號	満洲第659部隊		
生存者	死亡者	生死不明者	合計
3,096	18	2	3,116

表３．留守名簿整理票（昭和20年８月28日、p９〔9〕）

固有名	関東軍防疫給水部			
通稱號	満659			
	将校	准下士官兵	●●雇傭人	合計
現在人員	117	1,205	2,103	3,125
生死不明			2	2
適用	海波ニ依ル行方不明			

表４．関東軍防疫給水部、満洲第659部隊
（昭和23年８月１日現在）
p751〔809〕

帰還	720
未帰還	2,759
転属	91
死亡	92
	3,662

た年月日は昭和二三年八月一日現在とあることから、留守名簿が参謀本部で作成されたかどうかの判断はつかない。

一九八二年四月六日の国会参議院・内閣委員会における質疑に対する政府答弁(1)で述べられた留守名簿の人数「将校が一三三名、准士官、下士官、兵、これが一一五二名、それから文官と申しますが、これは技師とか技手、それから属官でございますが、これが二六五名、合計一五五〇名です。それから恩給公務員でない人、つまり雇傭人が主体でございますが、この方々が二〇〇九名。」と一致する人数が記載された表は見当たらなかった。この点から本稿では、名簿表をもとにした関東軍防疫給水部の構成を検討する。

二．方法

名簿に記載された各項目の集計のために、SPSS 15.0J Family Trial（二〇〇六年）を用いた。

上述したスプレッドシートの各項目の他に、それらの分類のために記入内容に基づき新たに作成した分類項目を変数として、度数分布表、クロス集計表を作成した。なお、年月日を記載する項目については西暦年に変換した変数も用いた。

前処理として、度数分布表で同姓同名が見いだされた場合には、生年月日、本籍、留守担当者、その続柄を照合し、同一人と判断した場合は、重複ありとして以降の集計から除外することとした。除外基準は、昇格・昇給・除隊・解雇・留守担当者の変更などの追記、重複抹消線・取り消し線などのある場合、簿ページ頁（丁）番号や同ページの記入列が後方の場合などとした。役種兵種官等並等級俸月給額・発令年月日の項の記入内容・記入方法には必ずしも一貫性がなく、役種兵種官等にかかわる事項については、記入内容が多種多様なので、日本兵の階級に当たるものと兵種内容にかかわるものを抽出し、再分類した。

本稿では、階級と諸項目のクロス集計表を作成した結果をもとに、構成を検討することにした。

三．結果

三－一．分析対象隊員数

留守名簿に記載された延人数は三七一七名であった。このうち氏名、生年、本籍等で同一と認められた（以下、重複と称す）のは延べ一五〇名であった。重複

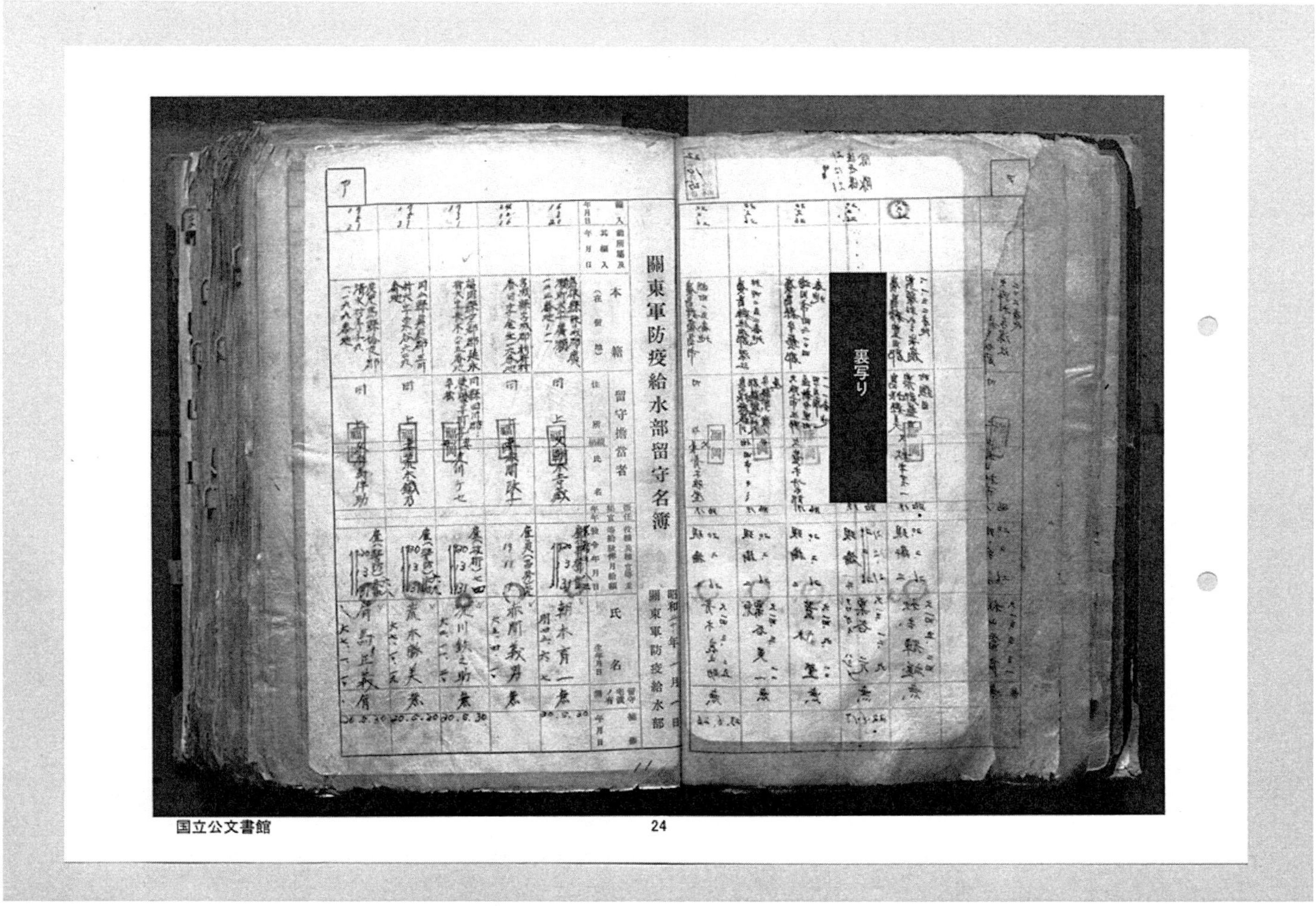

（注記）復刻にあたっては裏面割愛

表５．関東軍防疫給水部の構成：留守名簿の階級と兵種のクロス集計結果

	階級													合計	構成比（%）
兵種	将校	技師	嘱託	看護婦長	下士官	兵	軍属・軍傭	助教	技手	業務手	雇員	傭人	判読不可		
軍医	52	0	0	0	0	0	0	0	0	0	0	0	0	52	1.5
技術	13	0	0	0	0	0	0	0	0	0	388	6	0	407	11.4
奏扱	0	0	1	0	0	0	0	0	0	0	0	0	0	1	0.0
薬剤	20	0	0	0	0	0	0	0	0	0	0	0	0	20	0.6
建技	1	0	0	0	0	0	0	0	0	0	0	0	0	1	0.0
衛生	29	0	0	0	79	990	0	0	0	0	0	0	1	1,099	30.8
看護	0	0	0	2	0	0	0	0	0	0	2	34	0	38	1.1
主計	12	0	0	0	12	6	0	0	0	0	0	0	0	30	0.8
判扱	0	0	5	0	0	0	0	0	0	0	0	0	0	5	0.1
防疫	0	0	0	0	0	0	0	0	0	0	473	15	0	488	13.7
気象	0	0	0	0	0	0	0	0	0	0	0	1	0	1	0.0
警防・警備員	0	0	0	0	0	0	0	0	0	0	31	3	0	34	1.0
研究	0	0	0	0	0	0	0	0	0	0	2	92	0	94	2.6
現場監督	0	0	0	0	0	0	0	0	0	0	13	0	0	13	0.4
雑仕	0	0	0	0	0	0	0	0	0	0	0	78	0	78	2.2
事務	0	0	0	0	0	0	0	0	0	0	181	0	0	181	5.1
自動車操縦	0	0	0	0	0	0	0	0	0	0	64	0	0	64	1.8
打字	0	0	0	0	0	0	0	0	0	0	7	20	0	27	0.8
大工	0	0	0	0	0	0	0	0	0	0	0	1	0	1	0.0
調理指導・調理	0	0	0	0	0	0	0	0	0	0	23	2	0	25	0.7
通訳	0	0	0	0	0	0	0	0	0	0	0	0	4	4	0.1
電話	0	0	0	0	0	0	0	0	0	0	0	13	0	13	0.4
筆生・描子	0	0	0	0	0	0	1	0	0	0	1	87	4	93	2.6
縫工	0	0	0	0	0	0	0	0	0	0	0	10	0	10	0.3
經見士	0	0	0	0	0	1	0	0	0	0	0	0	0	1	0.0
輜重	0	0	0	0	0	21	0	0	0	0	0	0	0	21	0.6
歩兵	0	0	0	0	2	40	0	0	0	0	0	0	0	42	1.2
兵	0	0	1	0	0	1	0	0	0	0	0	0	0	2	0.1
砲	0	0	0	0	1	3	0	0	0	0	0	0	0	4	0.1
野	0	0	0	0	0	2	0	0	0	0	0	0	0	2	0.1
療	0	0	0	0	5	0	0	0	0	0	0	0	0	5	0.1
騎	0	0	0	0	0	2	0	0	0	0	0	0	0	2	0.1
輅	0	0	0	0	0	1	0	0	0	0	0	0	0	1	0.0
判読不可・無記載	4	50	5	0	0	16	34	2	189	69	33	267	39	708	19.8
合計	131	50	12	2	99	1,083	35	2	189	69	1,218	629	48	3,567	
構成比（%）	3.7	1.4	0.3	0.1	2.8	30.4	1.0	0.1	5.3	1.9	34.1	17.6	1.3		100.0

回数の上限は三回であった。これらを除外した結果、解析対象となる隊員数は三五六七名となった。

三―二．階級と兵種

階級については、少尉以上の隊員を将校、伍長／軍曹／曹長／准尉を下士官、それら以外の兵を兵とした。技師、嘱託、看護婦長、軍属、軍傭、助教、技手、業務手、雇員、傭人が記載されている隊員はそれらをそのまま階級とした。記入されていないあるいは判読できない隊員については判読不可・無記載に分類した。階級と兵種のクロス集計表は**表5**に示す。

階級構成の度数分布では、判読不可・無記載は一・三％と他の項目に比べて少ない。医師、医学者が多いとされる将校と技師の合計は一八一名、五・一％、下士官と兵の合計は三三・二％である。技手、業務手、雇員、傭人の合計は五八・九％と過半数を占めている。

兵種構成度数分布では、判読不可・無記載は一九・八％を占める。軍医は五二名、一・五％である。

技師については、「等」級数が記載されている隊員はあるものの、医師、医学者であるかどうかがわかる記載は全くなかった。助教や奏扱、判扱も技師と同様にわからないが、奏扱の一人は秋元壽恵夫であることから、医学者であることが判明した。

三―三．生年構成

生年は一八七八年から一九三一年の間に分布していた。

階級と西暦生年（五年毎）のクロス集計表は**表6**に示した。全体では一九二〇年代が最多であったが、将校と技師は一九〇五年代、下士官と兵は一九二〇年代、技手と業務手は一九一〇年代で最多であった。雇員は一九一五年代、傭人は一九二五年代であった。

三―四．本籍地構成

本籍地は都道府県名までで集計することとした。全都道府県に分布する他、樺太を本籍とする隊員もあった。判読不可・無記載は二五名、〇・七％であった。

階級と本籍地都道府県のクロス集計表は**表7**に示した。愛媛県が三二九名、九・

表６．関東軍防疫給水部の構成：留守名簿の階級と西暦生年（５年毎）のクロス集計結果

		階級													合計	構成比（%）
		将校	技師	嘱託	看護婦長	下士官	兵	軍属・軍傭	助教	技手	業務手	雇員	傭人	判読不可		
生年	1875	0	0	0	0	0	1	0	0	0	0	0	0	0	1	0.0
	1880	0	1	0	0	0	0	0	0	0	0	2	0	0	3	0.1
	1885	0	0	2	0	0	0	1	0	0	0	2	1	0	6	0.2
	1890	4	2	1	0	0	0	0	0	2	1	4	1	0	15	0.4
	1895	3	5	0	0	0	0	2	0	7	8	8	4	1	38	1.1
	1900	7	4	2	0	1	0	5	0	20	11	23	4	1	78	2.2
	1905	39	18	3	1	1	14	4	1	28	15	67	15	3	209	5.9
	1910	32	16	3	0	12	28	7	0	89	28	210	29	4	458	12.8
	1915	25	4	0	1	33	17	7	1	33	4	695	54	5	879	24.6
	1920	15	0	1	0	51	820	0	0	4	2	136	133	3	1,165	32.7
	1925	0	0	0	0	0	174	4	0	0	0	66	298	5	547	15.3
	1930	0	0	0	0	0	1	0	0	0	0	0	82	1	84	2.4
	判読不可	0	0	0	0	0	1	0	0	0	0	1	1	1	4	0.1
	無記載	6	0	0	0	1	27	5	0	6	0	4	7	24	80	2.2
合計		131	50	12	2	99	1,083	35	2	189	69	1,218	629	48	3,567	100

表７．関東軍防疫給水部の構成：留守名簿の階級と本籍地のクロス集計結果

		階級													合計	構成比（%）
		将校	技師	嘱託	看護婦長	下士官	兵	軍属・軍傭	助教	技手	業務手	雇員	傭人	判読不可		
都道府県名	樺太	0	0	0	0	0	0	0	0	0	0	0	2	0	2	0.1
	北海道	1	0	0	0	3	4	2	0	7	5	48	13	1	84	2.4
	青森	4	0	0	0	1	4	1	0	5	0	27	11	1	54	1.5
	岩手	3	0	1	0	0	1	1	0	6	6	37	18	0	73	2.0
	山形	0	1	0	0	3	1	3	0	8	3	46	14	0	79	2.2
	秋田	1	1	0	0	0	1	3	0	2	0	41	10	0	59	1.7
	宮城	5	1	1	0	1	2	1	0	10	1	48	20	1	91	2.6
	福島	3	1	0	0	2	1	1	0	3	2	37	13	0	63	1.8
	茨城	1	0	0	0	0	2	1	0	7	0	36	8	0	55	1.5
	群馬	2	1	0	0	2	2	1	0	5	2	21	4	1	41	1.1
	埼玉	0	2	1	0	1	5	0	0	4	0	20	4	1	38	1.1
	栃木	2	1	0	0	2	1	0	0	5	3	55	12	0	81	2.3
	千葉	3	1	0	0	2	11	3	0	16	11	101	27	0	175	4.9
	東京	17	9	2	0	4	6	4	1	13	3	43	12	2	116	3.3
	神奈川	3	0	2	0	2	0	0	0	5	2	16	5	0	35	1.0
	山梨	3	1	0	0	0	5	0	0	0	0	11	9	3	32	0.9
	長野	3	2	0	0	4	0	3	0	10	1	49	31	4	107	3.0
	新潟	3	1	0	0	3	2	1	0	4	2	57	14	1	88	2.5
	富山	1	2	0	0	0	3	0	0	1	1	11	9	2	30	0.8
	石川	1	2	0	0	0	2	0	0	7	1	18	18	0	49	1.4
	福井	3	0	0	0	1	1	0	0	0	1	16	10	1	33	0.9
	静岡	2	0	0	0	1	4	0	0	7	0	20	11	1	46	1.3
	愛知	7	3	0	0	0	11	0	0	3	1	21	8	1	55	1.5
	三重	2	0	0	0	1	4	0	0	3	1	14	9	1	35	1.0
	岐阜	2	0	0	0	0	3	2	0	0	0	30	8	1	46	1.3
	滋賀	0	1	0	0	1	1	1	0	3	0	16	17	1	41	1.1
	京都	4	3	0	0	0	2	0	1	2	1	22	12	0	47	1.3
	奈良	1	1	0	0	1	0	0	0	0	0	5	13	0	21	0.6
	和歌山	2	0	0	0	0	3	1	0	4	0	10	5	0	25	0.7
	大阪	4	1	0	0	2	2	0	0	2	0	10	8	0	29	0.8
	兵庫	2	3	1	0	1	7	0	0	4	0	36	19	0	73	2.0
	岡山	6	3	0	1	0	3	0	0	2	1	25	10	1	52	1.5
	広島	4	2	1	0	0	114	1	0	6	3	14	16	2	163	4.6
	山口	3	0	1	0	1	63	0	0	1	1	8	13	0	91	2.6
	鳥取	0	0	0	0	0	1	0	0	1	0	13	2	0	17	0.5
	島根	3	0	0	0	2	78	0	0	0	0	13	14	3	113	3.2
	徳島	0	0	0	0	8	152	0	0	0	0	15	6	2	183	5.1
	香川	3	1	1	0	11	134	1	0	2	2	10	22	1	188	5.3
	高知	1	1	0	0	6	139	0	0	2	0	10	4	1	164	4.6
	愛媛	3	0	0	1	19	278	0	0	2	1	17	8	0	329	9.2
	福岡	4	1	0	0	3	3	1	0	4	2	30	21	2	71	2.0
	長崎	2	0	0	0	2	2	0	0	2	4	17	20	5	54	1.5
	佐賀	0	2	0	0	3	3	0	0	5	1	11	18	0	43	1.2
	熊本	4	0	1	0	2	3	0	0	4	2	37	30	1	84	2.4
	大分	1	1	0	0	0	4	1	0	5	2	19	25	0	58	1.6
	宮崎	3	1	0	0	1	1	1	0	0	1	11	7	0	26	0.7
	鹿児島	7	0	0	0	3	6	0	0	2	1	42	34	0	95	2.7
	沖縄	0	0	0	0	0	1	1	0	0	0	3	3	0	8	0.2
	判読不可・無記載	2	0	0	0	0	7	0	0	5	1	1	2	7	25	0.7
合計		131	50	12	2	99	1,083	35	2	189	69	1,218	629	48	3,567	100

二％と最多で、四国全体で二四・二％を占めていた。この分布傾向は兵の分布に類似していた。一〇〇名を超える地域は、四国の他には千葉、東京、長野、広島、島根であった。

三－五．編入年構成

編入年は、他の記載項目との関連から、当該部隊等、すなわち関東軍防疫給水部に編入された年月日を記載する欄と考えられた。編入年は一九二七年から一九五〇年までに分布し、判読不可・無記載は一一三名、三・一％であった。陸軍軍医学校防疫部防疫研究室が設立されたのが一九三二年で、その翌年に関東軍防疫給水部が設立されたとされることと、それ以前に編入年が記されていることには矛盾がある。また、敗戦後に編入年が記されている隊員がある。この中には、編入年が何度か修正されている隊員もいる。留守名簿を閲覧すると、戦後も昇格などの措置がなされており、それらに伴って編入年が書き改められている場合もある。いずれにしても一律に編入年を敗戦前に修正するのには困難があった。一九四二年が最多で、それ以降敗戦までに編入された隊員が七割以上を占める。

階級と編入年のクロス集計表は**表8**に示した。将校、下士官、雇員では、それらの六割以上が一九四二年以降に編入されている。他方、技師の場合は一九四二年以前に編入された隊員が六割以上を占めている、他と顕著に異なる分布である。

三－六．前所属とその編入年構成

前所属については、無記載が九〇・五％を占めていた。陸軍軍医学校が一九名と最多で他の二五〇種では多くても八名であった。

階級と前所属のクロス集計表は**表9**に示した。将校については全体とは異なって、八五・四％の前所属が記されている。将校の前所属では陸軍軍医学校が一六名、一二・二％と最多である（その他の前所属は約七〇種で多くても三名）。

前所属編入年については、不記・不明が九一・八％を占めていた。

階級と前所属編入年のクロス集計表は**表10**に示した。将校については全体とは異なって、八五・四％の前所属編入年が記されている。将校の前所属編入年は一九四三年が二六名、一九・八％と最多で、一九四一年以降の将校が五八・七％を占めている。

表８．関東軍防疫給水部の構成：留守名簿の階級と編入年（西暦）のクロス集計結果

		階級													合計	構成比（％）
		将校	技師	嘱託	看護婦長	下士官	兵	軍属・軍傭	助教	技手	業務手	雇員	傭人	判読不可		
編入年	1927	0	0	0	0	0	1	0	0	0	0	0	0	0	1	0.0
	1935	0	0	0	0	1	1	0	0	1	1	3	1	1	9	0.3
	1936	5	5	1	0	1	2	1	0	0	4	7	3	1	30	0.8
	1937	7	0	0	0	2	1	0	0	0	14	14	0	0	38	1.1
	1938	7	17	1	0	4	1	0	0	7	25	64	0	0	126	3.5
	1939	9	9	3	0	2	1	3	0	14	9	141	2	1	194	5.4
	1940	9	3	0	0	5	3	4	0	19	8	100	8	1	160	4.5
	1941	6	0	0	0	4	0	1	0	14	2	127	30	0	184	5.2
	1942	22	2	1	1	28	201	7	0	21	1	553	134	4	975	27.3
	1943	28	8	1	1	31	213	6	1	37	1	123	115	1	566	15.9
	1944	29	6	2	0	15	318	4	0	60	3	46	174	2	659	18.5
	1945	4	0	1	0	6	297	1	1	8	0	29	152	9	508	14.2
	1947	0	0	0	0	0	1	0	0	0	0	0	0	0	1	0.0
	1948	0	0	0	0	0	0	0	0	0	0	2	0	0	2	0.1
	1950	0	0	0	0	0	0	0	0	0	0	1	0	0	1	0.0
	判読不可	1	0	0	0	0	5	0	0	0	1	3	3	2	15	0.4
	無記載	4	0	2	0	0	38	8	0	8	0	5	7	26	98	2.7
合計		131	50	12	2	99	1,083	35	2	189	69	1,218	629	48	3,567	100

表９．関東軍防疫給水部の構成：留守名簿の階級と前所属のクロス集計結果

		階級													合計	構成比（%）
		将校	技師	嘱託	看護婦長	下士官	兵	軍属・軍傭	助教	技手	業務手	雇員	傭人	判読不可		
前所属	陸軍軍医学校	16	0	0	0	0	0	1	0	1	0	1	0	0	19	0.5
	その他	97	11	0	0	62	84	0	1	23	1	29	5	6	319	8.9
	無記載	18	39	12	2	37	999	34	1	165	68	1,188	624	42	3,229	90.5
合計		131	50	12	2	99	1,083	35	2	189	69	1,218	629	48	3,567	100

表10．関東軍防疫給水部の構成：留守名簿の階級と前所属編入年（西暦）のクロス集計結果

		階級													合計	構成比（%）
		将校	技師	嘱託	看護婦長	下士官	兵	軍属・軍傭	助教	技手	業務手	雇員	傭人	判読不可		
前所属編入年	1931	2	0	0	0	1	1	0	0	0	0	0	0	0	4	0.1
	1932	1	0	0	0	0	0	0	0	0	0	0	0	0	1	0.0
	1933	1	0	0	0	0	0	0	0	0	0	0	0	0	1	0.0
	1934	2	0	0	0	0	0	0	0	0	0	0	0	0	2	0.1
	1935	3	0	0	0	0	0	0	0	0	0	0	0	1	4	0.1
	1936	6	0	0	0	3	0	1	0	0	0	0	0	0	10	0.3
	1937	4	0	0	0	5	1	0	0	0	0	0	0	0	10	0.3
	1938	6	2	0	0	9	1	0	0	0	0	0	0	0	18	0.5
	1939	4	0	0	0	0	0	0	0	1	0	0	0	0	5	0.1
	1940	6	1	0	0	9	1	0	0	0	0	0	0	0	17	0.5
	1941	21	4	0	0	16	30	0	1	8	0	6	0	0	86	2.4
	1942	21	0	0	0	8	10	0	0	1	0	1	0	1	42	1.2
	1943	26	0	0	0	7	6	0	0	5	0	0	0	0	44	1.2
	1944	9	0	0	0	3	20	0	0	8	0	4	0	0	44	1.2
	1945	0	0	0	0	0	4	0	0	0	0	0	0	1	5	0.1
	判読不可	0	0	0	0	0	0	0	0	0	0	1	0	0	1	0.0
	無記載	19	43	12	2	38	1,009	34	1	166	69	1,206	629	45	3,273	91.8
合計		131	50	12	2	99	1,083	35	2	189	69	1,218	629	48	3,567	100

表11．関東軍防疫給水部の構成：留守名簿の階級と留守担当者の続柄のクロス集計結果

		階級													合計	構成比（%）
		将校	技師	嘱託	看護婦長	下士官	兵	軍属・軍傭	助教	技手	業務手	雇員	傭人	判読不可		
留守担当者続柄	父	25	5	1	1	59	715	5	0	22	11	450	388	12	1,694	47.5
	妻	84	40	9	0	17	35	20	1	130	50	445	6	9	846	23.7
	母	10	2	0	0	7	149	5	0	12	1	98	76	1	361	10.1
	兄	2	2	0	0	9	50	2	0	11	2	103	47	1	229	6.4
	その他	6	1	2	1	7	111	1	1	9	5	117	95	2	358	10.0
	無記載	4	0	0	0	0	23	2	0	5	0	5	17	23	79	2.2
合計		131	50	12	2	99	1,083	35	2	189	69	1,218	629	48	3,567	100

三ー七．留守担当者の続柄構成

留守担当者の続柄については、父が一六九四名、四七・五%と最多で、次いで妻が八四六名、二三・七%で、母が三六一名、一〇・一%、兄が二二九名、六・四%と続き、無記載は七九名、二・二%であった。

階級と留守担当者の続柄のクロス集計表は**表11**に示した。将校、技師、嘱託、軍属・軍傭、技手では、妻が最多である。

三ー八．徴集年構成

徴集年については、無記載が七一・〇%を占めていた。

階級と徴集年のクロス集計表は**表12**に示した。兵の記入がほとんどを占め、全体とは異なって、九二・〇%の徴集年が記され、それが全体の分布傾向に反映されている。兵の徴集年は一九四三年が二七九名、二五・七%と最多、次いで一九四四年が二五九名で二三・九%、一九四一年以降が八五・六%を占めている。

三ー九．任官年構成

任官年については、無記載が九三・七%を占めていた。

階級と任官年のクロス集計表は**表13**に示した。将校については全体とは異なって、九二・三%の任官年が記されている。将校の任官年は一九四三年が二七名、二〇・六%と最多で、一九四一年以降の将校が七六名、五八・〇%を占めている。

三ー一〇．発令年構成

発令年は、関東軍防疫給水部における当初の昇給昇格の年月日から西暦年に変換したものである。一九四四年が二一一五名、五九・三%と最多で、次いで一九四五年が七四一名、二〇・八%、一九四三年が三八九名、一〇・九%である。敗戦後も昇給昇格の措置がなされた隊員が若干名いる。無記載は一九八名、五・六%である。

階級と発令年のクロス集計表を**表14**に示した。嘱託、技手、業務手は一九四四年が最多である。

表12. 関東軍防疫給水部の構成：留守名簿の階級と徴集年（西暦）のクロス集計結果

		階級													合計	構成比（%）
		将校	技師	嘱託	看護婦長	下士官	兵	軍属・軍傭	助教	技手	業務手	雇員	傭人	判読不可		
徴集年	1926	0	0	0	0	0	0	0	0	0	0	0	0	1	1	0.0
	1927	0	0	0	0	0	2	0	0	0	0	0	0	0	2	0.1
	1928	0	0	0	0	0	3	0	0	0	0	0	0	0	3	0.1
	1929	0	0	0	0	0	1	0	0	0	0	0	0	0	1	0.0
	1930	0	0	0	0	1	3	0	0	0	0	0	0	0	4	0.1
	1931	2	0	0	0	0	2	0	0	0	0	0	0	0	4	0.1
	1932	0	0	0	0	0	7	0	0	0	0	0	0	0	7	0.2
	1933	0	0	0	0	0	6	0	0	0	0	0	0	0	6	0.2
	1934	0	0	0	0	0	2	0	0	0	0	0	0	0	2	0.1
	1935	0	0	0	0	1	3	0	0	0	0	0	0	0	4	0.1
	1936	1	0	0	0	2	5	0	0	0	0	0	1	1	10	0.3
	1938	0	0	0	0	3	1	0	0	0	0	0	0	0	4	0.1
	1939	0	0	0	0	2	6	0	0	0	0	0	0	0	8	0.2
	1940	0	0	0	0	3	28	0	0	0	0	0	1	0	32	0.9
	1941	0	0	0	0	10	191	0	0	0	0	0	0	0	201	5.6
	1942	1	0	0	0	5	199	0	0	0	0	0	0	0	205	5.7
	1943	0	0	0	0	0	279	0	0	0	0	0	0	0	279	7.8
	1944	0	0	0	0	0	259	0	0	0	0	0	0	0	259	7.3
	1945	0	0	0	0	0	0	1	0	0	0	0	2	0	3	0.1
	無記載	127	50	12	2	72	86	34	2	189	69	1,218	625	46	2,532	71.0
合計		131	50	12	2	99	1,083	35	2	189	69	1,218	629	48	3,567	100

表13. 関東軍防疫給水部の構成：留守名簿の階級と任官入年（西暦）のクロス集計結果

		階級													合計	構成比（%）
		将校	技師	嘱託	看護婦長	下士官	兵	軍属・軍傭	助教	技手	業務手	雇員	傭人	判読不可		
任官年	1920	1	0	0	0	0	0	0	0	0	0	0	0	0	1	0.0
	1921	2	0	0	0	0	0	0	0	0	0	0	0	0	2	0.1
	1924	1	0	0	0	0	0	0	0	0	0	0	0	0	1	0.0
	1926	2	0	0	0	1	0	0	0	0	0	0	0	0	3	0.1
	1927	2	0	0	0	0	0	0	0	0	0	0	0	0	2	0.1
	1928	2	0	0	0	0	0	0	0	0	0	0	0	0	2	0.1
	1929	1	0	0	0	0	0	0	0	0	0	0	0	0	1	0.0
	1931	1	0	0	0	0	0	0	0	0	0	0	0	0	1	0.0
	1932	1	0	0	0	1	0	0	0	0	0	0	0	0	2	0.1
	1933	1	0	0	0	1	0	0	0	0	0	0	0	0	2	0.1
	1934	4	0	0	0	1	0	0	0	0	0	0	0	0	5	0.1
	1935	4	0	0	0	0	0	0	0	0	0	0	0	0	4	0.1
	1936	5	0	0	0	3	1	0	0	0	0	0	0	0	9	0.3
	1937	4	0	0	0	3	1	0	0	0	0	0	0	0	8	0.2
	1938	2	0	0	0	9	1	0	0	0	0	0	0	0	12	0.3
	1939	7	0	0	0	3	0	0	0	0	0	0	0	0	10	0.3
	1940	5	0	0	0	7	1	0	0	0	0	0	0	0	13	0.4
	1941	12	0	0	0	5	1	0	0	0	0	0	0	1	19	0.5
	1942	21	0	0	0	14	2	0	0	0	0	0	0	0	37	1.0
	1943	27	0	0	0	12	4	0	0	0	0	0	0	0	43	1.2
	1944	14	0	0	0	24	6	0	0	0	0	0	0	0	44	1.2
	1945	1	0	0	0	1	0	0	0	0	0	0	0	0	2	0.1
	判読不可	1	0	0	0	0	0	0	0	0	0	0	1	0	2	0.1
	無記載	10	50	12	2	14	1,066	35	2	189	69	1,218	628	47	3,342	93.7
合計		131	50	12	2	99	1,083	35	2	189	69	1,218	629	48	3,567	100

表14. 関東軍防疫給水部の構成：留守名簿の階級と発令年（西暦）のクロス集計結果

		階級													合計	構成比（%）
		将校	技師	嘱託	看護婦長	下士官	兵	軍属・軍傭	助教	技手	業務手	雇員	傭人	判読不可		
発令年	1934	0	0	0	0	1	1	0	0	0	0	0	0	0	2	0.1
	1935	0	0	0	0	0	1	0	0	0	0	0	0	0	1	0.0
	1937	1	0	0	0	0	0	0	0	0	0	0	0	0	1	0.0
	1938	1	0	0	0	0	3	0	0	0	0	0	0	0	4	0.1
	1940	0	0	0	0	1	0	0	0	2	1	0	1	0	5	0.1
	1941	1	0	0	0	0	0	0	0	0	1	0	0	0	2	0.1
	1942	4	4	1	0	11	22	4	0	24	5	11	11	1	98	2.7
	1943	13	9	1	0	9	167	8	0	21	14	42	102	3	389	10.9
	1944	70	24	8	2	40	328	12	2	115	44	1,125	341	4	2,115	59.3
	1945	13	12	1	0	16	506	1	0	19	3	23	142	5	741	20.8
	1946	0	1	0	0	0	2	0	0	0	1	0	1	2	7	0.2
	1947	0	0	0	0	0	1	0	0	0	0	0	0	0	1	0.0
	1948	0	0	0	0	0	0	0	0	0	0	1	0	0	1	0.0
	1949	0	0	0	0	0	0	0	0	1	0	0	0	0	1	0.0
	判読不可	0	0	0	0	0	0	0	0	0	0	0	0	1	1	0.0
	無記載	28	0	1	0	21	52	10	0	7	0	16	31	32	198	5.6
合計		131	50	12	2	99	1,083	35	2	189	69	1,218	629	48	3,567	100

三－一一．役種

役種兵種官等並等給級俸月給額・発令年月日の項には、豫、臨時と役種が記載されている隊員がいる。豫は予備役を指すと考えられた。特に記載のない隊員の役種は現役と考えられた。現役は三四九〇名、九七・八％、豫は七五名、二・一％、臨時は二名、〇・一％。

階級と役種のクロス集計は表15に示した。豫の六九・三％を将校が占め、将校の三九・六％が豫であった。

三－一二．留守宅渡ノ有無、補修年月日、欄外（上と下）記入

留守宅渡ノ有無の項の内容は把握できていないが、無と記入されている隊員が二五〇五名、七〇・二％、有が記入されている隊員が九一七名、二五・七％、記入無が一〇六名、三・〇％であった。

補修年月日については、何らかの年月日の記載があった隊員は一八九七名、五三・二％であった。

欄外（上）に何らかの記載のあった隊員数は一〇六一名、二九・七％であった。召集解除、除隊、解雇、解傭、死亡などの年月日、地名を記したものが比較的多くみられる。

欄外（下）に何らかの記載のあった隊員数は一二四名、三・五％であった。✓が記載された隊員が六五名、一・八％と最多で、その他は多くて七名程度であった。

四．考察

階級と諸項目のクロス集計は、暫定的スプレッドシートを用いたものであるが、本結果は初めて関東軍防疫給水部の構成の全容を明らかにしたものと考えられる。

関東軍防疫給水部が、他の部隊等と違って、軍医が占める割合が多いことは諸処で触れられてきたことであるが、関東軍防疫給水部、将校の中に占める軍医が五二名、一・五％（将校中の三九・七％）であることや医学者・医師の割合が大きいと考えられる技師が五〇名、一・四％であることが明らかになった。本結果は、今後他の防疫給水部隊などの同様の集計により、関東軍防疫給水部の特異な構成を明らかにできる基礎的な結果といえよう。

以上の集計結果より、多くの隊員について実名だけでなく、隊員ごとに当時の

表15. 関東軍防疫給水部の構成：留守名簿の階級と役種のクロス集計結果

		階級													合計	構成比（%）
		将校	技師	嘱託	看護婦長	下士官	兵	軍属・軍傭	助教	技手	業務手	雇員	傭人	判読不可		
役種	現役	79	50	10	2	97	1,063	35	2	189	69	1,218	629	47	3,490	97.8
	豫	52	0	0	0	2	20	0	0	0	0	0	0	1	75	2.1
	臨時	0	0	2	0	0	0	0	0	0	0	0	0	0	2	0.1
合計		131	50	12	2	99	1,083	35	2	189	69	1,218	629	48	3,567	100

兵歴などが記載されていることが明らかにされた。実名だけでなく、兵歴などを手掛かりに、隊員の生涯を追うことのできる情報が、『留守名簿 関東軍防疫給水部』に記載されているといえる。

なお、本稿では、留守担当者の氏名や住所などの翻刻が完了していない段階での結果である。これらの翻刻結果が集計分析などに追加されれば、さらに構成の解明が進むものと思われる。

また、『関東軍防疫給水部 復七名簿』との照合などにより、『留守名簿 関東軍防疫給水部』では判読が困難あるいは不可能であった箇所も究明できる可能性があると考えられる。その際に、本稿で示した各種の分類に基づく集計結果の見直しも必要になると考えられる。その意味でも、本稿の構成概要は暫定的であるといえる。

本結果で示された隊員数は、冒頭で述べた国会議事録で示された人数や『留守名簿 関東軍防疫給水部』に添付された諸表（表1～4）のどの人数とも合致しない。このような相違が生じる経緯についても今後の検証が必要と考えられる。

文献

（1）榊利夫：質疑．第九六回国会衆議院 内閣委員会議録 第九号、二一頁、一九八二年四月六日。http://kokkai.ndl.go.jp/SENTAKU/syugiin/096/0020/09604060020009.pdf.

謝辞

『留守名簿 関東軍防疫給水部』については、筆者による翻刻後、原文夫、奈須重雄の両氏による再チェックの途中にあるが、それらの情報も参考にして、本稿執筆を進めたことをここに記し、両氏に謝意を表する。

本稿ならびに『留守名簿 関東軍防疫給水部』と同スプレッドシートに関する問い合わせ、情報提供は、「戦争と医学研究所」ホームページのhttps://war-medicine.jimdo.com/問い合わせ/を通じて行ってください。

『留守名簿 関東軍防疫給水部』の公開をめぐって

西山勝夫

一 『留守名簿 関東軍防疫給水部』の国立公文書館所蔵を知るまで

筆者は、別記した契機(1)で、全国の医学者・医師らの有志による「一五年戦争と日本の医学医療研究会」(設立二〇〇〇年六月一七日)、「『戦争と医の倫理』の検証を進める会」(前身より設立二〇〇六年七月三〇日)に参加し、医学者・医師、医学界・医療界の戦争加担の検証を進めてきた。

留守名簿は森村誠一著の『悪魔の飽食』(2)で「厚生省が保管している関東軍防疫給水部留守名簿」として写真が紹介されたことや一九八二年四月六日の国会参議院・内閣委員会における質疑(3)(4)に対する政府答弁から存在は確認されていたものの、公開されず、行方は定かではなかった。

二〇〇四年に陸軍軍医学校防疫研究報告(第二部)が不二出版より発掘されたのを機に「一五年戦争と日本の医学医療研究会」により設立された解題プロジェクトチームでの共同研究において、同報告所収の論文が医学博士授与の際の学位論文に用いられていることが明らかにされた。そこで筆者は731部隊員と言われてきた者の氏名を頼りに京都大学を焦点にして、医学博士の学位授与の経緯の調査研究にも着手した。

京都大学に関しては京都大学大学文書館に大部分の学位授与記録が所蔵されていることがわかり、その解題を進めた。同館で見当たらなかった記録や東京大学、新潟大学、満洲医科大学、京城帝国大学医学部、台北帝国大学医学部に関しては、国立公文書館(以下、公文書館)デジタルアーカイブの利用を二〇一一年に始めた。検索できた学位授与記録の「公開状況」は全て「要審査」であった。敷居が高いと聞いていたが、公文書館による審査の結果、京都大学では公開されなかった本籍を含め被覆なしにすべての記録が公開されてきた。

調査中のある時「関東軍防疫給水部」を検索したところ『留守名簿』を見つけた。「公開状況」は「要審査」と表示されていた。このことから、まだ外部の誰もが閲覧していないと推察し、利用請求に着手することにした。

二 留守名簿の検索と「731」部隊員実名公開まで

請求前の検索では、検索語が『留守名簿』の場合八三三九件、その内「防疫給水部」は六八件(参、付表)であった。731部隊の実名がわかる名簿は公開されないかもしれないと考え、731部隊とあまり関係がなさそうな名簿と列挙して所定の手続きに沿って以下①から⑥の利用を請求する方略をとることにした。①留守名簿(南方)南方軍防疫給水部岡第9420部隊(以下、9420部隊)、②留守名簿(南方)第九四師団防護給水部威烈第18513部隊(以下、18513部隊)、③留守名簿(支那)北支那防疫給水部・甲第1855部隊(以下、1855部隊)、④留守名簿 第一三七師団病馬廠防疫給水部留守名簿、⑤留守名簿 関東軍防疫給水部(以下、関防給)、⑥関東軍防疫給水部 復七名簿一、同二(以下、関防給復七)であった(731部隊に直接関連するのは⑤と⑥)。さらに公開決定の場合の「写しの作成方法」については、原本の光ディスクへのカラー写し(カラースキャニング)を二〇一四年一一月一二日付で請求した。

平成二七(二〇一五)年一二月一六日付で「利用決定の期限の特例の適用について(通知)」が郵送されてきた。通知文は「一一月一六日付けの特定歴史公文書等の利用請求については、下記のとおり、独立行政法人国立公文書館利用等規則第一六条第四項の規定(利用決定の期限の特例)を適用することとしましたので通知します。」「利用請求に係る特定歴史公文書等が著しく大量にあり、その審査に時間を要しているため。」「利用決定する期限(平成二八年一月一五日までに可能な部分について利用決定を行い、残りの部分については、次に記載する時期までに利用決定する予定です。)平成二八年四月二八日(木)まで」というものであった。独立行政法人国立公文書館利用等規則を調べたところ、確かに一六条第四項に「利用請求があった日から六〇日以内にそのすべてについて利用決定をすることにより事務の遂行に著しい支障が生ずるおそれがある場合には、第一項及び前項の規定にかかわらず、利用請求に係る特定歴史公文書等のうちの相当の部分につき当該期間内に利用決定をし、残りの部分については相当の期間内に利用決定をすることができる。」と規定されていた。

二〇一六年一月一二日に公文書館から18513部隊の「特定歴史公文書等利

用決定通知」（以下、「利用決定通知」）のメールが届いた。その主たる内容は左枠内のとおりであった。

> 請求全七件は、利用決定の期限を延長させて頂いておりますが、内一件の審査が終了し、本日付けにて利用決定致しました。つきましては、下記の三点につきまして、お伺い致します。
>
> ①御利用方法と致しまして、写しの交付をお選び頂いておりますが、利用決定したものから順次、複写のお手続きに入っても宜しいでしょうか？
>
> ②写しの作成方法について
>
> 今回の審査結果により、資料の御用意は以下の通りとなっております。
>
> ・平二三厚労〇六六七五　→閲覧用代替物（B４・白黒）
>
> 写しの作成方法は「スキャニング（光ディスク）」にチェックが入っておりますが、一番お安くできる方法としまして、用紙への複写（閲覧用代替物に限る）がございます。

その直後数日にわたるメールのやり取りで、今後利用決定されるものも含めて「閲覧用代替物（B４・白黒）」の複写であることが明らかとなったことや『留守名簿』は筑波分館に所蔵されていることがわかり、利便性を考慮して、「用紙への複写（閲覧用代替物に限る）」の利用方法を選択することにした。

しばらくして届いた一月一二日付の「利用決定通知」には１８５１３部隊の「一部の利用を認める」、その理由欄には「公文書管理法第一六条第一項第一号イ（親族（留守担当者）を特定する情報、戦犯とその親族を特定する情報は、個人に関する情報であり、時の経過を考慮してもなお、公にすることにより、個人の権利利益を害するおそれがあるため）」と記されていた。

この段階では異議を申し立てないことにし、同封されてきた「特定歴史公文書等の利用の方法申出書」を郵送した。同年一月一九日付で「特定歴史公文書等の写しの交付等に係る手数料等通知書」（以下、「手数料等通知書」）が届いたので所定の送金をしたところ、同二二日に領収書が届き、二月一〇日頃に１８５１３部隊は納品された。

二月一〇日付の「利用決定通知」は９４２０部隊、四月七日付の「利用決定通知」は１８５５部隊と第一三七師団病馬廠防疫給水部に関するものであった。いずれも「一部の利用を認める」でその理由は前述と同じであった。関東軍防疫給水部については問い合わせても四月二八日迄待つようにという返事しか得られなかったが、特定歴史公文書等利用決定通知（二〇一六年四月二八日付）がゴールデンウイーク中に届いた。「決定の内容及び利用制限を行う部分があればその理由」の欄に「複製物により一部の利用を認める」とあり、とその理由は前述と同じであったが、さらに「原本の利用を認めない理由」の欄に「多数の利用制限情報があり、当該情報が記載されている範囲を被覆する方法で原本を利用に供することが困難なため」（すなわち、「用紙への複写（閲覧用代替物に限る）」）と明示されていた。公文書館から「手数料等通知書」が届いたのは五月一二日であった。五月一六日に送金し、関防給、関防給復七が手元に届いたのは同二八日であった。

これを一刻も早く人々に伝えるために、二〇一六年六月八日に開催された「戦争と医の倫理」の検証を進める会の「日本学術会議の軍事研究容認の動きを危惧し、反対する医学医療関係者の声明発表」の記者会見で、資料を配布し報告を行った。しかし、二〇一八年四月一四日の京都大学における記者会見での紹介を機にした報道のように注目されることはなかった。

三　『留守名簿』が国立公文書館で公開された経緯

公文書館デジタルアーカイブを様々なキーワードで検索していて、『留守名簿』は、厚生労働省の「戦没者等援護関係の資料の国立公文書館への移管」の一環として、公文書館で公開されたことがわかった。

厚生労働省社会・援護局業務課は二〇一〇年三月一九日に報道関係者に「戦没者等援護関係の資料の移管等について」[5]を発表した。その内容は左枠内のとおりで、工程予定表も付されていた。

そして、二〇一六年五月現在で公文書館に移管された資料は左枠内のとおりであった。表．厚生労働省《これまでに移管した資料名》（平成二八年五月現在）[6]

> 厚生労働省では、戦没者等援護関係の資料を保管しており、援護年金支給や戦没者の慰霊事業等のための援護関係業務に使用しています。
>
> これらの資料について、資料の公開と後世への伝承を図るため、原則として国立公文書館に移管することとします。具体策については、戦後七〇周年に当たる平成二七年度までの五か年の計画を平成二二年度中に策定します。

作業方針の概要

平成二二年度：保管資料の全容把握・計画の策定（歴史研究者等の有識者からの意見聴取）等
平成二三年度〜二七年度：各資料の分類・仕分け（移管・継続保管・公表等。歴史研究者等の有識者からの意見聴取）、国立公文書館との協議、移管のための電子化、目録の作成、移管等

（参考）
厚生労働省で保管している主な戦没者等援護関係資料の例
・留守名簿（陸軍軍人外征部隊所属者の現況及びその留守関係事項を明らかにしたもの）
・軍人履歴原表（海軍軍人個人ごとの採用から退職までの履歴）
・死亡者連名簿（死亡した方の死亡年月日、死亡場所、死亡状況等）
など、延べ約二三〇〇万人

1 海軍死没者功績明細書（約一四〇〇冊）
2 海軍軍人軍属死没者原簿（約一四〇〇冊）
3 軍人軍属功績調査票（海軍）（約三二〇〇冊、マイクロフィルム 約五〇〇本）
4 各地上陸者名簿（海軍）（約一二〇冊）
5 帰還者カード（海軍）（約二六〇冊）
6 復員業務従事者名簿（海軍）（約三七〇冊）
7 軍人本籍地名簿（海軍）（約二二〇冊）
8 徴用船員カード（海軍）（約五〇冊）
9 留守名簿（北方、南方、沖縄、支那、航空、船舶）（陸軍）（約八〇〇〇冊）
10 陸軍部隊略歴（約二七〇冊）
11 陸軍除隊召集解除者連名簿（約二二六〇冊）
12 陸軍身上申告書（約三七八〇冊）
13 陸軍復乙名簿（約五〇冊）
14 旧ソ連邦政府等提供資料（約一〇〇冊、マイクロフィルム 約二三〇〇本）
15 引揚者在外事実調査票（約一七〇〇冊）
16 中共帰還者身上申告書（約六〇冊）
17 遺骨遺留品名簿（約四三〇冊）

18 ふ虜カード（九九八冊）
19 死亡者連名簿（陸軍人事資料）（約二三六〇冊）
20 陸軍連合軍関係文書（約二八〇冊）
21 留守名簿（副等）（陸軍）（約七二〇冊）
22 将校名簿（陸軍）（約一九〇冊）
23 陸軍軍属船員カード（約六七〇冊）
24 陸軍工金カード（約六六〇冊）
25 陸軍高等官名簿（一二冊）
26 入院患者名簿（陸軍）（約二〇七〇冊）
27 海軍連合軍関係文書（約六〇〇冊）
28 軍人叙位叙勲履歴表（海軍）（約一一五〇冊）
29 士官名簿（海軍）（約一九〇冊）
30 ソ連邦抑留死亡者名簿（翻訳）（一八冊）
31 軍人傷痍記章カード（陸軍）（約七〇冊）
32 病床日誌・入院患者名簿（陸軍）（約七〇冊）
33 開拓団在籍者名簿（約一三〇冊）
34 義勇隊名簿（約九〇冊）
35 県別移動経路票（約五〇冊）
36 職域名簿（旧満州等）（約一六〇冊）
37 開拓団実態調査表（約四〇冊）
38 邦人死亡者索引簿（約七〇冊）
39 中共帰還者名簿（一〇冊）
40 中共乗船者名簿（一一冊）
41 省別帰還者名簿（旧満州等）（約三〇冊）
42 外地引揚調査票（約八一〇冊）
43 引揚者名簿（約五二〇冊）
44 総動員関係死亡者名簿（約七〇冊）

（注）国立公文書館で一般の利用に供されるまでには、一定の時間がかかります。

「これまでに移管した資料」を累計してみると簿冊三万冊以上、マイクロフィ

ル厶約二八〇〇本となる。兵籍簿と称されるものは見当たらなかった。兵士の戸籍ともいわれる兵籍簿は、軍歴証明書発行の際の台帳とされているとのことである。兵籍簿は陸軍であれば軍人の本籍地の都道府県、海軍であれば厚生労働省社会・援護局が一括して保管し、それに基づき、軍歴証明書が発行されているという。

ところで、上述のように公文書館で所在がわからない資料については、厚生労働省に尋ねることを同館担当者から勧められたので、試みたところ、前述表に示された資料で移管はほとんど完了している、残されているのは海軍関係若干だけである（海軍の場合、陸軍のように留守業務は、都道府県に移管されることなく中央省庁で行われている、すなわち、使用中であるので資料は移管できないとのこと）、二〇一五年度の移管は最近完了したばかりなので、公表リストに掲載されるのはおよそ一年後になるのではないかとの説明を受けた。

二〇一五年度に移管された資料の中に、731部隊に並ぶ非人道的悪行がなされていたという中支防疫給水部（通称：栄一六四四部隊）など探索中の資料が果たして含まれるかどうかは二〇一七年の五月頃まで待たねばならないということが判明した。

四　『留守名簿』とは

『留守名簿』の入手に努める傍ら、陸軍で『留守名簿』が作成されるようになった経緯の調査も行った。『留守名簿』を主題にした書は、「国立国会図書館のサーチ」では見当たらなかった。

アジ歴グロッサリー(7)によると、陸軍留守業務部が「一九四五年五月一八日に陸軍省に設置。戦地と外地、および内地のうち陸軍大臣が指定する地域にある部隊に属する陸軍軍人・軍属に関する記録の作成・整理、保存、その家族等に対する俸給その他給与の払い渡し等を所掌した。その業務は終戦後も継続され、陸軍省の廃止後は第一復員省留守業務部に引き継がれた」とあるが、留守名簿については記されていない。

第一復員省留守業務部は、アジ歴グロッサリー(8〜12)によると、「一九四五年一二月一日、陸軍関係の復員業務を司るため設立」、復員省が統合され復員庁が設置された際に留守業務局に改称された。

留守名簿についての言及は、留守業務局の項において「留守業務局は外地部隊の留守名簿を保管整備し、関係機関を指導・連絡し、外地部隊所属の軍人・軍属の状況を明らかにし、その最終整理に任じる」という記述(7)が初めてである。「留守名簿の保管整備」ということであるから、留守名簿が留守業務局で作成されたものでないことが推察される。以上の経緯と今回公開されることになった『留守名簿』の作成年月日の多くが敗戦前であることから、陸軍留守業務部の設置以前に留守名簿は作成され始めたと推察されるが、詳細は今後検証されるべきであろう。留守業務局の業務はその後、厚生省に移管され(12)、現在は厚労省社会・援護局の所掌となっている。

五　公開内容の問題とその解決

『留守名簿』の閲覧を通じて判明したことは、装丁は異なるものの各頁の名簿の記載欄は、編入年月日、前所属及其編入年月日、本籍、留守担当者の住所・続柄・氏名、徴集年、任官年、役種兵種官等　並び給級俸月給額、発令年月日、氏名、生年月日、留守宅渡ノ有無、補修年月日の順となっており、そのほかに欄外に記入された事項からなっていた。実名は基本的にはアイウエオ順に整理されていた。関防給復七は関東軍防疫給水部隊員を都道府県別アイウエオ順に、氏名、処決日、兵種、官等、本籍、摘要、欄外メモを記した名簿であった。

1855部隊以外は、部隊の役種別人数などの表が添付されていた。関防給では、隊員総数が異なる表が添付されていたが、前述の国会議事録の留守名簿に関する榊利夫議員の質問に対する政府側の答弁で述べられた留守名簿の人数(4)と一致する人数が記載された表は見当たらなかった。この点からも名簿本体の翻刻を行い、重複を除き、計数し、実人数を確認する必要があると考えられた。

18513部隊、9420部隊には略歴が収められていた。また、第一三七師団病馬廠防疫給水部には、『復七名簿』も綴じられていた。

全隊員の実名や生年月日などは明らかにされたものの、本籍、留守担当者の住所・氏名の部分は「裏写りの箇所」とともに黒色であったことから、「一部の利用」の範囲が判明した。

関防給の中表紙は前述の森村誠一著の『悪魔の飽食』(2)の写真と酷似していることから同一の留守名簿と判断された。同表紙には手書きの整理番号とGHQのスタンプのあるラベルが貼ってあるように見えることから、同名簿が一時連合軍司令部に渡ったと考えられた。末端の731部隊員がMP（MilitaryPoliceの略称で、アメリカ軍の憲兵隊）に見つかり尋問されたという証言も、この『留守名簿』の情報を手掛かりにして探索されたということで説明がつくと考えられた。牡丹江支部長と言われた尾上正男（『留守名簿』における役種・軍医少佐、以下同じ）、海拉爾支部長と言われた加藤恒則（軍医少佐）、林口支部長と言われた榊原秀夫（軍医少佐）、孫呉支部長と言われた西俊英（軍医中佐）、大連衛生研究所長と言われた安東洪次（技師二等）が記載されていることからも、満洲第７３１部隊だけではなく関東軍防疫給水部隊全体の名簿であり、満洲第６５９部隊が関東軍防疫給水部の通称名であることがわかったが、所属の支部や部署は記されていない。

関防給、関防給復七、１８５５部隊、９４２０部隊についてはアルバイトの支援を得て、解読し、スプレッドシートの一覧表にすることにした。しかし、「閲覧用代替物（白黒）」のコピーでは、判読が不可能な場合や判読ミスがより生じやすいと想定され、実物の閲覧あるいはカラーコピーの入手が不可欠であると確信した。

関防給、関防給復七の入手を機に、公文書館における中支那防疫給水部、１６４４部隊の所蔵の調査と『留守名簿』中の「防疫給水」で検索し、既請求分を除いた残り六一件を追加請求することにした（内、『復七』は七件）。六月五日に請求した『留守名簿』以外の名簿一八件と『留守名簿』四件については、七月五日付通知において、四件は「全部の利用を認める」、残り一八件については、「利用請求に係る特定歴史公文書等が著しく大量にあり、その審査に時間を要しているため」「第一六条第四項（利用決定の期限の特例）を適用することと」し、二〇一六年八月五日までに可能な部分については利用決定を行い、残りの部分については、二〇一七年二月二日までに利用決定する」とあった。上述三件についてはスキャニングによるＣＤ－Ｒ・ＤＶＤ－Ｒなどの可搬媒体への記録（以下、スキャニング納品）を申請し、『留守名簿』一件については九月八日に本館で閲覧する旨の「特定歴史公文書等の利用の方法申出書」（以下、「利用の方法申出書」）を郵送した。

七月二六日に請求した残りの検索済の『留守名簿』五七件についての九月三〇日付の利用決定通知書では、五件については「全部の利用を認める」とあったが、残りについては七月五日付通知と同じ理由で、「二〇一八年三月三〇日までに利用決定する」とのことであった。最長一年半も待たねばならないという利用制限は七月五日付通知の期限に比べると年度を越え、かつあまりにも長すぎ不当と思え、電話で抗議と折衝を繰り返したが、進展はなかった。

この間、五月雨式に利用決定通知書が届いた。非公開の決定はなく、「一部の利用を認める」という決定通知の場合でも全隊員に及ぶ被覆ではなくごく限られた隊員についてのみの被覆で、理由欄には「公文書管理法第一六条第一項第一号イ」の理由欄にあげられた情報は「身体の障害のある者を特定する情報」「家族関係（内縁関係）」であり、「親族（留守担当者）を特定する情報」「戦犯とその親族を特定する情報」はあげられていなかった。

以上の問題を提起し審議をお願いした「一五年戦争と日本の医学医療研究会」幹事会（二〇一六年一一月二三日）では「国立公文書館における公文書の公開に関する声明」[13]が決議された。その要旨は以下のとおりであった。

1) 防疫給水部隊名簿類の開示可否の審査は、申請受付後、長い場合一年半以上を要するとされていること。

これはその他の公文書の審査に比べてきわめて長く、厚生労働省が名簿類の公開に踏み切った趣旨に反するものではないかと考えます。

2) ６５９部隊、１８５５部隊、９４２０部隊などについては、その後送付された名簿の記載内容と大差がないにもかかわらず、原簿の多くの項目についてマスクされ、それらのモノクロの複製物の閲覧か複写しか認められないこと。

ところがその後公開された他の名簿については、特にそのような制限もなく、閲覧でき、カラー複写も提供されています。なぜこのような異なる管理が行われるのかは、審査請求者には説明がありません。

以上の問題は速やかに解決されなければならない。

同声明は二〇一七年二月六日付の公文書館長宛の要望書が添えられて簡易書留で発出された。

公文書館から順次届く決定通知については、スキャニング納品では費用がかさむので、東京に赴くついでに公文書館本館で閲覧し、写真が必要と思われる部分については自ら撮影するという方法をとることにした。

六　二度目の利用決定と課題

公文書館とのやり取り及び本館での閲覧の回を重ねるうちに、公文書館の公文書管理官に相談する機会が生まれ、さまざまな示唆を得ることができた。その一つに、再度の申請による利用の可能性があった。そこで二〇一七年一二月一一日付で『関防給』のスキャニング納品を再請求したところ、二〇一八年一月一一日付の公文書館から届いたメールでは以下が記されていた。

> こちらは全冊閲覧用複製物（モノクロ）となります。
> カラーで提供とのご要望をいただきましたが、審査作業の効率等を含めて検討した結果、モノクロでご提供することと判断いたしました。ご了承ください。
> 画像は撮り直しを行い、以前にご覧いただいたものよりも鮮明に見えるようになっております。
> また、公開の範囲も広がっております。

依然として「全冊閲覧用複製物（モノクロ）の複写」には変わりがなく、その理由は公文書等の管理に関する法律(14)に規定された公文書館のあり方にも反すると考えられるものであった。同一〇日付の利用決定通知書では「一部の理由を認める」とその理由は前述と同じであったが、「原本の利用を認めない理由」の欄の記載はなかった。やり取りを重ねた結果、利用制限されたページ数は二七であることが判明し、表紙、中表紙三枚分だけはカラーというところまでの進展で妥協し、「閲覧用代替物（B４・白黒）」のスキャニング納品の「利用の方法申出書」を郵送した。一月三一日付の「手数料等通知書」が届き、送金後、二月二日付の複写物の送付が公文書館からなされた。複写枚数は七五一枚、被覆された件数は一三であった。

納品確認直後、『６４２０部隊』、『１８５５部隊』、『第１３７師団病馬廠防疫給水部』もカラースキャニング納品の再請求を行ったところ、二月一〇日付で『６４２０部隊』の利用決定通知書が届いた。「一部の利用を認める」理由に関しては当初の家族関係（内縁関係）から親族（留守担当者）を特定する情報に変わっていた。『１８５５部隊』については二月一四日付で利用決定通知書が届いた。当初の「親族（留守担当者）を特定する情報、犯罪者とその親族を特定する情報」から「犯罪者とその親族を特定する情報」のみとなっていた。折衝の末この二件についてはカラースキャニングの請求が認められ、三月二九日に「手数料等通知書」が届き、送金後、四月一九日付の複写物の送付が公文書館からなされ、残すは『関防給』及び『関防給復七』の実物閲覧あるいはカラースキャニングのみとなった。

三月二三日付の利用決定通知書で、二〇一六年九月三〇日付の利用決定通知書で公文書館が示した「二〇一八年三月三〇日までに利用決定する」との約束が果たされた。請求した公文書で、二〇一八年三月三一日までに非公開と決定されたものはなく、閲覧できた留守名簿数は追加利用請求分も含めて七一件、「一部の利用を認める」理由に関しては以上の外に「平成四年に地方自治体等が特定の個人の軍歴等の照会を厚生労働省に行った文書のうち、当該照会対象者を特定する情報」、「疾病者を特定する情報」であった。移動経路や戦闘の地図、部隊編成から解散までの経緯を記述した文書などが綴じられている『留守名簿』もあった。また名簿の調整年月日が一九四五年九月三日以降のものもあった。前所属が「関防給」と記された者が多数いた『留守名簿』も散見された。

七　『留守名簿』公開の影響

『留守名簿』閲覧可を機に筆者が防疫給水部隊のすべてを閲覧することにしたのは、医学者・医師・看護婦などを発掘し、その生涯を探求することを通じて、医学・医療分野におけるかつての戦争における加担、責任、二度と繰り返さない道筋の解明に資するということにあった。

その取り組みの過程で、『留守名簿』公開の影響はそれだけに留まらないことも見えてきた。

二〇一六年の公開により、ご自身が７３１部隊に所属していたと主張してきたにもかかわらず長きにわたって役所から認められなかった方が『留守名簿』上で確認できたり、隊員の『留守名簿』情報を提供したりすることにより、幾人かの証言者から様々な知見を得ることができた。

『留守名簿』の公開・出版については、二〇一八年四月一四日の京都大学での記者会見を機に、「研究に役立ててもらうため、今後ホームページで公開する」などと報じられたことを知った「遺族」であるという方が伝えてきたような「ゲーム感覚の犯人捜し」「同姓同名の別人への迷惑」などの恐れがないとは言い切れない。また、二〇一六年の一部利用や今回の報道を機にして生存者を『留守名簿』上で確認できたことからも『留守名簿　関東軍防疫給水部』の名簿には生存者も含まれていることが明らかとなった。いったん公開した内容がどのように利用されるかについて公文書館は不問とし、生じた問題の責めは利用者にあるとしている。出版、公開に当たっては「個人情報」「死者の情報」の扱いについて、吟味しておかなければならない。

①厚生労働省にある戦没者等援護関係の資料の公文書館への移管の趣旨・目的は「これら資料について先の大戦に関する貴重な歴史資料として、広く研究者等が利用できるようにしていくとともに、後代に確実に引き継ぐこと」（厚労省「戦没者等援護関係の資料の移管等について（案）」二〇一〇年三月二二日）とされていること

②「個人、法人等の権利利益や公共の利益を保護する必要性は、時の経過やそれに伴う社会情勢の変化に伴い、失われることもあり得ることから、審査において『時の経過を考慮する』（公文書等の管理に関する法律《以下、法》第一六条第二項）に当たっては、利用制限は原則として作成又は取得されてから三〇年を超えないものとする考え方を踏まえるもの（国立公文書館利用等規則第一二条第三項）とし、時の経過を考慮してもなお利用制限すべき情報がある場合に必要最小限の制限を行うこととする。また、審査においては、特定歴史公文書等に付された意見を参酌することとなるが（法第一六条第二項）、『参酌』とは、各機関等の意見を尊重し、利用制限事由の該当性の判断において適切に反映させていくことを意味するものであり、最終的な判断はあくまで国立公文書館の長に委ねられている。」（国立公文書館「独立行政法人国立公文書館における公文書管理法に基づく利用請求に対する処分に係る審査基準」二〇一一年四月一日）とされていること

③「法第一六条第一項第一号及び第二号の利用制限情報該当性の判断基準」（同審査基準）により利用決定されていること

とされていることから、『留守名簿』上の個人情報の出版やインターネットなどによる公開については現行法制度上問題ないといえよう。

『関防給』、『9420部隊』、『1855部隊』は細菌兵器を開発・使用したことがかねがね言われてきた。特に『関防給』は、『中支那防疫給水部、1644部隊』ともに、731部隊細菌戦国家賠償請求訴訟で、国家無答責の法理で国家賠償請求は棄却されたが、細菌兵器使用の罪状は確定された（最高裁判所、二〇〇七年五月九日）。戦時中、日本は批准していなかった「窒息性ガス、毒性ガス又はこれらに類するガス及び細菌学的手段の戦争における使用の禁止に関する議定書」（一九二五年六月一七日作成）に盛られた国際規範に違反していること、日本が批准していない国連総会決議「戦争及び人道に対する罪に対する時効不適用条約」（一九六八年一一月二六日）に照らし合わせれば、軽重の差はあるかもしれないがすべての部隊員は罪を問われるべきであることが省みられなければならない。

かつての戦争において日本は二〇〇〇万人ともいわれる他国の人々を死に至らしめるなどの加害の歴史を有し、多くの人々が今も肉親を失った苦悩などのもとにある。何人にも、他者の人命の犠牲の上にある遺族や子孫などの安寧はあり得ないという倫理観が求められる。『留守名簿』によって隊員の縁者が明らかになることは、隊員の負うべき責めだけでなく、縁者を通じても日本（人）の加害の責めの全体像と二度と繰り返さない道が具体的になること（研究）につながると考えられる。公文書に基づくある部隊の全隊員の実名の公表と解明は日本史上初と思われ、日本軍細菌戦部隊の存在を証する確実な証拠にとどまらず、厚労省から移管された延べ約二三〇〇万人分の名簿の研究の端緒を開くものとなることが期待される。それは予想を超える「インパクト」をもたらすのではないだろうか。なぜなら、ナチス医学犯罪に勝るとも劣らない非人道的行為を行った関東軍防疫給水部などの全員の実名が公開されたが故に、二〇〇〇ヶ所以上で化学兵器が使用されたとする中国の調査で明らかになっている地域に侵略していた部隊やその他の蛮行を行なったと言われてきた部隊の名簿を公開しないわけにはいかなくなるからである。延べ約二三〇〇万人の実名が記載された簿冊三万冊以上、マイクロフィルム約二八〇〇本の公開の突破口となり、さらに一人一人の隊員の動態を通じて、かつての戦争と戦後の史実の解明を可能とする一人一人の隊員に関するデータベースの構築につながるからである。その意味で、『留守名簿』のできる限り正確な翻刻版をできるだけ早く調査研究者に公開することは喫緊の課題と考える。

厚労省の「旧軍人軍属の恩給、軍歴証明書に関する業務」（二〇一八年五月二日）にも、「旧陸海軍軍人・軍属の軍歴」については「個人情報であることから、本人またはその遺族、行政機関等からの照会を除き、原則として非公開としています。」と改めて記されたことから、厚労省を通じての公開は閉ざされていることには変わりがないことが明らかになり、公文書館所蔵の名簿の持つ意義が一層際

立つ。

八　今後の課題

1）　一九三八年には一八の防疫給水部が作られた⒂とされるが、今回の検索で七〇以上の防疫給水部（隊）の存在が確認された。当初の一八の防疫給水部の変容と、これまで調査研究の俎上にあがることのなかった防疫給水部（隊）について、陸軍軍医学校防疫研究室を頂点とした防疫給水部および防疫給水部隊のネットワークとの関連が解明されなければならないだろう。その一方法として、前所属が「関防給」と記された者が多数いた『留守名簿』も散見されたことから、他の『留守名簿』も解読し、前所属が関防給、９４２０部隊、１８５５部隊であった隊員を洗い出すという実証的課題が考えられる。

2）　中支防疫給水部（栄１６４４部隊）、南支防疫給水部（広州第８６０４部隊）の『留守名簿』の所在がいまだ不明であることから、他にも防疫給水部（隊）の『留守名簿』が存在すると考えられる。厚労省の移管資料の目録の公開、公文書館が、厚労省の「戦没者等援護関係の資料の移管」事業によって受領した資料の目録の公開、厚労省は本当にすべての名簿を国立公文書館に移管したのかの確認などが差し当たって必要であろう。

3）　厚労省が「これまでに移管した資料名」（平成二八年五月現在）では、公文書館の検索ではすぐにヒットしないことがあったことから、公文書館が独自の分類を行っていることが判明した。その分類・資料名の変更の履歴は公開されず、厚労省目録との照合の困難にも直面した。公文書館には、労働省社会・援護局が作成した留守名簿簿冊コード表（［請求番号」平17厚労０１９０９１００）が所蔵されている。その名称から、全留守名簿についての索引ができる台帳に当たるような簿冊ではないかと推察される。もしそうならば、公文書館のやり方は「先の大戦に関する貴重な歴史資料として、広く研究者等が利用できるようにしていくとともに、後代に確実に引き継ぐことが必要と考えられる」（前掲引用）とした厚労省の方針にも反すると言わざるを得ない。これらの改善が図られないと約三万冊の資料は、埋もれたまま時を重ねることになりかねない。

4）　『関防給』、『９４２０部隊』、『１８５５部隊』の「一部の利用を認める」公開については、本籍、留守担当者の住所・氏名が、二〇一六年には全員非公開であったのが二〇一八年には一三名の非公開と、激減した。このことから、公文書館は、「戦犯とその親族を特定する情報」、「家族関係（内縁関係）から親族（留守担当者）を特定する情報」、「犯罪者とその親族を特定する情報」などを独自に有しており、それとの照合などのために公開に至るまで異常に長時間を要しているのではないかという疑念が生じた。もしも公文書館がかかる個人情報を持っているとするならばそれ自体問題であろう。かかるプロセスが妥当とされるのであれば、もしも厚労省から移管された約三万冊の簿冊全部の利用の請求がなされた場合、現状の公文書館の人員や予算では、「利用決定通知書」が出されるまでには途方もない時間を要することは想像に難くない。

5）　「残すは『関防給』及び『関防給復七』の実物閲覧あるいはカラースキャニングのみとなった」と前述したが、その理由として挙げられた「審査作業の効率等を含めて検討した結果」というのも理解できない。名簿上の情報を一件一件について公開か非公開かを決定し、被覆することに比べれば、原本破損の影響は少なく、カラースキャニングかモノクロスキャニングの手間もほとんど変わらないのではないか。原本破損を憂えるのならカラー画像を保存し利用請求に備えれば済むことではないか。この打開には、読者の公文書館への声にも期待できるのではないかと思われた。

6）　『関防給』、『９４２０部隊』、『１８５５部隊』以外の閲覧では、「疾病者を特定する情報」とかかわって、特定の疾患に罹患した隊員については非公開となったことが認められたことから、公文書館の「疾病観」も垣間見え、今後検討を要すると考えられた。

7）　陸軍については援護業務の地方移管のために『復七名簿』が作成されたとのことであるが、どの『留守名簿』にも『復七名簿』が揃っているわけではなかった。すべての部隊について『復七名簿』が作成された訳ではないのか、『復七名簿』の移管あるいは公文書館の検索システムの「公開状況」欄にアップされていないためなのかはいまだ不明である。『復七名簿』があれば、『留守名簿』の判読不明箇所の解読に役立てることができるだけでなく、都道府県別に整理されているために、地域をベースにした隊員に関する調査研究がより容易になる。

8）　閲覧した他の『留守名簿』でもGHQのスタンプのあるラベルを確認できたことから、同名簿が一時連合軍司令部に渡り、連合部員が読めるように翻訳した文書が作成され、それをもとにMPなどが隊員から聴取などしたのではないかと推察された。翻訳名簿や収集記録などの文書の所在はまだ確認されていないが、その探索を通じて、新たな証言・証拠が発掘できる可能性があると考えられる。

文献等

（1）西山勝夫『戦争と医学』文理閣、二〇一四年

（2）森村誠一『新版続・悪魔の飽食（改版第五版）』一八三頁、角川文庫、一九九四年

（3）第二七回日本医学会総会出展「戦争と医学」展実行委員会編『パネル集 戦争と医学』三恵社、一一三頁、二〇〇七年

一九八二年四月六日、参議院・内閣委員会で、榊利夫議員「関東軍防疫給水部に所属していた軍人軍属」と「生体実験」について質問。

（4）榊利夫：質疑。第九六回国会衆議院 内閣委員会議録 第九号、二二頁、一九八二年四月六日。http://kokkai.ndl.go.jp/SENTAKU/syugiin/096/0020/09604060020009.pdf.

○榊委員 恩給問題と関連いたしましていわゆる７３１部隊の問題で質問をいたします。

旧満州、つまり中国の東北地方にいました旧軍人軍属のうちで、関東軍防疫給水部に所属していた軍人軍属などがいます。そのうち恩給官員、つまり恩給を受ける公務員、これは何人いたのか、それから非恩給官員は何人だったのか、資料ございますか。

○森山説明員 関東軍防疫給水部、通称石井部隊という部隊でございますが、この部隊の復員者、つまりお帰りになった人のうちで恩給公務員の数、恩給公務員の数と申しましても普通恩給の年限の資格があるかどうかわかりませんが、一応身分的に恩給公務員となるという人の数を申し上げます。

私どもで保管しております留守名簿という名簿がございまして、これは昭和二〇年一月一日現在で外地にあった部隊の所属者の名簿でございます。これは終戦後も残務整理で復員の記録などを書き込んだものでございます。これによりますと、将校が一三三名、准士官、下士官、兵、これが一一五二名、それから文官と申しますが、これは技師とか技手、それから属官でございますが、これが二六五名、合計一五五〇名です。

それから恩給公務員でない人、つまり雇傭人が主体でございますが、この方々が二〇〇九名。

以上でございます。

（5）厚生労働省 社会・援護局：戦没者等援護関係の資料の移管等について。報道発表資料，二〇一〇年三月一九日．http://www.mhlw.go.jp/stf/houdou/2r98520000004zo4.html.http://www.mhlw.go.jp/seisakunitsuite/bunya/hokabunya/senbotsusha/shiryou_ikan/dl/pr220319.pdf.

（6）厚生労働省社会・援護局：戦没者等援護関係資料の国立公文書館への移管について 報道発表資料。http://www.mhlw.go.jp/stf/seisakunitsuite/bunya/hokabunya/senbotsusha/shiryou_ikan/.

（7）アジ歴グロッサリー：陸軍留守業務部。https://www.jacar.go.jp/glossary/term/0100-0020-0010-0020-0020.html.

（8）アジ歴グロッサリー：第一復員省留守業務部。https://www.jacar.go.jp/glossary/term/0100-0020-0010-0070-0010.html.

一九四五年一二月一日に公布された「第一復員省官制」に基づき制定された役職。陸軍大臣の所掌する事項にして復員とそれに関連する事項を司る。

（9）アジ歴グロッサリー：第一復員省。https://www.jacar.go.jp/glossary/term/0100-0020-0010-0070.html.

一九四五年一二月一日、陸軍関係の復員業務を司るため設立。一九四六年六月一五日、第二復員省と統合して復員庁となり、第一復員省は第一復員局となった。

（10）アジ歴グロッサリー：復員省。https://www.jacar.go.jp/glossary/term/0100-0020-0010-0070.html

一九四五年一二月一日、陸軍関係の復員業務を司るため設立。一九四六年六月一五日、第二復員省と統合して復員庁となり、第一復員省は第一復員局となった。

（11）アジ歴グロッサリー：留守業務局。https://www.jacar.go.jp/glossary/term/0100-0020-0010-0090-0010-0020.html.

一九四六年六月一五日復員庁設置に伴い、第一復員省の留守業務部の事務を引き継いで留守業務局が設置された。一九四六年四月一五日復員留守業務規程（一復第七四四号）に基づき、復員部隊・復員連絡局・地方世話部・船舶残務整理部等とともに留守業務を行う。留守業務とは、外地部隊（つまりまだ内地に戻ってきていない部隊）に所属する軍人軍属各個人の身上特に生存・死亡・生死不明等の掌握、死亡者、生死不明者に関する事項、扶助業務（遺骨・遺留品・慰霊祭・靖国神社合祀手続・祭粢料・慰霊祭・叙位・叙勲・恩給・功績等）に関する事項、留守宅渡等に関する事項をさす。このうち留守業務局は外地部隊の留守名簿を保管整備し、関係機関を指導・連絡し、外地部隊所属の軍人・軍属の状況を明らかにし、その最終整理に任じる。

（12）アジ歴グロッサリー：厚生省。https://www.jacar.go.jp/glossary/term/0100-0030-0010-0020.html.

終戦後、一九四五年一〇月一八日に引揚げに関する中央責任官庁に指定され、同年

一〇月二七日に省内部局を再編。旧陸海軍軍人軍属および一般邦人の受入援護は社会局保護課、在日外国人の送還援護は同局福利課が所管することとなった。また、引揚者の検疫を担当する衛生局臨時検疫課を臨時防疫局に昇格した。同年一一月二二日、社会局に引揚援護課を新設し、保護課・福利課で所管していた引揚援護業務や地方引揚援護局の統轄などを移管。一九四六年三月一三日、社会局に物資課、京都・横浜に引揚援護連絡官事務所を新設した。同年一二月一四日、社会局援護課・同局物資課・引揚援護連絡官事務所・臨時防疫局検疫課などを統合し、外局として引揚援護院を新設。一九四七年九月一日、労働行政部門を新設の労働省に移管した。同年一〇月一五日、復員庁廃止にともない、第一復員局の事務が移管された。一九四八年一月一日、外局として復員局を設置、総理庁で所管していた第二復員局の事務も移管された。同年五月三一日、引揚援護院と復員局を統合し、外局として引揚援護庁を設置。一九五四年四月一日、引揚援護庁を内局として引揚援護局に再編。一九六一年六月一日、引揚援護局を援護局に改称。二〇〇一年一月五日、労働省と再統合して、厚生労働省が設置された。

(13) 一五年戦争と日本の医学医療研究会幹事会：国立公文書館における公文書の公開に関する声明。一五年戦争と日本の医学医療研究会会誌 第一七巻第二号、三六・三七頁、二〇一七年五月

(14) 国立国会図書館法の規定により行政各部門に置かれる支部図書館及びその職員に関する法律。昭和二四年五月二四日法律第一〇一号、直近の改正二〇一二年四月七日、http://law.e-gov.go.jp/htmldata/S24/S24HO101.html.

(15) 石井四郎：支那事変に新設せられたる陸軍防疫機関運用の効果と将来戦に対する方針並びに予防接種の効果に就て。陸軍軍医学校防疫研究報告 第二部第九九号、一九四一年三月二八日受付

＊文献欄のURLアドレスは二〇一八年六月三〇日現在である。ただし、灰色背景は二〇一六年四月三〇日時点である。

謝辞

『留守名簿 関東軍防疫給水部』については、筆者の翻刻後、翻刻チームの原文夫、奈須重雄の再チェックの途中にあるが、それらの情報も参考にして、本稿執筆を進めたことをここに記し、両氏に謝意を表します。

留守名簿公開に当たってお世話を頂いた公文書館職員の方々、留守名簿の翻刻にご協力頂いた方々、などの関係者に厚くお礼い申し上げます。

また、本復刻版の刊行を英断された不二出版小林淳子社長に深謝します。

追記

本稿の脱稿時に受け取った「ABC企画NEWS」（一一四号、二〇一八年六月）p7のコラム記事で「関東軍防疫給水部満洲第六五九部隊名簿（七三一部隊名簿）は……細菌戦裁判中の二〇〇三年九月三日、弁護団と支援者による政府交渉で表紙と黒塗り名簿の一部が公開された。（一瀬弁護士提供）」ことがあったのを知った。問い合わせたところ、一瀬敬一郎弁護士より以下の情報提供があった。

一九九七年八月提訴（第一次原告一〇八名）、一九九九年一二月提訴（第二次原告七二名）の細菌戦裁判の原告弁護団の一瀬敬一郎弁護士によると、二審裁判中の二〇〇三年九月三日と四日に、厚労省から関東軍防疫給水部の『留守名簿』記載人数について「軍医を含む軍人が一三四四人、技師・看護婦長などの軍属が二二〇八人、所属不明八人の計三五六〇人」と説明があり、『留守名簿』の一部写し（表紙二枚、名簿二枚だけ【しかも名前は墨塗り】）の提供があった。共同通信は9月4日に「731部隊員は三五六〇人、終戦直前、厚労省が集計」と配信した。

付表．国立公文書館デジタルアーカイブにおいて「防疫」で検索できた陸軍名簿一覧

No	請求番号	概要情報	厚生省作成年月日
1	分館-07-065-00・平23厚労04250100	留守名簿（南方）　第12防疫給水部富第9362部隊	昭和20年09月01日
2	分館-07-066-00・平23厚労04346100	留守名簿（南方）　第８防疫給水部海第8605部隊　チモール島	昭和20年01月01日
3	分館-07-066-00・平23厚労04408100	留守名簿（南方）　第24野戦防疫給水部剛第2627部隊　ニューブリテン島ラバウル	昭和20年08月15日
4	分館-07-066-00・平23厚労04472100	留守名簿（南方）　第２軍第27野戦防疫給水部勢第5753部隊　西部ニューギニア・…	昭和21年05月10日
5	分館-07-066-00・平23厚労04557100	留守名簿（南方）　第19軍第28野戦防疫給水部輝第6066部隊　ハルマヘラ	昭和20年01月01日
6	分館-07-066-00・平23厚労04590100	留守名簿（南方）　第19軍第２防疫給水部堅第5170部隊　セラム	昭和20年09月10日
7	分館-07-066-00・平23厚労04669100	留守名簿（南方）　第27防疫給水部球第5753部隊　沖縄本島	昭和20年01月01日
8	分館-07-066-00・平23厚労04760100	留守名簿（南方）　第18軍第20師団防疫給水部朝第2067部隊　東部ニューギニア	昭和21年02月
9	分館-07-066-00・平23厚労04964100	留守名簿（南方）　第17軍第17防疫給水部沖第8607部隊　ボーゲンビル島	昭和19年12月30日
10	分館-07-066-00・平23厚労05019100	留守名簿（南方）　第23野戦防疫給水部猛第2626部隊　東部ニューギニア	昭和21年04月10日
11	分館-07-066-00・平23厚労05020100	留守名簿（南方）　第25野戦防疫給水部猛第2628部隊　東部ニューギニア	昭和21年04月
12	分館-07-066-00・平23厚労05124100	留守名簿（南方）　第24師団防疫給水部山第1207部隊　沖縄本島	昭和20年01月01日
13	分館-07-066-00・平23厚労05147100	留守名簿（南方）　第28師団防疫給水部豊第1209部隊　宮古島	昭和20年10月05日
14	分館-07-066-00・平23厚労05176100	留守名簿（南方）　関東軍防疫給水部　サイパン島	昭和21年
15	分館-07-066-00・平23厚労05290100	留守名簿（南方）　第109師団防疫給水部胆第18302部隊　硫黄島	昭和19年12月14日
16	分館-07-066-00・平23厚労05381100	留守名簿（南方）　第23防疫給水部照第2626部隊　パラオ	昭和18年12月01日
17	分館-07-066-00・平23厚労05502100	留守名簿（南方）　第30野戦防疫給水部尚武第12368部隊	昭和20年01月01日
18	分館-07-066-00・平23厚労05503100	留守名簿（南方）　南方軍防疫給水部マニラ支部尚武第9420部隊	昭和22年03月10日
19	分館-07-066-00・平23厚労05549100	留守名簿（南方）　第19師団防疫給水部虎第8517部隊　フィリピン	昭和19年12月31日
20	分館-07-066-00・平23厚労05571100	留守名簿（南方）　第105師団防疫給水部勤第12363部隊	昭和19年
21	分館-07-066-00・平23厚労05608100	留守名簿（南方）　第103師団防疫給水部駿第12523部隊　比島	昭和20年01月01日
22	分館-07-067-00・平23厚労05660100	留守名簿（南方）　第23師団防疫給水部旭第1206部隊	昭和20年01月01日
23	分館-07-067-00・平23厚労05738100	留守名簿（南方）　第16師団防疫給水部垣第6569部隊　レイテ島	昭和22年03月06日
24	分館-07-067-00・平23厚労05757100	留守名簿（南方）　第102師団防疫給水部抜第12424部隊　フィリピン	昭和20年01月01日
25	分館-07-067-00・平23厚労05778100	留守名簿（南方）　第１師団防疫給水部玉第1201部隊	昭和20年01月01日
26	分館-07-067-00・平23厚労05800100	留守名簿（南方）　第100師団防疫給水部拠第12421部隊	昭和20年01月01日
27	分館-07-067-00・平23厚労05836100	留守名簿（南方）　第30師団防疫給水部豹第12040部隊	昭和20年01月01日
28	分館-07-067-00・平23厚労05880100	留守名簿（南方）　第8師団防疫給水部杉第1202部隊	昭和20年01月01日
29	分館-07-067-00・平23厚労05938100	留守名簿（南方）　第10師団防疫給水部鉄第5462部隊　フィリピン	昭和19年12月31日
30	分館-07-067-00・平23厚労06108100	留守名簿（南方）　第33野戦防疫給水部信第17022部隊　仏印	昭和20年09月04日
31	分館-07-067-00・平23厚労06141100	留守名簿（南方）　第21師団防疫給水部討第4246部隊　北部仏印	昭和20年01月01日
32	分館-07-067-00・平23厚労06232100	留守名簿（南方）　第34野戦防疫給水部義第17113部隊　タイ国	昭和20年06月20日
33	分館-07-067-00・平23厚労06279100	留守名簿（南方）　第４師団防疫給水部淀第4096部隊　タイ国	昭和21年06月01日
34	分館-07-067-00・平23厚労06411100	留守名簿（南方）　第22野戦防疫給水部森第2625部隊　ビルマ国	昭和20年11月01日
35	分館-07-067-00・平23厚労06412100	留守名簿（南方）　第26野戦防疫給水部森第10282部隊	昭和21年07月01日
36	分館-07-067-00・平23厚労06413100	留守名簿（南方）　第29野戦防疫給水部森第12367部隊	昭和20年01月01日
37	分館-07-067-00・平23厚労06478100	留守名簿（南方）　第54師団防疫給水部兵第10128部隊　ビルマ	昭和19年12月31日
38	分館-07-067-00・平23厚労06502100	留守名簿（南方）　第55師団防疫給水部壮第8428部隊	昭和20年01月01日
39	分館-07-067-00・平23厚労06518100	留守名簿（南方）　第53師団防疫給水部安第10041部隊	昭和19年12月31日
40	分館-07-067-00・平23厚労06581100	留守名簿（南方）　南方軍防疫給水部岡第9420部隊　マライ	昭和20年09月01日
41	分館-07-067-00・平23厚労06675100	留守名簿（南方）　第94師団防疫給水部威烈第18513部隊　マライ	昭和20年08月31日
42	分館-07-067-00・平23厚労06763100	留守名簿（南方）　第２師団防疫給水部勇第1318部隊　仏印	昭和20年01月01日
43	分館-07-067-00・平23厚労06785100	留守名簿（南方）　第56師団防疫給水部龍第6747部隊　ビルマ	昭和20年01月01日
44	分館-07-068-00・平23厚労06832100	留守名簿（南方）　第18師団防疫給水部菊第10716部隊　ビルマ国	昭和19年11月30日
45	分館-07-068-00・平23厚労06851100	留守名簿（南方）　第31師団防疫給水部烈第10713部隊	昭和20年01月01日
46	分館-07-068-00・平23厚労06869100	留守名簿（南方）　第33師団防疫給水部弓第6834部隊	昭和20年01月01日
47	分館-07-068-00・平23厚労06894100	留守名簿（南方）　第49師団防疫給水部狼第18716部隊	昭和19年12月31日
48	分館-07-068-00・平23厚労07023100	留守名簿（南方）　第111師団防疫給水部市第20266部隊　済州島	昭和20年04月06日
49	分館-07-068-00・平23厚労07039100	留守名簿（南方）　第121師団防疫給水部栄光第13916部隊　済州島	昭和20年08月01日
50	分館-08-023-00・平24厚労02287100	留守名簿（沖縄）　第24師団防疫給水部・山第1207部隊　54	昭和46年01月01日
51	分館-08-023-00・平24厚労02582100	留守名簿（支那）　北支那防疫給水部・甲第1855部隊　287	昭和20年08月29日
52	分館-08-024-00・平24厚労02770100	留守名簿（支那）　第47師団防疫給水部・弾第12009部隊　517	昭和20年09月01日
53	分館-08-025-00・平24厚労03385100	留守名簿（支那）　第161師団防疫給水部・震天第23158部隊　2099	昭和20年04月30日
54	分館-08-025-00・平24厚労03505100	留守名簿（支那）　第129師団防疫給水部・振武第8659部隊　2231	昭和20年05月20日
55	分館-08-025-00・平24厚労03525100	留守名簿（支那）　第130師団防疫給水部・鐘馗第8674部隊　2251	昭和20年05月20日
56	分館-08-025-00・平24厚労03671100	留守名簿（支那）　独立混成第89旅団防疫給水部・至純第23094部隊　2469	昭和20年09月10日
57	分館-08-045-00・平25厚労00871100	留守名簿　第42師団防疫給水部　留名・復七　239	昭和20年01月01日
58	分館-08-046-00・平25厚労01542100	留守名簿　第137師団病馬廠防疫給水部　694	昭和23年01月01日
59	分館-08-046-00・平25厚労01647100	留守名簿　関東軍防疫給水部　761～2	昭和20年01月01日
60	分館-08-046-00・平25厚労01648100	留守名簿　関東軍防疫給水部　復七名簿１　761～2	
61	分館-08-046-00・平25厚労01649100	留守名簿　関東軍防疫給水部　復七名簿２　761～2	
62	分館-08-046-00・平25厚労02245100	留守名簿　第11師団防疫給水部　14	昭和20年04月01日
63	分館-08-046-00・平25厚労02269100	留守名簿　第25師団防疫給水部　28	昭和20年03月23日
64	分館-08-047-00・平25厚労02604100	留守名簿　第31野戦防疫給水部・台湾第13360部隊　108	昭和20年07月15日
65	分館-08-047-00・平25厚労02720100	留守名簿　第9師団防疫給水部・武第1515部隊　222	昭和20年01月01日
66	分館-08-047-00・平25厚労02734100	留守名簿　第12師団防疫給水部・剣第1204部隊　233	昭和20年07月15日
67	分館-08-047-00・平25厚労02800100	留守名簿　第71師団防疫給水部　275	昭和20年01月22日
68	分館-08-047-00・平25厚労02802100	留守名簿　（命）第71師団防疫給水部　276	昭和20年01月22日

氏名目次

一、本「氏名目次」はア行～ワ行、及び別冊（ア～ヨ）から構成されている。別表頁数はイタリックで記した。

一、重複する氏名、取り消し線のある氏名も記載した。その際、取り消し線は省いてある。

一、同姓同名であり、複数の情報から同一と判断される氏名には、原簿の重複頁を〔　〕として記載した。その際、異体字等が使用されていても、同一人物と判断されれば重複頁を記載し、*を附した。

一、原簿添付メモ「行方不明者21・4・5」記載の氏名は冒頭に収録した。一部氏名は原簿と重複するが、姓名以外の記述がないため別人とした。

本「氏名目次」における人物同定には、さらなる検証が不可欠である。

（不二出版編集部）

【サ行】

後藤喜一　8（34）
小堀登　8（34）
今野忠馬　8（34）
小島信一　8（34）
金野隆一　8（34）
佐藤文男　9（35）
佐々木昭吾　9（35）
佐々木荘六　9（35）
佐々木正義　9（35）
柴田八壽男　10（36）
清水英男　10（36）
角田清　11（37）
鈴木輝男　11（37）
関正　12（38）
田口修一　13（39）
田中秀男　13（39）
髙橋良夫　13（39）
髙田孝二　13（39）
髙木トミ子　13
高山博介　13
髙橋幹雄　13（337）＊
千葉智　14（40）
友野英夫　15（41）
長束仙也　16（42）
成田周二　16（42）
中出厚　16（42）
西川良平　17（43）
西外茂治　17（43）
二羽龍夫　17（43）
畠山猛　18（44）
福居稔　19（45）
福永勇　19（45）
伏見信男　19（45）
堀敏夫　20（46）
前田保　21（47）
松越隆　21（47）
南川利嗣　22（48）
村田博　23（49）
森下忠彦　24（50）
森島かをる　24
柳町彰　25（51）
藪原忠徳　25（51）
山本榮三　25（51）
米田三幸　26（52）
吉田達雄　26（52）
吉田一郎　26（52）
横川嘉市郎　26（52）
横田薫　26（615）
有賀武士　27（1）
伊藤和義　28（2）
伊藤良彦　28（2）
梅田博信　29（3）
大塚歌次　30（4）
大谷三郎　30（4）
岡本繁治　30（4）
小椋文雄　30（4）
大櫻圭治　30（4）
加藤重彦　31（5）
加賀谷道夫　31（5）
金塚一雄　31（5）
亀山義治　31（5）
蒲生周司　31（5）
神賀信衛　31（5）
神山四郎　31（5）
北原忠義　32（6）
北川光男　32（6）
菊地金助　32（6）
木村秀三　32（6）
菊地年男　32（6）
北村清治　32（6）
木村利昭　32（6）
熊谷忠良　33（7）
黒澤久幸　33（7）
小町谷博己　34（8）
後藤喜一　34（8）
小堀登　34（8）
今野忠馬　34（8）
小島信一　34（8）
金野隆一　34（8）
佐藤文男　35（9）
佐々木昭吾　35（9）
佐々木荘六　35（9）
佐々木正義　35（9）
柴田八壽男　36（10）
清水英男　36（10）
角田清　37（11）
鈴木輝男　37（11）
関正　38（12）
田口修一　39（13）
田中秀男　39（13）
髙橋良夫　39（13）
髙田孝二　39（13）
千葉智　40（14）
友野英夫　41（15）
長束仙也　42（16）
成田周二　42（16）
中出厚　42（16）
西川良平　43（17）
西外茂治　43（17）
二羽龍夫　43（17）
畠山猛　44（18）
福居稔　45（19）
福永勇　45（19）
伏見信男　45（19）
堀敏夫　46（20）
前田保　47（21）
松越隆　47（21）
南川利嗣　48（22）
村田博　49（23）
森下忠彦　50（24）
柳町彰　51（25）
藪原忠徳　51（25）
山本榮三　51（25）
米田三幸　52（26）
吉田達雄　52（26）
吉田一郎　52（26）
横川嘉市郎　52（26）

※長友浪男のみ「身上申告書写」が添付されている。

	No	氏名	生年月日	兵種	編入年月日	前所属	本籍	留守担当者の続柄	徴集年	任官年	原簿頁（丁）	列
軍属	247	白石林藏	1901/1/13	属	1939/6/20	陸軍軍医学校	東京都	妻	—	—	265	1
	248	島本　清	1902/4/25	属	1939/7/10	—	福岡縣	妻	—	—	265	3
	249	城取啓良	1899/6/10	属	1942/9/20	—	長野縣	母	—	—	265	6
	250	鈴木光一	1909/1/18	属	1944/4/1	—	宮崎縣	妻	—	—	289	3
	251	高橋爲藏	1899/4/26	属	1940	—	秋田縣	妻	—	—	324	1
	252	竹内啓三	1904/6/4	属	1942/4/30	—	滋賀縣	妻	—	—	325	4
	253	高橋　武	1915/12/21	属	1944/4/30	—	千葉縣	妻	—	—	325	6
	254	高山　喜一	1910/9/17	属	1943/2/12	—	群馬縣	妻	—	—	325	7
	255	竹内友衛	1910/2/15	属	1942/9/20	—	長野縣	妻	—	—	326	1
	256	武内運富	—	軍属	—	—	長野縣	妻	—	—	358	3
	257	谷口菊枝	1925/6/3	軍属	—	—	東京都	兄	1945	—	360	5
	258	辻本保雄	1913/3/1	属	1944/4/1	—	和歌山縣	妻	—	—	369	3
	259	長屋喜代二	1907/1/1	属	1940/12/3	—	岐阜縣	妻	—	—	393	1
	260	永野春雄	1908/3/30	属	1944/4/1	—	宮城縣	妻	—	—	393	5
	261	花田正一	1915/1/14	属	1940/9/30	—	秋田縣	妻	—	—	449	1
	262	秦美代子	—	軍属	1942/5/21	—	大分縣	父	—	—	467	5
	263	福村彦三	1902/2/3	属	1942/4/30	—	東京都	養母	—	—	485	1
	264	望月喜八	1918/8/27	属	1943/5/31	—	広島縣	妻	—	—	571	4
	265	横田美左雄	—	軍属（描子）	—	—	茨木県	父	—	—	614	4

	No	氏名	生年月日	兵種	編入年月日	前所属	本籍	留守担当者の続柄	徴集年	任官年	原簿頁（丁）	列
看護婦	203	大竹ますみ	1922/6/26	傭人（看護婦）~~五八~~ 六〇	1942/5/30	—	岐阜県	父	—	—	137	6
	204	大下亀代	1922/2/24	傭人（看護婦）~~四九~~ 六〇	1943/8/2	—	島根縣	父	—	—	137	7
	205	岡田千鶴子	1921/8/30	傭（看護婦）~~四八~~　五〇	1945/1/30	—	岐阜県	父	—	—	139	1
	206	小川やゑ	1924/8/30	傭人（看護婦）四八	1945/3/15	—	山形縣	父	—	—	139	3
	207	小埜よし	1928/6/24	傭人（看護婦）四三	1945/3/15	—	山形縣	父	—	—	139	4
	208	勝部信子	1922/12/11	傭（看護婦）	1942/10/7	—	島根縣	父	—	—	170	2
	209	春日　操	1923/8/24	傭（看護婦）	1942/7/22	—	新潟縣	兄	—	—	170	3
	210	菊地すみ江	1923/11/6	傭（看護）~~四三~~　四七	1944/8/19	—	静岡縣	兄	—	—	187	2
	211	五味勝惠	1923/3/2	傭（看護婦）四三	1944/12/13	—	長野縣	父	—	—	227	3
	212	佐藤　節	1916/2/9	傭人（看婦）~~五二~~　五七	1944/5/5	—	新潟縣	父	—	—	259	2
	213	鈴木光江	1908/7/26	看護婦長	1942/3/5	—	岡山縣	姉	—	—	289	7
	214	鈴木トク	1916/3/12	傭（看護婦）~~四五~~　四九	1944/8/25	—	新潟縣	父	—	—	303	2
	215	髙野ちよ子	1918/12/25	傭（看護婦）	1942/8/7	—	茨城縣	兄	—	—	354	5
	216	中島季子	1916/12/17	傭（看護婦）	1945/1/15	—	長崎縣	兄	—	—	416	6
	217	濱松芳子	1924/2/8	傭人（看護婦）	1945/3/10	—	福島縣	養父	—	—	465	7
	218	原田益江	1927/1/29	傭人（看護婦）	1945/3/15	—	島根縣	父	—	—	466	6
	219	藤本　操	1919/3/8	傭人（看護）	1942/11/14	—	岡山縣	父	—	—	501	4
	220	船橋トシエ	1922/10/19	傭人（看護）	1942/8/6	—	神奈川縣	父	—	—	501	5
	221	益子スミ	1923/6/11	傭（看護婦）	1944/11/19	—	茨城縣	父	—	—	535	6
	222	前田まさ子	1921/10/13	傭人（看護）	1944/10/13	—	山梨縣	義●	—	—	536	1
	223	松澤　綾	1924/10/24	傭人（看護婦）	1945/4/22	—	長野縣	父	—	—	537	3
	224	三井文子	1925/3/25	傭（看護）	1944/2/28	—	長野縣	叔父	—	—	556	4
	225	森本なつゑ	1921/7/30	傭人（看護）	1944/8/6	—	山梨縣	父	—	—	578	4
	226	山本アヤエ	1919/1/16	雇（看護）	1943/10/9	—	島根縣	父	—	—	605	1
	227	山崎ヨシコ	1906/3/22	傭（看護）	1944/5/16	—	佐賀縣	母	—	—	605	2
	228	矢島志きゑ	1907/10/9	傭（看護）	1944/5/6	—	岐阜縣	兄	—	—	605	3
	229	山根友江	1921/9/25	傭（看護）	1942/10/7	—	島根縣	父	—	—	605	4
	230	吉原ヨシヱ	1922/9/12	傭（看護婦）	1943/1/2	—	島根縣	父	—	—	624	3
助教	231	高木光一郎	1907/9/24	助教技師七等　十等級	1945/1/12	関輜三七四隊	東京都	叔母	—	—	358	5
	232	堀内敏夫	1915/1/28	助教	1943/7/17	—	京都府	妻	—	—	508	1
軍属	233	石井剛男	1884/12/23	属託	1936/8/1	—	千葉縣	妻	—	—	26	5
	234	板垣喜惣太	1902/10/18	属	1942/9/20	—	新潟縣	妻	—	—	28	6
	235	飯塚秀典	1915/1/2	属	1942/4/30	—	北海道	母	—	—	29	4
	236	今城作吉	—	軍属	—	—	沖縄縣	—	—	—	63	5
	237	今野久子	—	属	—	—	北海道	父	—	—	68	9
	238	小澤清市	1912/1/4	属	1943/2/11	—	福島縣	妻	—	—	103	7
	239	大浦利夫	1915/3/20	属	1943/9/30	—	香川縣	妻	—	—	104	6
	240	奥村二良吉	1913/12/21	属	1943/7/30	—	岐阜縣	妻	—	—	106	2
	241	海藤　惇	1911/4/6	属	1940/8/26	—	山形縣	兄	—	—	144	4
	242	川村則子	1915/1/1	軍属	1945/1/4	—	青森縣	父	—	—	165	7
	243	菊池吾郎	1906/1/7	属	1939/3/1	—	岩手縣	妻	—	—	175	1
	244	清野政雄	1915/3/27	任陸軍軍属拾六給俸	—	—	山形縣	母	—	—	187	7
	245	小山　豊頼	1928/1/2	軍属	1943/2/10	—	山形縣	—	—	—	208	5
	246	佐久間正二	1913/1/2	属	1941/5/15	—	千葉縣	母	—	—	234	5

	No	氏名	生年月日	兵種	編入年月日	前所属	本籍	留守担当者の続柄	徴集年	任官年	原簿頁（丁）	列
技術将校	158	清水英次郎	1916/11/27	現技大尉	1939/3/1	—	福岡縣	妻	—	1943	262	4
	159	鈴木重夫	1908/3/5	現技少佐	1939/5/10	—	東京都	妻	—	1942	286	4
	160	鈴木二郎	1913/7/22	現技大尉	1938/5/10	—	神奈川縣	兄	—	1943	286	5
	161	田中英雄	1907/3/19	現技~~少佐~~ 中佐	1938/3/10	—	大阪府	妻	—	1943	319	5
	162	髙橋　祝	1915/10/31	現技大尉	1938/5/10	—	東京市	●	—	1943	320	1
	163	中村留八	1909/10/30	現技少佐	1937/5/31	—	長崎縣	妻	—	1942	390	2
	164	松田達雄	1914/5/20	現技大尉	1939/5/8	—	兵庫縣	妻	—	1943	516	3
	165	八木澤行正	1910/2/28	現技少佐	1936/8/1	—	青森縣	妻	—	1943	579	1
	166	安田忠之	1914/1/27	現技大尉	1939/5/8	—	神奈川縣	妻	—	1943	579	4
	167	山田修治	1909/2/19	現技大尉	1939/4/25	—	東京都	妻	—	1942	579	5
建技将校	168	永松　喬	1910/12/9	現建~~准尉~~ 少佐	1942/1/10	—	大阪府	妻	—	1942	390	3
主計将校	169	岩田豊吉	1909/4/16	豫主~~少尉~~ 中尉	1943/6/17	関東軍経理部	北海道	妻	—	1943	25	2
	170	井戸田喜代一	1908/12/22	豫主中尉	1940/11/25	関東陸軍倉庫	愛知縣	妻	—	1942	25	6
	171	小原　篤	1906/8/25	現主大尉	1940/12/8	歩兵第十三聯隊補充隊	熊本縣	妻	—	1940	98	5
	172	大越民藏	1914/1/18	豫主中尉	1943/11/4	関東軍総司令部	新潟縣	母	—	1942	99	5
	173	佐藤鉄之助	1904/10/18	現衛~~大尉~~ 少佐	1944/8/27	南支那防疫給水部	秋田縣	妻	—	1934	230	5
	174	佐藤武司	1919/3/31	豫主~~少尉~~ 中尉	1942/3/10	金州陸軍兵事部	宮城縣	妻	—	1943	231	3
	175	竹内源藏	1921/12/3	豫主少尉	1943/5/15	●●●五十七聯隊	京都府	父	—	1943	320	4
	176	中村徹郎	1914/1/29	豫主中尉	1941/2/28	歩兵第百四十聯隊	岡山縣	妻	—	1941	391	1
	177	西屋敷正行	1921/12/16	~~現経見士~~ 予主計少尉	1942/1/27	山砲兵第二十八聯隊	鹿児島縣	妻	1942	1945	418	3
兵種記載無将校	178	伊藤邦之助	—	少佐	—	—	—	—	—	—	0	1
	179	小林松藏	—	中尉	—	—	—	—	—	—	0	2
	180	長田政男	—	大尉	—	—	山梨縣	—	—	—	403	4
	181	和田義直	—	中尉	—	—	奈良県	—	—	—	627	5
嘱託	182	秋元壽恵夫	1908/2/13	臨嘱託（奏扱）	1944/4/1	—	東京都	妻	—	—	4	4
	183	秋貞泰助	1911/8/19	臨嘱託（奏扱）	1944/6/10	—	山口縣	妻	—	—	4	5
	184	芥川詮夫	1903/4/24	臨時嘱託（判扱）	1936/12/1	—	広島縣	妻	—	—	5	4
	185	小山良悟	1906/6/7	臨嘱託（判扱）	1943/3/31	—	宮城縣	妻	—	—	106	3
	186	工藤與四郎	1901/2/25	嘱託　一七五	1939/7/7	—	岩手縣	●	—	—	189	4
	187	永島熊三	1888/2/5	嘱託	1938/10/1	—	神奈川縣	妻	—	—	391	6
	188	野島文次郎	1893/12/22	臨嘱託（判扱）	1944/4/1	—	神奈川縣	妻	—	—	437	3
	189	原　　定	1889/10/19	臨嘱託（判扱）	1942/11/20	—	熊本縣	妻	—	—	449	6
	190	堀口鐵夫	1910/6/10	嘱託	1939/5/12	—	東京都	弟	—	—	507	1
	191	堀内正久	1905/8/9	奉　嘱託	—	—	香川縣	妻	—	—	515	7
	192	松本正一	1920/8/31	臨嘱託（判扱）	1939/12/15	—	埼玉縣	父	—	—	519	7
看護婦	193	朝木フシ子	1920/11/28	傭（看護）	1942/12/1	—	福島縣	父	—	—	21	1
	194	赤間まさ子	1915/1/6	傭（看護）	1941/2/15	—	宮城縣	兄	—	—	21	2
	195	朝倉須磨子	1917/12/20	傭（看護）	1942/8/1	—	島根縣	父	—	—	21	3
	196	飯尾ノリ子	1918/1/1	看護婦長	1943/2/12	—	愛媛縣	父	—	—	29	2
	197	岩崎キヨノ	1921/8/9	傭（看護婦）	1944/7/25	—	栃木縣	父	—	—	66	5
	198	一宮かつの	1922/4/1	傭（看護婦） 仕看護婦長	1944/6/6	—	山梨縣	父	—	—	66	6
	199	石塚ミサ	1924/12/25	傭（看護婦）	1945/5/7	—	秋田縣	夫	—	—	67	6
	200	上園ノブ	1913/11/25	雇（看護）	1942/3/1	—	鹿児島縣	父	—	—	85	7
	201	梅津はつゑ	1922/4/26	傭（看護婦）	1945/5/7	—	山形縣	夫	—	—	86	5
	202	枝元タミ	1923/3/20	傭（看護婦）	1942/8/14	—	鹿児島縣	父	—	—	97	2

	No	氏名	生年月日	兵種	編入年月日	前所属	本籍	留守担当者の続柄	徴集年	任官年	原簿頁（丁）	列
薬剤将校	114	髙橋忠治郎	1920/10/5	豫薬少尉	1943/9/19	陸軍軍医学校	宮城縣	父	—	1944	320	3
	115	内藤収次	1921/1/20	現薬~~中~~尉 大	1942/11/7	歩兵第三十七聯隊	京都府	母	—	1942	390	5
	116	増田美保	1908/6/7	現薬少佐	1936/7/21	陸軍兵器本廠	東京都	父	1931	1931	516	1
	117	松下弘一	1921/9/25	現薬~~中~~尉 大	1942/11/7	歩兵第三十七聯隊	和歌山縣	母	—	1942	516	2
	118	松岡　清	1919/4/28	現薬~~中~~尉 大	1942/11/7	歩兵第三十七聯隊	岡山縣	父	—	1942	516	4
	119	松浦　信	1922/2/7	豫薬少尉	1943/11/11	陸軍軍医學校	愛媛縣	父	—	1944	516	5
	120	間所　昇	1922/3/31	豫薬少尉	1944/2/11	陸軍軍医學校	福井縣	父	—	1944	517	4
	121	牟田邦彦	1920/2/23	豫薬少尉	1944/2/17	陸軍軍医學校	長崎縣	父	—	1944	557	2
	122	目黒正彦	1915/1/1	現薬~~大尉~~ 少佐	1942/3/18	第二十野戦貨物廠	宮城縣	妻	—	1940	566	1
	123	山口一孝	1912/7/28	豫薬中尉	1943/4/19	第十四師団第三野病院	東京都	妻	—	1937	579	3
	124	山田文男	1919/10/20	豫薬少尉	1943/2/12	陸軍軍医學校	愛知県	父	—	1943	580	2
	125	藪本　勇	1922/7/3	豫薬少尉	1943/11/11	陸軍軍医學校	和歌山縣	父	—	1944	580	3
衛生将校	126	石岡一郎	1906/7/5	豫衛中尉	1940/12/2	旅順陸軍病院	青森縣	妻	—	1942	25	1
	127	今村良夫	1913/8/12	現衛~~准尉~~ 少尉	1937/12/11	海拉爾衛戍病院	青森縣	妻	—	1935	27	1
	128	内田　應	1906/7/12	豫衛中尉	1943/4/16	第十一師団防疫給水部	山梨縣	妻	—	1941	69	1
	129	占部庫二	1906/9/1	豫衛~~少尉~~ 中尉	1943/6/21	高射砲第二十六聯隊	広島縣	妻	—	1943	69	2
	130	遠藤　久	1909/2/25	豫衛~~少尉~~ 中尉	1943/6/25	錦州陸軍病院	福島縣	妻	—	1943	87	2
	131	小舘美實	1891/6.19	豫衛大尉	1942/2/19	新京陸軍病院	青森縣	母	—	—	98	2
	132	大崎加藤太	1907/4/24	豫衛少尉	1940/12/13	錦州陸軍病院	新潟縣	妻	—	1943	99	1
	133	金田芳郎	1907/11/5	豫衛~~少尉~~ 中尉	1940/12/13	関東陸軍倉庫	栃木縣	妻	—	1943	140	5
	134	金田謹治	1908/8/6	豫衛少尉	1936/12/1	旅順陸軍病院	福岡縣	母	—	1943	140	6
	135	川口佐七	1911/3/15	豫衛少尉	1942/4/15	第一師団防疫給水部	鹿児島縣	母	—	1944	140	7
	136	吉川　巌	1909/3/20	現衛~~中尉~~ 大尉	1941/11/17	會寧陸軍病院	栃木縣	妻	—	1941	172	3
	137	小林松藏	1906/8/15	豫衛中尉	1937/12/1	承德陸軍病院	東京都	妻	—	1941	207	4
	138	児玉辰治	1916/4/1	現衛~~准尉~~ 少尉	1944/11/20	第十一師団防疫給水部	愛知縣	母	—	1938	209	1
	139	佐藤　實	1906/9/15	現衛大尉	1944/12/9	北支那衛生部下士官候補者教育部	宮崎縣	妻	—	1941	230	6
	140	佐伯　實	1913/4/30	現衛~~中尉~~ 大尉	1937/12/10	旅順陸軍病院	愛媛縣	妻	—	1942	230	7
	141	坂本七五三人	1909/2/5	豫衛~~少尉~~ 中尉	1938/1/12	延吉臨時陸軍病院龍井分院	大分縣	妻	—	1943	231	1
	142	篠原岩助	1903/12/15	豫衛大尉	1942/3/15	第二十八師団第三野戦病院	鹿児島縣	妻	—	1939	262	3
	143	鈴木司郎	1905/12/15	豫衛中尉	1942/11/28	関東野戦貨物廠	静岡縣	妻	—	1942	286	6
	144	豊住桊治	1906/1/7	現衛大尉	1944/9/27	第三十三師団防疫給水部	三重縣	妻	—	1939	379	1
	145	難波文夫	1906/10/29	豫衛中尉	1937/12/1	独立守備歩兵第二十五大隊	島根縣	妻	—	—	391	2
	146	濱武正喜	1907/7/24	豫衛中尉	1937/12/1	関東陸軍倉庫	福岡縣	妻	—	1942	446	2
	147	秦　篤夫	1912/7/25	現衛~~准~~尉 少	1940/11/15	第十防疫給水部	広島縣	妻	—	1934	448	1
	148	村上盛人	1908/9/22	豫衛少尉	1943/12/15	香港占領地總督部	広島縣	父	—	1943	557	1
	149	山下健次	1891/2/5	豫衛~~大尉~~ 少佐	1938/4/27	習志野陸軍病院	静岡縣	妻	—	—	579	2
	150	山口和夫	1909/2/4	豫衛少尉	1937/12/5	承德衛戍病院	福島縣	妻	—	1943	580	1
	151	山田　泰	1908/9/13	豫衛~~兵士~~ 少尉	1943/8/27	第二十九師団司令部	愛知縣	妻	1931	—	580	4
	152	谷田部彦一	1905/12/30	豫衛~~少~~尉 中	1943/8/6	東京陸軍少年飛行兵學校	茨城縣	妻	—	1943	580	5
	153	蓬田三子	1906/9/1	豫衛~~少~~尉 中	1939/12/14	承德陸軍病院	福井縣	妻	—	1943	612	2
	154	渡邊　榮	1910/7/20	豫衛~~●●~~ 少尉	1944/12/2	獨立歩兵第一旅団司令部	香川縣	妻	1941	—	626	3
技術将校	155	●●●●	—	現技大尉	1939/5/8	—	長野縣	妻	—	1943	3	5
	156	大西芳雄	1908/10/1	現技大尉	1938/5/10	—	香川縣	妻	—	1943	98	3
	157	小原定夫	1909/4/23	現技大尉	1939/3/3	—	島根縣	妻	—	1942	98	4

	No	氏名	生年月日	兵種	編入年月日	前所属	本籍	留守担当者の続柄	徴集年	任官年	原簿頁（丁）	列
技師	70	倉井弘武	1911/3/27	技師六等	1943/10/30	—	栃木縣	妻	—	—	189	1
	71	工藤継市	1915/9/5	技師七等	1944/2/2	第二一五野戦防疫給水部	宮崎縣	妻	—	—	189	2
	72	楠本健二	1913/1/5	技師七等	1943/2/10	第二十一野戦防疫給水部	大阪府	妻	—	—	189	3
	73	小山　博	1912/5/28	技師六等	1939/3/5	—	埼玉縣	父	—	—	208	1
	74	近藤釣一郎	1910/12/25	技師~~六~~等 五	1940/8/28	—	新潟縣	妻	—	—	208	2
	75	小門前茂正	1904/10/8	技師七等	1944/2/1	—	石川縣	母	—	—	208	3
	76	今野信治	1899/11/1	技師七等	1936/8/1	—	宮城縣	妻	—	—	208	4
	77	齊藤和勝	1905/12/27	技師~~六~~等 五	1942/8/10	関東軍歩兵第二下士官候補者隊	山形縣	養父	—	—	232	1
	78	篠崎正典	1915/12/10	技師七等	1944/11/30	—	奈良縣	妻	—	—	263	1
	79	関取武治	1903/1/30	技師七等	1936/12/28	—	長野縣	妻	—	—	306	1
	80	竹廣　登	1911/3/24	技師五等	1944/2/23	—	広島縣	兄	—	—	321	1
	81	武田周平	1910/2/18	技師六等	1943/4/5	—	秋田縣	兄	—	—	321	2
	82	竹森信之	1914/1/15	技師~~六~~等 五	1938/6/10	中共地区（大連衛生研究所）残　22.7.15　●●資39号	香川縣	父	—	—	321	3
	83	留岡展男	1914/7/25	技師七等	1944/11/30	—	東京都	妻	—	—	380	1
	84	中込　叶	1910/3/15	技師五等	1938/6/1	—	山梨縣	妻	—	—	391	5
	85	仁科　譲	1914/9/26	技師七等	1938/8/1	—	岡山縣	妻	—	—	419	1
	86	濱野満雄	1907/10/24	技師五等	1938/6/1	—	京都府	妻	—	—	447	1
	87	濱田　稔	1910/12/18	技師五等	1944/5/31	中支那防疫給水部	京都府	妻	—	—	447	2
	88	濱田豊博	1908/8/11	技師六等	1943/5/19	—	福岡縣	妻	—	—	447	3
	89	橋本榮市	1908/10/25	技師七等	1938/5/10	—	埼玉縣	妻	—	—	447	4
	90	二木秀雄	1908/2/10	技師~~五~~等 四	1943/5/5	第二十一野戦防疫給水部	石川縣	妻	—	—	483	1
	91	藤原留造	1910/8/25	技師六等	1940/5/28	—	岡山縣	母	—	—	483	2
	92	藤本太郎	1909/9/10	技師七等	1936/1/5	—	滋賀縣	妻	—	—	483	3
	93	眞子憲治	1906/1/8	技師~~五~~等 四	1938/6/1	中共地区（大連ヱ生研究下）残　22.7.15　●●資三九号　●●二	佐賀縣	妻	—	—	517	1
	94	前田享一郎	1909/12/23	技師五等	1938/6/1	—	岡山縣	妻	—	—	517	2
	95	湊　正男	1909/10/12	技師五等	1938/3/10	—	京都府	妻	—	—	539	1
	96	三留光男	1907/10/10	技師六等	1940/7/20	—	東京都	父	—	—	539	2
	97	門馬顕義	1912/1/20	技師六等	1939/6/15	第一三防疫給水部	福島縣	妻	—	—	568	1
	98	山口秀一	1895/2/7	技師六等	1936/8/1	—	佐賀縣	妻	—	—	581	1
	99	山内豊紀	1910/2/9	技師六等	1939/5/5	—	高知縣	父	—	—	581	2
	100	山田　誠	1908/2/12	技師六等	1943/4/5	—	愛知縣	妻	—	—	581	3
	101	吉村壽人	1907/2/9	技師四等	1938/3/10	—	兵庫縣	妻	—	—	613	1
	102	吉田源二	1909/3/15	技師五等	1939/4/5	—	兵庫縣	妻	—	—	613	2
薬剤将校	103	阿部徳●	1919/4	現薬大尉	1936/12/31	臨時東京第一陸軍病院	宮崎縣	妻	—	1941	3	3
	104	伊藤淳一	1922/5/3	豫薬少尉	1943/11/11	陸軍軍医學校	岐阜縣	男	—	1944	25	3
	105	井上　繁	1915/10/12	豫薬少尉	1943/12/7	第十師団第二野戦病院	兵庫縣	妻	—	1944	25	4
	106	井上知己	1913/9/30	豫薬少尉	1943/11/11	陸軍軍医學校	愛知縣	父	—	1944	25	5
	107	石黒　安	1920/7/10	豫薬少尉	1944/2/17	陸軍軍医學校	石川縣	父	—	1944	25	7
	108	大崎榮吉	1920/7/11	豫薬少尉	1944/2/17	歩兵第百十二聯隊補充隊	高知縣	父	—	1944	99	2
	109	神尾賴人	1920/7/28	豫薬少尉	1944/2/12	陸軍軍医学校	長野縣	父	—	1943	141	1
	110	草味正夫	1900/8/20	現薬大佐	1938/5/4	東京第一衛伐病院	東京都	妻	—	—	188	3
	111	柴野金吾	1895/12/1	現薬大佐	1945/1/1	陸軍衛生材料本廠	新潟縣	妻	—	—	262	5
	112	瀬越健一	1920/7/11	豫薬少尉	1943/11/11	陸軍軍医学校	山口縣	従兄	—	1944	305	3
	113	髙木二郎	1914/12/12	豫薬少尉	1944/2/17	陸軍軍医学校	群馬縣	父	—	1944	320	2

	No	氏名	生年月日	兵種	編入年月日	前所属	本籍	留守担当者の続柄	徴集年	任官年	原簿頁（丁）	列
	26	園口忠男	1913/4/21	現軍医少佐	1945/1/6	陸軍軍医学校	熊本縣	父	—	1939	315	3
	27	田部邦之助	1909/3/28	現軍医中佐	1940/10/7	伝染病研究所	島根縣	妻	—	1933	319	3
	28	高橋正彦	1920/9/3	現軍医少佐	1943/9/5	陸軍軍医学校	千葉縣	妻	—	1936	319	4
	29	巽　庄司	1915/6/15	現軍医中佐	1942/11/7	第五師団軍医部	大阪府	兄	—	1939	319	6
	30	田中淳雄	1913/1/11	現軍医~~大尉~~　少佐	1941/12/21	歩兵第七十九聯隊	京都府	妻	—	1941	319	7
	31	千野純之	1919/3/8	現軍医~~中~~尉 大	1944/8/27	近衛歩兵第一聯隊	神奈川縣	妻	—	1943	363	1
	32	所　安夫	1911/10/15	豫軍医中尉	1943/4/19	第八十四兵站病院	愛知県	妻	—	1939	379	2
	33	鳥井律平	1916/1/2	現軍医大尉	1943/8/29	歩兵第二百三十二聯隊	熊本縣	母	—	1940	379	3
	34	永山太郎	1900/8/19	現軍医中佐	1940/4/26	第九防疫給水部	岡山縣	妻	—	1927	390	1
	35	長友浪男	1913/5/6	現軍医~~大尉~~ 少佐	1943	第十四師団防疫給水部	宮崎縣	妻	—	1941	390	4
	36	西　俊英	1904/8/2	現軍医中佐	1945/1/27	第一軍軍指令部	鹿児島縣	妻	—	1927	418	1
	37	西田重衛	1914/8/30	現軍医~~中~~佐 少	1943/11	海城陸軍病院	富山縣	父	—	1939	418	2
	38	根津尚光	1915/12/1	現軍医~~大尉~~ 少佐	1941/12/31	歩兵第一四七聯隊	東京都	妻	—	1941	434	1
	39	野口圭一	1912/8/14	現軍医少佐	1943/8/28	第八方面軍司令部	愛知県	妻	—	1937	437	1
軍医将校	40	秦　正氏	1910/11/29	豫軍医中尉	1942/7/11	山砲兵第二十八聯隊	東京都	姉	—	1942	446	1
	41	平澤正欣	1908/3/20	現軍医少佐	1939/3/24	熊谷陸軍飛行學校	香川縣	妻	—	1934	468	1
	42	肥野藤信三	1911/3/17	現軍医少佐	1943/8/9	第七十一師団防疫給水部	広島縣	妻	—	1935	468	2
	43	樋渡喜一	1913/7/1	現軍医少佐	1944/4/18	陸軍軍医學校	福島縣	妻	—	1938	468	3
	44	降旗武臣	1909/11/3	現軍医少佐	1944/4/4	陸軍運輸部船舶司令部	長野縣	妻	—	1937	482	1
	45	細矢　博	1913/12/7	現軍医~~大尉~~ 少佐	1944/8/5	第九師団防疫給水部　長	千葉縣	妻	—	1939	506	1
	46	松浦茂輝	1916/9/21	現軍医大尉	1941/7/30	歩兵第九聯隊	福井縣	妻	—	1940	517	5
	47	松平豊太郎	1909/6/13	現軍医少佐	1944/7/21	第一師団防疫給水部	岩手縣	妻	—	1928	517	6
	48	宮川　正	1913/2/8	豫軍医中尉	1944/4/15	歩第二十聯隊	東京都	妻	—	1942	538	1
	49	守口　節	1909/2/3	豫軍医中尉	1942/5/1	独立輜重兵第四十五大隊	宮城縣	妻	—	1937	567	1
	50	蓬田正二	1913/1/25	現軍医少佐	1943/11/8	第二十三師団防疫給水部長	宮城縣	母	—	1936	612	1
	51	渡邊定友	1918/4/23	現軍医~~中~~尉 大	1940/11/9	近衛歩兵第四聯隊補充隊	山梨縣	父	—	1942	626	1
	52	渡邊　誠	1917/12/10	現軍医中尉	1944/3/16	関東軍總司令部	群馬縣	父	—	1943	626	2
	53	安東洪次	1893/11/20	技師二等	1938/6/1	中共地区（大連）衛生研究所 残●　22.9.15　鮮満資三九年 附録その二	東京都	妻	—	—	4	1
	54	朝比奈正二郎	1913/6/10	技師五等	1939/10/12	—	東京都	妻	—	—	4	2
	55	荒木三郎	1909/3/2	技師六等	1942/1/10	—	群馬縣	妻	—	—	4	3
	56	石光　薫	1895/10/1	技師三等	1938/3/10	—	広島縣	妻	—	—	26	1
	57	伊藤時哉	1914/7/24	技師六等	1939/3/31	—	兵庫縣	妻	—	—	26	2
	58	石井三男	1887/4/12	技師五等	1938/6/1	—	千葉縣	妻	—	—	26	3
	59	飯田敏行	1909/1/25	技師六等	1938/5/10	—	愛知県	妻	—	—	26	4
	60	内海　薫	1884/10/20	技師七等	1936/1/7	—	東京都	妻	—	—	70	1
技師	61	江嶋真平	1892/5/18	技師五等	1939/4/5	—	東京都	妻	—	—	88	1
	62	岡本良三	1900/2/19	技師三等	1938/6/1	—	富山縣	妻	—	—	100	1
	63	岡本耕造	1908/11/10	技師四等	1938/3/10	—	富山縣	妻	—	—	100	2
	64	笠原四郎	1902/4/26	技師四等	1939/4/5	—	東京都	妻	—	—	142	1
	65	笠井久雄	1898/3/11	技師四等	1938/6/1	中共地区（大連衛生研究所）残留　22.7.15　朝●●八三九号　附録その二	東京都	妻	—	—	142	2
	66	開原　勤	1906/5/5	技師四等	1938/6/1	—	東京都	妻	—	—	142	3
	67	春日忠善	1906/11/27	技師五等	1943/6/30	—	長野縣	父	—	—	142	4
	68	加藤康久	1915/9/23	技師七等	1939/5/10	—	愛知縣	妻	—	—	142	5
	69	菊村泰太郎	1915/1/3	技師七等	1943/8/12	第二十一野戦防疫給水部	大分縣	妻	—	—	173	1

将校らの兵種別氏名別兵歴

西山勝夫

国立公文書館により部分公開された『留守名簿 関東軍防疫給水部』の名簿主体の様式は、縦書きの表で、最右列に「関東軍防疫給水部　留守名簿　昭和　年　月　日　関東軍防疫給水部」の表題があり次の左列に記入項目名、続いて記入欄という様式のものと記入欄のみのものがある。所定の記入項目は、編入年月日、前所属及其編入年月日、本籍、留守担当者の住所・続柄・氏名、徴集年、任官年、役種兵種官等並等給級俸月給額・発令年月日、氏名、生年月日、留守宅渡ノ有無、補修年月日の順となっており、そのほかに欄外（上と下）に記入された事項からなっている。

国立公文書館により公開された『留守名簿 関東軍防疫給水部』の主な活動を担ったと考えられる軍医将校、技師、薬剤将校、衛生将校、技術将校、主計将校、兵種記載無将校、嘱託、看護婦、助教、軍属の兵種別に氏名ごとに、兵種詳細（昇給昇格は取消線と追記により表されている。追記は２行にわたる場合もあるが１行にまとめた）、生年月日、編入年月日、前所属、本籍（都道府県名のみ）、徴集年、任官年のみを抽出して、一覧表にした。判読不明の文字については「●」で示し、空白は「—」で示した。兵種以外の取消線は削除した。生年月日、編入年月日、徴集年、任官年は全て西暦に変換した。

注１：本表及び全員の解読結果の一覧表へのコメント、問い合わせは、https://war-medicine.jimdo.com/問い合わせ/まで。
注２：本表には同姓同名が２名いるが、同一人と確定できる情報がないので、それぞれ２個所の原簿掲載箇所を表示してある。

	No	氏名	生年月日	兵種	編入年月日	前所属	本籍	留守担当者の続柄	徴集年	任官年	原簿頁（丁）	列
軍医将校	1	有田正義	1911/8/22	現軍医少佐	1942/4/5	陸軍飛行実験部	東京都	妻	—	1936	3	1
	2	青木　亮	1915/7/1	豫軍医大尉	1944/5/15	第七十一師団軍医部	岐阜縣	妻	—	1936	3	2
	3	石井四郎	1892/6/25	現医中將	1945/3/1	軍医校	千葉縣	妻	—	1921	23	1
	4	碇　常重	1902/4/16	現軍医~~中~~佐 大	1939/3/20	国守第九師団軍医部	鹿児島縣	妻	—	1929	24	1
	5	伊藤邦之助	1917/2/9	現軍医少佐	1941/8/15	歩兵第八十聯隊	京都府	●	—	1940	24	2
	6	池川重德	1917/1/3	現軍医~~大尉~~ 少佐	1944/10/18	滑空飛行第一戦隊	愛媛縣	妻	—	1941	24	3
	7	家田達之	1918/9/9	現軍医~~中~~ 大尉	1944/8/27	近衛歩兵第一聯隊	東京都	父	—	1943	24	4
	8	伊藤文夫	1911/8/9	豫軍医中尉	1942/8/5	第九十七兵站病院	三重縣	父	—	1942	24	5
	9	江口豊潔	1903/7/19	現軍医中佐	1943/4/27	香港占領地統督部	大阪府	妻	—	1928	87	1
	10	大田　澄	1897/6/2	現軍医大佐	1943/3/10	中支那防疫給水部	山口縣	妻	—	1920	98	1
	11	小川　博	1918/6/26	豫軍医少尉	1944/6/17	電信第十七聯隊	東京都	父	—	1944	99	3
	12	尾上正男	1910/1/25	現軍医少佐	1943/11/13	第十一師団防疫給水部	鹿児島縣	妻	—	1932	99	4
	13	河上清久	1916/10/26	現軍医~~大尉~~ 少佐	1944/8/27	遼陽陸軍病院	東京都	妻	—	1941	140	3
	14	景山杏祐	1913/10/14	豫軍医~~中尉~~ 大尉	1941/7/28	関東軍司令部	岡山縣	妻	—	1941	140	4
	15	金澤一人	1917/3/30	現軍医~~中尉~~ 大尉	1942/5/10	歩兵第37聯隊補充隊	熊本縣	妻	—	1942	141	2
	16	加藤恒則	1909/12/27	現軍医少佐	1944/1/20	兵器行政本部	東京都	父	—	—	141	3
	17	北野政次	1894/7/14	現軍医少将	1942/8/3	関東軍司令部御用掛	東京都	妻	—	1921	172	1
	18	菊池　齊	1897/5/1	現軍医~~大佐~~ 少将	1942/8/8	東京第二陸軍病院	岩手縣	妻	—	1921	172	2
	19	空閑秀邦	1917/2/17	現軍医中尉	1944/3/17	第二十九師団司令部	福岡縣	養母	—	1942	188	4
	20	國行昌頼	1918/1/7	現軍医~~中尉~~ 大尉	1944/12/31	陸軍軍医学校	山口縣	妻	—	1942	188	5
	21	兒玉　鴻	1909/9/2	現軍医少佐	1942/4/4	陸軍運輸部船舶司令部隊	鹿児島縣	父	—	1935	207	3
	22	作山元治	1912/3/6	現軍医少佐	1944/5/26	工兵第二十聯隊	東京都	●	—	1934	230	3
	23	榊原秀夫	1908/1/9	現軍医少佐	1942/11/8	関東防衛軍軍医部	岡山縣	妻	—	1935	231	2
	24	鈴木龜男	1909/11/17	現軍医少佐	1944/3/30	第一師団司令部	岩手縣	母	—	1936	286	3
	25	杉原正毅	—	医少佐	1944/3/20	第十師団司	岡山縣	妻	—	—	304	4

＊表紙部分１枚目

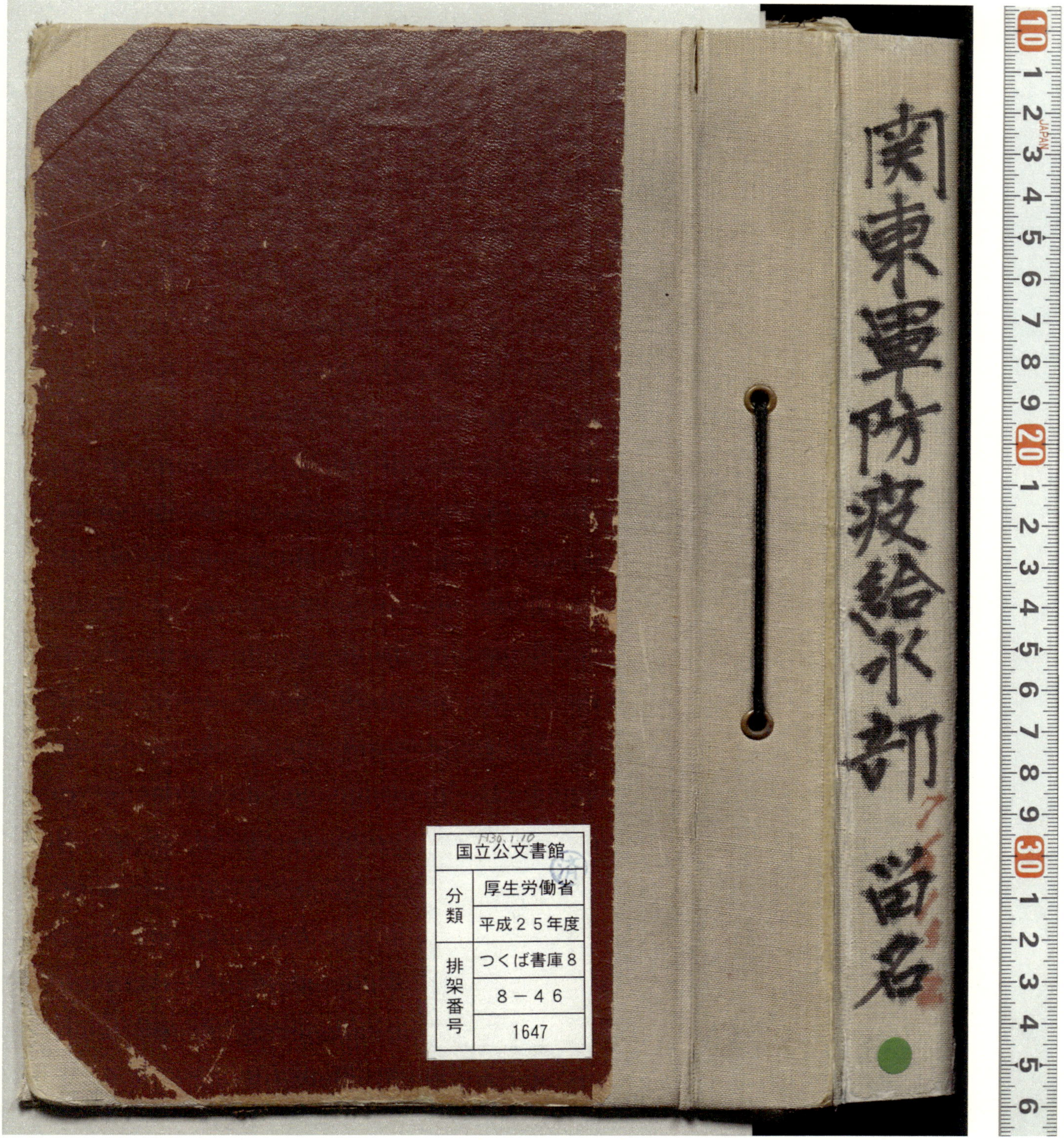

＊表紙部分2枚目

＊表紙部分2枚目

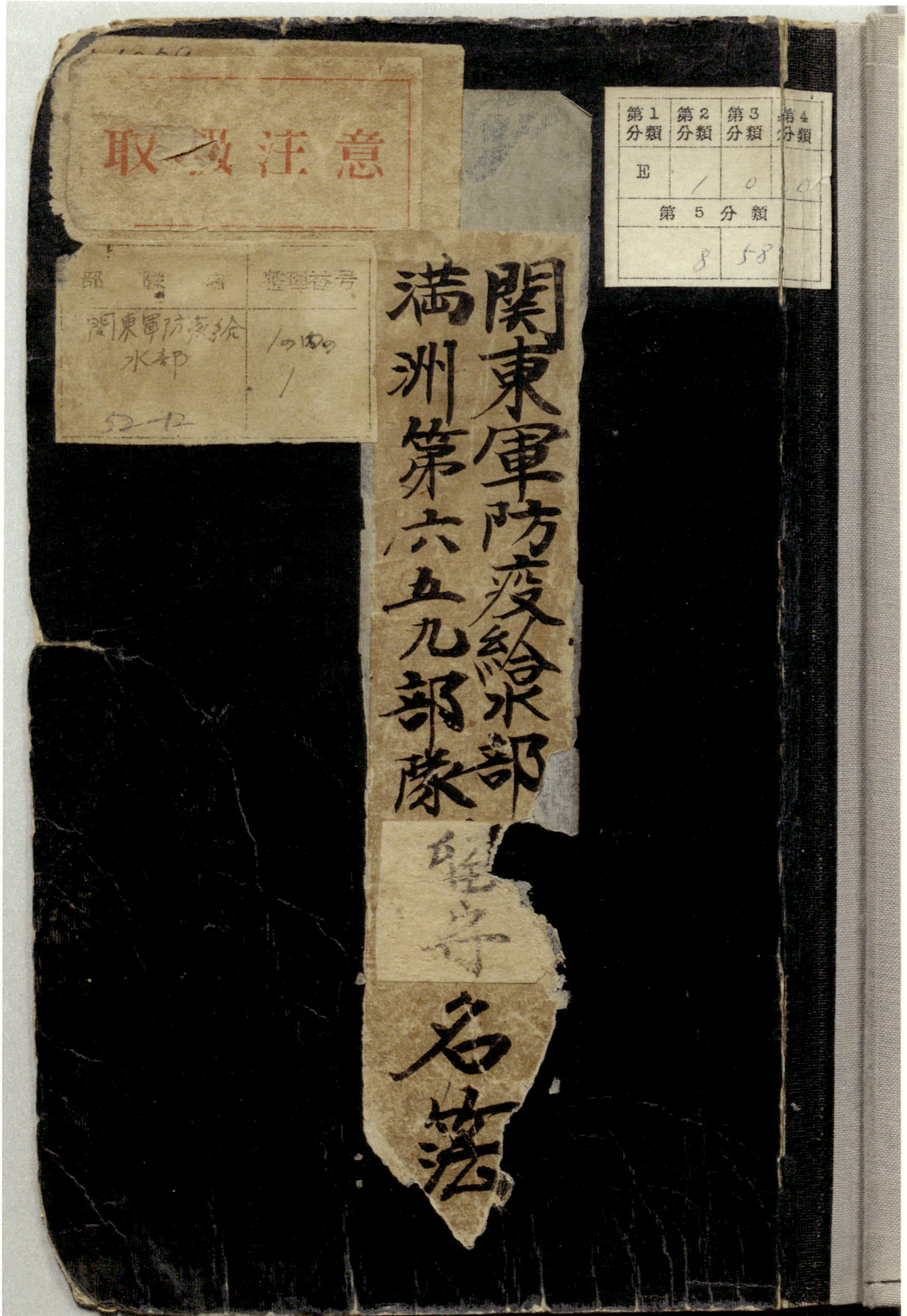
取扱注意
第1分類
第2分類
第3分類
第4分類
E
第5分類
部隊名
整理番号
関東軍防疫給水部
52-12
関東軍防疫給水部
満洲第六五九部隊
名簿

区分	人員
文官	二六一名
嘱託	一三名
雇傭人（工員含む）	二、〇三六名
計	二、三一〇名

女性
382名

6669-99

＊表紙部分3枚目

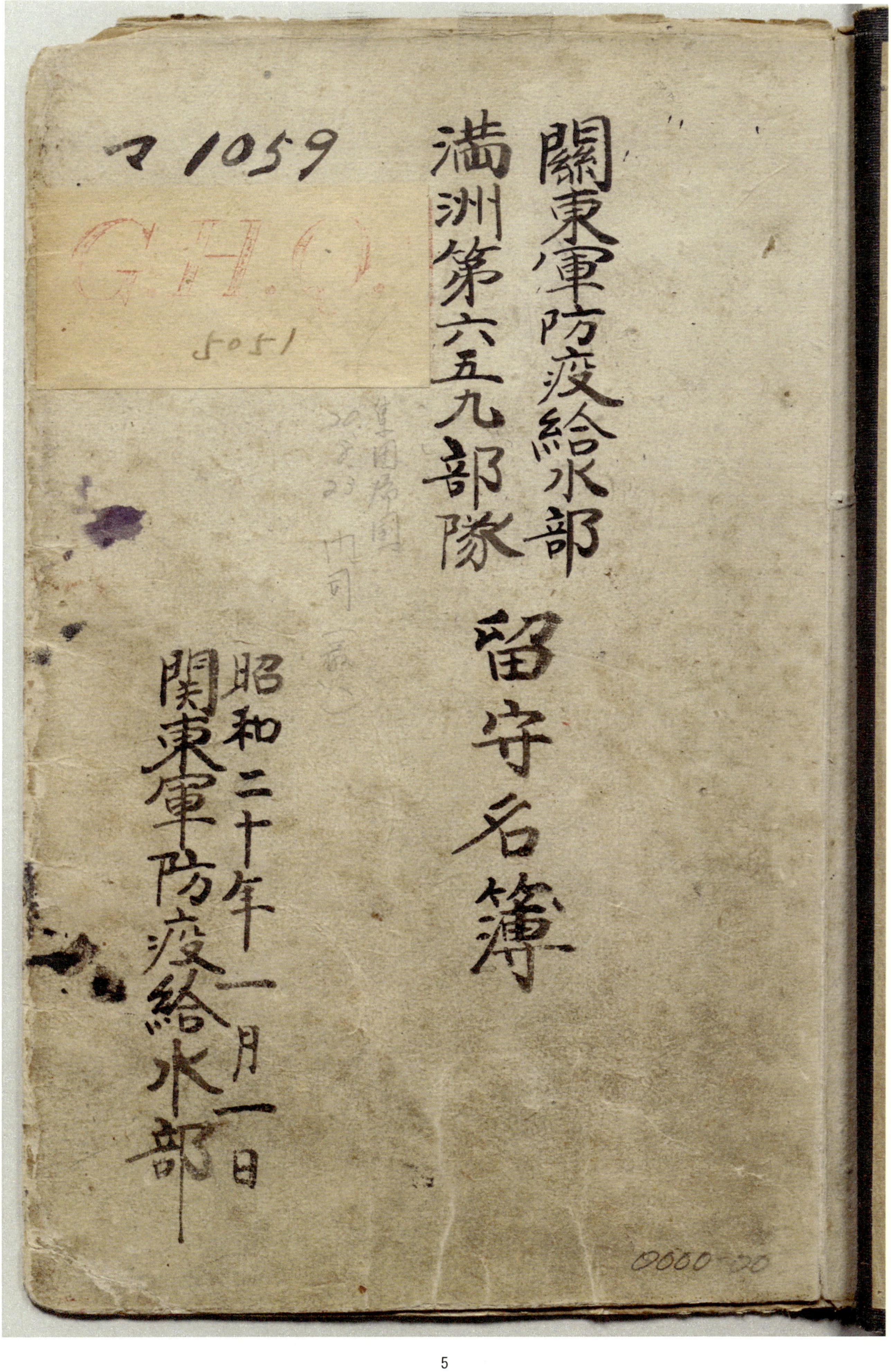
關東軍防疫給水部
滿洲第六五九部隊
留守名簿
昭和二十年一月一日
關東軍防疫給水部

行方不明者　21.5.5

少佐　伊藤邦之助
中尉　小林松藏
准尉　木下市太郎
曹長　蛹島　正
軍曹　中井德市
技手　河上運雄
ル　和田久次
同　土師　菜
同　渡辺忠二
傭員　室賀大正見
同　若林伊之助

右ノ者ハ昭和十九年三月二十五日
大本営参謀部派遣セラレ
サイパンニ方面ニ特殊防疫調査ノ
タメ出動セルモノ部隊トノ昭和
二十年九月九日関東軍防疫給水
部長ヨリ報告アリタルモノナリ

0000·01

＊p7左

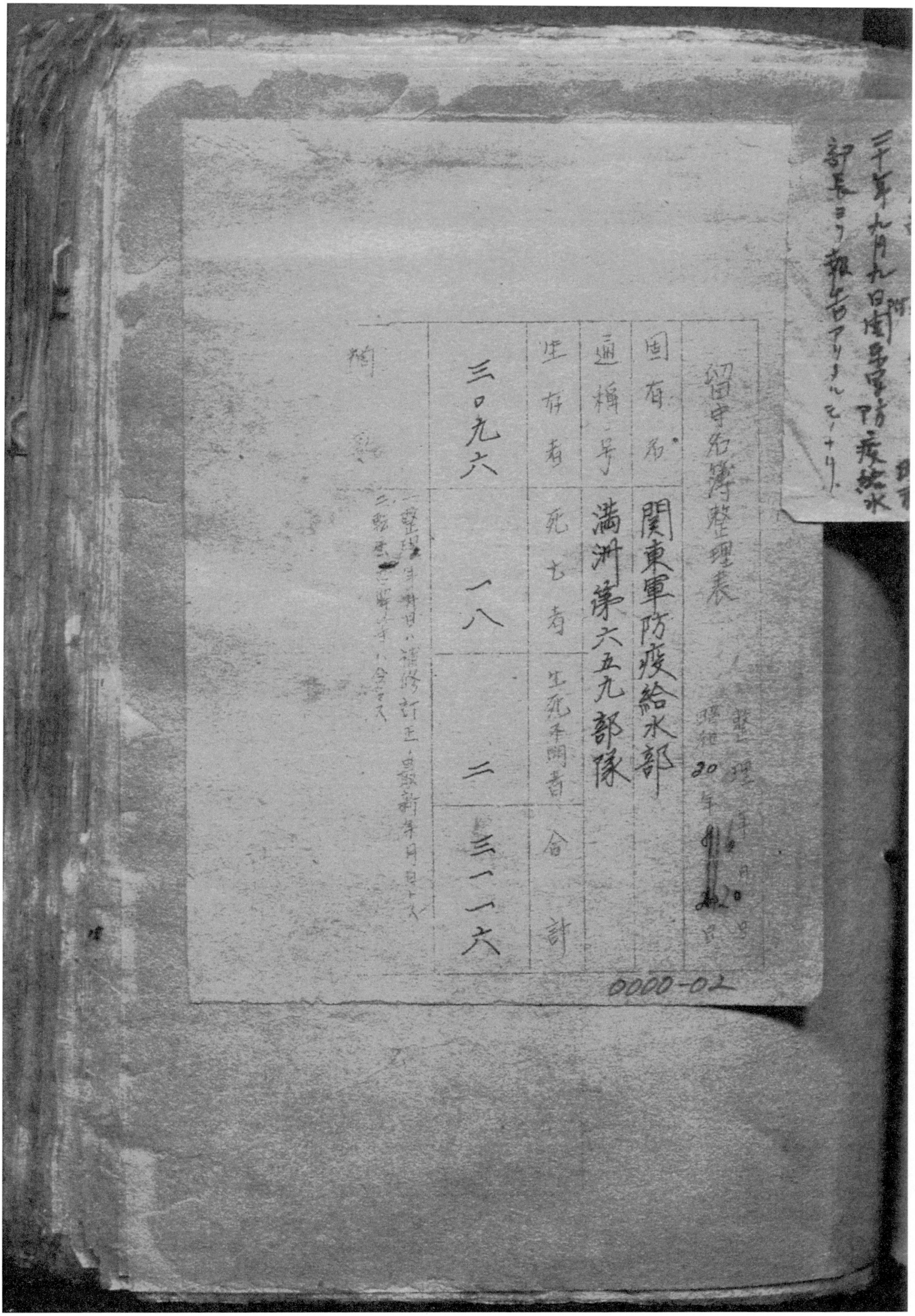

三十年九月九日関東軍防疫給水部長ヨリ報告アリタルモノナリ

留守名簿整理表

整理 昭和20年 月 日

固有名	関東軍防疫給水部		
通称号	満洲第六五九部隊		
生存者	死亡者	生死不明者	合計
三〇九六	一八	二	三一一六

摘要

一、整理ハ 年 月 日ノ補修訂正ノ最新年月日トス

二、転属[illegible]ハ含マス

0000-02

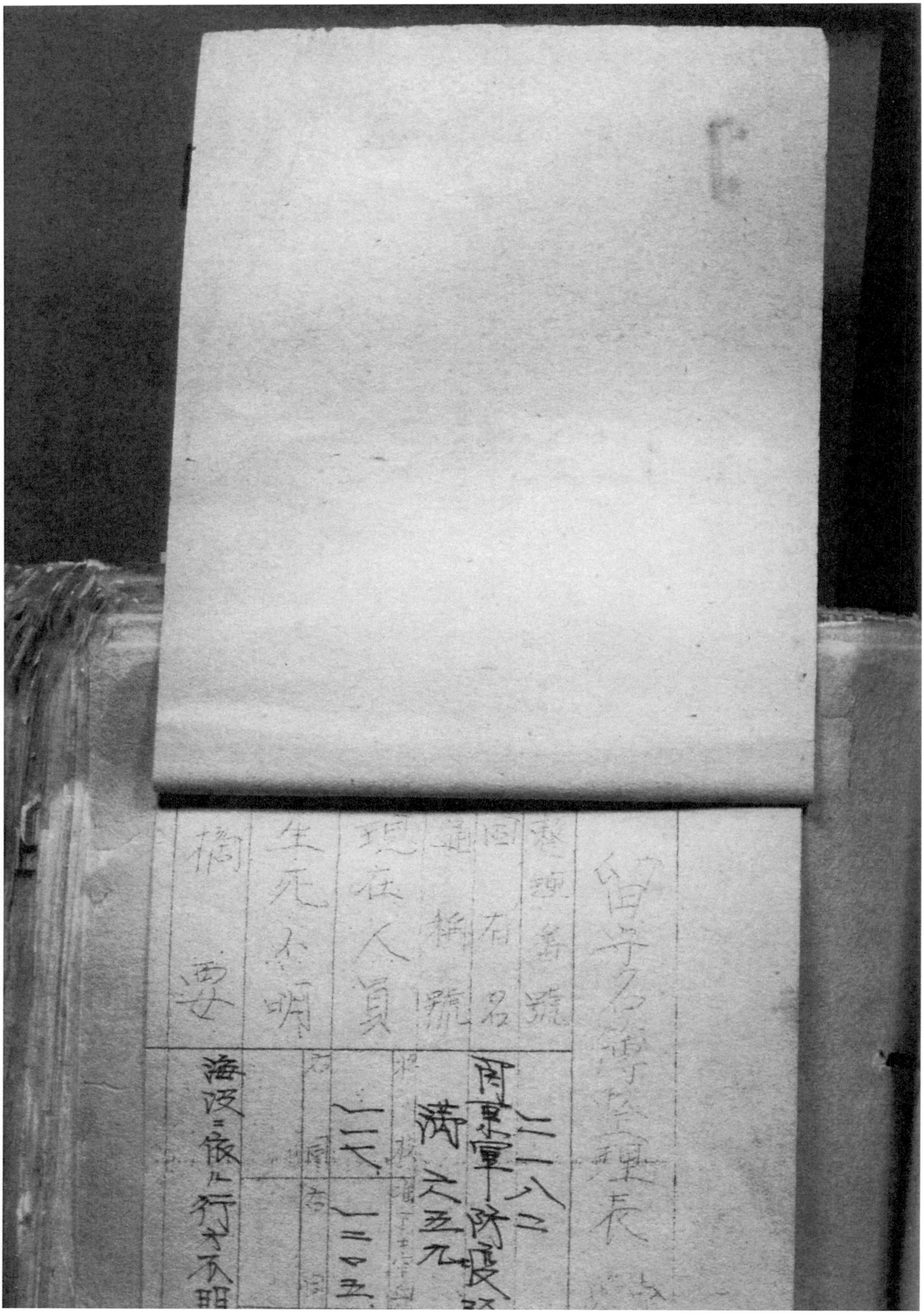
留守名簿整理表
整理番號
同右名
通稱號
現在人員
生死不明
摘要
海没ニ依ル行方不明

＊p9左

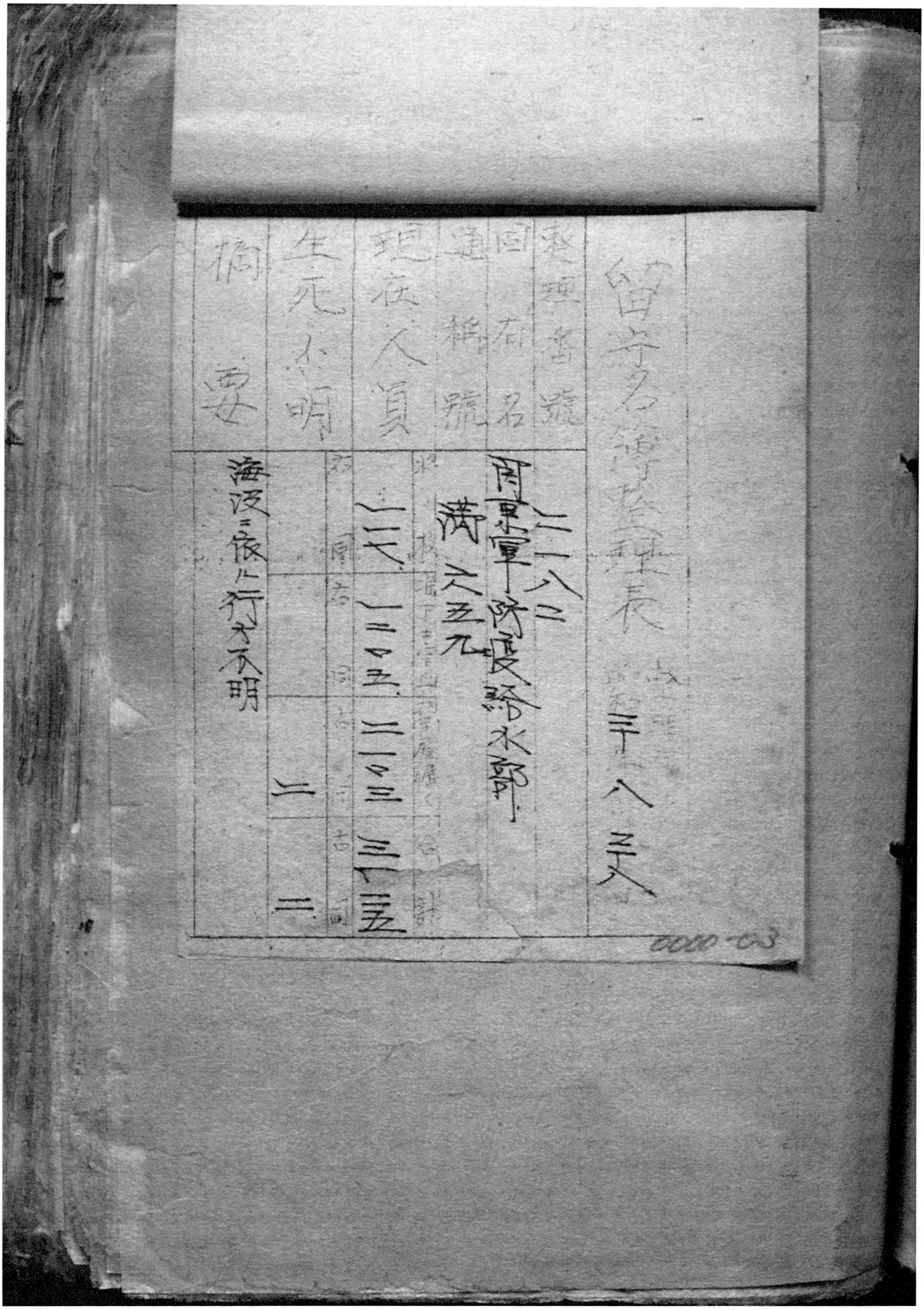

留守名簿整理表　二十八　三人

整理番號	二一八二
固有名	関東軍防疫給水部
通稱號	満六五九
現在人員	二七、一二〇五、二一〇三、三一五
生死不明	二、二
摘要	海没ニ依ル行方不明

0000-03

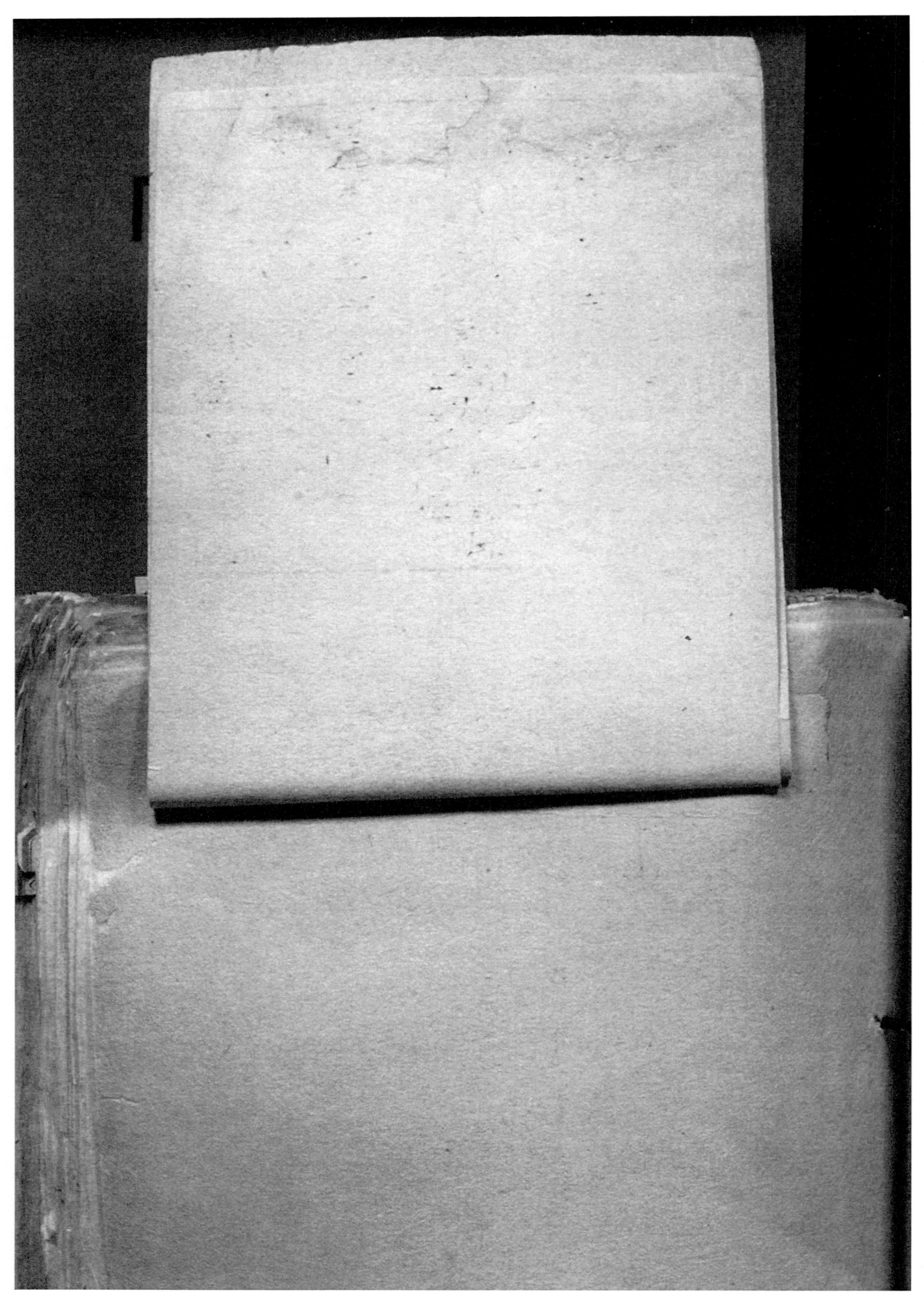

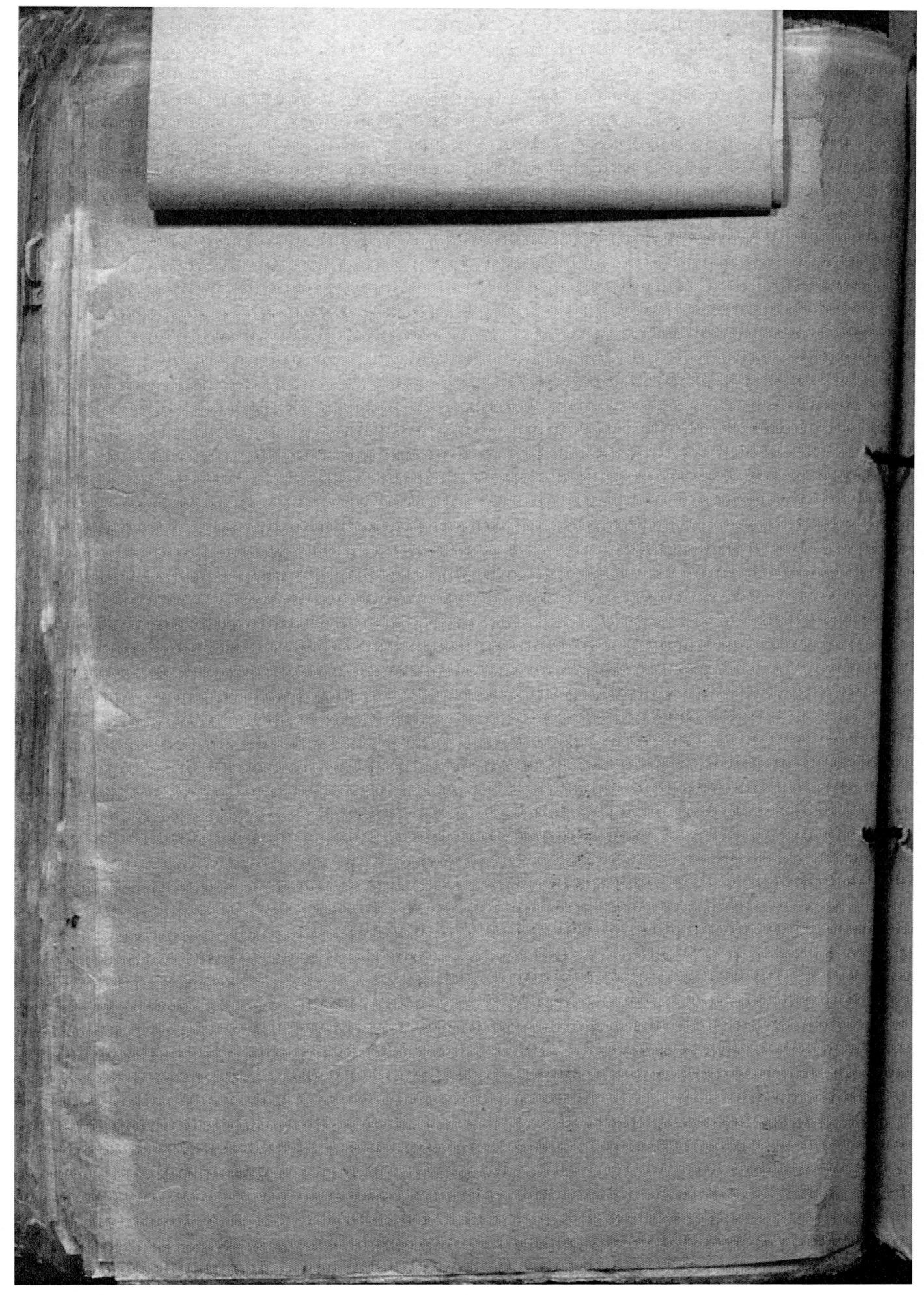

情報部　二九

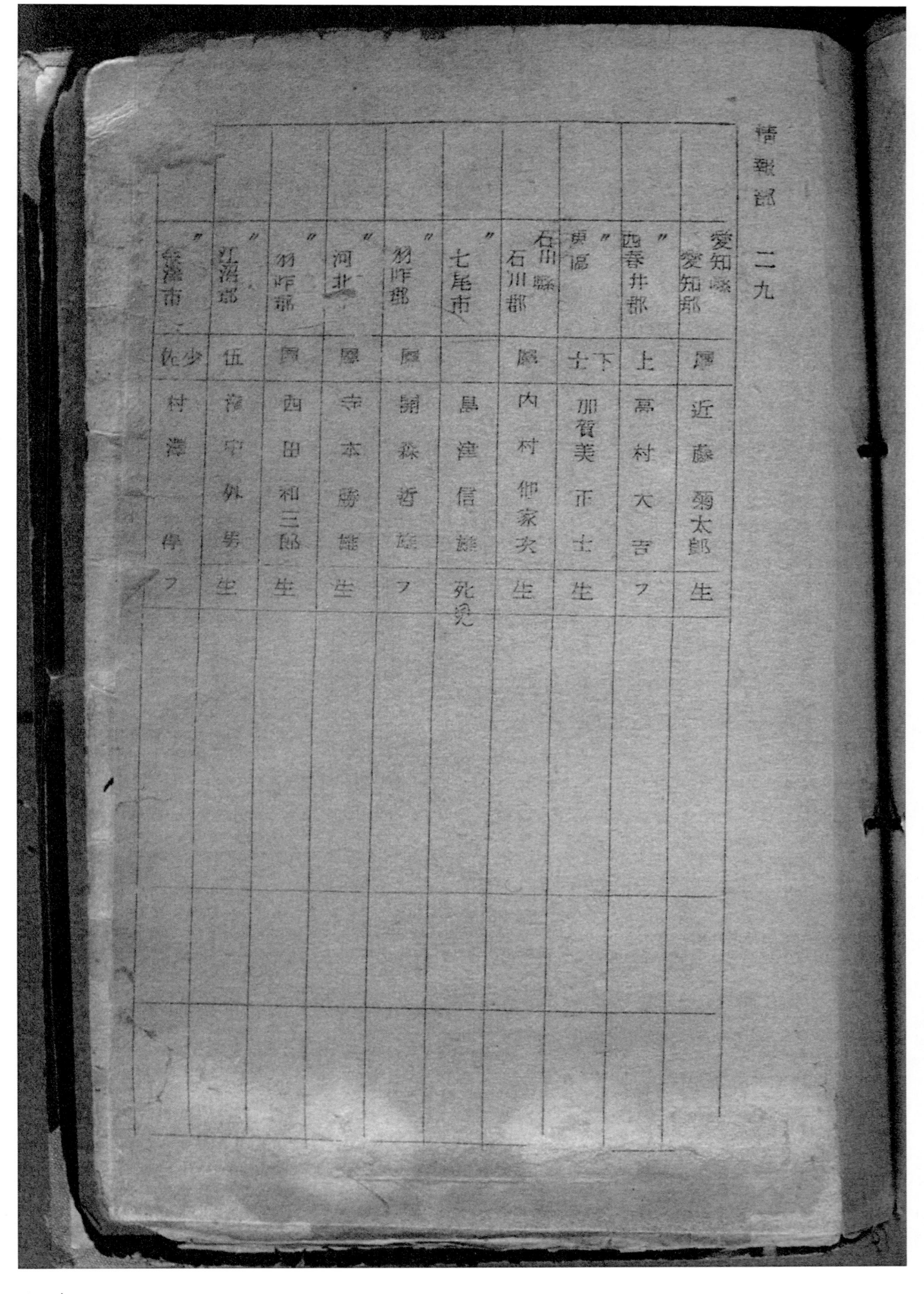

愛知縣愛知郡	屬	近藤菊太郎	生
〃西春井郡	上	高村大吉	〃
〃東區	下士	加賀美正士	生
石川縣石川郡	屬	内村伊家次	生
〃七尾市		島津信雄	死見
〃羽咋郡	屬	關森哲雄	〃
〃河北郡	屬	寺本勝雄	生
〃羽咋郡	屬	西田和三郎	生
〃江沼郡	伍	濱守外男	生
〃金澤市	少佐	村澤停	〃

	〃 石川郡	曹	山田喜光	生
	〃 [illegible]澤		平 文雄	生
	〃 金澤市	中佐	寺田愼一	生
	〃 河北郡	上	室井三郎	生
	三重縣 南牟婁郡	大尉	山門茂樹	ム
	〃 津市	二	酒井義雄	生
奉天支部	〃 一志郡	高官	平野次雄	ノ
縣河支部	〃 北牟婁郡	上	中世古久慶	生
〃	〃 〃	中尉	仲森政郎	生
縣河支部	〃 一志郡		長谷川正明	生
〃	〃 河藝郡	軍	前田能長	生

ア

17/12/31

東矢第二八番號 一六、一、六

東京都中野区本[illegible]町二八番地

同

上

父 新井留吉

昭17

現[illegible] 昭三 19、12、1

新井房憲 大八、八、十

ア　昭和　留守名簿

15.5.16		愛知県知多郡小鈴谷村大字上野間字越智一七番地	同	上 妻 天木君枝	二 技手 19.3.11	天木秀芳	明四〇、三、一六	無	
18.9.13	第二十五野戦防疫給水部 一六、七、一	宮城県仙台市北八番丁一二八番地	宮城県宮城郡七ヶ浜村東宮浜七四 阿部東蔵方	妻 青木一李子	三 技手 19.9.30	青木敬雄	明三六、九、四	無	
15.7.8		鹿児島県薩摩郡宮之城町平川三一六番地	同	上 妻 有川千鶴	三、四 技手 19.3.11 20.3.31	有川義徳	明四〇、二、五	無	20.6.27
15.6.1		香川県綾歌郡大倉村賀満一、三五番地	同	上 妻 淺田利子	三、四 技手 19.3.11 20.3.31	淺田光雄	明四〇、一、二	無	20.6.27
15.7.8 すで済		東京都渋谷区氷川町三三番地 （大連市）	東京都荒川区南千住町一丁目五六番地	妻 阿達八重	四 技手 19.7.1	阿達萬吉	大四、一、一二	無	
18.2.12		新潟県羽茂郡東保村字新保ノ四四番地	同	上 妻 嵐澄子	四 技手 20.3.31	嵐徳一	明四五、一〇、二	無	20.6.27
19.4.1		宮城県伊具郡藤尾村藤尾山中内前八番地	仙台市原ノ町小田原南	父 秋山	技手	秋山政雄		無	

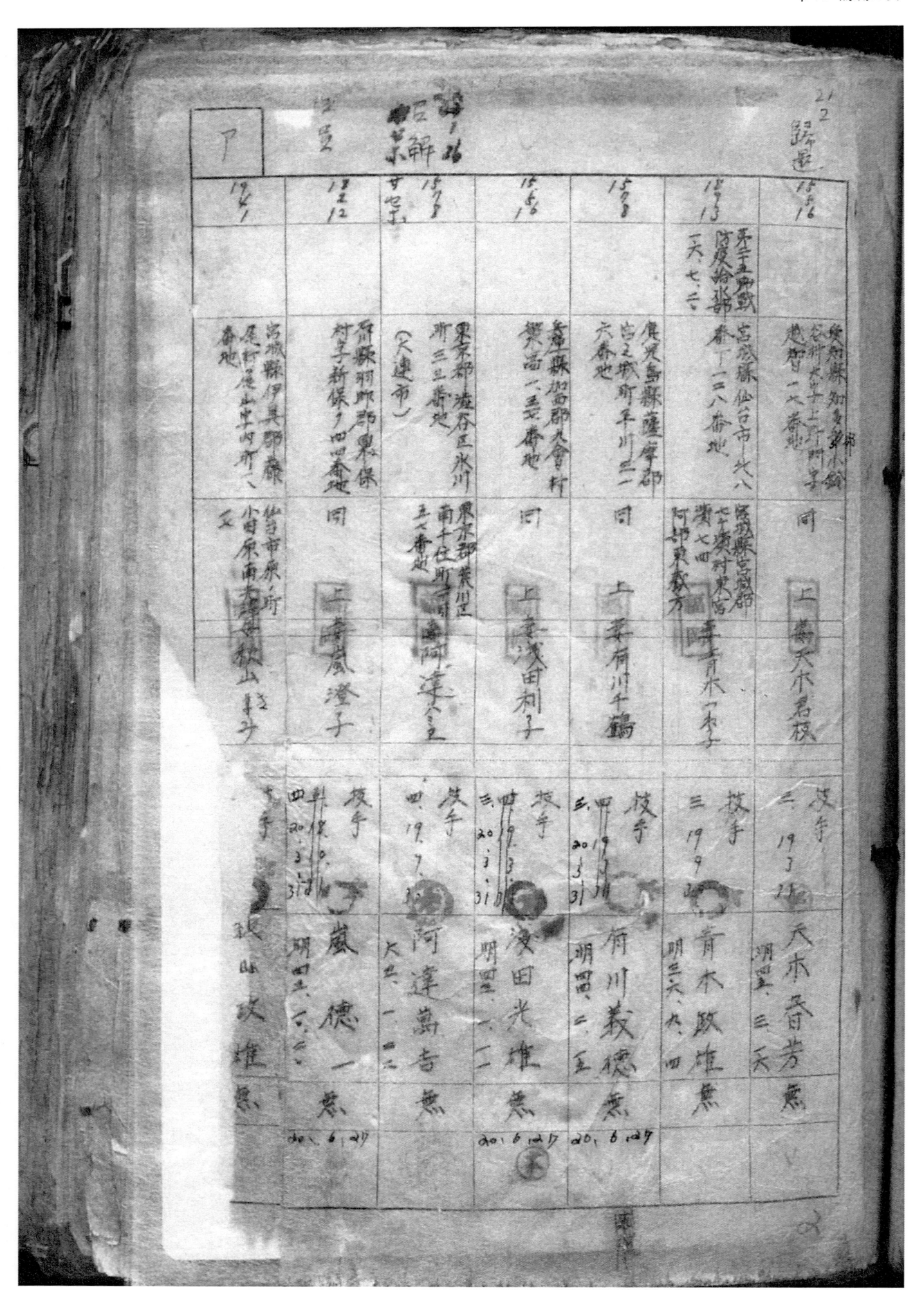

＊原簿3丁

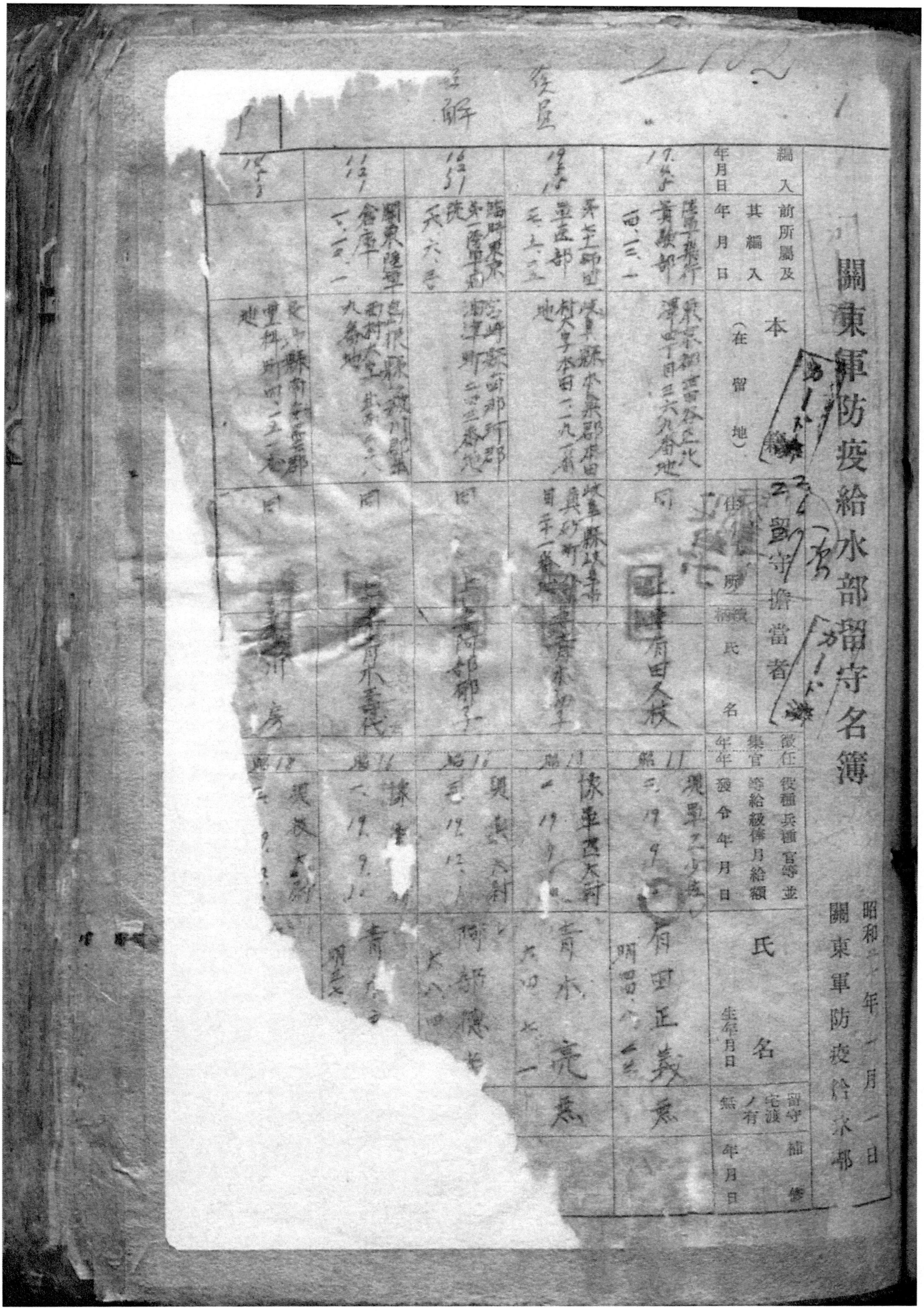
關東軍防疫給水部留守名簿
昭和二十年一月一日
關東軍防疫給水部
編入年月日
編入前所屬及其編入年月日
本籍（在留地）
留守擔當者 住所 續柄 氏名
役種 兵種 官等並 俸給 級俸 月給額 任官年 發令年月日
氏名 生年月日
留守宅渡ノ有無 年月日
補修
有田正義
有田久枝
青木亮
阿部徳

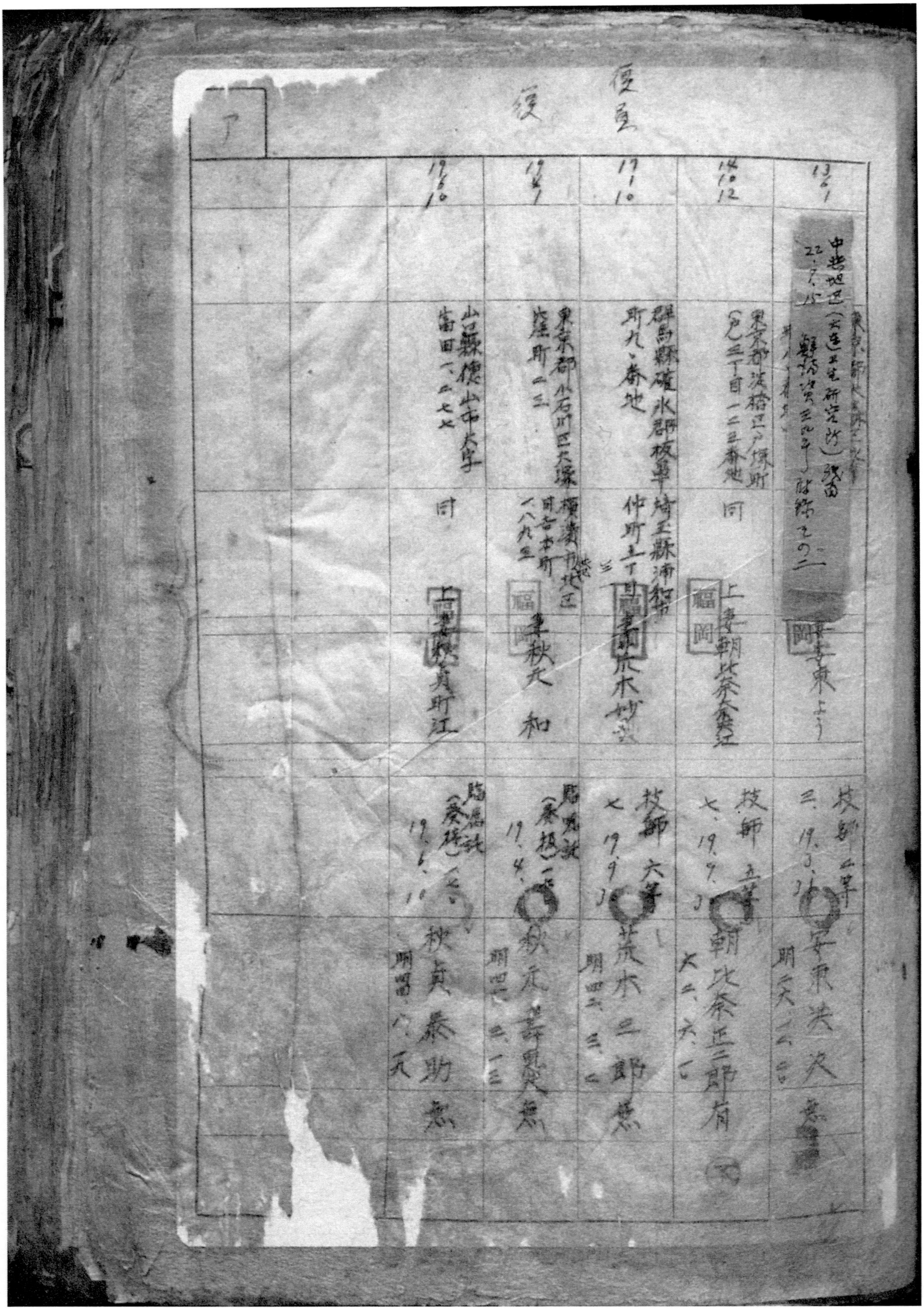
復員
復
13/6/1
中央地区（大阪）衛生研究所 残留
22.7.15
東京都
安東ようj
技師 二等
三、19.3.31
安東洪次
明二六.一二
14/10/12
東京都淀橋区戸塚町三丁目一二三番地
同
福岡
上妻
朝比奈
技師 五等
七、19.7.1
朝比奈正二郎
大二.六
17/1/10
群馬県碓氷郡板鼻町九、番地
埼玉県浦和市仲町三丁目
福岡
荒木妙
技師 六等
七 19.7.1
荒木三郎
明四二.三
19/4/1
東京都小石川区大塚窪町二三
横浜市日吉本町一八九五
福岡
秋元和
嘱託（奏任）
19.4.1
秋元壽恵夫
明四一.二.一三
19/6/10
山口県徳山市大字富田一.二七七
同
秋貞町江
嘱託（奏任）
19.6.10
秋貞泰助
明四四.八

＊原簿4丁（付箋めくったもの）

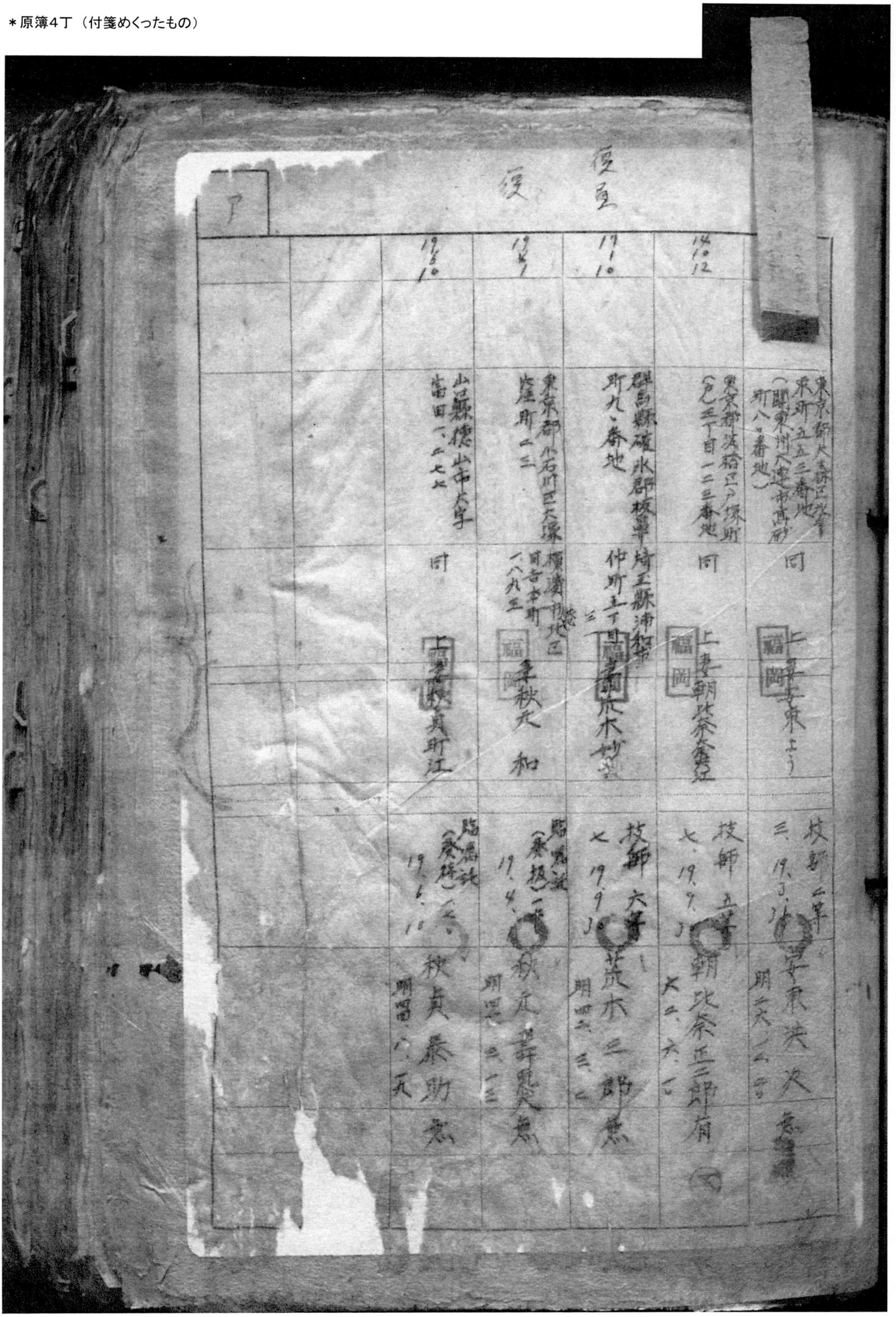

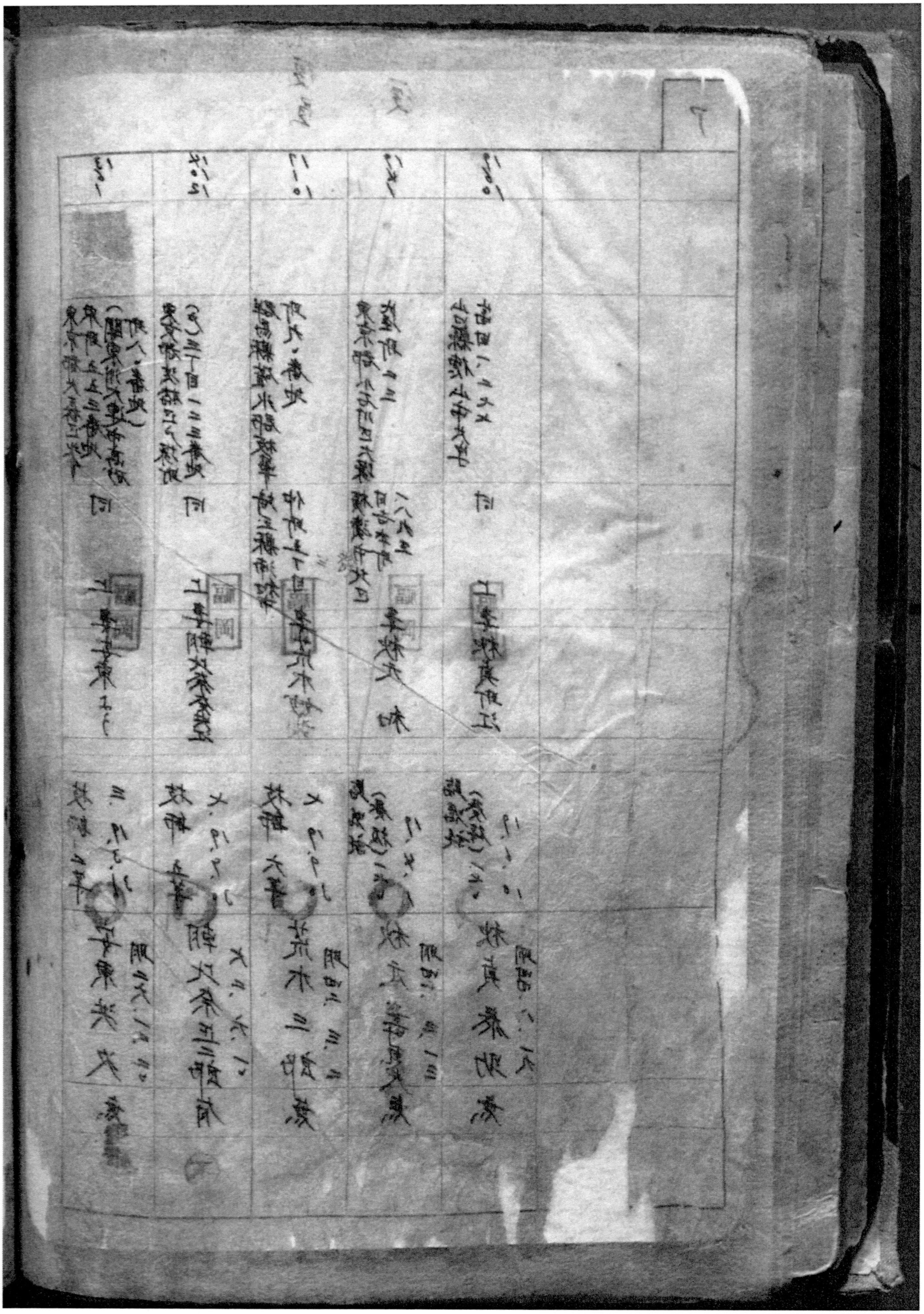

ア

19.8.31	北海道天塩郡遠別村本通一丁目六番地	北海道天塩郡遠別村字本町二丁目四番地	福岡 妻 相内清江	技手 六 19.8.31	相内知恵 大五、五、四	焦
19.3.31	宮城県宮城郡根白石村西田中字十下田中二番地	同	福岡 妻 相澤良子	技手 五 ~~六 19.8.31~~ 20.3.31	相澤幸大 大六、六、二	焦 20.6.27
16.10.8	富山縣西礪波郡立野村立野ム七五三番地	同	福岡 妻 青木ノブ子	業務手九五 19.9.30	青木清一郎 明三四、六、三	焦
16.12.6	廣島縣比婆郡本村本中七九七	同	福岡 妻 林川千枝子	臨時嘱託 (判任待遇)一〇五 19.9.30	林川詮夫 明三八、四、二四	焦

5

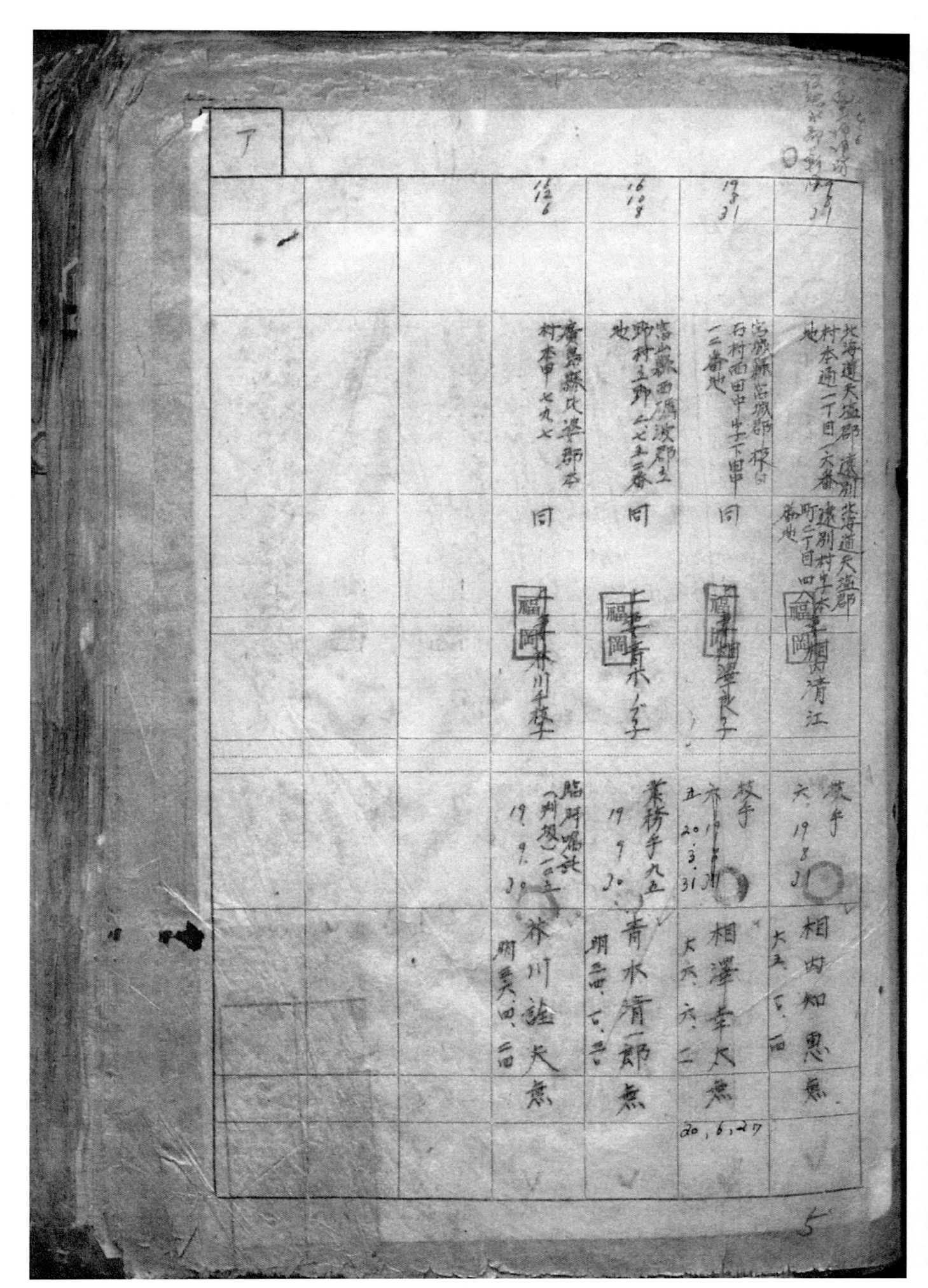

關東軍防疫給水部留守名簿

昭和廿年八月一日
關東軍防疫給水部

ア

編入年月日	前所屬及其編入年月日	本籍（在留地）	留守擔當者 住所	續柄 氏名	徵集年 任官年	役種兵種官等並等給級俸月給額 發令年月日	氏名 生年月日	留守宅渡ノ有無 補修年月日
17.1.10		高知縣安藝郡川北村九一一五九番地	同	上 父 有光政之助	昭16	現衛上 19.6.1	有光幸夫 大6.5.3	無
17.1.10		香川縣三豊郡下高瀬村四一番地	同	上 父 綾 猪平	昭16	現衛 19.6.1	綾 語 大6.2.2	無
17.1.10		愛媛縣西條市神戸安知生五五一番地	同	上 父 安藤德太郎	昭16	現衛上 20.1.1	安藤秋雄 大6.5.2	無
18.1.17		愛媛縣伊豫郡砥部町大南甲二三四番地	同	上 父 青木博	昭17	現衛上 20.1.1	青木正男 大11.8.2	無
17.1.10		德島縣板野郡瀬戸町北泊四五三番地	同	上 父 葵野榮一	昭16	現衛上 18.12.1	葵野好寛 大6.7.2	無

（各留守擔當者欄に「福岡」印）

6

ア　除隊 21.6.13

	高知県幡多郡下田町大字下田四百七番地	同	上 母 有井榮	昭16	現衛 19.6.1 上	有井恒雄	大6.4.8	無
18.17	愛媛県周桑郡庄内村字大野甲一二〇	同	上 母 芥川シズエ	昭17	現衛 18.10.1 上	芥川弘文（アクタガワヒロフミ）	大7.7.8	無	23.5.14
18.17	愛媛県今治市大字別宮三八二	同	上 母 阿部ヒサヨ	昭17	現衛 18.10.1	阿部辰雄	大11.2.5	無
19.12	愛媛県上浮穴郡中津村大字東川藤川三六六番地	同	上 母 大野シメ	昭18	現衛 19.7.15	大野義男	大3.5.3	無
19.12	愛媛県東宇和郡野村町大字阿下二番耕地二八番地	同	上 父 赤松多太郎	昭18	現衛 19.7.15（21.6.13）	赤松政夫	大3.2.5	無	22.1.23
19.12	愛媛県上浮穴郡弘形村大字上黒岩二番耕地三九番地	同	上 父 安宅[illegible]	昭1[illegible]	現衛 19.9.15	安宅稔	大6.9.25	無	（不）
19.12	愛媛県越智郡西伯方村大字北浦甲一一五九	和歌山県和歌山市湊[illegible] 畑	上 父 赤瀬岩三郎	昭18	現衛 19.10.1	赤瀬貞男	大2.4.30	無	[illegible]

7

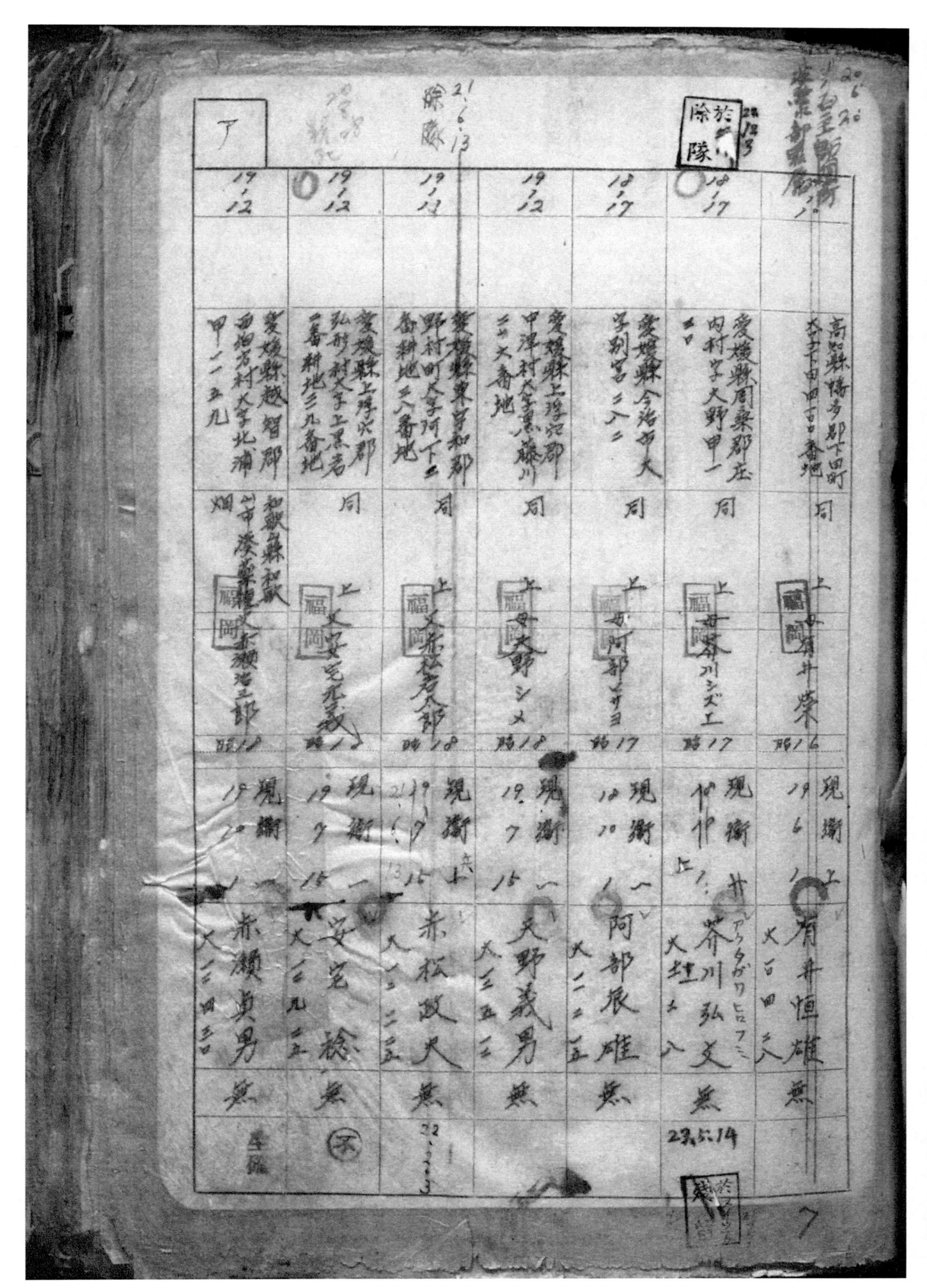

除隊 22.4.19 舞鶴

召

除隊 於舞鶴 22.4.3

19/12	19/12	19/12	19/12	19/12	19/12	舞鶴
愛媛縣新居濱市金子乙一五九〇番地ノ二	愛媛縣越智郡日高村大字別名四三	香川縣香川郡川東村大字川東上五四二番地ノ二	香川縣綾歌郡府中村二六四番地ノ三	徳島縣徳島市出来町四丁目一一	徳島縣麻植郡森山村大字内原四七	函館市[illegible]町 一三四
大阪市[illegible]区[illegible]町[illegible]番地 父 青野準一	福岡縣[illegible]市[illegible]町[illegible]小路 父 有田貫道	同 上 父 赤松松太郎	同 上 父 竈下格次	徳島縣徳島市[illegible]町[illegible]北五口 父 藍原義太郎	同 上 父 阿部兼助	
昭18	昭18	昭18	昭18	昭18	昭18	
19.10.1 現衛一	20.1.1 現衛上	20.1.1 現衛上	19.7.15 現衛上	19.10.1 現衛上 22.4.20	20.1.1 現衛上	軍[illegible]
青野正雄 大12.1.11	有田太朗 大11.12.3	赤松禅 大12.9.26	竈下元信 大12.12.8	藍原勵 大12.9.6	阿部利厚 大12.5.25	秋田喜三郎
無	無	無	無	無	無	
23.1.14				22.6.17		22.[illegible]

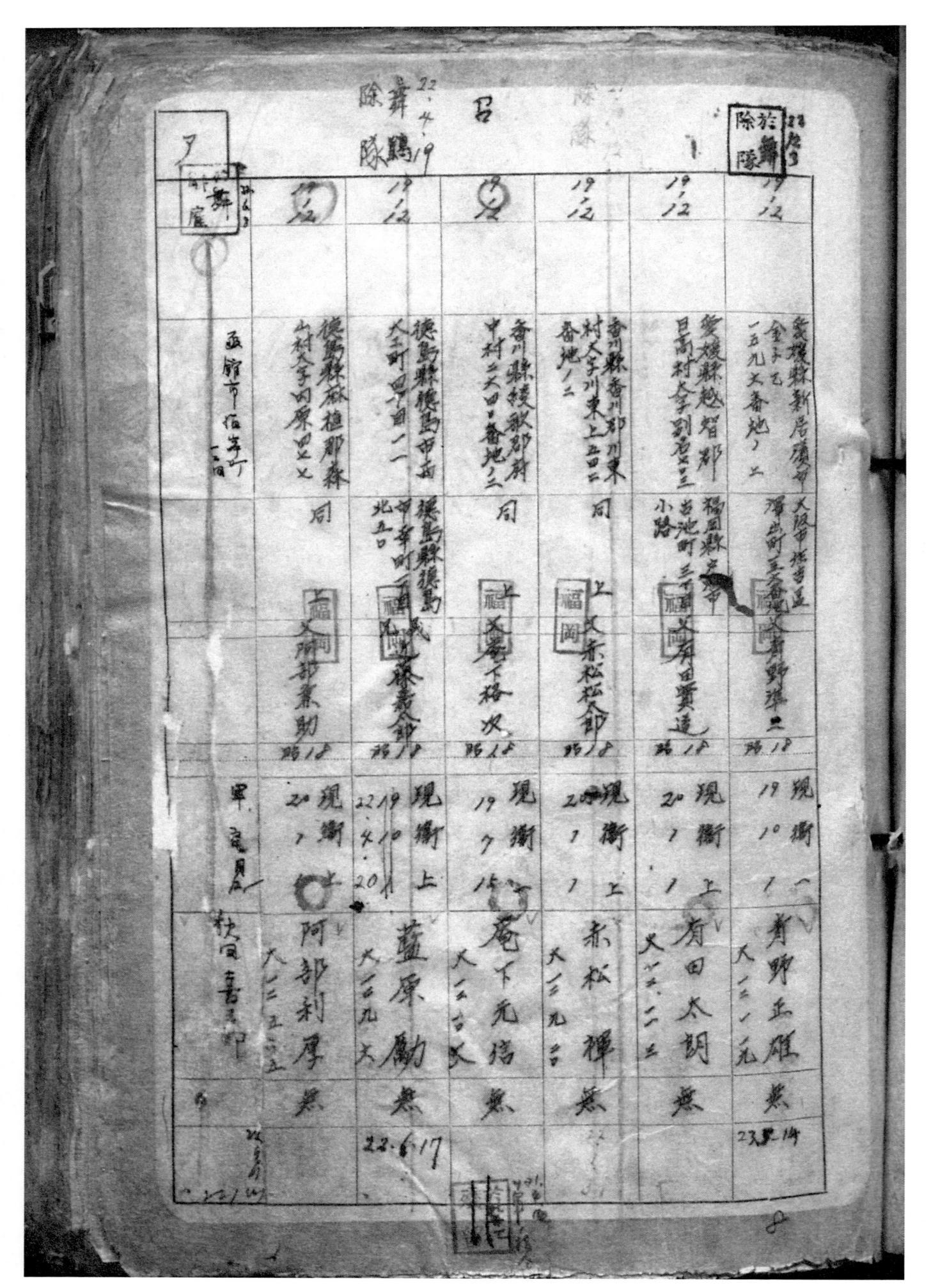

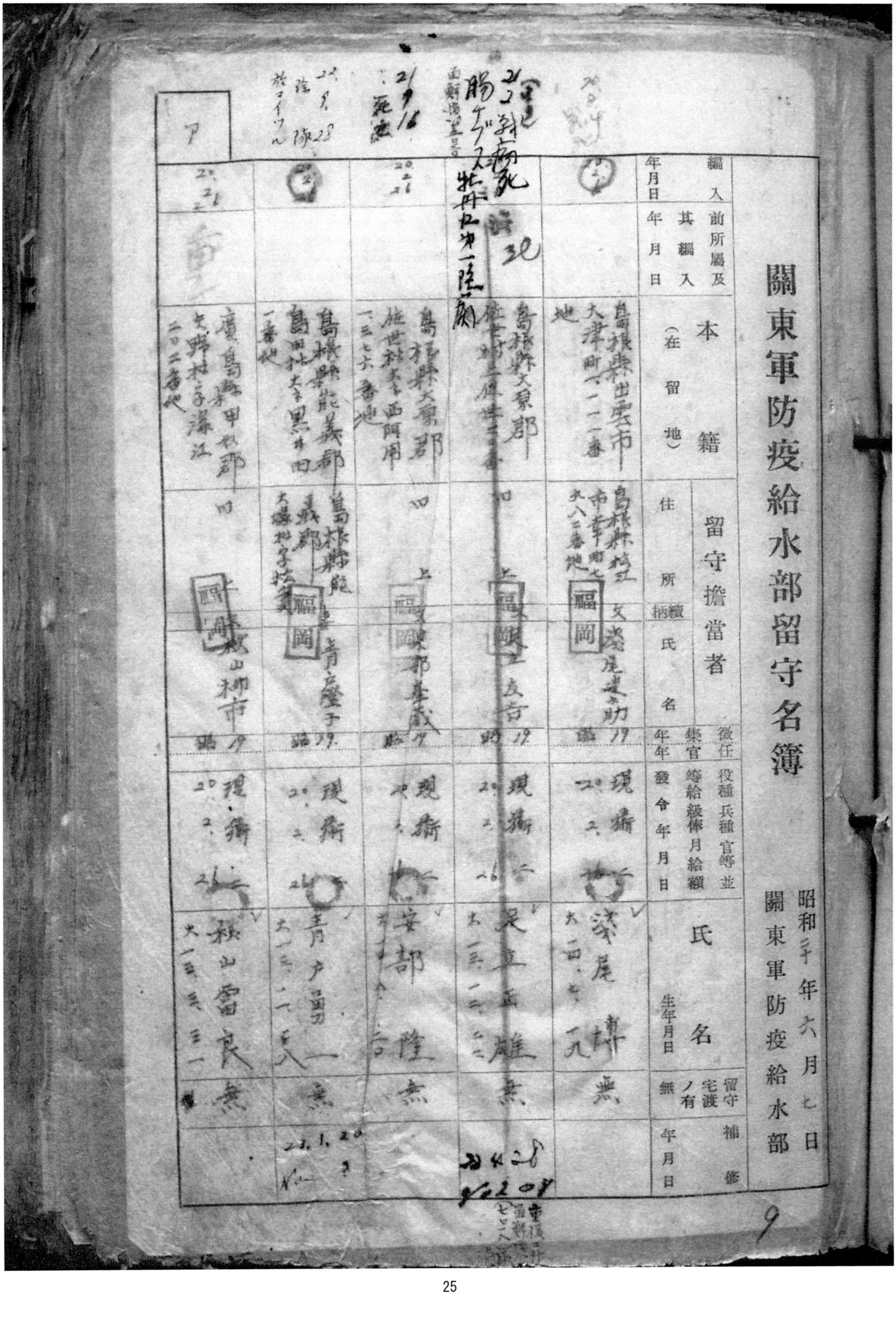

關東軍防疫給水部留守名簿

昭和二十年六月七日
關東軍防疫給水部

ア

22.9.28 陸 除隊 於コイワン

21.9.16 死亡

21.2 戦病死 腸チフス 牡丹江第一陸軍病院

項目	1	2	3	4	5
編入年月日	[stamp]	[stamp]	20.2.26	[stamp]	20.2.26
編入前所属及其編入年月日		戦病死			
本籍（在留地）	島根縣出雲市大津町一一二一番地	島根縣大原郡佐世村[illegible]番地	島根縣大原郡佐世村大字西阿用一三七六番地	島根縣能義郡島田村大字黒井田一番地	廣島縣甲奴郡[illegible]村字澤江二〇二番地
留守擔當者 住所	島根縣松江市雑賀町七八三番地	同	同	島根縣能義郡大塚村字[illegible]	同
續柄	父	父	父	姉	父
留守擔當者 氏名	淺尾速之助	足立友吉	安部基蔵	青戸盛子	秋山柳市
徴集年・任官年	昭19	昭19	昭19	昭19	昭19
役種兵種官等並等給級俸月給額 發令年月日	現 衛 20.2.26	現 衛 20.2.26	現 衛 20.2.26	現 衛 20.2.26	現 衛 20.2.26
氏名	淺尾[illegible]	足立正雄	安部隆	青戸留一	秋山富良
生年月日	大四.七.一九	大一三.一二.二二	[illegible]	大一三.一一.一八	大一三.三.三一
留守宅渡ノ有無	無	無	無	無	無
補修年月日		21.4.28 92208		22.1.20 No 3	

9

除 法安保 隊 21.12.21

22年10月25日 召解

20.2.26	20.2.26	20.2.26	20.2.26		
廣島縣廣島市胡町一五番地	廣島縣佐伯郡深江村四二五二番地	廣島縣安藝郡海田市町二一〇四番地	山口縣[redacted]郡	廣島縣豊田郡安藝村一一三二番地	廣島縣…一二九九番地
同	島根縣簸川郡…村	大阪市生野区新今里町四丁目一一一番地	同	島根縣美濃郡益田町	同
福岡	福岡	福岡	福岡	福岡	福岡
養父 青木雅登	田中キミ	父 荒木好太郎	妻 [redacted]	父 秋本孝一	伴助
昭19	昭19	昭19	昭19	昭19	
現役 20.2.26	現役 20.2.26	現役 20.2.26	現役 21.12.21	現役 20.2.26	
青木辰之助 大四.三.二五	東谷英一 大四.三.二	荒木登 大四.九.廿日	栗谷元（ハジメ） 大三.一.九	秋本輝雄 大一四.五.二四	有馬正義 大七.一.一
無	無	無	無	無	
23.6.26			22.6.18		22.5

10

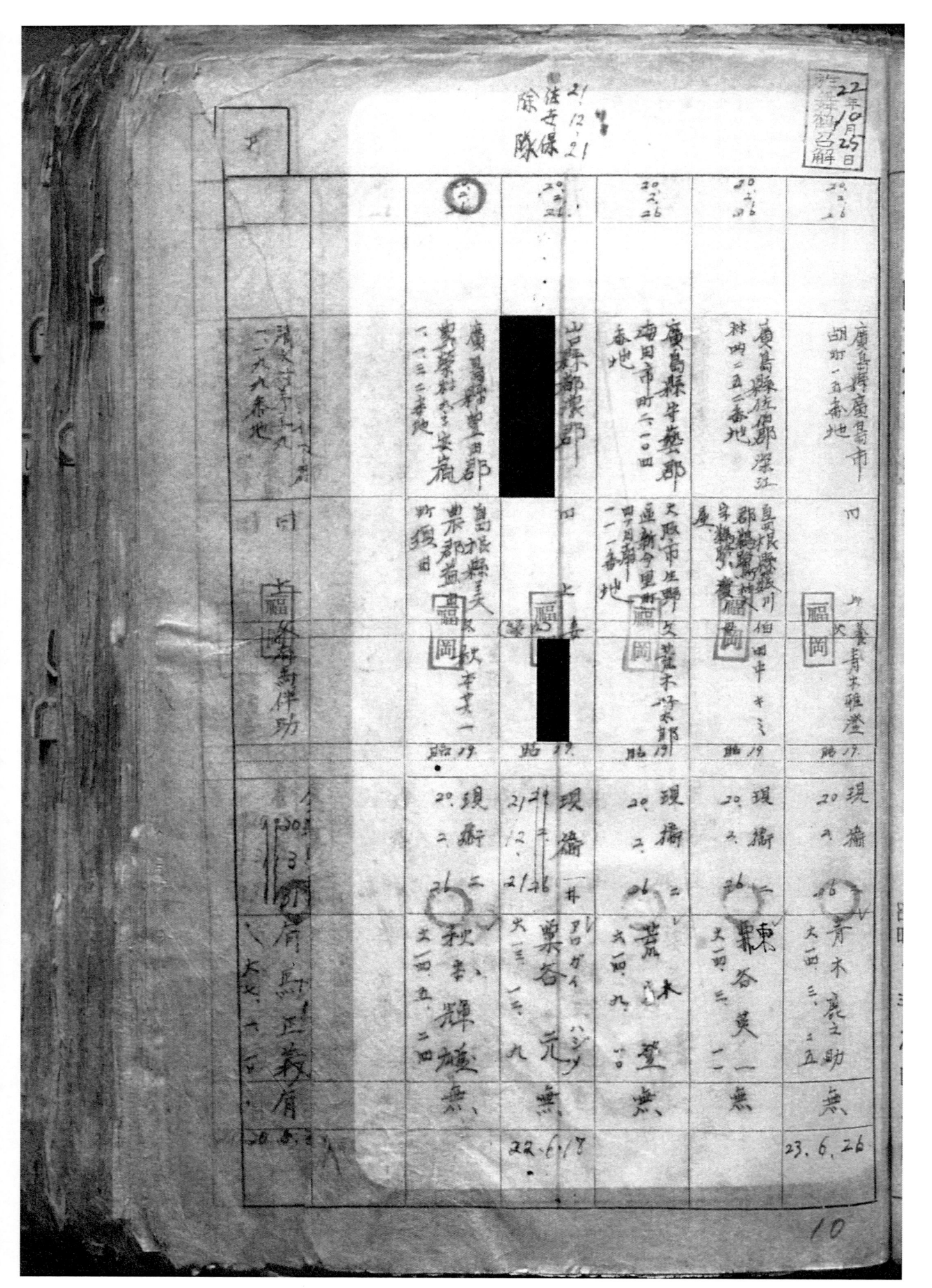

ア

關東軍防疫給水部留守名簿

昭和二十年一月一日
關東軍防疫給水部

編入年月日	前所屬及其編入年月日	本籍(在留地)	留守擔當者 住所	留守擔當者 續柄 氏名	徴任集官年年	役種 兵種 官等並等給 級俸 月給額 發令年月日	氏名	生年月日	留守宅渡ノ有無	補修年月日
16.3.20		島根縣能義郡廣瀬町大字廣瀬一二三番地ノ一	同	上 朝木吉藏		[illegible] 20.3.31	朝木育一	明四五.六.七	無	20.5.30
14.10.16		宮城縣宮城郡利府村春日字金生一六番地	同	赤間隆子		雇員(番務)六 19.11	赤間義男	大五.四.一	無	
17.3.1		福岡縣京都郡延永村大字長木〇五番地	同縣田川郡後藤寺町大字平松	母 長川ケセ		雇(技術)七四 20.3.31	長川鉄之助	大二.一一.一二	無	20.5.30
17.5.31		岡山縣眞庭郡二川村大字栗谷六九九番地	同	上 荒木鐵乃		雇(警防)六九 20.3.31	荒木勝美	大七.一〇.一五	無	20.5.20
17.5.21		鹿兒島縣姶良郡清水村字子丸一一九九番地	同	父 高崎伴助		雇(警防)六六 20.3.31	高崎正義	大七.一.一〇	有	20.5.30

11

ア

13 11 15	18 4 30	18 2 29	14 12 10	13 10 16	15 5 23	17 7 1
千葉県印旛郡富里村根木名五一二番地	栃木県下都賀郡寒川村大字寒川一一三五番地イ号	山梨県中巨摩郡野之瀬村下市之瀬一四九番地	埼玉県南埼玉郡菖蒲町大字新堀一番地	千葉県香取郡多古町多古四七一番地	京都府中郡口大野村八一六番地	宮城県遠田郡[illegible]村[illegible]塚字竹谷四九番地
同	同	同	同	同	京都府中郡口大野村[illegible]番地	同
上 福岡 秋葉豊	上 福岡 青木哲次	上 福岡 相川鉄太郎	上 福岡 荒井千代香	上 福岡 秋葉静江	上 福岡 足立ふさ江	上 福岡 阿部信寺
雇（現監督）1920 13 131 査 大	雇（事務）1920 13 131 査 大	雇（警防）1920 3 131 査 大二	雇（技術）八四 17 11 1	雇（防疫）七五 17 11 1	雇（防疫）1920 13 131 査 大六	雇（防疫）1920 3 131 査 大
秋葉碧 大八、五、二	青木文雄 大一〇、二、一	相川富男 大一〇、一〇、一三	荒井大次郎 明四三、一二、二	秋葉三郎 大五、六、六	足立秋治 大六、三、七	阿部正信
有	有	有	無	無	無	有
20.8.29	20.8.30	20.8.30			20.8.30	20.8.30

12

ア

15.3.5	東京都荒川区尾久町九丁目三一六四番地	同	上 福島 相島トミ子	庸(技術)一〇五 17.4.1	相島岩松	大五、二、六	無	
15.6.9	東京都荒川区日暮里町八丁目五森七九番地	東京都荒川区日暮里新二ノ二5 浅野とき方	福島 浅野ムて	庸(防疫) 20.3.31	浅野信太郎	明四〇、一〇、一二	無	20.5.30
18.11.5	神奈川県横濱市保土ケ谷区[illegible]町 ~~下ノ宮[illegible]~~ 三一二九ノ番地	同	上 福島 阿部はつ子	庸(技術)[illegible] 19.11.1	阿部周蔵	明四二、一二、二八	無	
15.5.25	京都府竹野郡彌栄村等楽寺五六七番地	同	上 福島 安達松枝	庸(防疫) 20.3.31	安達百治	大六、二、二三	無	20.5.30
17.5.10	新潟県中頸城郡平丸村大字下平丸八八番戸	新潟県高田市本町一丁目一番地 入村清五郎方	福島 阿部み子	庸(事務) 20.3.31	阿部浩作	大六、六、四	無	20.5.30
17.5.10	福島県相馬郡中村町新沼字観音前四三番地	同	上 福島 安部喜松	庸(技術) 20.3.31	安部定重	大七、四、一	無	20.5.30
17.5.10	福島県耶麻郡駒形村大字常世字西町六六六番地	同	上 福島 穴澤ミヨ	庸(技術) 20.3.31	穴澤三男	大七、一、一	無	20.5.30

13

ア

15.4.17	18.4.4	13.11.18	18.10.10	17.5.31	17.5.20	17.5.31
廣島縣呉市西本通二丁目一八番地	宮城縣亘理郡亘理町字舘南一〇番地	東京都杉並区和田本町一〇八六番地	秋田縣仙北郡六郷町六郷字上町四八番地	北海道札幌市北六條一四ノ七丁目一番地	山形縣東村山郡楯横村大字根際三・九番地	秋田縣河邊郡仁井田村仁井田字天野道下一八四
呉市下中町四四三番地	同	同	同	同道同市大通西二十丁目四六番地	同	同
上 福岡 父 明田綱太郎	上 福岡 父 阿部宇吉	上 福岡 妻 秋山ゆき子	上 福岡 妻 天川谷ナツ	上 福岡 母 青塚ミネ	上 福岡 父 阿部久次郎	上 福岡 父 相馬泉蔵
産（防疫） 20.13.31	産（技術） 20.3.31	産（自操） 17.11	産（自操） 17.11.1	産（事務） 20.13.31	産（事務） 20.3.31	産（防疫） 20.3.31
明田弘司 大一一.二.九	阿部清 大八.四.一九	秋山丑吉 大元.一二.一二	天川谷謙吉 明三九.三.一〇	青塚博 大七.三.一〇	阿部正志 大六.六.一二	相馬義治 大七.一.一七
有	有	無	無	有	有	有
20 5.30	20 5.30			20.5.30	20 5.30	20 5.30

14

ア

解雇

17.5.31	宮城県[illegible]町字元町三一番地	同上 福岡	[illegible]野文次郎	雇(防疫) 17.11 – 20.3.31	浅野恒夫	大六.一二.二六	有	20.5.30
17.8.20	徳島県名西郡阿野村大字広野字[illegible] 二三一	同上 福岡	[illegible]野長[illegible] サカエ	雇(防疫) 17.11 – 20.3.31	粟野正男	大七.八.四	無	20.5.30
17.8.21	栃木県下都賀郡豊[illegible]村大字小泉七三	同上 福岡	大谷アサ	雇(防疫) 六五 17.11 – 20.3.31	大谷大四郎	大七.一一.三	無	20.8.30
17.8.1	徳島県名西郡阿野村大字広野字[illegible] 二二一	同上 福岡	粟野[illegible]郎	傭(雑仕) 三二三 19.4.6	粟野サカエ	大一三.八.六	無	
17.9.1	愛知県東春日井郡篠岡村大字大草九三番地戸	同上 福岡	安藤伏次	雇(技術) 17.11 – 20.3.31	安藤乙一	大八.三.一	有	20.8.30
16.3.24	三重県四日市市大字矢ヶ須賀一五三二番地	名古屋市大字橋三[illegible]泉店 福岡	大野平大	雇(技術) 五六 17.11	大野茂信	大四.五.七	有	
13.12.2	新潟県東頸城郡安塚村大字石橋八三三番地	北海道[illegible]郡新十津川村字[illegible]五三 福岡	秋山節子	雇(事務) 八五 17.11 – 20.3.31	秋山秀晴	大五.二.一	無	20.5.30

15

ア

御 21.7.8 庭

17.4.6	山梨縣北都留郡笹子村黒野田一二七八番地 / 同縣東山梨郡加納岩町上神内川	上 [illegible] 芳郎	歸（防疫）嘱託 20.3.31	天野 昭二 府	昭二.六.五	20.1.2
17.3.21	香川縣大川郡丹生村字高篠東谷一三四五番地	同	上 [illegible] 安太郎	歸（防疫）嘱託 20.3.31	赤澤善弘 府 昭二.八.二	20.6.2
18.4.6	岩手縣和賀郡黒澤尻町大字町分一六地割三〇一	同	[illegible] 相澤タダ	歸 17.4. 二八.五.一	相澤英也 府 昭三.一二.八	
18.4.3	佐賀縣三養基郡上峯村坊所一九九七	同	上 [illegible] 謙作	歸 18.4.3 二八.五.三	秋山正敬 府 昭三.一二.三	
18.4.1	大分縣下毛郡今津町字今津中島二九七	同	上 [illegible] 種夫	歸 18.4.1 二八.五.三	芦田正行 府 昭四.三.二六	
18.4.2	佐賀縣三養基郡上峯村大字坊所一八二三	同	上 [illegible] 作一	歸 18.4 二八.五.三	秋山昭義 府 昭三.一.二四	
18.4.2	長崎縣諫早市平[illegible]名六四番地	同	上 [illegible] 慶文	歸 18.4.2 二八.五.一	米徳男 府 昭三.九.一	

16

ア

22.3.10 徒安保 解雇

22.3.6 旅安保 解傭

14.10.10	岐阜縣大野郡清見村大字牧ケ洞大六七番地	高山市八軒町二丁目三三	福[illegible] 八木吉五郎	雇（防疫）嘱 1920.13.31 大九	荒木只一 大三.六.七	無	20.5.20
17.6.10	秋田縣南秋田郡八郎村[illegible]長崎五番地ノ一	秋田市川反町新川一三二	福[illegible] 鹿童六郎	雇（事務）嘱 1920.13.31 大四	相原次郎 大七.一.一	有	20.5.20
15.6.9	熊本縣八代郡赤池水無町一三四一番地	同	福[illegible] 赤池正志	雇（事務）嘱 1920.13.31 大四	赤池庄作 大六.一二.一四	無	20.5.20
20.5.20	北海道天塩郡遠別村本通一丁目十二	北海道天塩郡遠別村本通三丁目四八	福[illegible] 同人 妻	傭人（[illegible]） 三六.20.5.20	桐内清江 大八.一三.一〇	無	
13.8.3	鹿児島縣大島郡古仁屋町清水一五一	仝	上 父 堯伊爲	雇員 15.8.1	堯仲彦 明三六.四.一〇	無	22.6.17
14.5.5	沖縄縣那覇市久米町二ノ九	仝	上 父 阿波本達	傭人	阿波本孝子 大四.二.二	無	22.6.17

17

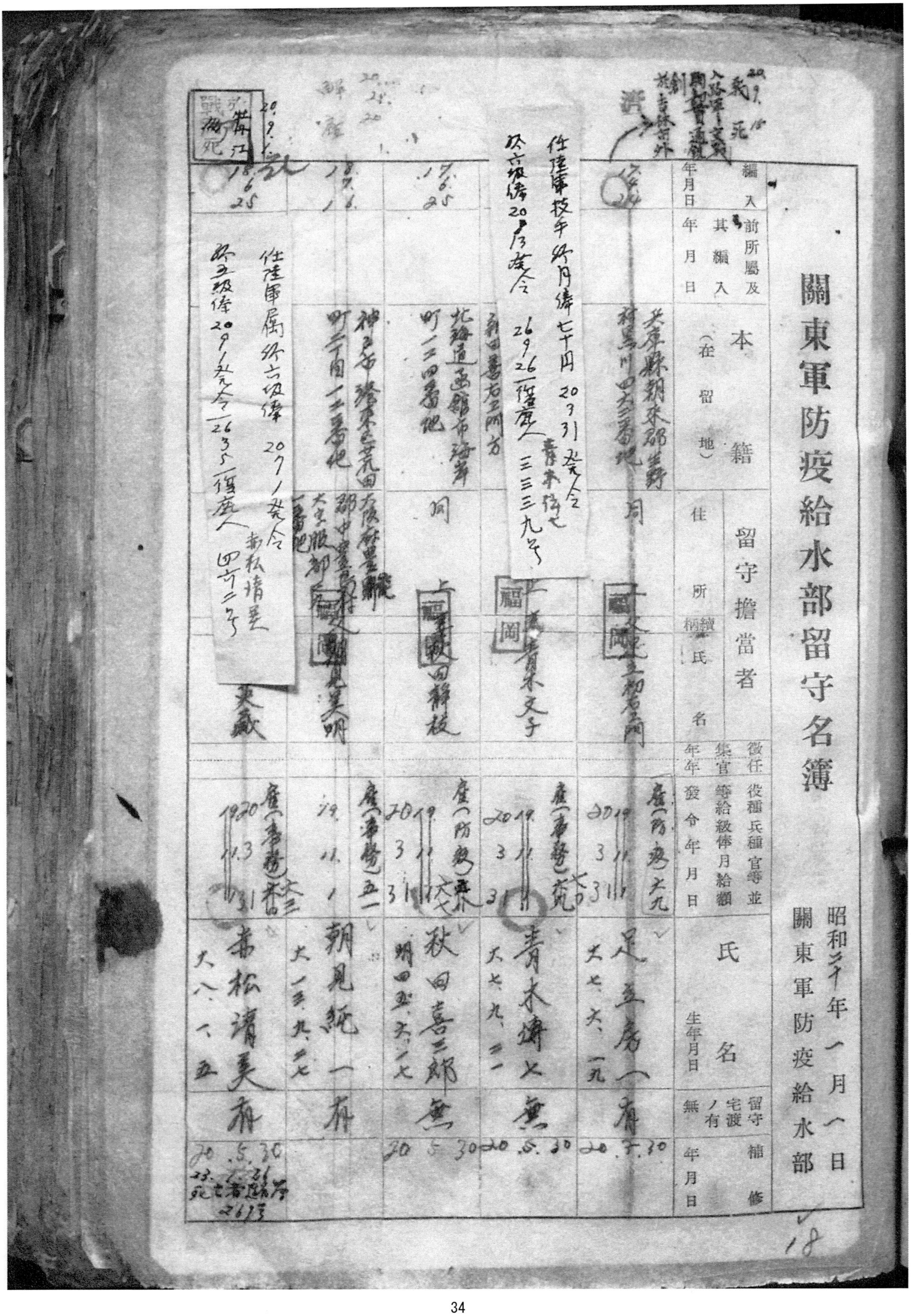

關東軍防疫給水部留守名簿

昭和二十一年一月一日
關東軍防疫給水部

氏名	生年月日	留守宅渡ノ有無	役種 兵種 官等並給級俸月給額	徵任 集官 年年 發令年月日	本籍（在留地）	留守擔當者 住所	留守擔當者 續柄 氏名	編入前所屬及其編入年月日	編入年月日	補修年月日
足立房一	大七、六、一九	有	傭（防疫）六九	19.11 20.3.31	兵庫縣朝來郡生野町	同				20.5.30
青木靖文	大七、九、二一	無	傭（事務）	19.11 20.3.31			青木文子			20.5.30
秋田喜三郎	明四五、六、一七	無	傭（防疫）	19.11 20.3.31	北海道函館市	同	秋田靜枝			20.5.30
朝見純一	大一三、九、一七	有	傭（事務）五一	19.11.1	神戸市					
赤松清美	大八、八、五	有	傭（事務）	19.20 11.3 31					18.6.25	20.5.30

＊原簿 18 丁（付箋めくったもの）

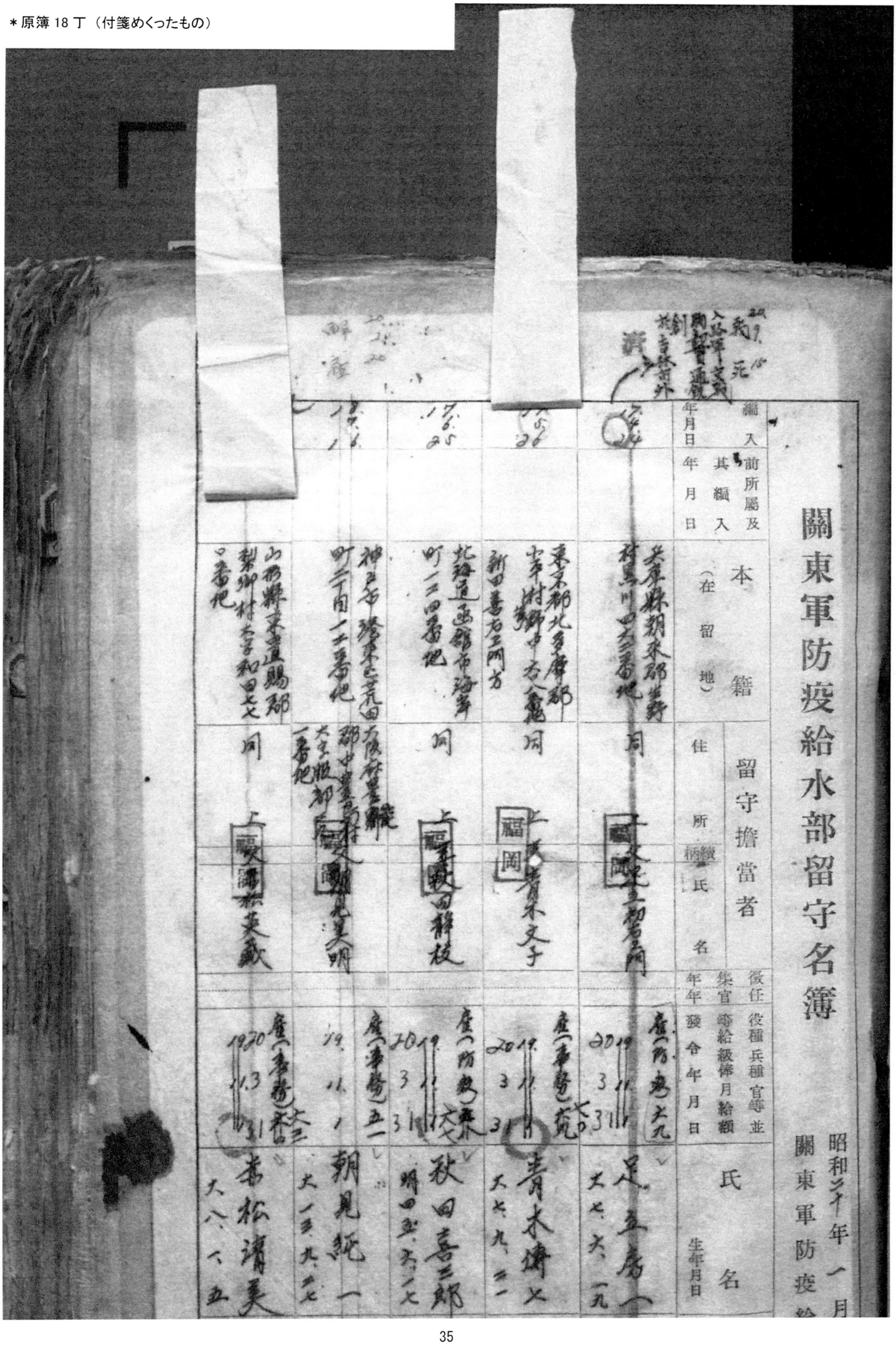

關東軍防疫給水部留守名簿

昭和二十年一月　關東軍防疫給[水部]

氏名	生年月日	役種 兵種 官等 並 傭任 集官 等給 級俸 月給額 年年 發 令年月日	留守擔當者 住所 續柄 氏名	本籍（在留地）	編入前所屬及其編入年月日	編入年月日
足立房一	大七、六、一九	雇（防疫）六九 19.11 20.3.31	同 [illegible]	兵庫縣朝来郡生野村黒川四九三番地		19.11
青木清[illegible]	大七、九、二一	雇（事務）[illegible] 19.11 20.3.31	同 青木文子	東京都北多摩郡小平村鄉中右[illegible] 新田[illegible]		19.11.26
秋田喜三郎	明四五、六、一七	雇（防疫）[illegible] 19.11 20.3.31	同 秋田静枝	北海道函館市海岸町一二四番地		19.11.25
朝見純一	大一三、九、一七	雇（事務）五一 19.11.1	大阪府[illegible]郡[illegible] 朝見[illegible]明	神戸市[illegible]町二丁目一[illegible]番地		19.11.1
若松清美	大八、八、一五	雇（事務）[illegible] 19.11.3 20.3.31	同 若松英蔵	山形縣東置賜郡[illegible]村大字和田七七一番地		

死亡 入院[illegible] 關[illegible] 釧[illegible] 済

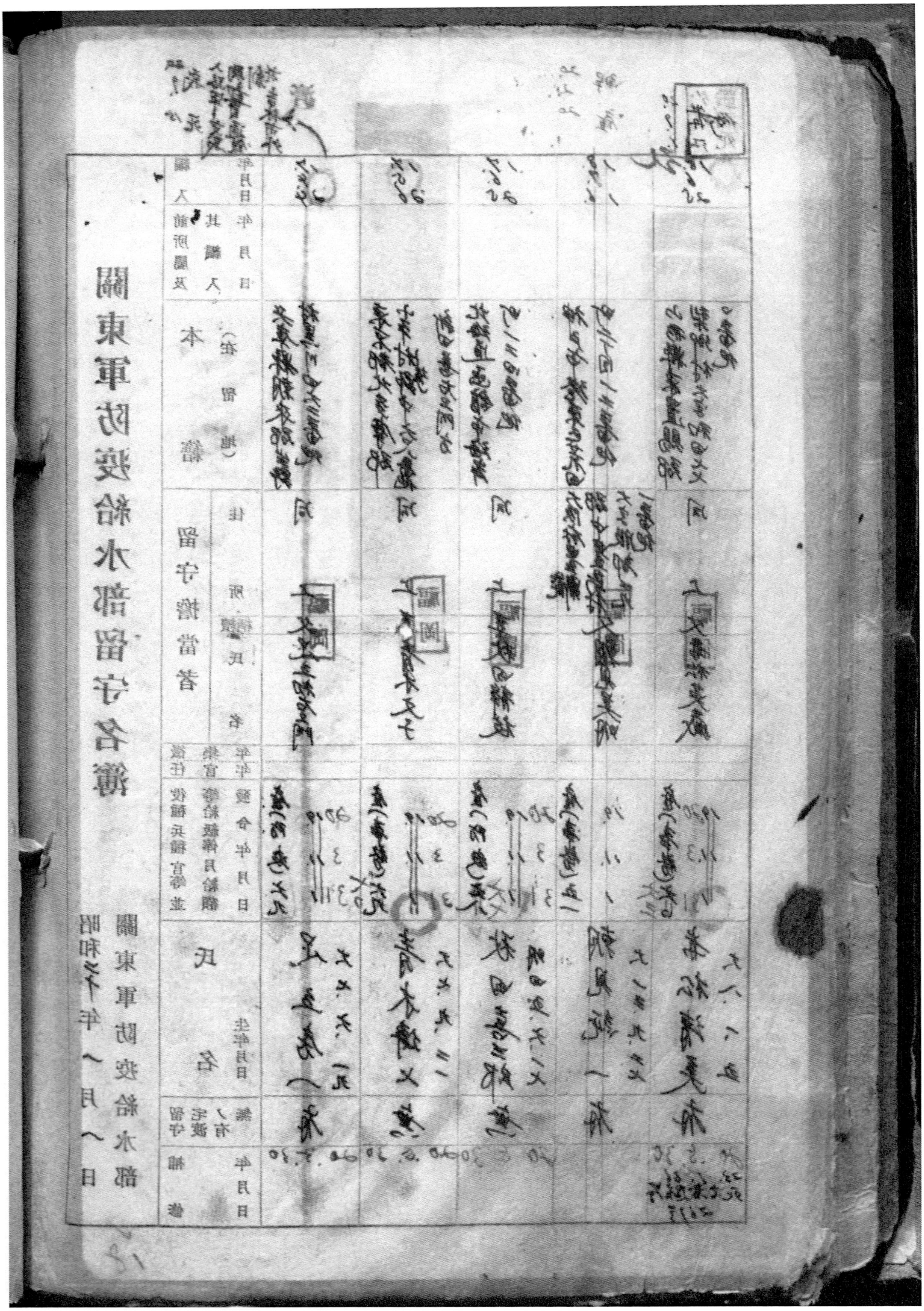
關東軍防疫給水部留守名簿
關東軍防疫給水部
昭和　年　月　日

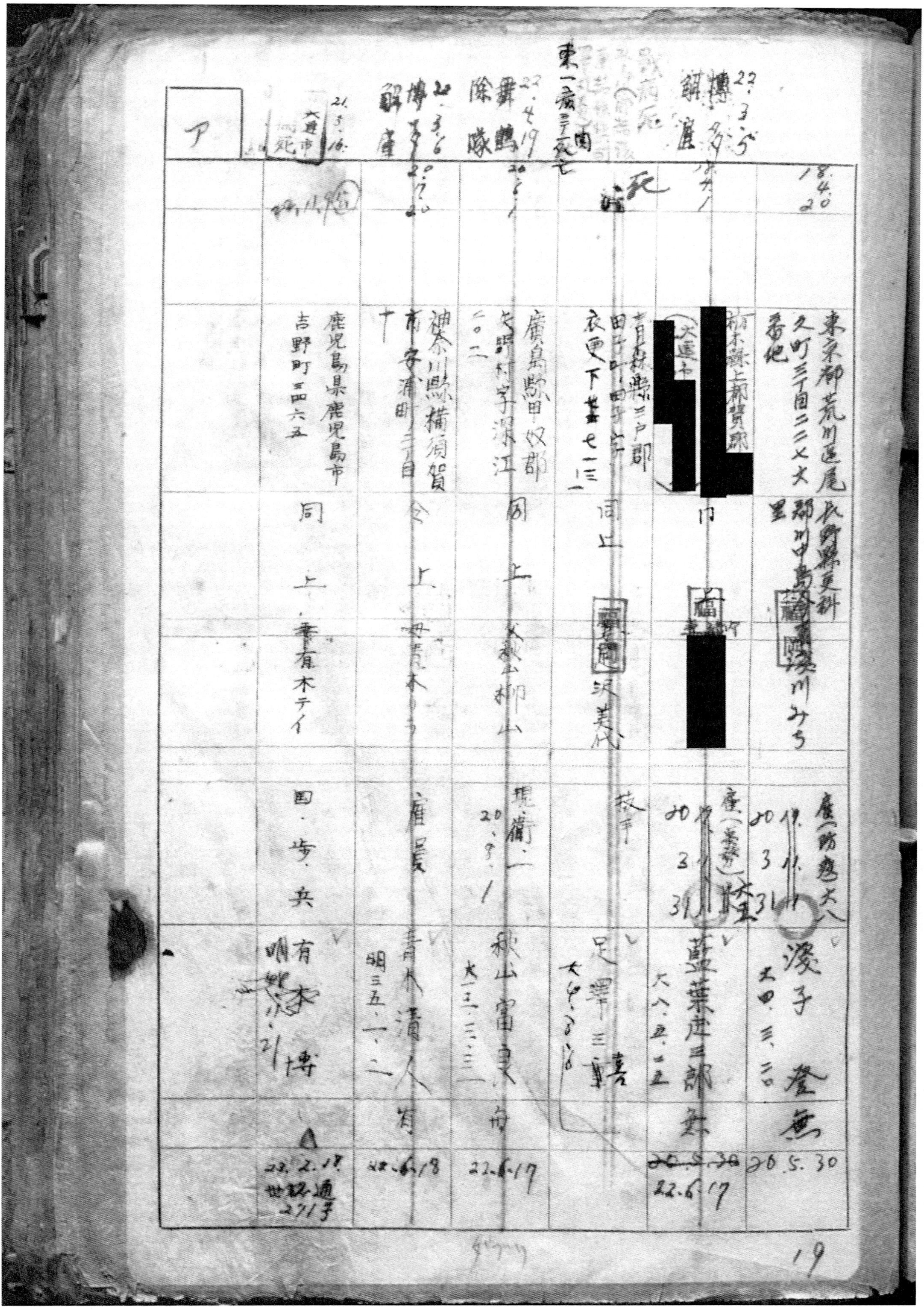

18.4.20	22.3.5 博多 上陸 18.4.1 死	戦病死 東一病三二六七 死	22.4.19 舞鶴 除隊 20.6.1	21.3.6 博多 上陸 20.7.20	21.3.16 大連市 死
東京都荒川区尾久町三丁目二二七六番地	栃木県上都賀郡[redacted]	大連市 [redacted] 宮城県田子町 衣更下七一三	広島県甲奴郡 字深江 二〇二	神奈川県横須賀市安浦町三丁目十	鹿児島県鹿児島市吉野町三四六五
長野県更科郡川中島町 里	同	同上	同上	仝上	同上
川みち	[redacted]	沢美代	父 秋山柳山	母 青木りう	妻 有木テイ
広(防衛大八) 19.11 20.3.31	産(業務) 20.3.31	技手	現備一 20.8.1	雇員	固・歩・兵
渓子 登 無 大四.三.二〇	藍葉庄三郎 無 大八.五.二五	足澤三喜	秋山富良 大一二.二.三	青木清人 有 明三五.一.二	有木 博 明
20.5.30	~~20.5.30~~ 22.6.17		22.6.17	22.6.18	23.2.18 世話課 271号

ア

19

ア

解傭 20.6.[illegible]

解傭 20.1.30

19.8.12	鹿児島縣伊佐郡大口町[illegible]二一八六番地	同	福岡 愛下武右衛門	傭（打字）四五一 19.11 20.3.31	愛下タミ	大一一.三.三一	有	20.5.30
19.12.2[illegible]	島根縣那賀郡廣瀬町大字廣瀬一一三番地ノ一一	哈爾濱滿洲第七三一部隊	福岡 朝枝青一	傭（雑仕）19.11.1	朝枝ハヤ子	大四.二.一	無	
19.7.7	富山縣西礪波郡五郎村五郎二七五二番地	哈爾濱滿洲第七三一部隊	福岡 青木清一郎	傭（筆生）19.11 20.3.31	青木ノブ子	明四一.六.五	無	20.5.30
18.2.15	大阪市西区本田町三丁目一番地	岡山縣津山市[illegible]町	福岡 芦本二代吉	傭（筆生）19.11.13 20.3.31	芦本美栄	大七.[illegible]	無	20.5.30
17.3.20	熊本縣葦北郡田浦町字田浦一〇二一	福岡縣鞍手郡木屋瀬町笹田	福岡 秋田ミテ	傭（打字）19.11.13 20.3.31	秋田時子	大一三.四.[illegible]	有	20.6.30
18.2.15	秋田縣仙北郡畑屋村字[illegible]番地	[illegible]	福岡 安藤[illegible]太郎	傭人（雑工）19.11 20.3.31	安藤[illegible]	大五.七.九	無	20.5.30
19.17.10	神奈川縣横濱市保土ヶ谷区富田町二八一番地	横濱市保土ヶ谷区[illegible]町[illegible]丁八九	福岡 阿部[illegible]はじめ	傭（雑工）19.11 20.3.31	阿部千代子	大四.七.一六	無	20.5.30

20

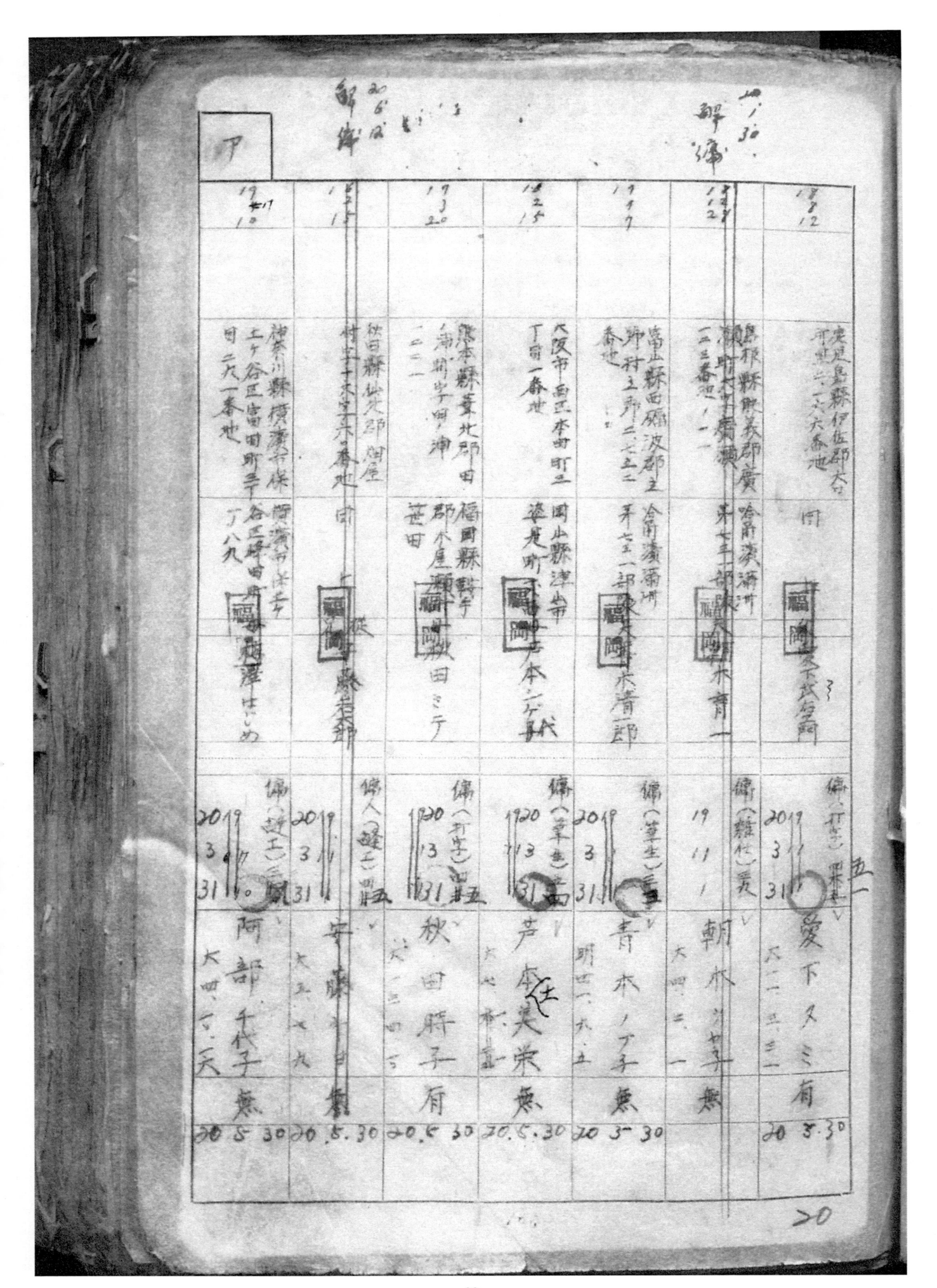

20.5.3 解雇
20.4.10 解雇
20.2.27 [illegible] 還送
22.3.11 佐世保 解雇
解雇 ア備 22.2.15

17.12.1	16.2.15	17.8.1	13.[illegible]	15.5.6	14.3.25	19.3.15
福島県石城郡[illegible]町字新町一二三 [illegible]	宮城県宮城郡利府村春日字金生一八番地	島根県八束郡野波村大字野波一一二三番地	長崎県長崎市坂本町五九四番地（大連市西山包八六番地ノ四一）	沖縄県那覇市若狭町一丁目一三一番地（大連市老虎町一一二番地）	和歌山県西牟婁郡[illegible]番地	兵庫県有馬郡道場村日下部[illegible]番地（大連市文化台一一三番地ノ三號）
島根県能義郡広瀬町[illegible]	同	同	同	同	同	同
上 福岡 朝木吉蔵	上 福岡 赤間重次	上 福岡 朝倉長蔵	上 福岡 稲川守一	上 福岡 阿波連本達	上 福岡 [illegible]利三郎	上 福岡 鈴谷虎一
備（看護）[illegible] 20.3.30	備（看護）[illegible] 20.3.30	備（看護）五四 19.11.1	雇（[illegible]）[illegible] 20.3.30	備（研究手）[illegible] 20.3.30	備（研究手）[illegible] 20.3.30	備（研究手）[illegible] 20.3.30
朝木フジ子 大九、三、八	赤間キサ子 大四、一、六	朝倉須磨子 大六、一、二三	稲川静江 大九、二、九	阿波連芳子 大四、二、三	浜利咲百合 大一三、九、三	鈴谷和子 昭二、一、一二
無	無	有	無	無	無	無
20.5.30	20.5.30		20.5.30	20.5.30	20.6.2 – 22.6.17	22.5.16

21

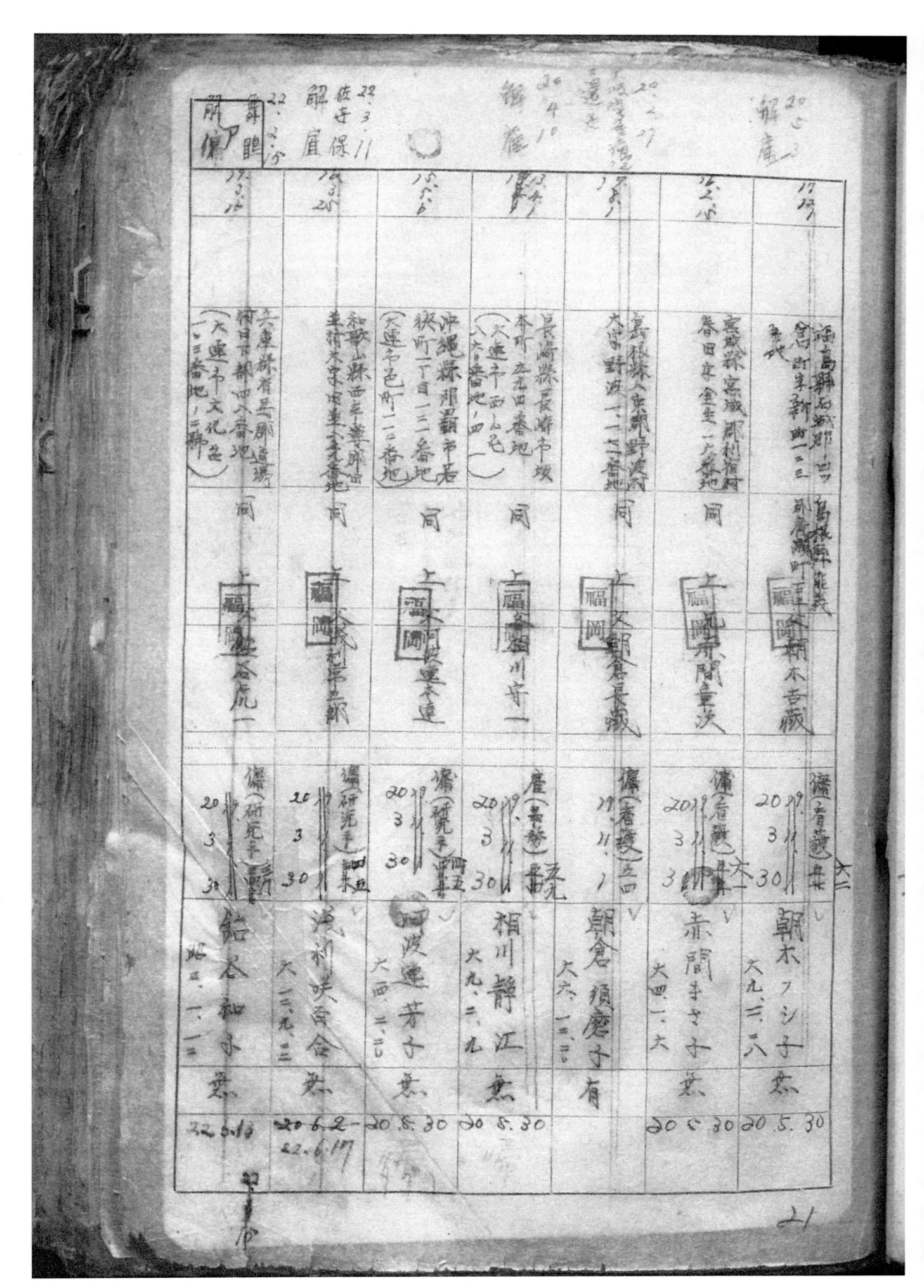

ア

解傭 復員 保 22.3.8.

19.3.17		福岡県築上郡三毛門村[illegible]番地 (大連市聖徳街五丁目一八一番地)	同	福岡 上 青木要蔵	傭(研究手) 二三.七		青木澄子 大一五.五.一二	無
21.3.16		福岡県三井郡高良内村二四三番地 (大連市若菜町一二九番地)	同	福岡 上 荒巻[illegible]	傭(研究手) 二三.九	20.3.31	荒巻靖子 昭二.一二.一六	無 22.6.17
20.1.17	第一二〇四四部隊司令部 一九.一一.二〇	秋田県鹿角郡小坂町鉱山字古館一〇	同	福岡 上 阿部[illegible]	雇(防疫) 七九	20.3.31	阿部勇一 大五.一一.八	無 20.5.30
19.12.10		宮城県伊具郡藤尾村藤田字峯 一九一	同	福岡 上 芦名久七	傭(筆生)	20.3.31	芦名ハル子 大八.五.一二	無
20.1.15		島根県能義郡広瀬町広瀬字広瀬 一二三	同	福岡 上 朝木吉蔵	雇(事務) 六九	20.1.15	朝木良二 大五.八.二二	無
20.5.10		宮城県仙台市北八番町二八番地	哈爾濱市南崗区花園街 二三八	福岡 上 青木常子	傭(筆生) 20.五.五〇		青木ウタ子 昭二.一〇.二二	無
21.7.14		山形県南置賜郡[illegible]村最勝寺	同	福岡 上 [illegible] 東江	[illegible]	21.7.18	[illegible] 大八.五.五	[illegible]

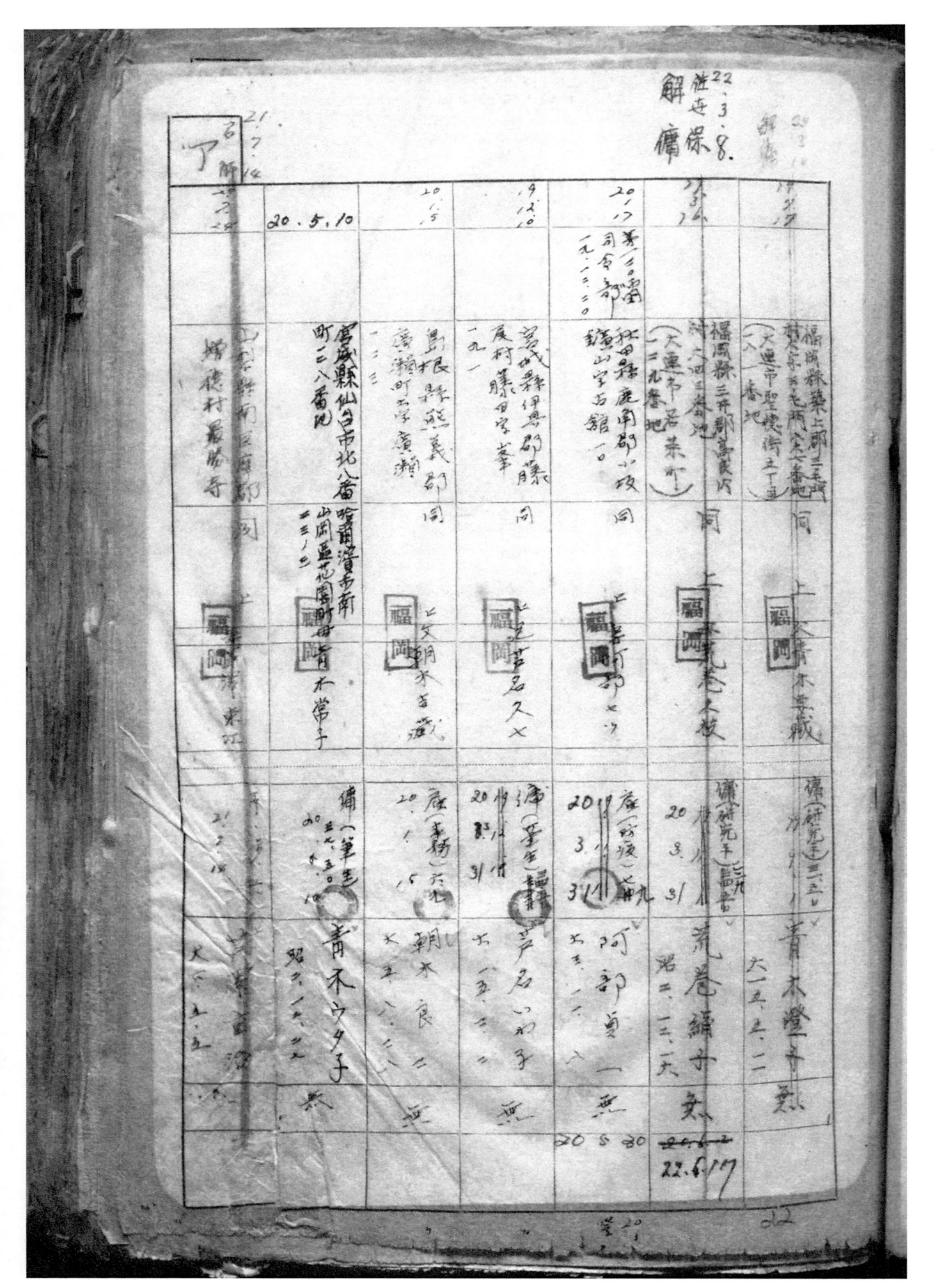

イ(軍)

22.3.3 依安保解任

22.1.29 依安保除隊

20.3.1 軍医 / 二六八二 / 千葉縣山武郡千代田村大里一三八二 / 同上 / 福岡 / 石井清子 / 大10.3.1 現在扶持 / 石井四郎 明25.6.25 / 無

18.1.18 / 山口縣徳山市大字富田二四〇 / 長崎市伊良林町二丁目十八 入江方 / 男 武 今金昭二 / 傭人 / 今金スギ 明32.2.25 / 母 / 22.6.17

20.6 / 広島縣安藝郡音戸町三五七 / 三 / 傭人 / 岩崎元 大5.5.5 / 母 / 22.6.17

23

關東軍防疫給水部留守名簿

昭和二十年一月一日
關東軍防疫給水部

（手）イ

項目	1	2	3	4	5
編入年月日	19.3.20		19.10.18	19.8.27	19.5.5
編入前所屬及其編入年月日	[illegible]第九師團軍醫部 一二.九.二	歩兵第八十聯隊 五.六.九	増空飛行第一戰隊 一八.一〇.一五	近衛歩兵第一聯隊 一八.一二.一〇	第九十三兵站病院 一七.五.五
本籍（在留地）	鹿児島縣大島郡三方村浦上九八番地	京都市下京區島寺町通高倉西入中之町六二番地	愛媛縣溫泉郡南吉井村大字見奈良一〇三九番地	東京都杉並區阿佐ヶ谷一丁目八六五番地	三重縣桑名市今京町一三四二番地
留守擔當者 住所	同	京都市下鴨中川原町 海老清服方	同	同	名古屋市中村區牧野町四丁目二三
留守擔當者 續柄・氏名	上 磯和歌子	上 伊藤和子	上 池川米	上 家田廣一	伊藤文一
徴集年・任官年	昭4	昭15	昭16	昭18	昭17
役種兵種官等並等給級俸月給額・發令年月日	現 軍醫中佐 四 2016 6.10 1015	現 軍醫少佐 四三 2019 1.12 31	現 軍醫少佐 二 2019 6.9 1030	現 軍醫中尉 一 20 7.12 10	豫 軍醫中尉 二 19 4 15
氏名・生年月日	磯常重 明三五.四.一六	伊藤郁之助 大六.二.九	池川重穂 大六.一.三	家田達之 大二.九.九	伊藤文夫 明四四.八.九
留守宅渡（有・無）	無	有	無	有	有
補修年月日	20.7.22	20.6.18	20.7.22	20.7.22	

24

辛 イ

15 12 2	旅順陸軍病院 一三八二	青森縣南津軽郡女鹿澤村大字女鹿澤字平野七二番地	同	福調 上 石岡ツヨ	昭17	豫衛中尉 二 19 4 16	石岡一郎	明三九 七 五	無
18 6 1	關東軍經理部 六七七(?)	北海道上川郡美瑛村字辺別大沢最塲二號三番地	同	福調 岩田小松	昭18	豫主計中尉 20 4 20 中尉	岩田豊吉	明四二 四 八	無
18 11 11	陸軍軍醫學校 一八八一〇	岐阜縣惠那郡武並村竹折一七四三番地ノ一	岐阜縣土岐郡釜戸村三二〇五	福調 伊藤貞一	昭19	豫藥少尉	伊藤淳一	大二 五 三	有
18 12 7	第十師團第三野戰病院 一七六一	兵庫縣揖保郡勝原村下太田三六三番地	同	福調 井上クニ	昭19	豫藥少尉	井上繁	大四 一 二	有
18 11 11	陸軍軍醫學校 一八八一〇	愛知縣愛知郡幡山村大字藁野(?)三八番地ノ一	同	福調 井上信一	昭19	豫藥少尉	井上知己	大三 九 三	有
15 11 25	關東陸軍倉庫 一三一八一	愛知縣西春日井郡新川町大字上萱野新田四五〇番地ノ一	愛知縣西春日井郡新川町阿原三二一一番地ノ八	福調 井戸田銀次郎	昭17	豫主中尉 二 19 9 15	井戸田喜代一	明四一 一 一二	無
19 2 17	陸軍軍醫學校 一八八一〇	石川縣金澤市尾張町一ノ一番地	同	福調 上 石黒婦(?)大	昭19	豫藥少尉	石黒安	大九 七 一〇	有

226.16

殘留 22 5 6

18-30

25

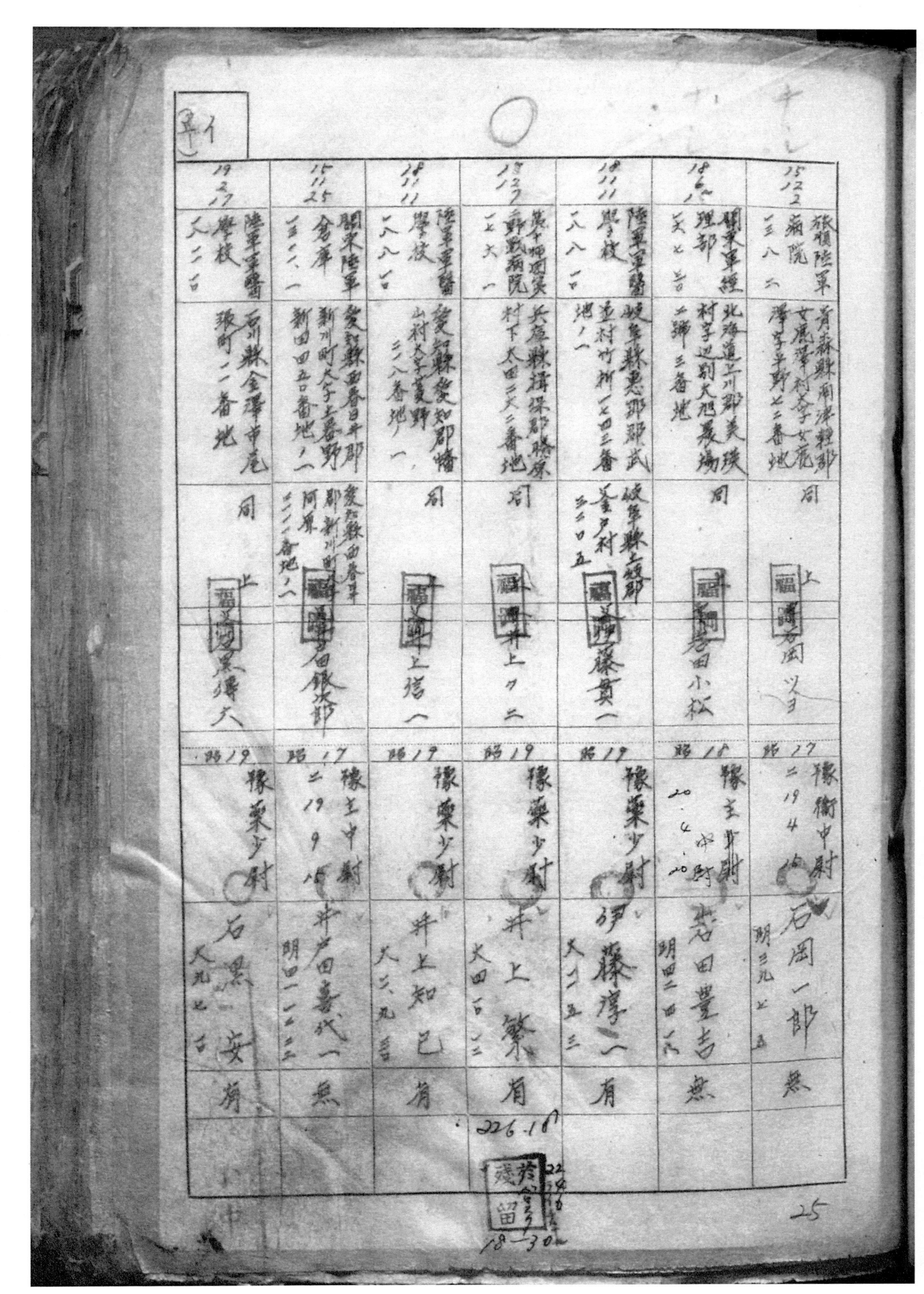

22.1.18 査定
五十号

13.3.10	廣島縣廣島市田中町五一番地	同	上 福岡 石光千代子	技師 三等 2.18.9.30	石光 薫 明五八.一.一	無
24.3.31	兵庫縣川邊郡伊丹町伊丹五番地（大連市□□町□□番地）	同	上 福岡 伊藤百合	技師 六等 八.19.9.30	伊藤時鉄 大三.七.二四	無 22.3.20
13.6.3	千葉縣山武郡千代田村大里一三八二番地	同	上 福岡 石井トシ	技師 五等 大19.3.31	石井三男 明二四.一二	無
23.5.10	名古屋市西区下園町四丁目五番地内（一）	同	上 福岡 飯田みつ子	技師 六等 八.19.9.30	飯田敏行 明四二.一.一五	無
21.4.1	千葉縣山武郡千代田村大里一三八二番地	同	上 福岡 [illegible]様	嘱託 二四五 19.9.30	石井剛男 明三一.一二.一三	無

26

(卒)イ

12.12.11	海拉爾衛戍病院 九、一、四	青森県弘前市大字笹森町○○番地	同上	福岡 今村弘	昭10	現衛准尉 20.2.1	今村良夫 大二八.一二	無	20.3.25
12.12.15	東寧陸軍病院 一三、三、五	佐賀県小城郡南山村大字鍵原○○番地	佐賀県東松浦郡北波多村大字岸岳 7二	福岡 岩本サヨ	昭12	現薬准尉 四.17.7.1 三.20.3.31	岩本三郎 大三.二.二	無	20.6.27
14.5.28	斉々哈爾陸軍病院 一三、四、六	千葉県君津郡中川村横田一五五番地	同上	福岡 今井ミヨ	昭13	現衛准尉 四.19.12.1	今井信次 大五.四.二六	無	
13.12.7	牡丹江陸軍病院 一三、四、九	福島県岩瀬郡鏡石村大字鏡田字鏡沼○○番地	本 沖縄県那覇市 前 那覇市泉崎	福岡 今泉ヤス	昭13	現衛准尉 四.20.1.1	今泉利助 大五.一.一六	無	
18.2.10	北支野戦病院 光馬厰 15.2.27	群馬県高崎市成田町五番地	同上	福岡 石川静子	昭14	現衛曹長 二.19.12.31	石川義雄 大六.三.六	無	
18.1.17		香川県坂出市江尻町一八三番地	同上	福岡 石井常太郎	昭19	現衛伍長	石井光春 大二.五.二六	無	
18.1.17		愛媛県北宇和郡吉田町大字立間尻甲一七三番地	同上	福岡 谷山喜太郎	昭19	現衛伍長	谷山清水 大二.二六.一	無	

27

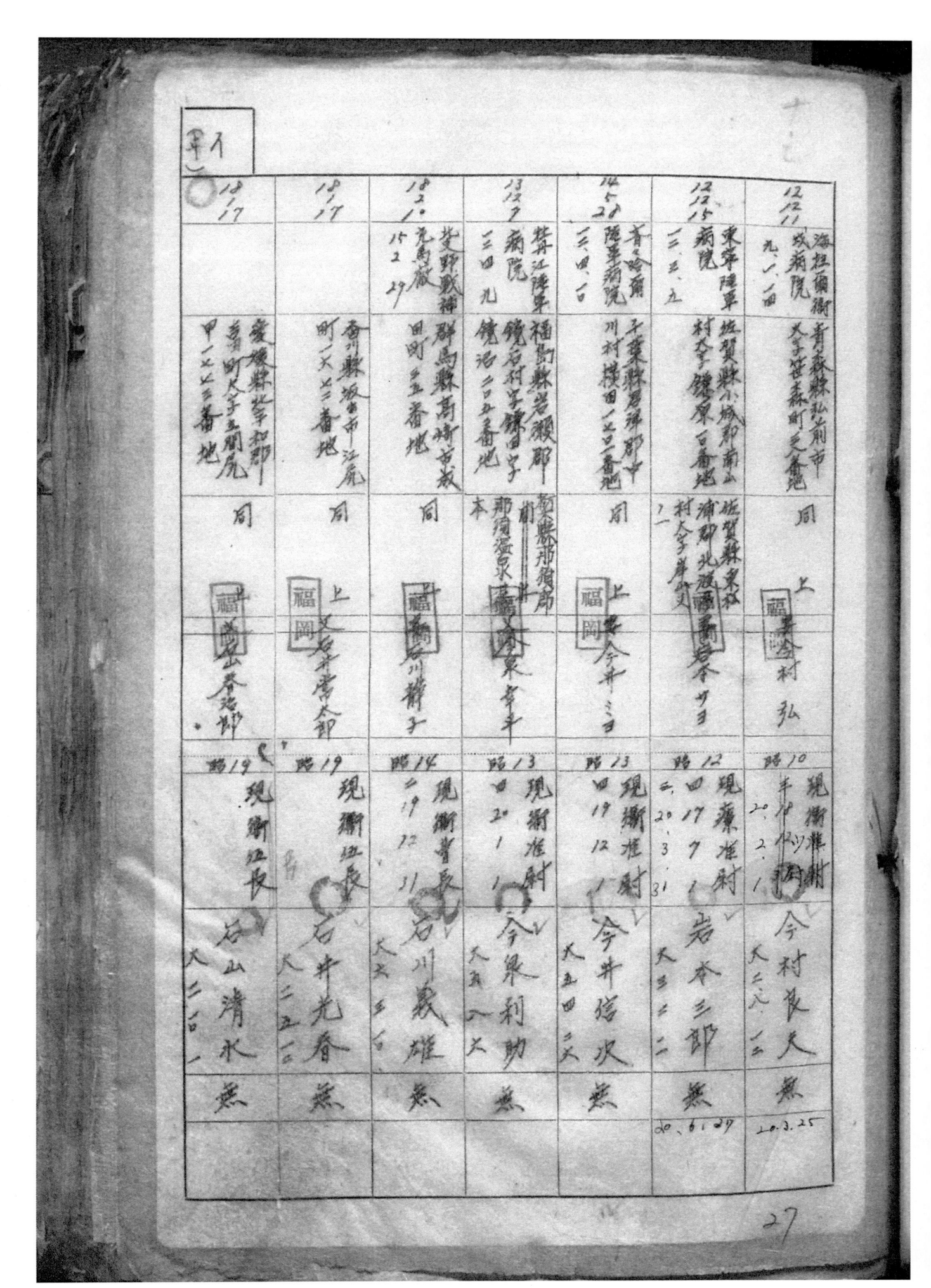

解 依 安保 22.4.1

帰還 20.8.27

十七

19.1.1	16.7.31	17.4.30	17.4.30	18.8.11	19.9.20	19.9.30
第八防疫給水部 一六一一六				第三野戦防疫給水部 八八六、三		
新潟県北魚沼郡東村大字山崎五三五番地	大阪市港区九條中通二丁目五八六番地	千葉県山武郡千代田村大里九七四番地	東京都淀橋区東大久保二丁目三番地	兵庫県姫路市岡田五二三番地	新潟県岩船郡八幡村大字萱石七番地（大連市千歳町七番地）	神奈川県中郡西秦野村堀西七五〇番地（大連市聖徳街五丁目七三番地）
同	大阪府北河内郡枚方町字坂 三三二	同	茨城県筑波郡谷原村東橘戸	同	同	同
上 福岡 岩田トミ	福岡 乾高一	上 福岡 石井まさ	福岡 石井近子	福岡 飯塚八重子	上 福岡 板垣スツヤ	上 福岡 岩田カク
技手 四 19.9.30 五 20.3.31	技手 四 19.9.30	技手 四 19.9.30	技手 四 17.9.30	技手 四 19.9.30	雇 四 19.3.31 20.3.31	技手 五 19.3.31
岩田好忠 明四二、一二、二三	乾一郎 大四、八、三一	石井慎一郎 明四三、二、三	石井庄三郎 明四四、七、一四	飯塚由松 大三、三、八	板垣喜惣太 明三五、一〇、八	岩田義穂 大八、二、一八
無	無	無	無	無	無	無
20.6.27					20.6.27	22.6.17

28

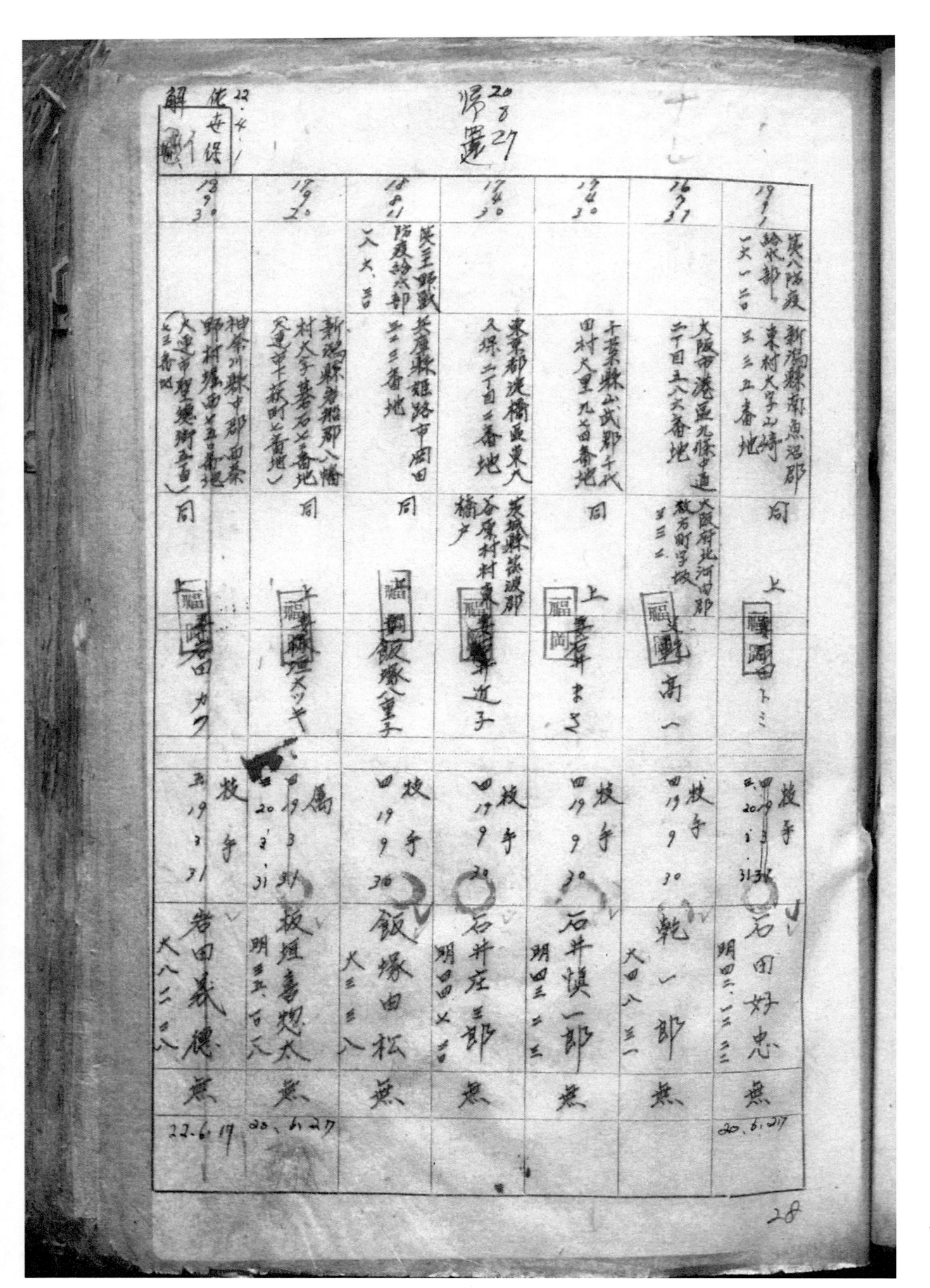

予 イ

除隊 22.2.26

日付	本籍	住所	保護者	職・期間	氏名・生年月日	有無	備考
19.4.7	千葉県香取郡多古町飯笹一二一五番地	同	上 飯田千枝多	技手 五 19.9.30	飯田辰乙 明三七.一〇.八	有	
18.2.12	愛媛県新居浜市甲一四二番地	同	上 飯尾彌太郎	看護婦長 六 19.9.30 20.3.31	飯尾クリ子 大七.一.一	有	20.6.27
13.2.11	広島県安芸郡江田島村五六三番地	同	上 石井サタ	業務手 七 九 19.9.11 10	石井本次 大元.一〇.五	無	
14.4.30	北海道函館市松陰町三七番地	同	上 飯塚スミ	属 五 14.7.10 四 20.3.31	飯塚秀典 大四.八.七	無	20.6.27 23.2.26
13.6.23	岩手県二戸郡福岡町一一五番戸	同	一条君子	業務手 八 五 18.4.10 20.3.31	一条安三 大三.一〇.九	無	20.6.27
14.7.10	岡山県岡山市旭町九四番地（大連市春陽台一番地）	同	池上多嘉	技手 二 17.4.30 一 20.3.31	池上裕男 明三四.一.二二	無	20.6.27
14.3.3	神奈川県愛甲郡中津村中津三八四五番地	長野県南安曇郡穂高町字田中	井上篤子	技手 三 19.9.30	井上政喜 明四三.三.八	無	

29

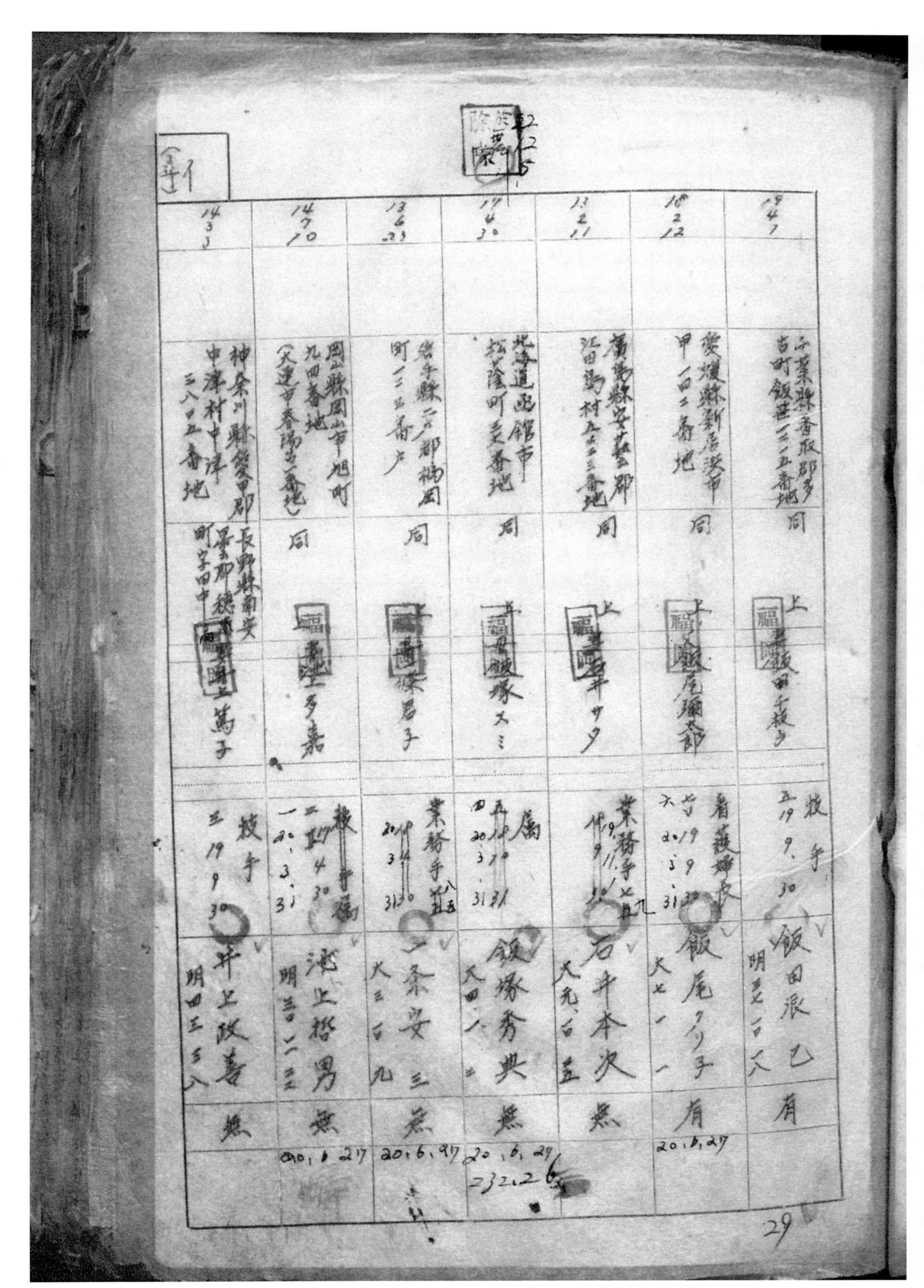

(耳) 1

22.3.12 依安保解職

13.5.10	千葉縣長生郡關村福島六二九	同	上 福岡 石井薫		抜手 三19.9.30	石井渡 明三三.一二.二	無	
13.6.10	静岡縣志太郡藤枝町岩手四番地二（大連市美濃町八番地ノ二）	同	福岡 石神イサ代		抜手 昭15.10.31 三20.10.31	石神源五 明三三.四.三	無	20.1.27
18.2	長崎縣長崎市大浦町十九番地（大連市霞町三番地）	同	福岡 今村スミ		抜手 三19.9.30	今村貫男 明元.一〇.十五	無	22.6.17

30

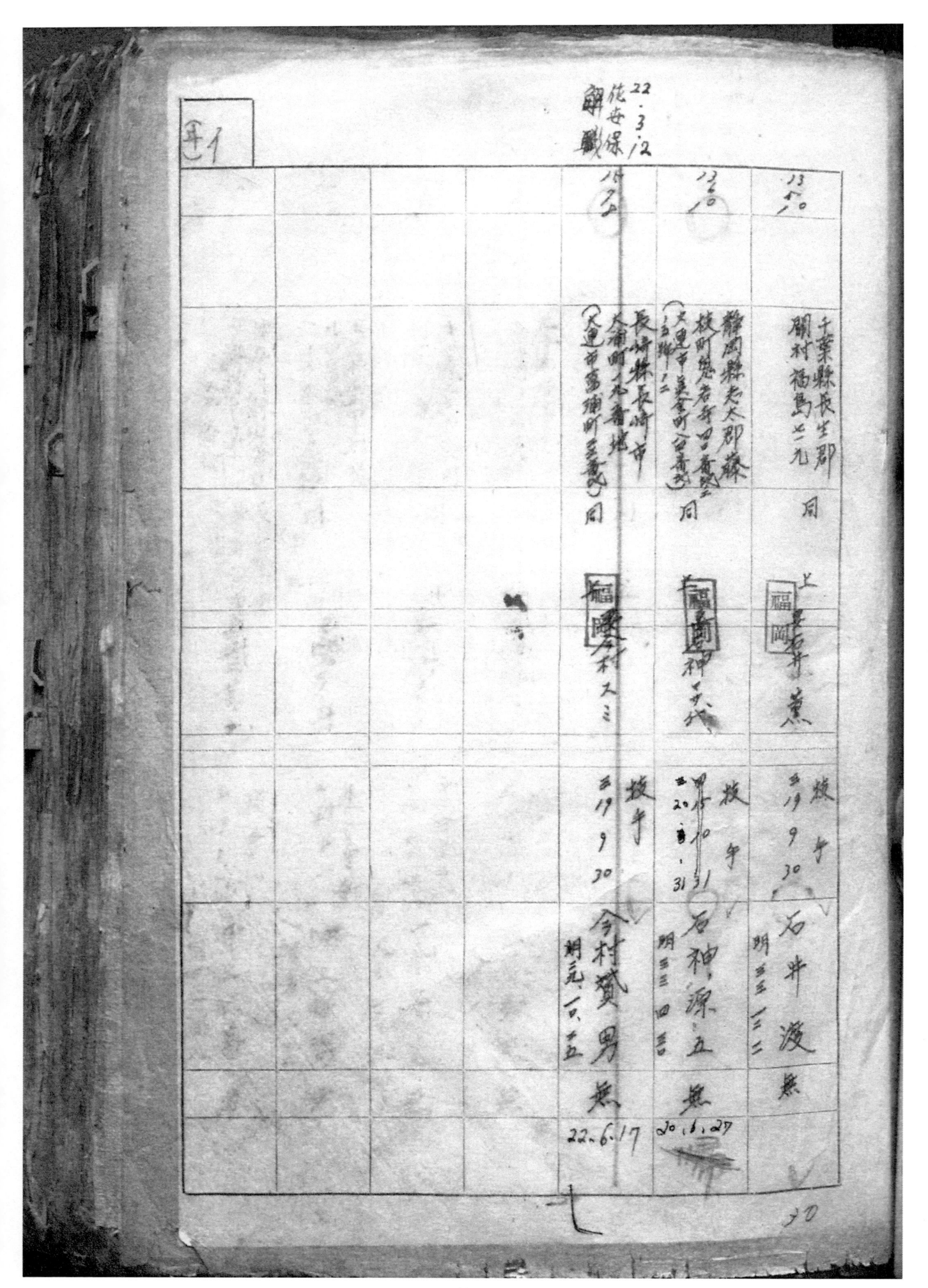

千(平)

關東軍防疫給水部留守名簿

昭和二十年一月一日
關東軍防疫給水部

編入年月日	前所屬及其編入年月日	本籍（在留地）	留守擔當者 住所	留守擔當者 続柄 氏名	徴集年 任官年	役種兵種官等並等級俸給月給額發令年月日	氏名 生年月日	留守宅渡ノ有無	補修年月日
19.8.15	第一國境守備第二地区隊 一八、六、一〇	千葉縣長生郡鶴枝村野牛一五六番地	同	父 石井定治（福岡）	昭15	現歩上 18.2.10	石井五郎 大九、七、六	無	
19.8.15	同 右	群馬縣北甘樂郡下仁田町大字吉崎七一〇番地	同	父 今井辰五郎（福岡）	昭15	現歩上 19.2.20	今井武司 大九、五、二〇	無	
19.8.15	同 右	千葉縣海上郡椿案村野尻一九五九番地	同	母 伊藤クニ（福岡）	昭15	現歩上 19.2.20	伊藤五郎吉 大九、五、一	無	
19.8.14	[illegible]陸軍病院 一八、七、二八	山形縣東村山郡中川村大字仙石三一八番地	同	父 縮毛茂七（福岡）	昭15	現輜上 19.1.20	縮毛忠八 大九、九、五	無	
19.8.15	嫩江陸軍病院 一八、三、一	三重縣員弁郡十社村大字大泉新田八七一番地	同	父 木助三郎（福岡）	昭15	現衛兵伍 20.6.1	木助九郎 大九、七、二四	無	20.8.22

31

(手)イ

17.1.10	香川縣高松市宮脇町四六九番地	同	[stamp] 伊賀文夫	昭16	現衛 兵長 伍長 18.12 20.1.1	伊賀進 大六、四、二六	無	20.3.25
17.1.10	香川縣三豊郡下高瀬村六之二番地第四	同	岩田丘留	昭16	現衛 兵長 18.12.1 20.1.1	岩田徳良 大六、二、二五	無	20.6.14
17.1.10	愛媛縣新居郡加茂村大字千町六番耕地一三四	同	伊藤留吉	昭16	現衛 兵 20.1.1	伊藤範一 大六、二、一三	無	
17.1.10	香川縣三豊郡高室村大字室本一〇八番地	同	石川アサ	昭16	現衛 兵 19.12.1	石川達夫 大六、五、七	無	22.4.18
17.1.10	愛媛縣新居郡大保木村大字大保木五九番耕地之二	同	伊藤隆雄	昭16	現衛 上 19.5.1	伊藤武男 大八、一二、二四	無	
17.1.10	愛媛縣新居郡大島村三千番地第十四	同	越田キク	昭16	現衛 上 19.6.1	越田正俊 大六、八、五	無	
17.1.10	香川縣綾歌郡川西村大字西小川三九之番地二	同	岩崎新八	昭16	現衛 上 18.12.1	岩崎義太 大六、一〇、二六	無	

32

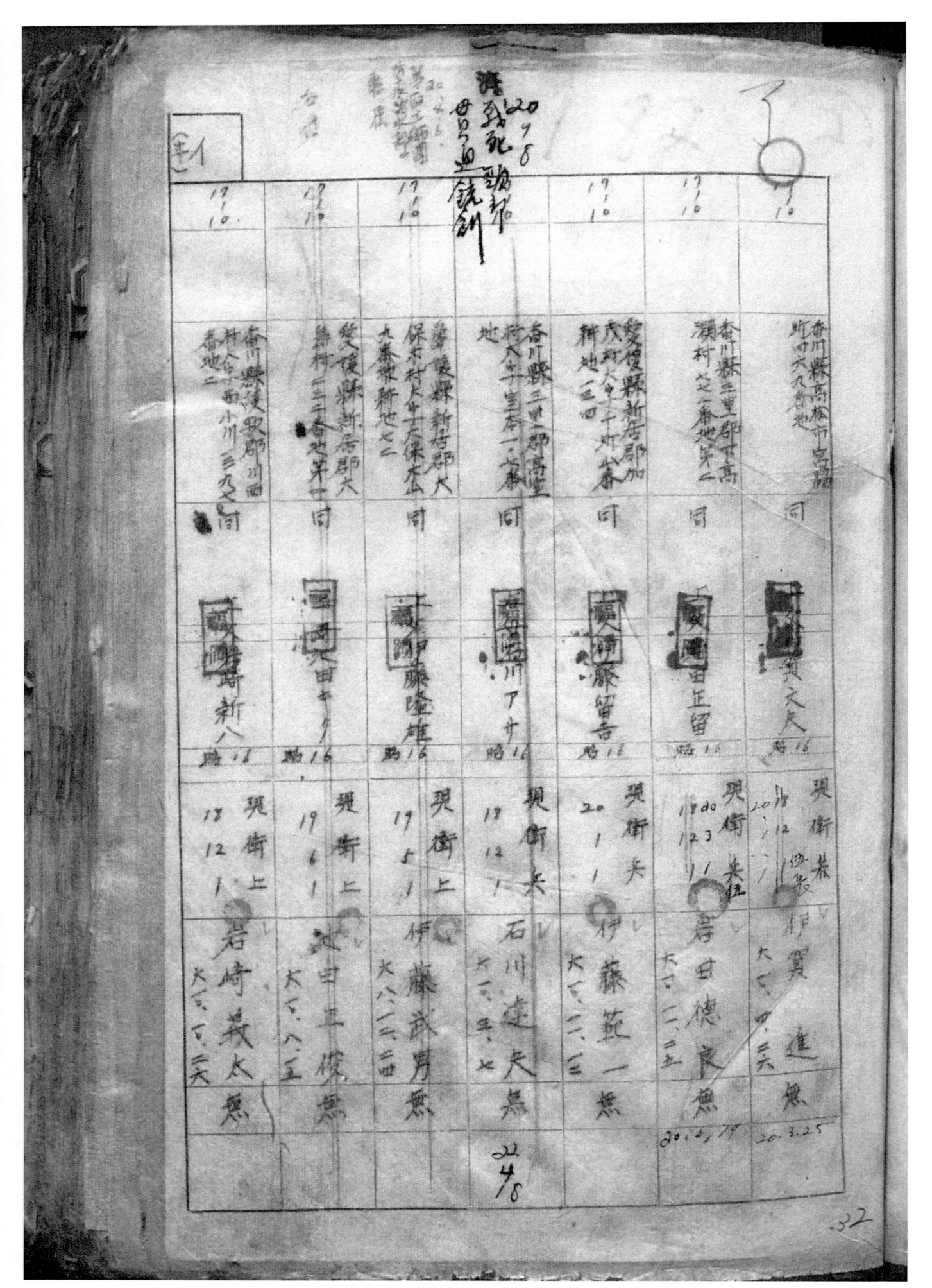

イ 〔判〕

死 21.2.1
亡 28

17.1.10	⑰.1.10	17.1.10	17.1.10	17.1.10	17.1.10	17.1.10
						21.1.26 死亡 名簿
愛媛県上浮穴郡柳谷村大字御手川四一三三	愛媛県宇和島市横新町六八	愛媛県宇和島市野川一一五七	愛媛県松山市大字樽味甲五六	徳島県美馬郡貞光町大字貞光字前田九拾六番地	徳島県三好郡三野村大字川崎字石東八二六	徳島県阿波郡大俣村[illegible]百九
同上	同県同市栄町三三	同上	松山市出淵町二丁目	同上	同上	同上
〔印〕 父 市川権次	〔印〕 父 和泉源七	〔印〕 父 生王寛量	〔印〕 父 石丸春江	〔印〕 父 岩井利平	父 板倉光春	父 井内光市
昭16	昭16	昭16	昭16	昭16	昭11	昭16
現 衛上 20.1.1	現 衛上 20.1.1	現 衛上 20.1.1	現 衛組 20.6.11	現 衛上 18.12.1	現 衛上 18.12	現 衛上 20.1
市川資	和泉正信	生王宗光	石丸忠男	岩井幸夫	板倉米人	井内美智男
大6.4.6	大6.2.4	大6.6.[illegible]	大5.8.[illegible]	大6.6.1	大6.8.3	大6.3.8
兵	兵	兵	兵	兵	兵	兵
			20.7.22			21.2.[illegible]

33

21.7.28 附 伊予

28年?月5日 [illegible]

28.8.25 復員

17.10	香川縣三豊郡紀伊村大字[illegible]木之郷一七一ノ二	同上 [illegible]野ミソ	昭16	現 衛上 19.6.1	鐵野為吉(由)	大6.8.26	無	
17.10	香川縣綾歌郡長炭村大字炭所東三四七二番地第二	同上 井上チカ	昭16	現 衛上 19.6.1 28.8.25 長	井上光年	大6.6.8	無	
17.10	香川縣坂出市西庄町原二三番地	同上 池上榮治	昭16	現 衛上 20.1.1	池上重雄	大6.6.2	無	
17.10	香川縣木田郡平井町平木三二八番地	同上 伊藤園七	昭16	現 衛上 20.1.1	伊藤勇	大6.9.8	無	20
17.10	愛媛縣宇摩郡川瀧村大字下山甲三三七番地ノ内第二	同上 石村[illegible]	昭16	現 衛兵 19.1.1	石村一徳	大6.9.27	無	
17.10	愛媛縣周桑郡玉生川村大字四海寺一九一	同上 飯尾雅一	昭16	現 衛[illegible] 20.6.1	飯尾東二	大6.9.26	無	20.9.12
17.10	愛媛縣越智郡岡山村大字宗方 二六五六	同上 市川五一	昭16	現 衛上 20.1.1 28.1.長	市川福春	大6.1.9	無	21.12.31

23 6 22

34

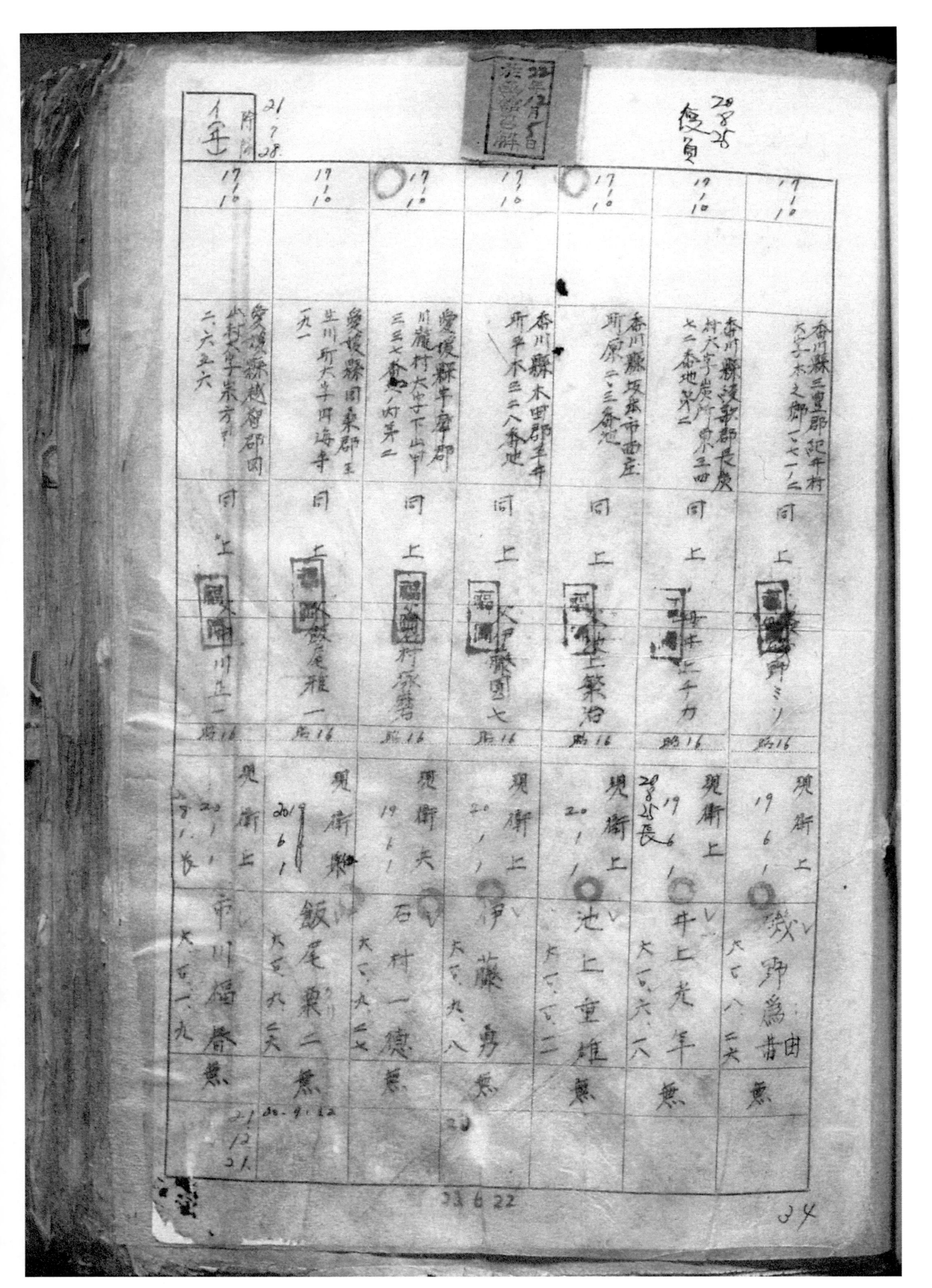

イ井上

除籍 22.4.19

隊附 戦死 20.8.19

17.1.10	徳島県那賀郡宮濱村[illegible] 三〇四一三	同上 福岡 木下[illegible]太郎	昭16	現 衛上 20.1.1	八江弘	大五.五.一	無	21.12.28
17.1.10	徳島県板野郡撫養町[illegible]本町丁[illegible] 三一一二	同上 福岡 一森猪一	昭16	現 衛兵卅 22.4.20	一森三男	大七.六.八	無	22.6.17
17.1.10	徳島県徳島市大[illegible]町[illegible]一 徳島県徳島市[illegible]番地	同上 福岡 生藤勝一郎	昭16	現 衛上 20.1.1	生藤明	大七.一.三	無	
17.1.16	徳島県名西郡阿野村大字廣野字廣野四八七	同上 福岡 和泉[illegible]衛	昭16	現 衛上 20.1.1	和泉秀雄	大九.一二.三	無	
17.1.10	高知県土佐郡土佐村[illegible]一四五番地	同上 福岡 池上直治	昭16	現 衛 伍 20.6.1	池上國男	大五.九.一七	無	21.1.22
17.1.10	高知県高岡郡上分村五三六番地	同上 福岡 市川正義	昭16	現 衛上 18.12.1	市川敏松	大五.六.四	無	
17.1.10	高知県吾川郡池川町[illegible]番地	同県同郡池川町安[illegible]上井八〇 福岡 吉岡豊子	昭16	現 衛上 20.1.1	伊藤留春	大五.六.六	無	

25

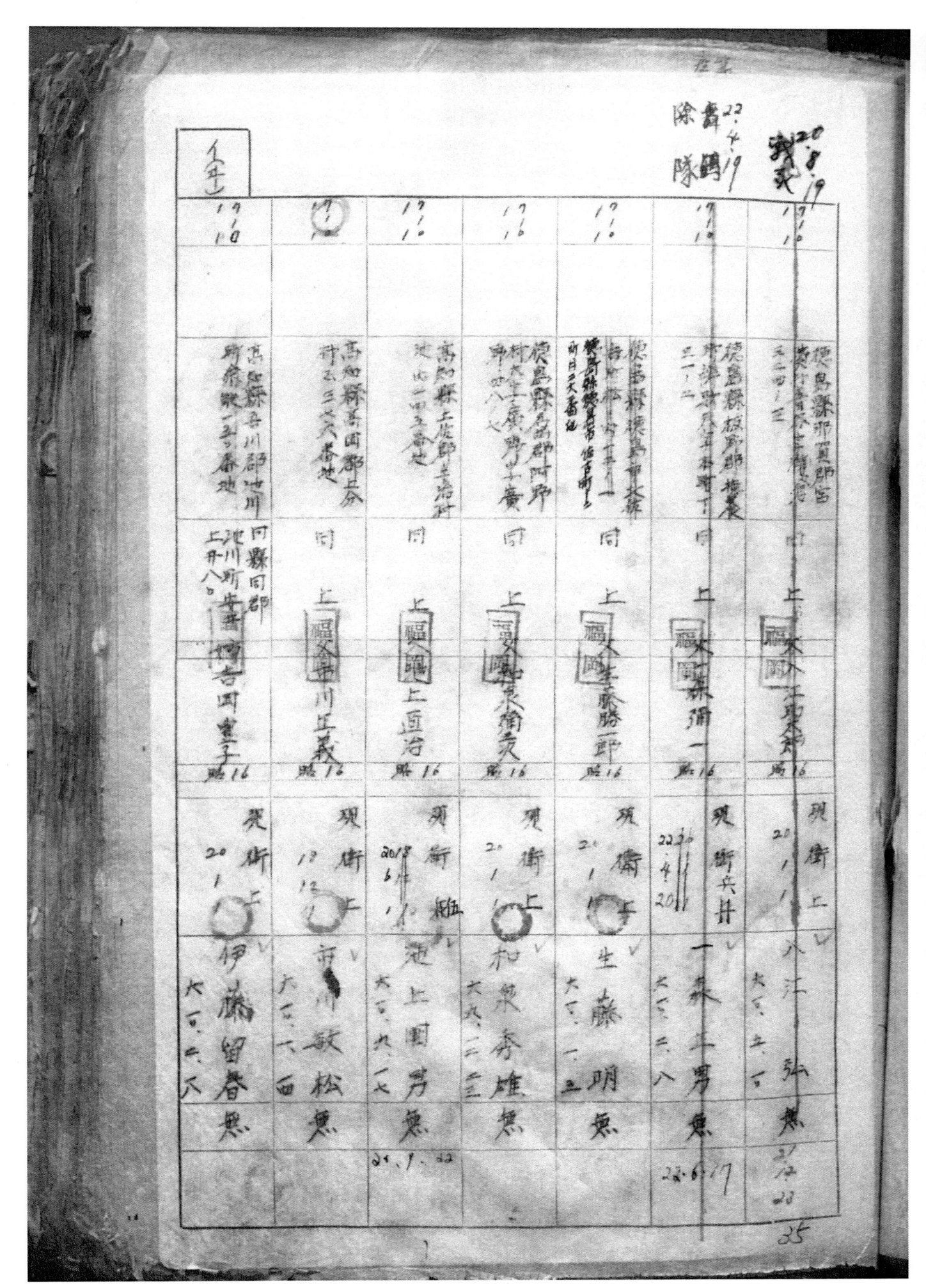

イ壬

第二師団[illegible] 22.4.6 衛生部 戦病

於スインシェフ 戦病死 21.1.13

18.1.17	18.1.17	18.1.17	18.1.17	18.1.17	18.1.17	18.1.17
愛媛縣西宇和郡双岩村大字若山二番耕地八番地	愛媛縣伊豫郡[illegible]村大字[illegible]三三一番地	愛媛縣宇摩郡金田村大字半田一番耕地五一六番地	愛媛縣温泉郡荏原村大字東方甲二三六八番地	愛媛縣宇摩郡金田村大字半田一三三番戸	愛媛縣東宇和郡貝吹村大字鎌田一番耕地一〇六	愛媛縣北宇和郡吉田町大字東小路甲九五
同	同	同	同	同	同	同
上 福岡 父 井上永治	上 福岡 父 井上力代	上 福岡 父 石村伊勢松	上 福岡 父 池田万治郎	上 福岡 父 今城元福	上 福岡 父 井[illegible]政治	上 福岡 父 井上作太郎
昭17	昭17	昭17	昭17	昭17	昭17	昭17
現 衛上 20.1.1	現 衛一 18.10.1	現 衛上 20.1.1	現 衛一 18.10.1	現 衛一 18.7.20	現 衛一 18.7.20	現 衛上 19.3.1
井上秀哉 兼 大一一.六.五	井上正章 兼 大一一.一一	石村三郎 兼 大一一.三.三	池田季美 兼 大二.一.四	今城茂 兼 大二.九.六	井[illegible]喜代重 兼 大一〇.一〇.二〇	井上正行 兼 大一一.一.一四
22.10.13						

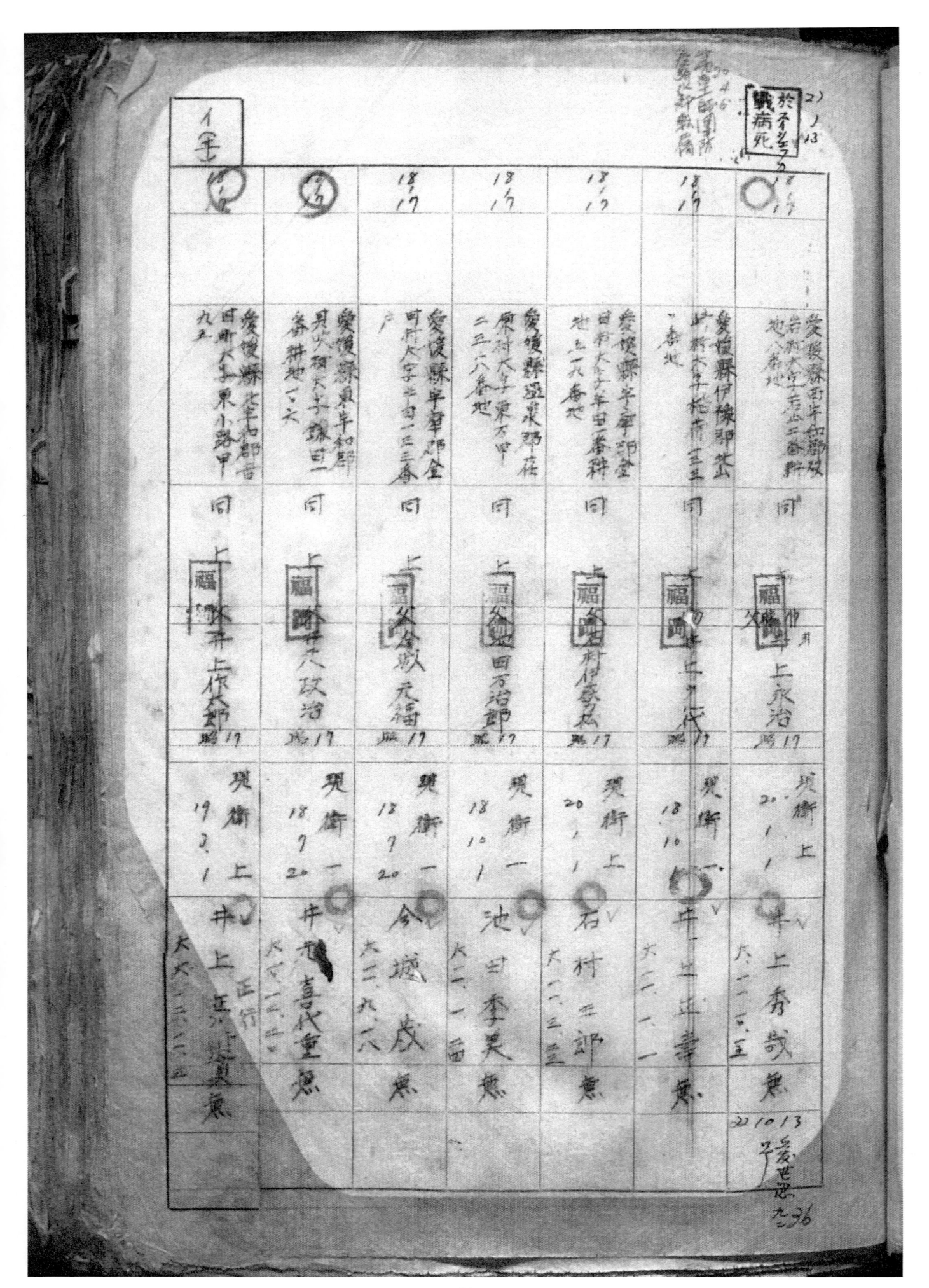

〇イ(手)　北

18/1/17	18/1/17	18/1/17	18/1/17	18/1/17	18/1/17	19/1/12
愛媛縣北宇和郡岩松町大字高田甲四八六	愛媛縣松山市権現町甲七九五	徳島縣板野郡撫養町林崎南殿町一一七	徳島縣板野郡川内村鈴江字寶野二三	徳島縣麻植郡川田町字麦原二一	徳島縣阿波郡柿島村大字柿原字乙四万一三五	愛媛縣宇摩郡松柏村大字上柏三〇一番地
同	同	大阪市東淀川三東家本町五丁目一七	京都市左京区下加茂東本町六九	同	同	同
上 岩藤久治	上 石丸茂三郎	上 板井兩次	上 飯田勝作	上 稲原覚平	上 井後芳秀	上 石川芳造
昭17	昭17	昭17	昭17	昭17	昭17	昭18
現衛 18/7/20 一	現衛 18/7/20 一	現衛 18/7/20 一	現衛 18/7/20 一	現衛 18/10/1 一	現衛 19/1/1 一	現衛上 20/1/1
岩藤武治	石丸廣光	板井喜三郎	飯田晋一	稲原芳夫	井後泉二	石川弘安
大一一.六.二六	大一一.二.一四	大一一.七.二八	大一一.六.二三	大一一.七.八	大一一.四.三	大一一.一一.三
無	無	無	無	無	無	無
					戦	

(18-3)

37

イ井

22.12.3 於舞鶴除隊

22.1.5 除隊

21.1.3 於比島戦病死 済

19.12	19.12 済	19.12	19.12	19.12	19.12	19.12
愛媛県周桑郡丹原町大字丹原二〇六	愛媛県宇摩郡上分町六七六	愛媛県松山市壹町八丁目二二	愛媛県松山市石風呂町二四一番地	愛媛県松山市大寶町四八番地ノ一	香川県小豆郡大部村大字大部甲一三四	香川県三豊郡大野原村大字花稲九九八
同県同郡同村大字布一三二四	同県同郡島村大字布	同上	同県同市新玉町三丁目四	同上	同上	同上
石川直次	石川ヨエ	母 井上ウタ	井内ナツ	石原ミツ代	池西楠太郎	入江義隆
昭18	昭18	昭18	昭18	昭18	昭18	昭18
現衛上 20.1.1	現衛二 19.1.12	現衛廿 上 16	現衛一 19.7.15	現衛上 20.1.1	現衛一 19.7.15	現衛一 19.10.1
石川勲 大一三.一一.六 無	石川千代美 大一二.七.三 無	井上圭助 大一三.九.三 無	井内紫一 大一三.一一.一七 無	石原修 大一三.九.五 無	池西正雄 大一一.一〇.一二 無	入江静夫 大一二.七.八 無
	22.4.18	23.5-14	22.3.17			

38

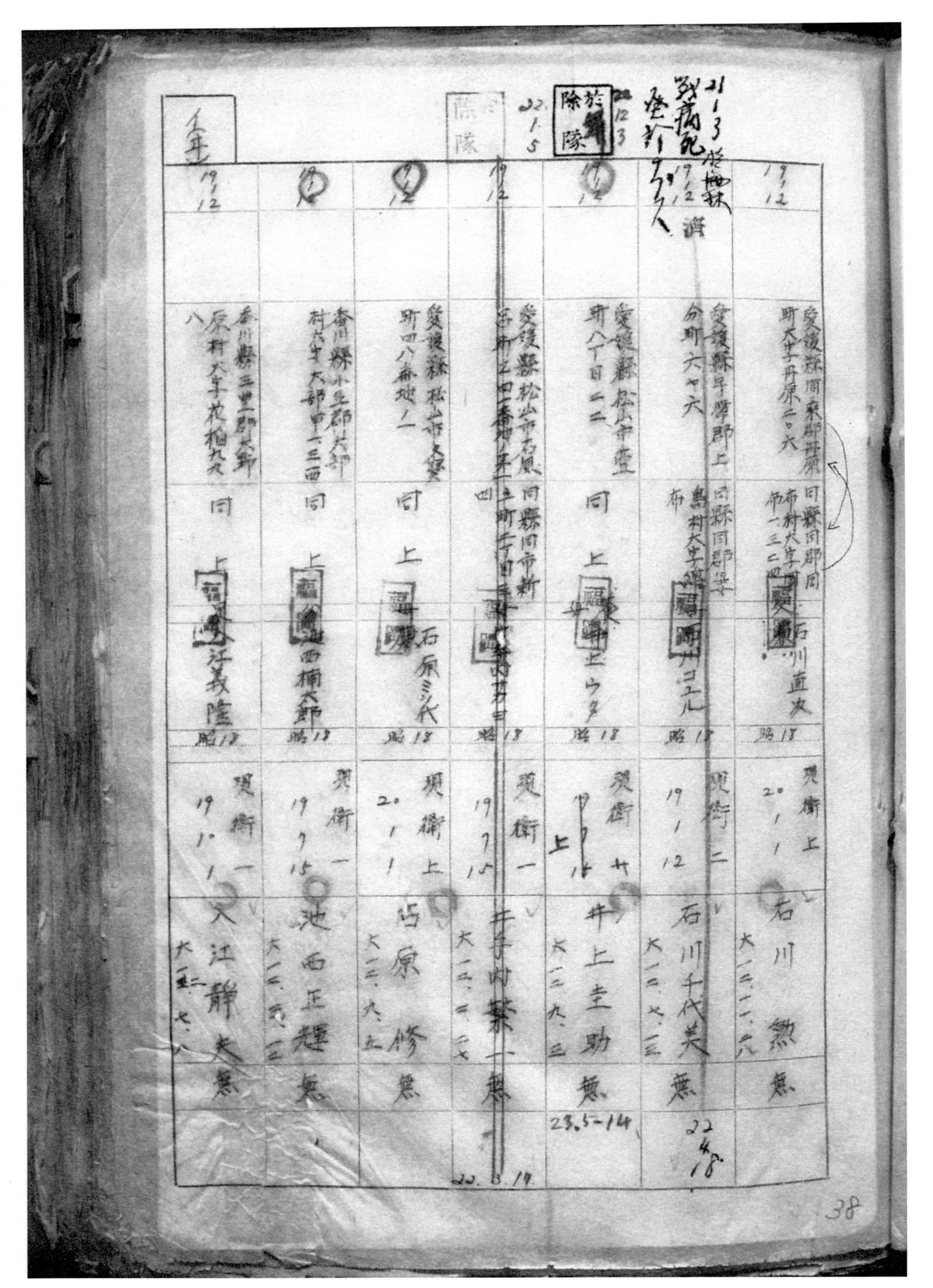

イ丑　舞　22.8.5.

除於[illegible]隊

日付	本籍	住所	家族	昭	現衛	氏名・生年月日		備考
19.1.12	香川縣仲多度郡十郷村大字十郷[illegible]大口五四五	同上	[illegible]	昭18	現衛一 19.10.1	和泉昌幸 大一二.一〇.[illegible]	無	
19.1.12	香川縣仲多度郡十郷村大字[illegible]五八三	同上	池口[illegible]郎	昭18	現衛一 19.7.15	池口光春 大一二.五.七	無	
19.1.12	香川縣坂出市[illegible]町一六五六	同上	猪熊[illegible]次郎	昭18	現衛一 19.10.1	猪熊文雄 大一二.三.一五	無	23.2.26
19.1.12	高知縣安藝郡上尾村大字[illegible]六五三	同上	交井猪	昭18	現衛下 19.10.1	交實 大一二.一一.五	無	
19.1.12	高知縣香美郡夜須町夜須川一一八四	同上	伊藤武城	昭18	現衛上 20.1.1	伊藤源善 大一三.一〇.七	無	
19.1.12	高知縣吾川郡伊野町三三四八番地	同上	井上竹重	昭18	現衛上	井上良男 大一二.六.一六	無	23.1.9
19.1.12	高知縣幡多郡小筑紫村大字伊與野一四一三番地	高知縣幡多郡川登村才角四四五	稲野清	昭18	現衛上 20.1.1	稲野秀喜 大一四.七.九	無	

21.4.14 第[illegible] 留

39

イ五

21.2.1
復員
命令五〇号

19/12

高知縣高知市長濱四七三九番地

同上

文 池上柳次

昭18

現衛上

20.1

池上正巳 無

大一三・一・三

愛知縣渥美郡泉村大字江比間

長 石川美代治

21.4.9

40

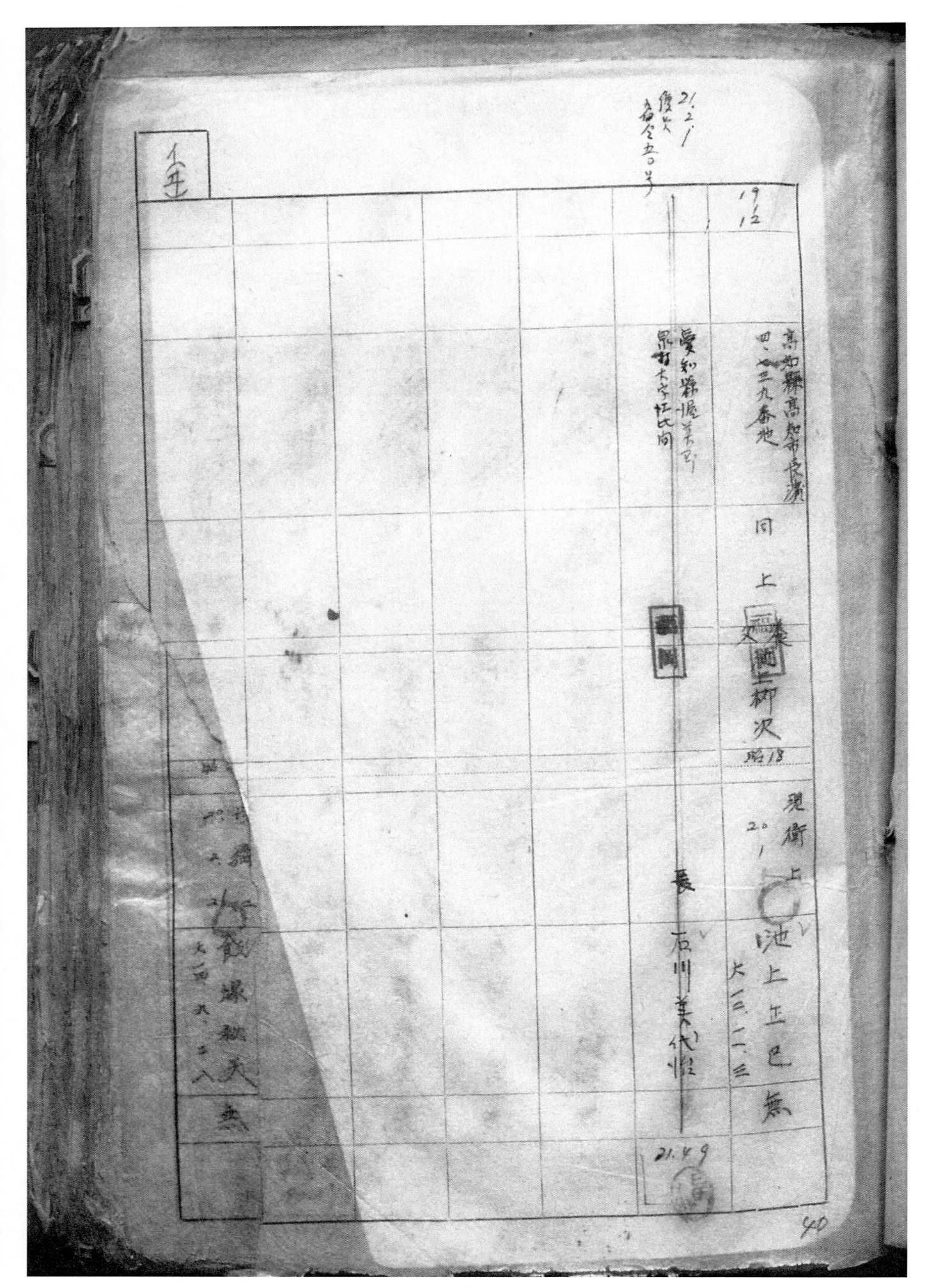

20.3.7	長崎縣長崎市大浦町一八番地 大連市葛原町三八	〃	上 父 今村資男 (福岡)	昭19.	20.3. 現摘	大四.九.二六 今村義郎	無
20.2.26	廣島縣深安郡竹尋村大字上箇六六八番地	〃	上 父 今岡亀五郎 (福岡)	昭19.	20.2.26 現摘	大十三.二.四 今岡郁夫	無
20.2.26	廣島縣世羅郡東大田村大字三郎丸二〇七番地	〃	上 父 今井隆市 (福岡)	昭19	20.2.26 現摘	大四.二.二四 今井義夫	無
20.2.26	廣島縣加茂郡西條町大字西條六六九番地	〃	上 父 岩石嘉六 (福岡)	昭19.	20.2.26 現摘	大四.三.一八 岩石節次	無
20.2.26	廣島縣豊田郡東野村六〇五番地	〃	上 父 伊藤玉平 (福岡)	昭19	20.2.26 現摘	大一四.九.一六 伊藤武夫	無
20.3.7	富山縣婦負郡熊野村下番澤六二九七番地	富山縣富山市舟橋臺町 護國神社前	上 父 石田秀次郎	昭19	20.2.26 現摘	大一四.四.三〇 石田秀義	無
20.2.26	島根縣[illegible]出雲市[illegible]町六八六番地	〃	上 母 飯塚サヨ (福岡)	昭19	20.2.26 現摘	大一四.九.二八 飯塚秋夫	無

41

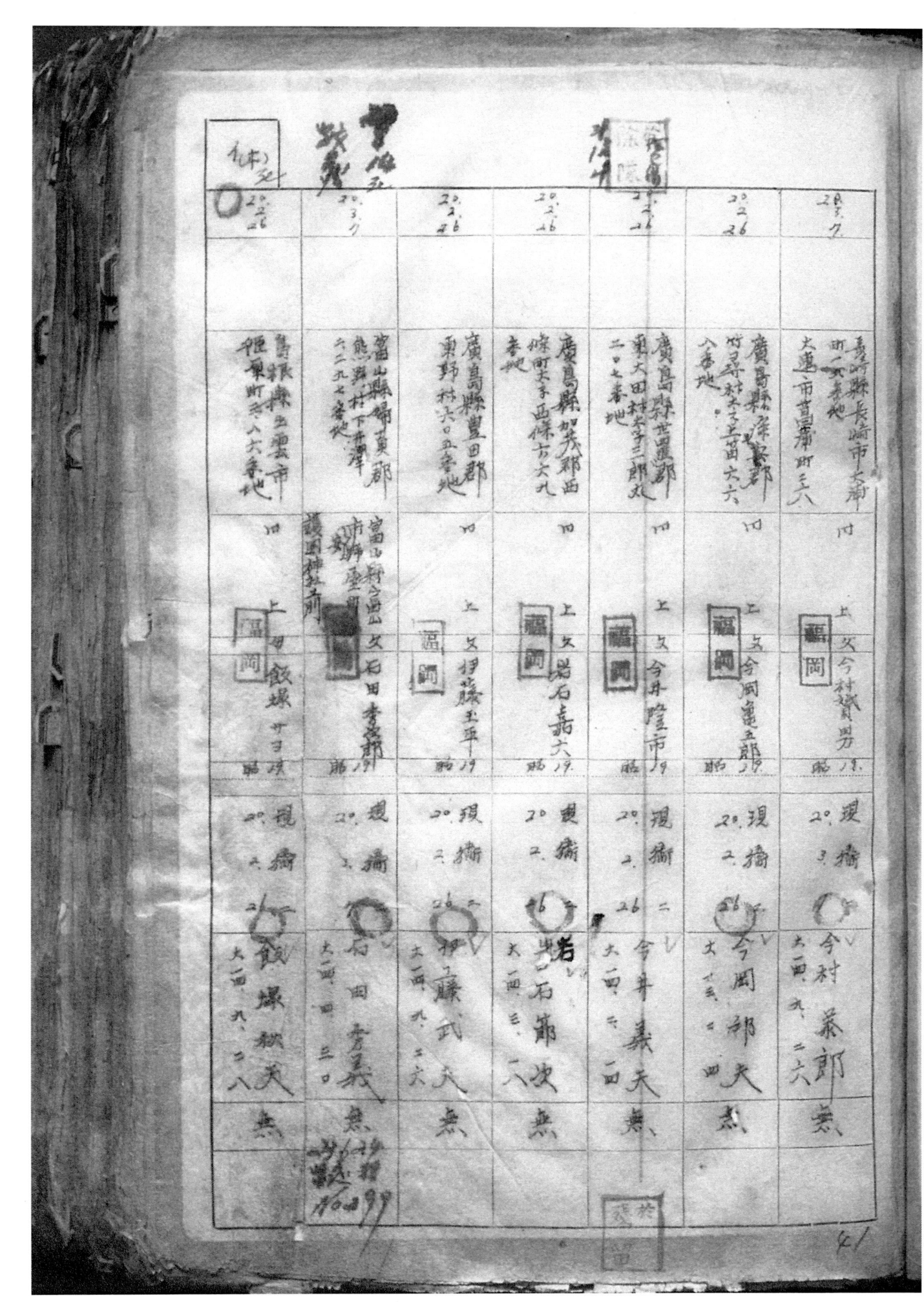

1.
(軍)

28.1.20
於ルソン島
戦死

20.2.26	20.2.26	20.2.26	20.2.26	20.2.26	20.2.26	20.2.26
島根県簸川郡出東村大字坂田七〇四番地	島根県那賀郡国府村大字国分六〇四番地弐	島根県能義郡大塚村大字大塚三三六番地	島根県能義郡広瀬町大字広瀬一四六八番地ノ一	島根県[illegible]郡温泉村大字湯村四一〇番地ノ一	島根県安濃郡朝山村大字仙山四二番屋敷	島根県安濃郡川合村大字忍原イ七九番地
同	神戸市灘区篠田町三丁目二三番地	大阪市此花区[illegible]上四丁目一七番地	同	同	同	大阪市東住吉区桑津町四四番地
福岡 上 父 石原政雄	福岡 父 伊藤重太郎	福岡 父 伊東東三郎	福岡 上 父 岩田文章	福岡 上 父 岩日文吉	福岡 上 父 岩谷増松	福岡 父 井上松吉
昭19	昭17	昭17	昭19	昭12	昭15	昭19
現衛 20.2.26	現衛 20.2.26	現衛 20.2.26	現衛 20.2.26	現衛 20.2.26	現衛 20.2.26	現衛 20.2.26
石原康雄 大四.一.二七	伊藤芳光 大四.七.三一	伊東明 大四.五.二〇	岩田圭三郎 大一三.一.八	岩日廣義 大四.五.二九	岩谷喜之輔 大四.六.五	井上莫之 大一四.七.一
無	無	無	無	無	無	無
23.8.21	草地政男					

62

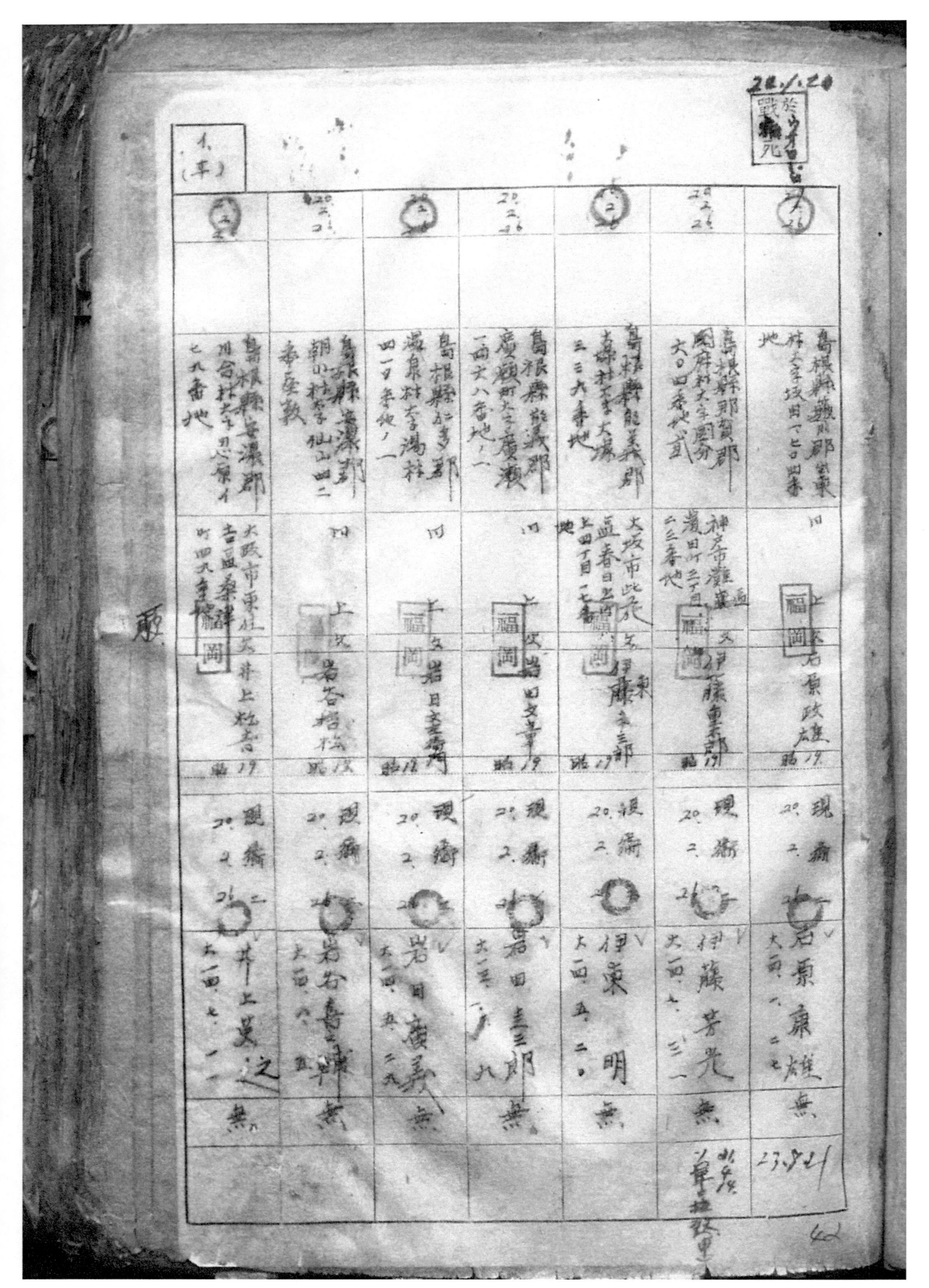

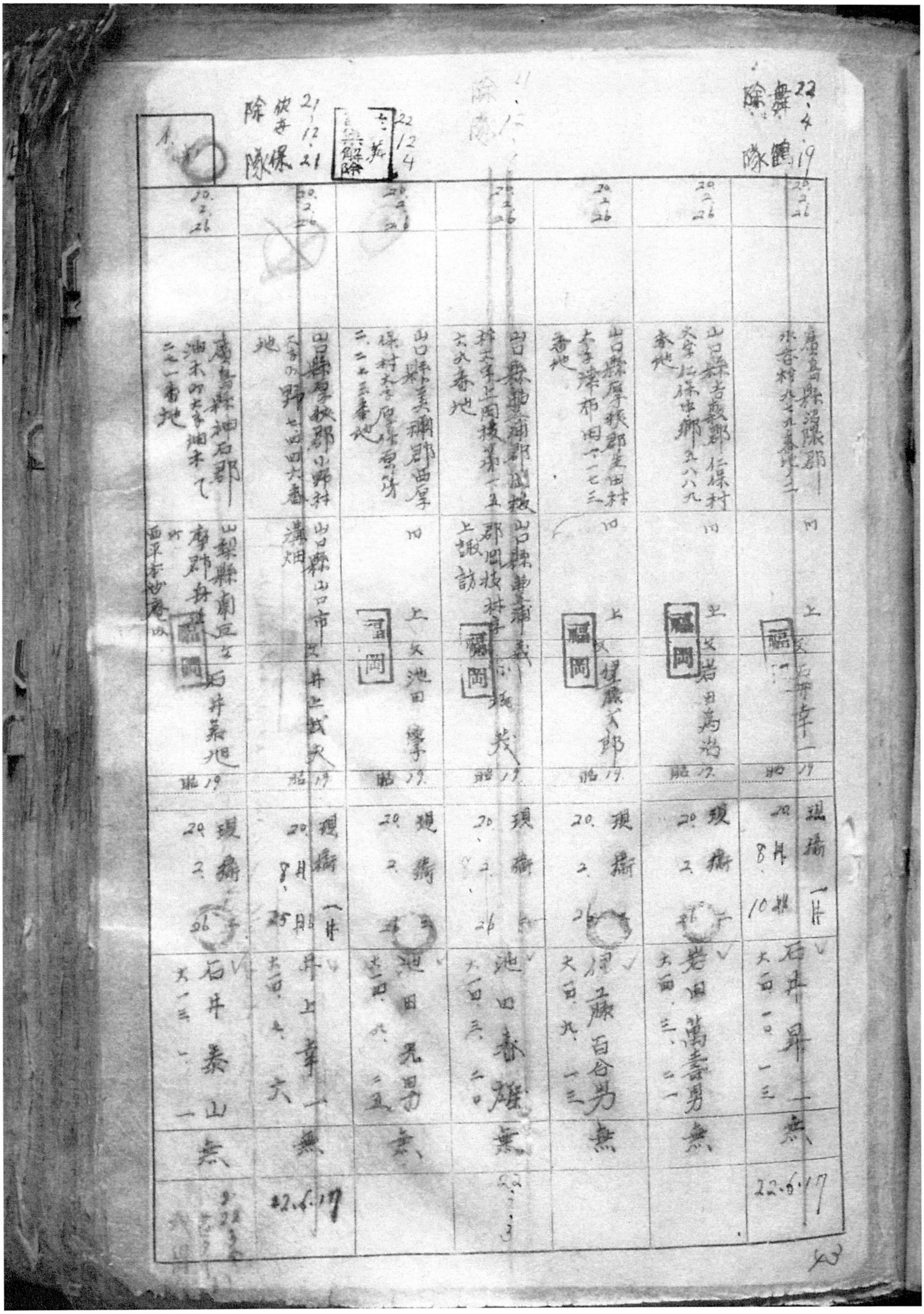
除隊 舞鶴 22.4.19
除隊 11.12
22.12.4 除
除隊 佐世保 21.12.21

1	2	3	4	5	6	7
20.2.26	20.2.26	20.2.26	20.2.26	20.2.26	20.2.26	20.2.26
廣島縣沼隈郡水呑村[illegible]番地	山口縣吉敷郡仁保村大字仁保中郷五六八九番地	山口縣厚狭郡[illegible]村大字[illegible]一一七三番地	山口縣豊浦郡田耕村大字上田耕第一五六九番地	山口縣美禰郡西厚保村大字[illegible]二二二三番地	山口縣厚狭郡小野村大字小野七四四六番地	廣島縣神石郡油木町大字油木て二之一番地
同	同	同	山口縣豊浦郡田耕村字上諏訪	同	山口縣山口市	山梨縣南巨摩郡身延町西平本妙庵内
上 父 石井幸一	上 父 岩田萬治	上 父 伊藤文郎	上 [illegible] 茂	上 父 池田學	父 井上武次	父 石井嘉旭
昭19	昭19	昭19	昭19	昭19	昭19	昭19
20.8月10日 現縣 一件	20.2.26 現縣	20.2.26 現縣	20.2.26 現縣	20.2.26 現縣	20.8月25日 現縣 一件	20.2.26 現縣
石井昇一 大正一.一三	岩田萬壽男 大正三.二.一	伊藤百合男 大正九.一.一三	池田春雄 大正三.二.四	池田晃男 大正四.六.二五	井上章一 大正四.六.六	石井泰山 大正一三.一.一
無	無	無	無	無	無	無
22.6.17			22.[illegible].3		22.6.17	

1 (年)

[illegible] 22.10.1

20.2.26	廣島縣山縣郡八幡村大字八幡東一〇三七番地	廣島市外府中町[illegible]八	福岡 岩田夏吉	昭18	20.2.26 現役	岩田十三 大1.5.27	無
20.2.26	廣島縣雙三郡仲木村大字大山五六一番地	仝	上 福岡 出田新六	昭19	20.2.26 現役	出田數義 大正3.7.25	無
20.2.26	廣島縣安佐郡[illegible]村大字[illegible]一一四二番地	仝	上 福岡 西岡[illegible]	昭19	20.2.26 現役	西岡豐 大10.8.8	無
20.2.26	廣島縣山縣郡加計町大字津浪六四四番地	仝	上 福岡 伊賀幹八	昭19	20.2.26 現役	伊賀友文 大13.1.8	無
20.2.26	廣島縣比婆郡山内北村大字川北一九六四番地ノ一	仝	上 福岡 伊藤文市	昭19	20.2.26 現役	伊藤利行 大13.1.5	無

22.12.18
No 1059

44

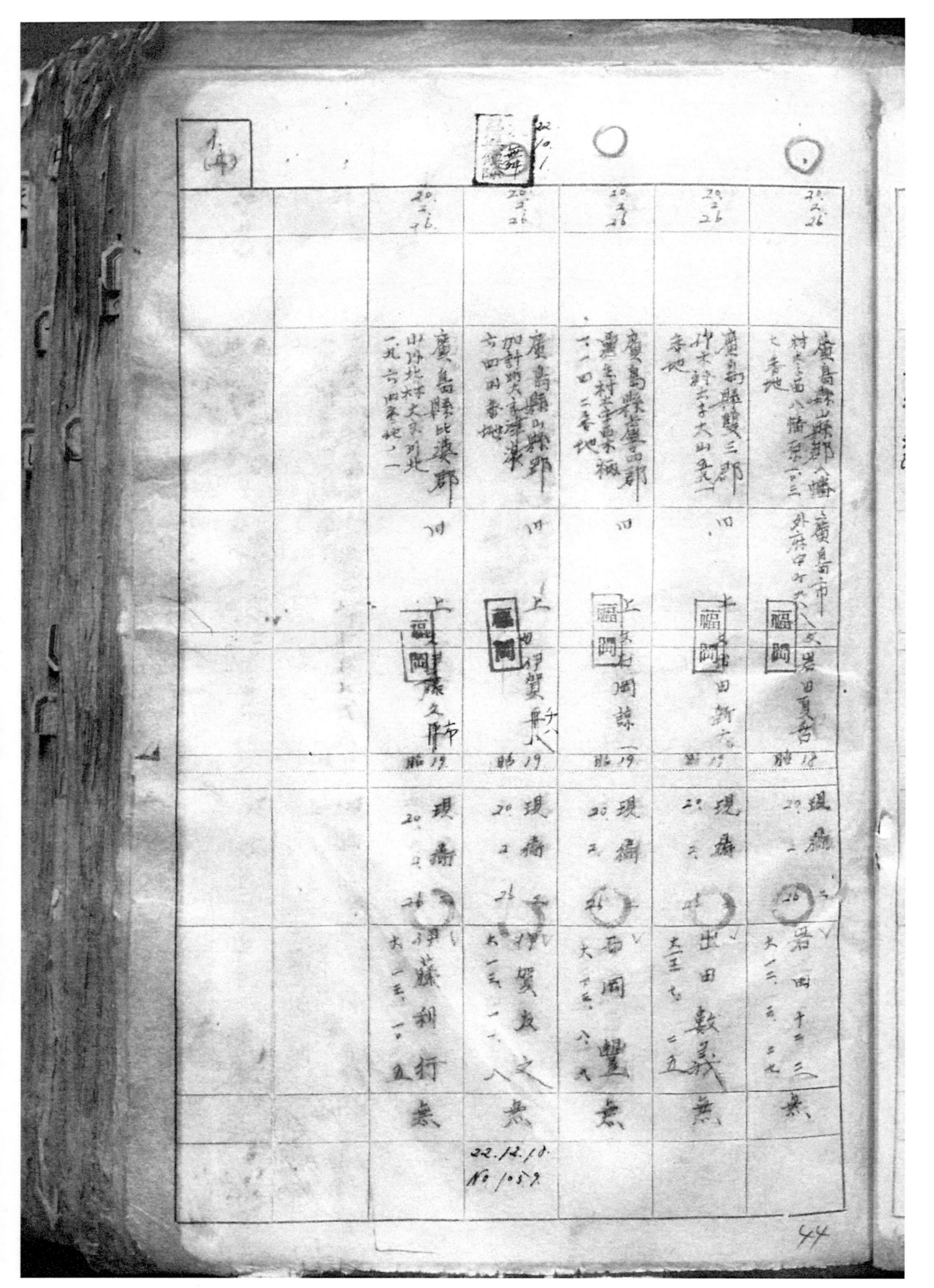

1任(三)

關東軍防疫給水部留守名簿

昭和二十年一月一日
關東軍防疫給水部

編入年月日	前所屬及其編入年月日	本籍（在留地）	留守擔當者 住所 續柄 氏名	役種 兵種 官等並徵集年 任官年 等級 俸給 月給額 發令年月日	氏名 生年月日	留守宅渡ノ有無	補修年月日
11.8.1		千葉縣山武郡千代田村大里一〇〇四番地	同 上 母 石井きい （福岡）	雇（事務）八五 19.3.31	石井勇 明二九.一.一〇	無	
14.12.10		千葉縣海上郡椎柴村小船木四三五番地	同 上 父 飯岡五郎藏 （福岡）	雇（技術）八二 19.11.1	飯岡誠一 明四四.一二.七	有	
14.10.16		千葉縣匝瑳郡須賀村大字高七三番地	同 上 妻 伊藤トヨ （福岡）	雇（警備員）七九 19.11.1	伊藤八郎 大四.三.五	無	
17.3.1		大分縣東國東郡富来町大字大恩寺[illegible]五〇番地	同 上 父 石川利吉 （福岡）	雇（技術）七七 19.11.1	石川顕治 明四二.二.二〇	無	
14.12.5		福岡縣早良郡田隈村大字次郎丸三七番地	同 上 妻 石橋スエ子 （福岡）	雇（技術）七五 19.11.1	石橋覚示 明四〇.一〇.七	無	

45

退了

17.1.1	長崎県南高来郡南串山村丙九八五六番地	天津河北呂場路塩和里又備泰高倉登庸之助方	上 岩男ウメ	雇(技術) 七十八 20.3.31	岩男義一 明三五 一 五	無	20.6.2
23.10.15	千葉県香取郡多古町島二三九番地	同	上 父 飯田福太郎	雇(技術) 七十四 20.3.31	飯田信男 大三 一 一五	無	20.6.2
15.5.23	福井県三方郡十村井崎黒埼七番地	同	上 父 石田新三郎	雇(技術) 七十六 20.3.31	石田忠義 大七 三 七	有	20.6.2
17.5.31	徳島県美馬郡三島村大字舞中島一百三番地	同	上 母 飯沼好恵	雇(事務) 七十五 20.3.31	飯沼賀 大七 九 二一	有	20.6.2
17.6.30	福島県平市字櫓廻小路四番地	同	上 父 今田勝恵	雇(技術) 七十四 20.3.31	今田一巳 大七 一 三	無	20.6.2
17.4.1	神奈川県川崎市末長八八番地	同	上 母 井上よし	雇(技術) 七十三 20.3.31	井上祐長 大五 八 三	無	20.6.2
17.9.1	栃木県下都賀郡豊田村大字小宅四三又番二地	同	上 父 稲葉市次郎	雇(事務) 七十二 20.3.31	稲葉章 大七 十 五	有	20.6.2

46

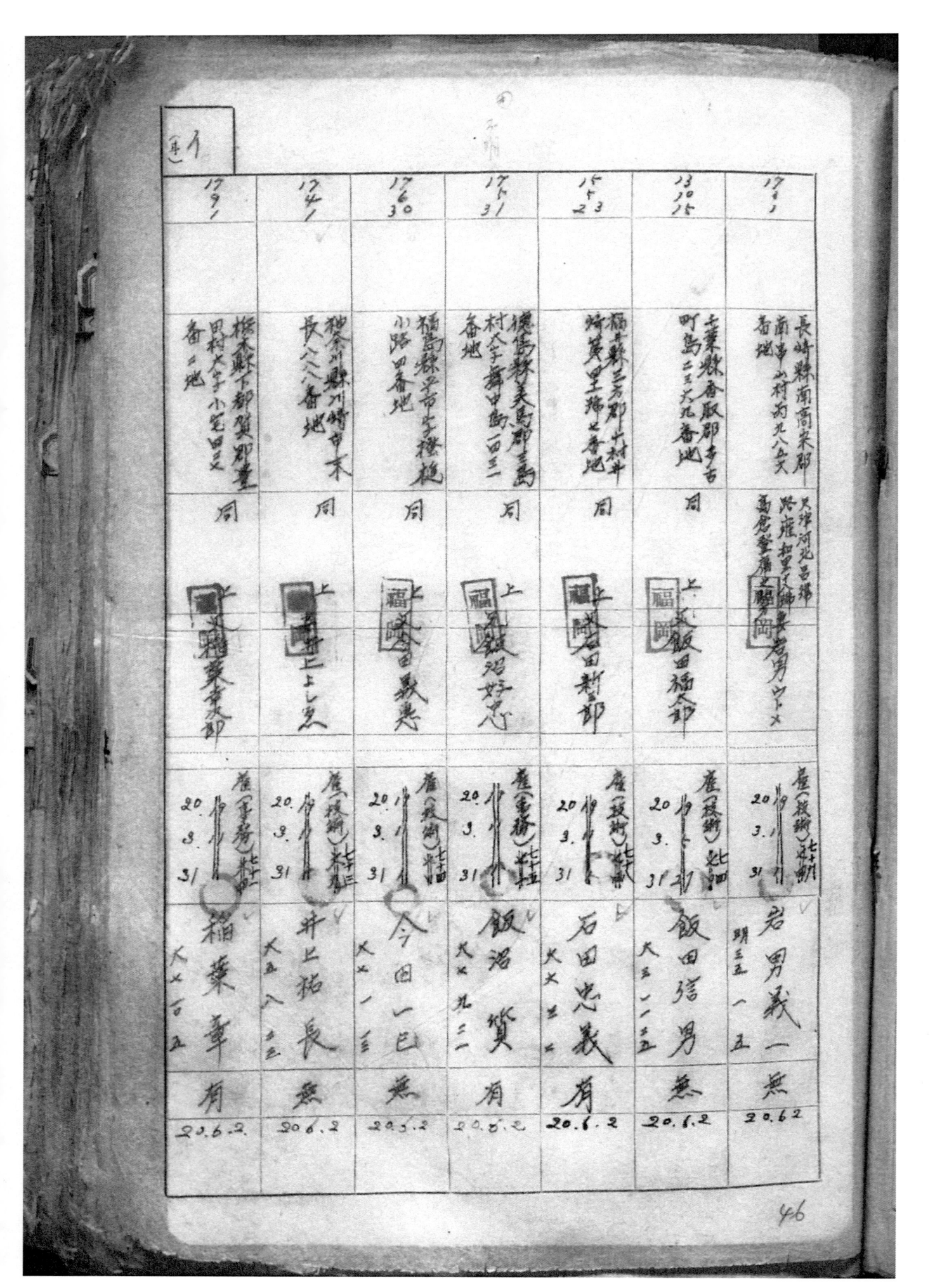

(丁) 1

17.3.1	17.6.31	17.6.20	17.5.20	17.7.31	17.7.1	17.7.1
群馬県利根郡東村大字平川九八九番地	岐阜県土岐郡稲津村小里三四二番地	岡山市上石井一九番地	宮城県登米郡新田村新田上字品ノ沛大三番地ノ一	鹿児島県薩摩郡永利村網津大三三大 大三三七番地	福島県相馬郡大田村中大田字堀田八五番地	宮城県栗原郡栗原館町字町屋敷一九番地ノ二
同	同	大阪市住吉区北田辺町	同	同	同	同
福岡 上 井上咲造	福岡 上 岩島信四郎	福岡 岩池泰三	福岡 文 石川善蔵	福岡 上 岩切繁	福岡 上 板倉ミ子	福岡 上 伊澤長四郎
雇(技術) 19.11.1 20.3.31 本社 六十四	雇(技術) 19.11.1 20.3.31 本社 六十七	雇(技術) 19.9.1 20.9.31 本社 六十三	雇(事務) 19.11.1 20.3.31 本社 六十九	雇(事務) 19.11.1 20.3.31 本社 六十九	雇(事務) 19.11.1 本社 六十八	雇(技術) 11.1 本社 六十七
井上德樹 大七.七.一六	岩島光秋 大七.三.一六	岩池得三 大七.六.六三	石川隼人 大七.四.二一	岩切正 大七.三.三〇	板倉宗良 大七.六.二六	伊澤長四郎 大七.三.一七
有	有	有	有	有 無	無	有
20.6.2	20.6.2	20.6.2	20.6.2	20.6.2	20.6.2	20.6.2

47

㊤イ

20.8.26 山口県萩 陸解鹿

17.5.31	17.5.1	17.6.10	18.8.2	19.5.7	16.6.3	12.10.1
鹿児島縣揖宿郡喜入村生見一三七九番地	静岡縣浜松市塩町七二番地	栃木縣塩谷郡阿久津村大字大谷一三三番地	山形縣東田川郡[illegible]町二八六番地	千葉縣印旛郡富里村根木名七四六番地	福岡縣朝倉郡夜須村[illegible]東小田七四四番地	神奈川縣川崎市木長八八番地
同	同	同	同	同	同	同
上 福岡 生見スズ	上 福岡 [illegible]田恒太郎	上 福岡 石塚福一郎	上 福岡 伊藤三助	上 福岡 [illegible]藤晴源	上 福岡 伊藤ムラ	上 福岡 井上フカ子
雇(警防員) 20.3.31	雇(技術) 20.3.31	雇(技術) 20.3.31	雇(警防員) 20.3.31	雇(技術) 20.3.31	雇([illegible])	雇(警防員) 20.3.31
生見定藏 大七.三.一四	岩田健 大七.二.三	石塚芳信 大七.五.一四	伊藤新吉 大八.一.四	[illegible]藤光雄 大八.八.六	伊藤卯一郎 明四五.二.五	井上旅藏 明四三.八.一五
有	有	有	有	有	無	無
20.6.2	20.6.2	20.6.2	20.6.2	20.6.2		20.6.2

48

15.4.22	奈良縣北葛城郡新庄町大字新庄六番地	同	上 妻 今本ミツ	雇(防衛員)八十五 19.11 20.3.31	今本定雄 大七.三.一	有	20.6.2
15.4.22	岡山縣浅口郡富田村大字道口五五九番地	同	上 井上宮子	雇(防衛員)八 19.11	井上早雄 明四三.七.二八	無	
10.11.15	千葉縣山武郡[illegible]村大里一四八六番地	同	上 妻 石井民枝	雇(防衛員)八四 19.11.1	石井榮 明四三.五.一三	無	
14.11.12	山形縣北村山郡西郷村大字名取五番地	同	上 妻 板垣アキ	雇(防衛員)七十五 19.11 20.9.31	板垣正 大四.三.九	無	20.6.2
13.10.15	千葉縣香取郡大賀村本三倉八三二番地	同	上 妻 石井たい	雇(防衛員)七十四 19.11 20.3.31	石井隆 大六.六.二一	無	20.6.2
14.5.12	千葉縣山武郡山邊村金谷郷七三六番地	同	上 妻 石井高	雇(防衛員)七十三 19.11 20.3.31	石井恒久 大一〇.一〇.二〇	有	20.6.2
18.3.25	徳島縣勝浦郡勝占村大字大谷字南谷六七番地ノ二	同	上 妻 井關ヒロ	雇(防衛員)大三 19.11.1	井關新次 大七.一二.二二	有	

雇傭

㊉イ

解雇 20.6.20

17.6.10	17.7.1	17.7.1	14.4.6	16.10.10	15.5.11	15.4.22
新潟県東頸城郡下保倉村大字今泉八七九番地	京都府[illegible]郡[illegible]村字三條四一四番地	大阪府三島郡鳥飼村大字鳥飼八防九六番地	千葉県山武郡大富村大里一五〇五番地	山形県飽海郡西荒瀬村大字藤塚元和里一一二番地	岐阜県揖斐郡池田村大字六之井六六番地	長野県上水内郡柵村大字椛原五二七四番地
同	関東州貔子窩[illegible]城子屯[illegible](東村方)	同	同	同	岐阜県揖斐郡池田村大字池野[illegible]	同
十 (福岡) 五十嵐ハツエ	(福岡) 今川八千代	十 (福岡) 乾 福	上 (福岡) 石井ミツ	十 (福岡) 池田由治郎	(福岡) 五十川まつへ	上 (福岡) 今井嘉三
雇(防疫員) 19.1.[illegible] 20.3.31	雇(防疫員) 19.1.[illegible] 20.3.31	雇(防疫員) 19.11.[illegible] 20.3.31	雇(防疫員) 19.11.29 七八	雇(防疫員) 19.[illegible] 20.3.31	雇(防疫員) 19.[illegible] 20.3.31	雇(防疫員) 19.11.1 大九
五十嵐義信 大七.五.五	今川優 大七.八.[illegible]	乾時郎 大五.六.五	石井正雄 明四一.七.九	池田幸一 大六.八.一二	五十川辰男 明三七.六.四	今井朝男 大五.一.一三
無	無	有	有	有	無	有
20.6.2	20.6.2	20.6.2		20.6.2	20.6.2	

50

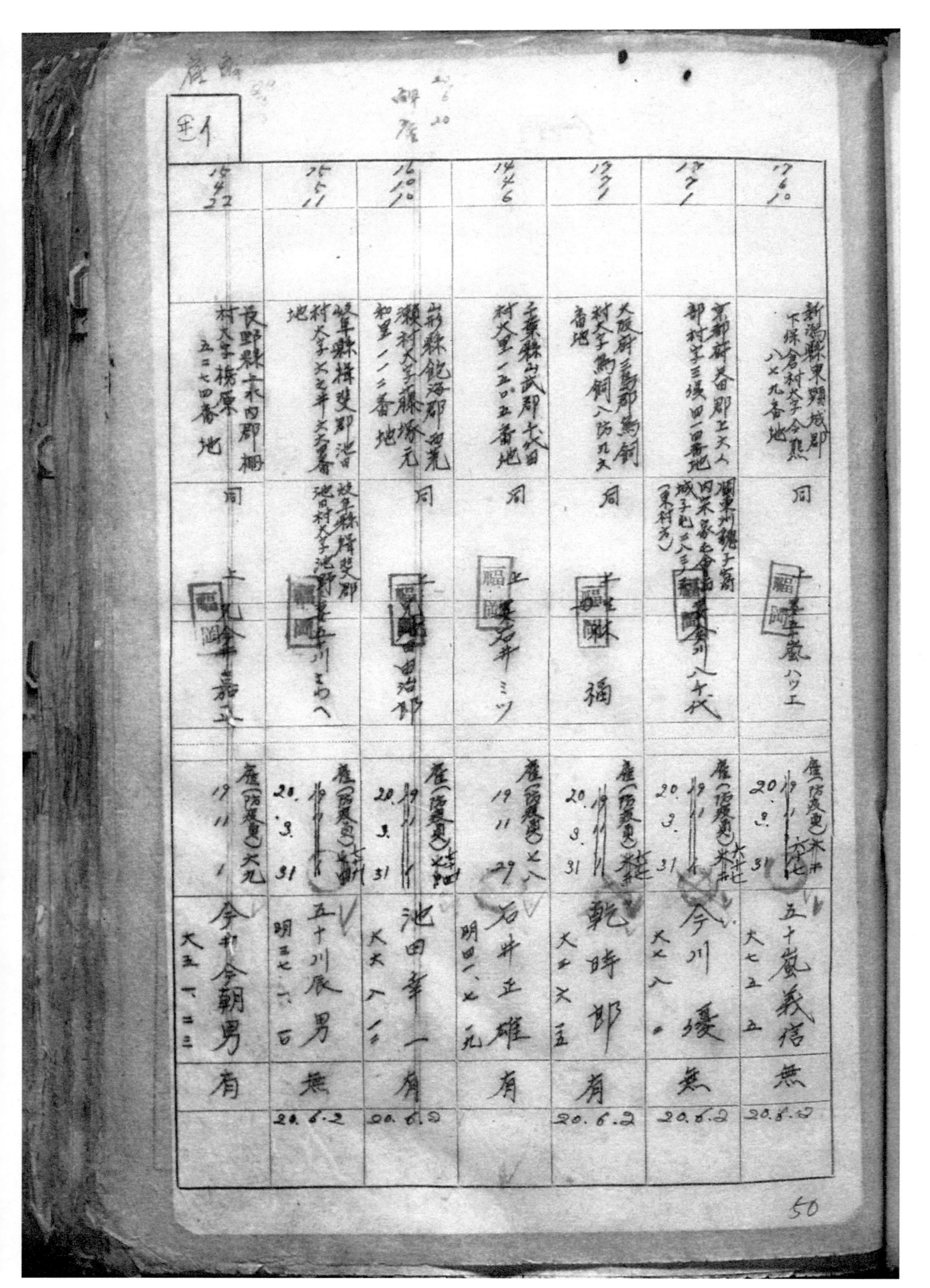

手イ

経歴

17.5.10.	福井縣今立郡服間村相木第五號九番地	同	上 岩本忠ん	雇(臨時員)19.11.1 20.3.31	岩本篤志 大六.九.八	無	20.6.2
17.5.10	新潟縣東頸城郡松代三九〇八番地	同	上 石口嘉平治	雇(技術)19.11.1 20.3.31	石口千藏 大七.六.九	有	20.6.2
17.5.31	静岡縣磐田郡龍川村相津三七二番地	同	上 伊藤春次	雇(技術)19.11.1 20.3.31	伊藤正[illegible] 大六.十二.十三	無	20.6.2
17.6.20	山形縣西村山郡西山村大字睦合一六五番地	同	上 伊藤倉次郎	雇(技術)19.11.1 20.3.31	伊藤堅三 大七.三.二	無	20.6.2
17.7.1	茨城縣真壁郡樺穂村大字白井一六八番地	同	上 入江[illegible]とナ	雇(技術)19.11.1 20.3.31	入江正夫 大七.四.二三	有 無	20.6.2
17.5.31	熊本縣鹿本郡八幡村大字石九五番地	同	上 池田春太郎	雇(技術)19.11.1 20.3.31	池田正人 大八.三.二一	有	20.6.2
17.5.31	鹿児島縣肝属郡百引村百引一五五八番地	同	上 岩城市二	雇(技術)19.11.1	岩城忠志 大七.一.六	有	

51

年不

20.6.20 解傭

17.5.31	山形県東田川郡泉村大字戸野字福ノ内ノ六番地ノ四	同	福岡 上 長 今井福次郎	雇(技術) 20.3.31 仰付	今井鶴治 大七 六 吉	無	20.6.2
17.8.10	栃木県那須郡大田原町二一五番地	同	福岡 上 父 飯田興吉	雇(陸夷真) 20.3.31 仰付	飯田長三 大七 三 三八	有	20.6.2
17.5.31	宮城県桃生郡大川村福地字町裏二一	同	福岡 上 長 今須林吉	雇(技術) 20.3.31 仰付	今須武雄 大七 三 二八	無	20.6.2
17.5.20	新潟県南魚沼郡浦佐村大字五箇四五一八番地	同	福岡 上 母 井口トク	雇(陸夷真) 20.3.31 仰付	井口忠太郎 大七 四 三	無	20.6.2
17.6.24	千葉県長生郡関村福島一〇九	哈爾浜満洲第七三一部隊官舎	福岡 兄 石井渡	帰 20.3.31 仰付	石井貞子 大一三 二 一	無	20.6.2
17.3.1	長崎県南高来郡南有馬町戊二二〇番地	同	福岡 上 父 東山次郎	帰 17.3.31	東山為明 大一五 一〇 吉	無	
17.5.31	茨城県結城郡大花輪村大字大輪二〇八九番地	同	福岡 父 石塚正三郎	雇(技術) 17.7.31	石塚健市 大七 五 一	無	

52

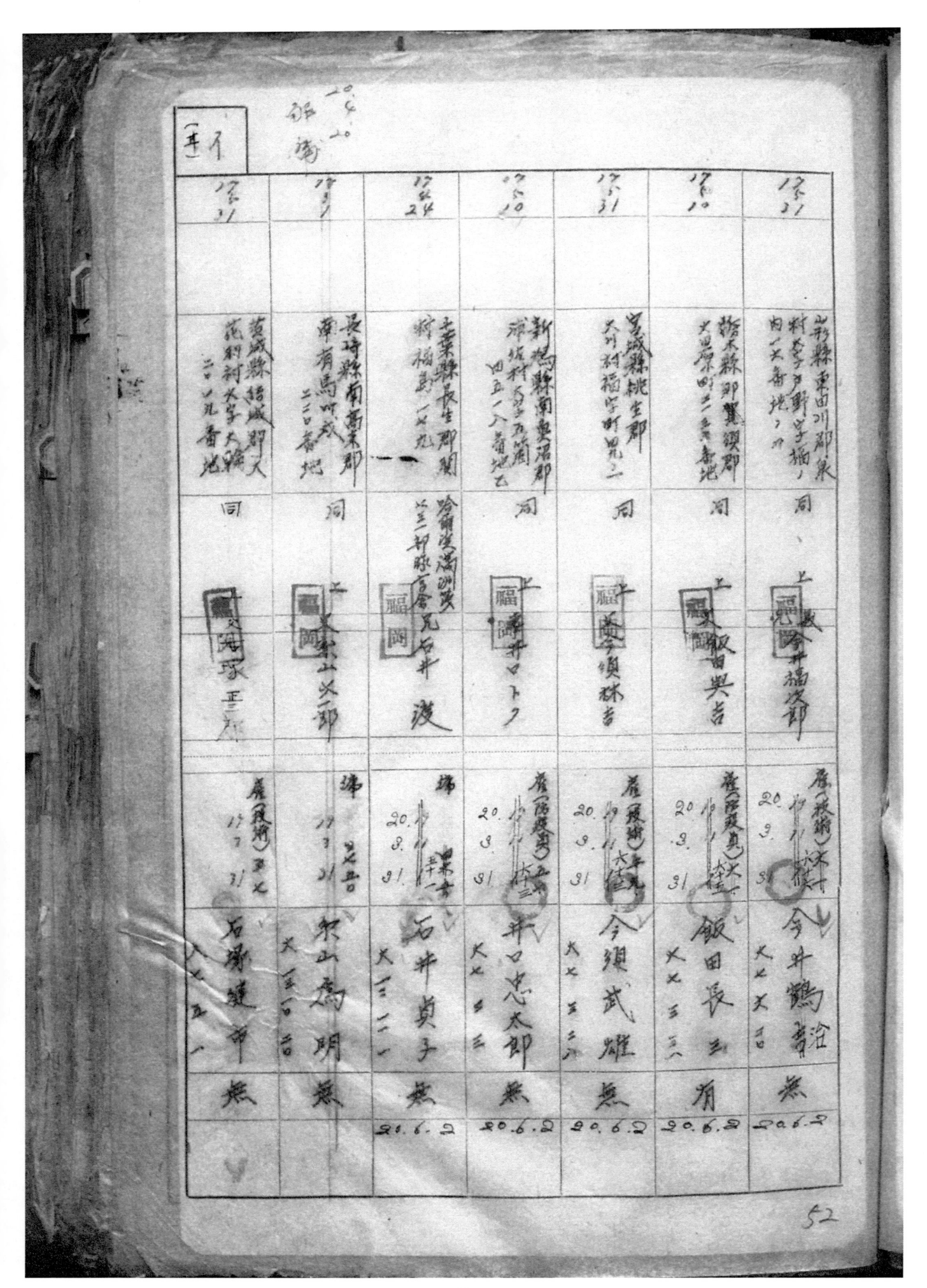

王イ

17.12.11	17.6.4	18.5.10	17.5.20	17.5.31	17.5.20	16.11.1
岩手縣河北郡川北村東[illegible]	熊本縣菊池郡隈府町大字隈府一七八番地	兵庫縣加西郡北條町東高室四八番地	山形縣東置賜郡宮内町三四五六番地	茨城縣西茨城郡東那珂村大字[illegible]一五四五番地	徳島縣板野郡大津村木津野字柳ノ越五五番地	長野縣上高井郡川田村大字川田二六四六番地
同	同	同	同	同	同	同
福岡 上 平沢枚義	福岡 上 井上チトセ	福岡 上 石田タカ子	福岡 上 岩谷きくの	福岡 上 石塚トミ	福岡 上 乾智恵乃	福岡 上 伊藤[illegible]子
雇（[illegible]）17.12	雇（旋盤）19.11 七十七 20.3.31	雇（旋盤）19.11 六十八 20.3.31	雇（[illegible]）19.11 20.3.31	雇（[illegible]）19.11 七十 20.3.31	雇（旋盤）19.11 20.3.31	雇（[illegible]）19.11 六十 20.3.31
平沢嘉治 大四.七.ア	井上住都雄 明四三.五.五	石田實 大七.三.五	岩谷義司 大七.四.ニ	石塚朝右ヱ門 大七.一.元	乾寛章 大七.一.一	伊藤忠平 大八.六.四
有	無	無	有	有 無	無	無
	20.6.2	20.6.2	20.6.2	20.6.2 20.6.27	20.6.2	20.6.2
✓	✓	✓	✓	✓	✓	✓

53

軍 イ

15.9.1		山形県南村山郡東村大字牧野八一三番地	同	福岡 [illegible]長左門	雇（防疫員） 19.11 – 20.3.31	井上三郎 大九.一二.二二	有 無	20.6.2
17.6.20	20.10.11 服毒自殺 於鹽山	秋田県雄勝郡[illegible]村大字八幡[illegible]一三五番地	同	福岡 [illegible]谷喜治	雇（技術） 19.1 – 20.3.31	[illegible]谷七郎 大七.五.一	有	20.6.2 / 20.4.18
[illegible]	20.4.20 [illegible] 防疫給水部 [illegible]	静岡県賀茂郡[illegible]野村[illegible]一七一番地	静岡県賀茂郡三方原村[illegible]三丈	福岡 [illegible]緑二	雇（事務） 19.11	井口孝男 大七.九.一	有	20.6.2
18.4.10		富山県婦負郡熊野村下井澤二二九七番地	富山県婦負郡婦中町笹倉	母 石田津彌	嘱（[illegible]） 19.11.1	石田秀義 大四.四.三一	有	20.2.25
11.8.23		神奈川県足柄上郡南足柄町一三四番地	同	福岡 [illegible]次郎	雇（技術） 17.10.31 八〇	石井理作 大九.一.一	有 無	20.3.25
15.2.2	20.6.20 [illegible] 防疫給水部 [illegible]	岩手県東磐井郡大原町[illegible]五町三	同	福岡 [illegible]東[illegible]	雇（防疫） 19.11 – 20.3.31	[illegible]新平 大六.五.一	無	20.6.2
17.5.31		神奈川県高座郡寒川町大蔵八八〇	同	福岡 [illegible]井サチ	雇（防疫） 19.11 – 20.3.31	石井朝雄 大六.一二.一八	無	20.6.2

54

㊞不

20.9.5 解雇

17.6.20	18.4.30	17.5.31	17.7.1	17.5.31	18.2.20	13.11.8
秋田県由利郡直根村猿倉字長根下八一	栃木県塩谷郡矢板町扇町一三九ノ二	秋田県由利郡西目村字潟保ノ三	東京都中込区早稲田南町四四	山形県山形市桜木町字地蔵町三五七	佐賀県杵島郡大町町大字大町一六七七	秋田県由利郡上川大内村小栗山字芦渕六七番地
同	同	同	茨城県水戸市外渡里村字[illegible] 猿川崎重蔵方	同	同	同
[illegible]スエノ	[illegible]藤ヤミ	[illegible]塚ミサ	今度富美子	伊藤千代	岩渕良[illegible]	伊藤アツ
雇(技術) 19.11.1 20.9.1	雇(防空) 19.11 20.3.31	雇(防空) 19.11 20.3.31	雇(防空) 19.11 20.3.31	雇(防空) 19.11 20.3.31	雇(防空) 19.11 20.3.31	雇(技術) 17.11.1
池田巳作 大七.四.二〇	伊藤馨 大七.六.一〇	石塚長次郎 大七.四.一九	今度資 大二.九.五	伊藤雄二 大七.八.一三	岩渕東規 大五.五.七	伊藤瑞帝 明四三.一.二六
備	有	無	無	有	有	無
20.6.2	21.6.2	20.6.2	20.6.2	21.6.2	20.6.2	

55

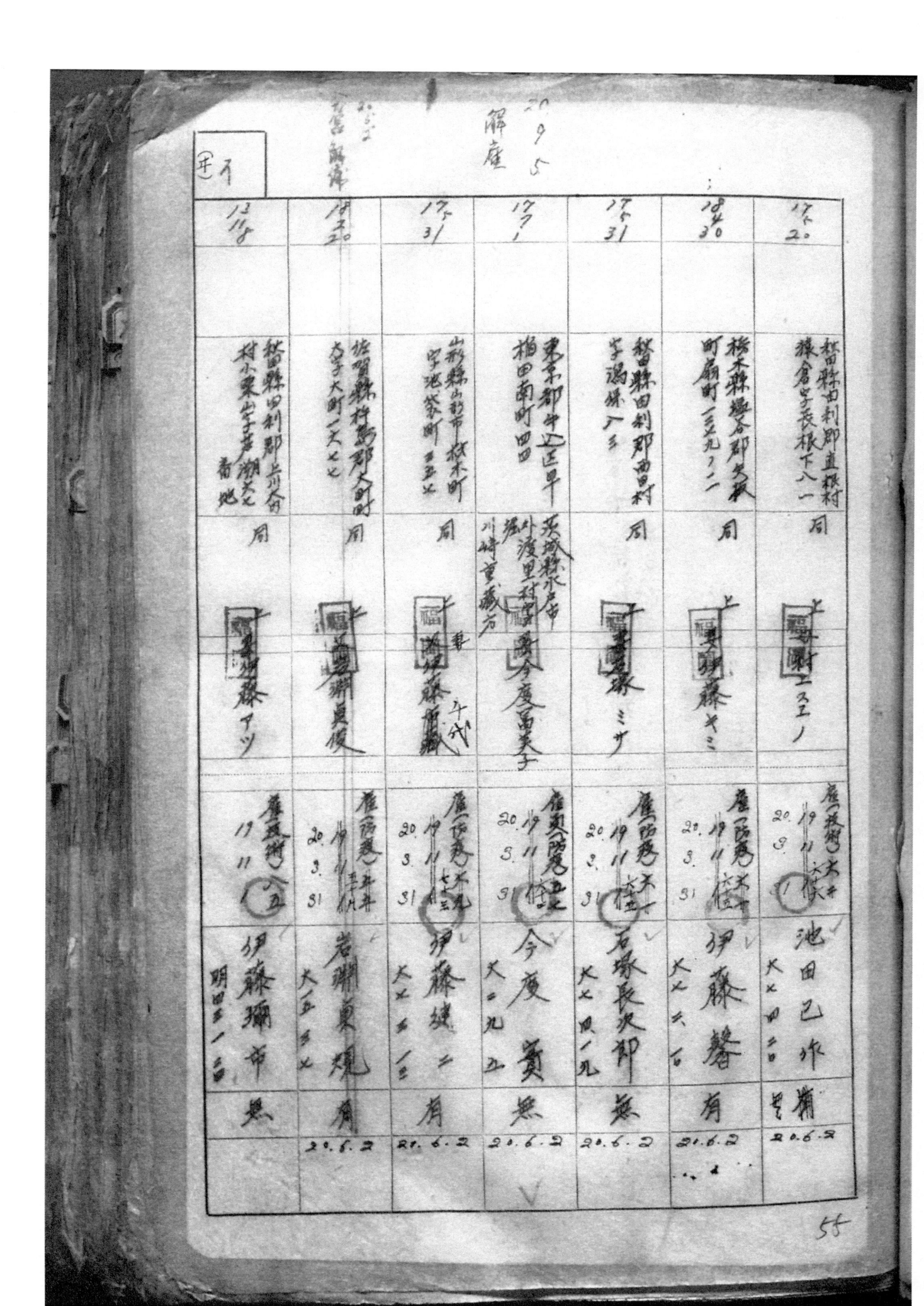

甲1

13.11.10	廣島縣廣島市尾長町二八〇番地	同	福岡 妻 今田君代	雇(機械)八五 19.3.31	今田節雄	大二、一〇、三一	無	22.6.27
19.9.25	東京都本郷區菊坂町二八番地	新潟縣北蒲原郡笹岡村三九番地	福岡 父 稲毛契太郎	雇(機械)八五 19.9.25	稲毛正衛	大〃三二一	無	
11.8.1	千葉縣山武郡千代田村大里一四八三番地	同	福岡 妻 石井まき	雇(防空)八三 19.11.1	石井賓	大五、一、一四	無	
14.8.26	東京都豊島區西巣鴨一丁目三九九〇番地	同	福岡 妻 飯島清子	雇(電気熔接工)七十八十 19.11.1 20.9.31	飯島多一	明四五、二、一五	無	21.6.2
14.12.10	千葉縣山武郡千代田村大里一四〇二番地	同	福岡 妻 石井よし	雇(防空)七十一 19.11.1 20.9.31	石井正平	大六、二、二六	無	20.6.2
16.9.19	千葉縣山武郡二川村芝山三三五番地	同	福岡 父 伊藤幸次郎	雇(機械)六十 19.11.1 20.9.31	伊藤芝夫	大〃一二吉	有	20.1.2
17.5.25	静岡縣周智郡森町森四三一番地	同	福岡 父 今泉文吉	雇(機械)六十 19.11.1 20.9.31	今泉慶藏	大八、一、一〇六	有	21.6.2

56

丟 1

16.7.21	18.4.2	18.8.14	17.9.1	17.9.1	17.10.10	18.2.27
徳島県徳島市新蔵町字六十町北七三番地	鳥取県米子市加茂町一丁目五三番地	千葉県香取郡飯高村大堀天人番地	岡山県赤磐郡高富村大字宗掛四三六番地	石川県小松市五輪庚三五三番地	山形県最上郡真室川村大字新町一三三番地	千葉県安房郡神戸村藤原五九一
徳島市新町本町四丁目南	米子市朝日町	同	同	同	同	同
上 福岡 父 伊澤觀一	上 福岡 母 稲田とみ	上 福岡 父 石井正	上 福岡 父 入屋幸三郎	上 福岡 父 市村兼松	上 福岡 母 五十嵐リツ	上 福岡 父 井内源治
雇(事務)大手 19.11.1	雇(事務)大手 六十 19.11 20.3.31	雇(防空)西部 五十四 19.11 20.3.31	雇(技術)大手 六十八 19.11 20.3.31	雇(技術)大手 六八 19.11 20.3.31	雇(技術)大手 六十 19.11 20.3.31	雇(防空)五十九 19.11 20.3.31
伊澤高夫 大九.五.三	稲田豊 大七.一五.七	石井誠 大一二.六.二	入屋均 大八.五.四	市村清一郎 大四.八.四	五十嵐正男 大七.一〇.一五	井内政七 大一〇.一.一二
有	有	有	有	有	無	有
	20.6.2	20.6.2	20.6.2	20.6.2	20.6.2	20.6.2

57

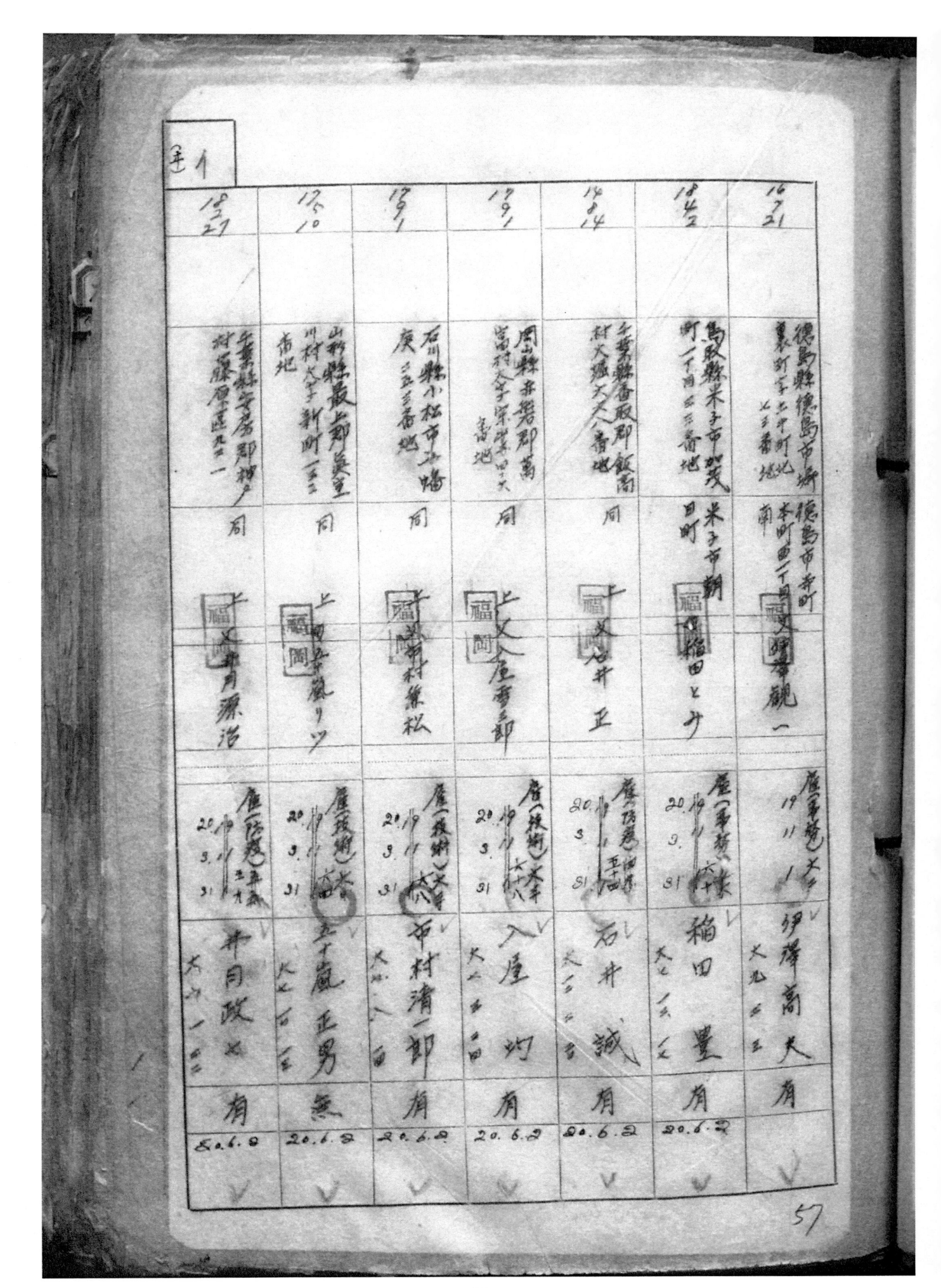

解備 　　　　　解除 20.6.21 　　　　　　　　　　　　　解 20.8.31

17.6.20	19.7.20	19.6.18	17.6.4	17.4.7	17.3.31	17.2.20
滋賀県甲賀郡水口町大字水口五五八〇番地	岐阜県武儀郡上之保村二三八八番地	佐賀県小城郡北多久村大字小侍一三八九番地	栃木県下都賀郡[illegible]村[illegible]番地	埼玉県南埼玉郡越谷町四五五一番地	徳島県名西郡石井町大字石井一二九五番地	千葉県山武郡千代田村飯櫃一四四〇番地
同	岐阜市長良[illegible]番地	同	同	同	同	同
福岡 上 父 井上甚五郎	福岡 父 乾徳兵衛	福岡 上 父 池田秀夫	福岡 上 父 市川和一	福岡 父 石川次郎吉	福岡 父 [illegible]田喜久夫	福岡 父 岩澤[illegible]之助
歴(軍属) 20.3.31	歴(軍属) 20.3.31	歴(防衛) 20.3.31	備 20.3.31	備 20.3.31	備 歴員(防衛) 20.3.31	備 歴員(防衛) 20.3.31
井上精二 大六.九.二八	乾知躬 大九.七.二	池田初次 昭一五.九.五	市川幸次 昭二.一.二	石川昭次 昭二.四.二二	[illegible]田昭彦 昭三.一.七	岩澤忠 昭二.二.九
有	有	有	有	有	有	有
20.6.2	20.6.2	20.6.2	20.6.2	20.6.2		

58

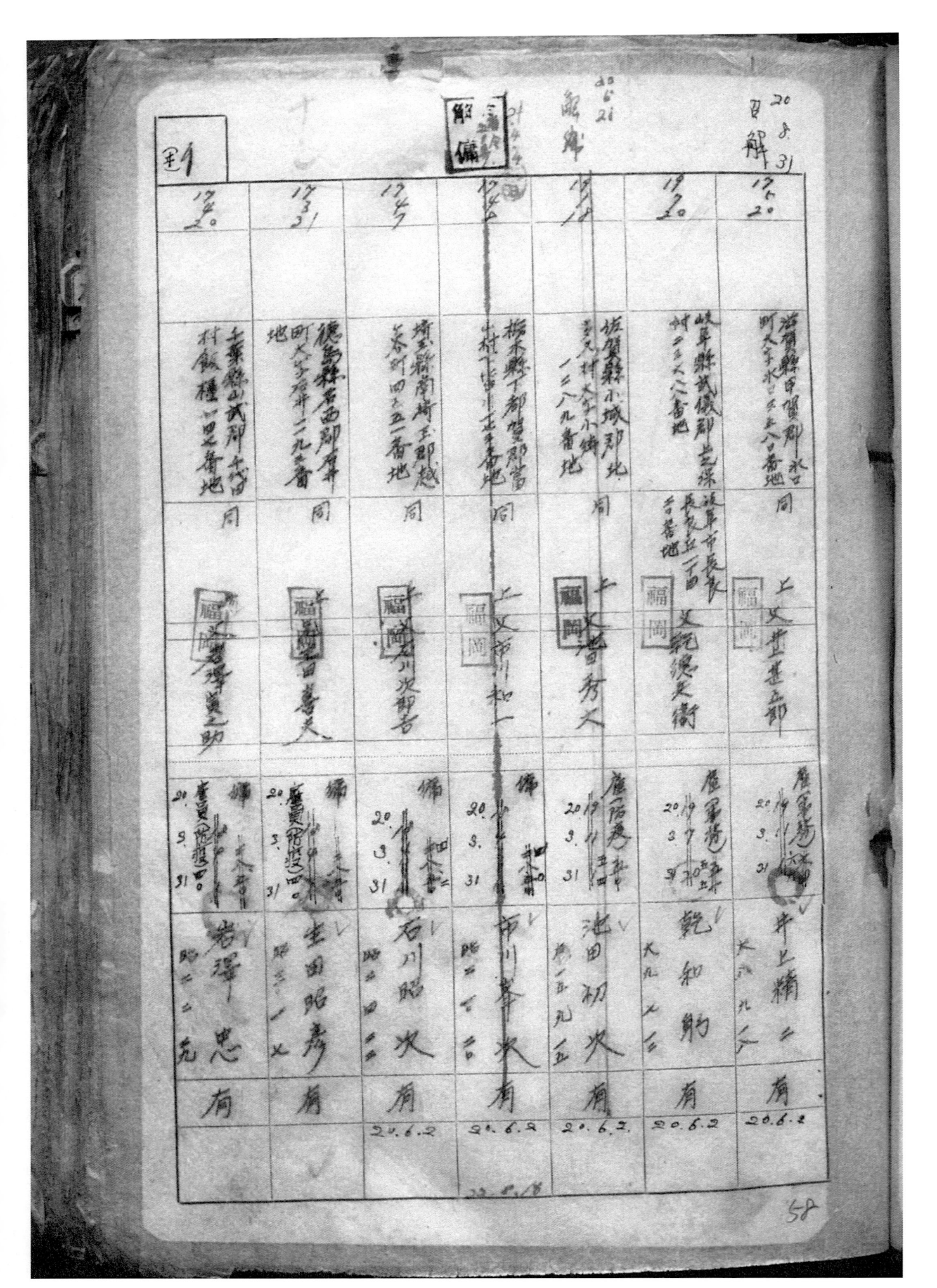

㊉ 1

番号	本籍	住所	保護者	帰	氏名・生年月日		備考
1745	愛知縣碧海郡刈谷町大字元刈谷字西屋敷一ノ九番地	同	父 磯村稼吉	帰（防遁）20.11.3 1	磯村大和 昭四、大、六	有	21.6.2
⑨4	熊本縣宇土郡網津村中村三大四大	熊本市東尾町万田東八番地	父 泉九藏	帰 1842 二八二〇	泉竹藏 昭三、一二、四	有	
1841	鹿児島縣囎唹郡志布志町帖三七四	同	祖父 稲留平松	帰 1841 二八二五	稲留安弘 昭三、一三、六	有	
1844	山口縣宇部市大字小串大五ノ二	福岡縣田川郡猪位金村位登長尾鑛	父 今川國之進	帰 1844 二八二	今川廣時 昭三、大、七	有	
1943	佐賀縣三養基郡基山町小倉三二二番地	同	父 井上仙助	帰 1943 二八二四	井上光芳 昭二、一〇、一九	有	
1947	三重縣安芸郡岬村大字源緑四二番地	同	父 伊藤勇吉	帰 1947 二八二四	伊藤朝夫 昭四、一〇、二六	有	
1947	三重縣員辨郡阿下喜町大字阿下喜二〇九七	同	父 伊藤新九郎	帰 1947 二八二四	伊藤新七 昭四、大、二八	有	

59

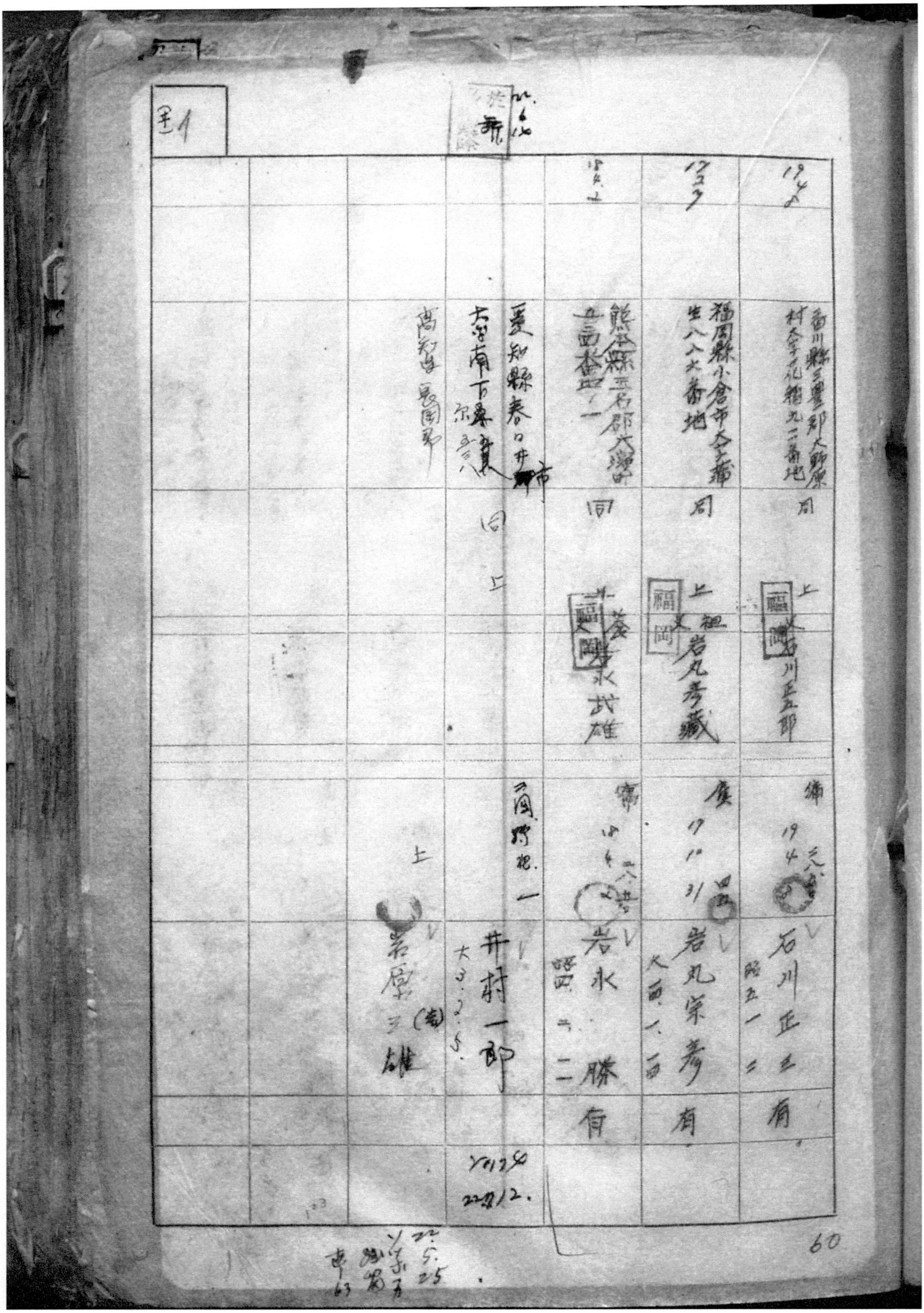

19.4.8	19.3.7	18.6.2				
香川縣三豊郡大野原村大字花稲九一二番地	福岡縣小倉市大字蒲生八八六番地	熊本縣玉名郡大濱町五百番四ノ一	愛知縣春日井市大字南下條宗吾八	高知縣長岡郡		
同	同	同	同			
上 石川正五郎	上 祖 岩丸孝藏	岩永武雄	上			
傭 19.4	雇 17.10.31	傭 18.4	三国 野砲 一	上		
石川正五 昭五.一.二	岩丸宗孝 大西.八.西	岩永勝 昭四.二.二	井村一郎 大3.2.5.	岩原三雄		
有	有	有				
			21.12.20 22.2.12.			

60

於福岡 召集解除

21.5.31 解雇	解雇 21.9.21		21.6	解雇		
	19.?.22	19.?.26	19.4.23	19.?.8	19.?.22	19.?.?
第十三師団						
福島県北會津郡高野村字市沼	福井県坂井郡鷹巣村北菅生字八幡四一番地	青森県南津軽郡藏舘村大字長峰字前田百八番地	千葉県[illegible]郡[illegible]村[illegible]番地	福岡県福岡市能古[illegible]番地	富山県下新川郡下原村[illegible]一五五	熊本県玉名郡睦合村大字庄山四八八
上 岩田サダ	上 池上辯二	上 今井[illegible]	上 岩井章子	上 杉山米子	東京[illegible] 高橋[illegible] 市岡[illegible]五郎	上 [illegible]永[illegible]廣
雇 20.3.11.31	傭 20.3.9.31	雇(技術) 20.3.31	雇(技術) 20.3.31	雇 19.11.1	雇(技術) 19.11.1	雇(事務) 20.3.11.31
岩田 勝 大六.九.三	池上 金治郎 明三.三.二一	今井 定一 大二.五.?九	岩井 操 大七.六.一五	杉山 平次郎 大八.八.二七	市岡 長松 明四三.一〇.二	[illegible]永 弘 大四.八.八
無	有	無	無	無	無	無
20.6.2	20.6.2	20.6.27 22.1.30	20.6.2			20.6.2 23.1.14 No.1085

61

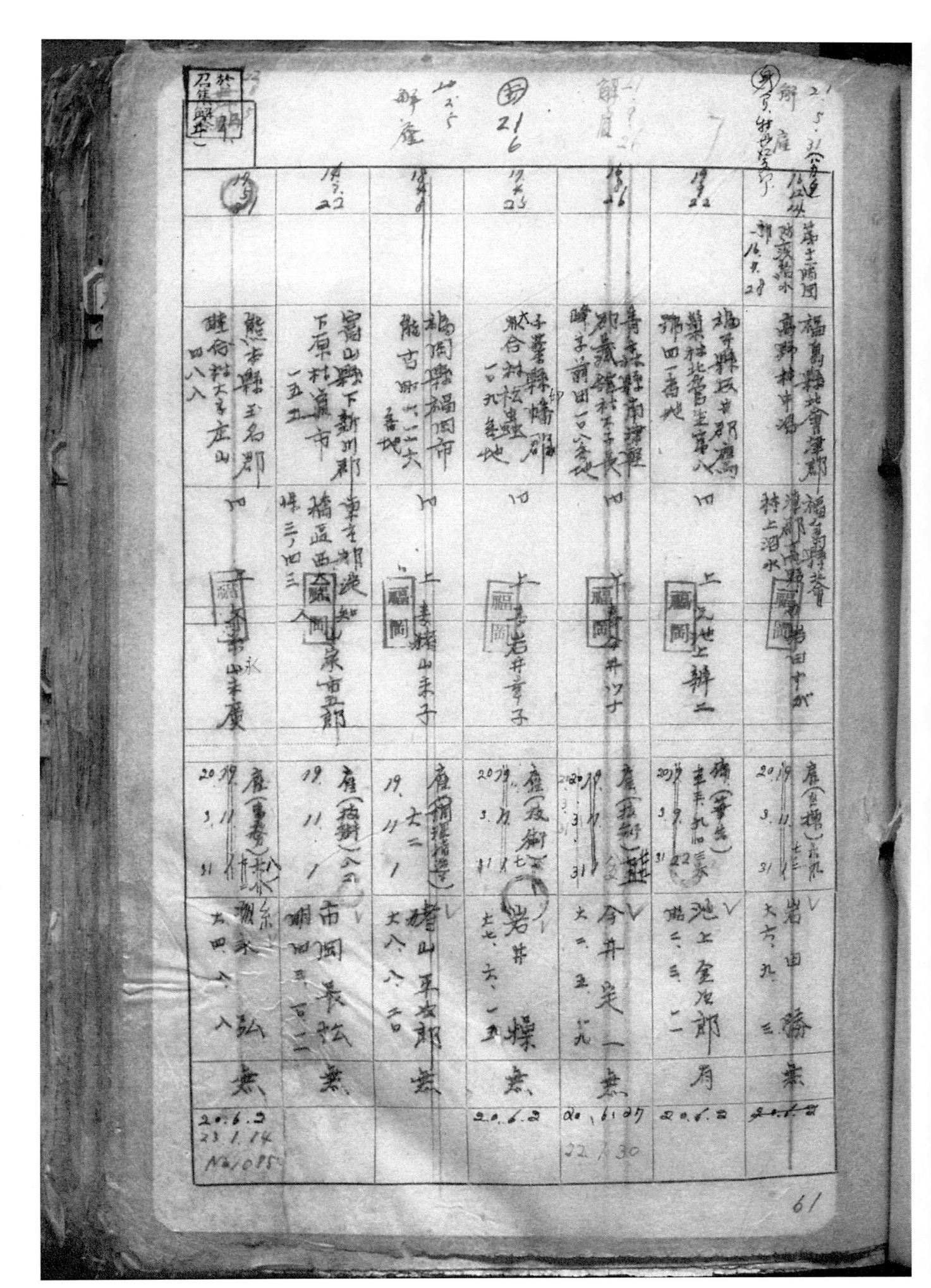

(井) 不

22.3.15 博多 [illegible] 解除

22.1.14 佐世保 除隊

22.9.3 於舞鶴 召集解除

18.8.[illegible]	熊本縣玉名郡[illegible]村字庄山三大六	[illegible]	福岡 [illegible]郎	庸(事務) 20.11 3.31 [illegible]	井上[illegible] 大九.七.二一	無	20.6.2 22.11.21 No1030
17.2.3	長崎縣長崎市水浦町三口四番地 (大連市馬欄北二七番地ノ一号地ノ八)	同	福岡 上 妻 池田一枝	雇(技術) 20.19.3.11.31 八十二 [illegible]	池田熊男 大三.一〇.二	無	20.6.2
15.5.21	鹿児島縣大島郡古仁屋町阿木名八四番地 (大連市[illegible]町五番地白)	同	福岡 上 妻 泉八重子	雇(防疫) 20.19.3.11.31 [illegible]	泉二熊一 大六.一.五	無	20.6.2
19.8.31	静岡縣[illegible]郡[illegible]村[illegible]一三一七番地 (大連市晴明台七二)	同	福岡 上 妻 池川うめの	雇([illegible]) 20.19.3.11.31 [illegible]	池川眞次 大二.八.二	無	~~20.6.2~~ 22.6.17
12.12.26	佐賀縣杵島郡朝日村大字中野八二九番地 (大連市霞町二〇番地ノ六號)	同	福岡 上 父 岩谷粂吉	雇(防疫) 19.11.1 五一	岩谷好治 大四.一〇.一	無	
18.1.18	福岡縣朝倉郡小石原村大字鼓八八〇番地 (大連市下葵町五二番地)	同	福岡 上 妻 池田ツエ子	雇(技術) 20.19.3.11.31 [illegible]	池田佐一郎 大四.二.二六	無	~~20.6.2~~ 22.6.17
12.12.1	岡山縣吉田郡加茂町大字宗谷一七七番地 (大連市聖徳街四丁目二一文番地)	同	福岡 上 母 井上[illegible]子	傭(防疫) 19.11.1 [illegible]	井上長男 昭三.八.一八	無	

62

22.3.12 博多 解傭

22.8.5 舞鶴 解傭

今津宏 大二、七、三	無	傭(学生)四五番 19.3.11 20.3.31	上 父 今津厘三 (福岡)	同	大分県中津市姫路町一二四〇番地 (大連市大正通一六八番地)	19.5.7	~~20.6.8~~ 22.6.17
今西昭 昭二、六、元	無	傭(研究)三四番 19.11.31 20.3.31	母 今西幸 (福岡)	同	奈良県生駒郡伏見村大字平松八六一番地 (大連市若菜町八二番地)	19.5.16	20.1.8
今村正二 大二、五、八	無	二國幡一 20.5.1	上 [illegible] 村[illegible]枝	同	[illegible]県[illegible]郡[illegible]村 二五二一	幡一元號 (満九八部) 19.10.28 20.9.20	21.1.12
隠岐勉		二			米子市		
今城作吉		軍属 八〇〇〇			沖縄県島尻郡玉城村富名腰		23.2.18 [illegible]01093

21.5.30 (17.1.33) 踏留[illegible]

63

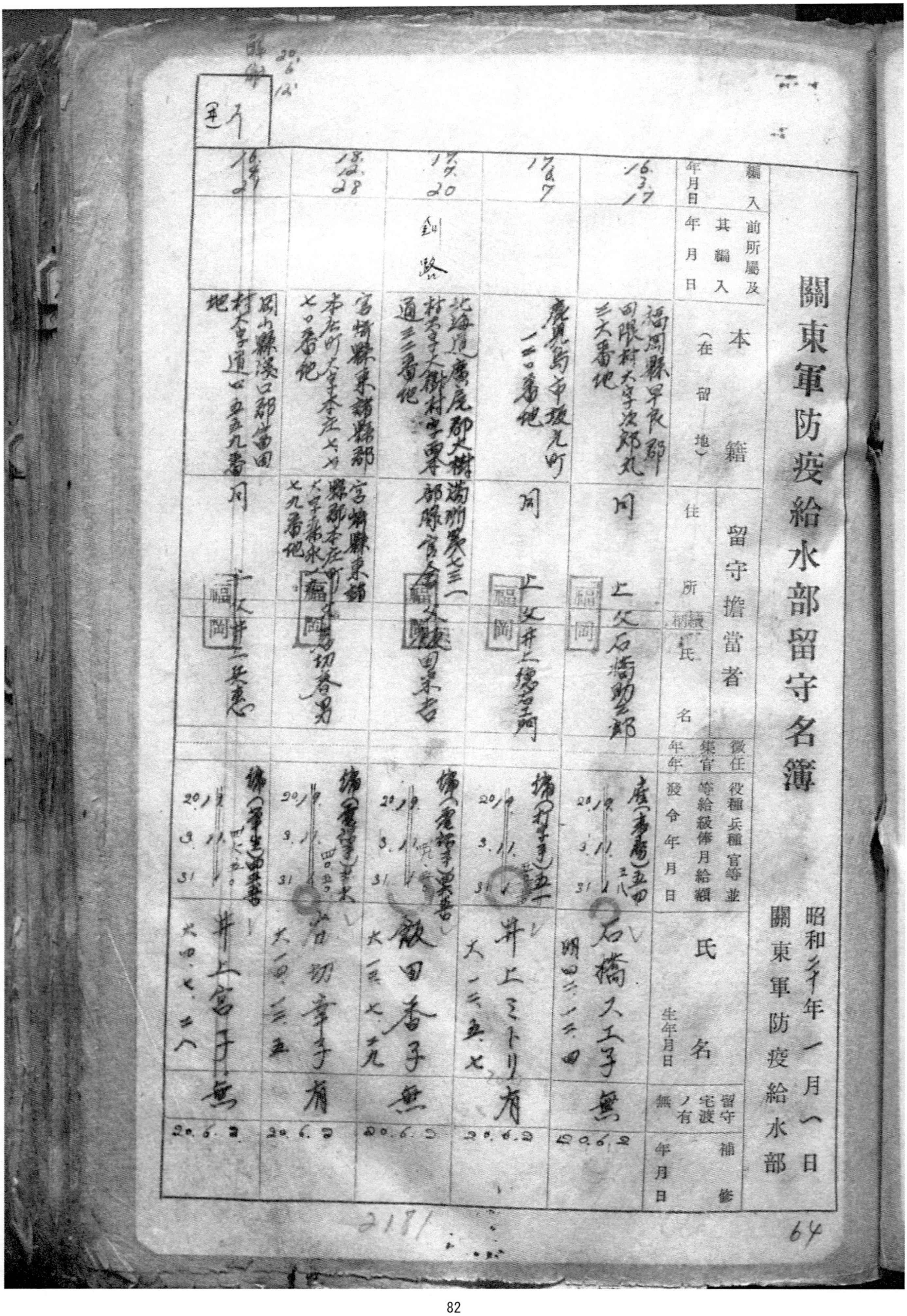

關東軍防疫給水部留守名簿

昭和二十年一月一日
關東軍防疫給水部

編入年月日	前所屬及其編入年月日	本籍（在留地）	留守擔當者 住所	續柄 氏名	徴任 集官 年年 役種兵種官等並等給級俸月給額 發令年月日	氏名 生年月日	留守宅渡ノ有無	補修年月日
16.3.17		福岡縣早良郡田隈村大字次郎丸三六番地	同	父 石橋助三郎	20.1.3.1.31 傭（事務）五四	石橋久江子 明四三.一〇.四	無	20.6.2
17.6.7		鹿兒島市塽元町一一〇番地	同	父 井上[illegible]	20.1.3.1.31 傭（打字手）五一	井上ミトリ 大一三.五.七	有	20.6.2
17.9.20	釧路	北海道廣尾郡大樹村大字大樹村字東本通三三番地	満洲第七三一部隊官舎	父 飯田[illegible]吉	20.1.3.1.31 傭（電話手）四五	飯田香子 大一五.七.九	無	20.6.2
18.12.28		宮崎縣東諸縣郡本庄町大字本庄七〇番地	宮崎縣東諸縣郡本庄町大字高永七九番地	兄 宮切春男	20.1.3.1.31 傭（電話手）四五	宮切章子 大一四.一二.五	有	20.6.2
16.8.21		岡山縣淺口郡富田村大字道口五五九番地	同	父 井上兵恵	20.1.3.1.31 傭（筆生）四五	井上富子 大四.七.二八	無	20.6.2

2181　64

イ

上

18.12.28	宮城縣柴田郡大河原町本町	同	上 父 伊深豊三郎 福岡	傭(雑役) 20.3.31	伊深トミ 大6.8.19	有	20.6.2
18.10.30	熊本縣鹿本郡山鹿町大字山鹿一八二〇番地（大連市上藤町七九番地ノ四號）	同	上 母 井口須摩子 福岡	傭(筆生) 20.3.31	井口蓉子 大4.5.21	無	20.6.2
17.5.11	静岡縣志太郡藤枝町鬼岩寺四〇番地（大連市真金町八四番地ノ二號）	同	上 夫 石神源五 福岡	傭(筆生) 20.3.31	石神マサ代 明43.4.25	無	20.6.2
18.12.9	熊本縣天草郡本渡町三四五六番地ノ一	同	上 母 岩崎サカ 福岡	傭(筆生) 20.3.31	岩崎ミサノ 大4.1.28	無	20.6.2
	熊本縣鹿本郡吉松村[illegible]（大連市春柳[illegible]）	同	上 夫 出井[illegible] 福岡	傭(事務) 20.3.31	出井キクヨ 明44.1.23	無	20.6.2
17.3.16	新潟縣柏崎市[illegible]（大連市[illegible]通二丁目[illegible]番地）	同	上 母 井田[illegible] 福岡	傭(研究) 20.3.31	井田美千代 昭2.7.26	無	20.6.2
17.7.2	神戸市[illegible]（大連市聖徳街一丁目二〇七番地）	同	上 父 稲村政吉 福岡	傭(研究) 17.10.1	稲村節子 大12.10.13	無	

65

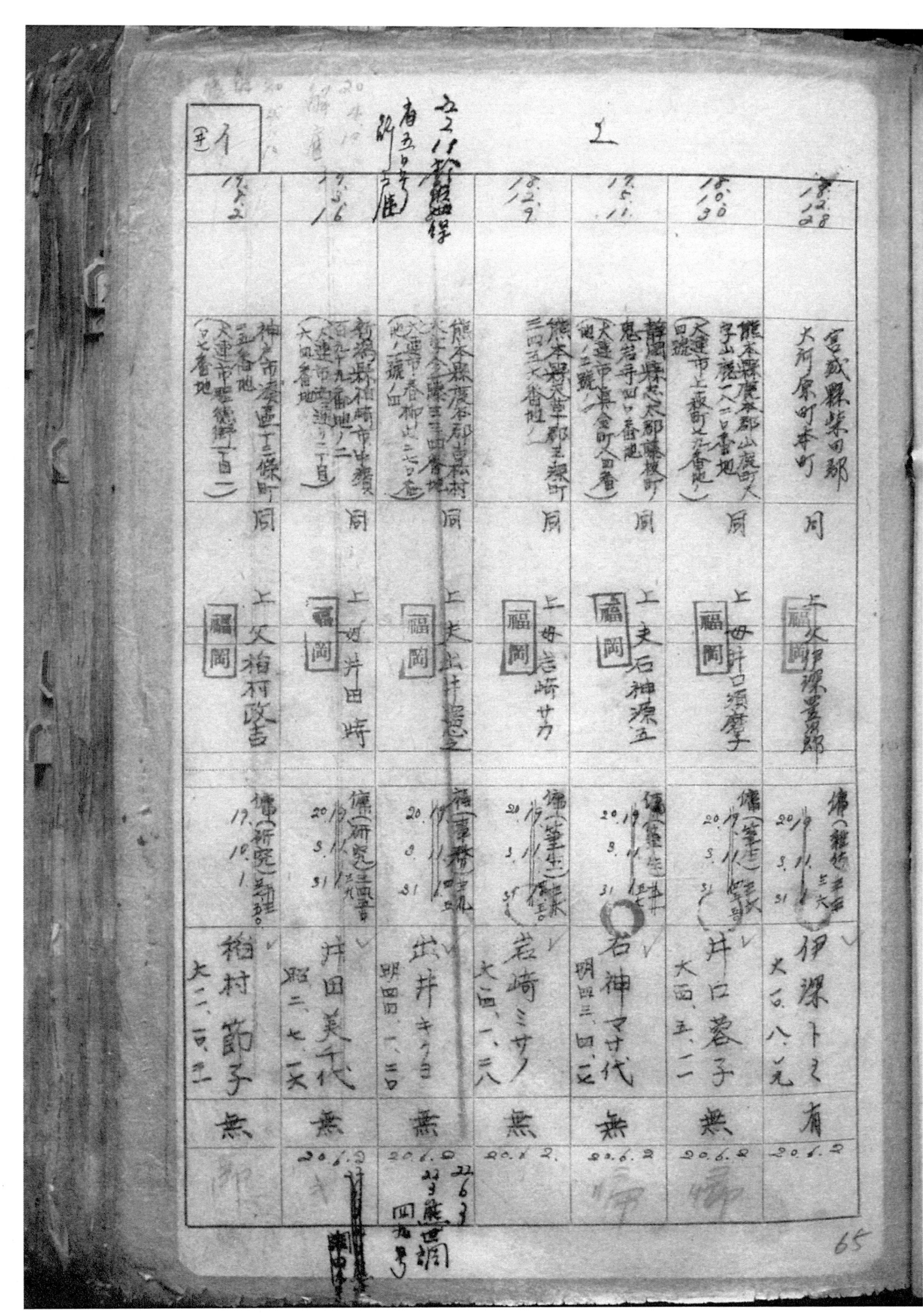

(廿)イ

附ポスト 南方ノ部隊[illegible]隊

18.10.22		神戸市須磨区道屋町六六四番地	同	福岡 父 伊藤幸三	婦(軍生)四六.五.〇 20.3.31 19.11.1	伊藤あや子	昭六.三.二三	有	20.6.2
19.3.31		千葉県山武郡大富村大里一四〇〇番地	満州[illegible]文三一部隊官舎	福岡 父 石井勇	婦(軍生)三九 四二 20.3.31 19.11.1	石井なつ	大一四.九.二五	無	20.6.2
19.11.16		山形県東田川郡泉村大字戸野字新之内一六番地	山形県東田川郡藤島町[illegible]村前一四六番地	福岡 実父 阿部猶太郎	婦(軍生)三三 19.11.11	今井とめの	大七.三.二八	無	
19.2.16		千葉県山武郡大富村大里一四〇〇番地	同	福岡 母 石井キイ	婦(雑仕)三九 四二 20.3.31 19.11.1	石井[illegible]	明三一.九.二九	無	20.6.2
19.7.25		栃木県安蘇郡三好村大字岩崎三四番地	栃木県安蘇郡三好村大字下岩崎三三番地	福岡 父 岩崎啓吉	婦(看護婦)四五 四八 20.3.31 19.7.25	岩崎サヲノ	大六.八.九	有	20.6.2
19.6.6		山梨県北都留郡桐原村一〇六九番地	同	福岡 父 一宮彦一	婦(看護婦)四五 任看護婦長 19.11.1 九〇俸 20.1.6	一宮かつの	大一二.四.一	有	
19.9.12		香川県綾歌郡栗熊村大字栗熊西字蛭田五九番地	香川県綾歌郡法勲寺村大字上法勲寺一一六一番地	福岡 父 射場政一	婦(軍生)四四 四三.五 20.3.31 19.11.1	射場澄子	大一二.七.一六	有	20.6.2

BH 66

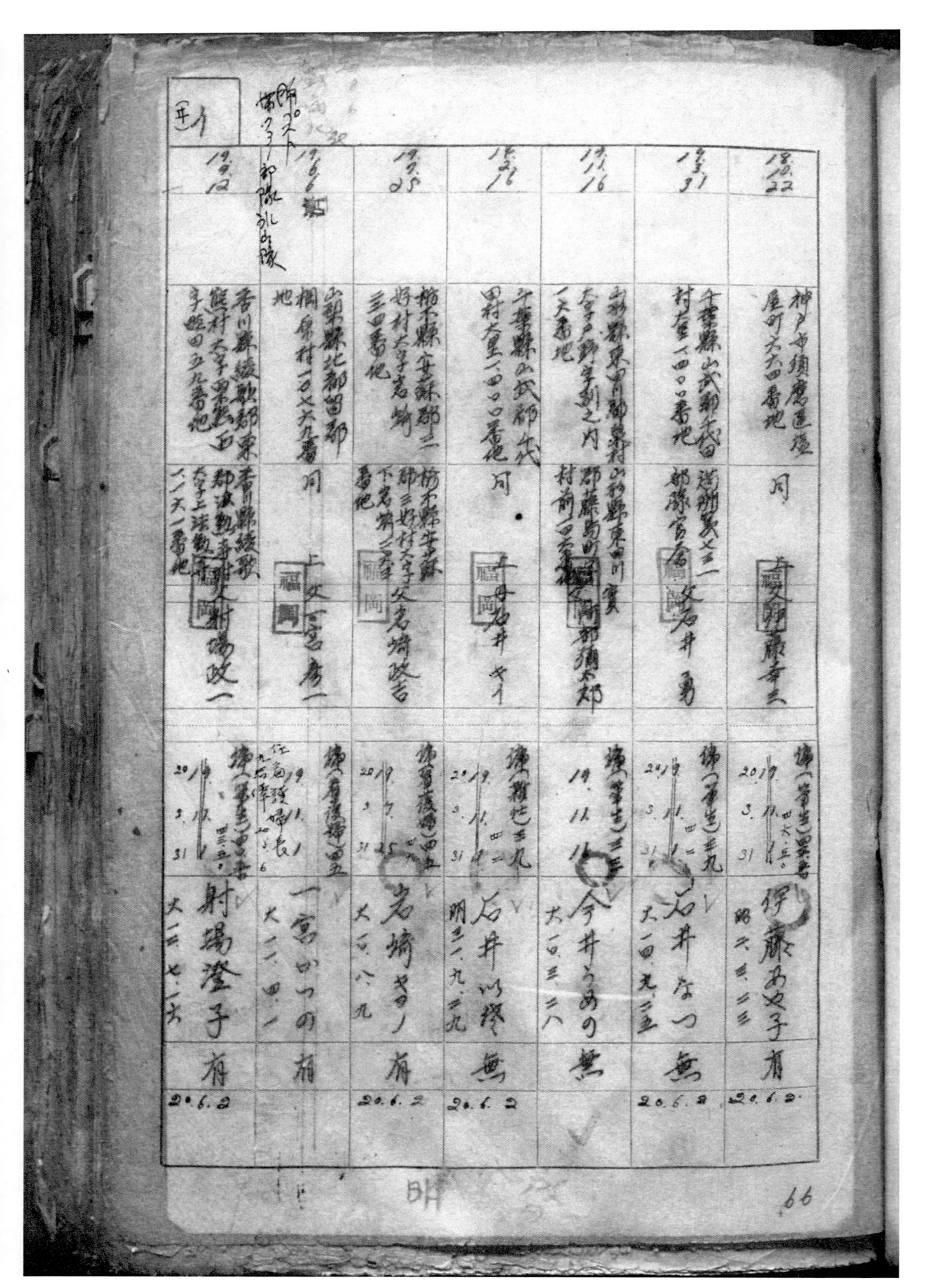

戦死 20.8.19

20.7.? 午前三時 司令部 一九八三	20.7.? 午前三時 司令部 一九八三六三	20.1.5 午前八時 衛生隊 一九八二四	20.2.23	20.5.7	20.5.7	重復
秋田縣北秋田郡大館町向町三	愛媛縣中島郡千代田村大字堀内六八七	熊本縣天草郡志岐村大字内田一八二〇	千葉縣香取郡多古町飯笹一二一五	秋田縣由利郡真根村猿倉字長根下八番地	秋田縣由利郡西目村字沼保八五番地	徳島縣那賀郡富岡町 豊… 二四三
横浜市本牧町四ノ七三九	同	熊本縣天草郡志岐村大字内田七四九	満州第六五九部隊	満州第六五九部隊	満州第六五九部隊	重複ニ付
福岡 石田正忠	福岡 父 石田留三郎	福岡 井上…	福岡 飯田辰乙	福岡 池田石作	福岡 石塚長次郎	
技手 七.19.6.1	雇(防疫) 20.4.31	一補 19.9.1	傭(班役) 20.2.23	傭(学生) 20.三.九. 5.7	傭(看護婦) 20.5.7	隊長
石田正弘 大七.三.一七	石田治一 大六.九.六	井上杉男 大三.五.一七	飯田幸子 昭五.三.一三	池田サヤ 大一三.二.一	石塚ミサ 大一三.一三.五	入江弘
有	無	有無	無	無	無	
	20.6.2					21.12.23

67

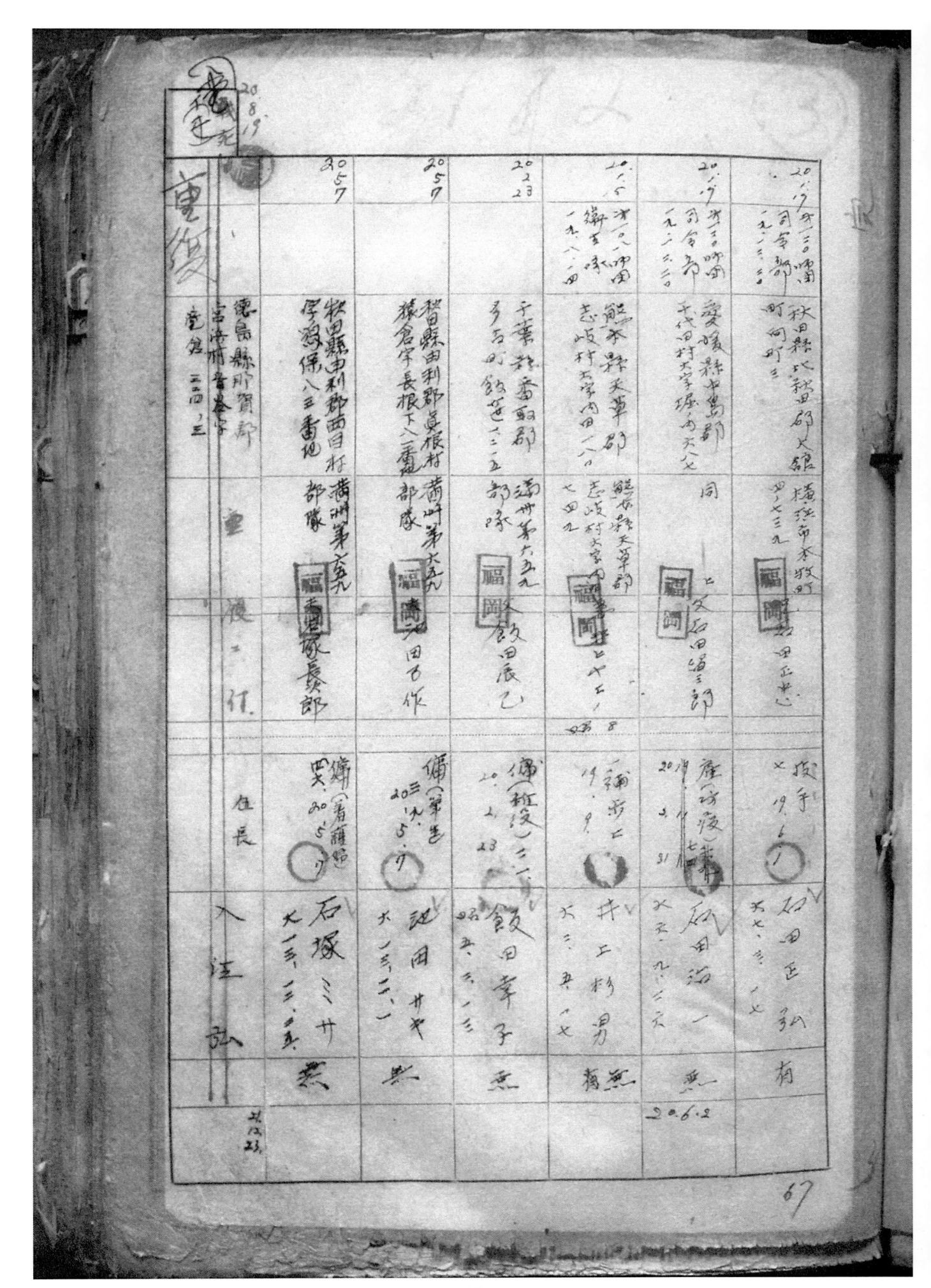

(乙)

21.10.12 解雇

21.4.? 除隊

20.8.21 除隊

20.3.11 陸軍軍医学校 八、八、二、	千葉県山武郡千代田村大里一、三八三番地	同上 妻 石井精子	大10 中将 現陸軍軍医 20.3.1	石井四郎 明二五、六、二五	無
20.2.26	山口県宇部市中宇部五番地	大連市三葉町四十五番地 福岡 岩本ツルヨ	傭人(軍属) 三九、20.2.26	岩本朝子 大一〇、九、三〇	有
20.2.26	秋田県秋田市土崎港町[illegible]大七番地 四九	大連市中町廿 福岡 伊藤フジエ	傭人(軍属) 三六、20.2.26	伊藤邦子 大一四、一、二八	無
20.4.10	[illegible]郡[illegible]村[illegible]		雇員 20.7.[illegible]	磯部百江 昭四、六、一六	無 22.2.20
	広島県山県郡八幡村西八幡原一〇三二	全上 父 岩田夏吉	昭19 現衛一 20.8.1	岩田十二三 大一二、三、二七	22.6.17
	愛媛県[illegible]郡川之江町[illegible]	全上 父 石川[illegible]	[illegible]	石川一儀	22.4.
	群馬県多野郡神流村[illegible]		上等兵	入野一美	
	[illegible]県[illegible]郡[illegible]	全上	現衛[illegible]	大14、9、26	
済	北海道札幌空知郡下富良野町[illegible]	空知郡富良野町下富良野 父 今野福松	[illegible]	今野久[illegible]	22.?.18

68

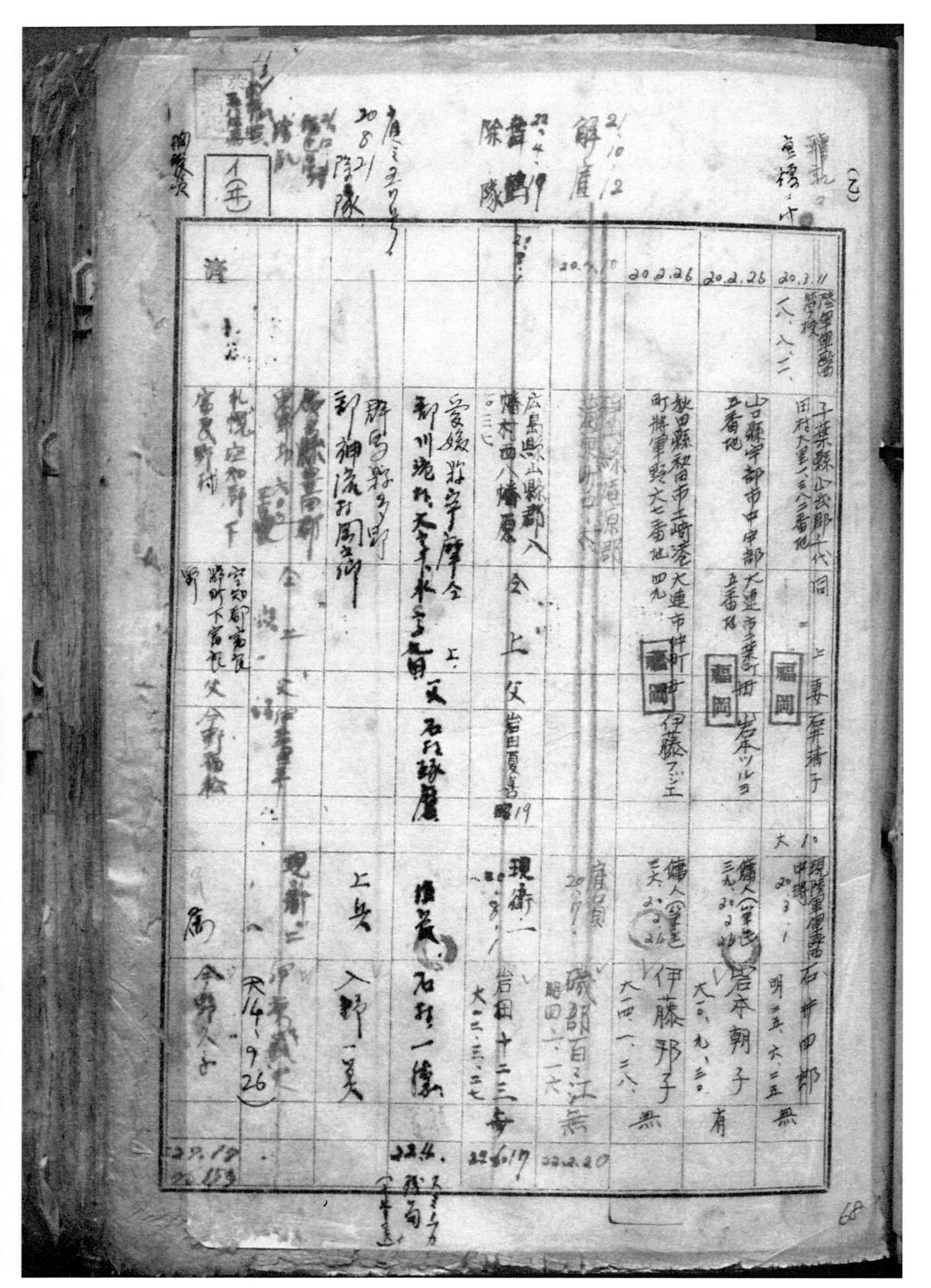

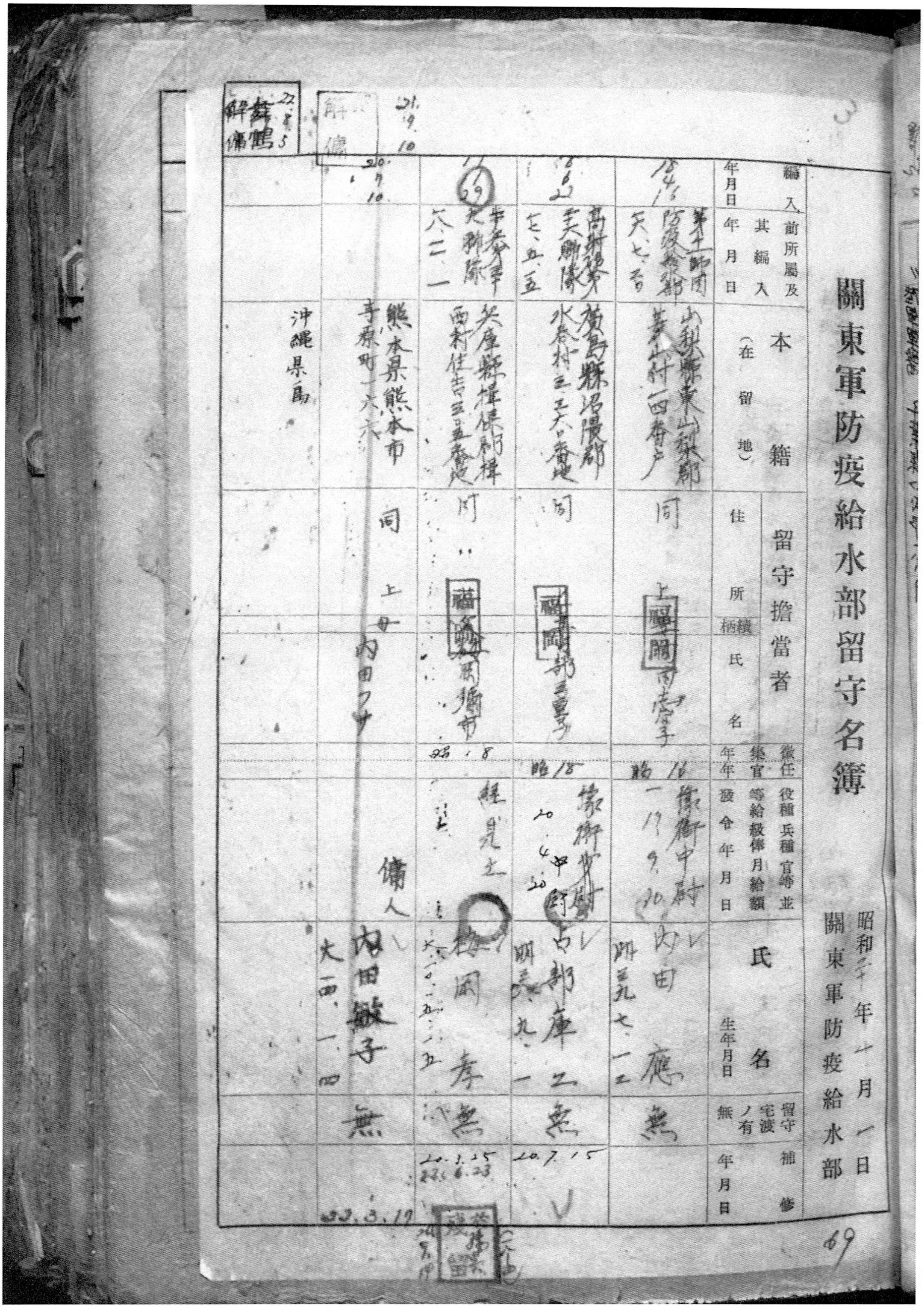

關東軍防疫給水部留守名簿

昭和二十年十一月一日　關東軍防疫給水部

留守宅渡ノ有無	補修年月日	氏名（生年月日）	役種 兵種 官等級 俸月給額（徴集任官年・等給発令年月日）	留守擔當者（住所・続柄・氏名）	本籍（在留地）	編入前所属及其編入年月日
無		内田應（明三九、七、一二）	衛生中尉 昭16 一七、九、三〇	同　上 内田[illegible]	山形県東[illegible]郡[illegible]村[illegible]番戸	第十一師団防疫給水部 天七一四 18.4.1
無	20.7.15	占部庫二（明三八、九、一）	衛生少尉 昭18 20.4.20	同　占部[illegible]	広島県沼隈郡水呑村[illegible]番地	高射砲第[illegible]聯隊 七五五 18.6.21
無	20.3.25 23.6.23	梅岡孝（大[illegible]）	経理見士 昭18	同　梅岡[illegible]	兵庫県揖保郡揖西村住吉[illegible]番地	歩兵第[illegible]聯隊 六二一
無	33.3.17	内田節子（大四、一、一四）	傭人	同　母 内田フサ	熊本県熊本市寺原町一六六	20.7.10
					沖縄県島[illegible]	

解傭 21.9.10

舞鶴 解傭 22.8.5

69

ウ

冬

東京都荒川区町屋三丁目一〇三八ノ〇
春香苑

仙台市上杉通三

福岡

妻 内海みさい

技師七等 V
八 20.3.31

内海 薫
明三〇、十一、二〇

無
20.6.27

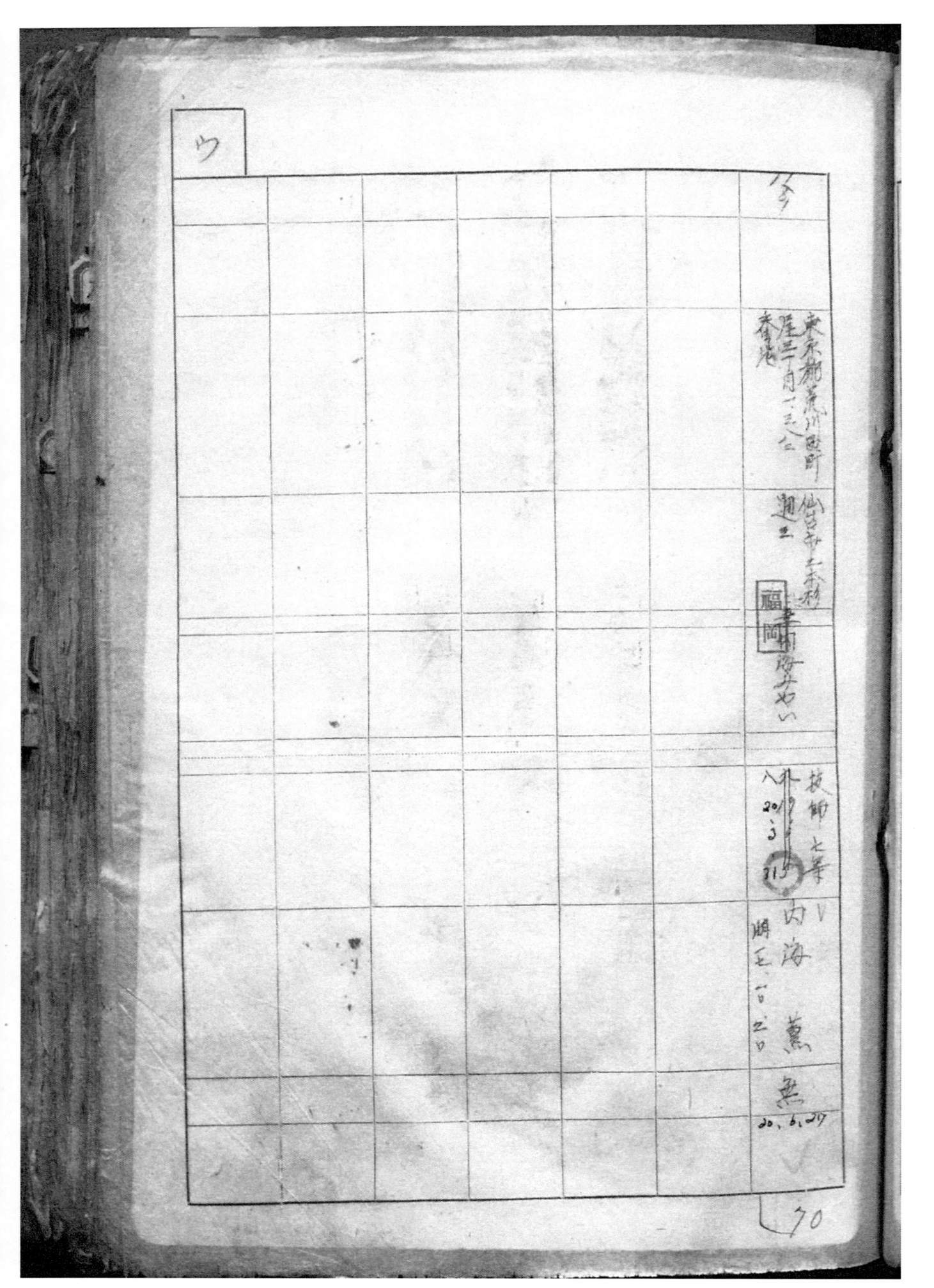

ウ

18/11	18/19	
昭一三、四、一入 通信隊 五、一〇、二八		
神奈川県津久井郡牧野村六大一 番地	高知県高岡郡浦ノ内村浦ノ内出見 八〇〇番地	
山梨県北都留郡島田	同	
曠 植松順作	曠 岡 上野守一	
略13	略19	
現役准尉 四、八、一	現役伍長	
植松宗一郎 大四、二、二	上野茂政 大二、一、二八	
無	無	

71

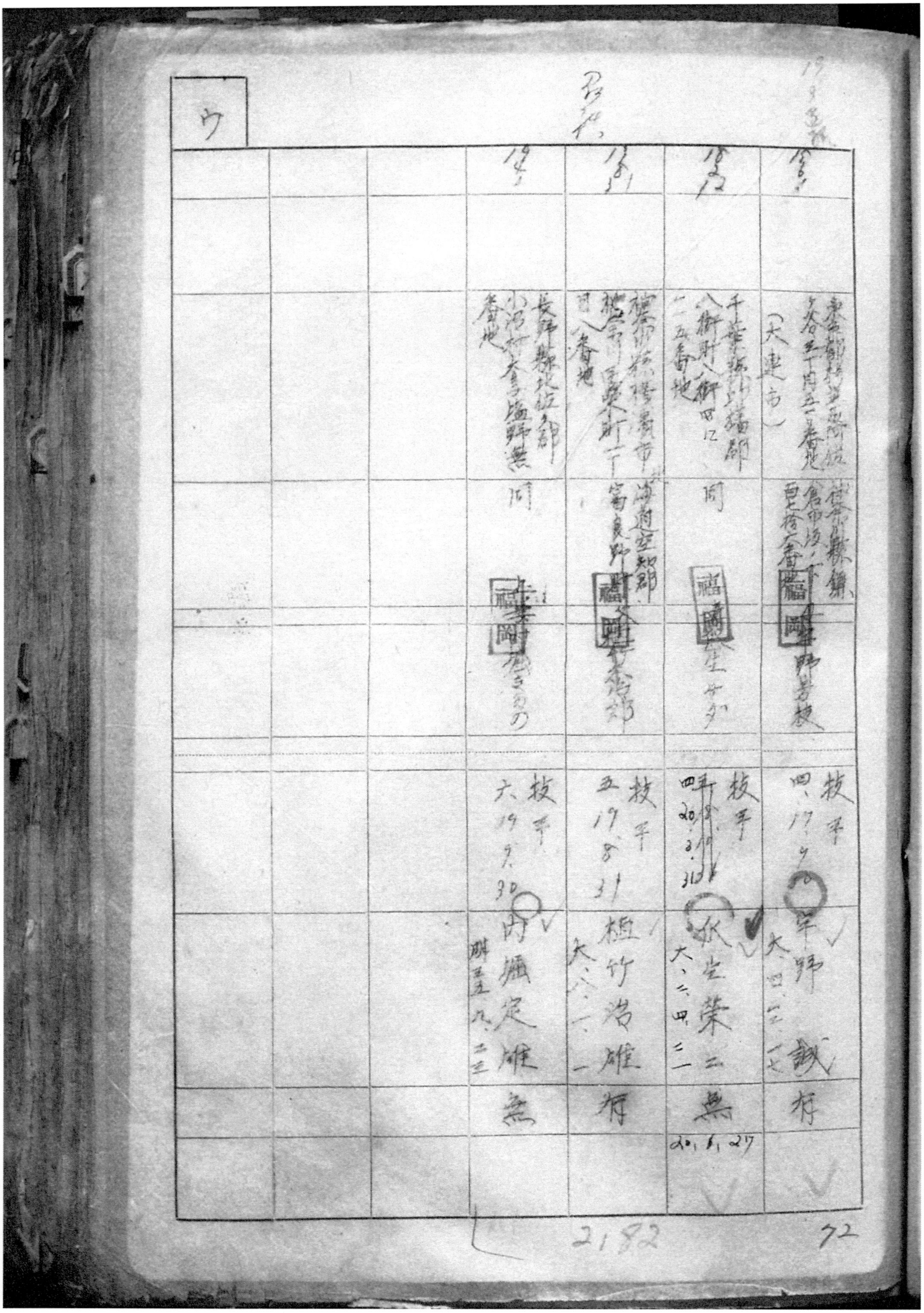

ウ

19.5.5 採[illegible]

19.6.1	東京都杉並区阿佐ヶ谷五丁目五一二番地（大連市）	神奈川県鎌倉市[illegible]一四七番地	福岡 [illegible]野[illegible]枝
19.5.12	千葉県印旛郡八街町八街四〇一五番地	同	福岡 [illegible]
19.8.31	神奈川県横須賀市[illegible]町[illegible]八番地	北海道空知郡富良野町	福岡 [illegible]
19.4.1	長野県北佐久郡小沼村大字塩野無番地	同	福岡 [illegible]

抜 平 四、19.9.[illegible]	平野 識	大、四、一二、一七	有
抜 平 四、19.[illegible] 20.3.31	永岩 栄二	大、二、四、二一	無 20.6.27
抜 平 五 19.8.31	植竹 浩雄	大、八、一、一	有
抜 平 六 19.9.30	内堀 定雄	明[illegible]九、二三	無

2182

72

47

關東軍防疫給水部留守名簿

昭和二十年一月一日
關東軍防疫給水部

編入年月日	編入前所屬及其編入年月日	本籍（在留地）	留守擔當者 住所	續柄	留守擔當者 氏名	徵集年 任官年	役種兵種官等並等給級俸月給額 發令年月日	氏名 生年月日	留守宅渡ノ有無	補修年月日
19.8	野重兵第十二聯隊 一九、八、一七	愛媛縣上浮穴郡中津村大字久主二七五七番地	大阪市東区北中道町一ノ一番地	父	上場勤藏	昭14	豫 衛 兵 19.8.12	上場秀喜 大八、一一、二三	無	
17.10		香川縣木田郡由佐村大字岡七八一番戸	同	父	植松宇八	昭16	現 衛 上 19.6.1	植松長市 大八、四、二七	無	
17.10		香川縣大川郡鴨庄五二七番	同	父	植村君三郎	昭16	現 衛 上 19.6.1	植村正 大一〇、一一、七	無	
17.10		愛媛縣宇摩郡川滝村大字下川三六五番地	同	父	宇田清五郎	昭16	現 衛 上 20.1.1	宇田義男 大一〇、六、七	無	
17.10		愛媛縣温泉郡道後湯之町一七二番地	愛媛縣温泉郡道後町樋又一二番地	母	上田トク	昭16	現 衛 上 17.12.1	上田春一 大一〇、三、二六	無	

73

ウ

昭20.4.6 第二師団司令部

於舞鶴除隊 20.12.3

17/10	17/9	17/10	17/10	18/7	18/7	18/7
愛媛県上浮穴郡川瀬村大字上畑野川甲六四三五番地	愛媛県今治市大字大濱甲六大四一番地	徳島県阿波郡大俣村大字大藤字大地三三二番地	徳島県海部郡赤河内村大字赤松字流天八二番地	愛媛県上浮穴郡弘形村大字大川大三番戸	愛媛県温泉郡北条町大字安居島甲二九番地	香川県香川郡由佐村大字由佐五三一番地二
同	同	同	同	同	同	同
福岡 父 上野元一	福岡 父 上野梅吉	福岡 父 浮田[illegible]	福岡 父 上田房吉	福岡 父 上田金助	福岡 父 上田大太郎	福岡 父 漆原亀吉
昭16	昭16	昭16	昭16	昭17	昭17	昭17
現衛上 19.6.1	現衛上 19.2.1	現衛一 18.12 長	現衛上 18.12.6	現衛上 19.3.1	現衛一 18.7.20	現衛一 任 20.9.7.11
上野良一 大6.1.2	上野滋 大6.9.16	浮田幸夫 大6.3.12	上田博一 大6.6.24	上田常才 大2.6.4	上田鶴雄 大2.2.26	漆原忠義 大2.1.1
無	無	無	無	無	無	無
		23.7.22				20.7.22

74

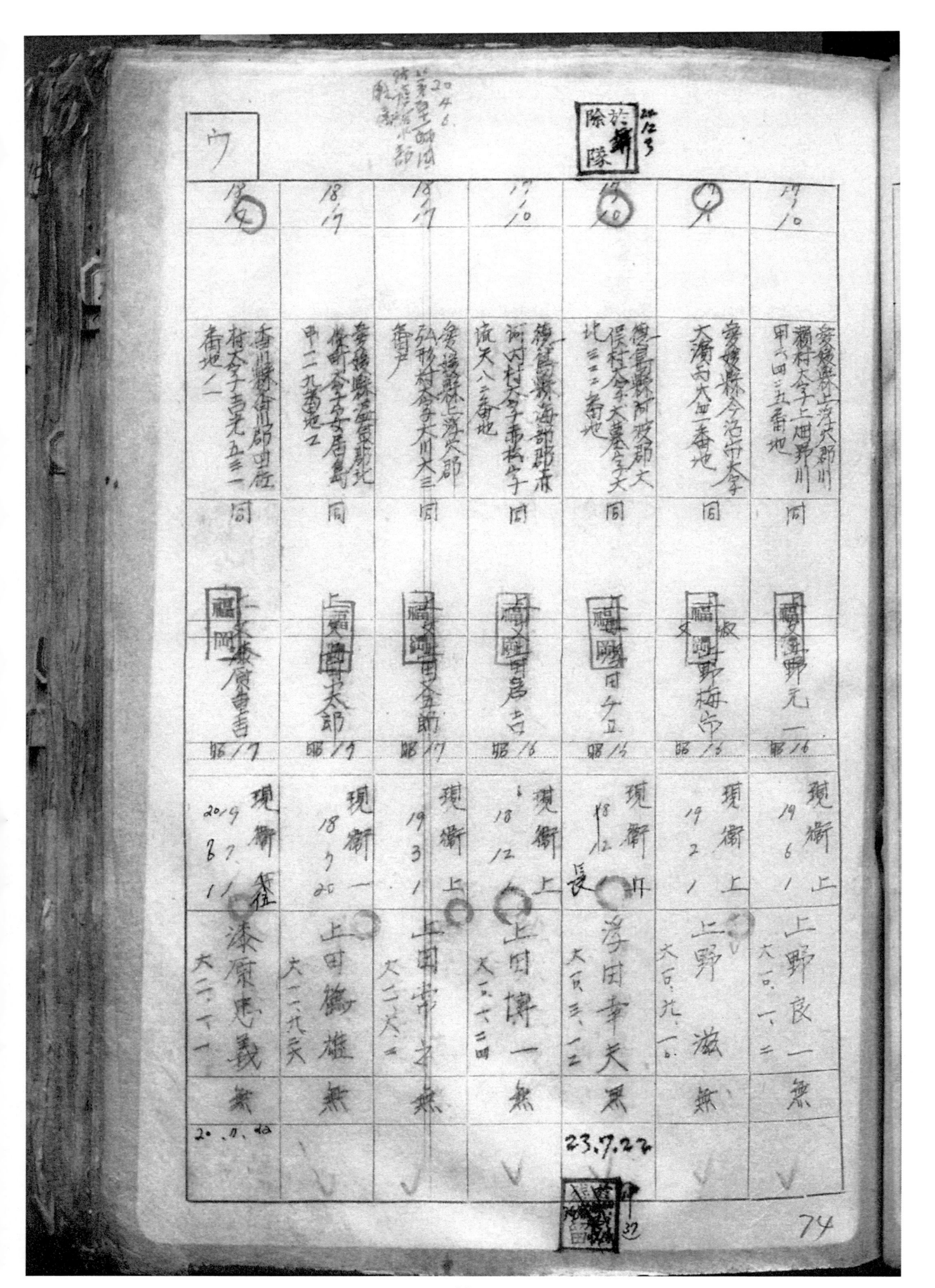

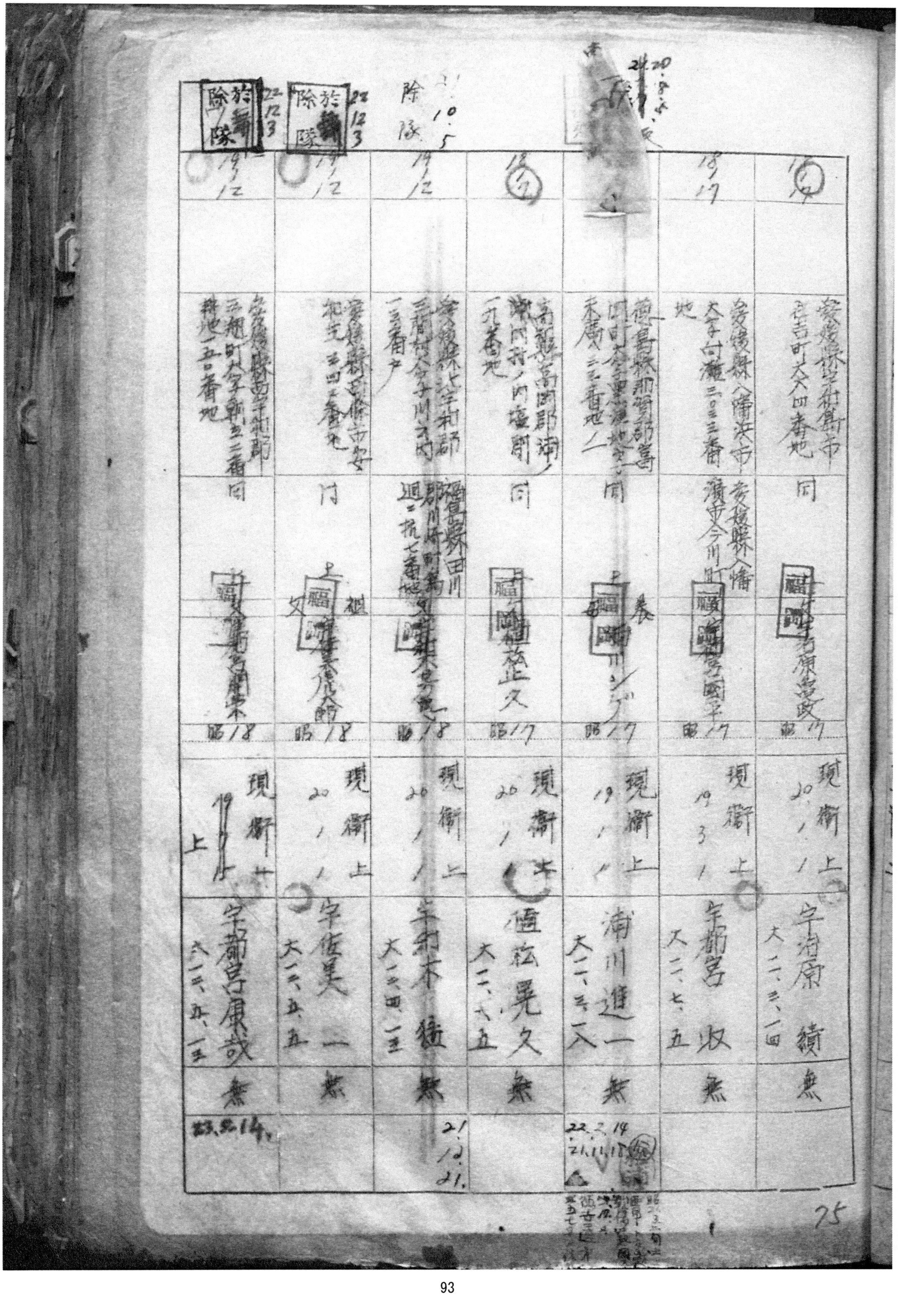

	1	2	3	4	5	6	7
除隊					除隊 21.10.5	於編 除隊 22.12.3	於編 除隊 22.12.3
	19/17	18/17	[illegible]	18/17	19/12	19/12	19/12
住所	愛媛県宇和島市[illegible]大[illegible]四番地	愛媛県八幡浜市大字[illegible]三〇三番地	徳島県那賀郡[illegible]番地ノ一	高知県高岡郡[illegible]一九番地	愛媛県北宇和郡[illegible]一三番戸	愛媛県[illegible]番地	愛媛県[illegible]一五番地
本籍	同	愛媛県八幡浜市今川町	同	同	福岡県田川郡[illegible]	同	同
家族	[illegible]	[illegible]	[illegible]	[illegible]正久	[illegible]	[illegible]	[illegible]
	昭17	昭17	昭17	昭17	昭18	昭18	昭18
兵種・階級	現 衛 上 20.1.1	現 衛 上 19.3.1	現 衛 上 19.1.1	現 衛 [illegible] 20.1.1	現 衛 上 20.1.1	現 衛 上 20.1.1	現 衛 [illegible] 上 19[illegible]
氏名・生年月日	宇治原 績 大二、三、一四	宇都宮 收 大二、七、五	浦川進一 大二、三、八	[illegible]松晃久 大二、六、五	宇和木 猛 大二、四、一三	宇佐美 一 大二、五、五	宇都宮展哉 大二、五、一三
	無	無	無	無	無	無	無
			22.2.14 21.11.18		21.12.21.		23.2.14.

75

		21.8.5 [illegible] 返		除隊 21.10.5	22.12.3 於舞鶴 除隊	22.12.3 於舞鶴 除隊
[illegible]/17	18/17	18/17	18/17	19/12	19/12	19/12
愛媛県宇和島市[illegible]大八四番地	愛媛県八幡浜市大字付瀬二〇三番地	[illegible]県[illegible]郡[illegible]一番地ノ二	高知県高岡郡[illegible]一九番地	愛媛県北宇和郡三間村大字川之内一三番戸	愛媛県[illegible]三四二番地	愛媛県北宇和郡三間町大字[illegible]二五〇番地
同	愛媛県八幡浜市今川町	同	同	福岡県[illegible]郡[illegible]七番地	同	同
戸主 宇治原[illegible]	戸主 宇都宮[illegible]	戸主 滝川シヅ	戸主 [illegible]正久	戸主 [illegible]	父 [illegible]	戸主 [illegible]
昭17	昭17	昭17	昭17	昭18	昭18	昭18
現衛上 20.1.1	現衛上 19.3.1	現衛上 19.1.1	現衛上 20.1.1	現衛上 20.1.1	現衛上 20.1.1	現衛上 19.1.1
宇治原 續 大二、三、一四	宇都宮 收 大二、七、五	滝川進一 大一、三、八	[illegible]晃久 大二、八、五	宇和木 [illegible] 大一、四、一三	宇佐美 一 大一、五、五	宇都宮[illegible]哉 大一、九、一三
無	無	無	無	無	無	無
		22.2.14 21.11.18		21.12.21.		23.9.14.

75

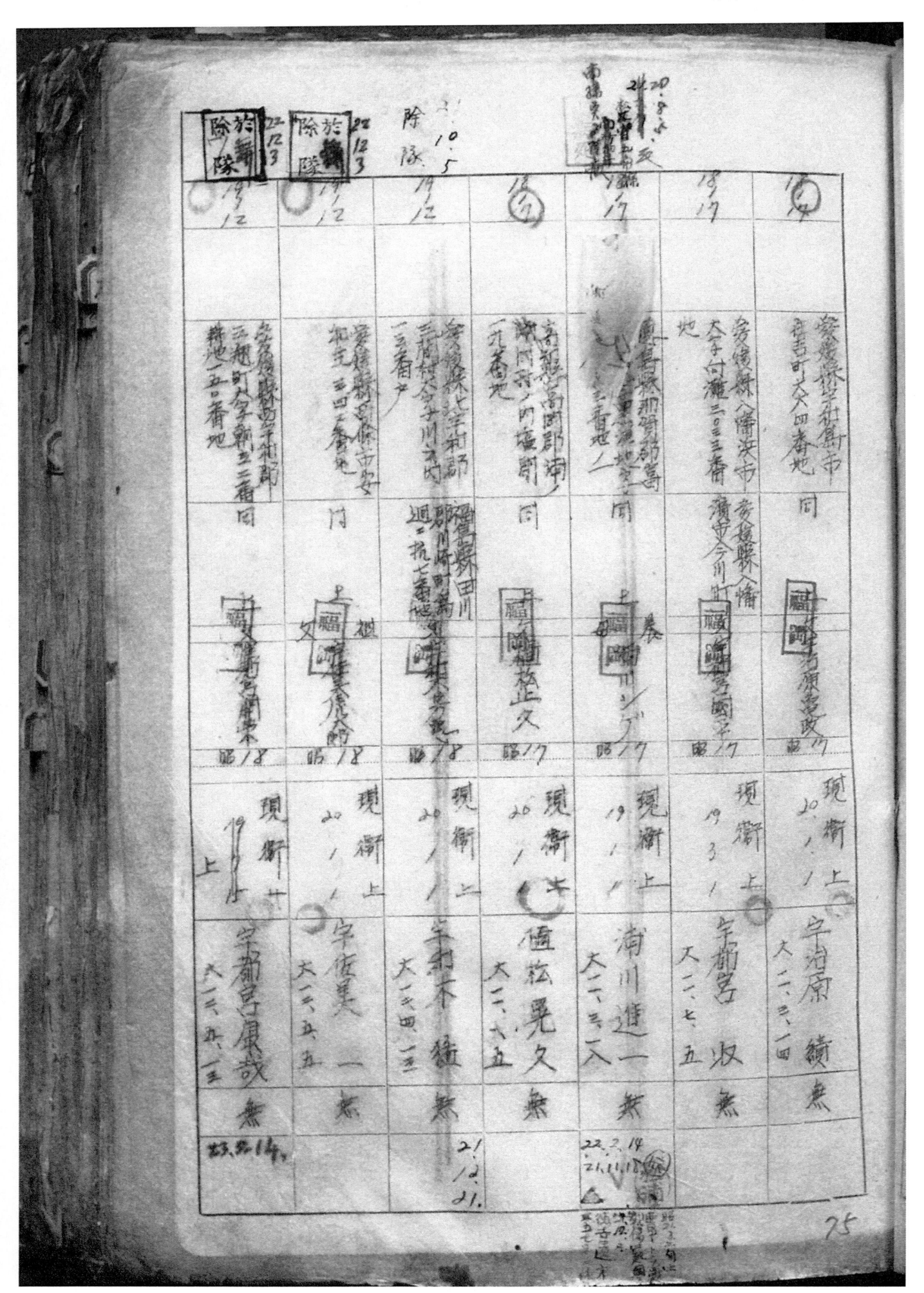

＊原簿 75 丁裏面

ウ

於舞鶴 召集解除 24.5.28

舞鶴 除隊 22.4.19

19.1.12	徳島県[illegible]郡[illegible]村大字大部四一九番戸	同	[illegible]大部	昭18	現衛一 19.7.15	[illegible]恵道 大一六.八.二	無	21.12.23
19.11.12	徳島県板野郡[illegible]番屋敷	同	[illegible]	昭18	現衛一兵 22.4.20	[illegible]村力雄 大一一.一二.七	無	22.6.17
19.1.12	徳島県板野郡撫養町木津[illegible]番地ノ一	神戸市兵庫区[illegible]中道九ノ四六ノ五	[illegible]一重	昭18	現衛一 19.7	浮田要 大一一.七.一	無	
19.1.12	徳島県麻植郡山[illegible]町[illegible]番地	同	[illegible]永一	昭18	現衛上 20.1.1	上田淳 大一一.一一.二三	無	22.3.23
19.1.12	高知県高知市[illegible]五四番地	同	[illegible]	昭18	現衛一 19.10	岡田[illegible]三 大一一.八.七	無	
20.6.10 [illegible] 20.8.16	和歌山県新宮市七七六ノ二	和歌山県新宮市	[illegible]	昭18	現衛一 19.12.10	[illegible]久保五郎 大九.三.八	無	

於[illegible] 残留 21.[illegible]

於[illegible] 残留

於[illegible] 残留

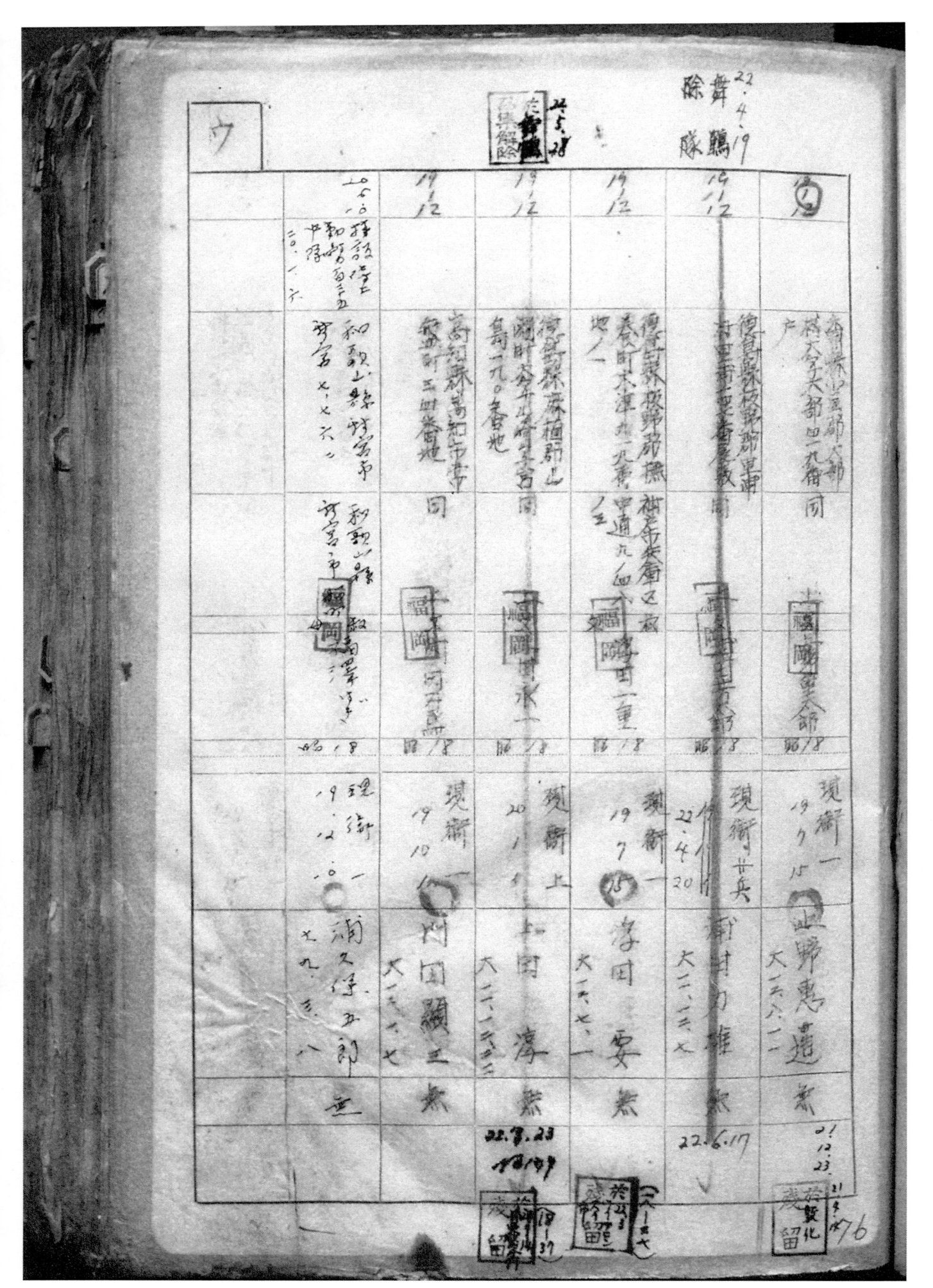

ソ

部隊 22.7.19

20.2.26	島根県仁多郡三成町大字三所六百番地	同	福岡 上等兵 植田儀之助	昭19	現役 20.2.26	植田正雄	大一三・一・二〇	無	
20.2.26	島根県飯石郡頓原村大字佐見五一	同	福岡 上等兵 西部喜四郎	昭19	現役 20.2.26	西部俊	大一三・七・二二	無	
20.2.26	山口県下関市大字観音地林二八三番地	同	福岡 上等兵 梅本幾太郎	昭19	現役 20.2.26	梅本昭雄	大一四・二・八	無	✓
20.2.26	広島県安芸郡畑賀村三〇九番地	同	福岡 上等兵 上野マツノ	昭19	現役 20.2.26	上野隆一	大一四・四・一	無	22.7.10 留
20.2.26	広島県豊田郡東野村一二五二番地	兵庫県芦屋市	福岡 上等兵 上垣一	昭19	現役 20.2.26	上垣義数	大一四・六・二六	無	21.1.17 ✓
20.2.26	広島県山県郡都谷村字戸谷甲五八四六番地	同	福岡 上等兵 植田源市	昭19	現役 20.2.26	植田好	大一三・九・二〇	無	✓

27

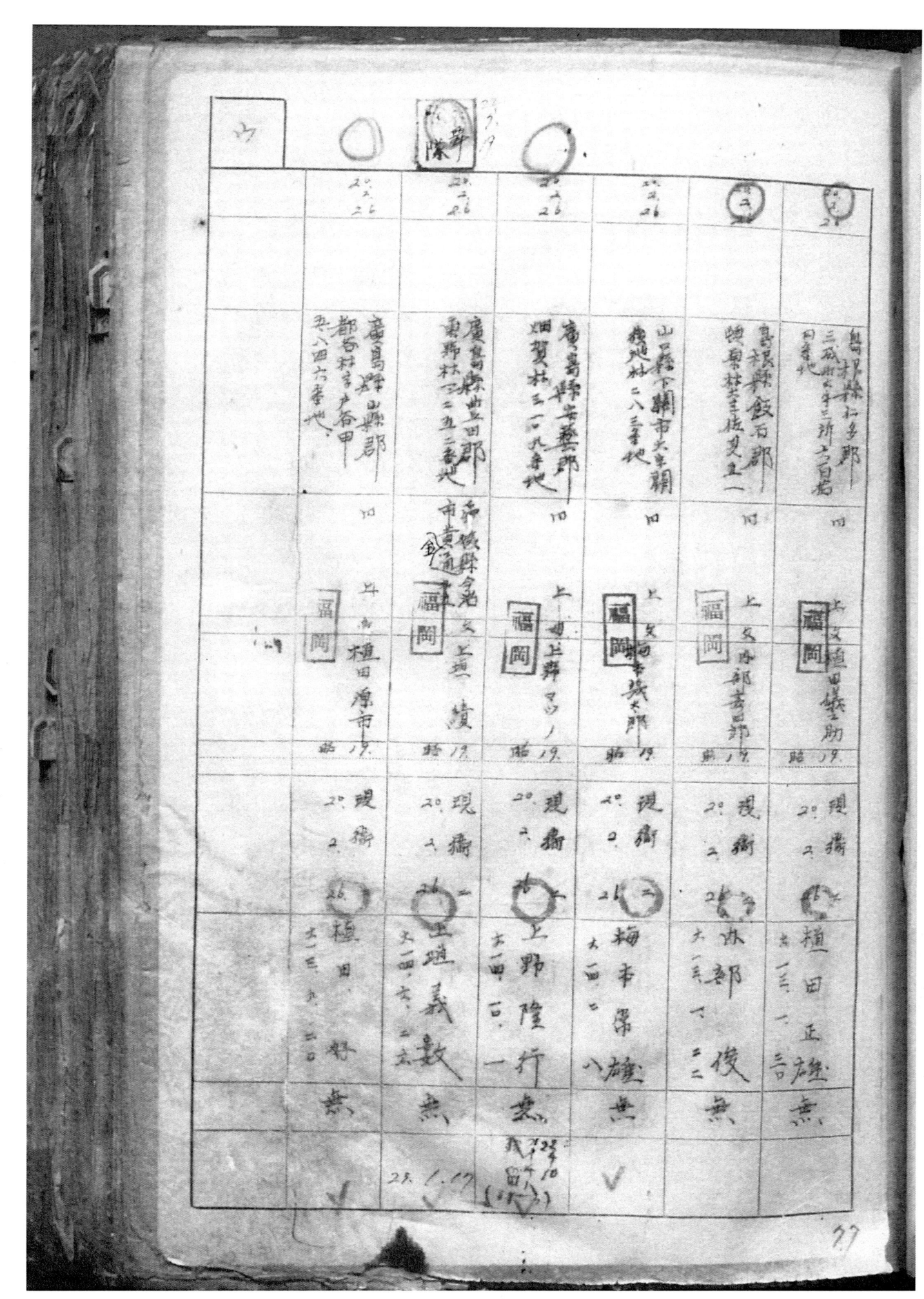

ウ

召解 20.12.21

關東軍防疫給水部留守名簿

昭和二十年一月一日
關東軍防疫給水部

氏名 / 生年月日	徴任年月日 / 集官年月日 / 役種兵種官等並等給級俸月給額 / 發令年月日	留守宅渡ノ有無	留守補修年月日	編入年月日 / 前所屬及其編入年月日	本籍（在留地）	留守擔當者 住所 / 續柄 氏名
上園直二 / 明四三.七.一五	雇（技術）七五 / 20.3.31 / 19.3.31	無	20.6.2	16.11.1	鹿児島縣川邊郡枕崎町東鹿篭八八三四之番地	同 / 父 上園慶吉
浦野清弥 / 大四.一〇.一二	雇（技術）七〇 / 19.11.1	無		14.12.10	埼玉縣入間郡明戸村大字攝本三三番地ノ一	同 / 父 浦野竹三
千葉淳 / 大七.一.三	雇（事務）七七 / 20.3.31 / 19.10.1	無	20.6.2	17.6.31	北海道室蘭市新富町六番地	同 / 父 千葉修〆
鶴川吉雄 / 大七.一〇.四	雇（技術）六七 / 20.3.31 / 19.11.1	無	20.6.2	17.8.10	京都市中京區西ノ京内畑町二三番地	同 / 父 鶴川金三郎
梅津正吾 / 大七.五.二九	雇（技術）六四 / 19.11.1	無		17.8.1	山形縣西置賜郡東根村大字滝五三九ノ七番地	同 / 母 梅津はつゑ

78

ウ

17.6.20	岡山県真庭郡木山村大字目野上四一一二番地	同	福岡 上田房蔵	雇(技術)木田 19.11.1 20.3.31 大八	上田房郎	大六、一六、八	無
19.2.7	京都市中京区新町通夷川元[illegible]町三二一番地	滋賀県大津市松本梅林八丁目四一一番地	福岡 上田粂治郎	雇(技術)五七 19.11.1 20.3.31	上田末三	大七、一、一	無
14.2.1	~~大分県南海部郡佐伯町五六五番地~~ 大分県佐伯市中町五七五	同	福岡 上杉ミキ	雇(防疫)文八 17.11.	上杉英武	大六、三、三一	無
17.7.1	宮崎県南那珂郡細田町大字毛吉田一二一六番地一	同	福岡 梅木善次郎	雇(防疫)六七 19.11.1 20.3.31	梅木誠	大七、一、一三	有
17.8.1	岡山県勝田郡新野村大字新野山形一六三四四番地	同	福岡 内田公子	雇(防疫)六五 19.11.1 20.3.31	内田文夫	大七、一、九	無
17.7.1	熊本県熊本市池田町六六五番地	~~同~~ 熊本[illegible]	福岡 上田三蔵	雇(防疫)六七 19.11.1 20.3.31	上田登	大七、一、二九	有
17.7.1	栃木県那須郡荒川村大字小白井四三八番地	同	福岡 薄井サタ	雇(防疫)六六 19.11.1 20.3.31	薄井光國	大七、六、一五	無

20.6.2　20.6.2　20.6.2　20.6.2　20.6.2　20.6.2

79

ウ

18.3.8	茨城県西茨城郡南山内村大字手越一番屋敷五番地	同	福岡 浦井菊治	雇(防空)五十八 大三 20.3.31 19.11.1	浦井茂 大八.九.一九	有	20.6.2
18.1.21	鹿児島県薩摩郡宮之城町虎居八一三二番地一號地	同	福岡 内山貞男	雇(防空)五四 19.11.1	内山貞行 大一五.一.二六	有	
14.10.10	山形県南置賜郡山上村大字関根一四七九七番地	山形県南置賜郡南原村笹ノ町館橋ヨオ方	福岡 梅津[illegible]	雇(自動車操縦)[illegible] 20.3.31 19.11.1	梅津成美 明四一.四.一一	無	20.6.2
15.6.20	福井県坂井郡北潟村[illegible]三八號三四番地	同	福岡 上野[illegible]	雇(防空)七 木札 20.3.31 19.11.1	上野末蔵 明四五.六.一	無	20.6.2
17.5.31	東京都北多摩郡[illegible]町五丁目一五九番地ノ五	同	福岡 兄 浦山禎蔵	雇(技術)七 木工 20.3.31 19.11.10	浦山徳蔵 大七.六.一	有	20.6.2
17.5.31	茨城県真壁郡真壁町大字田七三四番地ノ一二	同	福岡 兄 植竹和之	雇(防空)大九 20.3.31 19.11.1	植竹光一 大七.一一.九	無	20.6.2
17.5.10	岩手県二戸郡小鳥谷村大字小鳥谷字宿畑六〇番地	同	福岡 父 上里[illegible]郎	雇(技術)七 木工 20.3.31 19.11.1	上里仁藏 大七.五.五	有	20.6.2

80

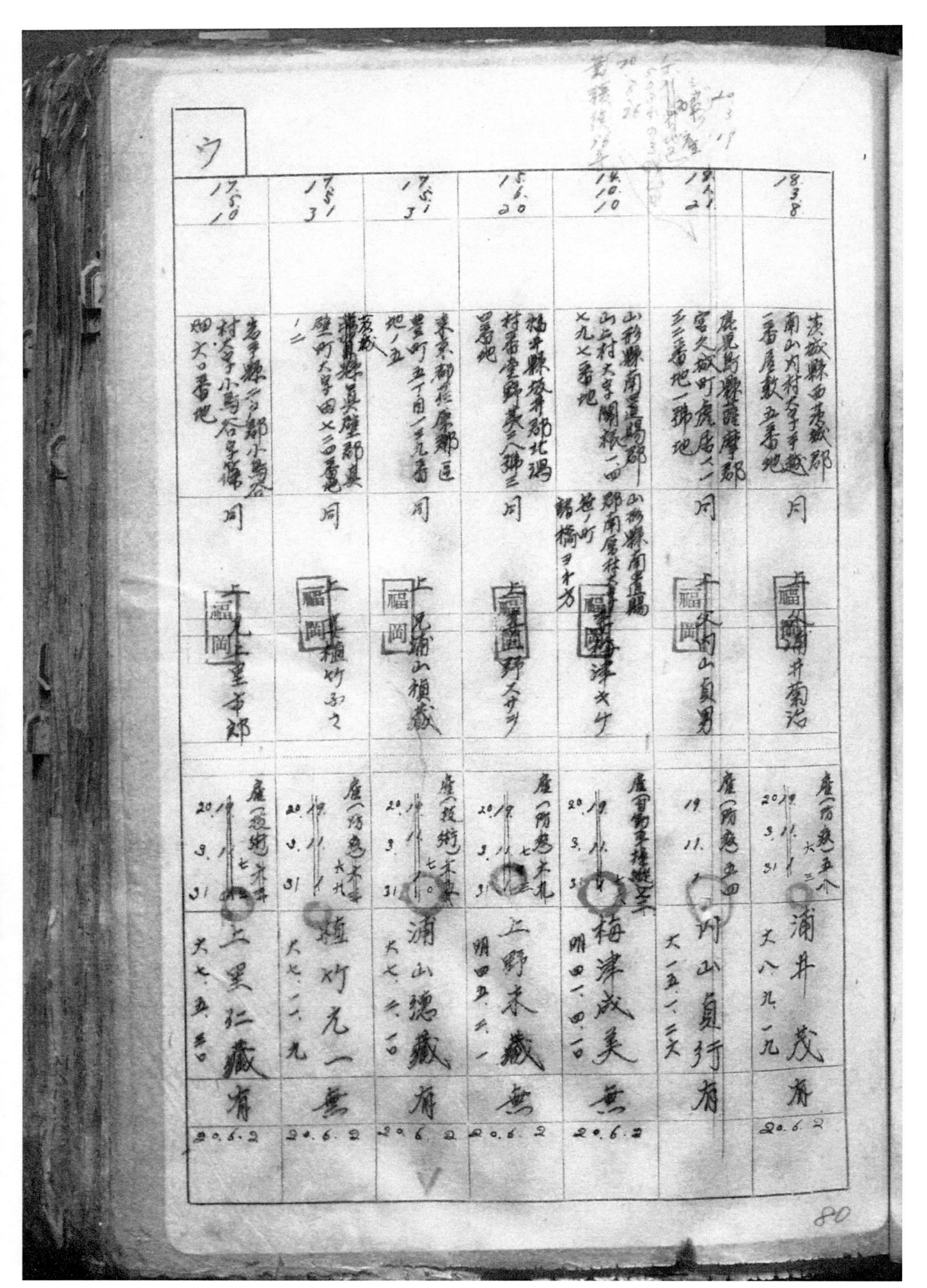

20.6.26 第四十師團 防疫給水部 [illegible]

ウ

19.6.10	群馬縣安達郡下川渕村大字沼端字北原二ノ二三番地	同	上 福岡 歌川みわ	雇(技術) 20.19.3.11.31 七〇	歌川肴 大七.九.一〇	無	20.6.2
13.8.6	東京都下谷區金杉町二ノ二丁目二番地ノ五	東京都京橋區愛町三ノ五	上 福岡 梅田アイ	雇(技術) 20.19.8.3.31 八五	梅田德次郎 明四〇.八.七	無	20.6.2
15.6.21	千葉縣長生郡茂原町茂原三八二番地	同	上 福岡 內山ナツ	雇(防疫) 20.17.3.11.31 六五	內山勝 大九.六.一二	無	20.6.2
16.11.1	鹿兒島縣日置郡伊集院町清藤十二番戸	同	上 福岡 宇都政吉	雇(防疫) 20.16.3.11.31 六〇	宇都一 大六.一二	有	20.6.2
18.9.30	千葉縣長生郡大東村椎木一八五一番地	同	上 福岡 鶴澤小平治	雇(防疫) 20.10.3.11.31 七二	鶴澤小三郎 大六.六.二	有	20.6.2
13.10.11	千葉縣山武郡多古町間倉一九一番地	同	上 福岡 鶴澤[illegible]	雇(防疫) 20.19.3.3.31 八三	鶴澤槙 大五.五.六	無	20.6.2
16.11.1	長崎縣諫早市船津名一三〇番地	同	上 福岡 浦瑩之助	雇(補助) 20.14.3.11.31 七五	浦正好 大二.五.一	無	20.6.2

81

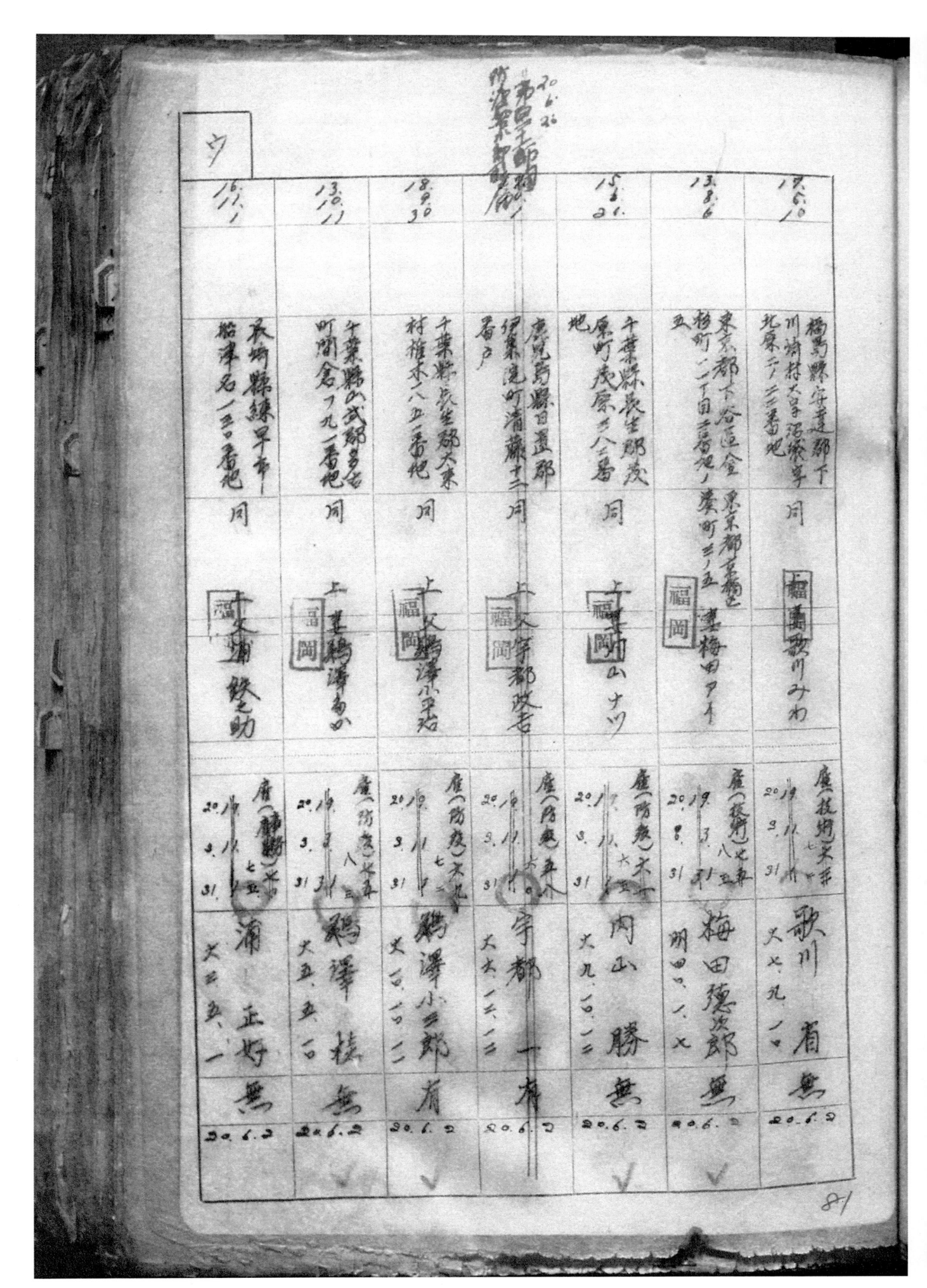

ウ

解傭

[20.6.20]

15.5.25	滋賀縣野洲郡三上村字三上四〇〇番地一	同	上 妻 内堀カオル 福岡	雇(技術)六十四 19.11.1 20.3.31	内堀三治	大六.九.三〇	無	20.6.2
18.8.8	大分縣日田郡大鶴村大字大肥一八六〇番地	同	上 父 梅原叡蔵 福岡	雇(技術)五九 19.11.1	梅原英児	大九.三.一四	有	
16.10.31	福島縣安達郡新殿村大字西新殿字一本木一四番地	同	上 母 浦山テツエ 福岡	雇(事務)七四 七七 19.11.1 20.3.31	浦山秋義	大四.一一.二二	無	20.1.2
18.2.22	千葉縣印旛郡八街町八街ス一二五番地	同	上 母 瓜生[illegible] 福岡	雇(事務)四十 四六 19.7.1 20.3.31	瓜生平八郎	大一五.六.三一	有	20.5.2
18.4.3	大阪市東成區中道本通二丁目八二番地	奈良縣奈良市東包永町大九ノ六番地	上 父 鵜飼壽吉 福岡	傭 18.4. 20.3.31 二八五〇 四二	鵜飼弘員	昭三.七.一六	有	20.6.2
18.4.1	鹿児島縣揖宿郡今和泉村小牧三一番地	同	叔父 浦田德次郎 福岡	傭 18.4.1 二八五〇	浦田龍雄	昭三.八.八	有	
18.4.2	熊本縣玉名郡高道村廣田二八〇番地	同	父 植田吉秀 福岡	傭 18.4.2 二八五〇	植田稔	昭四.二.五	有	

82

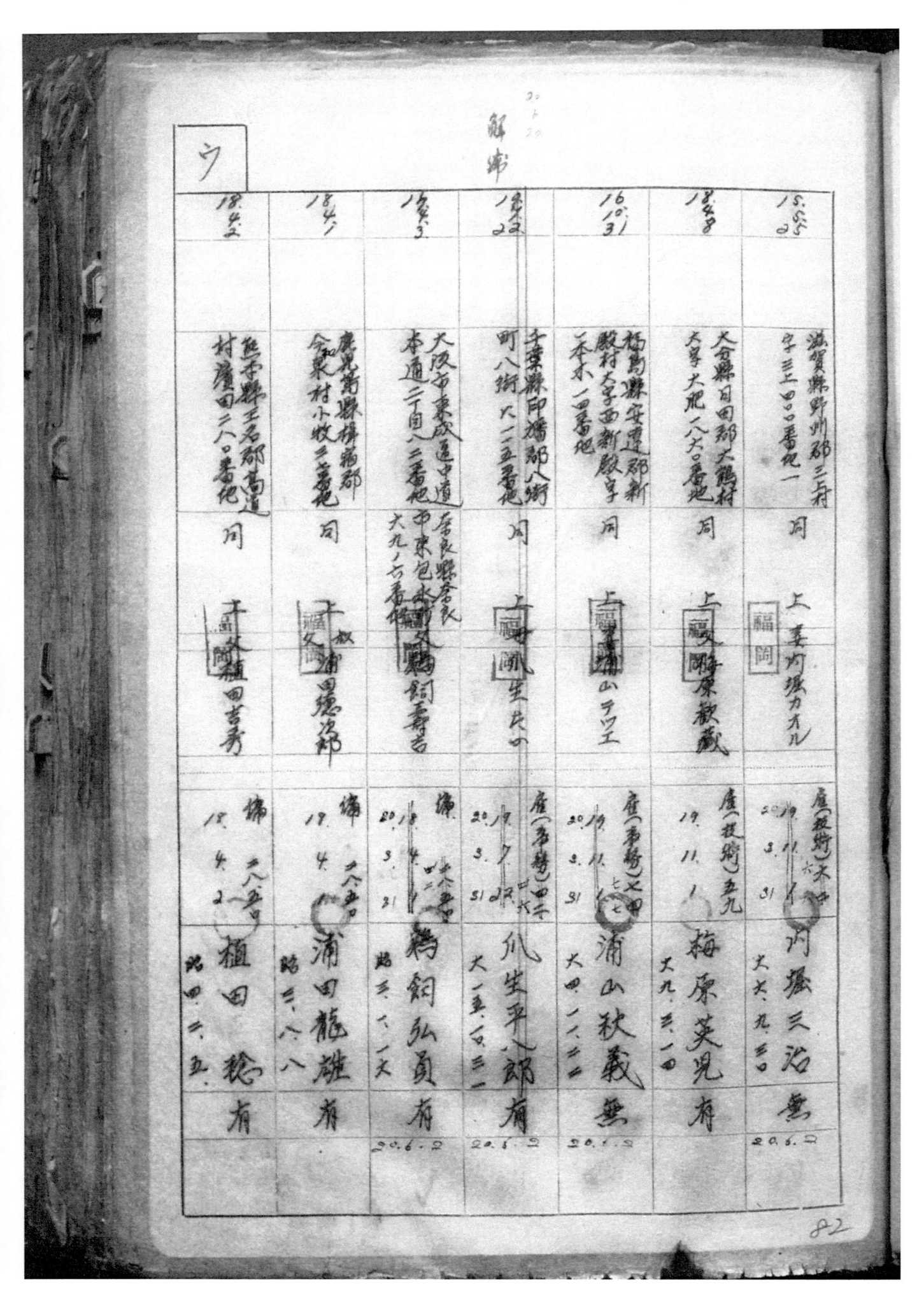

ウ

22.3.6 依安保解除

22.9.20 函館除

17.4.3	奈良県吉野郡宗檜村字大峯一二一番地	同	植村忠太郎	備 17.4.5 四八五七〇	植村四郎 昭五.二.二三	有	
17.4.4	岐阜県武儀郡…町乙一七五五番地	同	宇佐美梅七	備 20.3.31 四八五七〇	宇佐美義夫 昭二.五.二六	有	20.6.2
17.3.31	香川県木田郡鴨部村大字東山一五七番地	同	楊盧東康	備 20.3.31 四八五七〇	楊盧才康 昭二.九.一	有	20.6.2
17.8.1	熊本県鹿本郡山内村大字中浦一六三八番地	同	有働三之丞	庸(防衛) 19.11.1 20.3.31	有働二人 大七.八.一	有	20.6.2
20.6.	福岡県大牟田市大字…一五七番 一	大牟田市平原町四八 二	内田末次郎	傭人	内田鈴子 昭五.二.五		22.6.17
22.9.20	和歌山県海南市海南名高三七五	大阪市北区天満町南五丁目	上野静子	一補 旋上	上野丈太郎 明40.4.9		

83

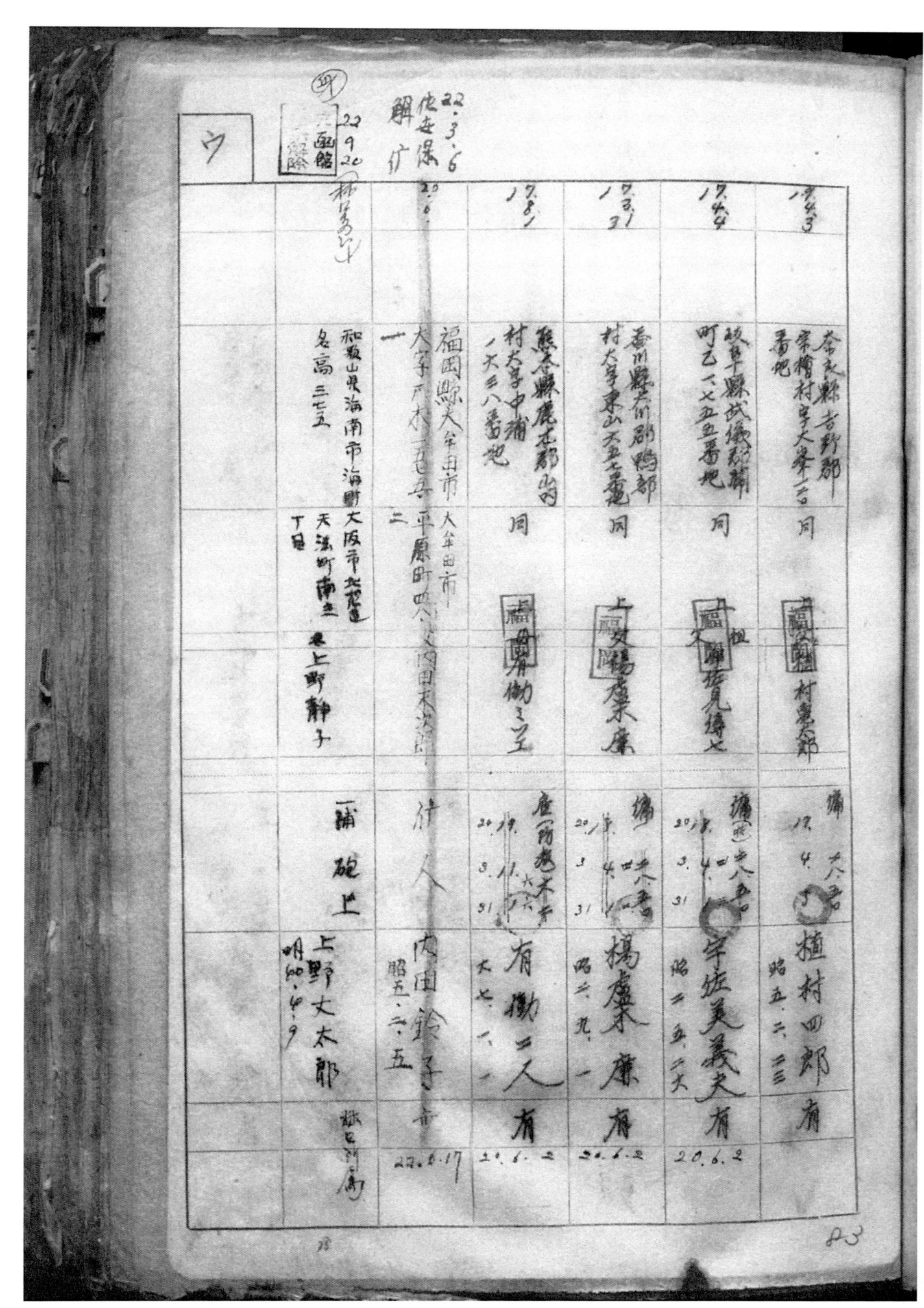

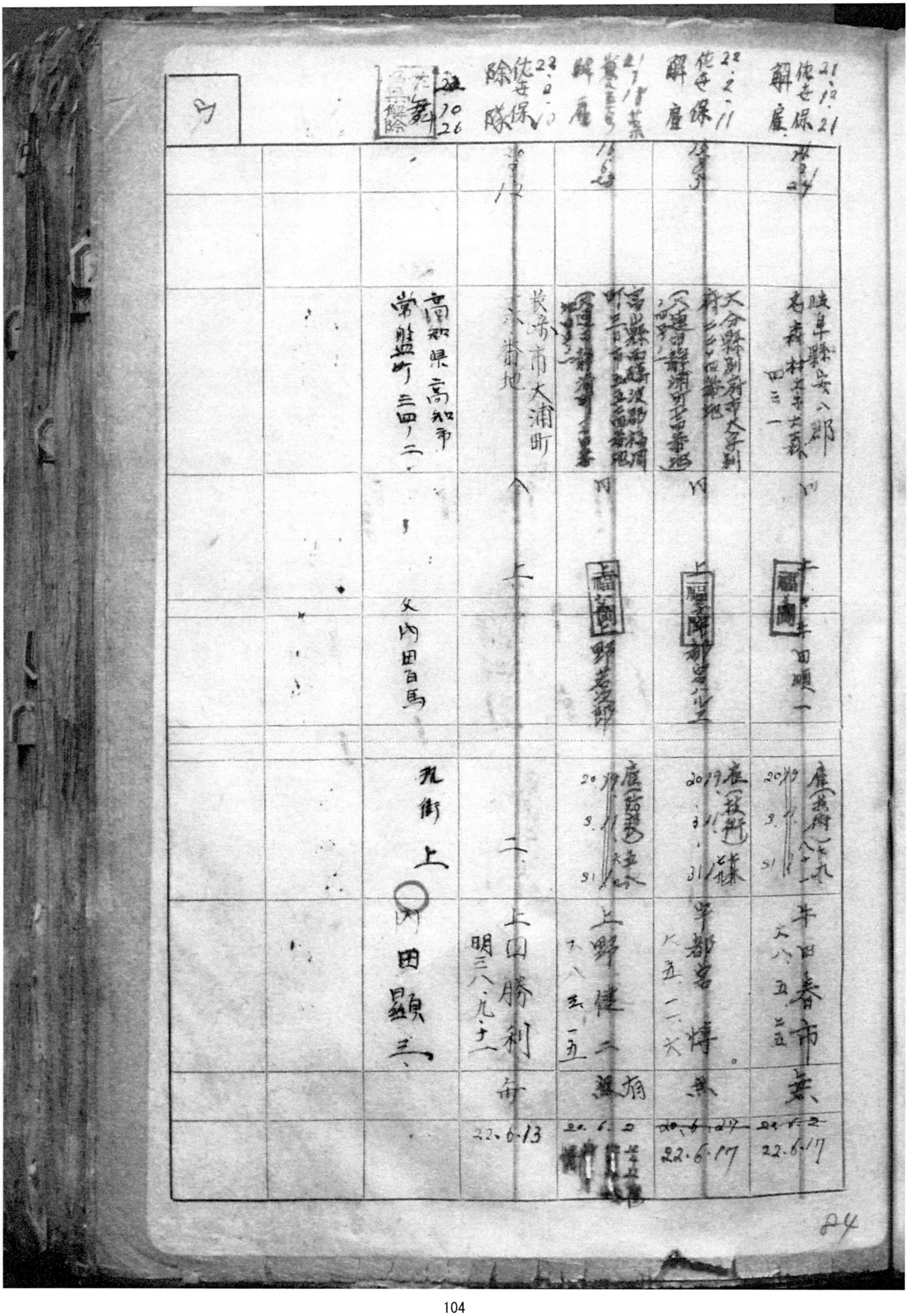

ウ
21.12.21 依亡保 解雇
22.2.11 依亡保 解雇
21.7.18 解雇
23.8.20 依亡保 除隊
岐阜縣安八郡名森村大字大森 四三一
大分縣別府市大字別府
長崎市大浦町 六番地
高知県高知市 常盤町三四ノ二
平田順一
父 内田百馬
平田春市
大八.五.二五
宇都宮博
大五.一二.六
上野健二
大八.三.一五
上田勝利
明三八.九.十一
内田顕三
22.6.17
22.6.17
22.6.13
84

六

20.2.21 解雇

16.7.6	鹿児島縣出水郡阿久根町鶴川内四〇七三番地	同	上 福岡 上野覚五郎	傭(打字手)五四 20.1.9 9.1.1 31	上野ツル子 大一三、三、一	有	20.6.2
18.8.12	鹿児島縣鹿児島郡伊敷村上伊敷二三四番地	同	上 福岡 上野八太郎	傭(打字手)四八 20.1.9 9.1.1 31	上野春 大一三、六、六	有	20.6.2
17.5.14	滋賀縣野洲郡三上村大字三上四〇二番地	哈爾浜満洲第七三一部隊	関東 内堀三治	傭(雑仕)三〇 19 11 1	内堀カオル 大九、二、一九	無	
19.9.15	茨城縣真壁郡真壁町大字山尾四〇四番地ノ二	同	上 福岡 植竹惣吉	傭(雑仕)三〇 19 9 15	植竹ふさ 大一〇、二、三	無	
19.2.3	大分縣佐伯市五六〇五番地	同	上 福岡 上杉英武	傭(雑仕)三三 20.1.9 9.1.1 31	上杉ミキ 大八、三、一〇	無	20.5.2
19.6.20	福島縣安達郡下川崎村沼袋家北八二ノ二二	同	上 福岡 歌川剛	傭(雑仕)三三 20.1.9 9.1.1 31	歌川サワ子 大一〇、四、二三	無	20.6.2
17.3.1	鹿児島縣薩摩郡上東郷村宍野九・九番地	同	上 福岡 上園三助	雇(看護)七〇 20.1.9 9.1.1 31 20.1.10	上園ノブ 大三、一一、二五	有	20.6.2

85

22.1.12 佐世保 解庁	20.7.1	長崎県大村市玖島[illegible]番地（[illegible]番地）	同上	[印] 嶋 清	傭（研究手）20.7.1 3.31	牛嶋 クラ 明三九、三、一五	無	~~20.6.2~~ 22.6.17
22.3.11 佐世保 解庁	20.3.19	鹿児島県出水郡米ノ津町下鯖渕[illegible]（大連市大正通六八番地）	同上	[印] 上松 明	傭（筆生）20.3.11 3.31 解除	上松 鈴子 昭三、三、一三	無	~~20.6.2~~ 22.6.17
	20.3.16	佐賀県神埼郡仁比山村大字的一五三〇番地（大連市大正通六八番地）	同上	[印] 田 嘉市	傭（研究手）20.3.17 3.31 解除	内田 磨須子 明三二、一、八	無	20.6.2
22.3.11 佐世保 解庁	20.3.1	鹿児島県出水郡米ノ津町下鯖渕一六五六	大連市大正通六八	[印] 上松 明	傭（筆生）20.3.1 3.31	上松 嶋子 大一三、一〇、二四	無	~~20.6.2~~ 22.6.17
	20.5.7	山形県西置賜郡東根村大字浅立五三九一七番地	同上	[印] 梅津 正吾	傭（看護婦）四六 20.5.7	梅津 はつ恵 大一二、四、二六	無	
	20.5.7	京都市中京区西ノ京内畑町二二	満州第五[illegible]九部隊	[印] 緑川 吉雄	傭（雑仕）三六 20.5.7	緑川 キク子 大一〇、一〇、一〇	無	

（付箋）
佐陸軍技手 給方堀津 17.9.30 発令 梅田 達枝
級五 休職 18.6.15
一復員人 3.8.5 了

86

＊原簿原簿 86 丁（付箋めくったもの）

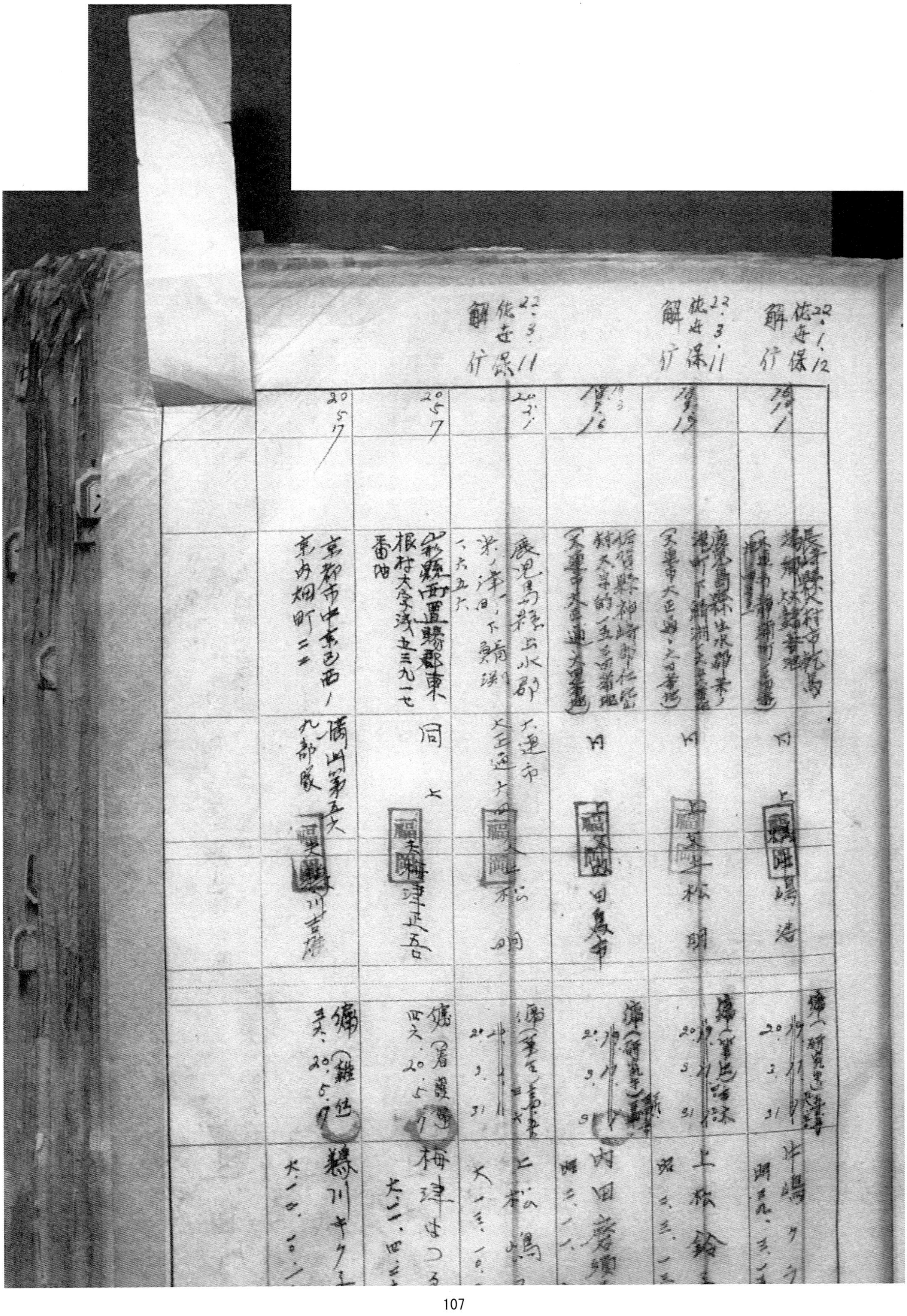

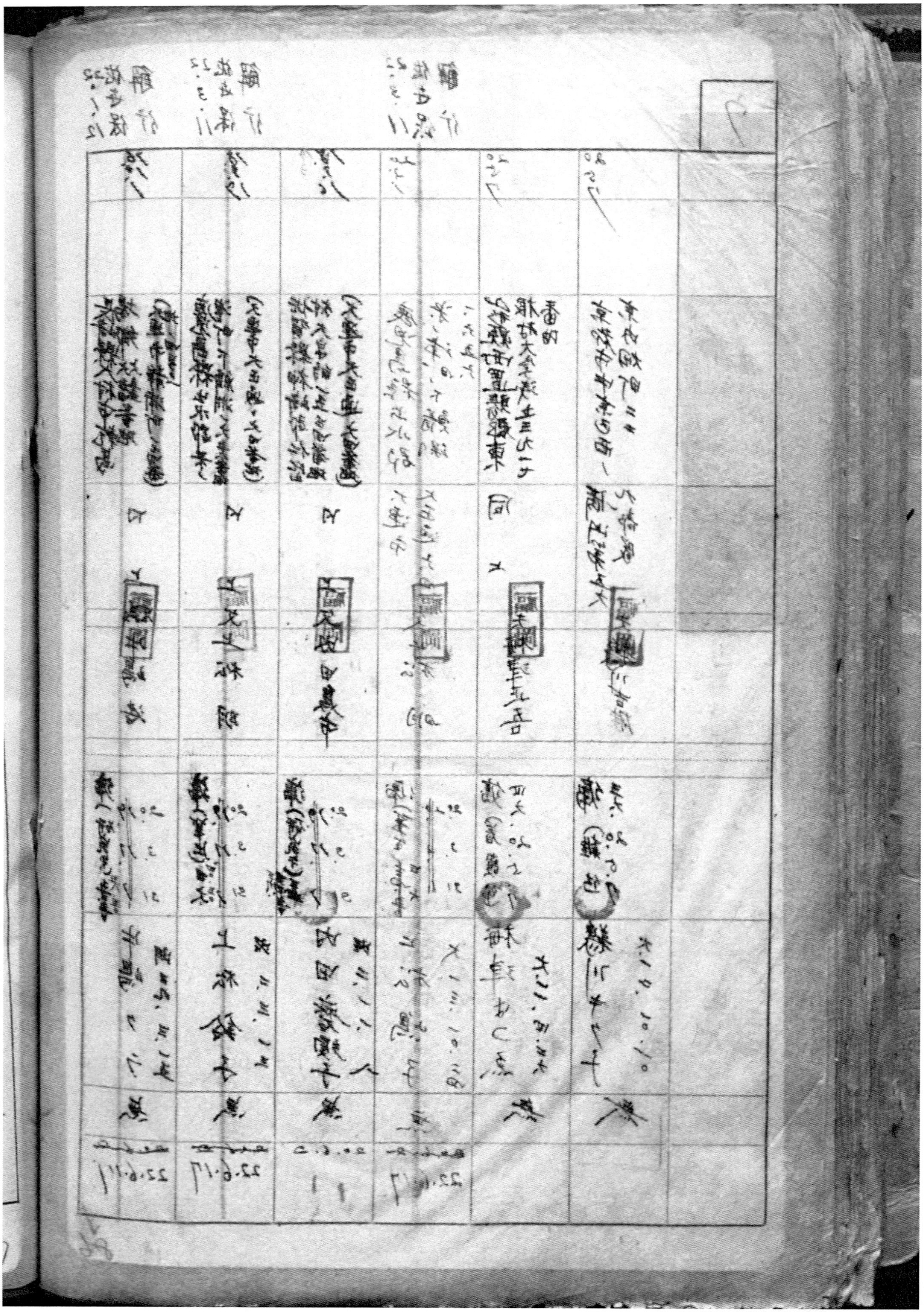

關東軍防疫給水部留守名簿

昭和二十一年一月一日
關東軍防疫給水部

編入年月日	前所屬及其編入年月日	本籍（在留地）	留守擔當者 住所	留守擔當者 續柄 氏名	徵集年 任官年	役種兵種官等並等給級俸月給額 發令年月日	氏名 生年月日	留守宅渡ノ有無	補・修 年月日
18.5.29	香港憲兵隊 [illegible]部 一七、二、二九	大阪市浪速区新川三丁目六七八番地	同	[illegible] ツヤ	昭3	現軍醫中佐 三 19.9.30	江口豊潔 明三八、七、一九	無	
18.6.25	錦州陸軍病院 一五、一二、一	福島県田村郡高瀬村大字[illegible]屋字荻久保五二番地	同	[illegible] 遠藤正子	昭18	豫衛伍 20.4.20	遠藤久 明四二、二、二五	無	20.7.15

八七

工(1)

14.5

東京都品川区大崎一丁目七六八番地

同

福岡

嶋貞子

技師五等

七、14、9、20

正嶋真平

明三五、五、一八

有

88

工㊂

19.10.30	20.1.15					
歩兵第三十七聯隊 一三、一、一〇	独立輜重兵第五三大隊 一八、六、二五					
大阪市東淀川区南方通一ノ五	愛知県碧海郡高浜町大字高浜 五九					
高知県高知市 五 [illegible]田町二 福岡 [illegible]件代	同 七 福岡 [illegible]江端ふね					
昭14	昭9					
兵主曹長 二〇、九、一〇	二補輜一 19.3.1					
江村覚二 大七、一、二七	江端正三 大三、三、一〇					
無	無					
✓	L					

89

工(王)

22.1.25
依安保
解雇

21.10.9
解雇

18.3.3	山形県南置賜郡白鷹村大字滝野一一〇〇番地	同	[illegible] 海老名粂次	技手 2.18.9.18	海老名粂次 明三六.六.八	無	
18.9.21	山形県山形市小姓町廿番地	同	上 江口つね	技手 五.19.3.27	江口恒雄 明四三.一.三	無	
18.4.1	福島県耶麻郡熱塩村大字[illegible]東田前田乙一[illegible]四番地	同	遠藤[illegible]	業務手 八五 19.9.10	遠藤勝 明四四.六.二二	無	22.6.17
19.5.6	東京都日本橋区本町四丁目一二番地	新潟県北蒲原郡五泉村大字上笹俣丸	江川さかえ	業務手 七八 19.3.31	江川重雄 大二.七.二七	有	21.12.21

90

(主)工

舞鶴 22.8.11 復員

關東軍防疫給水部留守名簿

昭和二十二年一月一日
關東軍防疫給水部

氏名 生年月日	役種兵種官等並俸給級俸月給額 發令年月日	徵任 與官 年	留守擔當者 住所	續柄氏名	本籍（在留地）	前所屬及其編入年月日	編入年月日	留守給與 宅渡ノ有無 年月日
遠藤正信 大二.一.二三	現衛上 19.1.1	昭17	同上	[illegible] 遠藤長助	愛媛縣松山市大字別府町二二五番地ノ二		18.1.15	無
遠藤豊 大一一.一.一	現衛上 19.1.15	昭17	同上	父 遠藤幸太郎	德島縣德島市西大工町五丁目一五番地		18.1.17	無
遠藤治滿 大一二.七.二	現衛一 19.7.15	昭18	同上	[illegible] 遠藤文助	高知縣吾川郡上八川村甲六六五三番地		19.1.12	無

22.12.16 No1005

91

有 (三)

除隊 舞鶴 21.4.19

22.2.26	岡山縣小田郡矢掛町字矢掛一九二〇番地	大阪府布施市小若江一丁目三八七	福岡	父 江木 潤	昭17.	現籍 (二) 20.3.1	江木 義郎 大一三.一二.一〇	無
22.2.26	廣島縣加茂郡安芸津町大字風早一二五八番地	同上	福岡	父 江島 善助	昭17.	現籍一寺 20.8.15	江島 頼人 大四.六.二	無

22.6.17

92

關東軍防疫給水部留守名簿

昭和二十年一月一日
關東軍防疫給水部

（㊀）工

編入年月日	前所屬及其編入年月日	本籍（在留地）	留守擔當者 住所	留守擔當者 續柄氏名	役種兵種官等並集官等給級俸月給額 年年發令年月日	氏名 生年月日	留守宅渡ノ有無	補修年月日
16.10.31		兵庫縣伊丹市伊丹二七二番地ノ二	同	妻 [illegible]蔵	雇（薬剤監督） 20.3.31 七十七	遠藤周三 明四二、二、二	無	20.6.2
15.5.17		島根縣八束郡本庄村大字本庄町六八番地	同	妻 江角辰子	雇（防疫）七十 20.3.31	江角祐 明四四、一、三	無	20.6.2
17.5.20		岡山縣岡山市内山下三四番地	同	江口[illegible] 父 橋本安三郎	雇（防疫）六十 七十 20.3.31	江口敏夫 大一三、六	有	20.6.2
17.6.23		福島縣[illegible]村大字吉道字寺前二一番地	同	遠藤廣一	雇（防疫）五十 20.3.31	遠藤廣二 大六、五、二	有	20.6.2
19.7.1		岡山縣小田郡矢掛町大字矢掛一九二〇番地	大阪府布施市小若江（一丁目）	岡本潤	雇（防疫）四七 19.11.1	江木義郎 大一五、一二、一	有	

93

(工) 工

平十七年
徳寺 課

17.5.25	佐賀県小城郡小城町大字岩蔵三三五番地	同	福岡 江里口ツシ	雇(夜耕) 20.17.11.3.31 大正七八	江里口政弘 大四、六、七	無	20.6.2 ~~20.6.17~~
17.5.31	鹿児島県姶良郡蒲生町北(一二四番地	同	福岡 江口善左門	雇(夜耕) 20.17.11.3.31 大正六年	江口貞男 大七、一〇、一八	有	20.6.2
17.7.30	岐阜県加茂郡田原村西田原九六七番地	同	福岡 遠藤英雄	雇(防護) 20.17.11.3.31 大正六年	遠藤武男 大一〇、一〇、五	有	20.6.2
17.8.21	栃木県那須郡小川町大字三輪一五三番地	栃木県那須郡大合村大字中山 森サト方	福岡 遠藤喜久江	雇(防護) 20.17.11.3.31 大正四年	遠藤武雄 大七、二、八	無	20.6.2
17.6.10	宮城県名取郡高舘村中田字中沢屋敷三〇番地	同	福岡 遠藤[illegible]子	雇(防護) 20.17.11.3.31 大正六年	遠藤豊三郎 大七、七、一二	有	20.6.2
17.7.17	栃木県河内郡上三川町大字上三川四九三六番地	同	福岡 上坂長三郎	雇(事務) 20.17.11.3.31 大正六年	坂 嘉平 大七、六、一六	有	20.6.2
17.9.4	岐阜県不破郡[illegible]村大字別府四五一番地一	同	福岡 江崎新一	傭人 20.18.9.3.31 昭和二四年	江崎昭之 昭二、一二、一	有	20.8.2

94

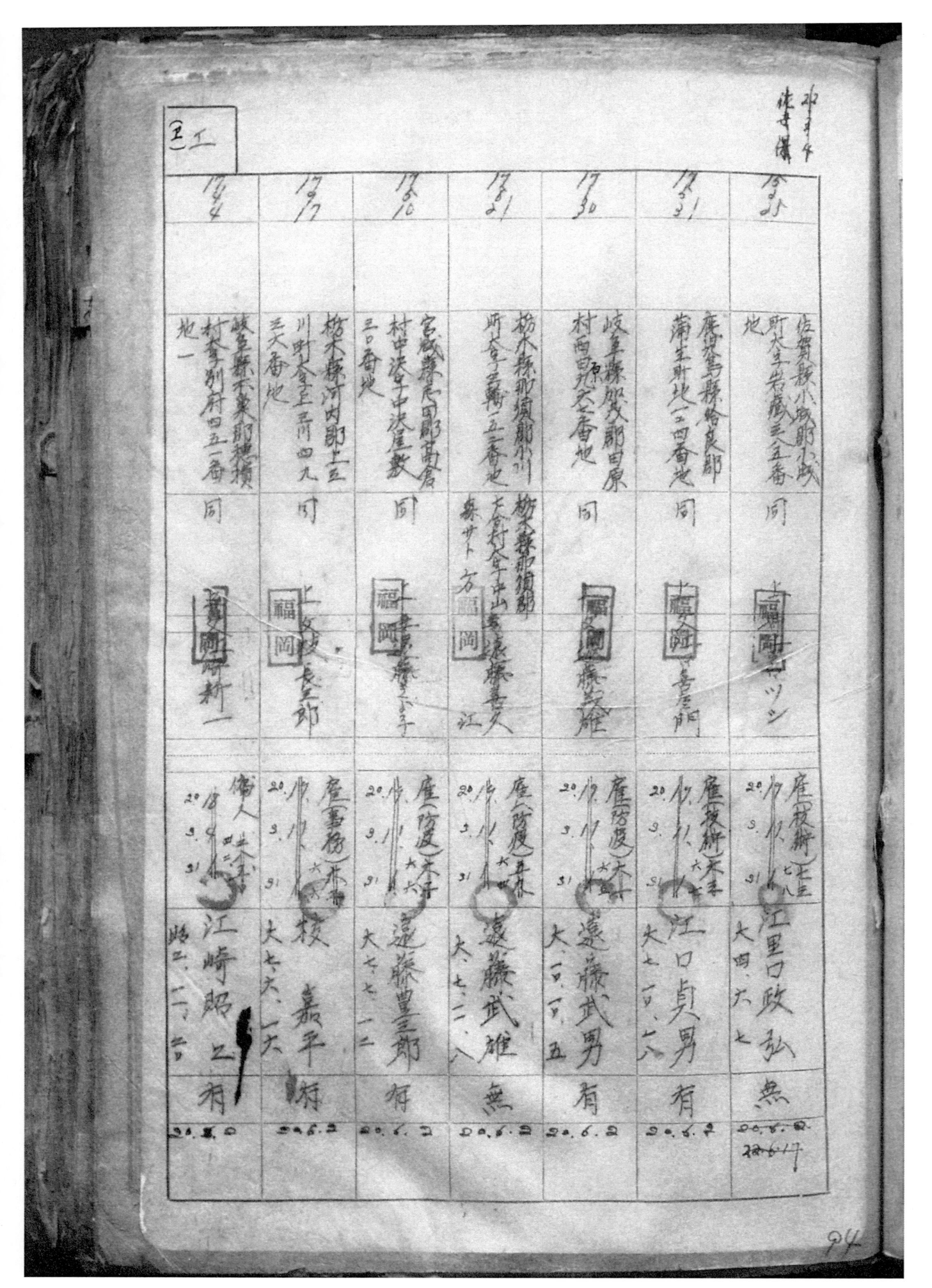

エ 工

円司 解傭 20.5.22

18/4/3	佐賀県小城郡小城町田大一七前四七	福岡県嘉穂郡大分鎮五大[illegible]	福岡	父 円城寺[illegible]市	傭人 18.4.3 六八、五〇	円城寺利八 昭四、五、二七 有
18/4/1	福岡県糸島郡唐原村字唐原一九三番地	唐原村字下唐四五	福岡	父 榎垣伝吉郎	傭人 18.4.1 六八、五〇	榎垣良之助 昭四、三、一三 有
18/4/1	大分県大分市寺町大道町四丁目大一九	大分市三好大一九	福岡	父 江藤長次郎	傭人 18.4.1 六八、五〇	江藤孝 昭四、一、六 有

95

工色

（乙）

20、3、30

北海道亀田郡大野村猪川国好(?)罷（？）文（？）北子慶四
字大野町二三五番地
浜市興安南五道街一〇〇

福岡

儒（研究生
三大、八、3、3

蛯子敬子
昭三、三、二四

無

96

(王)工

解傭 22.3.4 佐世保

關東軍防疫給水部留守名簿

昭和二十年一月一日
關東軍防疫給水部

編入前所屬及年月日	其編入年月日	本籍（在留地）	留守擔當者 住所	留守擔當者 續柄 氏名	徵任集官 役種兵種官等並等級給俸月給額 年年發令年月日	氏名 生年月日	留守宅渡ノ有無	補修年月日
函館	18.6.7	北海道亀田郡大野村字大野町二三五番地	同	上 福岡 蛯子キミ	傭（筆生）月給三五 20.3.31 17.11.1	蛯子静子 大15.5.4	無	20.6.2
	17.6.10	鹿児島県薩摩郡蘭牟田村七四八番地	同	福岡 杖元豪	傭（看護婦）月給三八 20.3.31 19.11.1	杖元タミ 大12.3.8	有	20.6.2
	17.3.9	佐賀県佐賀郡嘉瀬村大字長瀬九八番（大連市黄金町十三番地）	同	上 福岡 母 玖永ヒデ	傭（雑仕）月給二〇 20.3.31 17.11.1	江里口八ツ 大14.5.2	無	20.6.2 22.6.17
	20.1.27	栃木県那須郡小川町大字三輪一五二	哈爾浜満洲第六五九部隊	福岡 夫 遠藤武雄	傭（雑）三〇 20.1.17	遠藤月喜久江 大10.6.21	無	
釧路	20.4.10	北海道紋別郡遠軽町字遠軽番外地	仙台市長者町九〇三星ケ丘	福岡 塩田サダエ	雇（技術）大尉 20.4.10	塩谷正徳 大4.5.26	無	

97

關東軍防疫給水部留守名簿

昭和二十年一月一日
關東軍防疫給水部

大(す)

済

編入年月日	前所屬及其編入年月日	本籍（在留地）	留守擔當者 住所	留守擔當者 續柄 氏名	徴集年 任官年	役種兵種官等並等級俸月給額 發令年月日	氏名 生年月日	留守宅渡ノ有無	補修年月日
19.3.10	中支那防疫給水部 一八、七、二	山口縣萩市大字椿東五〇八一番地ノ一	茨城縣鹿島郡中野村大字七五八 濱名字	大田エワ	大9	現軍醫大佐 三、16、10、15	大田澄 明卄六、六、二	無	
19.3.19	新京小陸軍病院 一八、一〇、二〇	青森縣青森市大字浦町字橋本六八番地	青森縣弘前市新寺町八二	小館まつ	大8	豫衛大尉 一、三、三、三	小館美實 明四四、六、九	無	
19.3.16		香川縣丸亀市葭屋町四七番地	同	大西久子	昭17	現技大尉 三、18、12、1	大西芳雄 明四一、一〇、一	無	
19.3.3		島根縣邑智郡賀村大字九七九番地ノ一	同	小原喜美佳	昭17	現技大尉 三、17、3、1	小原定夫 明四二、四、二	無	
15.9.8	歩兵第十三聯隊補充隊 一四、九、一	熊本縣宇土郡網田村大字島ノ瀬四二一番地	熊本縣熊本市大江町五七〇	小原文子	昭18	現主大尉 三、19、12、1	小原篤 明三九、八、二五	有	

98

オ(ヲ)

20.4.6 方面□□□□□ 給水部□□□□

15.12.13	19.2.17	19.5.17	18.11.3	19.11.4	
錦州陸軍病院 一五、一二、一	歩兵第二聯隊補充隊 一八、二、二五	電信第五聯隊 一八、三、八	第十二師團防疫給水部 一七、一〇、四	關東軍總司令部 一七、三、一	
新潟縣南蒲原郡□□村大字□□□九六番地	高知縣高岡郡久禮町大五三九番地	東京都牛込區市谷柳町四〇番地	鹿兒島縣出水郡[redacted]	新潟縣西蒲原郡舟戸村大字舟田浜一四四二番地	
新潟縣□□郡新□村大字□□中五九四 安達□太郎	高知縣高知市□□□筋下一丁目五二	同	同	同	
福岡 大崎ヒロ	福岡 父 大崎誠馬	福岡 小川馨	福岡 [redacted]	福岡 大越リイ	
昭18	昭19	昭19	昭9	昭19	
豫衛少尉	豫薬少尉	豫軍医少尉	現軍医少佐 二、19、4、10	豫主中尉 19、9、15	
大崎加藤太 明四〇、四、二四	大崎榮吉 大九、七、二	小川博 大七、六、二六	尾上正男 明四三、一、二五	大越民藏 大五、一、一八	
無	有	有	無	有	

残留 於スマトラ 21.8.6

99

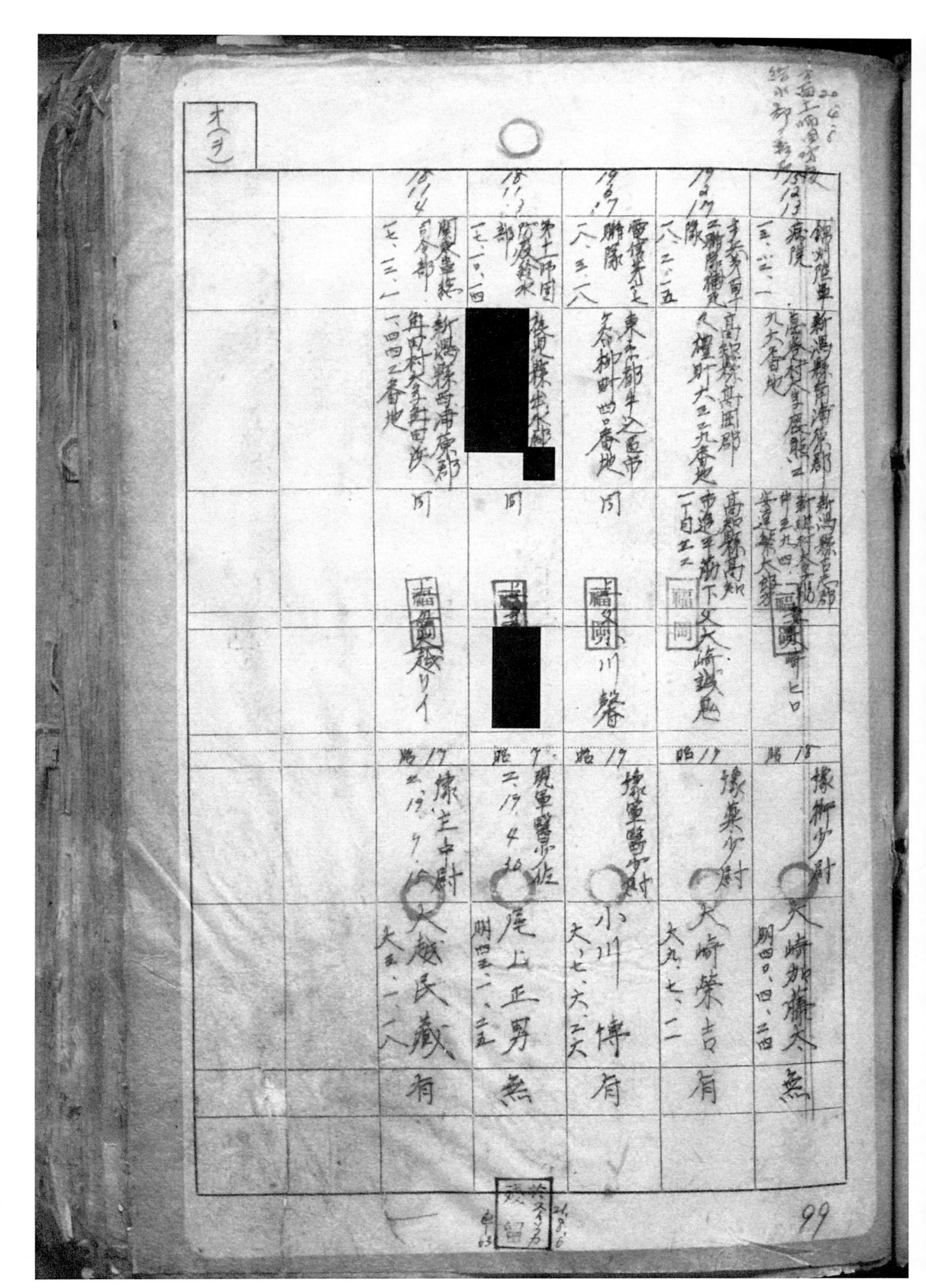

博多 22.3.13
解雇

13.6.1
富山県西礪波郡東藝谷村[illegible]
[illegible]
同
上 妻 岡本政い
技師五等 2.18.7.30
岡本良三 無
明三五.二.一九
残

13.3.10
富山県富山市[illegible]町一三番地
富山県高岡市[illegible]町新町四一
今泉七平方
妻 岡本澄子
技師四等 2.19.9.30
岡本耕造 有
明四一.一一.一〇

20.1.15
兵庫県神戸市林田区菅原通七丁目六
雇員 大村光太 無
22.6.17

一〇
三
五〇
健一 無

100

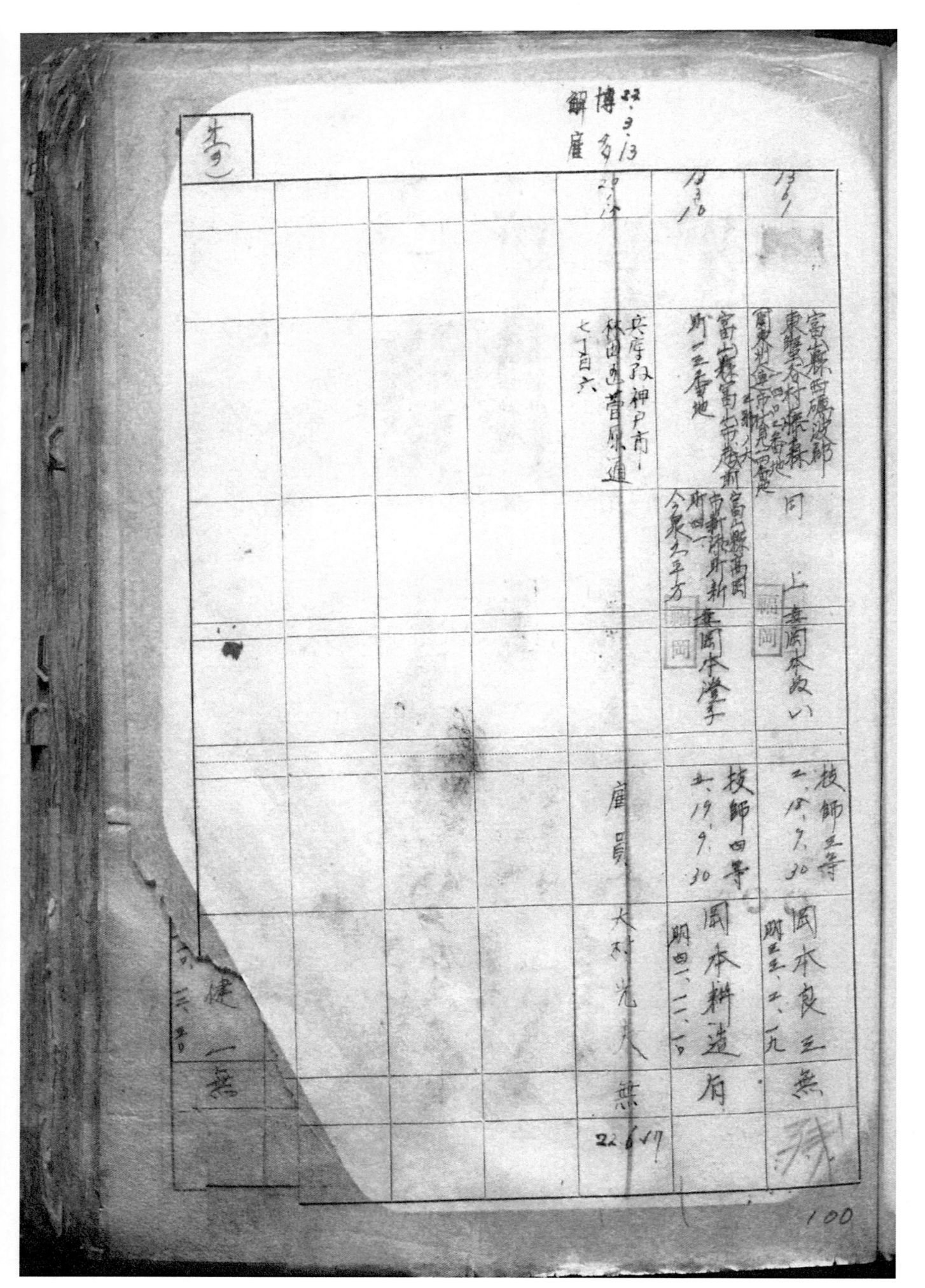

オヨ

19.7.18 戦死

関衛日部 20.5.28

19.7.14	マリアナ方面 二聯隊 一六、八、一〇	島根県安濃郡佐比賣村大字池田二二九九番地	同	父 大下市三郎	齢9 現衛准尉 二.17.12.31	大下市太郎 大元、二、二	無
19.11.14	第八師團衛生地区 歩兵隊 一五、五、三一	福岡県久留米市西町八五五番地	同	妻 緒方道子	齢11 現衛准尉 三.19.12.31	緒方実男 大五、一〇、二〇	無
19.8.1	関東軍化学部 一八、六、八	山形県最上郡[illegible]村大字泉田一二三二番地ノ四	同	父 大友丑蔵	齢16 現衛曹長 二.19.12.11	大友国雄 大七、八、一	無
19.12.1	鉄道第二聯隊 一六、七、一七	東京都板橋区志村清水町三六一番地	大阪府布施市横沼一丁目三二	妻 大屋幸子	齢17 豫備軍曹 二.17.9.1	大屋武之 明三九、二、二九	有
19.7.10		徳島県板野郡大津村大津野字喜多川九番地	同	父 小澤嘉雄	齢18 現衛軍曹 三.20.1.1	小澤健次 大一〇、二、二六	無
19.3.31	第二野戦 東部臨時病院 一七、一〇、一	香川県高松市福岡町五〇番地	同	妻 大山トミ	齢14 現衛曹長 二.18.12.31	大山繁一 大六、六、一五	無
19.7.17		愛媛県宇摩郡川之江町一六七一番地	同	父 大西金太郎	齢19 現衛伍長	大西健一 大一〇、一二、三	無

23.3.18 署知報

No.2607

101

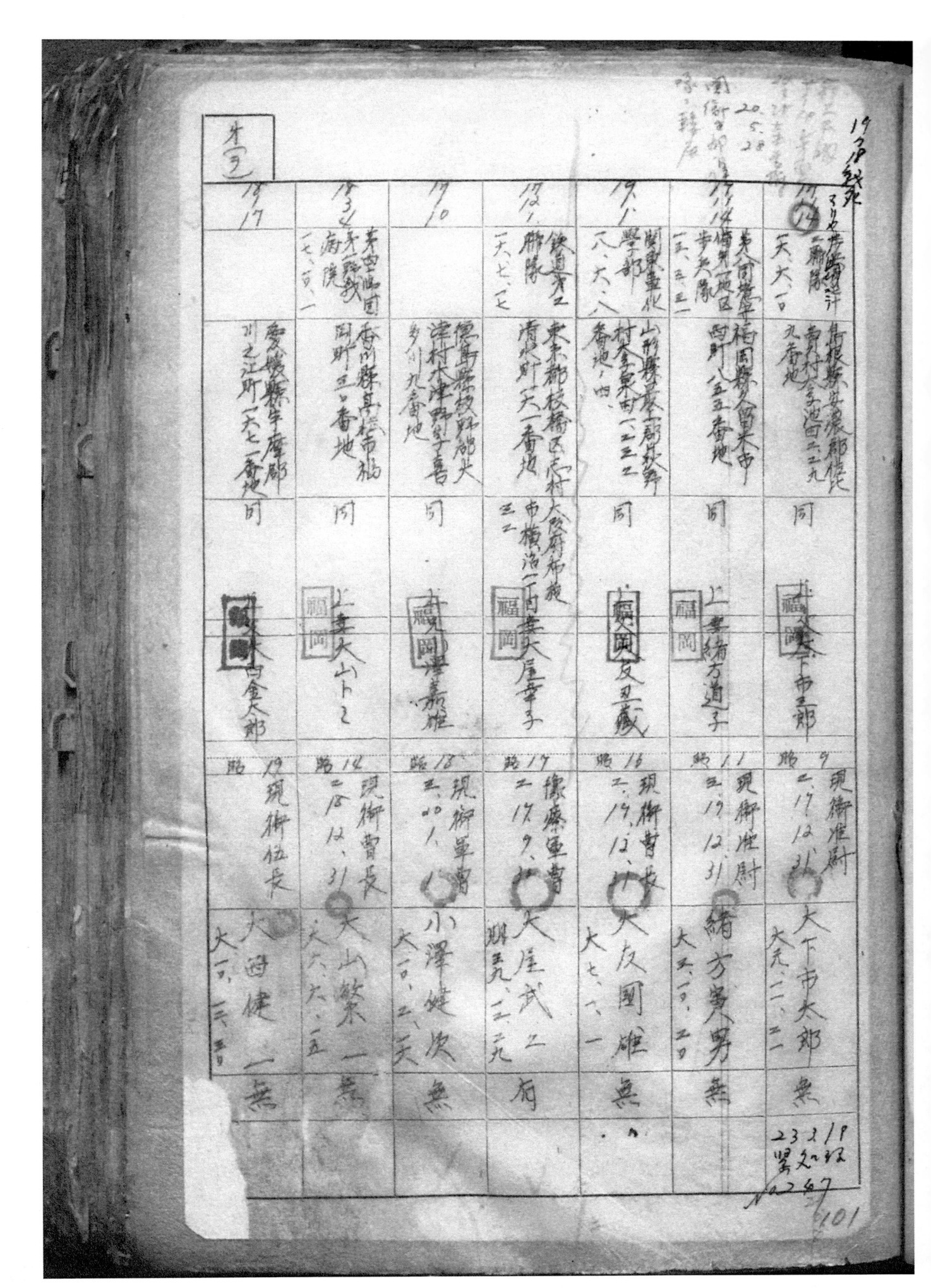

木〼

21.12.2 依召保 除隊

18.1.17		愛媛県越智郡岩城村二二番地ノ一	同	岡野政治郎	昭19	現衛伍長	岡野眷本 大一二.大.三	無	
19.1.14	迎撃十三大隊 一七.四.二五	東京都世田谷区下通五丁目二六番地	東京都目黒区[illegible] 大.一二.五	尾崎[illegible]次郎	昭15 昭19	現迎伍長	尾崎三郎 大九.大.三	無	
19.5.15	海軍病院 陸軍病院 一六.二.二五	熊本県葦北郡水俣町大字濱二一四四番地	同	小寄長治郎	昭15 昭19	現衛伍長 20.4.1	小寄操 大九.五.一	無	20.6.27
20.5.20	第十八野戦兵器廠 一六.七.二六	上海市西成[illegible] 通三丁目一〇番地	上海市[illegible] 丸山通[illegible] 吉本三郎方	岡本和子	昭7 昭19	予 鎗伍 19.9.20	岡本倫三 明四三.九.二八	無	
		山口県徳山市[illegible]一九番地	同	木理儀一	昭20	現衛上 20.7.	木理文輝 大四.一〇.二七	無	22.6.17
								無	

102

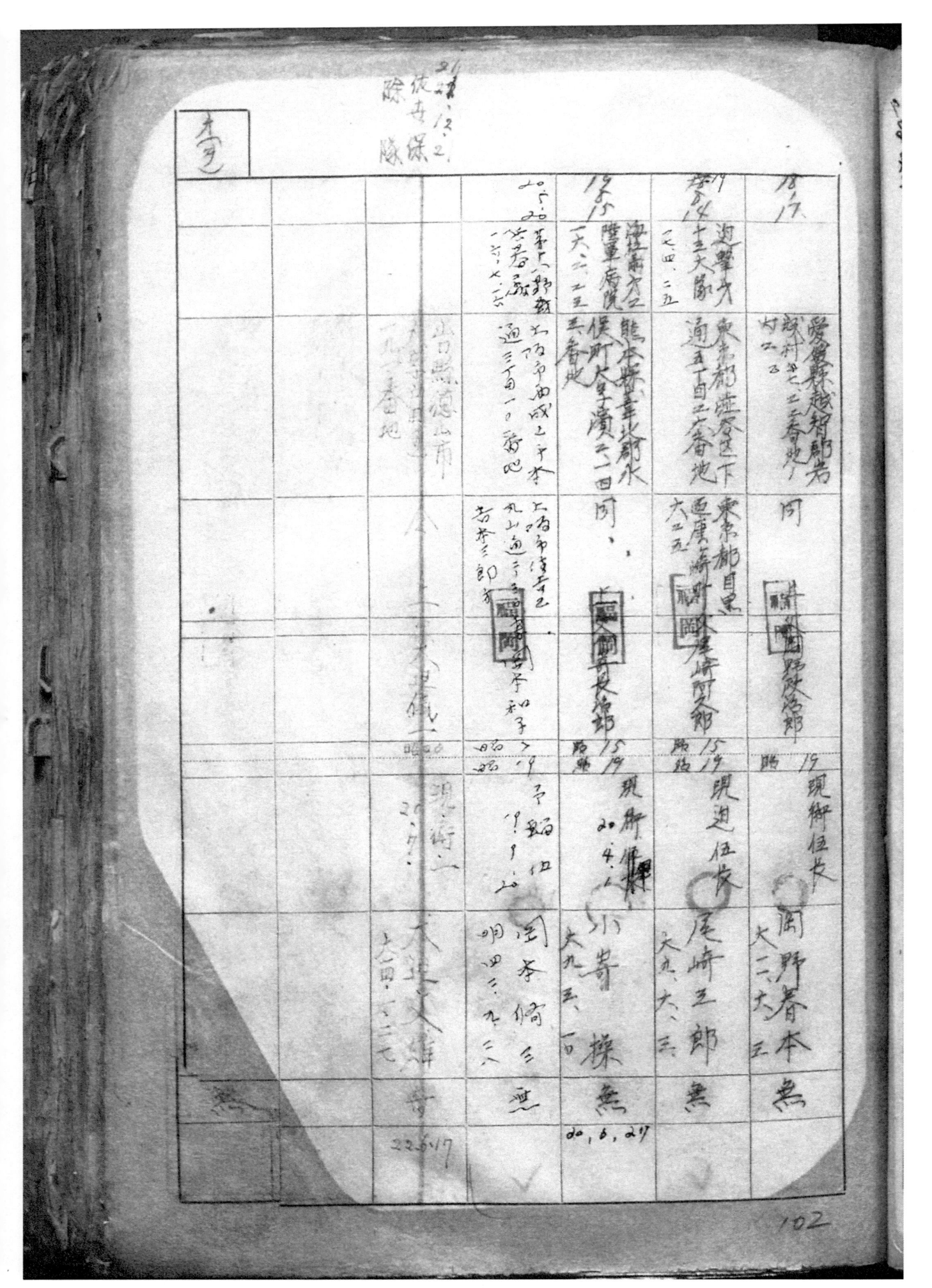

オ(9)

ト

15.3.29	15.5.10	15.5.11	14.10.26	15.5.16	15.9.20	15.2.11
新潟県北蒲原郡新発田町清水谷乙一〇五番地	京都市上京区寺町通丸太町下ル[illegible]町五四七番地	[illegible]県神埼郡豊富村豊富一〇八四番地	香川県大川郡[illegible]村[illegible]町田東本村五五七番地	東京都豊島区要町二丁目九番地大	佐賀県三養基郡田代町大字田代五七四番地ノ二 大牟田市[illegible]番地	福島県耶麻郡長瀬村大字[illegible]下大作五〇八番地
千葉県東葛飾郡野田町梅郷四〇八 関本政五郎方	三重県飯南郡[illegible]町[illegible]田丸四九〇六ノ一 坂倉てる方	同	同	同	同	同
福岡 小島かし	福岡 小川さだ子	福岡 長田[illegible]之丞	福岡 上 大西[illegible]代子	福岡 岡田まち	福岡 上 大石つき	福岡 小澤[illegible]
抜平 三、17、3、31	抜平 三、17、3、31	抜平 三、17、9、30	抜平 二 20、3、31	抜平 二 20、3、31	抜平 四 20、3、31	帰 五 18、10、31
小島 基 明四三、一二、二五	小川 外之衛 明三七、二、八	長田 直市 明四五、七、四	大西 又平 明四五、五、一六	岡田 正義 大五、二、二三	大石 徳蔵 明四二、一、一三	小澤 清市 明四五、一、一四
無	無	無	無	無	無	無
			20、6、27	20、6、27	20、6、25	

103

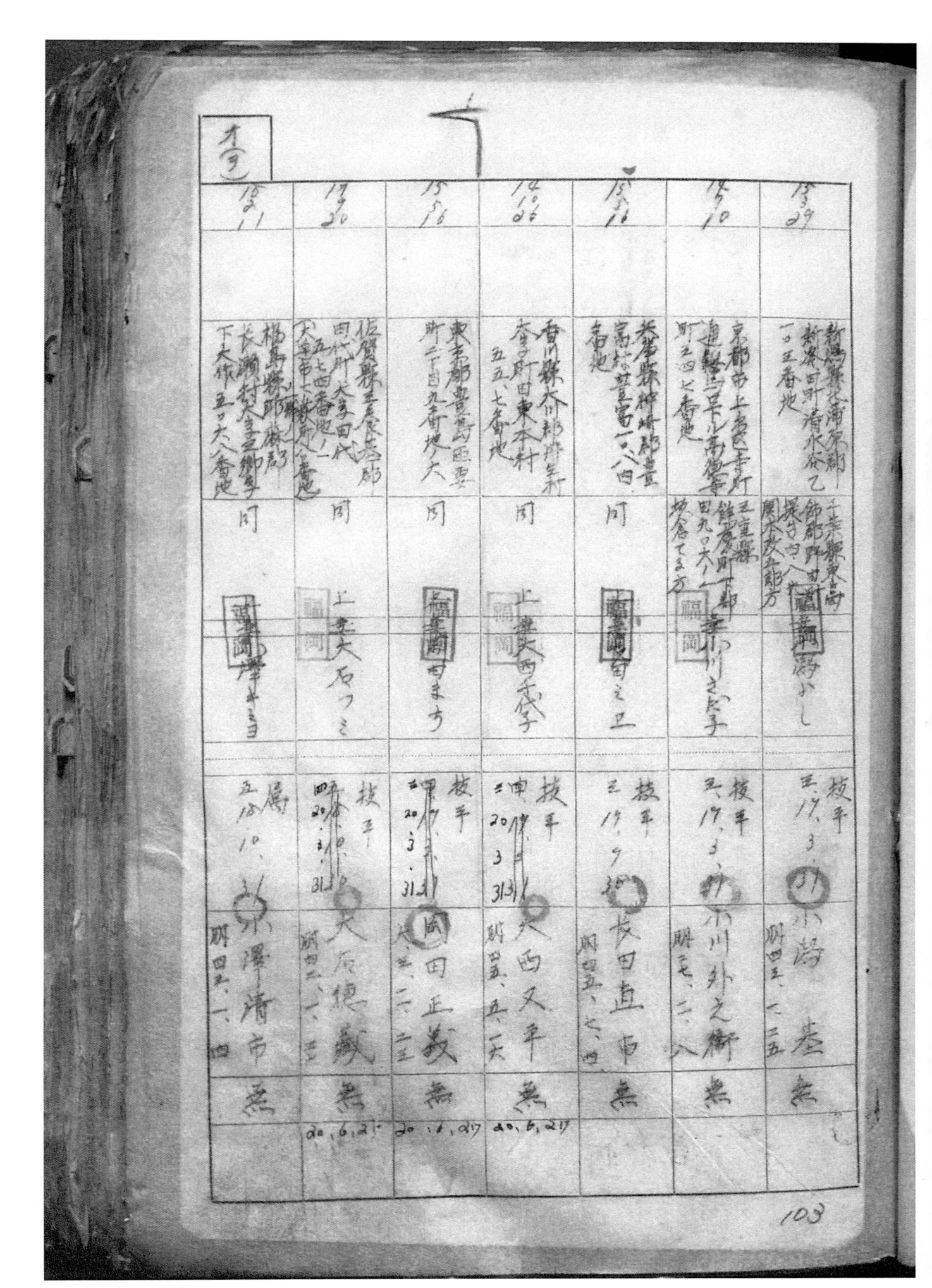

木
(Right margin note:) 解職 依安保 23.3.12

18.2.12		愛知縣知多郡小鈴谷村大字坂井字西側六〇番地 ([illegible])	同	上 岡本静子	技手 四、20、3、31	岡本茂雄 大九、二、二	無 20.6.27 22.6.27
17.8.31		宮崎縣[illegible]郡[illegible]村大字平字矢床五七番地	同	上 大槻たか	技手 四、20、3、31	大槻主税 明四二、二、一六	無 20.6.27
18.2.12		埼玉縣入間郡勝呂村大字加佐志六八五番地ノ一	同	上 真富くに	技手 四、20、3、31	真富虎之 大二、一、一二	無
19.4.1		長野縣上伊那郡南箕輪村七四二三番地	同	上 太田つや恵	技手 五、19、4、1	太田正夫 明三八、二、三〇	無
19.4.1		和歌山縣日高郡川中村大字三佐四〇三番地	同	上 天串[illegible]冬郎	技手 五、19、4、1	天串三子雄 明四三、七、八	無
18.7.30		香川縣仲多度郡葦岡村大字弘田九一九番地ノ二	同	上 大浦ふみ子	傭 五、17、7、30	大浦利夫 大四、三、一六	無
19.4.1		香川縣[illegible]九四番地	同	上 大井繁子	技手 五、19、4、1	大井輝平 大五、六、二九	無

50

104

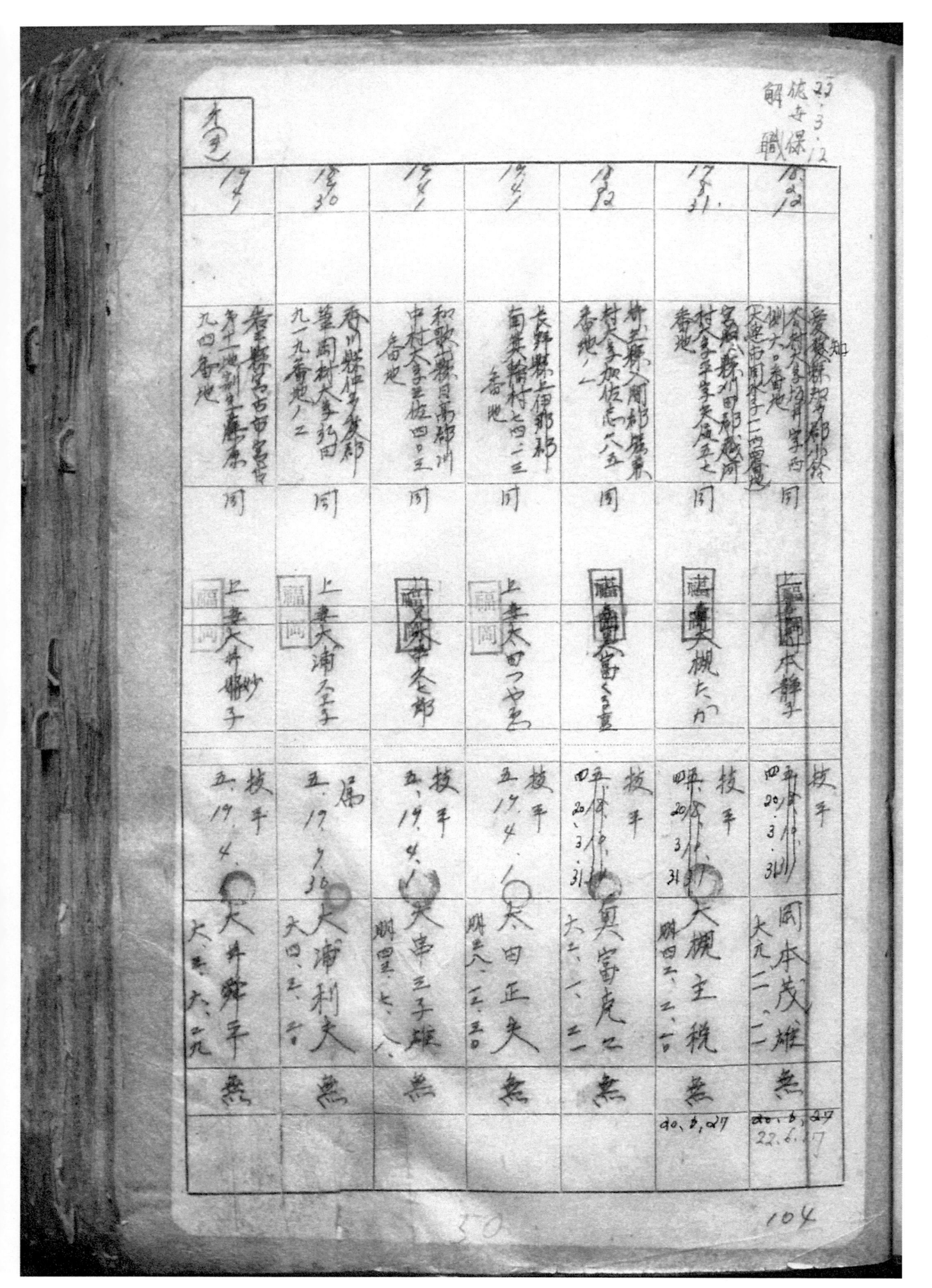

富士… 40.4.6
…

大連

19.2.15	18.9.30	19.8.21	16.3.27	13.4.1	12.10.1	13.5.15
第八師団防疫給水部 八、九三ロ						
滋賀縣東淺井郡上[illegible]村柿谷九番地	和歌山縣東牟婁郡太地町大字太地三六七七番地	宮城縣名取郡下増田町下増田字熊[illegible]大口番地	北海道枝幸郡枝幸村大字枝幸村字本町二三番地	香川縣綾歌郡[illegible]村大字[illegible]所東五七二六番地（大連市下[illegible]町廿一番地[illegible]）	愛媛縣[illegible]郡新居村大字[illegible]七二番地	千葉縣海上郡旭町イ一二一三番地
同	同	同	同	同	同	同
小野瀬ちよ	大屋ミエリ	大友シゲ	上妻 小田桐ハル	上妻 大下春江	[illegible]之助	大木いち
技手 五、19、9、1	技手 五 17、9、30	技手 本19、8、1 五 20、3、31	業務手 一〇 17、10、31	業務手七八 12、7、30	業務手 八五 9、11、1 本9、11、30	業務手 八四 本20 3、31
小野瀬隆久 大三、三、一〇	大屋四大 大二、五、一九	大友幸吉 大五、一〇、三	小田桐米太郎 明三八、一二、一	大下義雄 大九、一二、二	大川保 大三、一〇、一三	大木五郎吉 明四〇、九、二八
無	無	無	無	無	無	無
		20、5、27				20、5、27

105

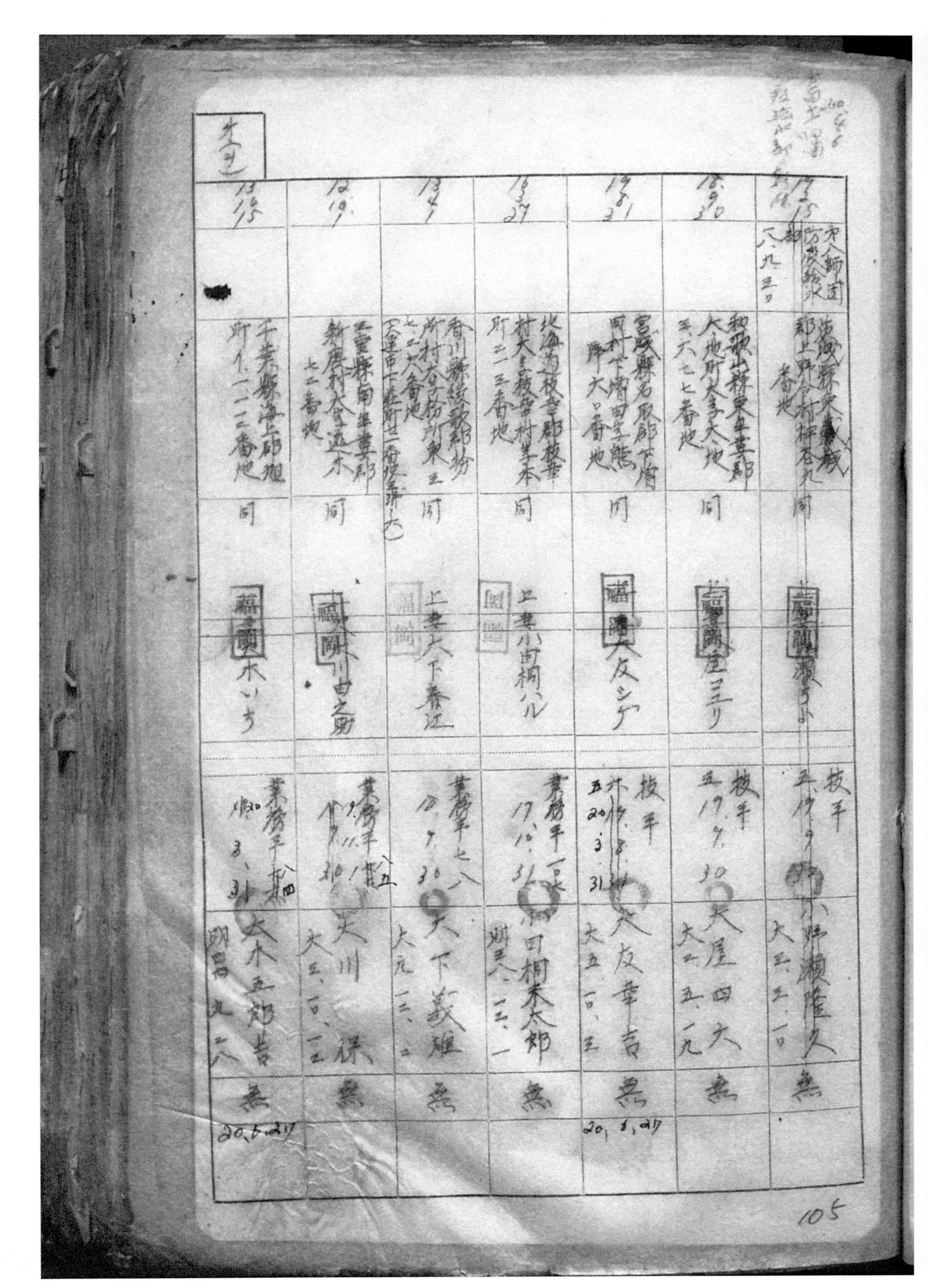

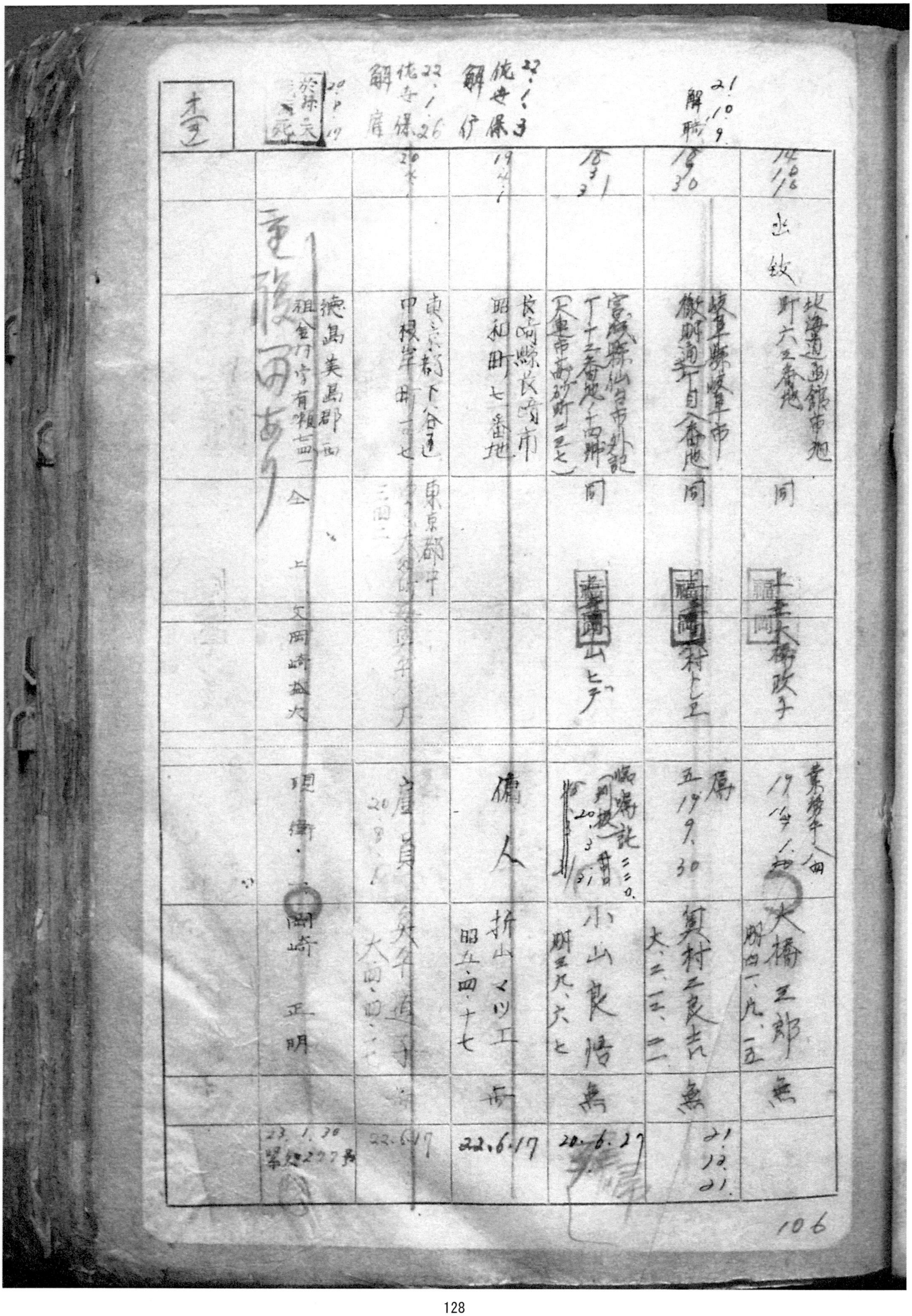

21.10.9 解職
14.10.1
北海道函館市旭町六五番地
同
大橋政子
業務中 19.4.1
大橋三郎 明四一.九.一五
無
18.9.30
岐阜県岐阜市徹明通二丁目八番地
同
稲村よし江
傭 五.19.9.30
箕村二良吉 大二.一二.二
無
21.12.21.
22.1.3 依保解傭
18.3.1
宮城県仙台市外記丁十三番地ノ十四號
同
小山七戸
20.3.31 三二〇
小山良治 明三九.六.七
無
20.6.27
19.4.1
長崎県長崎市昭和町七番地
傭人
折山マツエ 昭五.四.十七
無
22.6.17
22.1.26 依保解雇
東京都下谷区中根岸町一〇七
東京都中
三四二
雇員 20.8.
大四.四.二七
22.6.17
20.8.17
徳島県美馬郡祖谷山村字有瀬七四二
同上
父 岡崎益次
現役・二
岡崎正明
23.1.30
106

關東軍防疫給水部留守名簿

昭和二十年一月一日　關東軍防疫給水部

編入年月日	編入前所屬及其編入年月日	本籍（在留地）	留守擔當者 住所	續柄 氏名	徴集年 任官年	役種兵種官等並級俸月給額 發令年月日	氏名 生年月日	留守宅渡ノ有無	補修年月日
19.1.10		香川縣三豊郡觀音寺町大字觀音寺甲二三〇四番地	同	父 沖崎作治	昭16	現 衛 兵長 20.6.1	沖崎清重 大11.9.25	無	20.7.22
19.1.10		香川縣綾歌郡瀧宮村大字瀧宮二三三一番地第三	同	父 大林七三吉	昭11	現 衛 兵長 20.6.1	大林義市 大10.1.23	無	20.7.22
19.1.10		香川縣綾歌郡羽床上村大字羽床上二五三八番地ノ一	岡山縣児島郡甲浦村大字宮浦	父 岡大正義	昭16	現 衛 兵 19.6.1	岡矢義範 大11.7.9	無	
19.1.10		香川縣三豊郡[illegible]村大字植田二六四番地第二	同	母 長船マツ	昭16	現 衛 兵 20.1.1	長船敏雄 大11.4.8	無	
19.1.10		高知縣安芸郡土居村大字土居二〇七〇番地	同	父 大坪重房	昭16	現 衛 上等兵 20.2.1	大坪亨四郎 大10.7.1	無	20.2.25

病死

死 20.9.8

107

第二二師團 20.4.6
渡邊部隊

オ (9)

除籍 22.8.25

19.1.10	香川縣三豊郡観音寺町大字観音寺甲二九八七番地	〃	上文 岡林虎一 昭16	現衛生軍 18.12.1	岡林 大一一六 岩	無
19.1.10	香川縣綾歌郡栫所村大字栫所西甲二〇三三番地	〃	上文 奥谷[illegible]太郎 昭16	現衛上 18.12.1	奥谷 笹夫 大一一一	無
19.1.10	愛媛縣越智郡岡山村大字瀬戸甲七五二	〃	上文 越智亀太郎 昭16	現衛上 19.6.1	越智清一 大一一四	無
19.1.10	愛媛縣越智郡盛口村井口戊二八四九	〃	上文 越智廣太郎 昭16	現衛上 20.1.1	越智清春 大三三五	無
19.1.10	愛媛縣越智郡岡山村大字宗方甲四四〇番地第二	廣島縣御調郡向島西村字[illegible]	上文 岡本[illegible] 昭16	現衛上 19.6.1	岡本明 大一一四	無
19.1.10	愛媛縣伊豫郡上灘町大字上灘甲六二五一	愛媛縣松山市北京町二丁目三番地	上文 奥田歳太郎 昭16	現衛兵伍 20.6.1	奥田康市 大一一二	無
19.1.10	愛媛縣東宇和郡御荘町大字長月二一一八番地第一	〃	中文 大谷[illegible] 昭16	現衛兵伍 20.6.1	大谷[illegible]男 大一一九二八	無

20.7.22　20.7.22

22.11.1 No.1018 21.12.13

21.4.14 108

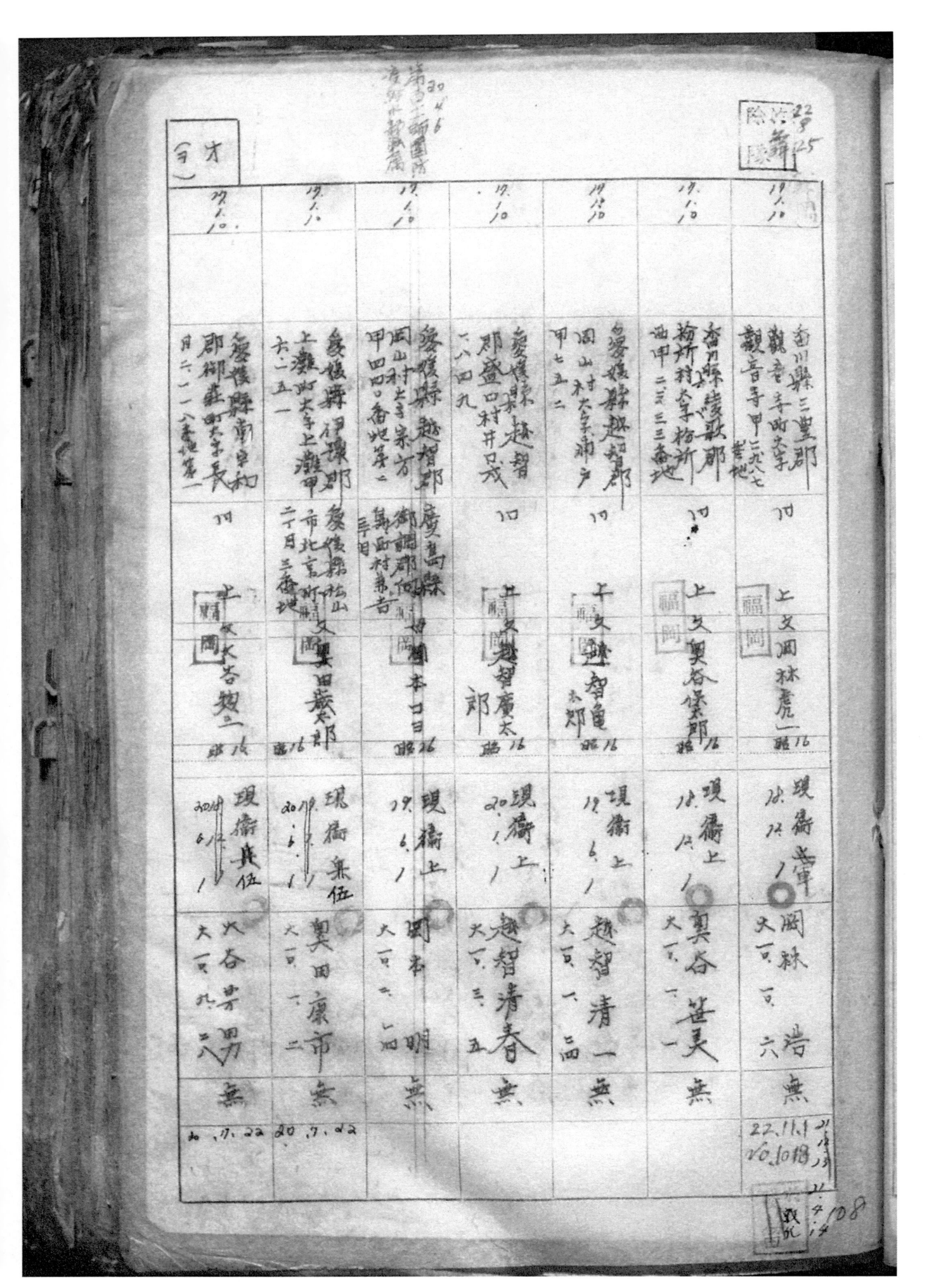

20. 6. 20.

除隊 21. 10. 9.

日付	本籍	住所	氏名	船	兵役	生年月日・氏名		日付
(13) 17. 1. 10	愛媛縣南宇和郡一本松村大字増田一番耕地二七二三	同	上 福岡 太田松治	船16	現衛上 20. 1. 1	大一〇、九、一 太田勝馬	無	
17. 1. 10	愛媛縣宇和島市本九島一〇三九一番地	同	上 福岡 岡崎七蔵	船16	現衛兵伍 20. 6. 1	大一〇、二、二六 岡崎正種	無	20. 7. 22
17. 1. 10	愛媛縣宇和島市和霊町三八ノ第一	愛媛縣宇和島市和霊町北通一三五番地	上 福岡 岡本吉造	船16	現衛長 20. 3. 1	大一〇、八、三一 岡本秀雄	無	20. 6. 18 / 21. 12. 21
17. 1. 10	徳島縣名西郡下分上山村大字下分上山字今井一六八ノ一	同	上 福岡 神本トク	船16	現衛上 19. 6. 1	大一〇、一一、一八 大上寛市	無	
17. 1. 10	徳島縣三好郡三野町大字太刀野山一六三	同	上 福岡 大西ヨシ	船16	現衛上 19. 6. 1	大一〇、六、二九 大西保夫	無	
17. 1. 10	高知縣幡多郡和田村大字中角一二二〇番地	同	上 福岡 岡田薫	船16	現衛兵伍 20. 6. 1	大一〇、九、一二 岡田秋雄	無	20. 7. 22
10	高知縣高岡郡黒岩村島地四三六番地	同	上 福岡 岡本品か	船16	現衛上 20. 1. 1	大一〇、七、一 岡本益恵	無	

109

(手)・告

17/10	17/10	18/17	18/17	18/17	18/17	18/17
高知縣安藝郡安芸町て五六二番地イ	香川縣大川郡白鳥村大字大谷て上所二六ト番地第二	愛媛縣伊豫郡松前町[illegible]濱大一六番地第一	愛媛縣喜多郡平野村大字平地二四一八番地	愛媛縣伊豫郡下灘村大字串甲八八番地	愛媛縣周桑郡櫻樹村大字楠窪癸三五七番地	愛媛縣北宇和郡下灘村[illegible]五坪平浦二一一
同	同	愛媛縣宇和島市大工町五六	同弟	同	同	同
上	上	上	上	上	上	上
福岡	福岡	福岡	福岡	福岡	福岡	福岡
文 岡村[illegible]	五 岡本正美	知 越智まつ子	東 岡田敏春	文 大龍早下	文 越智和助	文 岡部[illegible]助
齢16	齢16	齢17	齢17	齢17	齢17	齢17
現備上 18.12.1	現備上 20.1.1	現備上 19.1.1	現備一 18.10.1	現備上 20.1.1	現備上 18.10.1	現備一 18.10.1
岡村武信 大一〇、一二六	岡本數一 大一〇、九、一五	織田二男 大一一、三、五	岡田晃皇 大一二、四、四	大龍莫一 大一一、二、一	越智武義 大一一、一〇、二八	岡部道高 大一二、一、七
無	無	無	無	無	無	無

於[illegible] 残留 七63 ㄙ8.[illegible] 11/[illegible]

於[illegible] 残留 中63 ㄙ[illegible] 5.28

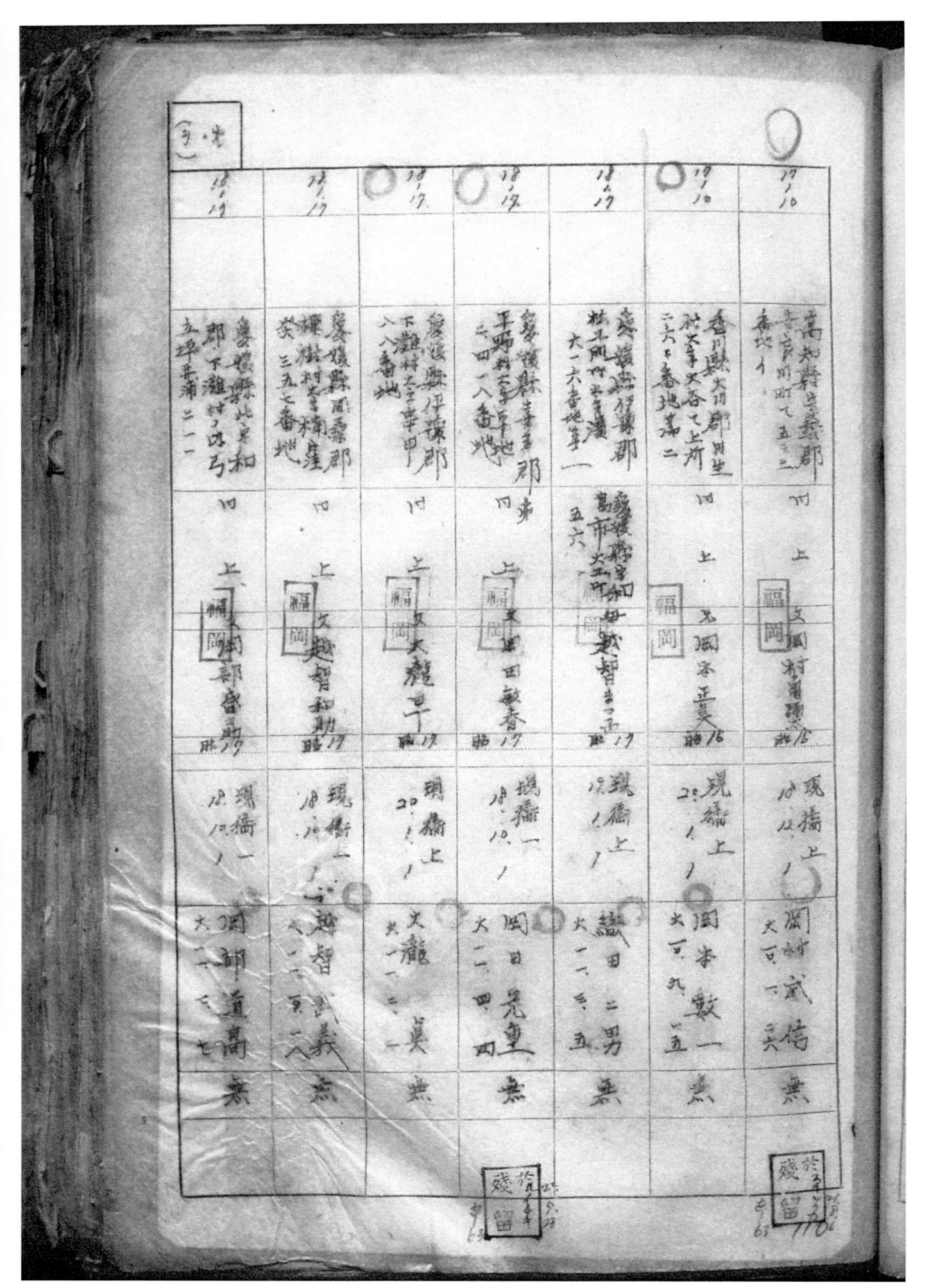

於舞鶴 召集解除 22.7.15

徳島陸軍病院ニ転属 19.10.21

18.1.17	18.1.17	18.1.17	18.1.17	18.1.17	18.1.17	18.1.17
愛媛県南宇和郡一本松村大字廣見四七九番地	香川県丸亀市北平山町五七	徳島県名西郡入田村字海先四三七	徳島県阿波郡久勝村大字勝命字谷島五九	徳島県美馬郡郡里町字辰角三	高知県吾川郡横畠村大字横畠北二四七	高知県安芸郡高路村大字高路二二九三
〃	〃	〃	〃	〃	〃	〃
上 福岡 長 大本吉五郎	上 福岡 母 村山キヨ	上 福岡 大島猪又	上 福岡 小山嘉六	上 福岡 逢坂虎太	上 福岡 田治造	上 福岡 大野鷲好
昭17	昭17	昭17	昭17	昭17	昭17	昭17
現備一 18.10.1	現備一 18.10.1	現備一 18.10.1	現備上 19.1.1	現備一 18.9.20	現備 昇任 20.2.? 20.6.1	現備一 18.9.20
大本利天 大一二.三.二一	又川時四郎 大一一.一〇.一二	大島利顯 大一一.三.一〇	小山張一 大一一.六.一〇	逢坂秀雄 大十一.一一.一五	田田藏叡 大二.九.一七	大野鷹龍 大一一.九.一五
無	無	無	無	無	無	無
		✓	✓		20.7.22 22.8.20	22.11.17 No258

111

22.4.12 残留 收 直三

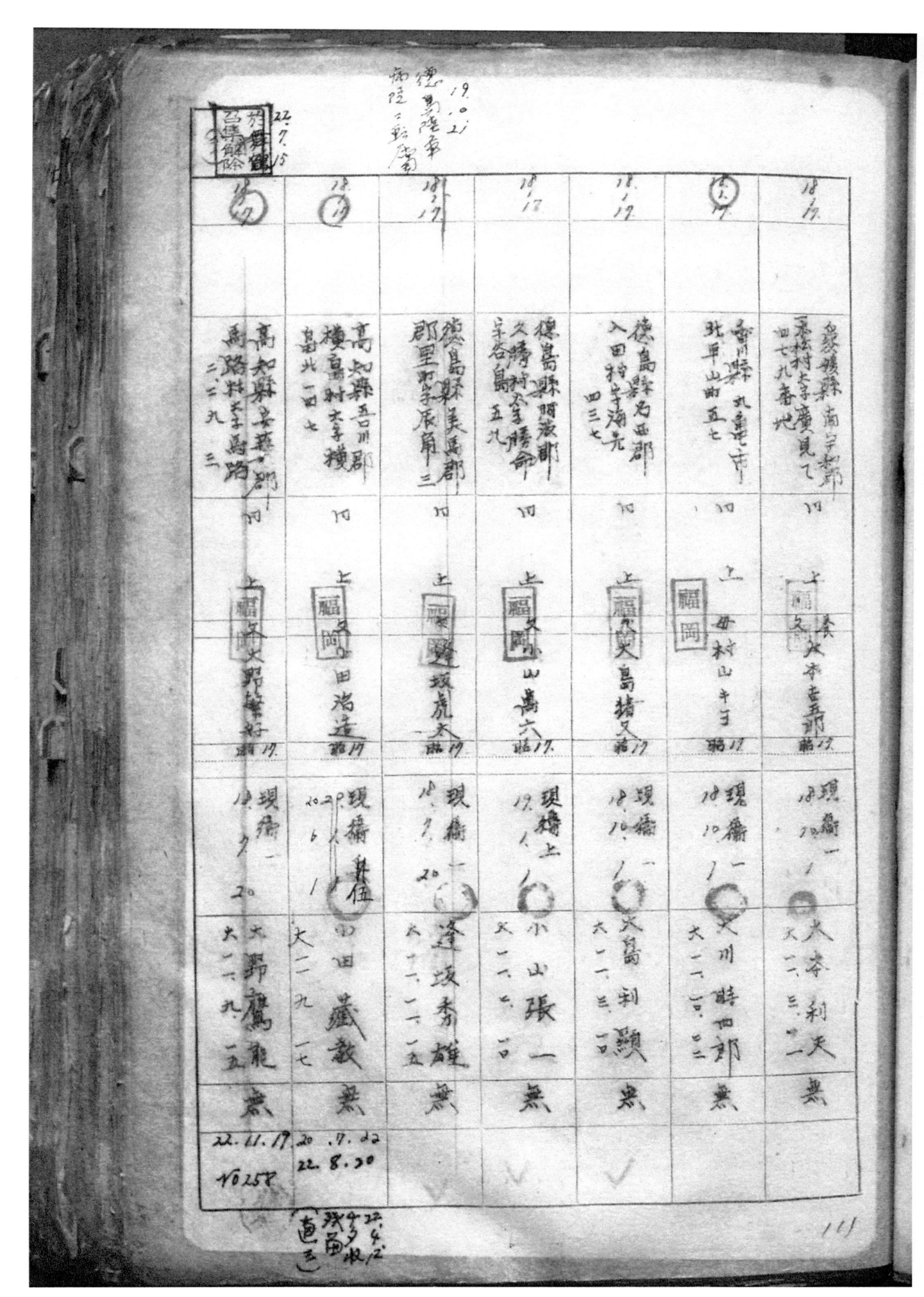

(ヨ) 才

除隊 於舞 22.12.3　　除隊 於舞 22.12.3

19.1.12	19.1.12	19.1.12	19.1.12	19.1.12	19.1.12	19.1.12
愛媛縣伊豫郡廣田村大字多居谷甲一二一六	愛媛縣越智郡小西村大字早瀬甲九四七番地	愛媛縣西宇和郡三机村大字三机乙七九八番地第二	愛媛縣伊豫郡上灘町大字上灘甲五六四八番地	愛媛縣温泉郡粟井村大字宮河内甲四三三番地	愛媛縣越智郡盛口村大字藏元四〇〇番地	愛媛縣越智郡岡山村大字野江甲六一〇三
愛媛縣上浮穴郡□町上野二五六						
ロロ	ロロ	ロロ	ロロ	ロロ	ロロ	ロロ
上	上	上	上	上	上	上
福岡 奥村那磨 18	福岡 越智七廿ノ 18	福岡 野英市 18	福岡 野吉松 18	福岡 野甚五郎 18	福岡 越智友安 18	福岡 越智□又 18
現備上 20.1.1	現備上 20.1.1	現備上 20.1.1	現備 19.1 上	現備一 19.10.1	現備 19.10 上	現備上 20.1.1
奥村 進 大九.一一.三	越智正春 大一二.八.二二	大野正行 大一三.七.二六	大野金重 大一三.二.二二	大野修 大一三.七.二二	越智光市 大一三.七.四	越智肇 大一一.八.二五
無	無	無	無	無	無	無
			23.5.14		23.5.14	

残留 於スマトラ 21.8.16

七 63　112

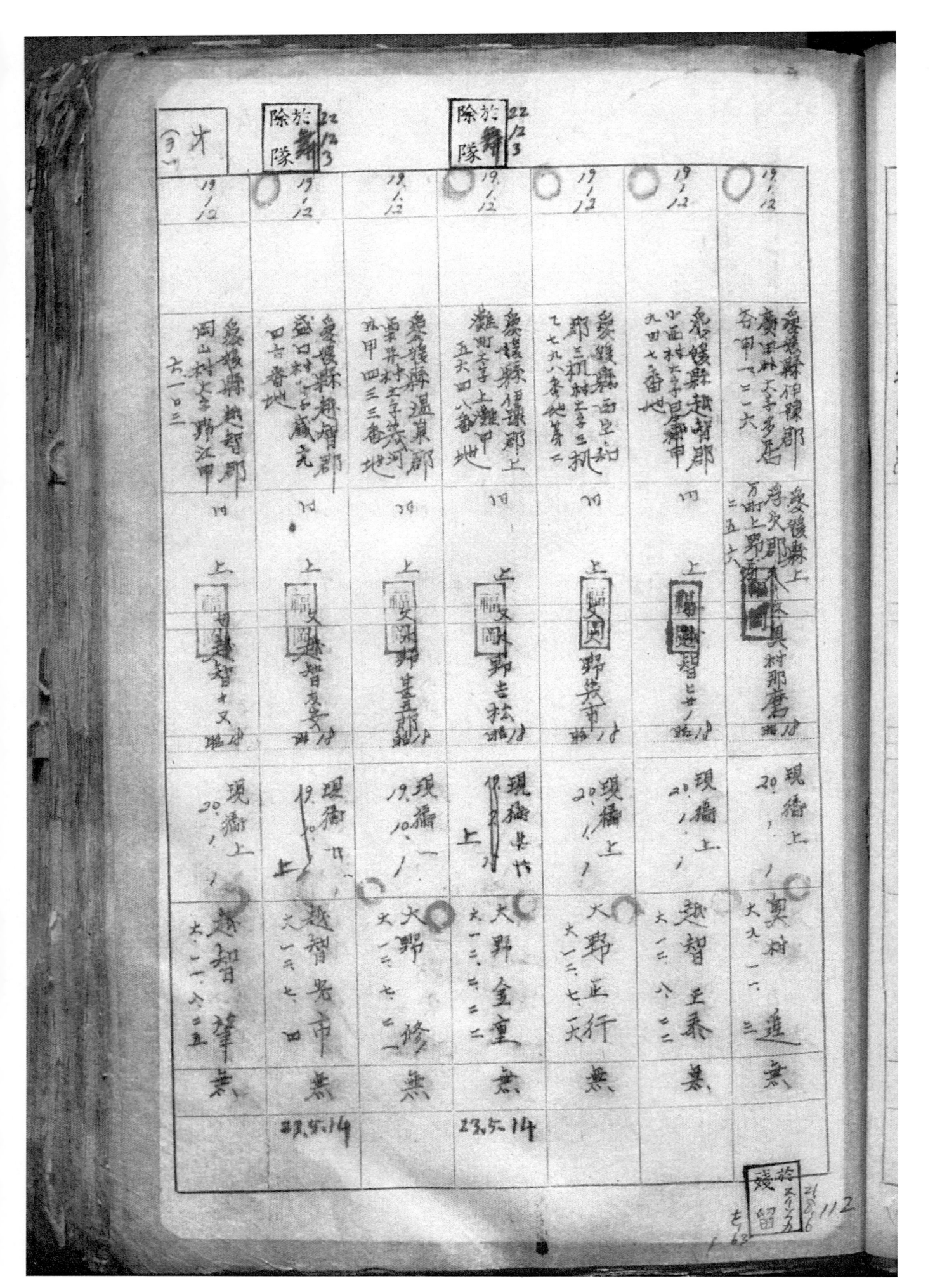

伍 オ							
19/1/12	愛媛県南宇和郡緑僧都村大字緑一新地二四四番地	同	上 〔福岡〕	岡村佐治 18	19.10.1 現衛一	岡村正義 大一三、一二	無
19/1/12	香川県小豆郡土庄村大字□二生五一番戸	同	上 〔福岡〕	父 大貫足太郎 18	19.2.15 現衛一	大貫清治 大一三、四、七	無
19/1/12	香川県木田郡田中村大字田中三〇四三	同	上 〔福岡〕	父 小川幸助 18	19.10.1 現衛一	小川米市 大一三、三、一六	無
19/1/12	香川県綾歌郡飯野村大字東二五〇八	同	上 〔福岡〕	母 大林ヤイ 18	19.7.15 現衛一	大林忠雄 大一三、一一、四	無
19/1/12	高知県安芸郡安田町大字安田一一七	同	上 〔福岡〕	父 小川重衛 18	19.2.15 現衛一	小川雅久 大一一、一二、九	無
19/1/12	香川県綾歌郡岡田村大字岡田上二四七六	同	上 〔福岡〕	養父 大林友治 18	19.2.11 現衛一	大林剛 大一三、二、二三	無
19/1/12	高知県安芸郡東川村大字大井七二〇三	同	上 〔福岡〕	父 岡松明子 18	19.12.1 現衛一	岡松豊年 大一三、五、二	無

於牡丹江 殘留

113

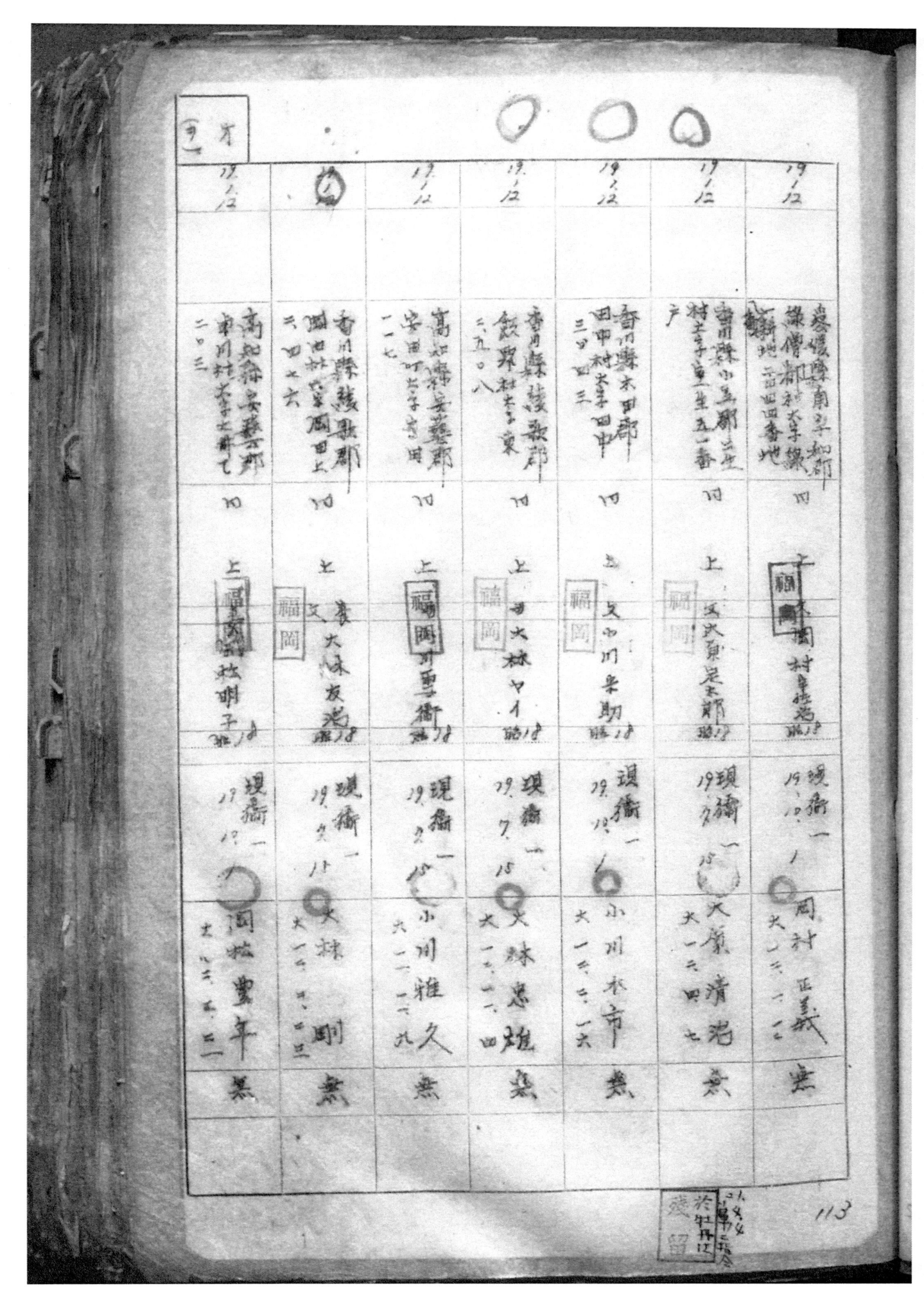

19.12	19.12	19.12	19.12	19.12	19.12 戦斗による	19.12
徳島県…郡…村大字…八一	徳島県那賀郡大野村大字下大野字大平三六七ノ三	徳島県名東郡…村麻中六三二	徳島県那賀郡平島村…中島八四五	徳島県麻植郡…川田市九八ノ一	徳島県名東郡…中一五四屋敷	徳島県麻植郡…島…前須賀一二六
同 上 福岡 大西八重太	東京都渋谷…通下通二ノ八 福岡 尾崎…	同 上 福岡 本タイ	同 上 福岡 大坂タケノ	同 上 福岡 大坪米太郎	…湖北省漢江…市至善路二二五号 福岡 大江…一	同 上 福岡 …一
20.1 現衛上	20.7.1 現衛上兵	19.9.15 現衛一	19.9.15 現衛一	20.1 現衛上	19.9.15 現衛一	19.9.15 現衛一
大西…雄 大一三.一.一二	尾崎武彦 大一三.三.二九	岡本貴介 大一三.一.七	大坂利計 大一三.三.九	大坪和夫 大一二.九.二七	大江一郎 大一〇.三.二二	大塚重雄 大一三.一二.五
無	無	無	無	無	無	無
	22.6.17				20.8.18	

22.4.19 舞鶴 除隊

20.8.18 戦死

114

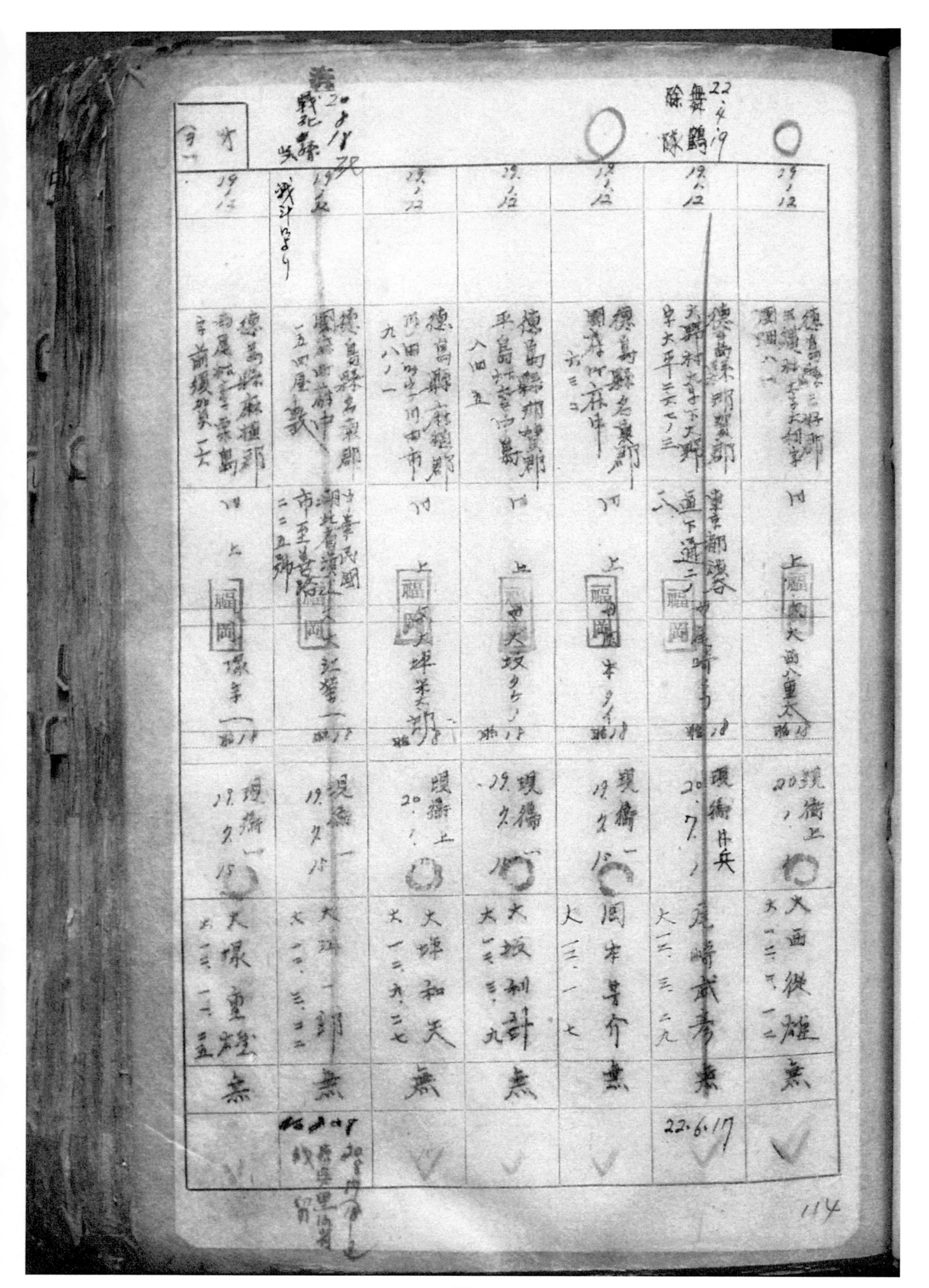

	19.1.12	徳島県名西郡下分上山村字下分上山[illegible]四[illegible]	〃 上	福岡 岡 久義 昭17	現備一 19.9.[illegible]	岡 操 大一一.一二.三〇	無	✓
舞鶴除隊 22.4.19	19.1.12	徳島県海部郡[illegible]町大字[illegible]二二六	〃 上	福岡 岡田[illegible]郎 昭18	現備廿兵 22.4.20	岡田 清 大一三.七.二四	無	22.6.17 ✓
病死 20.8.17	19.1.12	徳島県美馬郡祖谷山村字[illegible]頼七四一	〃 上	福岡 岡崎 益夫 昭18	現備一 19.9.15	岡崎 正明 大一三.九.一五	無	23.1.30 [illegible]2773
舞鶴除隊 22.4.20	19.1.12	徳島県那賀郡[illegible]	大阪市阿部野区[illegible] 福岡 大村 敏郎 昭18		現備廿上 22.4.20	大村 叶雄 大一三.[illegible].二四	無	22.6.17 ✓
舞鶴 22.9.3	19.1.12	高知県吾川郡池川町[illegible]五[illegible]番地	〃 上	福岡 神岡 義治 昭18	現備一 17.8.[illegible]	神岡 武 大一二.九.二四	無	23.2.16 No1033
	19.1.12	高知県吾川郡池川町[illegible]六〇七番地	〃 上	石 初次 昭18	現備一 19.9.15	石 常[illegible] 大一[illegible]	無	
才 (テ)	19.1.12	高知県幡多郡[illegible]村大字大宮二四八番地	〃 上	福岡 新付 義照 昭18	現備上 20.8.[illegible]	新付 慶文 大一三.二.二	無	

115

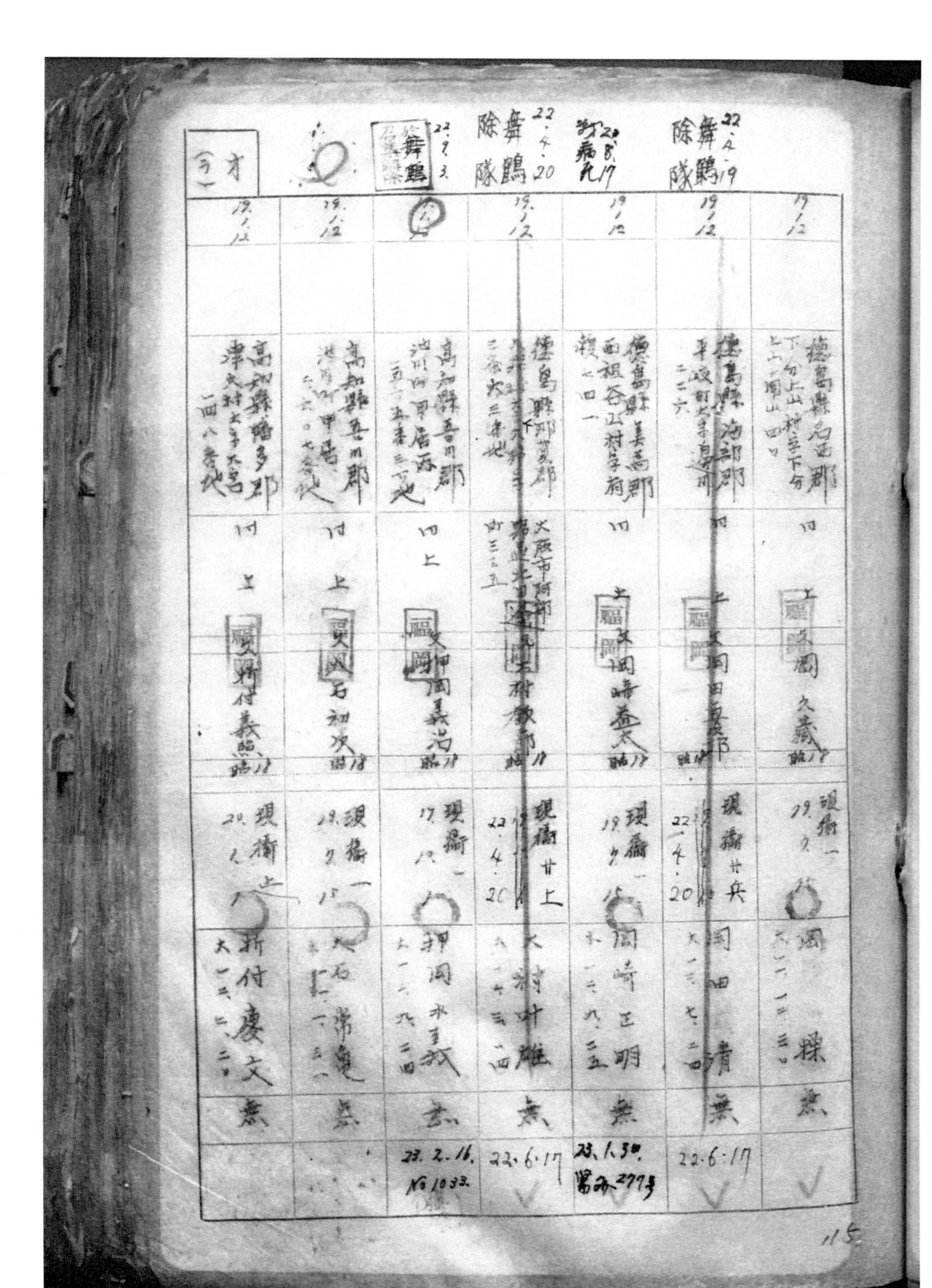

オ ③

於21.10.24 除隊

於舞鶴 召集解除 22.9.3

除隊 21.10.13

19.12
高知縣幡多郡[illegible]村大字伊方原 二九七番地
四
上
福岡 尾崎重則 昭17
現備上 20.1.1
尾崎等 大一三.三.一五
無

19.12
高知縣幡多郡宿毛町大字和田 一七三九番地
四
上
福岡 尾崎[illegible] 昭18
現衛一 19.2.15
尾崎[illegible]一郎 大一三.八.一二
無
22.11.24 No1030

20.1.15
[illegible] 一八八一三
熊本縣天草郡本戸町大字本戸馬場 二〇〇四
上
福岡 岡部[illegible]郎 昭5
一補 砲長 19.1.10
岡部久万[illegible] 明四三.七.二八
無

20.1.15
[illegible] 18.3.3
名古屋市昭和区[illegible]町四ノ五五
名古屋市瑞穂区[illegible]
福岡 大嶽[illegible] 昭8
一補 輜上 19.1.10
大嶽正輝 明四三.一〇.一二
無

愛媛縣宇和島市 [illegible] 一三九一
福岡
衛兵長
岡野正[illegible]

20.2.26
入隊
島根県邑智郡[illegible]郷[illegible]
上
大石[illegible] 昭16
一工衛上
大石靖美 大四.四.八
無
22.5.15

116

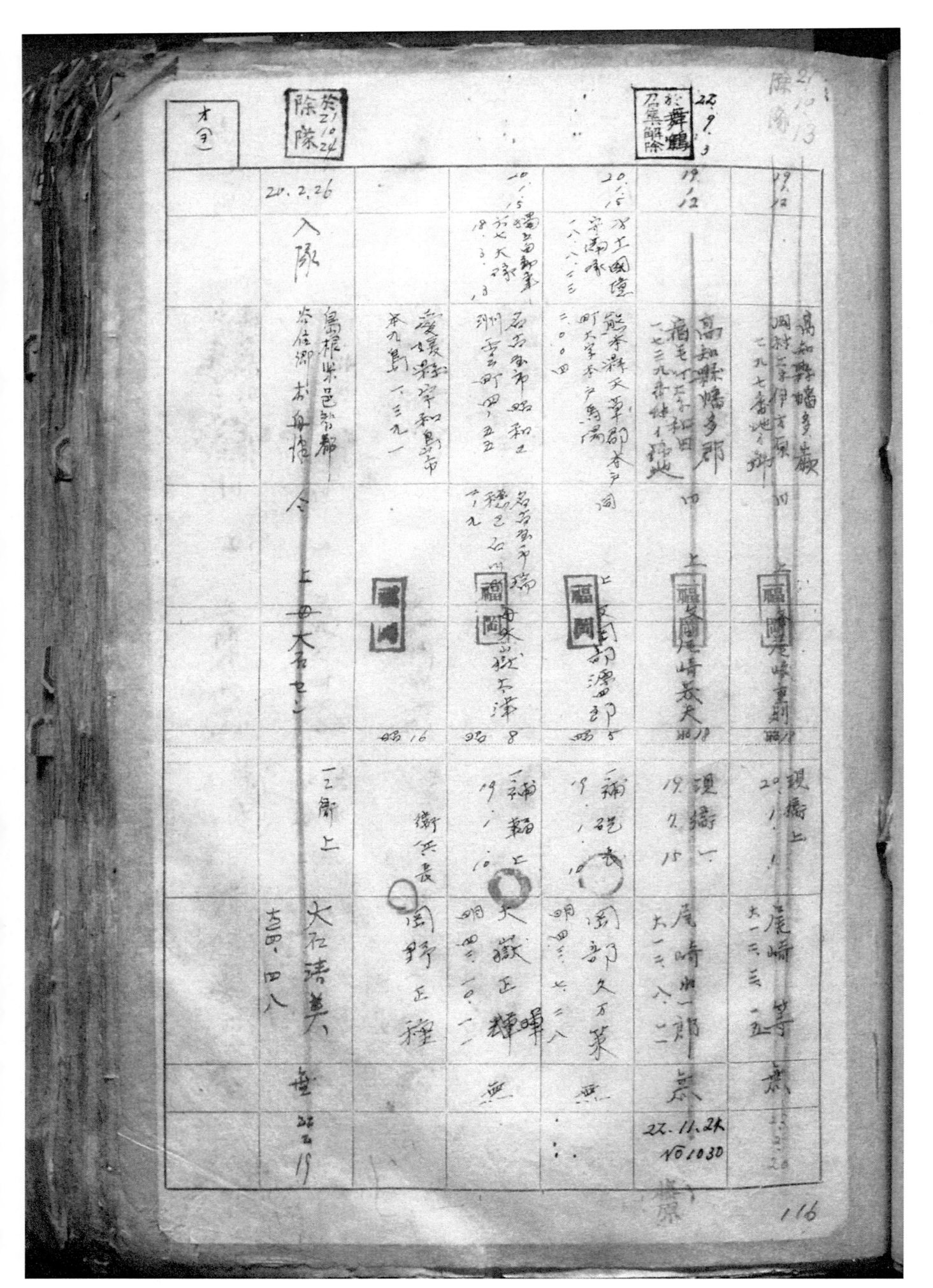

オ(ラ)

20.12.20 [illegible] 57陸[illegible]

21.12.21 [illegible] 除隊

22.1.7 [illegible] 除隊

20.3.7	熊本県菊池郡龍門村[illegible]一二番地	熊本県菊池郡[illegible] 福岡	母 緒方ミスエ	19	現備 一兵	大四.七.六	緒方邦典	無	22.6.13
20.3.7	千葉県[illegible]郡[illegible]番地	10 上 福岡	父 太田孫太郎	19	22.1.7 現備 一兵	大四.二.五	太田益夫	無	22.6.17
20.2.26	広島県豊田郡[illegible]長浜二〇五番屋敷	10 上 福岡	父 奥田文三郎	19	20.2.26 現備 二	大一三.一三.二三	奥田元治	無	
20.2.26	広島県双三郡作木村大字大山五三七	10 上 福岡	父 大久保福一	19	20.2.26 現備 二	大三.四.一	大久保末人	無	
20.2.26	広島県双三郡三次町[illegible]	10 上 福岡	父 大塚春吉	19	20.2.26 現備 二	大一三.十.三	大塚四郎	無	22.[illegible]
20.2.26	広島県双三郡作木村[illegible]下作木一〇二番地	10 上 福岡	父 大平五市	19	20.2.26 現備 二	大一三.一.五	大平忠	無	[illegible]
20.3.7	千葉県香取郡多古町多古二五八〇番地	千葉県[illegible]郡[illegible] 福岡	父 大矢音吉	19	20.3.7 現備 二	大一三.五.二	大矢貫男	無	

(4-3)

117

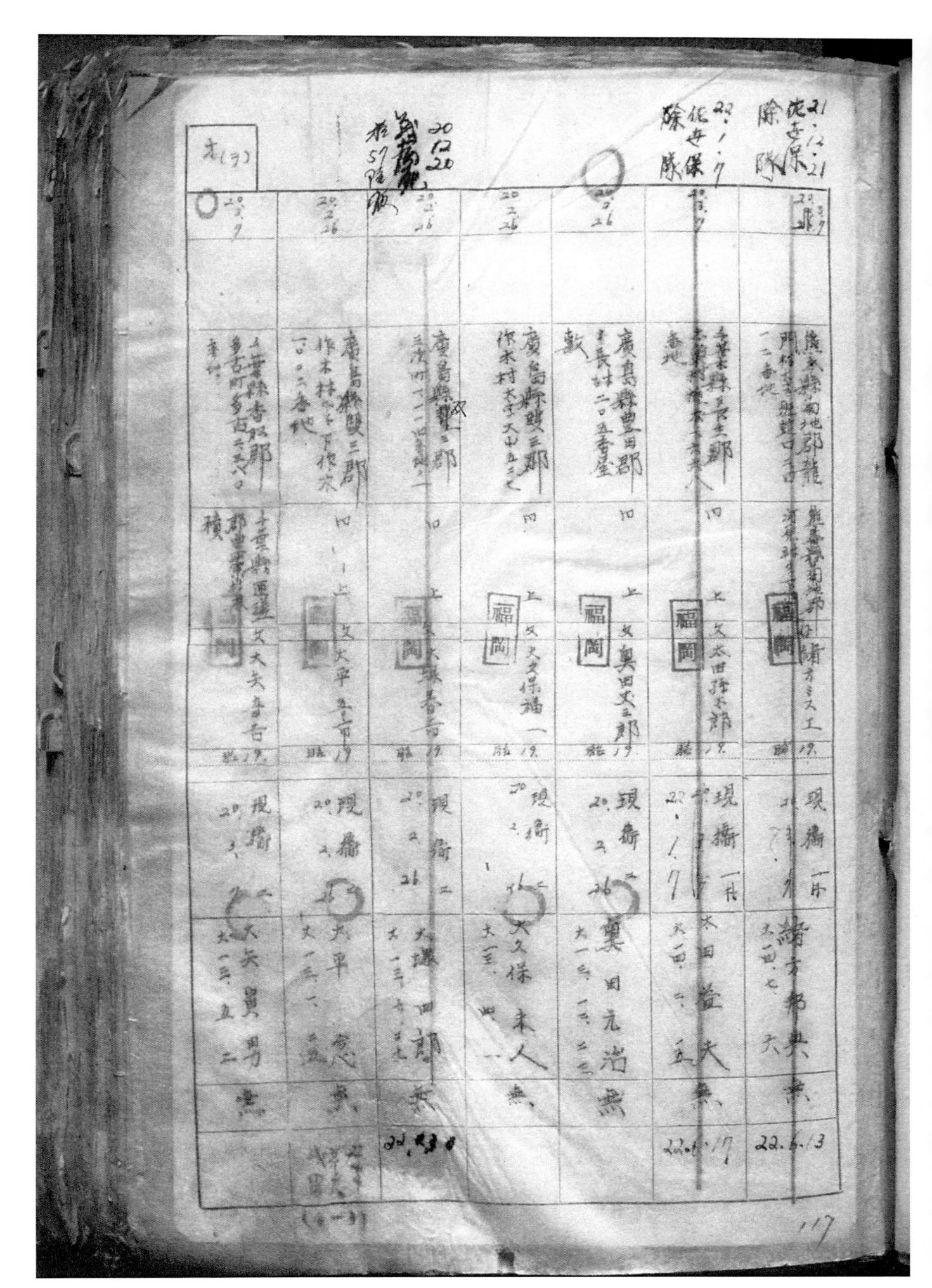

オ(ヲ)

22.12.3 召集解除

22.6.27 於舞鶴 召集解除

留守名簿

22.2.26	島根縣簸川郡園村大字西園三四四番地	口	上 福岡	四 大谷 オヨ	昭19	現籍 20.2.26	大谷清市	大一四.六.二	無
22.2.26	島根縣那賀郡二宮村大字神主口三一七番地	福岡縣遠賀郡芦屋町大字芦屋一六六〇番地	福岡	文 大屋喜作	昭19	現籍 20.2.26	大屋友喜	大一四.一.一	無
22.2.26	島根縣邑智郡君谷村大字[illegible]郷村七〇九番地	口	十四 福岡	大石 セン	昭19	現籍 20.2.26	大石清美	大一四.四.八	無
	島根縣邇摩郡大家村大字大家[illegible]郷五四五番地	口	文 福岡	岡田島市	昭19	現籍 20.2.26	岡田鶴義	大一四.六.九	無
26	島根縣美濃郡中西村大字中[illegible]八〇番地	口	上 福岡	奴 岡崎 シカ	昭19	現籍 20.2.26	岡崎[illegible]	[illegible].一.八	無	23.2.21
22.2.26	島根縣美濃郡[illegible]村大字[illegible]三三六番地	口	上 福岡	文 岡崎[illegible]郎	昭19	現籍 20.2.26	岡崎[illegible]	大一四.一.[illegible]	無	1.126 22.9.22
22.2.26	島根縣[illegible]市[illegible]二番地	口	上 福岡	文 尾[illegible]郎	昭19	現籍 昭和20.2.26	尾[illegible]吉	昭.四.[illegible]	無

118

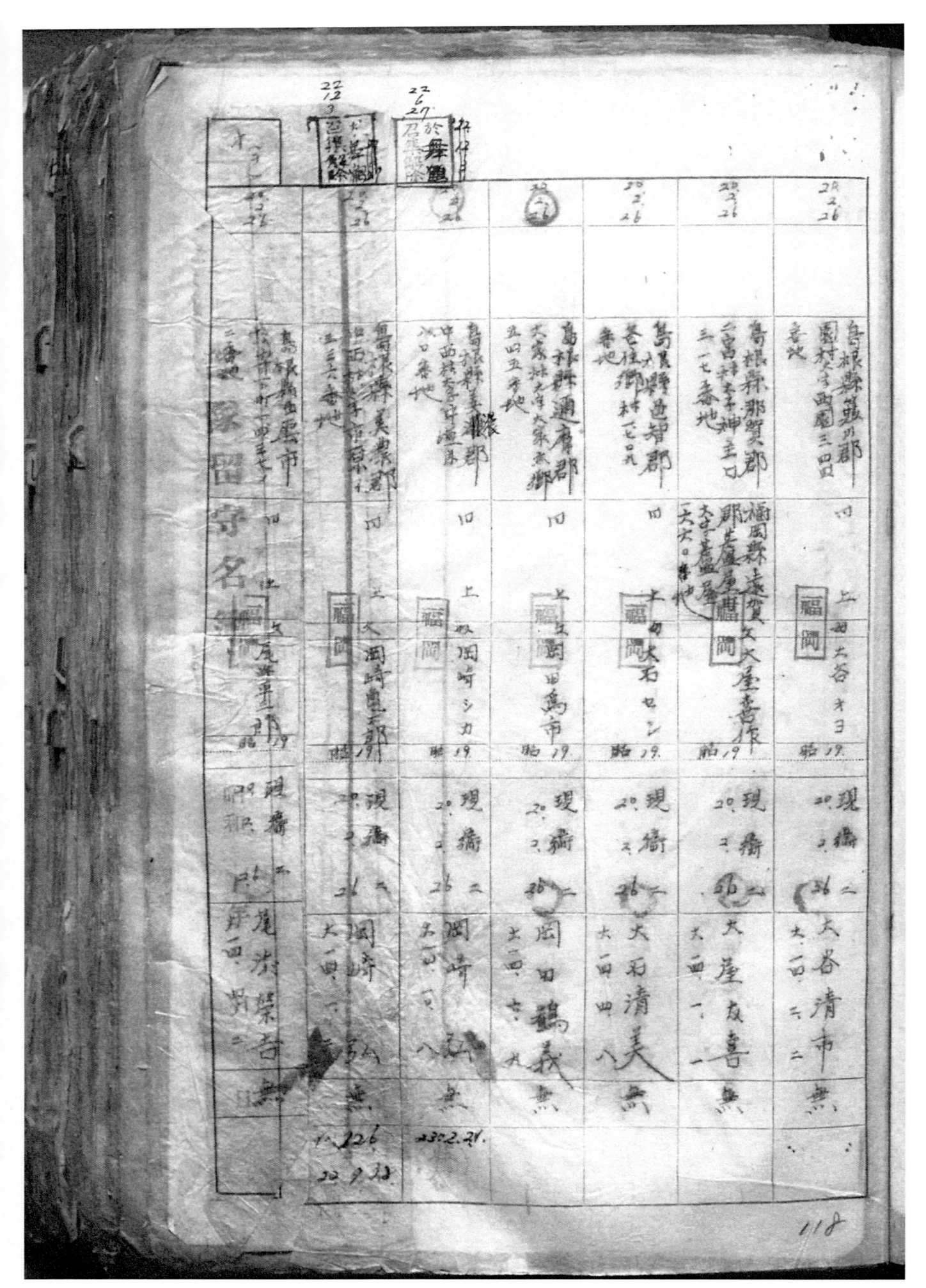

＊原簿 118 丁裏面（破損裏貼）

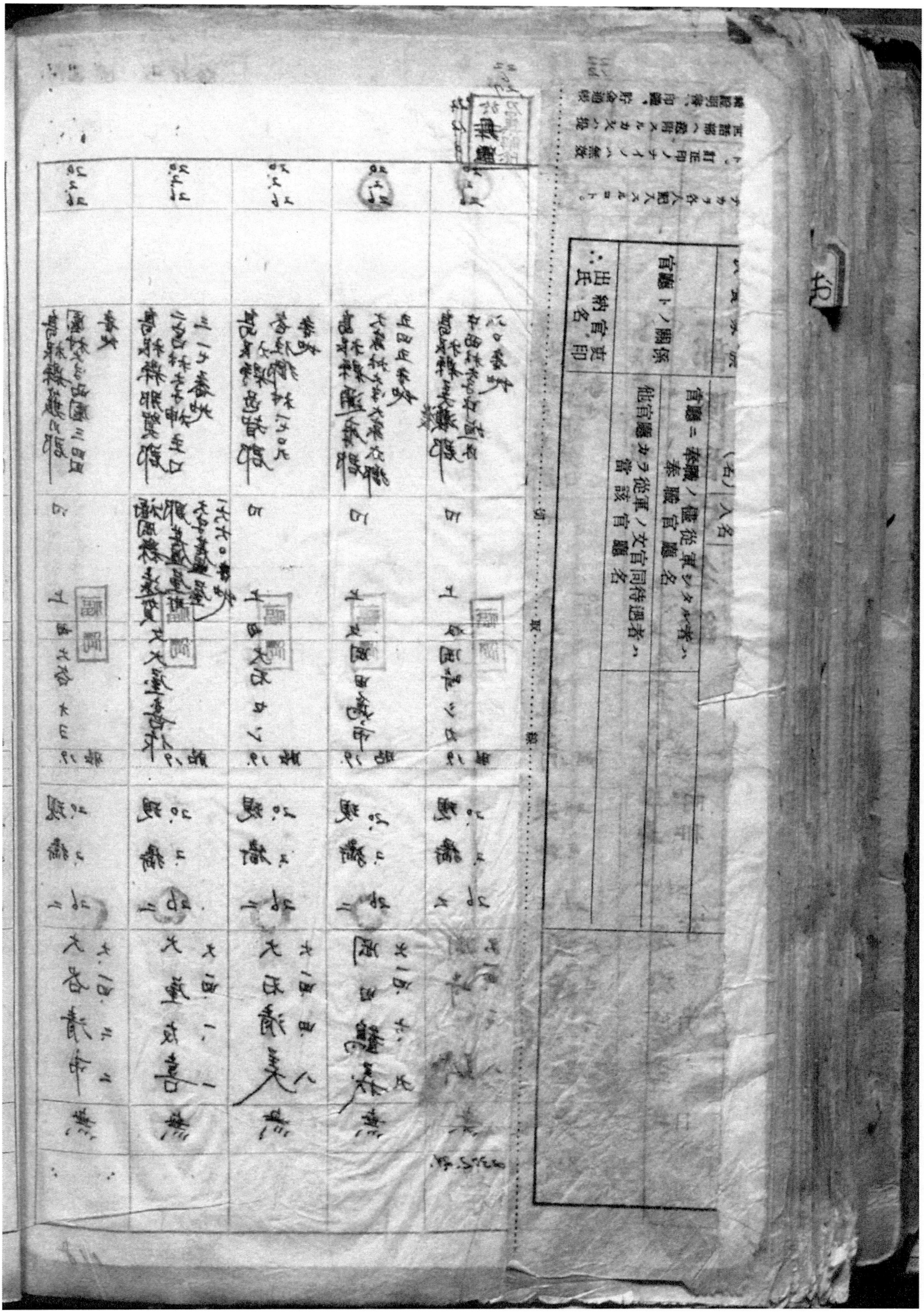
官廳トノ關係
官廳ニ奉職ノ儘従軍シタル者ハ奉職官廳名
他官廳カラ従軍ノ文官同待遇者ハ當該官廳名
出納官吏 氏名 印

20.12.1 ボスイエフ 戦病死

20.2.	20.2.26	20.2.26	20.2.26	20.2.26	20.2.26	20.2.26
島根県那賀郡川平村大字平田イ三三〇番地	山口県阿武郡三見村第四九二四番地ノ二	山口県大津郡仙崎町第六七九〇番地	山口県大島郡安下庄町大字西安下庄二四五三番地ノ一	山口県大津郡深川町[illegible]番地	山口県玖珂郡由宇町第八三番地	山口県大津郡日置村大字日置上第二五四七番地
福岡県小倉市城野町六六六番地	同	同	同	山口県下ノ関市大字西大坪町六九三番地	同	同
上 父 小川清太郎	上 兄 [illegible]田勇右	上 母 岡村ヨシ	上 父 岡崎元助	上 父 岡[illegible]寿一	上 父 岡野権一	上 父 小野権十
昭19	昭19	昭19	昭19	昭19	昭19	昭19
20.2.26 現衛二	20.2.26 現衛二	20.2.26 現衛二	20.2.26 現衛二	20.2.26 現衛二	20.2.26 現衛二	20.2.26 現衛二
大一三、一一、二 小川昌逸	大三、一三、六 [illegible]田正暁	大一四、六、二 岡林作一	大一四、一一、一 岡崎幸郎	大一三、八、二〇 岡[illegible]義雲	大一四、二、二〇 岡野広一	大一四、一〇、二一 小野勝久
無	無	無	無	無	無	無
				22.8.25 [illegible]		

119

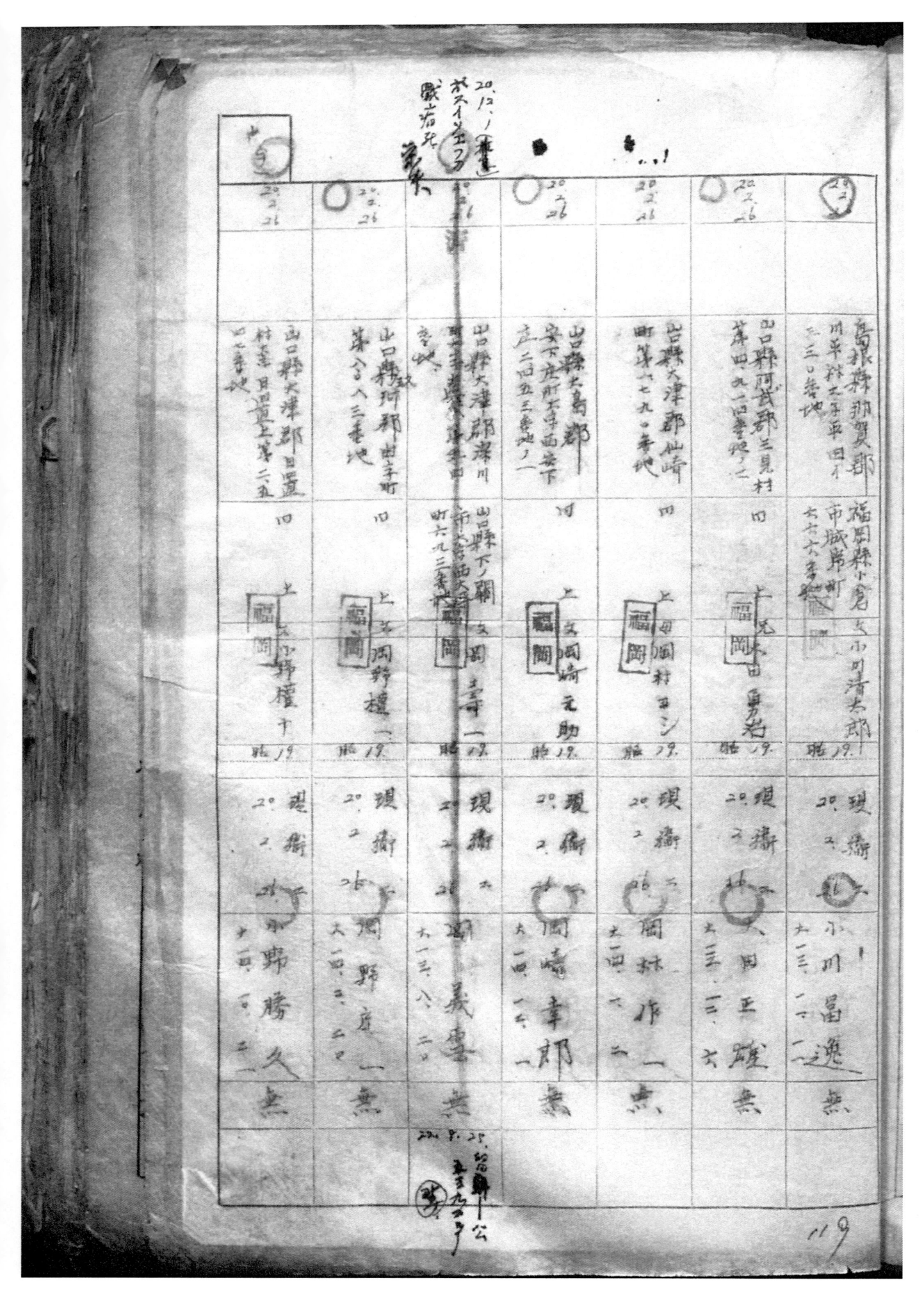

オ
(タ)

除隊 22.7.16　除隊 22.7.19　除隊 22.7.19

20.2.26		山口県玖珂郡深須村大字須川第九九一番地	同	福岡　母 沖田[illegible]子	昭17	現徴二 20.2.26	沖田操	大一五、二、一三	無	
20.2.26		山口県徳山市戸田一九一番地	同	福岡　父 大迫儀一	昭17.	現徴二 20.2.26	大迫文雄	大一四、一、二七	無	
20.2.26		広島県呉市見晴町一丁目一三八	同	福岡　父 面本徳太郎	昭19	現徴 20.2.26	面本範之	大一三、三、二九	無	23.1.19 No1023
20.2.26		広島県安芸郡小松村大字千鳥三八五番地	同	福岡　母 大谷ユキノ	昭18	現徴 20.2.26	大谷房行	大一三、一〇、一〇	無	23.1.17 No1023
20.2.26		広島県豊田郡[illegible]村大字[illegible]六二四番地	同	福岡　父 小原常太郎	昭19	現徴 20.2.26	小原強	大一三、一一、一三	無	22.11.18 No.256
20.2.26		広島県山県郡殿賀村大字下殿賀甲一〇二四番地	同	福岡　父 大倉兵市	昭19	現徴二 20.2.26	大倉一郎	大一三、三、二五	無	
20.6.1	第一二九部隊 一九、八、一五	兵庫県美方郡浜坂町一〇二五	満州[illegible]通市 [illegible]町三丁目 [illegible]	福岡　妻 岡田ユリ子	23.9	二補 20.6 上	岡田一次	明四三、九、一七	無	

120

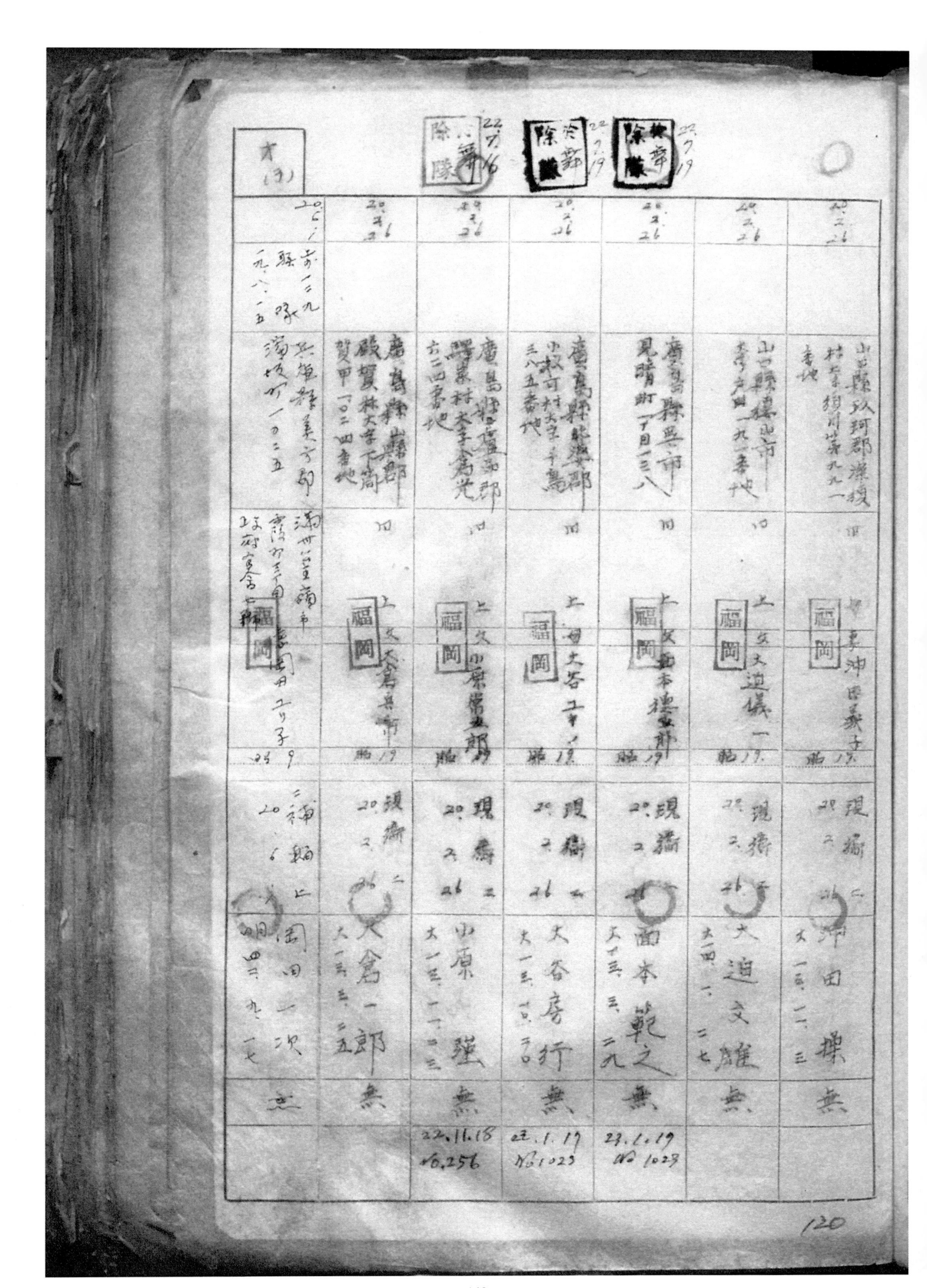

關東軍防疫給水部留守名簿

昭和二十年一月一日
關東軍防疫給水部

21/1/15 解雇 命令 ［以下判読困難］

(ヨ)オ

編入年月日	編入前所屬及其編入年月日	本籍（在留地）	留守擔當者 住所	續柄	留守擔當者 氏名	官等並役種兵種 徵任 集官 等給級俸月給額	年年 發令年月日	氏名	生年月日	留守宅渡ノ有無	補修年月日
16.11.1		石川縣石川郡鶴来町カ五ロ番地	同上	[illegible]	大村太三郎	雇（技術）八二	19.11.1	大村太市	明四三.三.一九	無	
16.5.12		和歌山縣東牟婁郡色川村大字高野一〇一番地	和歌山縣東牟婁郡高田村大字山平ノ川 中平仿太郎方	[illegible]	奥洞ミ子	雇（技術）八五	19.11.1	奥洞正	大元.一二.三	無	
19.3.1		千葉縣印旛郡船穂村武西一五三番地	同上	[illegible]	野木マサ	雇（技術）八四	19.3.1 / 20.3.31	野木正三郎	明四二.九.二	無	20.6.2
16.8.1		東京都城東區亀戸町五丁目四〇番地	靜岡縣小笠郡比木村山田谷 中島喜一方	[illegible]	太田松枝	雇（技術）八四	19.3.31 / 20.3.31	太田武文	明四四.六.二	無	20.6.2 / 21.4.9
15.8.30		埼玉縣比企郡西吉見村大字長谷八〇番地	同上 大島定吉方	[illegible]	大島千代子	雇（警防員）七六	19.11.1	大島盛行	大三.五.一四	無	

121

(ヨ)オ

13.11.10	茨城縣那珂郡檜澤村大字上檜澤三二八番地	同上	福岡 妻大森ゆめ	雇(技術) 七七 19.11.1	大森邦一 大元、一、七	ナシ	
15.3.11	千葉縣東隅郡中川村行川八〇三番地	同上	福岡 大久保まつ	雇(技術) 七四 19.7.1	太久保吉之助 大五、二、二九	有	21.6.2
13.11.15	新潟縣栃川岸通三丁目二、二七〇番地	廣島縣佐伯郡五日市町大字吉藤田屋一方	福岡 大月フジエ	雇(技術) 七四七八	大月幸吉 大三、一、二八	ナシ	20.6.2
19.6.15	栃木縣栃木市入舟町一八番地	同上	福岡 父大島樽右衛門	雇(事務) 卅七五	大島茂 大七、一、二五	有	21.1.2
15.3.11	大分縣玖珠郡東飯田村大字松木一九七九番地	宮崎縣南那珂郡吾田村字倉村角廣輔方	福岡 乙津ロク	雇(事務) 卅九七三	乙津吉五郎 明四四、六、三	ナシ	20.6.2
19.5.10	新潟縣中頸城郡名香山村大字田切九七四番地	同上	福岡 岡田英高	雇(技術) 卅九七三	岡田藤依 大七、三、二三	ナシ	20.6.2
16.11.1	新潟縣西頸城郡能生谷村大字槇一五四一番地	新潟縣高田市西城町一丁目八四番地	福岡 小笠原光	雇(事務) 廿四大八	小笠原亨 大三、一、七	ナシ	20.6.2

122

オ三

17.5.20	長野県下伊那郡松尾村大字毛賀一五四一番地	同上	福岡	父 小木曽平立	雇（事務） 20/1/31 3/1 31	米十三六八	小木曽十七夫	大十、六、一七	有
17.5.20	神奈川県足柄下郡前羽村前川三三四番地	同上	福岡	父 大曽根文七	雇（技術） 20/1/31 3/1 31	六四六八	大曽根春雄	大七、四、一三	有 無
17.5.31	栃木県那須郡那須村大字豊原甲八三番地	同上	福岡	父 大村忠吉	雇（技術） 20/1/31 3/1 31	市四大八	大村真治	大七、三、二四	十[illegible]
17.9.2	熊本県下益城郡東砥用村大字洞岳二七四五番地	同上	福岡	父 緒方信武	雇（警備員） 20/1/31 3/1 31	市四六八	緒方武雄	大六、一〇、一五	有
17.5.31	鹿児島県大島郡古仁屋町嘉鐵二六七番地	同上	福岡	父 中島喜隆	雇（警備員） 20/1/31 3/1 31	市十大三	中島實	大七、一、一〇	有
18.3.12	長野県東筑摩郡坂北村四八三六番地	同上	福岡	父 小河原梅吉	雇（事務） 20/1/31 3/1 31	米十六七	小河原貞夫	大八、九、二四	有
17.7.1	宮城県伊具郡小斎村字山崎四六番地	同上	福岡	父 大内千代治	雇（事務） 20/1/31 3/1 31	市十五	大内好	大七、八、八	有

20.6.2	20.6.2	20.1.2	20.6.2	20.6.2	20.6.2	20.6.2

123

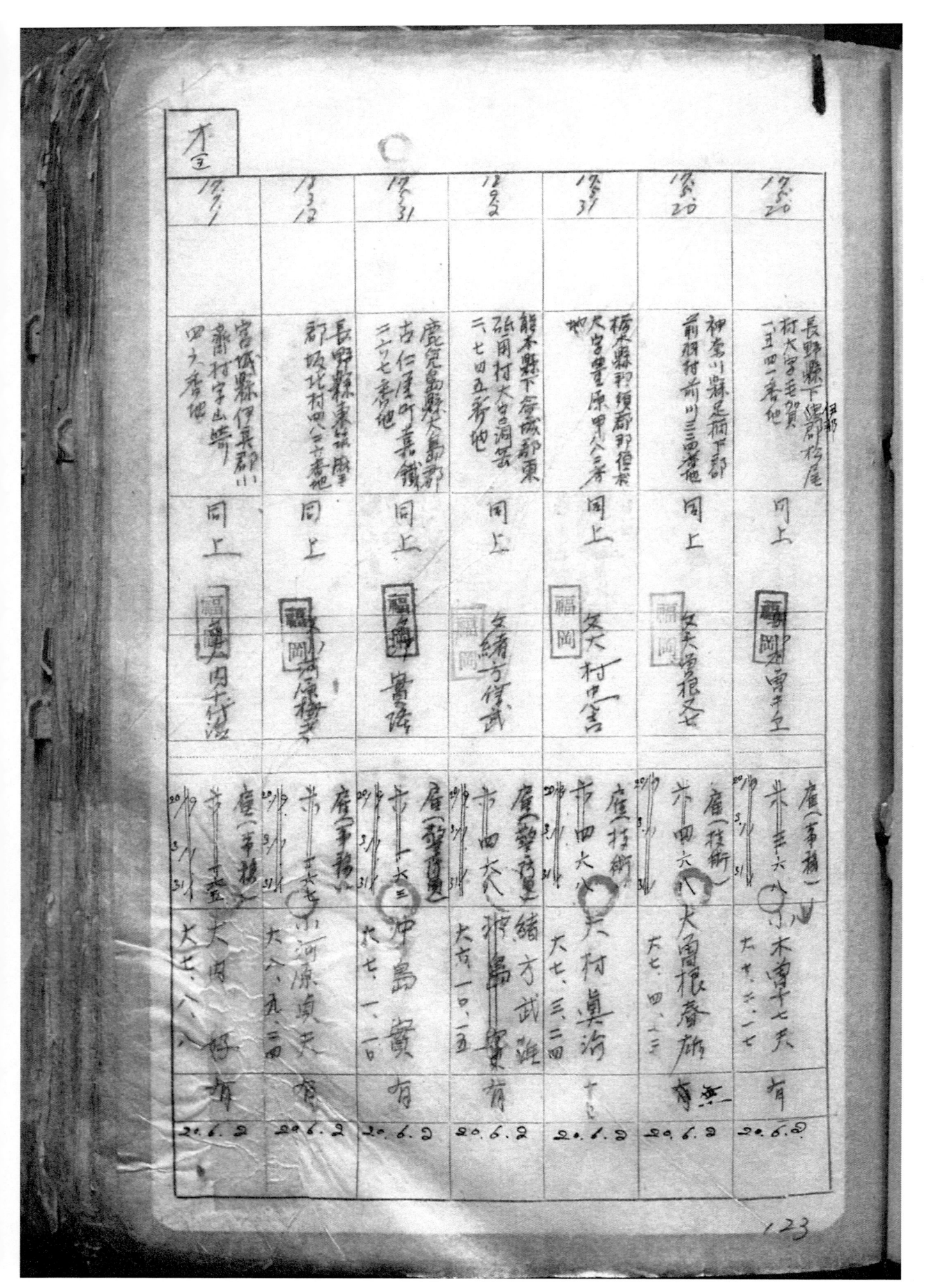

才 (印)

解雇 21.6.14

19.5.20	新潟縣岩船郡山辺里村大字山辺里九〇四番地	同上	父 小田安吉	雇（技術） 五〇	19.3.31	小田吉之助 大七、一、二〇	有	22.1.30
17.5.20	秋田縣雄勝郡西成瀬村狙半内乙一〇八番地	同上	奥山庄吉	雇（技術） [illegible] 六三	20.5.31	奥山與助 大七、三、一〇	[illegible]	20.6.2
18.3.25	兵庫縣美方郡兎塚村大野十四三番地	同上	大林長一郎	雇（警備） 五十六。	20.5.31	大林隆 大八、三、一一	有	20.6.2
16.9.30	和歌山縣東牟婁郡色川村大字高野一〇一番地	哈爾濱市 満洲第七三一部隊	奥洞正	雇（技術） 五〇	19.11.1	奥洞穎 大一一、一二、二六	十八	
18.8.20	岩手縣和賀郡鬼柳村下鬼柳字石曽二四地割二四番地	同上	父 小原井治	雇（[illegible]術） 五十六一	20.5.31	小原庄太郎 大九、一二、二〇	有	20.6.2
19.5.31	青森縣南津軽郡野沢村大字吉野田字樋田六八番地	同上	小山清	雇（事務） 五十七	20.5.31	小山實 大七、三、一四	有	20.6.2
14.6.12	岡山縣英田郡田村大字北原五三三番地	同上	小坂田[illegible]	雇（警備） 七六	19.11.1	小坂田哲男 大五、三、二二	十七	

124

オ ⑦

19.5.5	滋賀県彦根市大藪町一八九番地	同上	福岡 妻 尾本しづ子	雇(防疫員)八一 19.11.1	尾本捨三	大三、九、八	ナシ	
13.12.15	千葉県山武郡千代田村大字[illegible]番地	同上	福岡 妻 大竹ハナ	雇(防疫員)業務手 八〇 19.11.1	大竹金三	明四三、四、一〇	ナシ	
14.11.5	京都市中京区壬生御所ノ宮町三番地	同上	福岡 妻 岡ヨシノ	雇(防疫員)[illegible] 19.11.1 20.3.31 八三	岡英一郎	明三九、五、三	ナシ	20.6.2
14.5.12	千葉県東葛飾郡手賀村金山六一七番地	同上	福岡 妻 小川きみ	雇(防疫員)七九 19.11.1	小川正之	大三、一、一四	ナシ	
13.11.8	岩手県和賀郡岩崎村字岩崎一一番地	同上	福岡 妻 小田島杉	雇(防疫員)七六 19.11.1	小田島久夫	大七、六、二一	拘禁	21.6.18
19.7.1	長野県下水内郡常盤村大字常盤五八九五番地一号	同上	福岡 父 大熊真助	雇(防疫員)六七 19.11.1 20.3.31	大熊大助	大七、一、二五	有	20.6.2
17.5.31	熊本県上益城郡高木村三四二番地	同上	福岡 母 [illegible]マツメ	雇(防疫員)六五 19.11.1 20.3.31	[illegible]正直	大七、三、五	ナシ	20.6.2

125

哈爾浜 方(?)

20.3.6 六管(?) 月解除

日付	本籍	留守担当者住所	留守担当者氏名	所属・期間	氏名・生年月日	備考	
19.1.25	熊本県菊池郡龍門村大字[illegible]二四一三番地	熊本県菊池郡河原村字下[illegible]	緒方博[illegible] 〔福岡〕	産(防衛隊)五〇 19.11.1	緒方邦典 大一四、七、六	前送(?)	
16.1.10	岩手県下閉伊郡宮古町宮古第二地割字[illegible]九番地	同上	大井定吉 〔福岡〕	産(防衛)八三 19.11.1	大井貴得 大六、三、二三	ナシ	
13.11.18	東京都足立区千住四丁目三番地	福島県安積郡[illegible]村[illegible]	大野[illegible] 〔福岡〕	産(防衛隊)七三 19.11.1	大野華三郎 明四四、九、二一	ナシ	
19.1.25	長崎県西彼杵郡[illegible]村[illegible]九〇六番地	長崎県[illegible]村[illegible]	大杉八[illegible] 〔福岡〕	産(防衛)七四 19.11.1〜20.3.31	大杉三男 大七、五、二二	ナシ	20.6.2
16.5.17	長野県小県郡塩田村[illegible]九六八番地	同上	沖島[illegible] 〔福岡〕	産(防衛)七五 19.11.1〜20.3.31	沖島[illegible] 大四、六、一一	ナシ	20.6.2
15.5.17	山梨県中巨摩郡三恵村[illegible]一二六番地	同上	荻野[illegible] 〔福岡〕	産(防衛)七九 19.11.1〜20.3.31	荻野貞一 明四三、一一、二五	ナシ	20.6.2
16.10.10	千葉県館山市館山一七番地	同上	中村[illegible] 〔福岡〕	産(防衛隊)六三 19.11.1〜20.3.31	中村[illegible] 大六、六、一一	ナシ	20.6.2

126

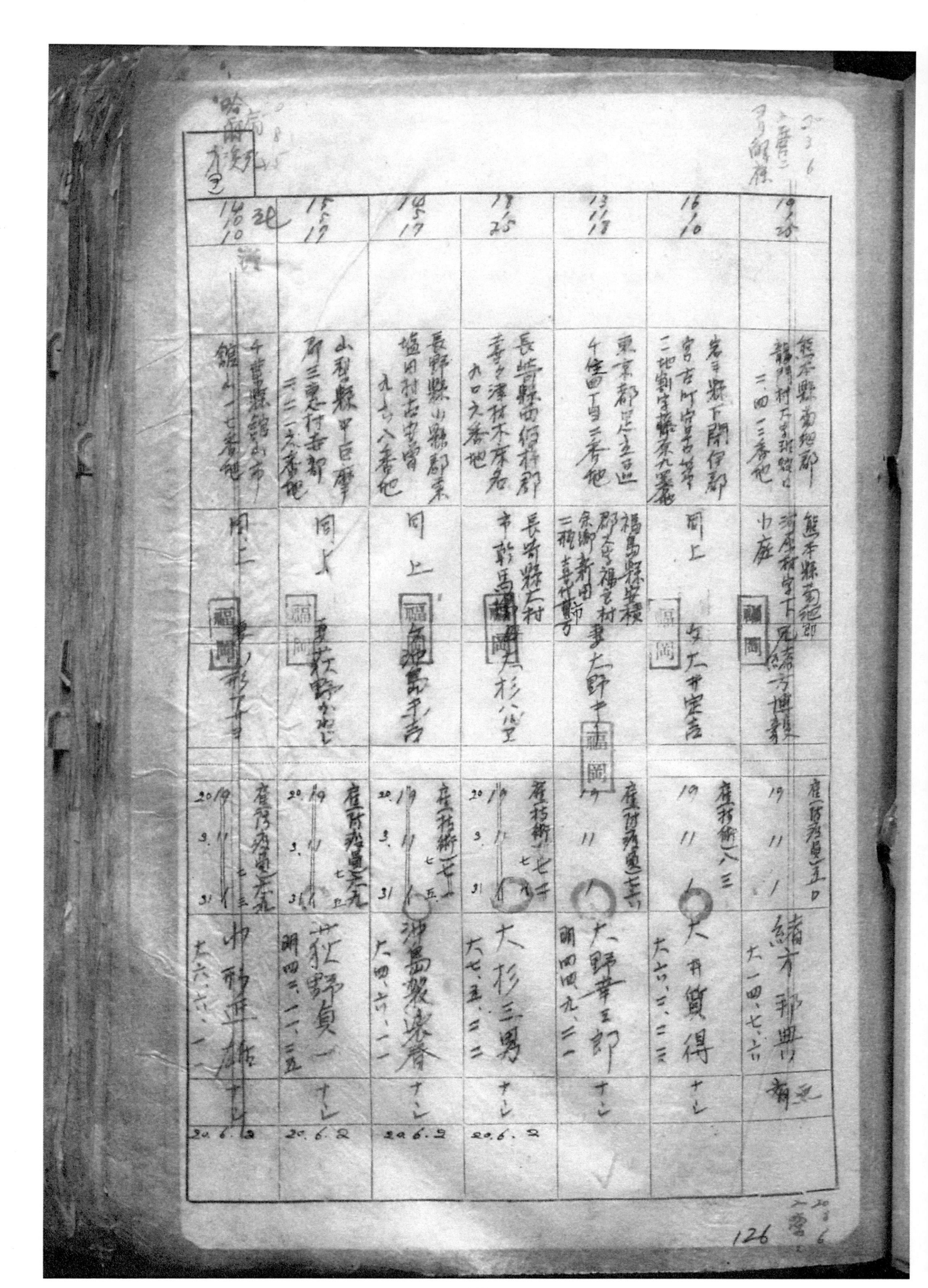

才 ヨ

18.5.31		岐阜県土岐郡釜戸村一、二四七番地	岐阜県可児郡伏見村早川勝一方	福岡 小栗ヒ子	20.1.19 3.11 31 産搭衛五六九	小栗紋蔵 大七、一一、一五	ナシ	20.6.8
18.5.20		宮城県胆沢郡金ヶ崎町大字西根字表小路五番地	同上	福岡 父 大沼玄作	20.1.19 3.11 31 産搭衛六〇四 六八	大沼賢 大七、六、一四	ナシ	20.6.8
[illegible]		岩手県上閉伊郡大槌町大字小槌第三三地割九七番地	同上	福岡 父 國吉七	20.1.19 3.11 31 産搭衛七〇三 七三	國吉清 大七、四、二四	有	20.6.8
18.10.15		新潟県南蒲原郡下條村大字下條甲三七五番地	同上	福岡 父 大塚[illegible]大郎	20.1.19 3.11 31 産搭衛六〇四 六八	大塚源吉 大九、一一、二四	有	20.6.8
18.8.10		新潟県古志郡新組村大字百束二、二一二番地	同上	福岡 父 小黒[illegible]松	20.1.19 3.11 31 産搭衛五二一 六七	小黒良男 大九、九、七	有	20.6.8
19.7.1		新潟県岩船郡神納村大字大淵一三五五番地	同上	福岡 父 押切[illegible]郎	20.1.19 3.11 31 産搭衛五二〇 六六	押切千代治 大七、一〇、一	有	20.6.8
18.8.2		鳥取県東伯郡八橋町大字八橋九二二番地	同上	福岡 後見 浦野喜[illegible]	20.1.19 3.11 31 産搭衛五二一 六六	太田一 大八、八、二一	有	20.6.2

20 9 [illegible]

127

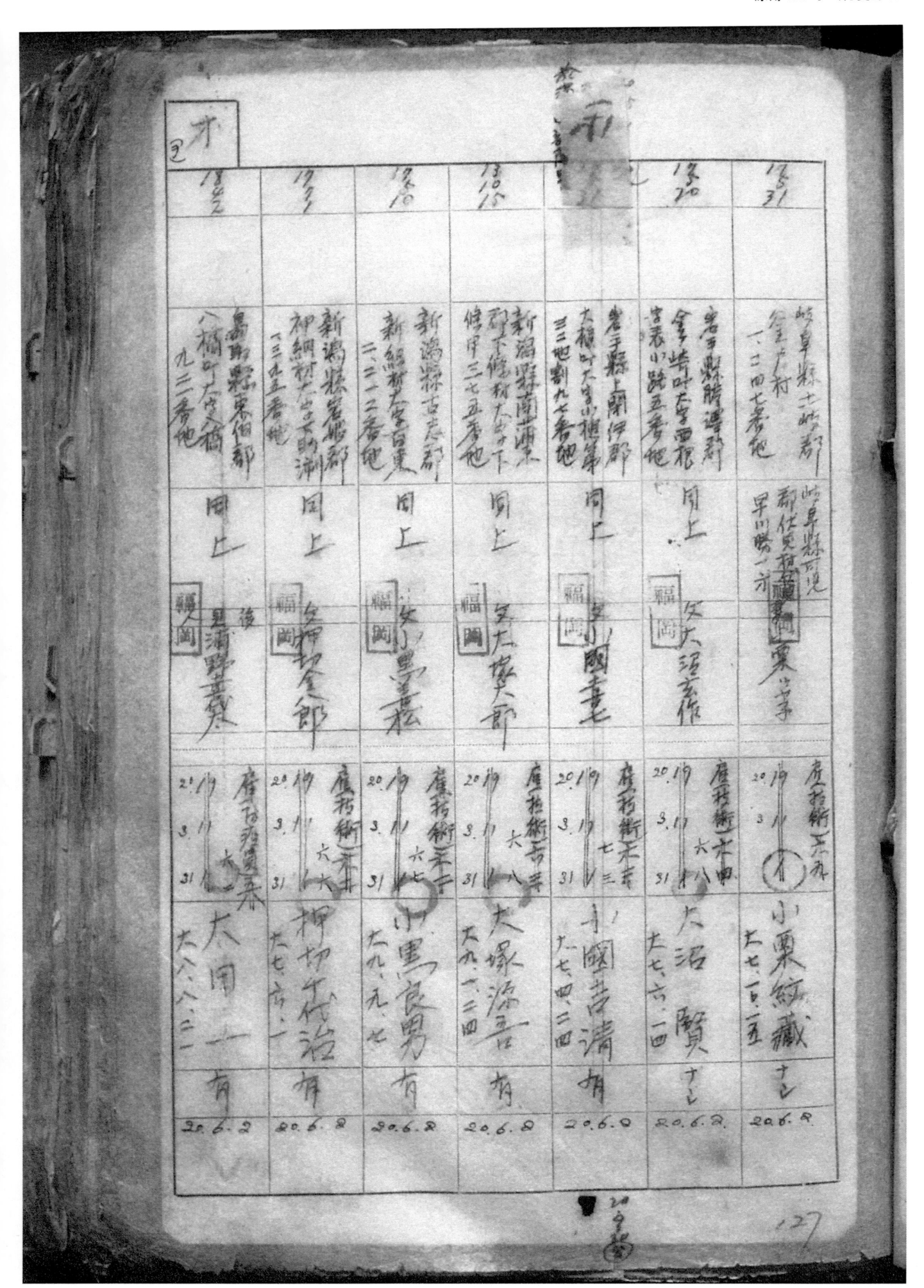

＊原簿 127 丁（付箋を下側にめくったもの）

オ

19.5.31	19.7.20	19.5.31	19.10.15	19.10.10	19.7.1	19.6.2
岐阜県土岐郡[illegible]村 一、二四七番地	宮城県膽沢郡金ヶ崎町大字西根[illegible]五番地	岩手県上閉伊郡[illegible]三〇地割九七番地	新潟県南蒲原郡下條村大字下條甲三七五番地	新潟県古志郡新組村大字[illegible] 二二一二番地	新潟県岩船郡神納村大字[illegible] 一三九五番地	島根県[illegible]郡八橋町大字八橋 九三番地
岐阜県可児郡伏見村[illegible] 早川勝一方	同上	同上	同上	同上	同上	同上
父 小栗[illegible]	父 大沼玄作	父 小國[illegible]	父 大塚要太郎	父 小黒[illegible]	父 押切金[illegible]郎	後見 [illegible]
20.19 3.11 31 [illegible]	20.19 3.11 31 [illegible] 六八	20.19 3.11 31 [illegible] 七三	20.19 3.11 31 [illegible] 六八	20.19 3.11 31 [illegible] 六七	20.19 3.11 31 [illegible] 六六	21.19 3.11 31 [illegible]
小栗紋藏 大七、一〇、一五	大沼賢 大七、六、一四	小國吉清 大七、四、二四	大塚源吾 大九、一、二四	小黒良男 大九、九、七	押切千代治 大七、六、一	太田一 大八、八、三二
ナシ	ナシ	有	有	有	有	有
20.6.2	20.6.2	20.6.2	20.6.2	20.6.2	20.6.2	20.6.2

127

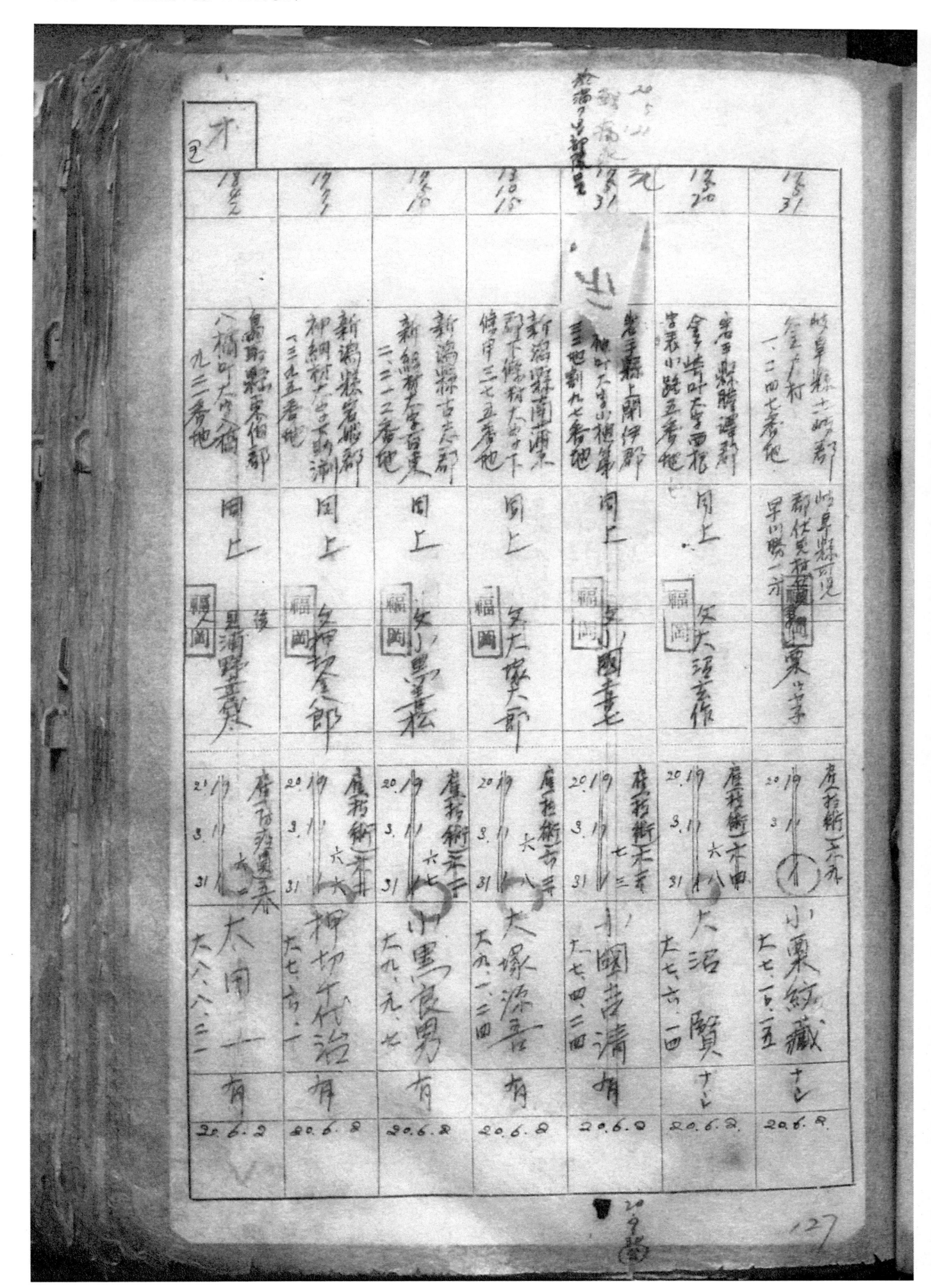

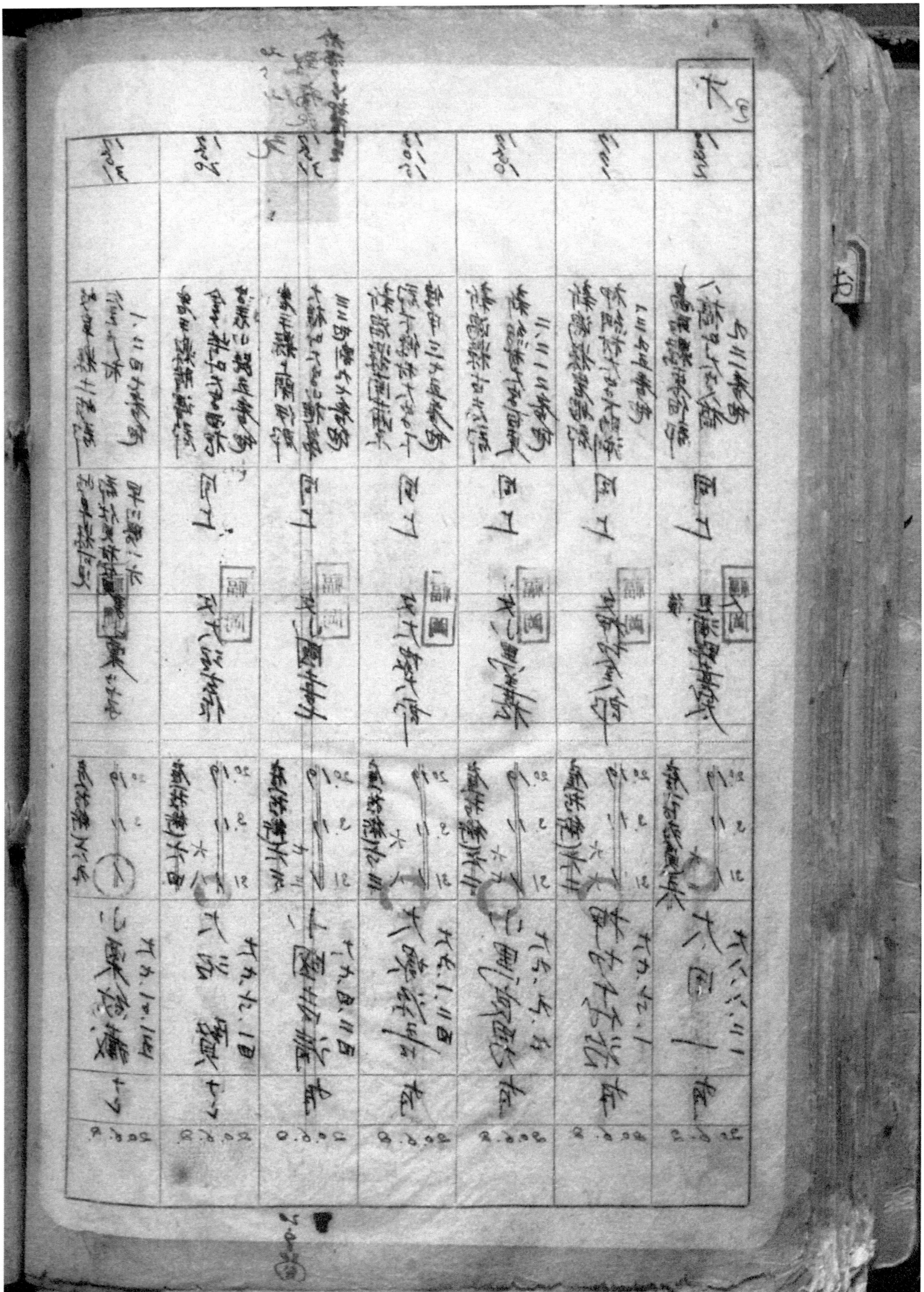

才 ㋣

解雇 20.3.14	解雇 20.3.?	解雇 20.2.6	解雇 21.4.2 省五口			
18.9	19.9.10 / 3	18.9	18.9	19.9.25	19.5.31	19.9.1
岩手縣宮古市 宮古第二一地割字 藤原九四番地	和歌山縣東牟婁郡 色川村大字[illegible] 一〇一番地	千葉縣千葉市 寺町四一〇番地	富山縣婦負郡杉 原村[illegible] 一九七五番地	三重縣員弁郡 大社村大字[illegible] 一、三〇四番地	北海道[illegible]郡 [illegible]村大字[illegible]村 七〇四番地	熊本縣[illegible]郡 山門村大字中浦 四九八番地
同上	同上	同上	同上	同上	同上	朝鮮咸南 咸興府竜 興町一〇[illegible]
福岡	福岡	福岡	福岡	福岡	福岡	福岡
大井田定吉	平佐太郎	大塚たか	小川[illegible]平	岡田定三郎	兄 大澤[illegible]	父 緒方辰藏
雇(…員)五六 19.11.1	傭人(技術)三三六 19.10.1	雇(技術)八一 19.1?.1	雇(技術)七六 19.11.1	雇(…)七六 19.11.1	雇(…員)二八五 19.11.1 20.3.31	雇(…)六九 19.11.1 20.3.31
大井田文平 大一三.八.五	奥[illegible]克 大一五.六.二	大塚[illegible]孝 大三.四.一	小川[illegible]正 明四三.一.二四	岡田忠郎 大四.一一.二四	大澤義孝 大七.四.一五	緒方[illegible]馬 大七.四.二二
有	有	ナシ	ナシ	ナシ	有	ナシ
			21.4.16		20.1.2	20.1.2

128

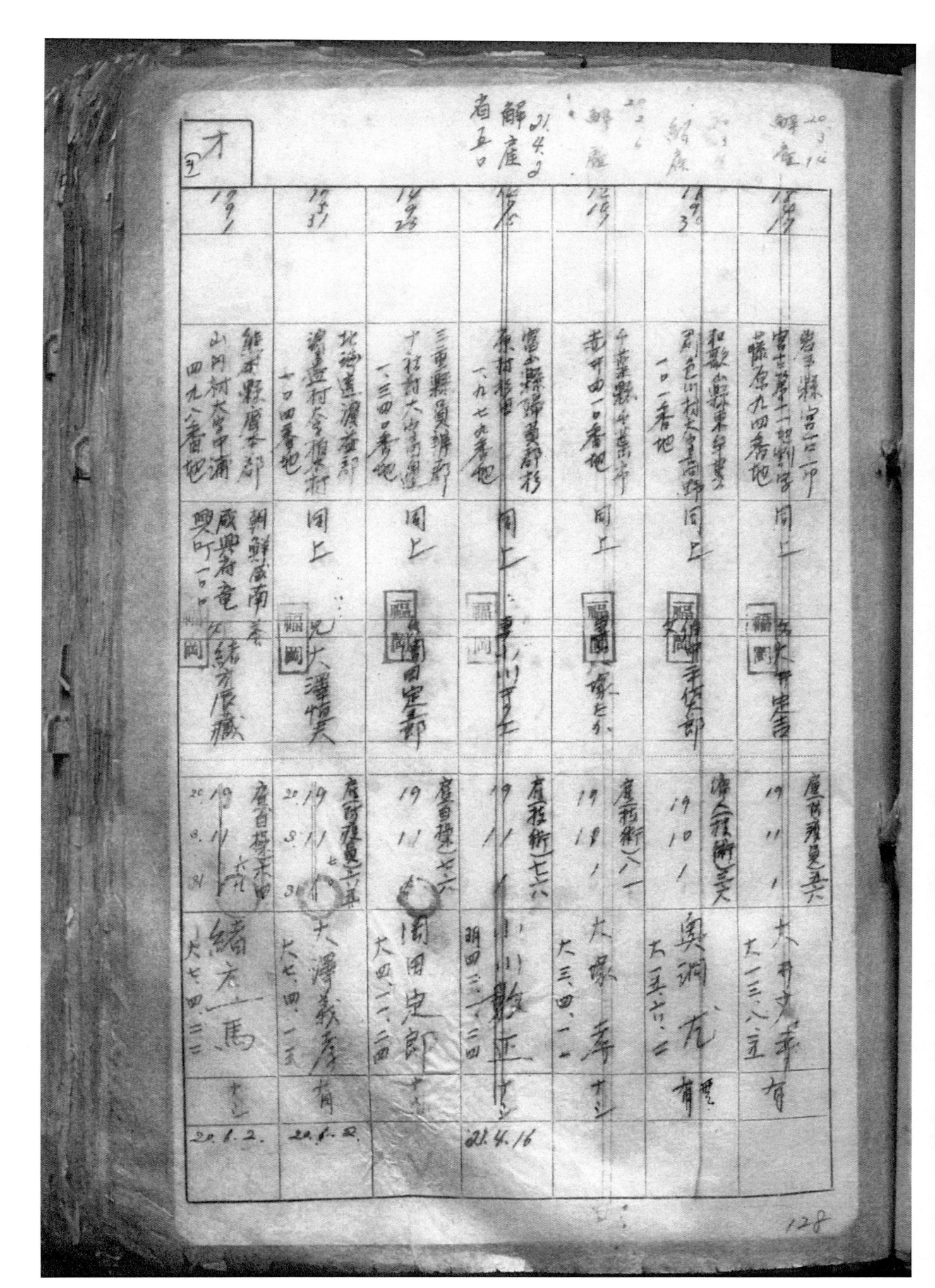

才（ヨ）

17.8.20	17.8.31	18.5.17	17.9.1	18.8.21	18.7.21	18.8.21
					教育部給水部	
徳島縣美馬郡岩倉村字岩倉字山段ニ二〇番地	神奈川縣藤澤市藤澤二四五八番地	栃木縣足利郡葉鹿町乙一六一番地	岡山縣浅口郡里庄村新庄七〇〇	栃木縣安蘇郡植野村大字四八番地	長野縣下水内郡常盤村五九〇一番地	栃木縣那須郡蘆野町新町五三番地
哈爾濱市 満洲第七三一部隊	同上	同上	同上	同上	同上	同上
福岡 人 佐藤幸藏 加茂野幸治	福岡 父 大屋倉吉郎	福岡 父 大屋宗吉	福岡 岡崎郁子	福岡 父 大木與平	福岡 熊	福岡 妻 大越セツ
雇(技術)六〇 20.1.9 3.11 31 六〇	雇(自動車)五八 20.1.9 3.11 31 六五	雇(防疫員)三五 19.11	雇(防疫員)二四 20.1.9 3.11 31 大九	雇(防疫員)六四 20.1.9 3.11 31 大七	雇(防疫員) 20.1.9 3.11 31 大十六 八	雇(防疫員)六六 20.1.9 3.11 31 六六
大宗忠雄 大七.二.一	大屋倉鷹藏 大七.一〇.二八	大屋正一 大五.七.一六	岡崎吉助 大七.九.九	大木國三郎 大七.九.一	大熊富吉 大七.四.一	大越留吉 大七.一一.二〇
ナシ	有	ナシ	ナシ	有	ナシ	有無
20.3.25	20.6.2 21.8.4		20.6.2	20.6.2	20.6.2	20.6.2

129

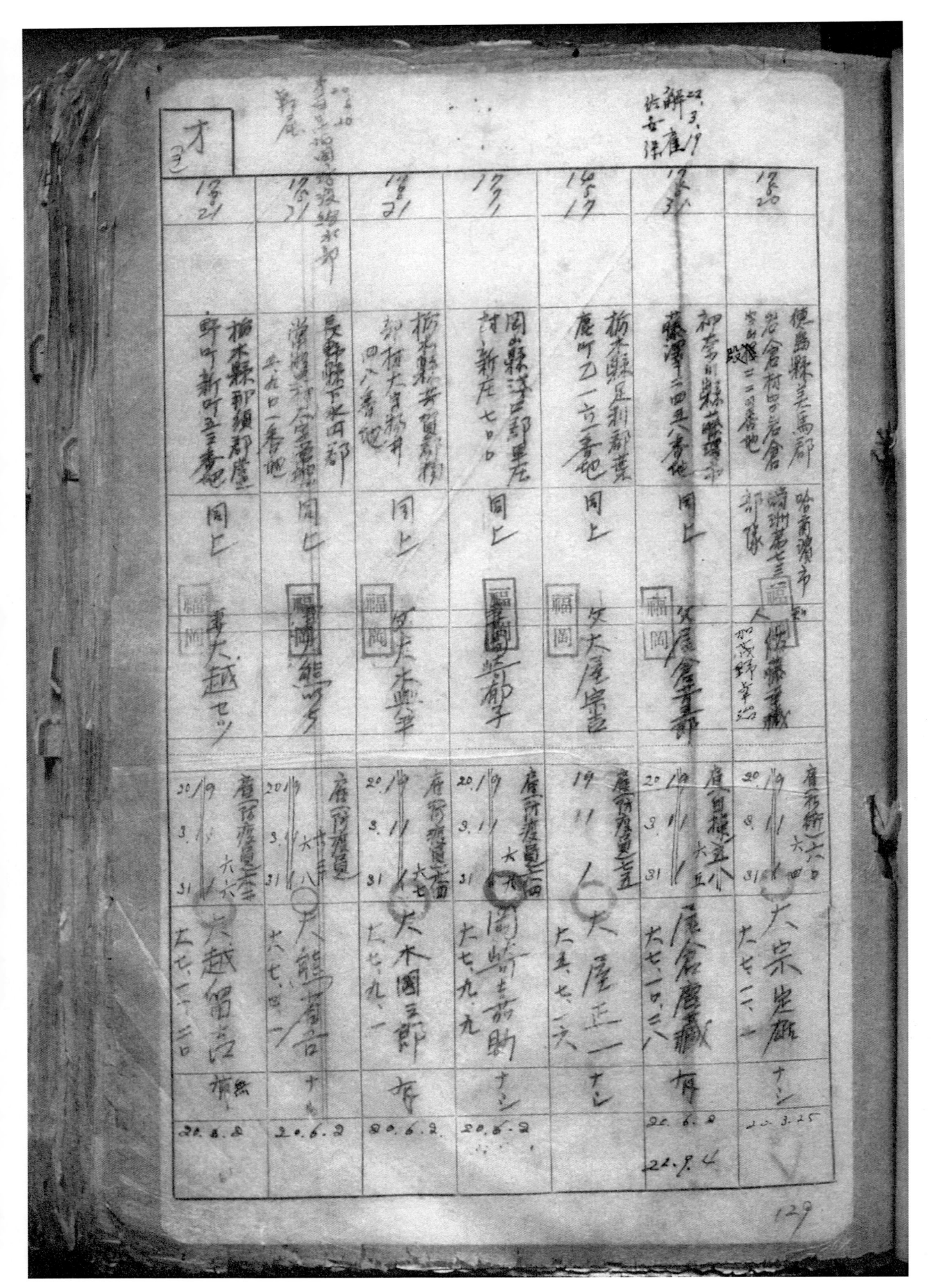

＊p 147 左

情報部 三七

教務	岡山縣吉備郡	上	藤田謙	フ
〃	〃和氣郡	曹	岡野智義	生
	〃御津郡		兒子文二	フ
	〃淺口郡	上	岡田學	生
	〃上房郡	曹	大塚卓	フ
	〃小田郡	長	加藤清義	生
	〃和氣郡	中佐	竹原深	生
	〃倉敷市	習	土倉照天	フ
	〃英田郡	一	長船正	生
	〃淺口郡	長	長田深	生

[illegible]田縣 [illegible]郡	[illegible]	藤丸俊雄	生
〃 邑久郡	[illegible]	正宗誠	〃
〃 淺口郡	上	森永正康	生
〃 上道郡	二	中村壽天	生
〃 岡山市	上	田村治夫	生
廣島縣 蘆品郡	上	橋本清	生
[illegible]	兵	藤原新吉	〃
[illegible]村		坂見堅一郎	〃
		[illegible]木登士光	〃
〃 [illegible]郡	[illegible]	宍戸文雄	生
[illegible]	[illegible]	[illegible]原英一	生

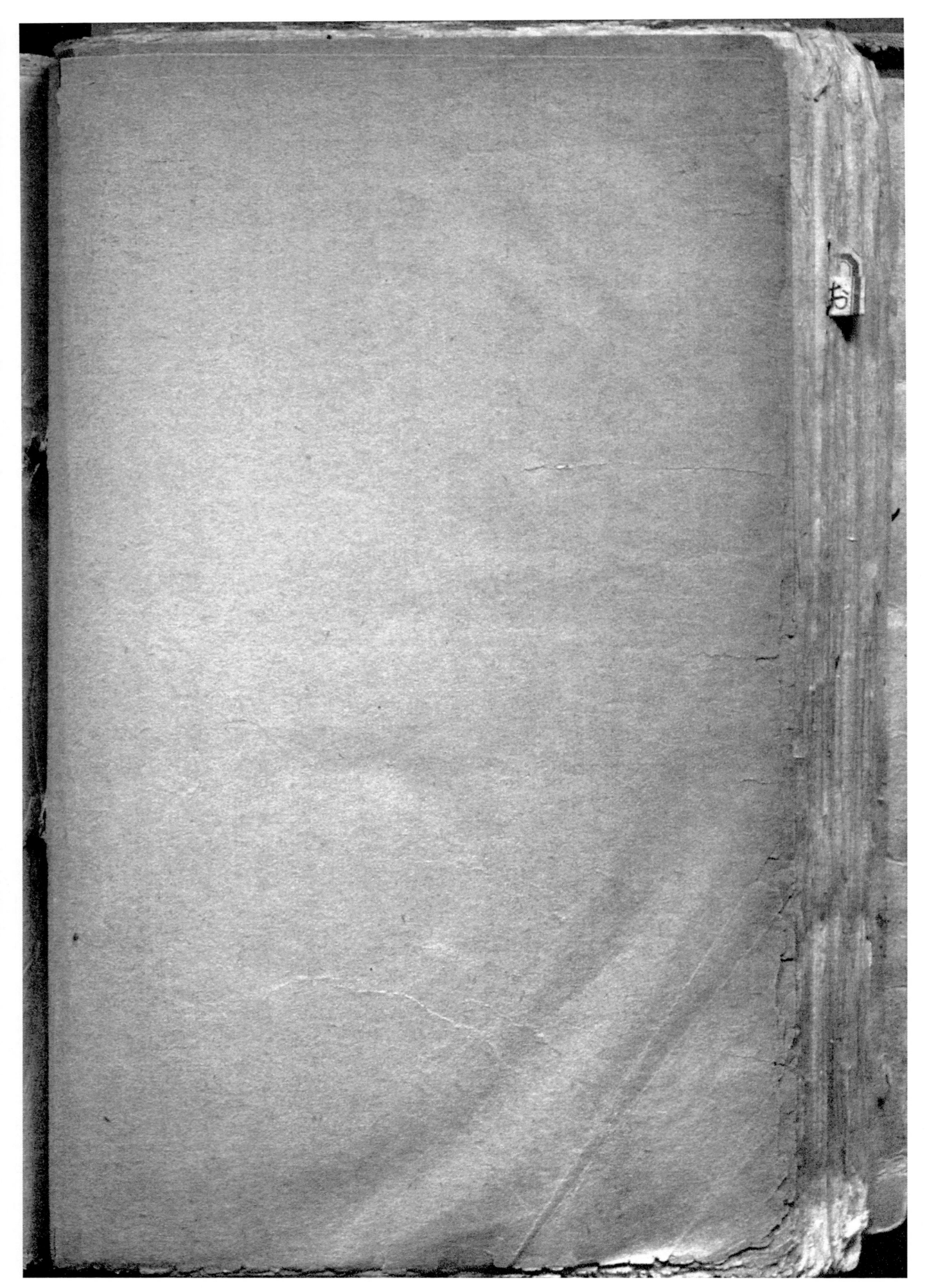

才

18.3.31	宮城県宮城郡多賀城村大字東田中字山崎四〇番地	同上	十川手太郎	雇（防疫員）六四	20.3.31	十川信二郎	大六.八.二	有	20.6.5
18.7.1	東京都渋谷区千駄ヶ谷三ノ四四〇番地	同上	大塚[illegible]	雇（防疫員）六八	19.11.1	大塚昇	大三.三.二	有	
18.10.10	茨城県猿島郡飯島村大字岩井新田三七番屋敷	同上	大塚[illegible]	雇（技術）七三	20.3.31	大塚弘一	大四.八.九	ナシ	20.6.5
18.12.10	千葉県匝瑳郡豊和村川辺三二七八番地	同上	及川きよ	雇（防疫員）七八	20.3.31	及川良助	明四〇.一〇.一二	ナシ	20.6.5
18.10.25	青森県上北郡七戸町字七戸[illegible]三二番地	同上	小原タマ	雇（防疫員）七六	20.3.31	小原三郎	大三.五.五	ナシ	20.6.5
18.8.15	岡山県都窪郡中洲町大字水江一三六七番地	同上	岡本琅	雇（事務）六七	20.3.31	岡本宗吉	大七.七.二六	ナシ	20.6.5
18.8.20	高知県長岡郡天坪村西豊永一二九〇番地	同上	尾原鉄治	雇（防疫員）六六	20.3.31	尾原竹喜	大八.八.二七	ナシ	20.6.5

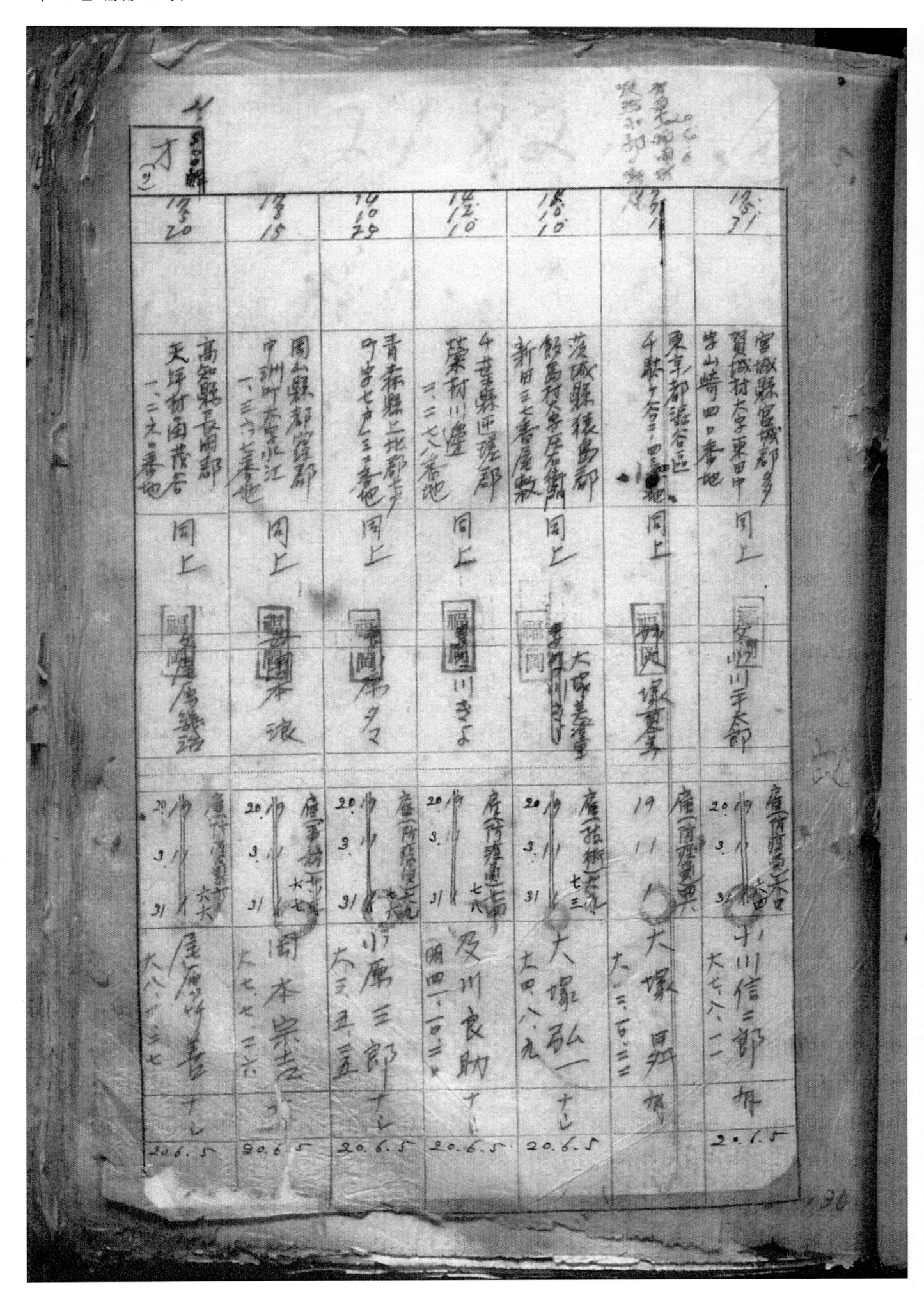

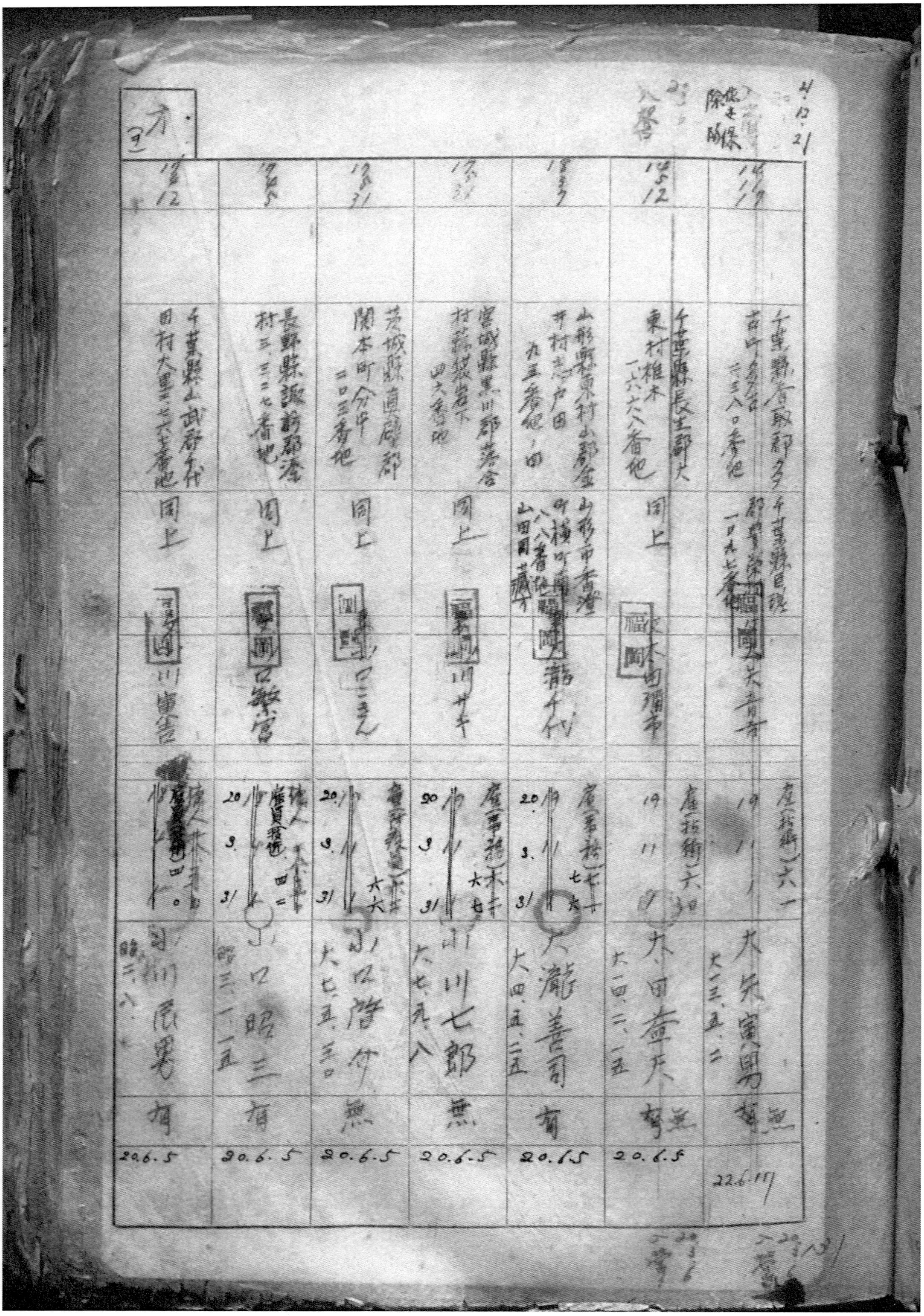

14.11.17	14.5.12	18.3.7	13.3.31	13.3.31	17.6.5	13.2.12
千葉県香取郡多古町多古 三三八〇番地	千葉県長生郡大東村椎木 一六六八番地	山形県東村山郡金井村志戸田 九五番地ノ四	宮城県黒川郡落合村蒜袋岩下 四六番地	茨城県真壁郡関本町分中 二〇三番地	長野県諏訪郡湊村三、三二七番地	千葉県山武郡千代田村大里二七六七番地
千葉県匝瑳郡栄町 一〇九七番地	同上	山形市香澄町横町 八八番地 山田周蔵方	同上	同上	同上	同上
大矢青市	大田彌市	大瀧千代	[illegible]川サキ	[illegible]口ミさん	[illegible]口繁官	[illegible]川寅吉
19.11.1 雇(技術)六一	19.11.1 雇(技術)六〇	20.3.31 雇(事務)七十 七大	20.3.31 雇(事務)木十 大七	20.3.31 雇(事務)大大	20.3.31 傭人 雇員(技術)四二	傭人 雇員(技術)四〇
大矢寅男 大一三、五、二	大田[illegible] 大一四、二、一五	大瀧善司 大四、五、二五	[illegible]川七郎 大七、九、八	[illegible]口啓作 大七、五、三〇	[illegible]口昭三 昭三、一、一五	[illegible]川辰男 昭二、八
無	無	有	無	無	有	有
22.6.17	20.6.5	20.6.5	20.6.5	20.6.5	20.6.5	20.6.5

21.9. 解傭

21 ... 解傭

19.4.3	兵庫県神崎郡船津村二七八番地屋敷	同上	福岡　父 小田義治	傭人 十八年四月 雇員(技術)四二 18.4.4	小田政春 昭三.一.二三	有	20.6.5
19.4.4	福岡県田川郡後藤寺町川宮二四九四番地	同上	福岡　父 小原房市	傭人 二八.五.〇 19.4.4	小原明 昭三.七.二九	有	
18.4.2	長崎県南高来郡千々石町鬼山丙五八一番地	同上	福岡　父 奥野猿吉	傭人 二八.五.〇 18.4.2	奥野一 昭三.五.二五	有	
19.3.31	香川県仲多度郡吉野村一三二番地	同上	福岡　父 大馬凧市	傭人 十八年 雇員(技術)四二	大馬三男 昭三.八.一三	有	20.6.5
19.5.31	宮城県仙台市長町北町一六〇番地	仙台市長町九三番地	福岡　父 大友文吉	雇(調理補助) 十八年六六 20.3.31	大友貞三郎 大七.九.一三	有	20.6.5
	東京都渋谷区幡ヶ谷二ノ七	東京都荒川区尾久町二ノ一三四	小高タカ	軍.備	小高正江 大西.一二.		21.12.21
	岐阜県岐阜市徹明通一丁目八番地	岐阜県羽島郡中尾村下中屋	父 奥村信太郎		奥村利子 ...四		21.1.21

132

㊙ 解 21.6.13 雇

關東軍防疫給水部留守名簿

昭和二十年一月一日
關東軍防疫給水部

編入年月日	[illegible]	[illegible]	[illegible]	[illegible]	[illegible]
前所屬及其編入年月日					
本籍（在留地）	京都市下京區中堂寺[illegible]田町九[illegible]番地	高知縣吾川郡[illegible]町檜原三七六番地	德島縣三好郡[illegible]村[illegible]番地	京都府與謝郡[illegible]町[illegible]番地	鳥取縣[illegible]郡大宮村[illegible]番地
留守擔當者 住所	同	同	同	同	同
留守擔當者 續柄氏名	福岡 上 母 織田ぬい	福岡 上 父 岡崎義高	福岡 上 父 大岡[illegible]吉	福岡 上 兄 岡野[illegible]一郎	福岡 上 妻 奥田[illegible]子
役種兵種官等並徵集任官年					
等級俸月給額 發令年月日	雇（事務）七[illegible] 20.3.31	雇（技術）七[illegible] 20.3.31	雇 [illegible] 20.3.31	雇（事務）七[illegible] 20.3.31	雇（防疫）七〇 20.3.31
氏名	織田昌一	岡崎正美	大岡春夫	岡野三郎	奥田豊
生年月日	大[illegible]	大七.[illegible].一五	大[illegible]	大[illegible]	大七.一一.七
留守宅渡ノ有無	有	無	有	有	無
補修年月日	20.6.5	20.6.5	20.6.5	20.6.27	20.6.5

133

＊原簿 134 丁（付箋あり）

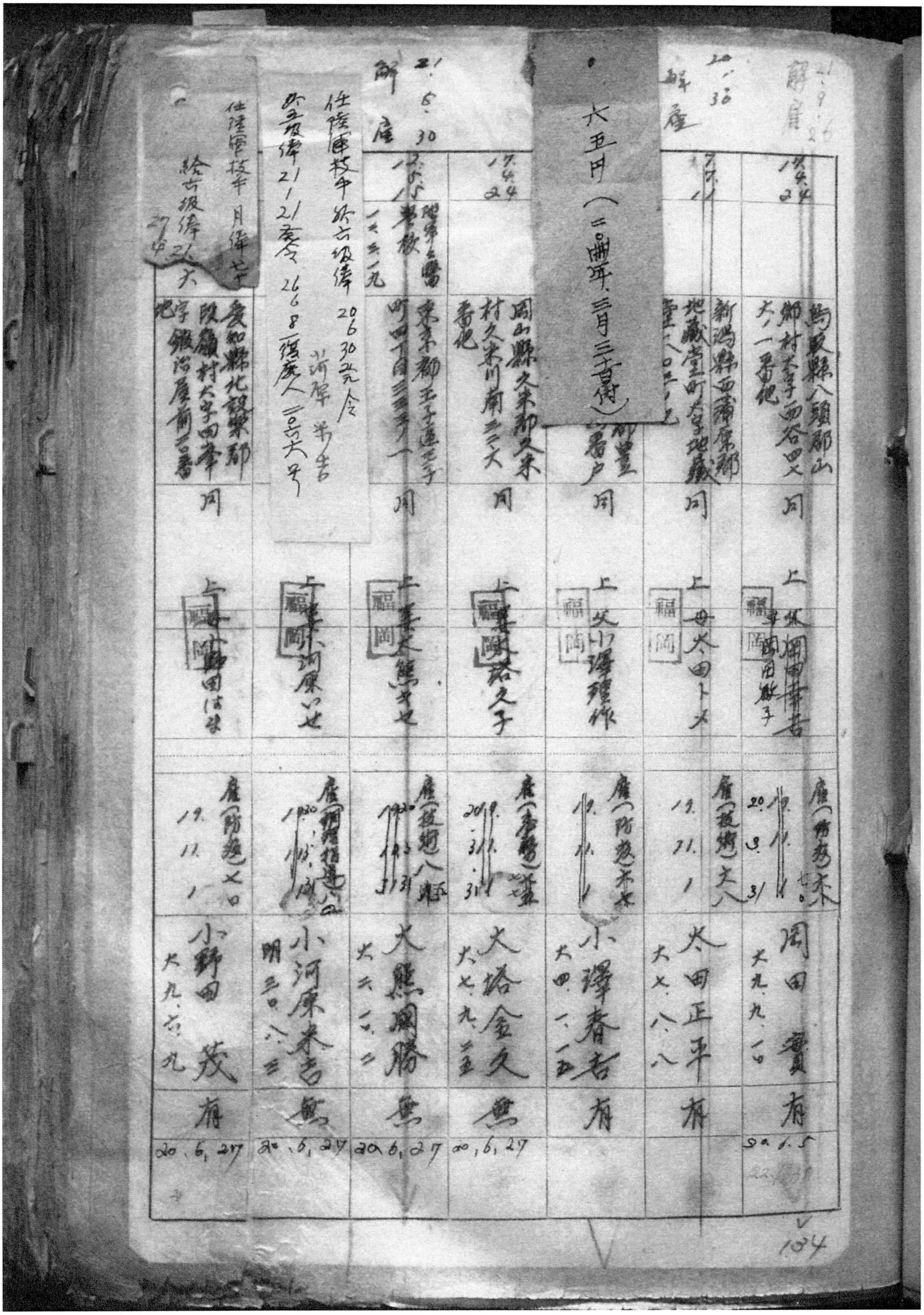
六五円（二〇年三月三十日付）
岡田實
太田正平
小澤春吉
大塚金久
大熊國勝
小河原米吉
小野田茂
岡山縣久米郡
新潟縣西蒲原郡
東京都
愛知縣
20.6.27
134

＊原簿 134 丁（付箋めくったもの）

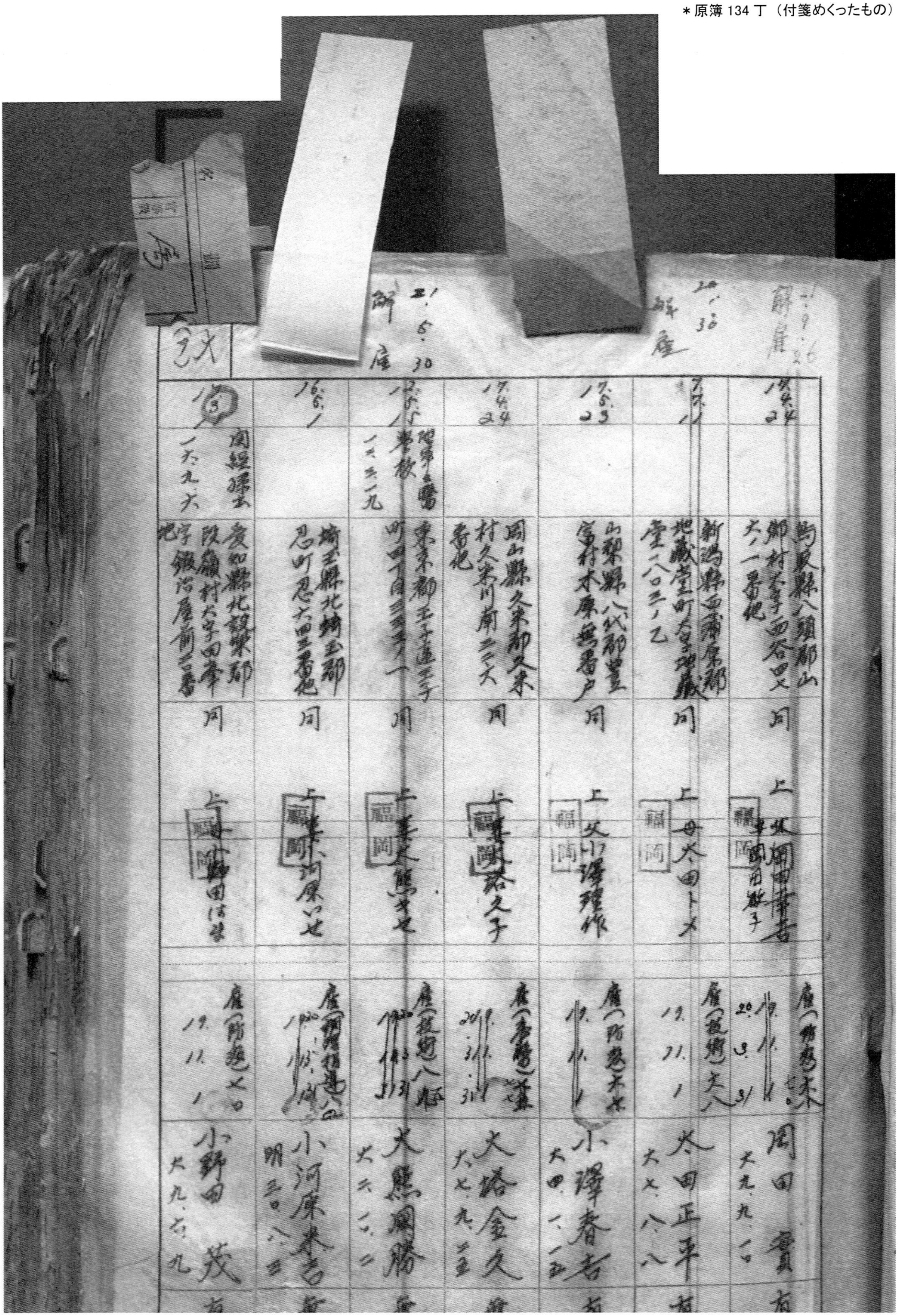

＊原簿 134 丁裏面

大

解 依 22.3. 雇保.12　　20.2.25 [illegible]　　解 依 22.1 雇保21　　23.7.25 ㊞

18.2.10	京都市上京区[illegible]鷹野[illegible]一五番地（大連市[illegible]四[illegible]番地ノ一）	円	上 妻 小野幸子	雇（[illegible]）八五 19.11–20.3.31	小野太一郎 大元.一一.二四	無	20.6.27
16.2.19	熊本県球磨郡渡村[illegible]四五番地	円	上 父 大島[illegible]	雇（[illegible]）七七 19.11–20.3.31	大島壽久 大四.一一.二四	有	20.6.27 残
19.12.1	北海道[illegible]郡[illegible]町[illegible]黄金[illegible]番地	円	上 父 奥原[illegible]	雇（[illegible]）七[illegible] 19.11–20.3.31	奥原廣治 大六.六.一	有	20.6.5 残
17.6.14	熊本県[illegible]郡[illegible]村[illegible]江湖[illegible]番地ノ一（大連市[illegible]町三一番地）	円	上 妻 奥村[illegible]子	雇（事務）七〇 19.11–20.3.31	奥村辰重 大五.八.一二	無	20.6.5 22.6.17
18.9.21	千葉県夷隅郡上瀑村[illegible]一二一四番地	円	上 父 大野[illegible]治	雇（[illegible]）五七 19.11.1	大野榮一 大一三.八.一	有	
18.11.1	静岡県三島市[illegible]一四一三番地（大連市[illegible]）	円	上 母 小川とめ	雇（[illegible]）六五 19.11–20.3.31	小川[illegible]一 大八.八.一七	無	20.6.5 22.6.17
16.9.25	岩手県盛岡市東中野[illegible]水口[illegible]番地（大連市[illegible]番地）	円	上 父 大倉清	雇（事務）五四 19.11–20.3.31	大倉實 大一五.一.一二	無	20.6.5 [illegible]

185

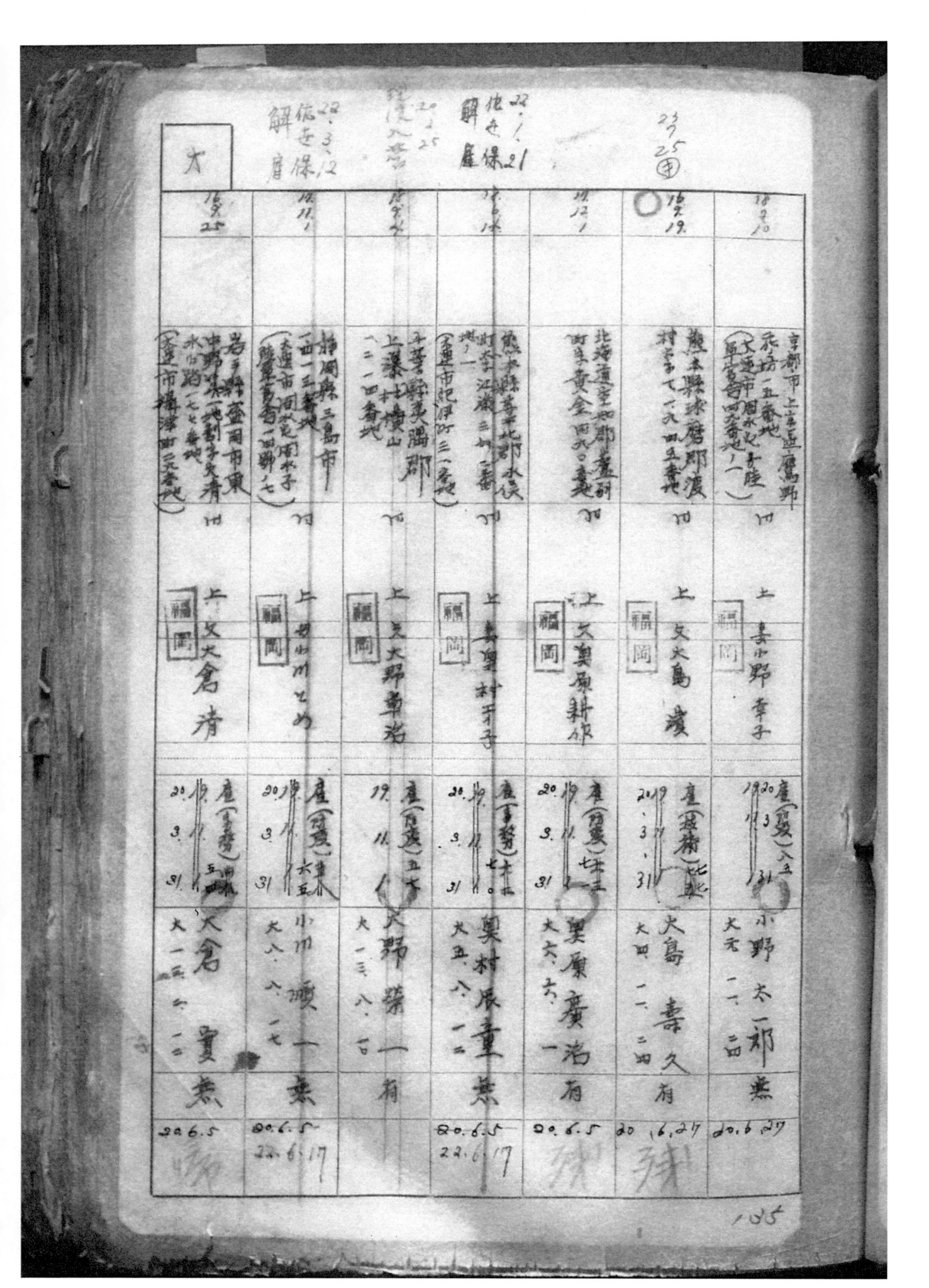

(大連)

注記	日付	住所		本籍	氏名	身分・期間	家族		日付
22.4.16 解雇	19.11.30	神戸市葺合區[illegible]通六丁目二番地（大連市[illegible]町二四番地）	同	上 福岡	奥野源次郎	傭（研究手）年末 20.3.31	奥野喜永 大一二.九.五	無	20.6.5
22.1.12 佐世保 解雇	19.4.1	[illegible]（大連市[illegible]町七三番地）	同	上 福岡	小川シズカ	雇（事務）五七 20.3.31	小川キミ 大一〇.一〇.三〇	無	20.6.5 22.6.17
22.3.4 佐世保 解雇	18.12.14	鹿児島縣[illegible]郡[illegible]（大連市[illegible]町一五三番地）	同	上 福岡	岡田靖[illegible]	傭（研究手）四十六 20.3.31	岡田瑛子 大一〇.八.二四	無	20.6.5 22.6.17
	18.3.17	福岡縣三井郡大堰村[illegible]（大連市[illegible]番地）	同	上 福岡	大城[illegible]一	傭（研究手）四二 20.3.31	大城[illegible]子 昭二.二.八	無	20.6.5
20.5.10 解雇	18.12.9	福島縣北會津郡[illegible]村[illegible]（大連市[illegible]町一二三番地）	同	上 福岡	大竹忠之進	傭（研究手）年末 20.3.31	大竹和子 大一三.五.二七	無	20.6.5
20.5.10 解雇	19.2.10	兵庫縣加西郡北條[illegible]四四七番地（大連市[illegible]町四）	同	上 福岡	大西梅吉	傭（實驗手）三九 20.3.31	大西絹子 大一五.三.二七	無	20.6.5
	19.6.9	鹿児島縣鹿児島市[illegible]町一二二番地（大連市下[illegible]町七二番地[illegible]四）	同	上 福岡	岡村久米郎	傭（研究手）三六 20.3.31	岡村アイ 昭三.五.二五	無	20.6.5

136

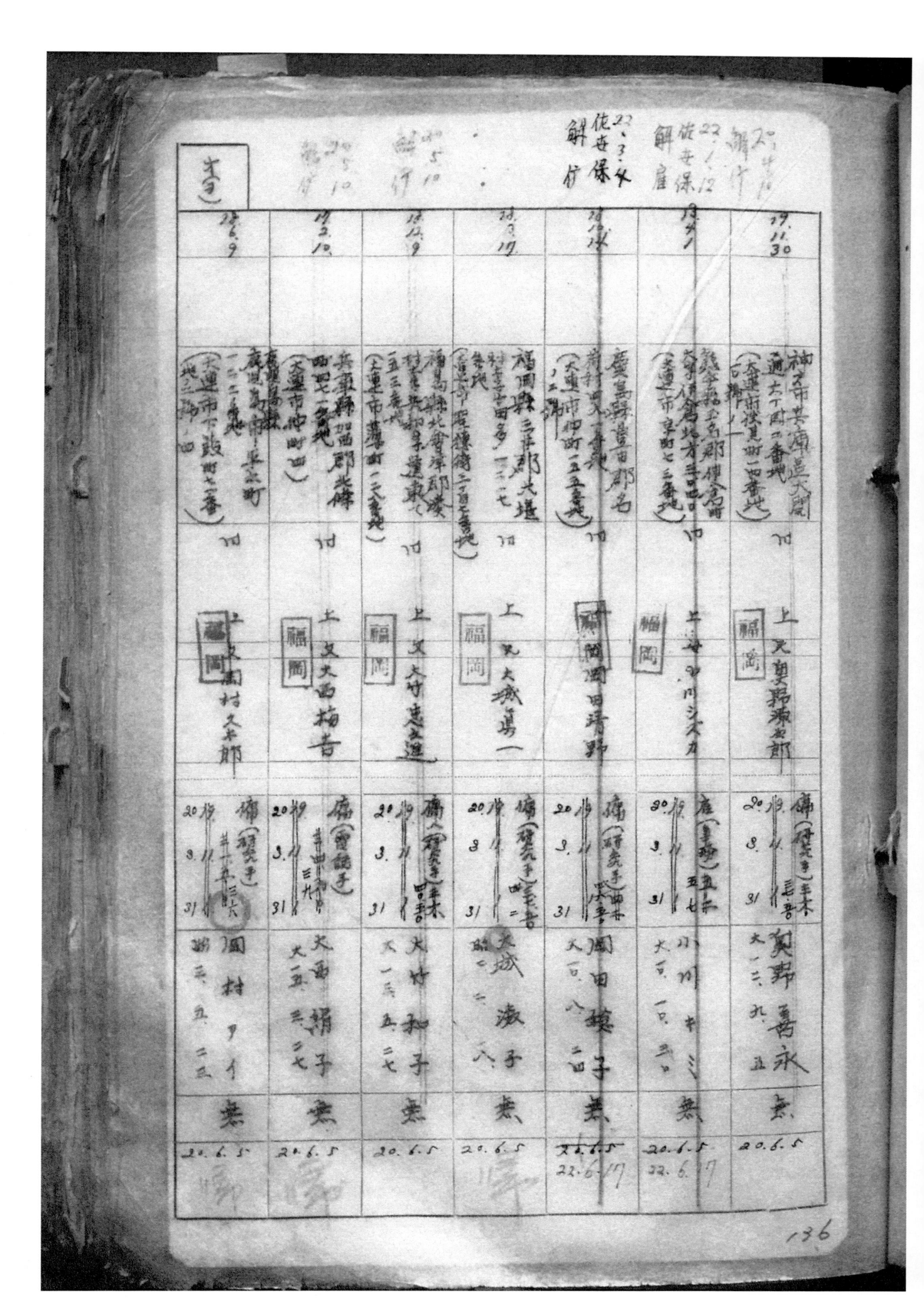

(ヨ)才

解備 20.3.17

19.9.16	茨城県結城郡五箇村大字三坂新田千参百六拾八番地	同上	福岡 父 大塚庄三郎	備人（[illegible]）[illegible] 20.3.31	大塚住子 大一一、六、一七	有	20.6.5
19.8.11	長野県小県郡東塩田村大字古安曽九百五拾八番地	同上	福岡 沖島[illegible]	備人（営生）三六 19.8.11	沖島晴子 大四、一〇、六	無	
19.8.26	和歌山県東牟婁郡色川村大字高野百壱番地	和歌山県東牟婁郡高池町山手ノ川	福岡 奥洞[illegible]	備人（雑仕）[illegible] 20.3.31	奥洞[illegible] 大一一、三、二四	有	20.6.5
19.9.28	島根県安濃郡佐比売村大字池田弐千弐九拾七番地	同上	福岡 父 大下市三郎	備人（[illegible]）[illegible] 20.3.31	大下綾子 昭四、三、三	有	20.6.5
19.9.22	福島県石川郡蓬田村大字上蓬田字[illegible]九拾壱番地	同上	福岡 母 大竹シゲ	備人（雑仕）二十七 20.3.31	大竹[illegible]代 昭三、四、一	有	20.6.5
19.9.30	岐阜県土岐郡日吉村四千四百拾弐番地	同上	福岡 父 大竹和助	備人（看護婦）[illegible] 20.3.31	大竹ますみ 大一一、六、二六	有	20.6.5
18.8.2	島根県安濃郡佐比売村大字池田弐千弐百九拾九番地	同上	福岡 父 大下市三郎	備人（看護婦）[illegible] 20.3.31	大下[illegible]代 大一一、三、二四	有	21.6.5

137

備考	採用年月日	本籍 (現住所)	続柄	氏名	職名・給与・年月日	家族 (氏名・生年月日)	有無	年月日
20.1.30 解傭	19.2.28	群馬県高崎市歌川町一九番地 (大連市仲町二一三番地)	四	上 田沢壽之 (福岡)	傭(看護婦) 四二 19.11.1	大谷喜美恵 大九、一、一三	無	
	19.3.29	廣島県山縣郡安野村字坪野 五七六番地 (大連市聖徳街五丁目七二番地)	四	上 尾坂秀人 (福岡)	傭(研究手) 四五〇 20.3.31	尾坂道子 大一五、五、八	無	20.6.5
22.2.24 依毎保 解傭	19.3.16	廣島県高田郡川根村[illegible]番地 (大連市[illegible]三番地ノ三)	四	上 尾辻清美 (福岡)	傭(研究手) [illegible] 20.3.31	尾辻富子 大一四、二、一	無	20.6.5 22.6.13
20.5.[illegible] 解傭	19.5.16	栃木県上都賀郡北押原村奈佐原五五九番地ノ一	安東市大和区七番通り八號	母 原田ナカ (福岡)	傭(雑仕) 四[illegible] 20.3.31	荻原百合子 大四、五、八	無	20.6.5
	19.[illegible]	秋田県雄勝郡院内町下院内芳町九番地	哈爾濱市南崗区[illegible]街一八號ノ一四	小川[illegible]之郎 (福岡)	傭(看護婦) 四五〇 20.3.31	小川禮 大一五、八、一	有	20.6.5
20.1.30 解傭	19.[illegible]	長崎県上県郡[illegible]村七千四百[illegible]番地	同	太田五夫 (福岡)	傭(雑仕) 三四五〇 19.11.1	太田つや恵 明三九、二、五	無	
22.2.[illegible] 舞鶴 解傭 ヨオ	19.12.18	福岡県[illegible]市[illegible]町 (大連市青雲台七ノ二)	同	上 田[illegible]栄 (福岡)	傭(研究手) 四五〇 20.3.31	荻栄章子 大一五、七、二四	無	20.6.5

138

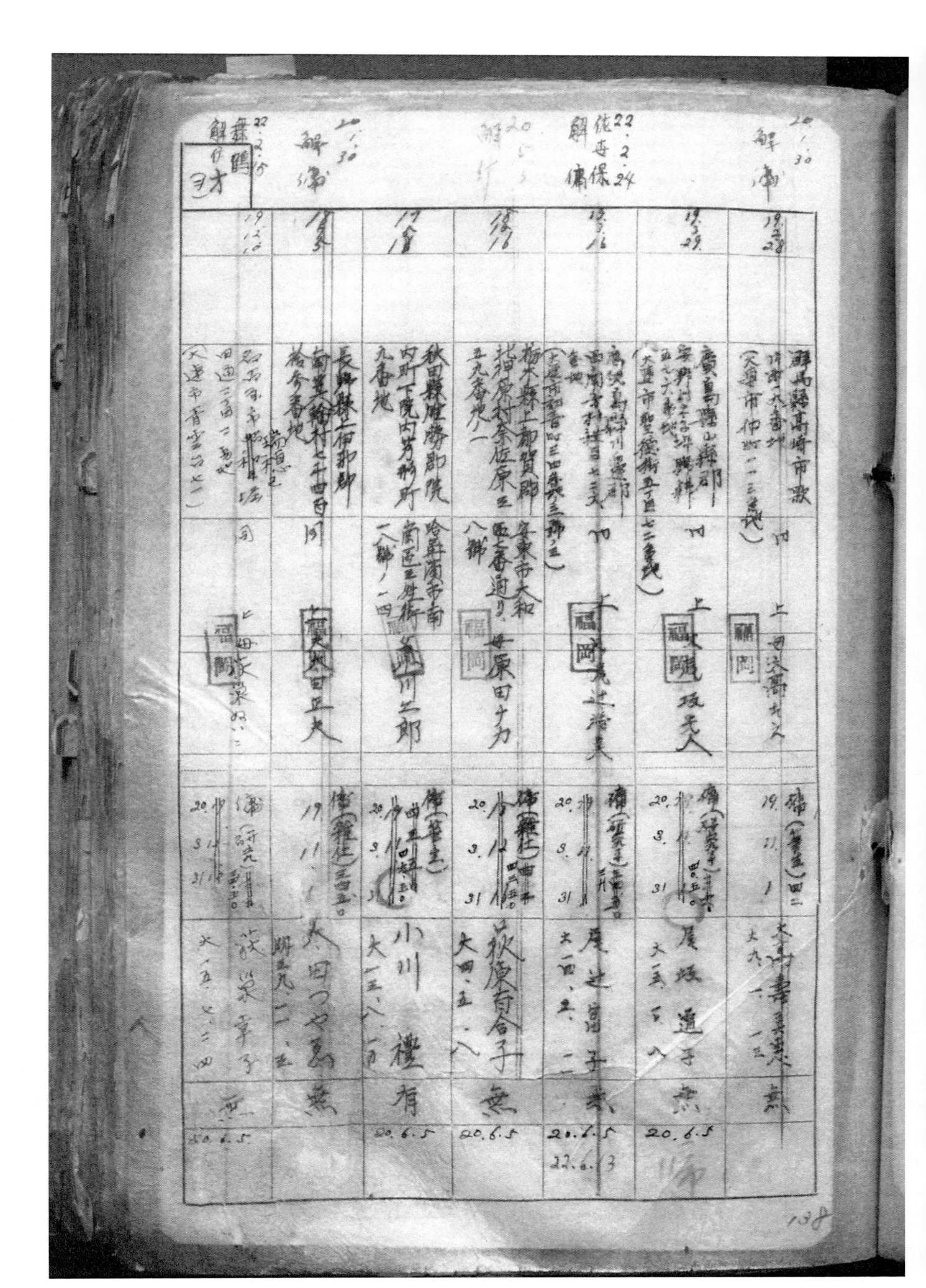

才（印）

解 21.9.25 付

20.1.30	岐阜県安八郡名森村大字氷取八六六	同	（福岡）上 父 岡田文一	傭人（看護婦） 中本五。 20.3.1 9/30	岡田千鶴子	大一〇.八.三〇	無 20.1.5
20.3.3.15	高知県長岡市天坪村字東谷一一二〇番地	満洲第七五七部隊	（福岡）父 尾原竹董	傭人（雑仕） 三、20.3.3	尾原文子	大四.八.一三	無
20.3.15	山形県西村山郡西山村大字網取二一二番地	同	（福岡）上 父 小川梅治	傭人（看護婦） 四四、20.3.15	小川やゑ	大一三.八.三	有
20.3.15	山形県北村山郡尾花沢町大字尾花沢一八一一番地	同	（福岡）上 父 小埜権蔵	傭人（看護婦） 四三 20.3.15	小埜よし	昭三.六.二四	有
20.3.30	大分県直入郡白丹村大字白丹一二三番地	満洲国哈爾浜市拉林街四。 1-3	（福岡）父 緒方淳英	傭人（研究手） 三六、20.3.30	緒方惇子	昭三.五.一七	無
20.5.6	新潟県西蒲原郡南田村大字南田一四四二	仝	（福岡）上 母 大越リイ	雇員（防疫） 六〇、20.5.6	大越フミ	大八.六.二六	有
20.5.19	福井県坂井郡丸岡町大字上田第四三号一五番地	仝	（福岡）上 実 岡嶋昭三郎	傭人（筆生） 三六、20.5.19	大嶋ケサ子	大一五.六.一〇	無

139

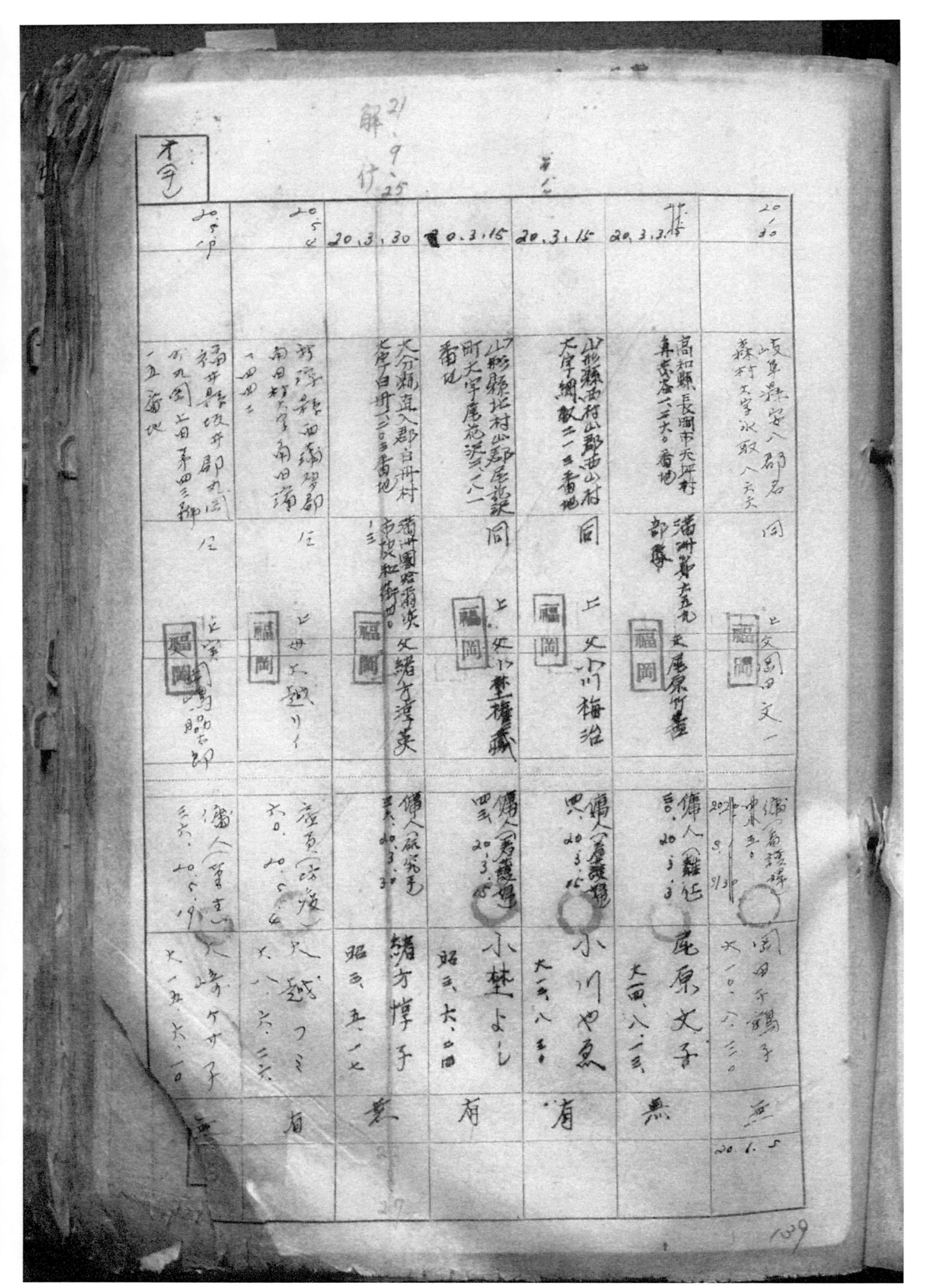

關東軍防疫給水部留守名簿

昭和二十年一月一日 關東軍防疫給水部

氏名	生年月日	役種兵種官等並等級俸給月額	任官發令年月日	留守擔當者住所	續柄	留守擔當者氏名	本籍（在留地）	編入前所屬及其編入年月日	編入年月日	留守宅渡ノ有無	補修年月日
河上清人	大五、一〇、一六	現 軍醫少佐（20.6.10）20.8.14 中佐	昭16	東京都本郷區駒込林町一七五	妻	河上壽子	東京都日本橋區室町四丁目五番地ニ	遼陽陸軍病院 一九、五、二八	19.2.27	無	20.7.22 22.4.24
景山杏祐	大六、一一、四	豫 軍醫中尉 20.4.20	昭16	同上	妻	景山祥子	岡山縣赤磐郡豊田村大字釣井　九番地	關東軍司令部 一九、七、二八		無	
金田芳郎	明四〇、二、五	豫 衞生少尉 20.4.10	昭18	同上	妻	金田梅子	栃木縣芳賀郡市羽村大字赤羽三九〇番地	關東陸軍倉庫 一六、六、一七	15.12.13	無	
金田謹治	明四〇、八、一六	豫 衞生少尉	昭18	同上	母	金田ヒサメ	福岡縣小倉市大字板櫃二〇四二番地ノ七	旅順陸軍病院 一二、六、七	11.12.1	無	
川口佐七	明四四、五、二三	豫 衞生少尉	昭19	同上 御領三二四	母	川口ケサ	鹿児島縣揖宿郡頴娃村御領 甲　番戸 六六八六	第　師團防疫給水部 一六、七、二八	19.4.25	無	22.6.17

32.8.17 整理一班 2336 復員
20.5.3 同 行方不明

佐世保 23.3.11 予備役

21.10.12 復員	○	○	21.6.30 召 解	21.10.5 除隊	22.4.19 舞鶴 除隊	22.1.26 依 母 保 力
19.2.1 陸軍衛生 經理 大八.二.一	17.10 歩兵第 聯隊補 充隊 一二.一.二六	17.12.20 兵器行政 本部 一九.三.二〇	20.8.12	20.3		6.11.6
長野縣岡谷市岡谷 町四一五番地	熊本縣天草郡本渡 町大字本戸馬場 三五一〇番地	東京都淀橋區 百人町三ノ三〇七	大分縣大分郡 竹中村	岐阜縣 郡 町	徳島市昭和町 七丁目四六	福岡縣門司市 大字門司一一〇一
同	同	東京都板 橋區王子 ノ八	大分縣別府 市	岐阜縣多治 見市 町 八八三	仝	静岡縣豊原 郡 村大 王原 井藤一郎方
福岡 父 神尾頼之	福岡 妻 金澤 弘子	福岡 加藤三郎	福岡 沢	父 加藤捨九郎	上 父 河野嘉之助	上 神崎すみ
昭18	昭17			大15	昭17	
陸 薬少尉	現 軍醫中尉 20.6.1		21.7.1	20.6.3	現 衛伍 22.8.20	雇員 17.9.30
神尾頼久 大九.七.久	金澤一人 大		沖沢 明四〇. .二九	加藤 明四一.七	河野 聖 大二.九.一三	神崎義人 大三.八.二六
無	無			無	母	母
	20.7.22	20			22.6.17	22.6.17

付箋：昭10.6.29 軍中尉　13.3.1 〃大尉　16.10.15 〃少佐　昭30.11.19 整理 一第四五三〇号

[redacted]

22.9.27

残留 (17-30) ハバロフスク 20.11.5

141

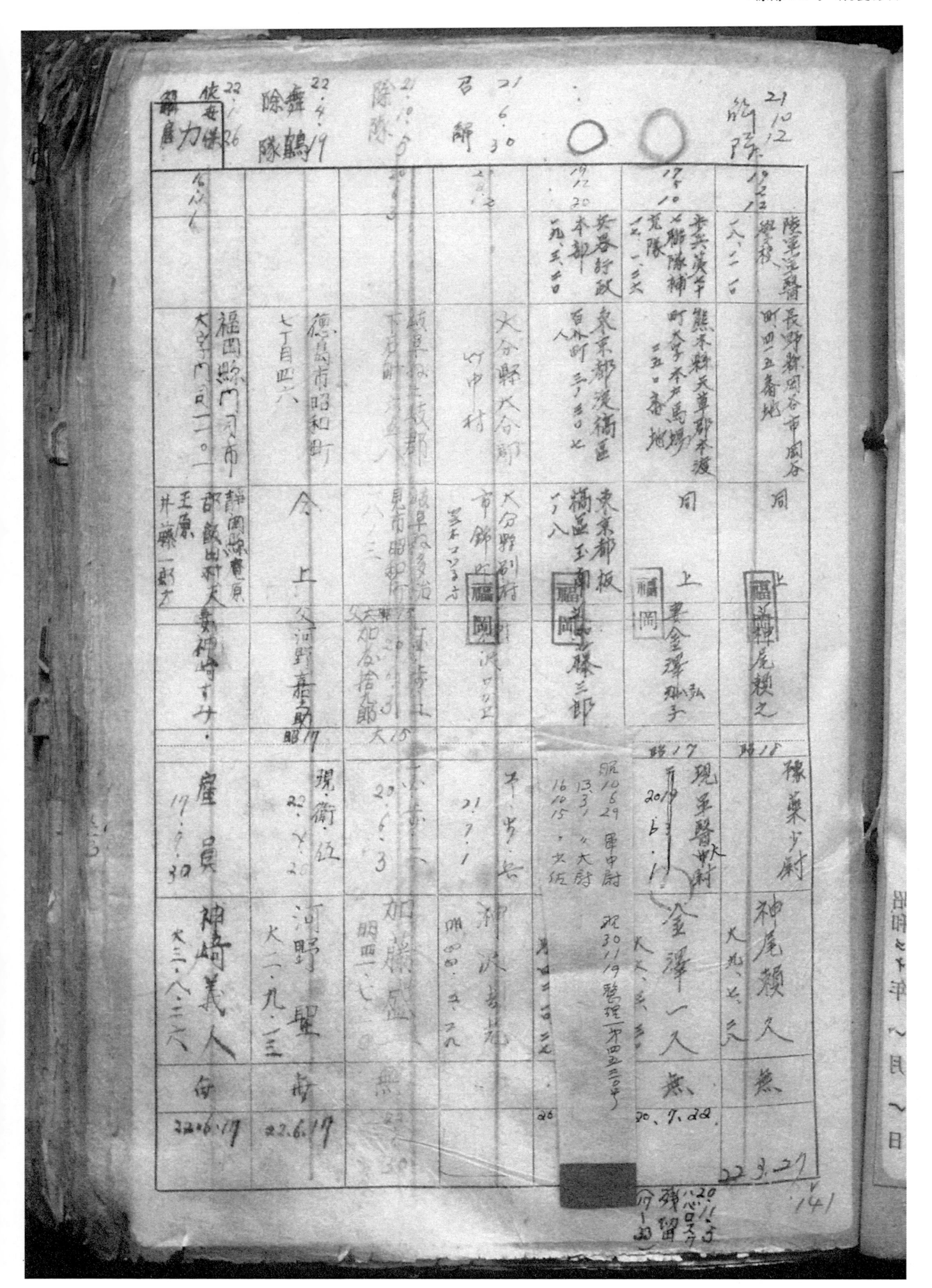

陸軍獣醫

21.10.12			召解					
21.12 編隊	21.6.30		21.10.5 除隊	22.4 除隊鶴19	22.12 復員除力隊6			

長野縣松本市岡谷町四五番地 同

熊本縣天草郡本渡町字本戸馬場二五口番地 同

大分縣大分郡 竹中村 大分縣別府市角銅☖福岡

岐阜縣不破郡 八三

德島市昭和町 七丁目四六

福岡縣門司市 靜岡縣蒲原郡飯田村大妻徳寺すみ

上 里金澤孫子

福岡縣尾類之

文令縣大分郡 竹中村

令 上 河野春之助

神崎美人 無

金澤一人 無

加藤恒則 無

沖添吉松

加藤恵一熊

河野聖彦

崖員 神崎美人

20.7.22 20.7.22

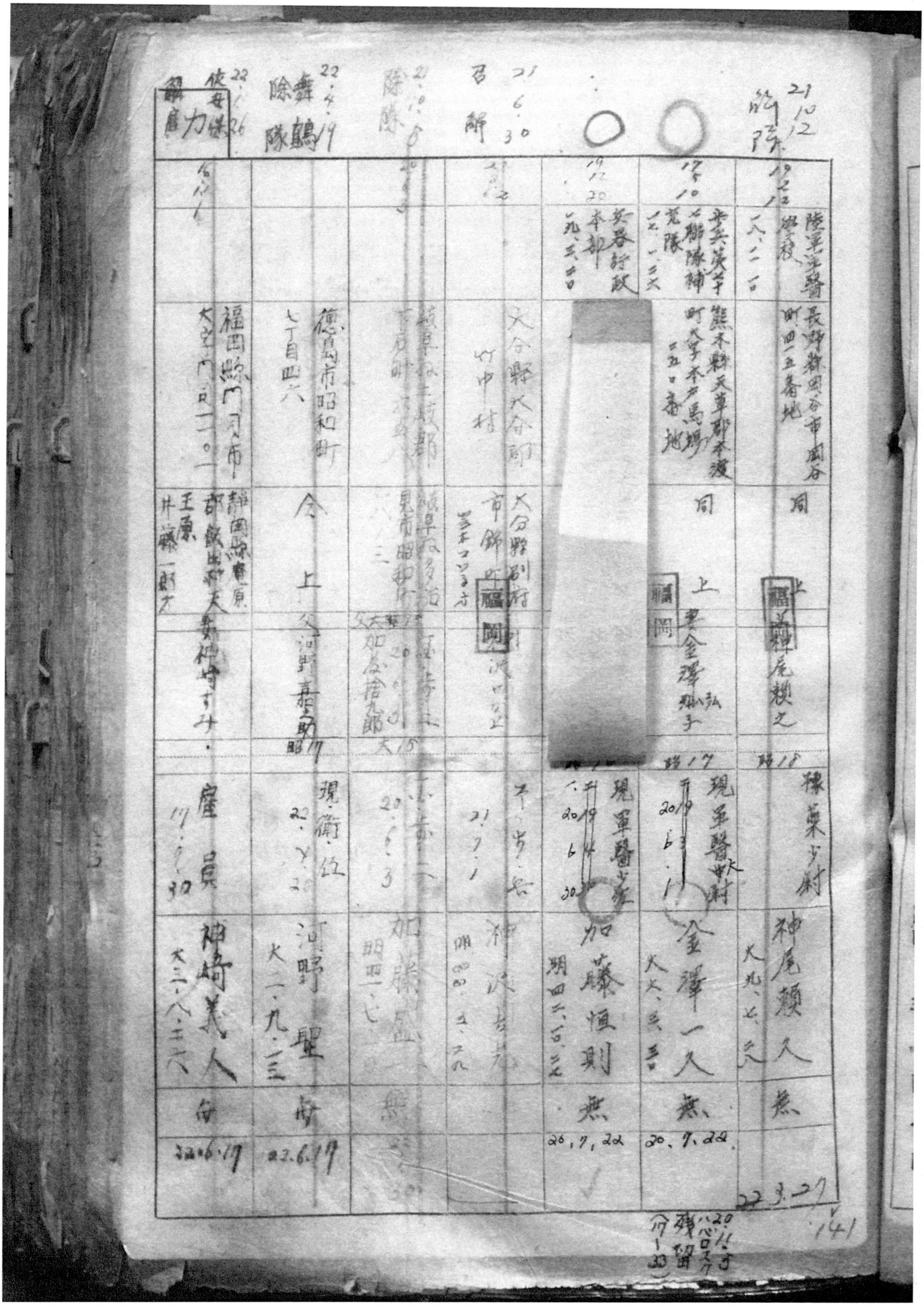

カ

14.4.5		東京都葛飾区下小松町一三五〇番地	同 [illegible] 留守 中国[illegible]孝郎方	妻 笠原満津子	技師 四等 四 20.3.31	笠原四郎 明三五.四.六	有	20.6.27
13.6.1	（付箋）中野区（大連衛生研究所）[illegible] 22.7.15 [illegible]	東京都[illegible]	同	妻 笠井龍子	技師 四等 五 17.10.31	笠井久雄 明三八.三.二	無	
13.6.1		東京都小石川区原町一三大番地（大連市高砂町一三[illegible]）	同	妻 関原スズ	技師 四等 五 20.[illegible].27	関原勤 明三九.五.五	無	20.6.27
18.6.30		長野県更級郡川柳村大字二ツ柳九三番地	同	妻 春日直寛	技師 五等 五 19.1.30	春日忠善 明三九.一二.七	無	
14.5.10		愛知県愛知郡長久手村大字岩作三九番戸	同	妻 加藤好子	技師 七等 七 19.6.[illegible]	加藤康久 大四.九.三	無	20.6.27
18.11.2	憲兵司令部 兵七.二五	静岡県田方郡伊豆長岡町大師三番地	同	上 妻 狩野ヨシ	通訳官 七等 七 20.3.31	狩野孝一 明三七.六.三	無	20.6.27
17.2.19		新潟県北蒲原郡高瀬村大字高瀬二一八	大連市[illegible]町五一二	妻 金澤三代	嘱託 20.3.31	金澤謙一 明[illegible]	無	20.7.25

142

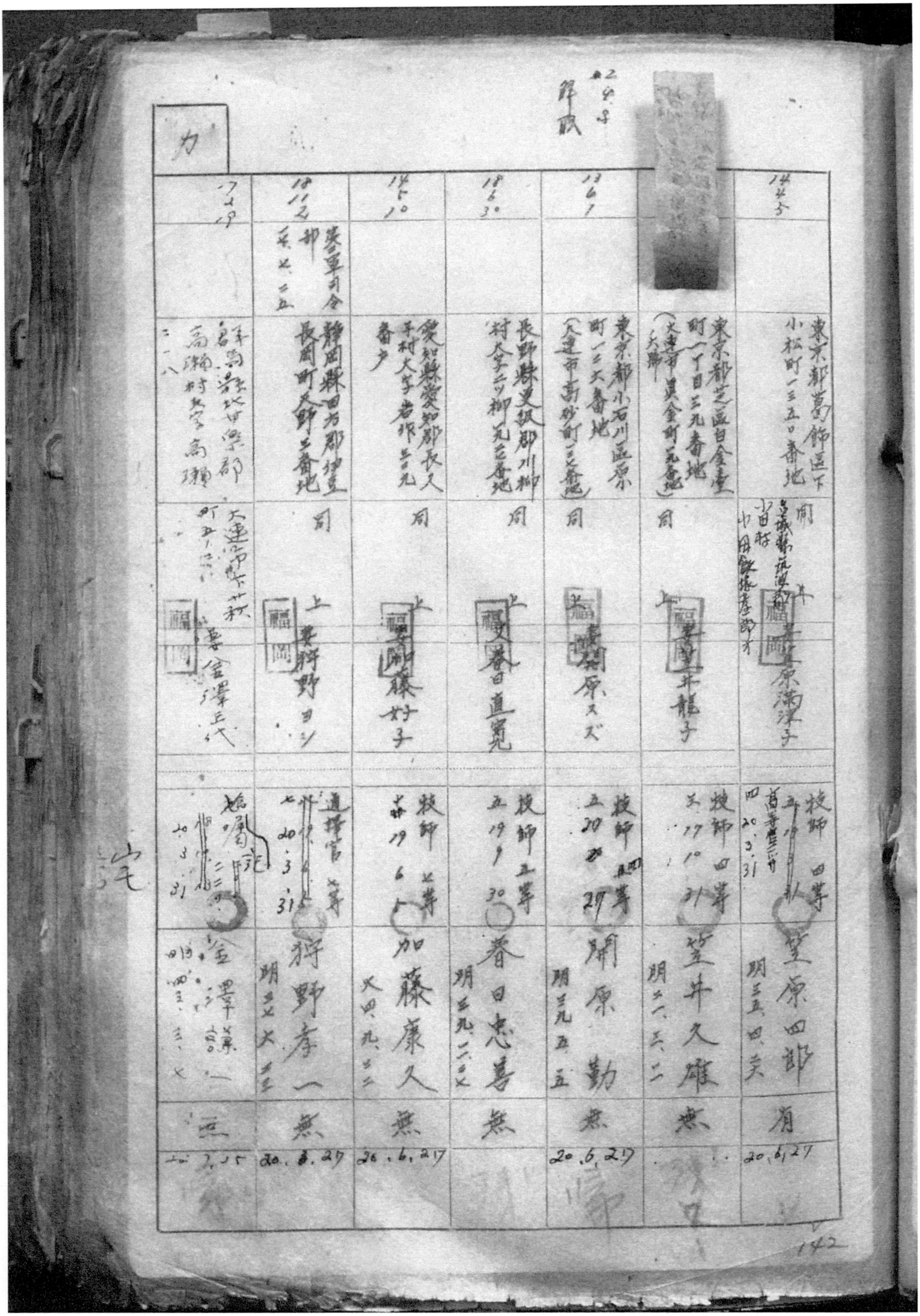

カ

解職

14.4.5	13.6.1	18.6.30	14.5.10	18.11.2	17.[illegible]	
				陸軍司令部 兵七.二五		
東京都葛飾区下小松町一三五〇番地	東京都芝区白金台町一丁目三九番地（大連市[illegible]番地）	東京都小石川区原町一三六番地（大連市[illegible]番地）	長野県更級郡川柳村大字三ツ柳[illegible]番地	愛知県愛知郡長久手村大字岩作[illegible]番地	静岡県田方郡伊豆長岡町[illegible]番地	新潟県[illegible]郡高瀬村大字高瀬二一八
同	同	同	同	同	同	大連市[illegible]
笠原満洋子	笠井龍子	関原スズ	春日直寛	加藤好子	狩野ヨシ	金沢三代
技師 四等 20.3.31	技師 四等 五.17.10.31	技師 四等 五.20.[illegible].27	技師 五等 五.19.9.30	技師 七等 七.19.6.[illegible]	通訳官 七等 七.20.3.31	嘱託 20.3.31
笠原四郎 明三五.四.一六	笠井久雄 明二八.三.二	関原勤 明三九.五.五	春日忠善 明三九.一二.一七	加藤康久 大四.九.二二	狩野孝一 明三七.一.二三	金沢謙一 明四四.三.二七
有	無	無	無	無	無	無
20.6.27		20.6.27		20.6.27	20.6.27	20.7.25

142

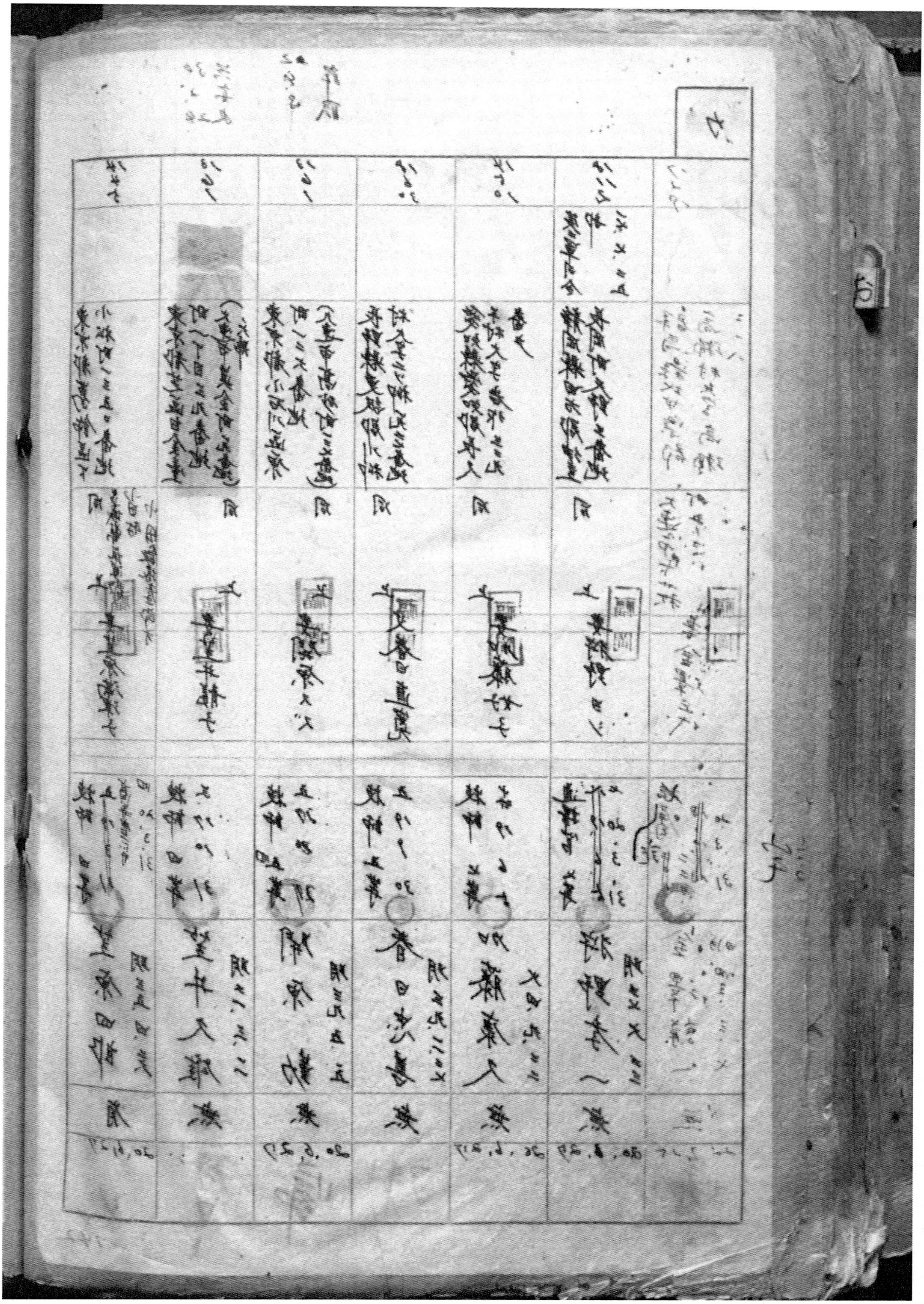

力

昭和22.6.27 除隊 於舞鶴

日付	所属部隊	本籍	住所	留守担当者	入営	身分・官等	氏名・生年月日	備考	摘要
19.12.24	第二十四師団通信隊 二〇、一、一〇	北海道網走郡美幌町字美富三三番地 / エロヘンパウル収容所	同上	父 観野太郎	昭18	兵19.12.1 現兵軍曹	観野巌 大九、一、一〇	無	22.7.30 / 22.2.15
19.8.?	独立輜重兵第四十五大隊 二〇、四、一九	新潟県新潟市沼垂二二七番地	同上	父 神田善吉	昭14 昭19	陸衛伍長	神田信雄 大八、二、二	有	
18.1.17		愛媛県伊豫郡北伊豫村大字神崎九二九番地ノ一	同上	父 中河政市	昭17	現衛伍長	中河渡 大二、六、二	無	
20.1.15	兵站勤務第七十中隊 一六、七、三一	愛知県瀬戸市西谷町二九	同	父 加藤釧	昭8	一補輜重兵伍長 19.4.1	加藤鉄美 大三、一一、九	無	
20.1.15	兵站勤務第七十中隊 一六、七、三一	愛知県瀬戸市寺澤町八五	同	父 加藤作助	昭7	一補輜重兵長 19.4.1	加藤紀彦 明四三、六、[illegible]	無	
20.1.15	兵站勤務第七十中隊 一六、七、三一	愛知県瀬戸市東古瀬戸町三二	愛知県瀬戸市中切町八九	妻 加藤久子	昭7	一補輜重兵長 19.8.1	加藤公児 明四三、三、二八	無	
20.1.18	牡丹江重砲兵聯隊 一八、一、八	鹿児島県薩摩郡下甑村藺牟田五三	同	父 庵原安範	昭17 昭19	現重砲伍	庵原三之助 大十、六、一〇	無	

143

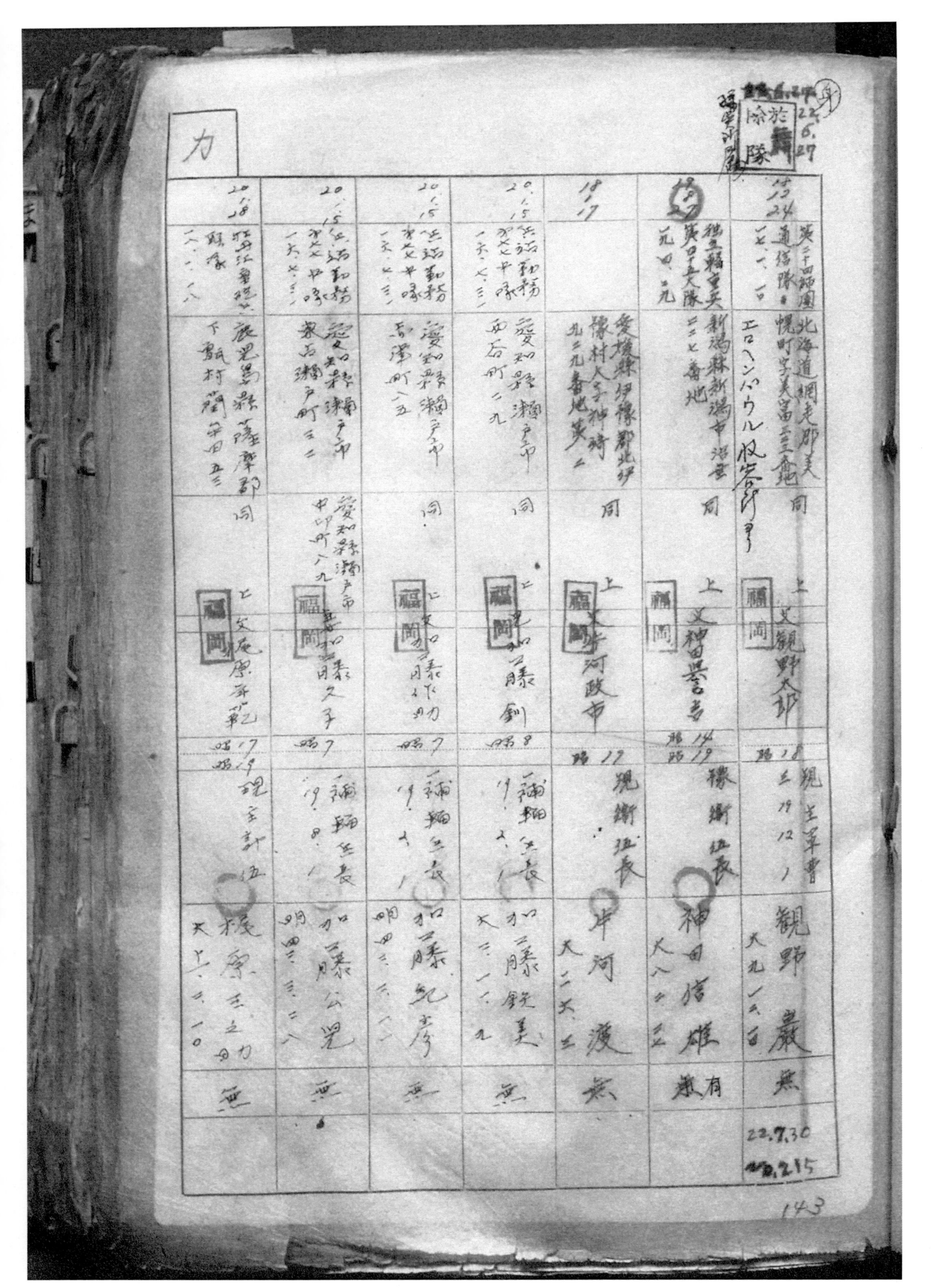

カ

昭22.1.18 化安課 解職

留守宅 [illegible]

14.5.27	千葉縣安房郡保田町中手原五九〇番地	長野縣松本市大字白板五五〇番地	福岡 川名壽一	技手 二 19.9.30	川名貞 明三四・一・五	無	22.6.17
14.3.3	岩手縣稗貫郡宮野目村大字西宮野目第七地割無番官地	同	福岡 鎌田キヨノ	技手 三 19.3.31	鎌田政夫 明四〇・二・一五	無	
14.3.3	長野縣西筑摩郡三岳村三二番地	同	福岡 上條春海	技手 三 19.9.30	上條重作 明四三・二・二五	無	
15.8.26	山形縣最上郡大藏村大字清水二五三〇番地	山形縣北村山郡尾花澤町二五一三	福岡 海藤昇	属 三 20.3.31 / 四 19.3.31	海藤惇 明四四・四・六	無	20.6.27
14.11.11	宮城縣仙台市大町二丁目八二番地	同	福岡 加藤ふく	技手 四 20.3.31	加藤重一 明三五・四・一	無	20.6.27
17.4.30	佐賀縣藤津郡塩田町馬場下中七四五番地	同	福岡 川原マサ	技手 四 19.9.30	川原豊 明三九・二・二八	無	
14.7.20	長野縣上伊那郡宮田村三四九九番地	同	福岡 春日朝尾	通譯生 四三 20.3.31	春日伸一 大二・[illegible]	無	20.6.27

144

カ

21.8.23 病死 金山埠頭…（下凸興?）

22.3.4 依安保解職

19.7.25 … [illegible]

17.4.22	石川縣羽咋郡堀松村字堀松ノ五三番地	同	加[illegible]長次郎	技手 四 20.10.31 31.3.1	加[illegible]野幸次	明二二、一、五	無	20.6.27
19.8.31	山形縣山形市七日町一一〇番地	同	神藤たま	技手 五 19.8.31	神藤才太郎	明四四、三、三	無	
19.8.31	兵庫縣加西郡九会村田原三六五一番地（又重市下萩町合番地）	同	加古志ん	技手 五 19.8.31	加古幸治	明三八、六、五	無	22.6.17
18.9.30	鳥取縣気高郡青谷町大字青谷二九三五番地	同	河上花子	技手 五 19.9.30	河上運雄	明四四、七、一	無	
18.9.30	千葉縣香取郡多古町則倉一八七番地	同	加瀬りん	技手 五 19.9.30	加瀬理一	明四四、四、二二	無	
18.9.30	山形縣東置賜郡大塚村西大塚一二二九番地	青森縣下北郡大湊町[illegible] 高田長次郎方	金子ヤエ	技手 五 19.9.30	金子定美	明四三、六、二六	無	
19.8.31	高知縣高知市宝前町七九番地	同	川田春花	技手 五 20.3.31	川田晴男	明四四、一一、三	無	20.6.29

145

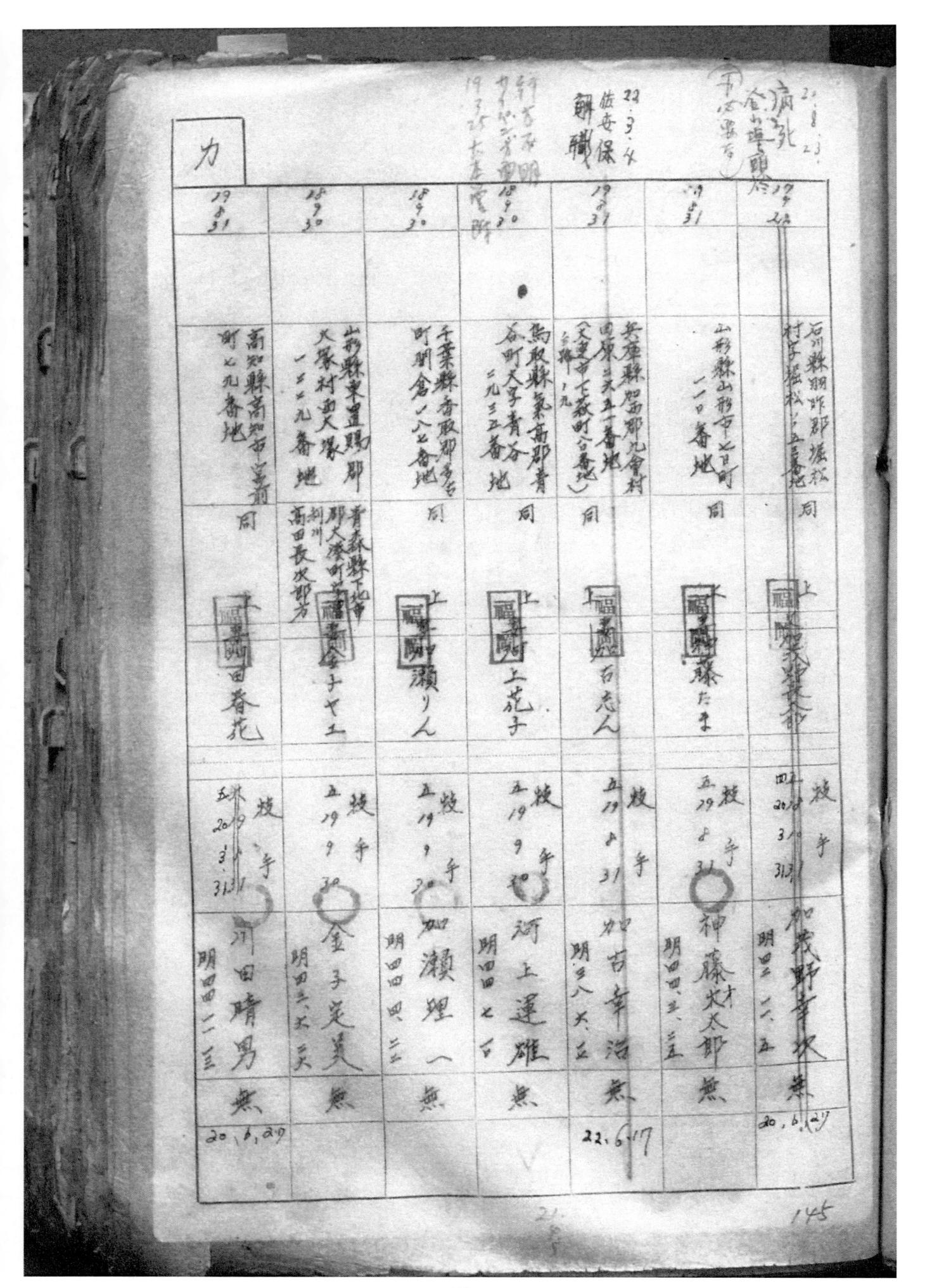

解 依安保 22.3.11

解 協力 依安保 22.3.4

19.4.1		静岡縣駿東郡印野村八五八番地	同	福岡 勝間田静江	技手 20.3.31	勝間田千秋 大五.八.二	無	20.6.27
19.12.28		千葉縣香取郡吉田村吉田二〇一五番地	同	福岡 片岡孝	業務手 九 19.11.1	片岡延司 明三六.一〇.一	無	
12.12.30		宮崎縣東諸縣郡高岡町大字内山三一九五番地	同	福岡 上村純哉	業務手 八五 19.3.31	上村純雄 明三五.一.二〇	無	
19.4.1		山口縣萩市津守町二五番地	同	福岡 金子隆	技手 五 19.4.1	金子一郎 明四四.一.二〇	無	
20.1.17	[illegible] 司令部 [illegible]	埼玉縣[illegible]郡[illegible]村大字[illegible]	同	福岡 川合慶太郎	技手 廿五 20.3.31	川合 茂 大四.[illegible]	有	20.6.27
19.3.15		千葉縣銚子市唐子町	仝	上 神[illegible]	傭人	神 静江 大五.九.一八	無	22.6.17
18.9.1		鳥取縣東伯郡小鴨村大字[illegible]野一〇四番地	仝	上 岡田[illegible]	雇員	岡田行好 大二.四.八	無	22.6.17

146

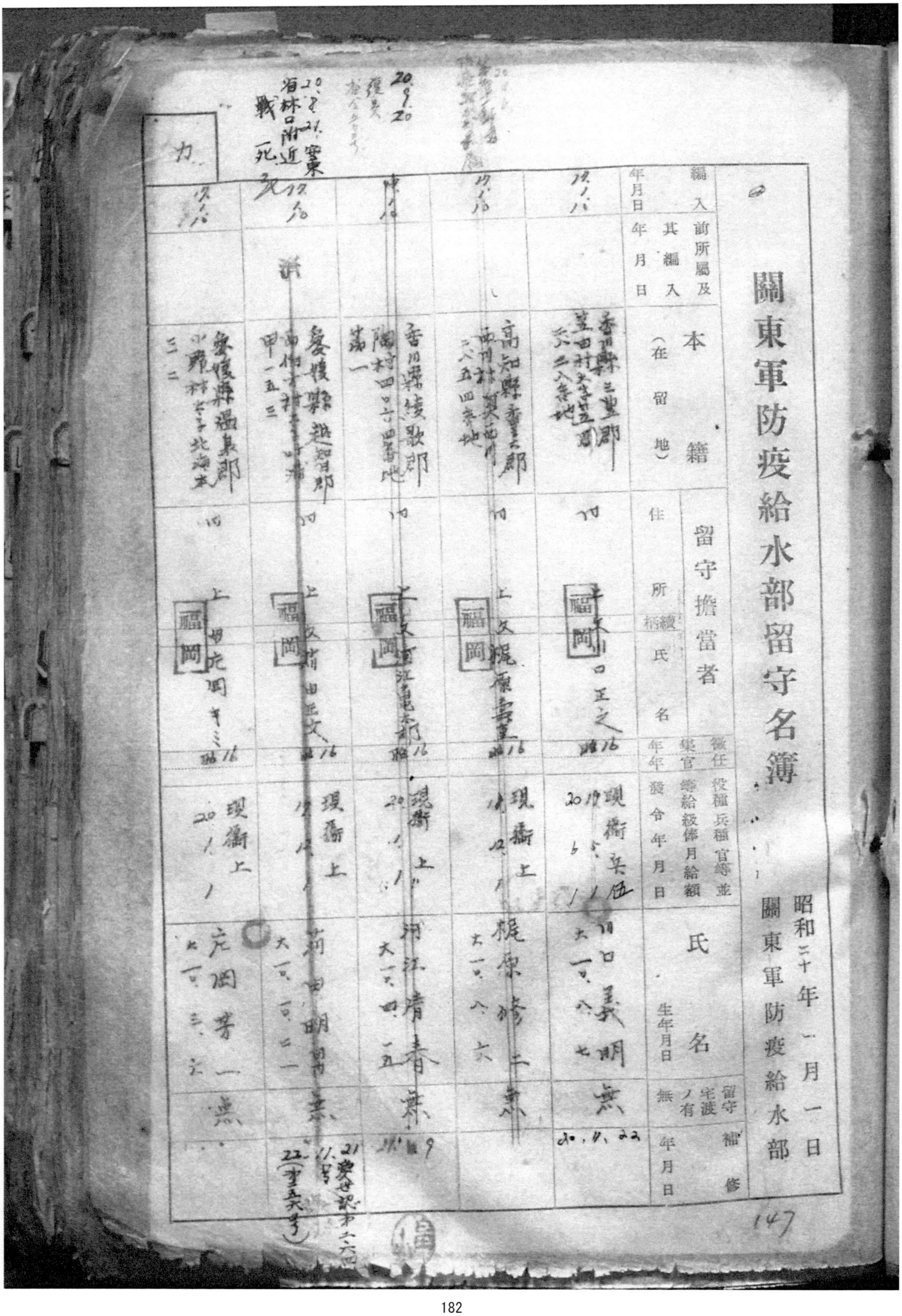

關東軍防疫給水部留守名簿

昭和二十年一月一日 關東軍防疫給水部

カ

20.8.21 東寧 省林口附近 戰死

20.9.20

編入年月日	前所屬及其編入年月日	本籍（在留地）	留守擔當者 住所 續柄 氏名	徵集年 任官年	役種兵種官等並給級俸月給額 發令年月日	氏名 生年月日	留守宅渡ノ有無	補修年月日
19.1.8		香川縣三豊郡笠田村大字笠岡二八八番地	仝 父 山口正之	昭16	現衛兵伍 20.6.1	山口義明 大一〇.八.七	無	20.11.22
19.1.8		高知縣香美郡西川村大字西川二八五四番地	仝上 父 梶原嘉重	昭16	現衛上 19.12.1	梶原修二 大一〇.八.六	無	
陣中		香川縣綾歌郡陶村四一〇四番地 第一	仝上 父 河江[illegible]	昭16	現衛上 20.1.1	河江清春 大一〇.四.一五	無	[illegible] 9
19.8	満	愛媛縣越智郡[illegible] 甲一五三	仝上 父 前田正文	昭16	現衛上 19.[illegible].1	前田明 大一〇.一〇.二一	無	21.11.[illegible] 愛世記第一六四 22.（[illegible]）
19.1.8		愛媛縣温泉郡小野村[illegible]北梅本 三二	仝上 母 庄岡キミ	昭16	現衛上 20.1.1	庄岡芳一 大一〇.三.六	無	

147

22.7.24

19/1/10	19/1/10	19/1/10	19/1/10	19/1/10	19/1/10	19/1/10
愛媛県西宇和郡三島村大字下泊 七一三	愛媛県宇和島市西之浦一三六一番地ノ五	愛媛県北宇和郡蒋淵村一〇三七	徳島県美馬郡一宇村大字明谷 三三七一	徳島県阿波郡…村…四五	徳島県那賀郡鷲敷町大字平山字小延一三三	徳島県那賀郡鷲敷町大字仁宇字原三二
四	四	四 愛媛県北宇和郡…島市…三〇二番地	四	四	四	四
福岡 上 亀田徳右衛門	福岡 上 川崎英助	福岡 河野ナツ	福岡 上地福市	福岡 川人…	福岡 龍居億太郎	福岡 元山留太郎
昭16	昭16	昭16	昭16	昭16	昭16	昭16
現備 上 20.1.1	現備 上 18.12.1	現衛 兵伍 20.6.1	現備 兵 20.1.1	現衛 上 19.6.1	現備 上 19.12.1	現備 上 19.12.1
亀田佐助 大六.二.二五	川崎増吉 大六.三.七	河野弾男 大六.四.二	上地輝政 大六.一〇.三一	川人清松 大六.一一.二三	龍居久夫 大六.四.一六	元山和平 大六.三.一五
無	無	無	無	無	無	無
		20.7.22		22.8.12 No.108		22.11.25 No.1048

148

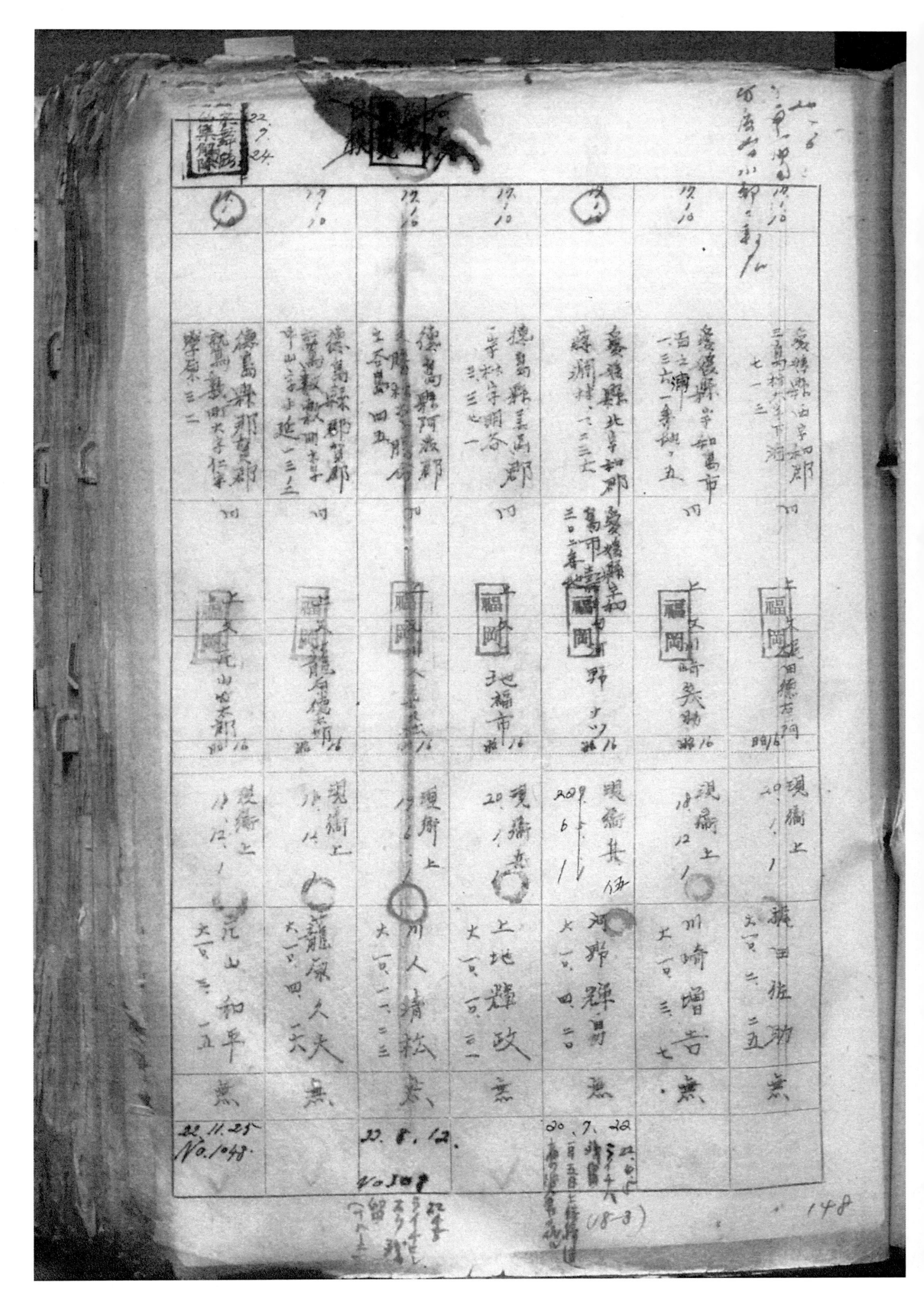

力

除隊 21.12.21
安保

除隊 22.1.5

19.1.17	19.1.17	19.1.17	19.1.17	19.1.11	19.1.〇	19.1.10
愛媛県上浮穴郡佐川村七鳥五番耕地二四三番地	愛媛県喜多郡南久米村大字正信三番耕地九番地一	愛媛県宇摩郡金砂村大字平野山三五七ノ一	愛媛県周桑郡国安村大字桑村三七一番地	高知県長岡郡大篠村八京八五六番地	高知県高岡郡別府村村枝一二四七番地	徳島県麻植郡西尾村大字西麻植(市口)
〃	〃	〃	〃	〃	〃	〃
上 福岡	上 福岡	上 福岡	上 福岡	上 福岡	上 福岡	上 福岡
又 河合邦慶	又 榎原好丸	又 鎌倉慶安	又 金子隆治	又 柿内	又 掛水善高	母 河野モヨノ
昭17	昭17	昭17	昭17	昭16	昭16	昭16
現衛上 20.1.1	現衛一 18.9.20	現衛甲兵 20 21.12.21	現衛上 17.1.1	現衛上 19.5.1	現衛上 18.12.1	現衛上 19.6.1
河合武美 大一一.七.二三	榎原馨 大一一.二.五	鎌倉精雄 大一二.四.二六	金子倉一 大一一.一一.一三	柿内等 大一〇.一二.一四	掛水一美 大一〇.一〇.一二	河野勲 大八.二.八
無	無	無	無	無	無	無
		22.6.17				22.3.19

149

カ

戦死 20.6.4　　除隊 21.6.28　　於除隊 22.6.21

本籍	戸主	入営	役種・兵科	氏名・生年月日	備考
愛媛県越智郡富田村大字町谷甲四六〇番地	神野 作	18.10.1	現 衛 一	神野誠一 大二.二.五 無	22.7.21 No.106
香川県三豊郡財田大野村大字財田西一〇三四	庄桐ツル	20.8.15	現 衛 兵伍	庄桐正春 大一.三.一九 無	22.6.27
徳島県那賀郡富濃村大字北崎水崎三九	河野正二	20.6.1	現 衛 兵伍	河野孝樹 大一.一.二八 無	20.6.22 戦死
徳島県徳島市昭和町七ノ四六	河野	18.10.1	現 衛 一	河野聖 大二.六.一三 無	
徳島県板野郡撫養町南浜字蛭子前西二八	川口義徳	18.10.1	現 衛 一	川口勝明 大一.一.三二 無	
徳島県徳島市東一丁寺島本町十一番地	鎌田八ツ	18.10.1	現 衛 一	鎌田積治 大一.九.一八 無	
高知県長岡郡池川町土居甲一一九八	川村	20.6.1	現 衛 兵伍	川村太郎 大一〇.一.五 無	20.7.22

23.3.19 在認通 No.270

150

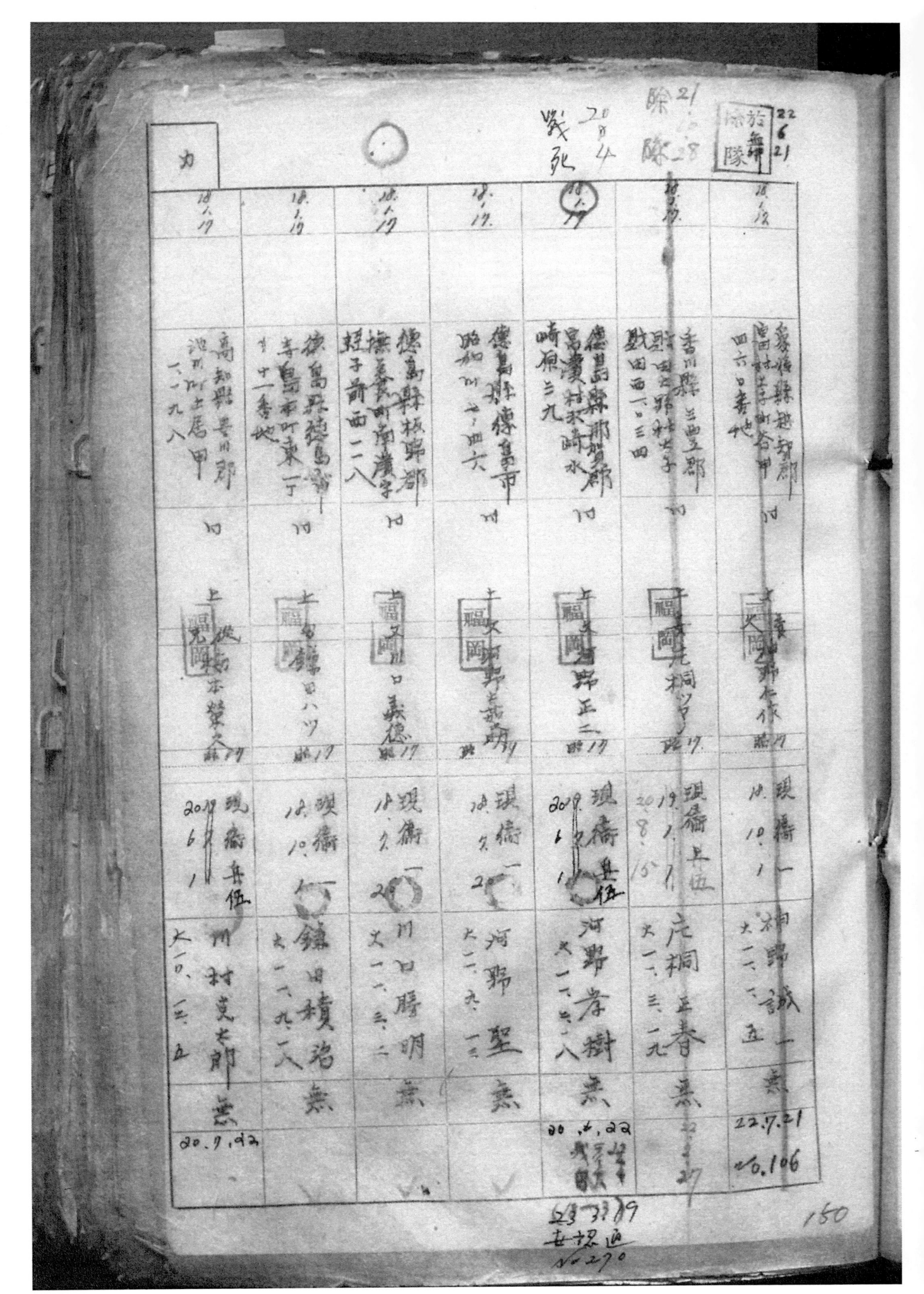

ヵ

19.1.12	19.1.12	19.1.12	19.1.12	19.1.12	19.1.12	19.1.12
愛媛県越智郡岡山村大字宗方甲二〇四三	愛媛県伊豫郡南山崎村大字下唐川甲五十七番地	愛媛県新居郡[illegible]村大字[illegible]二四一〇番地ノ二	愛媛県周桑郡[illegible]村大字[illegible]乙四二五番地ノ二	愛媛県西條市大町一〇三〇四番地	愛媛県新居浜市甲三八九番地	愛媛県喜多郡平野村大字平地三六五四番地
〃	〃	〃	〃	〃	〃	〃
上 [福岡] 文 川上倉次郎 昭18	上 [福岡] 文 川口種五郎 昭18	上 [福岡] 文 加地石助 昭18	上 [福岡] 文 河野源七 昭18	上 [福岡] 文 葛城多平治 昭18	上 [福岡] 文 矢上操 昭18	上 [福岡] 文 桜谷徳馬 昭18
19.9.15 現編一	19.9.15 現編一	19.9.15 現編一	19.9.15 現編一	19.9.15 現編一	19.9.15 現編一	19.10.1 現編一
川上光行 大一二.四.一	川口正 大一〇.三.二六	加地榮 大一三.八.七	河野清春 大一二.三.一	葛城治正 大一〇.十.二	矢上一夫 大一一.一二.二	桜谷善光 大一三.八.四
無	無	無	無	無	無	無

151

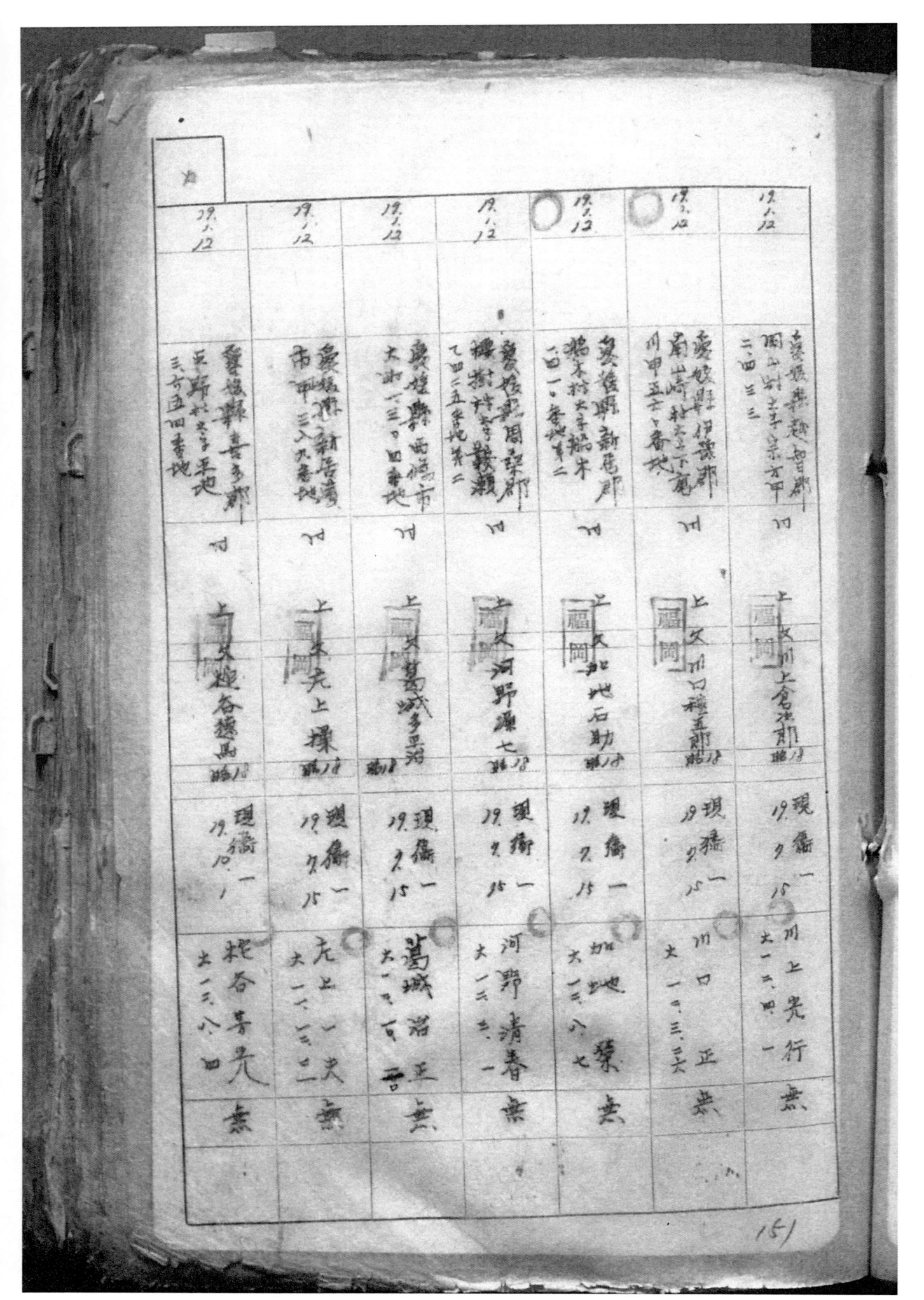

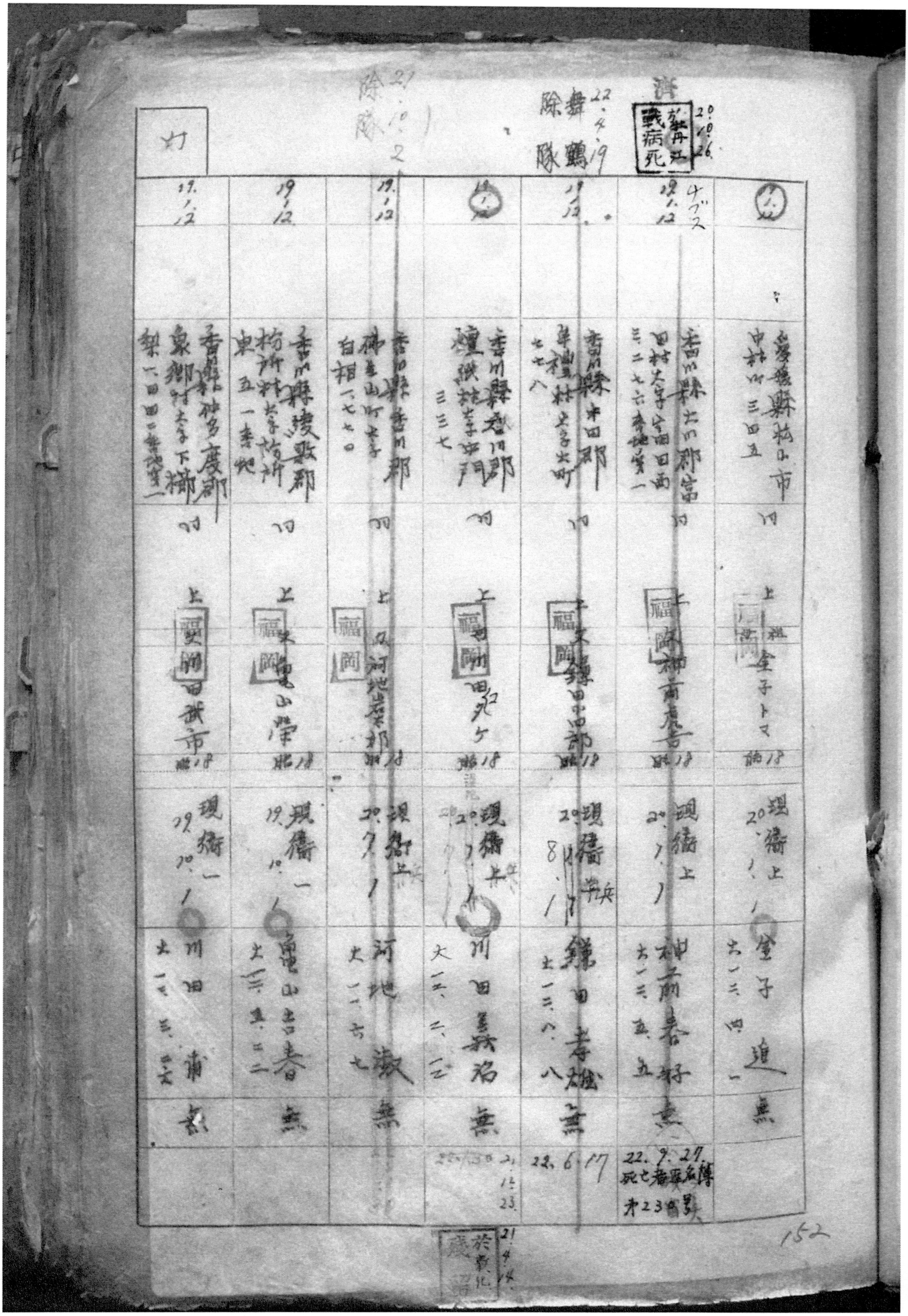

済

除隊 21.10.2

除舞鶴隊 22.4.19

於牡丹江 戦病死 20.10.26

19.1.12	愛媛県松山市中村町三四五	戸	上 福岡 祖 金子トマ	昭18	現役上 20.1.1	金子進 大一三、四、一	無
19.1.12 ナブス	香川県[illegible]郡[illegible]村大字[illegible]三二七六番地ノ一	戸	上 福岡 神前虎吉	昭18	現役上 20.1.1	神前春好 大一三、五、五	無	22.9.27 死亡者原名簿 才23号
19.1.12	香川県[illegible]郡[illegible]村大字[illegible]七七八	戸	上 福岡 鎌田[illegible]	昭18	現役 20.8.1	鎌田寿雄 大一三、八、八	無	22.6.17
19.1.12	香川県[illegible]郡[illegible]三三七	戸	上 福岡 川田[illegible]	昭18	現役 20.7.1	川田[illegible] 大一五、六、二	無	21.12.23
19.1.12	香川県香川郡[illegible]町大字[illegible]一七七〇	戸	上 福岡 河地[illegible]	昭18	現役 20.7.1	河地[illegible] 大一二、六、七	無	
19.1.12	香川県綾歌郡[illegible]村大字[illegible]東五一番地	戸	上 福岡 亀山[illegible]	昭18	現役一 19.10.1	亀山吉春 大一三、[illegible]	無	
19.1.12	香川県仲多度郡[illegible]村大字[illegible]	戸	上 [illegible] 川田[illegible]市	昭18	現役一 19.10.1	川田[illegible] 大一三、三、[illegible]	無	

152

於[illegible] 21.4.14

力

19.6.15		香川縣三豊郡麻村大字上麻乙五七二番地第一	四	上	福岡 原萬吉 18	現編入 19.10.1	川原治郎一 大一三、八、二五	無
除籍 22.8.25		高知縣安藝郡野根村二一五九	四	上	福岡 岡三五郎 18	現編廿 18.10.1 長	岡三五郎 大一三、五、一三	無	22.11.1 No.1018
20.10.26 シベリヤ ソウラ病院ニ於テ戦病死	済 (ハイラル支トキ) 世打一号	高知縣高岡郡仁井田村仁井田四〇七番地	四	上	福岡 川上留弥 18	現編廿 兵長	川上正吉 大一三、六、二四	無	23.2.18 No.278
20.8.26 腹部貫通銃創戦死	22.5.2 (公報)	愛媛縣西宇和郡二木生村大字二及三番耕地三八二	仝	上	父上甲正安	現兵伍長	上甲正廣 大10.12.20		22.9.30

153

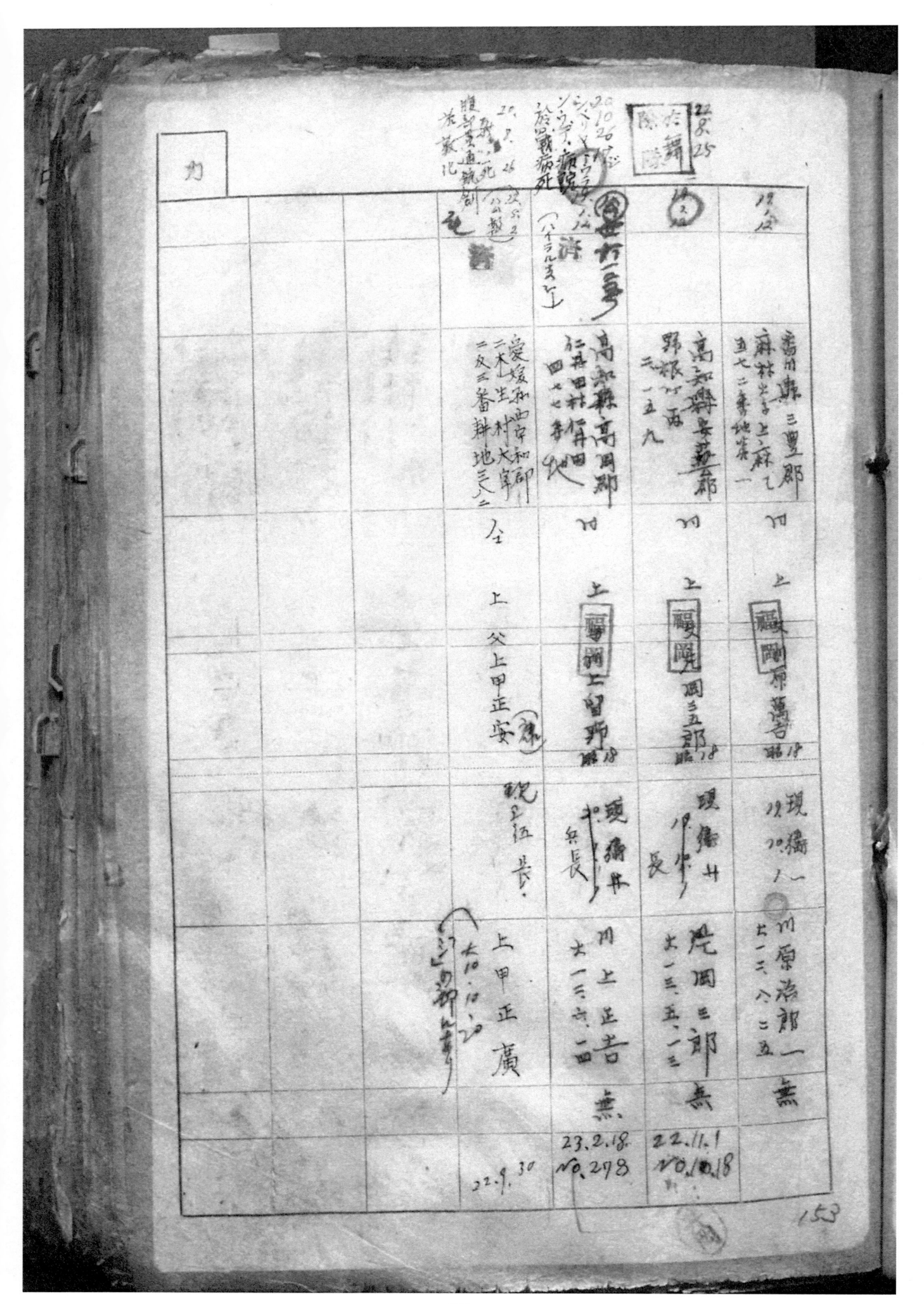

[illegible] 21.8.15　　　　復員 25.4.7

20.3.7	廣島縣安藝郡海田市町一八六番地	〃	上 福岡	加里[illegible]	昭19	現衛一 20.3.7	加里本政史	大一三、四、五	無
20.3.7	大阪府大阪市南區[illegible]四九七番地	大阪市東成區元今里北ノ通リ一丁目二〇	父 福岡	烏野國[illegible]	昭19	現衛二 20.3.7	烏野茂	大一二、一〇、二	無
20.3.7	鹿児島縣川内市[illegible]番地	川内市白和町[illegible]	父 福岡	河陽李一	昭19	現衛二 20.3.7	カワミナミ 河陽泰二	大一三、一〇、三〇	無
20.2	廣島縣雙三郡布野村大字上布野一〇四八〇番地	〃	上 父 福岡	梶田泰二	昭19	現衛二 20.2	梶田泰男	大一三、一、一	無
20.2.26	廣島縣高田郡秋越村大字小越九二番地	廣島縣高田郡秋越村字堀越	妻 福岡	河野豊子	昭17	現衛二 20.2	河野明男	大一三、一一、八	無
20.2.26	島根縣松江市幸町八〇三番地	〃	上 父 福岡	上川清之助	昭19	現衛二 20.2	上川春美	大一四、八、二二	無
20.2	島根縣大原郡春殖村[illegible]一九三番地	〃	上 福岡	上代[illegible]一郎	昭19	現衛二 20.2	上代[illegible]	大一三、一一、一四	無

154.

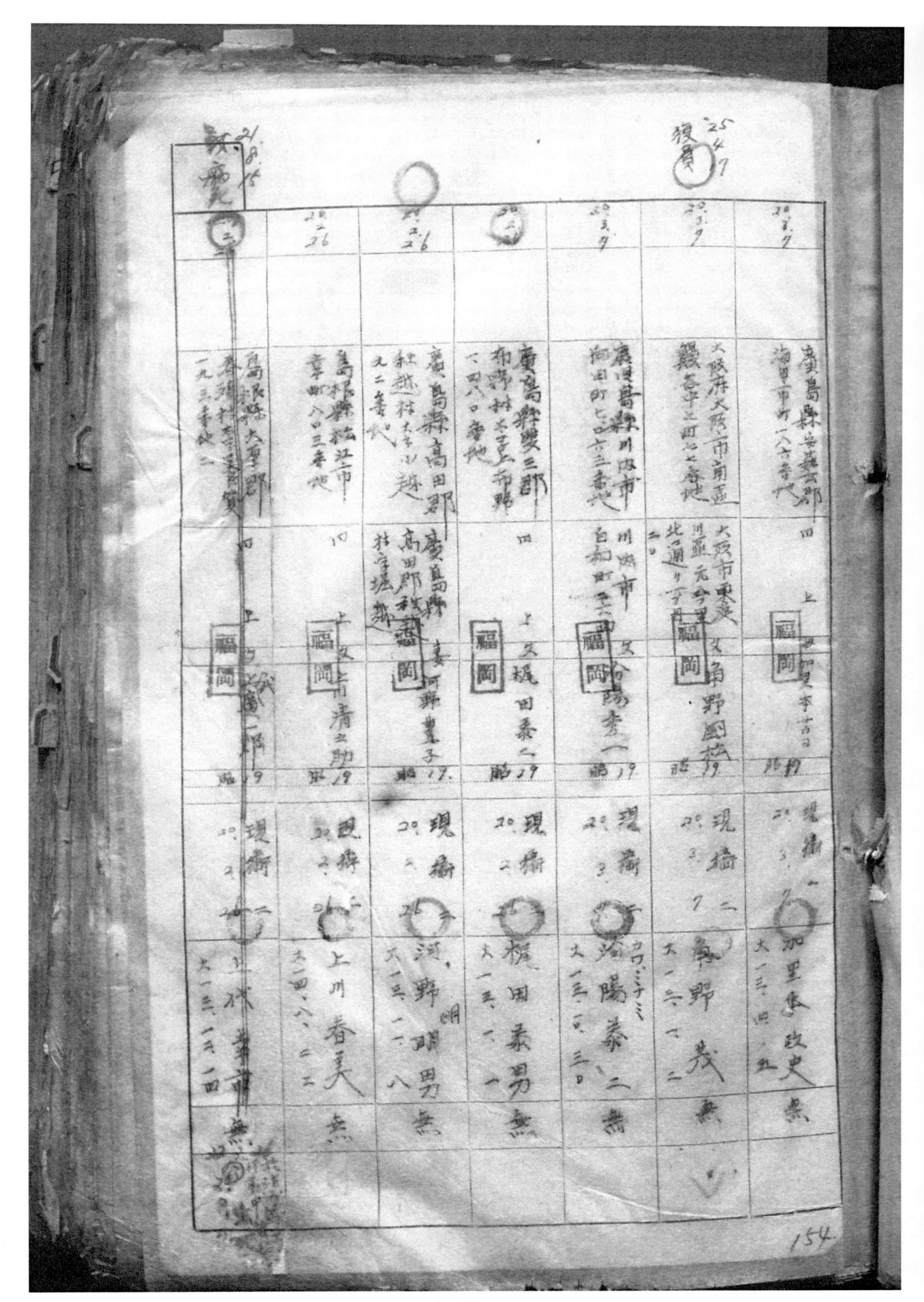

除隊 22.12.21

21.1.17 戦病死

於舞鶴 22.12.3

20.2.21	20.2.26	20.2.26	20.2.26	20.2.21	20.2.26	20.2.26
島根県大原郡春殖村上宮田四三二番地ノ一	島根県飯石郡吉田村大字吉田一九一番地	島根県邑智郡布施村大字郡久五七番地	山口県厚狭郡船木町第二十六番地	山口県下松市大字末武中五番地	山口県厚狭郡須恵村大字金峰八番地	山口県大島郡久賀町二〇八番地
同上	同上	鳥取県東伯郡由良町大字	青森県東津軽郡蓬田村一八八番地 三隅方	同上	山口県厚狭郡小野田市	同上
福岡	福岡	福岡	福岡	福岡	福岡	福岡
西川ホカメ	父 影山利観	父 金岡ミンデー	父 稲村キミヨ	父 煙部元一	福田キヌ	父 金井又助
昭19.	昭19.	昭19.	昭19.	昭19.	昭19.	昭19.
20.2.26 現衛	20.2.26 現衛	20.2.26 現衛	20.2.26 現衛	20.2.21 現衛	20.2.26 現衛	21.12.21 現留
川李教善 大4.4.9	影山博美 大4.5.11	金岡章一 大4.6.27	稲村宏 大4.5.12	煙部勝美 大14.6.25	河村守旅 大6.11	金井吉姫 大1.3.26
無	無	無	無	無	無	無
	23.2.21		23.7.22			22.6.

155

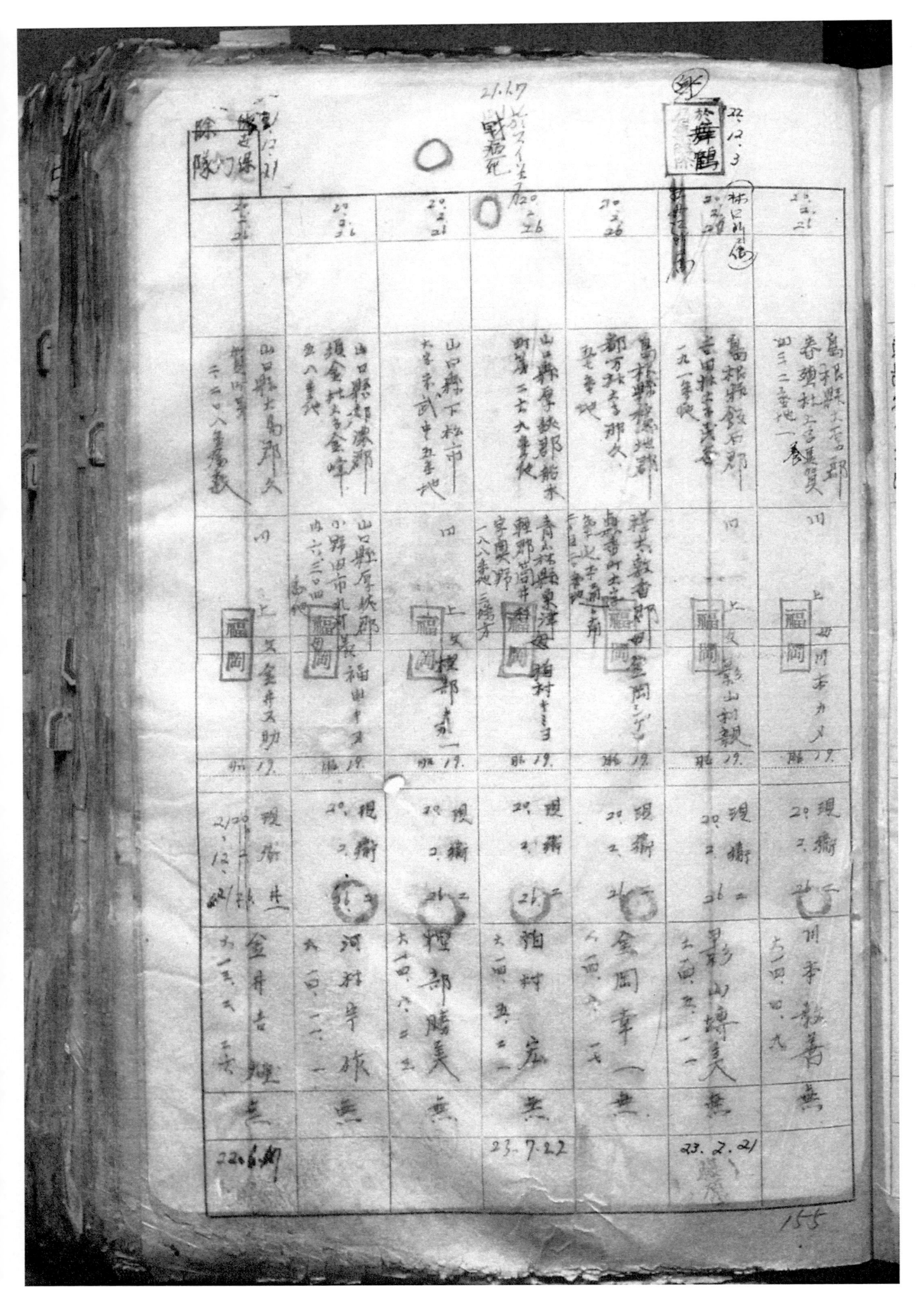

除 佐世保 21.12.21
解 佐世保 22.2.11 雇
解 21.5.26 傭

カー

20.2.21
廣島縣福山市
道三町六七番地
上 甲斐常太郎
續19
現 徵 20.2.26
甲斐 追 大一四.七.二六
無

20.2.26
廣島縣賀茂郡
下黒瀬村大字津江
四四五番地
上 川西桂太郎
續19
現 徵 20.2.26
川西 追三 大一四.四.一九
無 一

19.8.28
山口縣萩市
津守町二九
山口市[illegible]清水
[illegible] 手治
傭人
日[illegible]一.五.[illegible]
金子ミエコ 大八.一.一四

19.3.[illegible]
大分縣東国東郡富来町字富来浦
仝上 母
雇員
唐島武子 大五.五.二五
22.6.17

香川縣高松市
東田町四三六
仝上 父 河野[illegible]
予備伍 20.8.1
河野善通 大一〇.八.二〇
22.6.17

156

力

關東軍防疫給水部留守名簿

昭和二十年一月一日 關東軍防疫給水部

編入年月日	前所屬及其編入年月日	本籍（在留地）	留守擔當者 住所	留守擔當者 續柄	留守擔當者 氏名	徵任集官年年	役種兵種官等並等給級俸月給額 發令年月日	氏名	生年月日	留守宅渡ノ有無	補修年月日
14.8.1		栃木縣宇都宮市泉町二九四七番地口	同上	父	亀澤民太郎 福岡		雇（技術）八七 20.3.31	亀澤金次郎	大三、五、二四	無	20.6.5
14.2.1		熊本縣下益城郡豊田村大字畝野四七五番地	同上	父	片山[illegible] 福岡		雇（警防）六九 19.11.1	片山進	明三七、五、二二	有	
15.10.29		秋田縣平鹿郡八澤木村八澤木字瀧ノ澤八番地	同上	父	加藤[illegible]之松 福岡		雇（技術）六八 19.11.1	加藤辰藏	大六、三、三〇	無	
14.10.16		岩手縣九戸郡長内村大字小久慈第四地割二三番地	同上	母	[illegible]セい 福岡		雇（技術）六七 19.11.1	堅谷嘉平	大五、一〇、一〇	無	
12.5.31		岐阜縣郡上郡和良村大字野尻八五一番地	岐阜縣郡上郡和良村野尻	父	鍋川[illegible]善一		雇（技術）七四 20.3.31	鍋川佐太郎	大七、八、一九	有	20.6.5

157

カ

19.6.10	山形縣西村山郡左澤町大字左澤一〇七六番地	同	上 福岡 柏倉 コト	座(衣糧)六九 20.3.31	柏倉勇 大六、五、二九	有	20.6.5
19.5.31	兵庫縣城崎郡豊岡町中二三番屋敷	兵庫縣養父郡養父町養父市場	上 福岡 川上 次	座(事務)六八 20.3.31	川上毅 大七、三、四	有	20.6.5
19.5.31	北海道虻田郡豊浦村字高岡一三番地	同	上 福岡 加藤金助	座(現場監督)六九 20.3.31	加藤敏明 大七、一、七	無	20.6.5
19.7.14	廣島縣安佐郡久地村一〇三五番地	同	上 福岡 加藤キミ子	座(防疫)八一 17.11.1	加藤群一 明四二、五、三	無	
19.7.20	岐阜縣郡上郡弥富村大字劍五八二番地ノ一	同	上 福岡 加藤 平	座(防疫)七九 20.3.31	加藤正吉 大七、二、六	有	20.6.5
19.5.26	千葉縣香取郡多古町多古三三四五番地	同	上 福岡 柏倉シヅ	座(調理指導)七八 20.3.31	柏倉喜造 大五、二、一三	無	20.6.5
18.6.6	栃木縣下都賀郡稲葉村大字上稲葉二〇六番地	同	福岡 上 金山元依市	座(防疫)七八 20.3.31	金山德三郎 大六、三、一八	有	20.6.5

158

カ

17.7.1	岐阜縣大垣市 南頬町二九八番地	福岡縣鞍手郡 大福村字…… 坂本方	金森 [illegible]工	雇(技術) 20.3.31 七一	金森 猛男 大二、六、六	無	20.6.5
17.[illegible]	栃木縣上都賀郡 粕尾村大字中粕尾 一六九五番地	同	神山 [illegible]吉	雇(防疫) 20.3.31 六七	神山 三代吉 大七、六、一七	有	20.6.5 21.[illegible].22
17.6.10	山形縣西村山郡 西山村大字水澤 八百四番[illegible]地	同	片倉 [illegible]藏	雇(防疫) 20.3.31 六七	片倉 庄之助 大四、二、三	有	20.6.5
17.6.10	愛知縣海部郡蟹 田村大字戸田字 六番屋敷三三番地	同	風岡 [illegible]三郎	雇(防疫) 20.3.31 六七	風岡 憲一 大六、一二、九	有	20.6.5
17.7.1	栃木縣河内郡 豊岡村大字[illegible] 五九八番地	同	柏木 [illegible]衛	雇(防疫) 20.3.31	柏木 [illegible]三衛 大七、四、二九	有	
17.7.1	栃木縣那須郡 [illegible]郷村大字河原 一四一四番地	同	加藤 [illegible]才二	雇(防疫) 20.3.31 六五	加藤 亀雄 大一、五、一二	有	20.6.5
15.4.3	岐阜縣 岐阜市 下土居四四番地ノ二	同	神野 [illegible]く	雇(防疫) 20.3.31	神野 好郎 大八、三、五	有	20.6.5

159

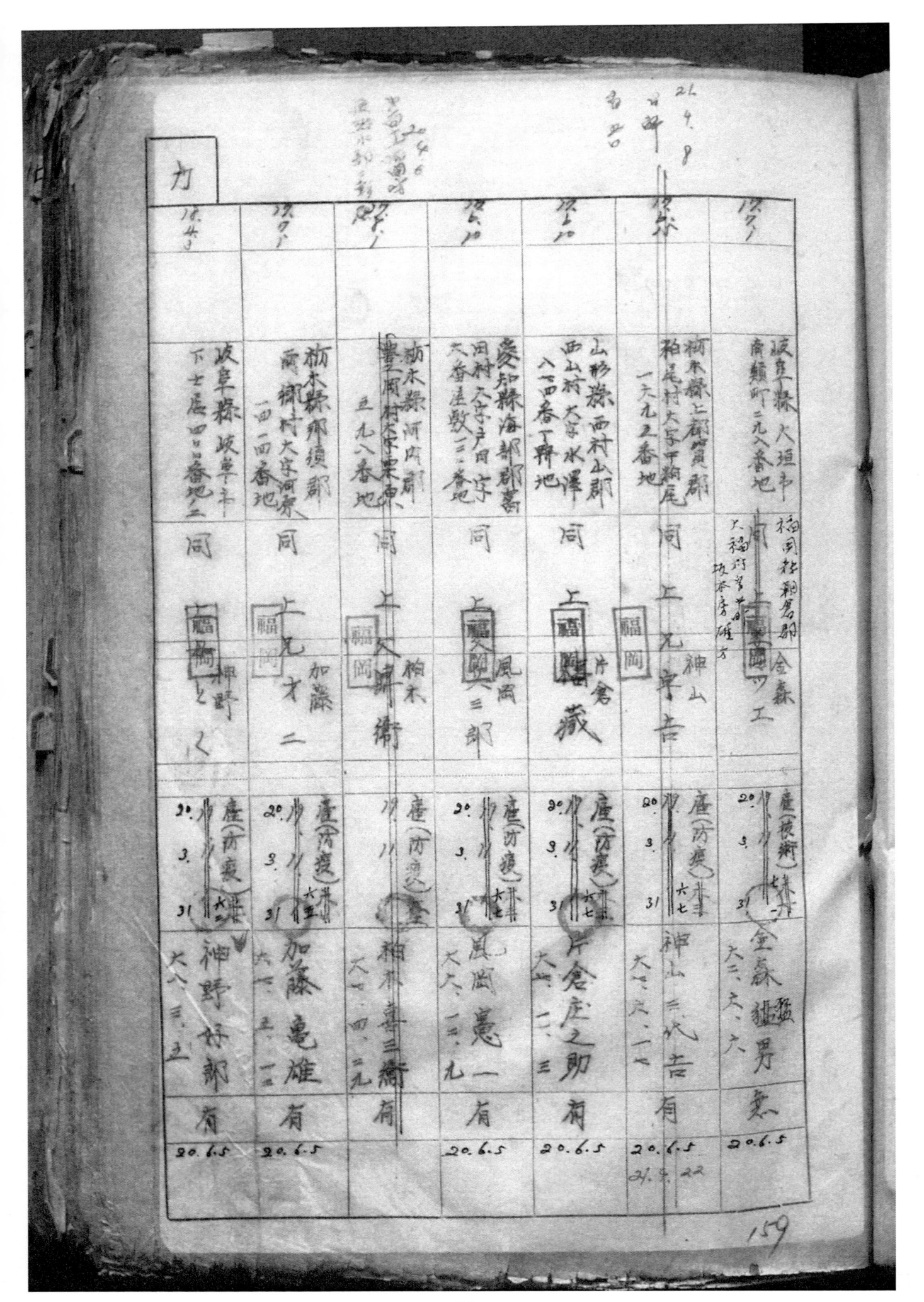

カ

寄 20.3.6
痊

19.1.1	鹿児島縣川内市向田町七〇六五番地	同	福岡 汾陽 一	19.11.1 痊(防疫)五三	汾陽泰二 大一三、一〇、二六	有	
19.7.1	愛知縣東春日井郡小牧町大字小牧二〇二一番地ノ二	同	福岡 加藤 國	20.3.31 痊(防疫)五五	加藤善隆 大一〇、六、二	有	20.6.5
1.1	長野縣飯田市大字飯田五九四番地内二	同	福岡 川合 皓	19.10.31 痊(防疫)四五	川合貞一郎 大四、一、五	有	
19.6.3	愛知縣寶飯郡一宮村大字大木字新町通九八番地	哈爾濱東義圖街四	福岡 留人江	20.3.31 痊(防疫)七七	紺谷實 大四、六、二	未	20.6.5
19.6.25	千葉縣香取郡多古町多古二六七一番地	同	福岡 川口 吉	20.3.31 痊(防疫)大八	川口七郎 大一〇、六、三五	未	20.6.5
16.11.17	大分縣大野郡大野町大字田中一八九番地ノ一	同	福岡 河野 喜	20.3.31 痊(防疫)大九	河野和季 大一二、一〇、三	有	20.6.5
16.7.21	徳島縣徳島市福島本町字福島一三一番地ノ一	同	福岡 鎌倉 吉	20.3.31 痊(脚気)大七	鎌倉泰助 大九、二、一	有	20.6.5

160

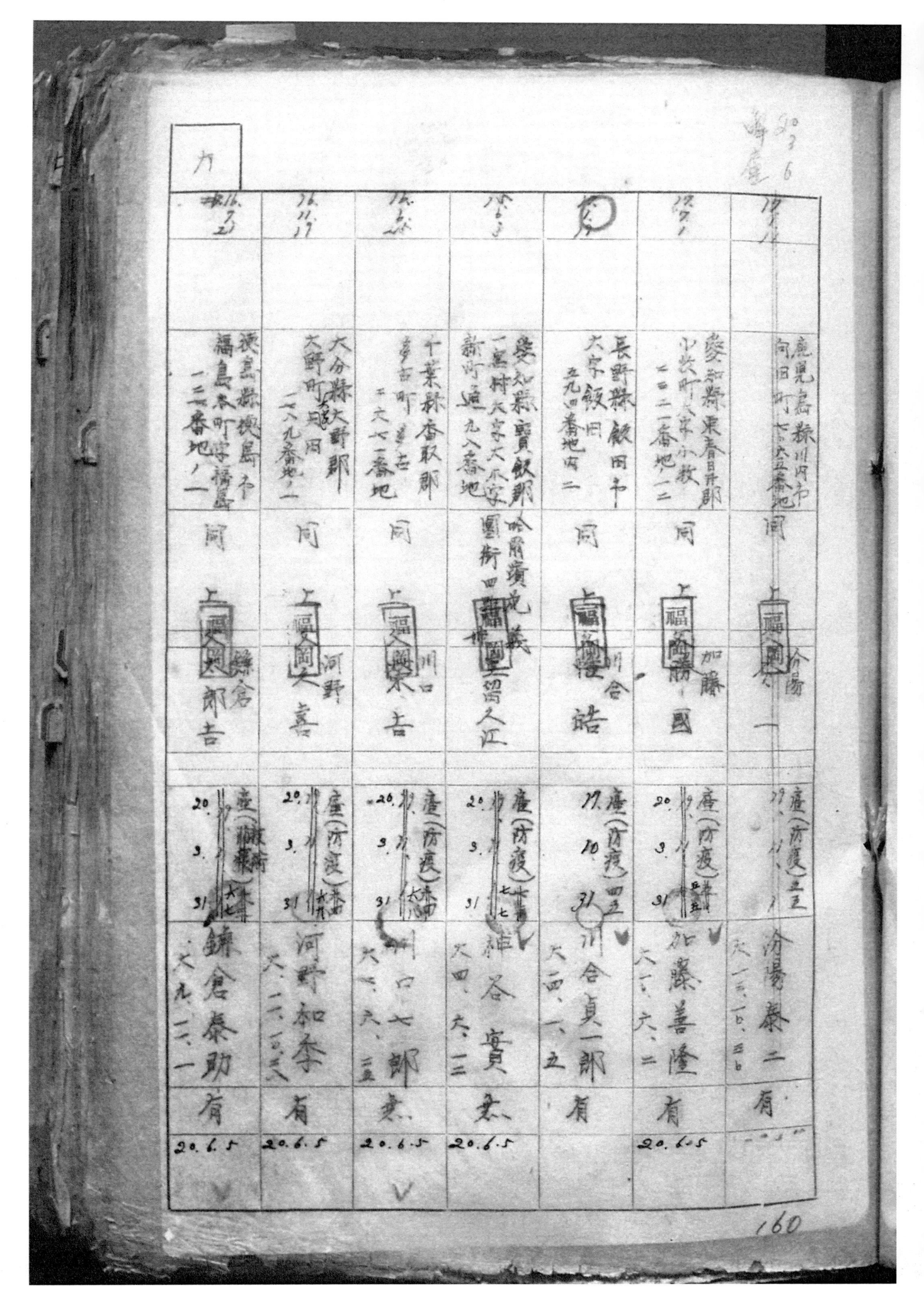

カ

19.3.1	岡山県和気郡日生町大字日生二八五三番地	大阪府堺市東之町西一丁目一八 岡松喜代松方	上福岡 川本でゝ子	産(防護) 20.3.31 六七	川本羅吉	明四四、三、二	無	20.6.5
19.4.1	埼玉県大里郡花園村大字武蔵野一六八六番地	同	上福岡 金子麻子	産(技術) 20.3.31 五八	金子直	大一〇、四、九	無	20.6.5
19.7.1	大阪市南区鰻谷中之町二二番地	同	上福岡 南野國松	産(技術) 17.1.1 五〇	南野茂	大一三、一、二	有	
23.11.18	新潟県西蒲原郡新尾町大字瀧尾参番地	同	上福岡 笠井下ミ	産(技術) 17.11.	笠井正義	大三、一、廿	棄 有	
23.11.20	千葉県海上郡豊畑村後草二六五五番地	同	上福岡 加瀬てツ	産(自動車運転) 20.3.31 廿七	加瀬佐一	大五、一、元	無	20.6.5
17.5.20	埼玉県入間郡名栗村下名栗三五六番地	同	上福岡 加藤専太郎	産(自動車操縦) 20.3.31 米田 六九	加藤英喜男	大七、一〇、七	有	20.6.5
16.11.1	三重県鈴鹿郡白川村大字小川二二〇四番地	同	上福岡 片岡きりの	産(技術) 20.3.31 六九	片岡正弘	大五、四、一六	無	20.6.5

161

カ

日付	本籍	住所	印	連絡先	職名・日付	氏名・生年月日	有無	日付	
19.8.20	徳島県麻植郡西尾村大字西麻植字新田四九番地	同	上 福岡	河野シゲヲ	雇（技術） 20.3.31 六七 米井	河野六三郎 大七.六.一五	有	20.6.5	✓
19.10.16	宮城県宮城郡七北田村市名坂字町六九番地	同	上 福岡	桂島ケサノ	雇（防疫） 19.11. 八一	桂島長治郎 明三九.八.一〇	無		
15.6.6	千葉県山武郡上堺村屋形八〇九番地	同	上 福岡	海保きく	雇（防疫） 20.3.31 七〇 米中	海保義一 大三.一.一三	有	20.6.5	✓
15.5.31	新潟県中頸城郡下黒川村大字表谷七番戸	同	上 福岡	妻 金子竹城 子 多喜	雇（防疫） 20.3.31 七〇 米中	金子良松 大七.三.八	有無	20.6.5	
19.5.31	茨城県多賀郡平潟町本町	宮城県伊具郡藤尾新町	上 福岡	香川すまよ	雇（防疫） 20.3.31 六八 米中	香川千万治 大七.三.一四	無	20.6.5	
19.5.31	兵庫県兵庫郡菅野村青木三九五番地	兵庫県神戸市須磨区大田町一丁目一四九番地	上 福岡	加藤ノブ	雇（防疫） 20.3.31 六七 米中	加藤和男 大七.一〇.一四	有	20.6.5	
15.5.20	新潟県佐渡郡金沢村大字泉甲八五三	同	上 福岡	風間諄一郎	雇（技術） 20.3.31 六六 米中	風間諒治 大七.一一.一五	有	20.6.5	

162

19.9.1	19.11.10	19.3.31	16.1.31	19.4.7	19.4.1	19.4.3
愛知県丹羽郡丹陽村大字九日場 一五〇〇	岡山県阿哲郡石蟹郷村大字長屋 一三〇一番地	栃木県塩谷郡矢板町大字木幡 一〇七一番地	広島県安芸郡海田市町六六番地	埼玉県南埼玉郡河合村大字平林寺 二八一番地	広島県深安郡加茂村大字下加茂 甲四六一番地	熊本県玉名郡花簇村大字安楽寺 二二四番地
同	同	同	同	同	同	同
上 福岡 河合筱重	上 福岡 川添貞子	福岡 上文 数間耕作	上 福岡 雇(技術)加里本政文	上 福岡 笠松義夫	上 福岡 金尾七之祐	上 福岡 片岡貢
雇(技術) 20.3.31	雇(技術)七 20.3.31	雇(済渡) 20.3.31	雇(技術)五三 19.11.1	雇人 雇(技術)四二 20.3.31	雇人 雇(技術)四三 20.3.31	雇人 雇(技術) 20.3.31
河合桂	川添勇	数間運	加里本政文	笠松光雄	金尾治臣	片岡靖臣
大一〇、七、二九	大六、四、八	大八、三、一四	大一〇、四、五	明三六、二、二九	大一五、五、三	明二、一一、二五
有	無	有	有	有	有	有
20.6.5	20.6.5	20.6.5		20.6.5	20.6.5	20.6.5

解雇 20.3.6 / 解雇 20.5.16 / 解雇 21.?.16

163

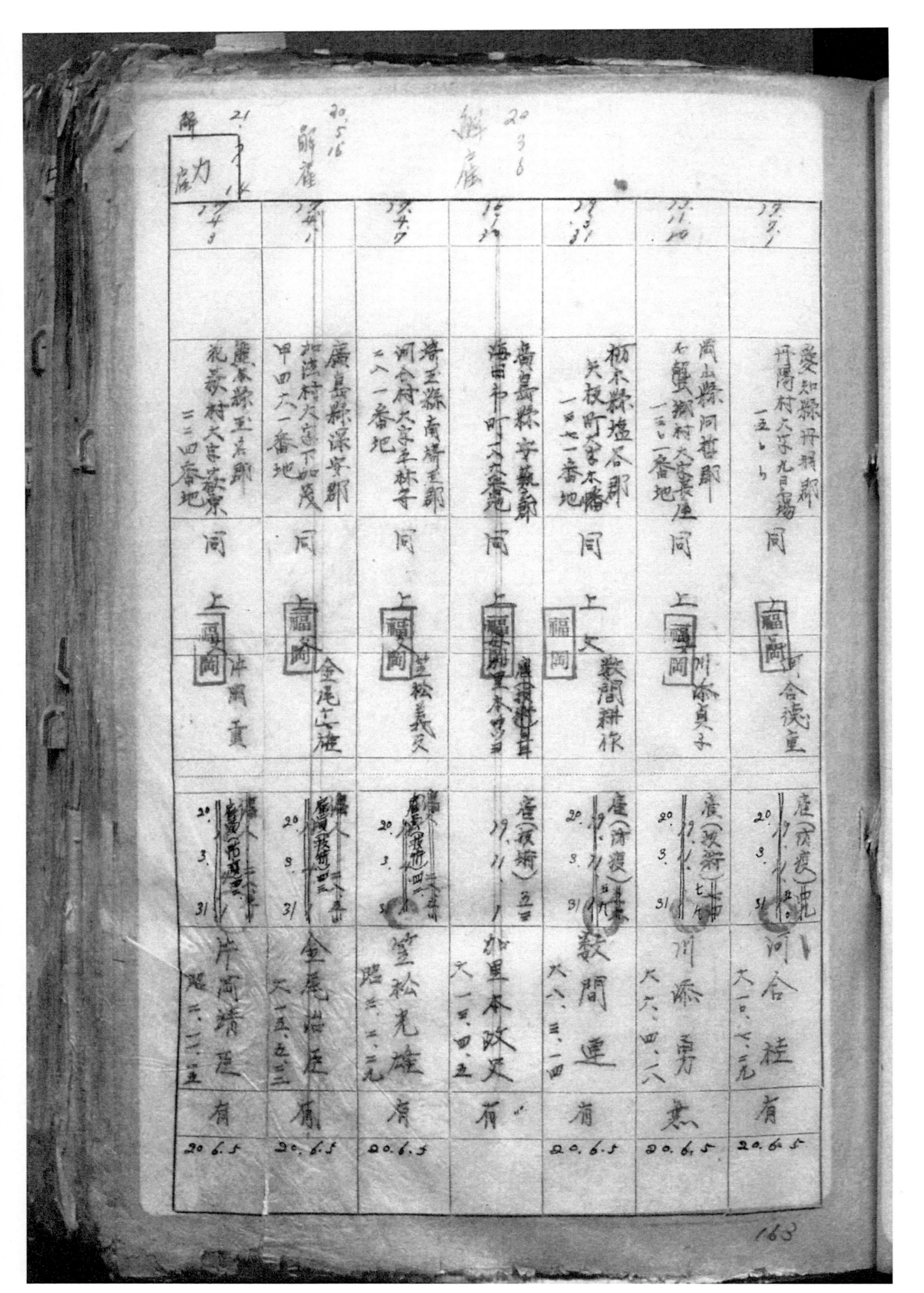

力

19.4.9	栃木縣栃木市萬町四九四番地	同	上等兵 福岡 神永守一	備人 留置(防衛召) 20.3.31	神永守一 昭三、二、三	有	20.6.5
19.4.1	山口縣山口市道場門前九四番地 山口縣山口市平讃八四	同	上等兵 福岡 金谷龍一	備人 留置(防衛召) 20.3.31	金谷文 昭二、一〇、九	有	20.6.5
19.6.5	愛知縣碧海郡高濱町大字高濱一色二三ノ二	同	上等兵 福岡 神谷浩太郎	備人 留置(防衛召) 一八.五.〇.	神谷圭吾 昭六、又、一	有	20.6.5
19.4.2	長崎縣南高来郡千々石町甲二〇八	同	上等兵 福岡 神田[illegible]次郎	備人 留置(防衛召)	神田[illegible] 昭五、五、一八	有	
19.4.2	長崎縣諫早市有喜町一二一	同	上等兵 福岡 [illegible]一	備人 19.4.1 三六吾	川口照四 神尾美吉 昭四三、一〇	有	
19.4.1	大分縣中津市中神町三四六ノ一	同	上等兵 福岡 神尾清三郎	備人 19.4.1 三六吾	神尾美吉	有	
19.4.1	鹿児島縣揖宿郡今泉村小牧五五	同	上等兵 福岡 川崎[illegible]郎	備人	川[illegible] 昭四一一		22.6.17

164

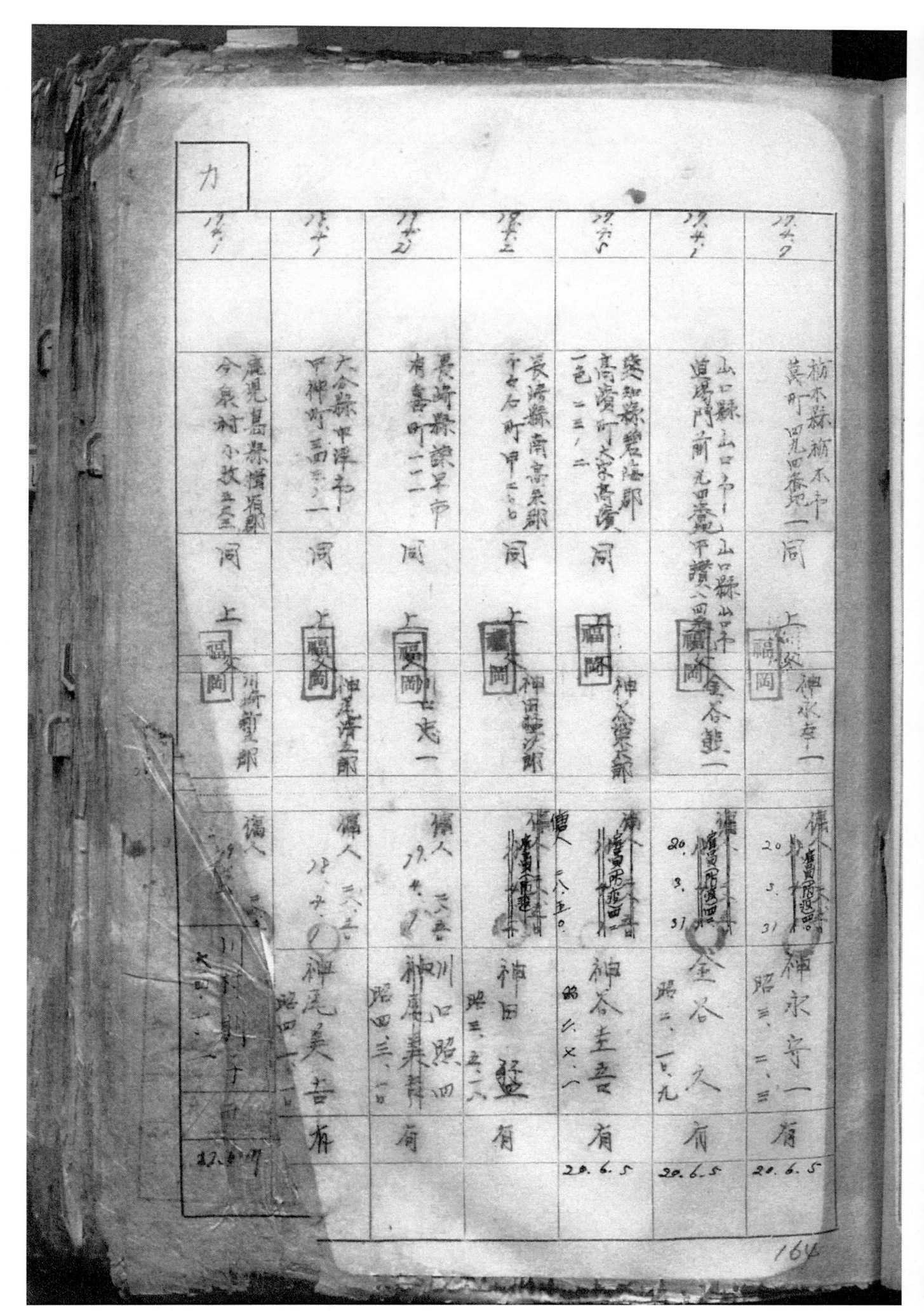

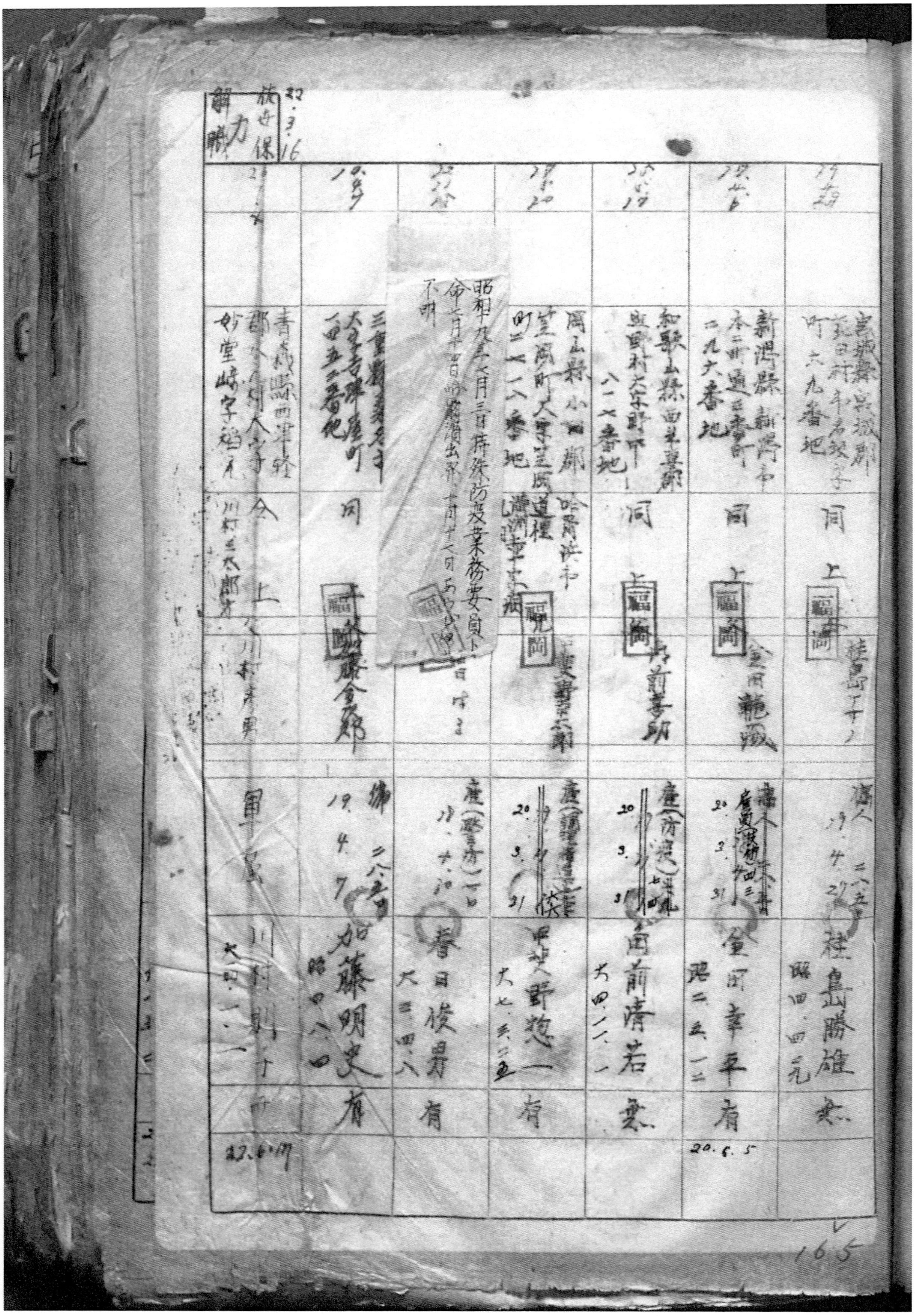

旅母保 協力 解職 22.3.16

19.4.23
宮城県宮城郡[illegible]村[illegible]町六九番地
同上
桂島[illegible]
傭人 二八五 19.4.27
桂島勝雄 昭四.四.元
無

19.4.6
新潟県新潟市本二町通五番町一二九六番地
同上
金田龍[illegible]
傭人 20.3.31
金田幸平 明二五.一二
有
20.6.5

和歌山県西牟婁郡[illegible]村大字野中一八二七番地
同上
[illegible]前善助
雇（防疫） 20.3.31
[illegible]前清若 大四.一一.一
無

19.7.20
岡山県小田郡[illegible]町大字笠岡[illegible]町二一一八番地
雇 20.3.31
[illegible]野[illegible]一 大七.三.二五
有

昭和十九年六月三日特殊防疫業務要員トシテ命ス
六月十四日[illegible]出帯 十月十六日[illegible]
不明

雇（警防） 18.10.20
春日俊[illegible] 大三.四.八
有

19.5.7
三重県[illegible]郡[illegible]町一四五二番地
同
加藤[illegible]郎
傭 二八五 19.4.7
加藤明史 昭四.八.四
有

青森県西津軽郡[illegible]村大字[illegible]字[illegible]
川村[illegible]太郎方
同上
川村[illegible]男
軍属
川村則[illegible] 大四.一.一
22.6.17

165

＊原簿 165 丁（付箋めくったもの）

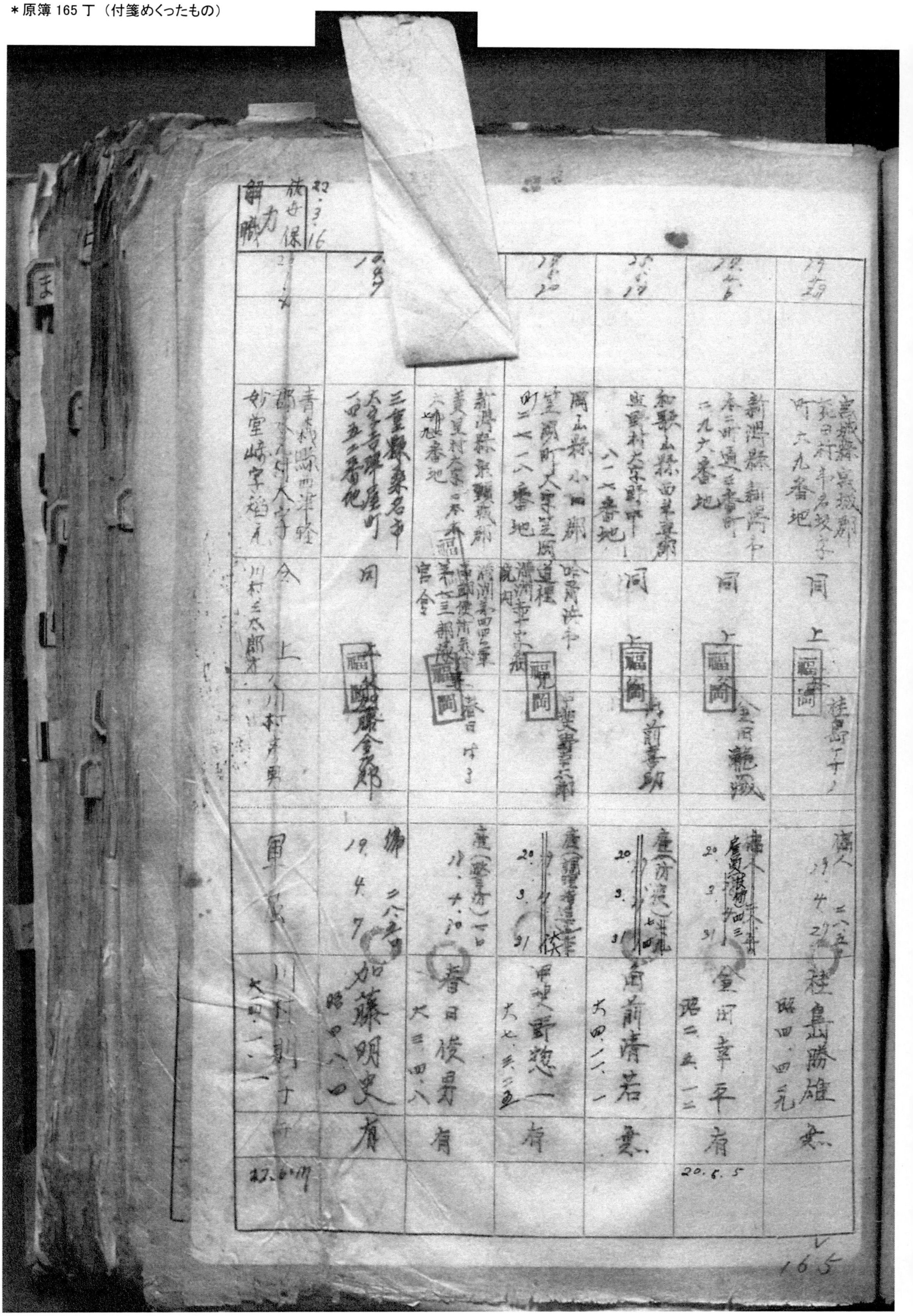

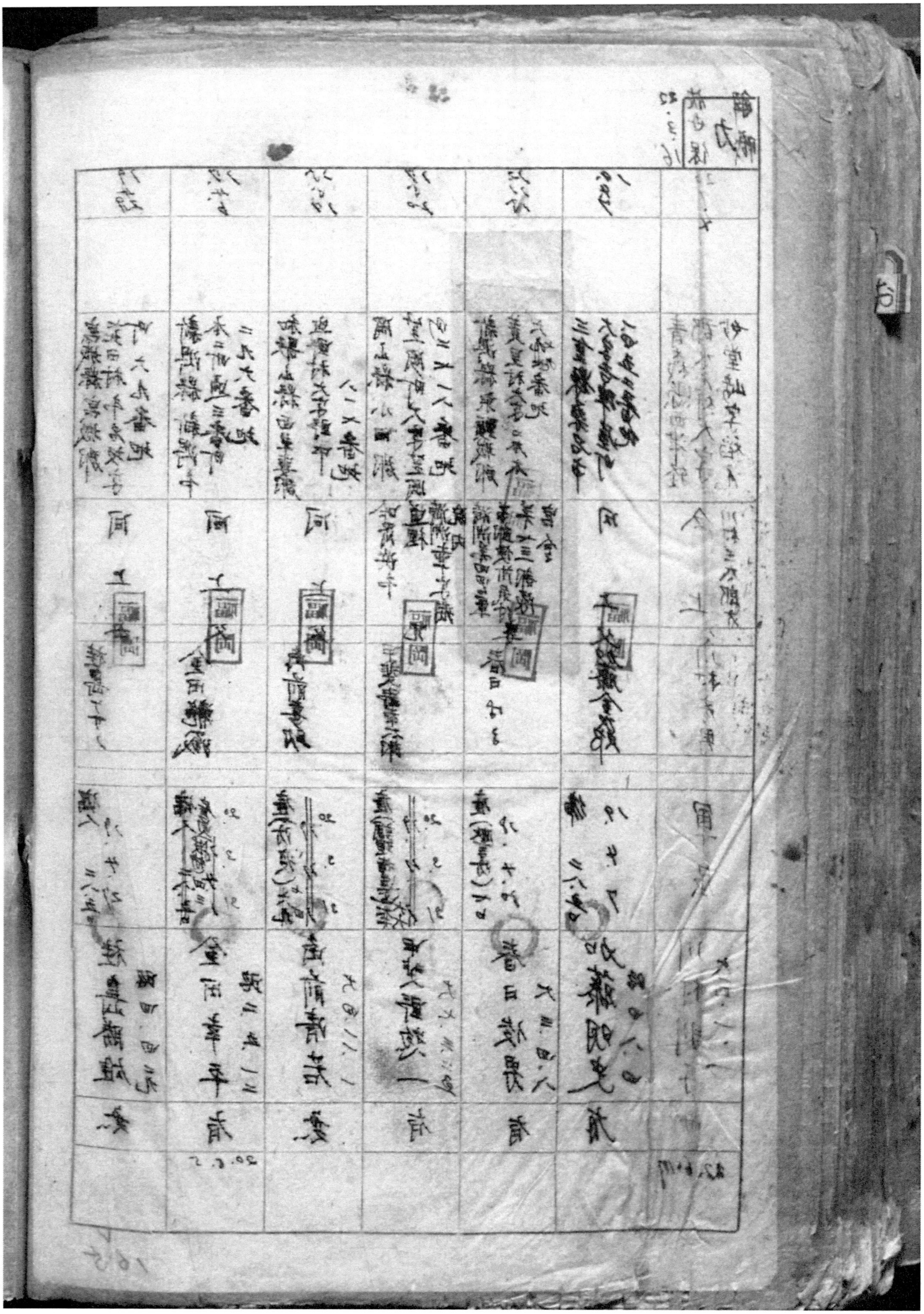

了

高知県幡多郡奥内村弘見一六三屋敷	19.5.20	高知県幡多郡奥内村古満目	上 福岡 梶應兎喜	雇(防衛) 七三 19.11.1 20.3.31	梶應重晴 大七、二、二九	有	20.6.5
山形県西村山郡間高松村大字平谷沢一九五	19.5.10	同	上 福岡 川越賢治	雇(防疫) 六九 19.11.1	川越花吉 大七、五、四	無	
北海道小樽市銭函町入六番地	19.5.21	同	上 福岡 金谷ク子	雇(自操) 七三 19.11.1 20.3.31	金谷豊三 大六、九、一五	無	20.6.5
山形県最上郡戸沢村大字神田六一一番地	18.3.8	同	上 福岡 柿崎カツミ	雇(自操) 大四 19.11.1 20.6.31	柿崎幸雄 大八、三、一	無	20.6.5
北海道紋別郡上湧別村一西番地	18.6.21	同	上 福岡 片平照子	傭人(自操) 大三 19.11.1 20.3.31	片平正 大五、九、三〇	無	20.6.5 22.2.26
東京都本郷区根津須賀町一七番地	18.3.20	東京都板橋区上板橋三百三一一六番地	福岡 葛城重吉	雇(事務) 七七 19.11.1	葛城隆純 大六、六、一〇	無	
滋賀県蒲生郡西大路村北畑三八番地	18.6.1	同	上 福岡 岡坂永吉	雇(防疫) 大七 19.11.1 20.3.31	岡坂平吉 大八、五、二	有	20.6.5 22.6.13

竹力 21.10.17 解雇 / 20 解雇 / 21.12.8 解雇 / 21.6.12 解雇

於ソ 残留 21.11.25

166

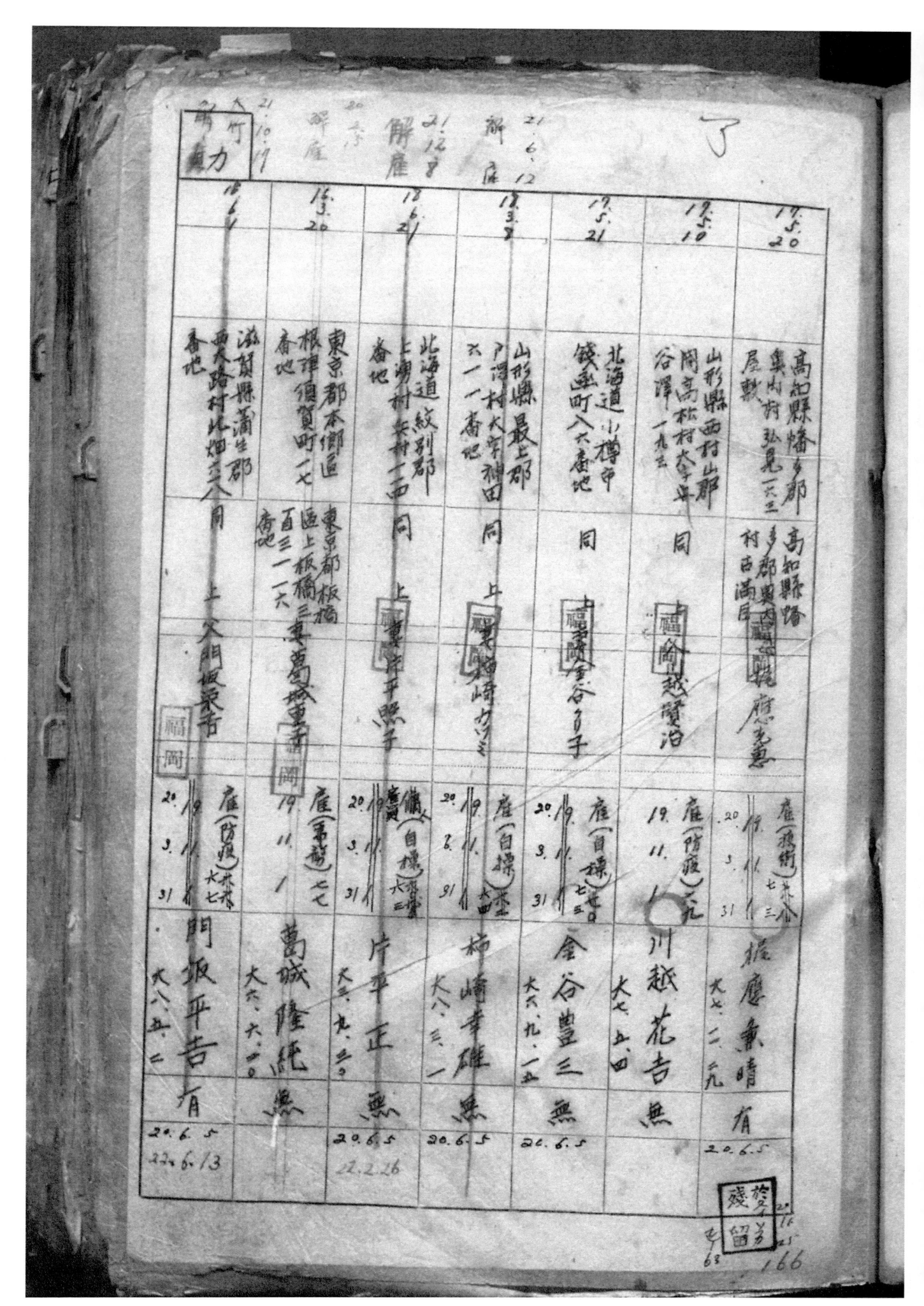

解雇 先告保 力 22.9.27

舞鶴 22.7.20

六七円（二十年三月三十一日）

19.5.31	山形縣山形市七日町一一〇番地	同	上 [福岡] 神藤シゲ	雇(技術)八〇 19.11.1	神藤昭雄 大二、二、三	無	20.6.21 22.1.19 No.1022
	長崎縣長崎市…町一六〇番地	鹿児島縣日置郡東市来町神川	[福岡] 川村シヅエ	雇(事務)七〇 19.11.1	川村富平 明四〇、一〇、二七	無	
18.9.12	大分縣日田郡東有田村大字羽田三二六番地	福岡縣八幡市大藏一丁目	[福岡] 金崎寛三	雇(技術)七四 19.11.1 20.3.21	金崎春好 明三九、四、一五	無	20.6.5
19.10.27	鹿児島縣大島郡笠利村大字笠利三五番地	同	上 [福岡] 川上清俊	雇(防疫)七八 19.11.1 20.3.31	川上清一 大七、四、一二	有	20.6.5
19.1.28	宮崎縣南那珂郡都井村大字大納九六八番地（大連市河東町五番地）	同	上 [福岡] 妻 川添ミヤ子	雇(事務)七七 19.11.1 20.3.31	川添倉市 大五、一〇、一二	無	20.6.5
19.8.31	神奈川縣鎌倉市雪ノ下大町九番地（大連市下萩町五番地ノ八號）	同	上 [福岡] 妻 河田トミ子	雇(事務)七九 19.11.1 20.3.31	河田勝人 大四、三、一四	無	20.6.5
16.9.24	北海道空知郡美唄町美唄二〇五四番地	同	上 [福岡] 妻 金子英子	雇(防疫)七四 19.11.1 20.3.31	金子繁喜 大元、八、二七	無	20.2.5 22.6.17

167

研 雇力 22.2.27

22.7.20

17.5.21	山形縣山形市七日町一一〇番地	同	上 福岡 神藤レイ	雇（技術）八〇 19.11.1	神藤皆雄 大三、二、三	無	20.6.21 22.1.19 No1022
16.9.29	長崎縣長崎市濱口町一六〇番地	鹿児島縣日置郡東市来町川	上 福岡 川村レイ	雇（事務）七〇 19.11.1	川村富平 明四〇、一〇、二七	無	20.6
18.3.12	大分縣日田郡東有田村大字羽田三二二番地	福岡縣八幡市大蔵一丁目	上 福岡 兄 金崎源三	雇（技術）七四 19.11.21 20.3.11	金崎春好 明三九、四、一九	無	20.6.5
13.10.27	鹿児島縣大島郡笠利村大字笠利三五番地	同	上 福岡 兄 川上清俊	雇（防疫）七八 19.11.1 20.3.31	川上清一 大七、四、一二	有	20.6.5
17.1.28	宮崎縣南那珂郡都井村大字大納九七八番地（大連市河東町五番地）	同	上 福岡 妻 川添ミヤ子	雇（事務）七九 19.11.1 20.3.31	川添倉市 大五、一、二三	無	20.6.5
17.8.31	神奈川縣鎌倉市雪ノ下大四九番地（大連市下萩町五番地八號）	同	上 福岡 妻 河田トミ子	雇（事務）七〇 19.11.1 20.3.31	河田勝人 大四、三、一四	無	20.6.5
16.9.24	北海道空知郡美唄町美唄二〇五四番地	同	上 福岡 妻 金子英子	雇（防疫）七四 19.11.1 20.3.31	金子繁喜 大五、八、二七	無	20.6.5 22.6.17

167

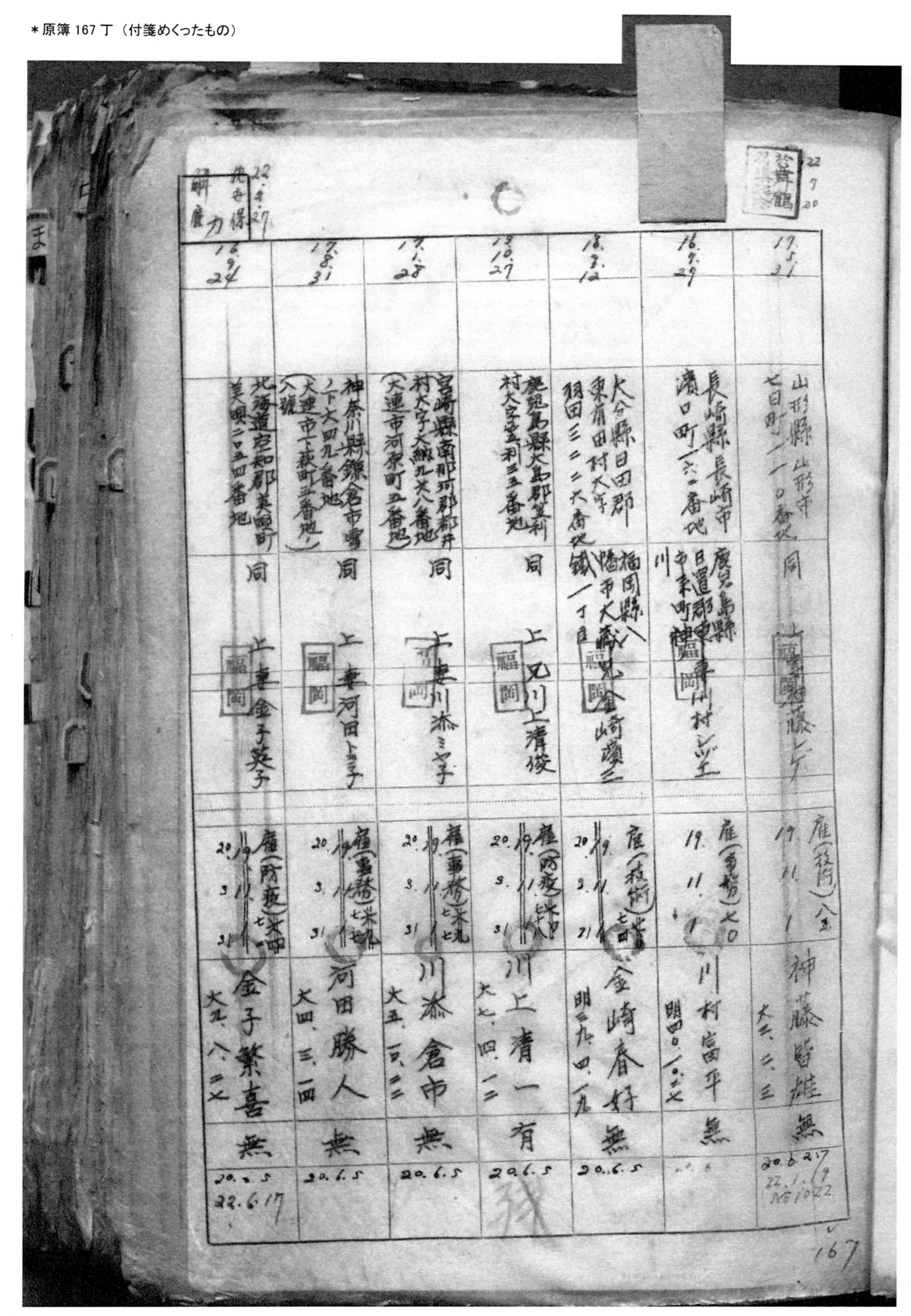

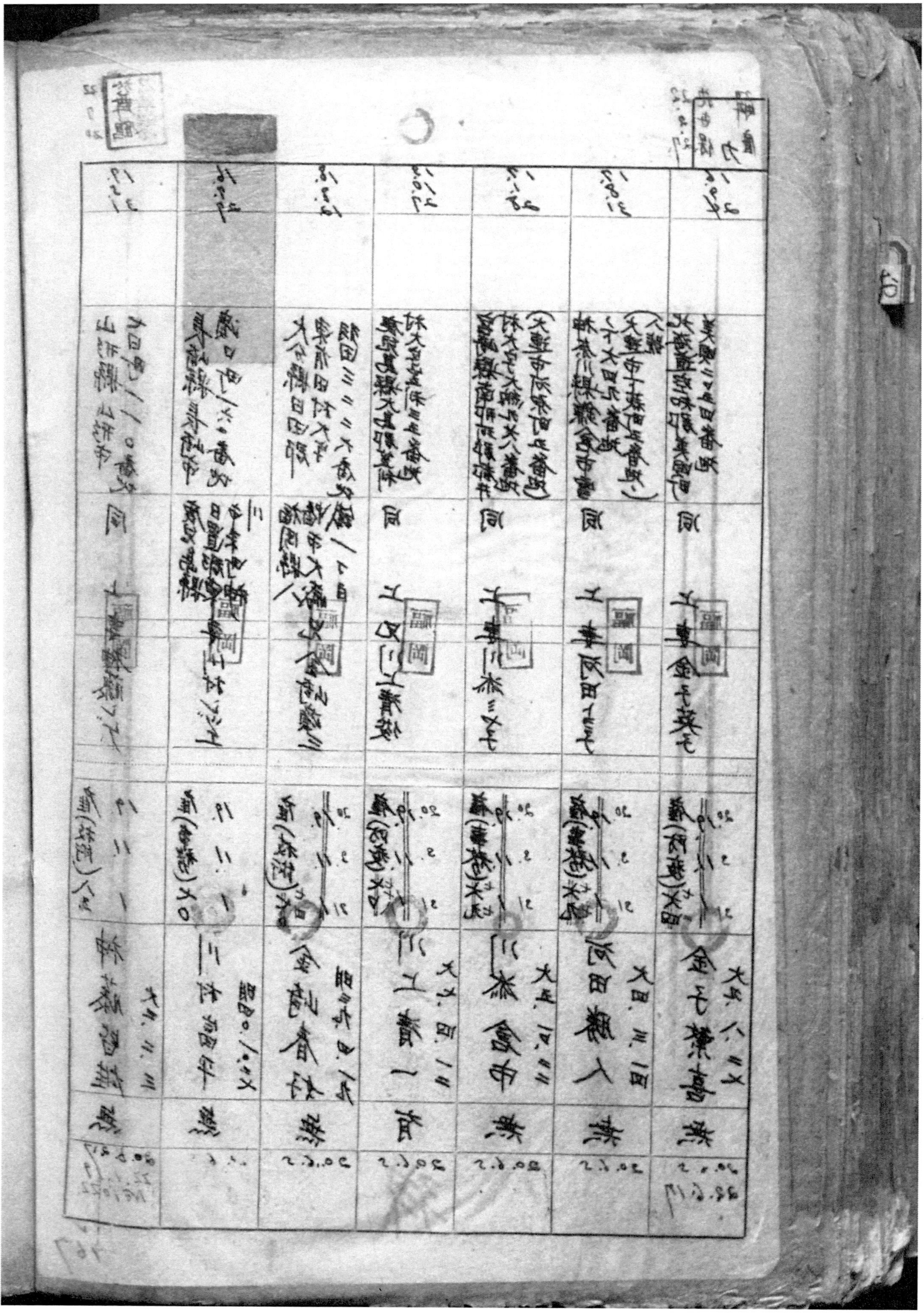

カ

22.2.3 依母係 解雇

19.9.20	福岡県門司市大字門司二〇二番地（大連市紀伊町九番地）	同	上 妻 神崎すみ	雇（自傳）20.3.31	神崎義夫 大三、八、二六	無	20.6.5
19.7.21	福岡県大牟田市一浦町一九四番地（大連市台山町八八番地 三號ノ七）	同	上 父 梶原保平	雇（事務）20.3.31	梶原豊 大四、八、一	無	20.6.5
19.9.4	愛媛県周桑郡楠河村大字河原津甲一七六番地（大連市下藤町五二番地）	同	上 妻 川又サカエ	傭（防疫）20.3.31	川又岩敏 大六、一、二	無	20.6.5
20.5.10	山梨県西八代郡富里村字湯之奥二四〇（大連市[illegible]）	同	上 [illegible]	傭人（警防）20.5.10	[illegible] 明四三、九、七	無	
17.7.1	福岡県大牟田市六浦町一九四番地			雇員 17.7.1	梶原豊 大四、八、一	母	22.6.17
	東京都下谷区金杉下町			補鮮一	崔浅吉		22.6.25
	栃木県足利郡五十部村	仝	上 叔父 新井孝吉	補、乙上	金井孝吉		22.12.1

168

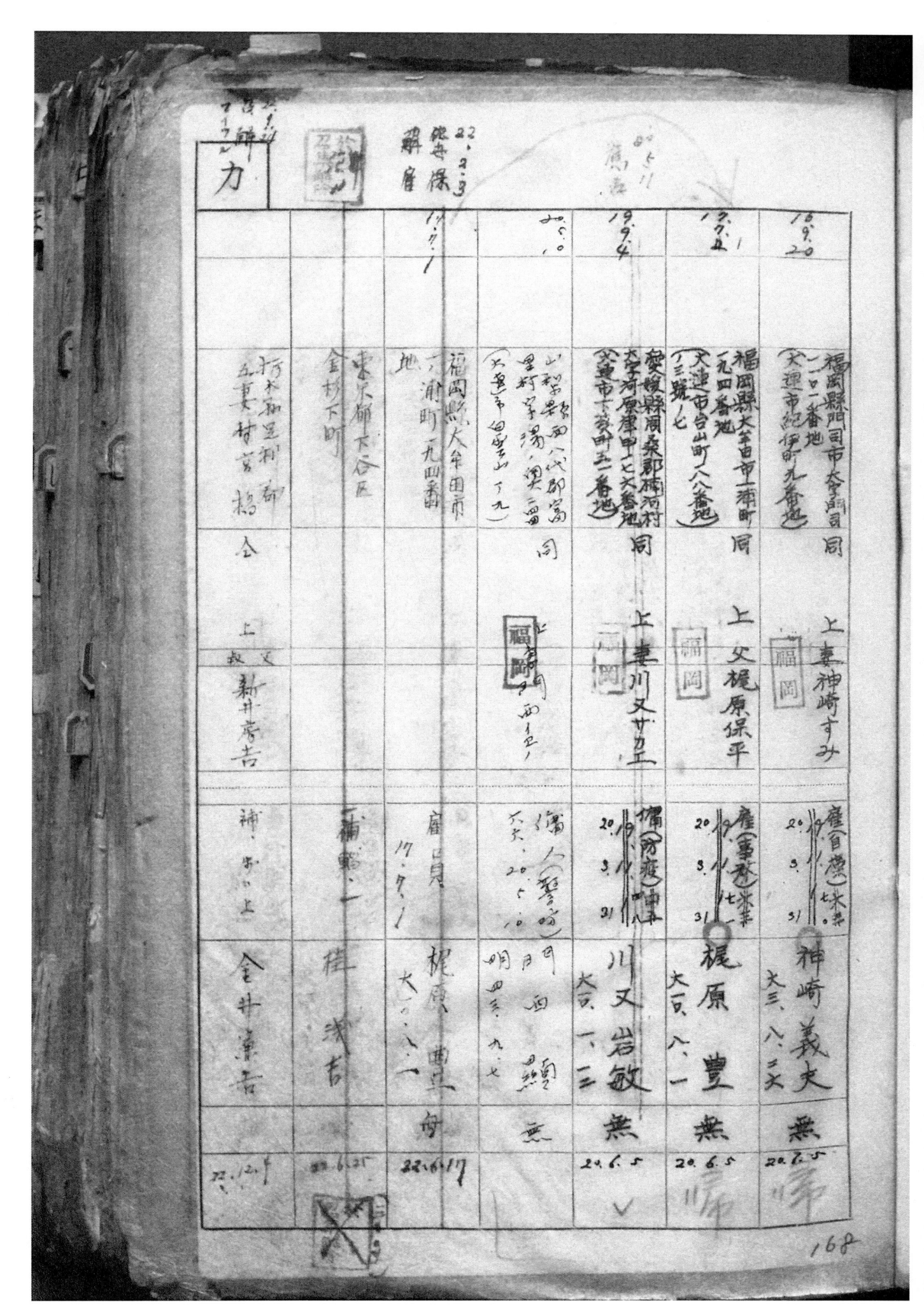

カ

19.2.18	廣島縣安佐郡大地村七三六五番地	同	上 福岡 父 加藤倉藏	傭(筆生) 20.3.31	加藤ヤミ子 大九、一三、一五	無	20.6.5
19.4.20	栃木縣芳賀郡市羽村大字市羽三〇九四番地	同	上 福岡 兄 金田喜八	傭(筆生) 20.3.31	金田イネ 大一三、一一、二五	有	20.6.5
19.1.4	岡山縣浅口郡玉島町大字乙島小高地七三〇八番地	同	上 福岡 父 片山鹿治	傭(筆生) 20.3.31	片山節子 大一五、二、二	有	20.6.5
19.8.26	山形縣山形市七日町一一七番地	同	上 福岡 母 神藤徳江	傭(筆生) 20.3.31	神藤みよ子 大一五、三、一五	有	20.6.5
19.7.22	宮崎縣東諸縣郡高岡町三一九五番地	満洲第一三一部隊	福岡 父 上村純雄	傭(電話) 20.3.31	上村次子 昭五、三、二六	無	20.6.5
19.8.26	熊本縣阿蘇郡坂梨村大字坂梨八四五番地	同	上 福岡 父 藤[illegible]議策	傭(筆生) 20.3.31	藤路子 昭四、五、一七	有	20.6.5
19.8.4	福井縣今立郡歌岡村柏木第五号九番地	同	上 福岡 夫 香取[illegible]松	雇(打字員) 20.3.31	香取 井村志人 大七、八、二五	無	20.6.5

169

解 付力 庶務係 23.1.21

24.[illegible] 解[illegible] 20.2.22 解傭 20.3.10 解傭

18.10.1	青森縣上北郡大間村村上戸多五八	青森縣上北郡野辺地町下[illegible]	福岡 父 上原[illegible]太郎	職 19.3.31 四〇五[illegible]	上原千みさえ 大一三、二、二六	無	
18.10.7	島根縣簸川郡荘原村大字里庄神庭九一三番地	同	上 福岡 父 勝部秀藏	傭(看護婦)三九五 20.3.31	勝部信子 大二、三、二	有	20.6.5
19.7.22	新潟縣東頸城郡菱里村大字二本木六一九番地	同	上 福岡 夫 春日俊男	傭(看護婦)四〇四 19.7.22	春日操 大一三、八、一四	無	
16.8.2	鹿児島縣肝属郡大根占町馬場二〇七番地（大連市晴明台七二番地）	同	上 福岡 夫 川越岩三	傭(研究)三九 19.11.1	川越トヨ 大五、三、三	無	
18.9.14	岡山縣真庭郡久世町大字久世二七一三番地（大連市霞町五一番地ノ三號ノ三）	同	上 福岡 義兄 穂積金三	傭(研究)三九 20.3.31	金澤文子 大四、九、五	無	20.6.5 帰
19.3.16	京都府舞鶴市字南田邊一〇七番地（大連市星ヶ浦水明町一二三番地）	同	上 福岡 養父 柿沼介	傭(研究)三九 20.3.31	柿沼照子 昭三、三、二	無	20.6.5 帰
19.3.16	青森縣三戸郡上長苗代村大字[illegible]番地ノ一（大連市[illegible]町三四番地ノ一號ノ三）	同	上 福岡 父 河目福太郎	傭(研究)三九 20.3.31	河目智恵子 昭二、七、八	無	20.6.5 22.6.17

170

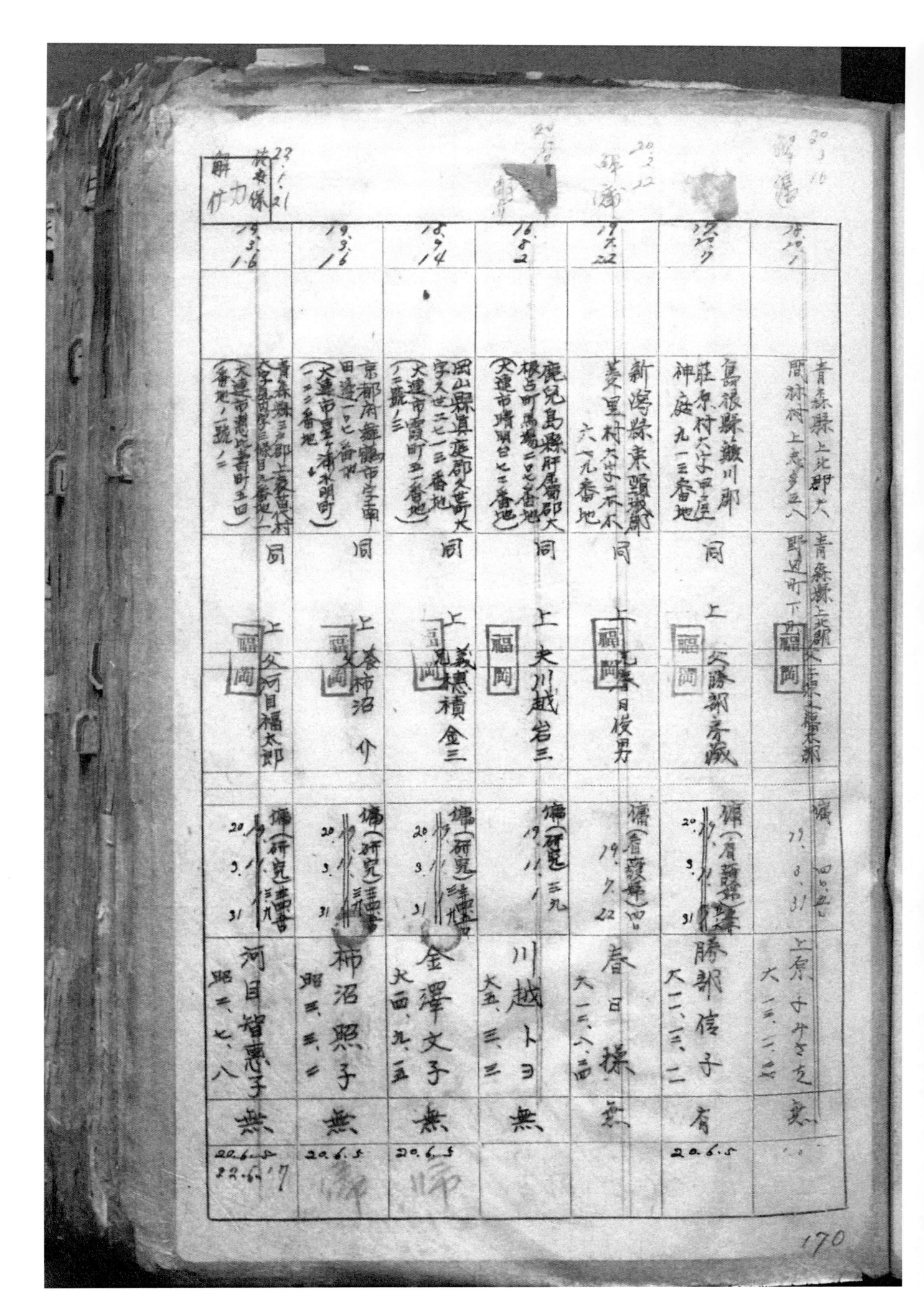

19.9.29	東京都世田谷区大原町一二三五番地（大連市霞町三番地ノ三號ノ二）	同	福岡	上 文 鎌田禮太郎	傭（研究）20.3.31	鎌田昭子 昭二、一、二	無	20.1.5
17.12.20	埼玉県大里郡佐谷田村[illegible]口五二番地	同 父	福岡	神沼武蔵	傭人（雑仕）17.10.[illegible]	神沼春江 明四四、六、一九	無	
20.4.5	廣島県芦品郡有磨村大字上有地[illegible]番地（大連市聖徳町一ノ二九）	同	福岡	上 文 河村仁市	傭人（軍属）三四五 20.4.5	河村久子 大一五、六、二二	無	
20.4.10	千葉県香取郡吉田村吉田三〇一五番地	満洲第五七九部隊	福岡	父 片岡延司	傭人（雑仕）四二 20.4.10	片岡孝 明四二、九、二九	無	
20.4.10	兵庫県神戸市灘区岩屋北町七ノ一七番地	同	福岡	上 父 河村大吉	傭人（雑仕）三〇 20.4.10	河村ユキ子 昭二、二、二	無	
[illegible]	[illegible]	[illegible]		[illegible]武市	[illegible]	[illegible]	無	
18.12.8	福島県北会津郡[illegible]村大字[illegible]知				雇員	金[illegible]和[illegible] 大三[illegible]、五、二七	有	[illegible]

技術保 力 21.3.28

171

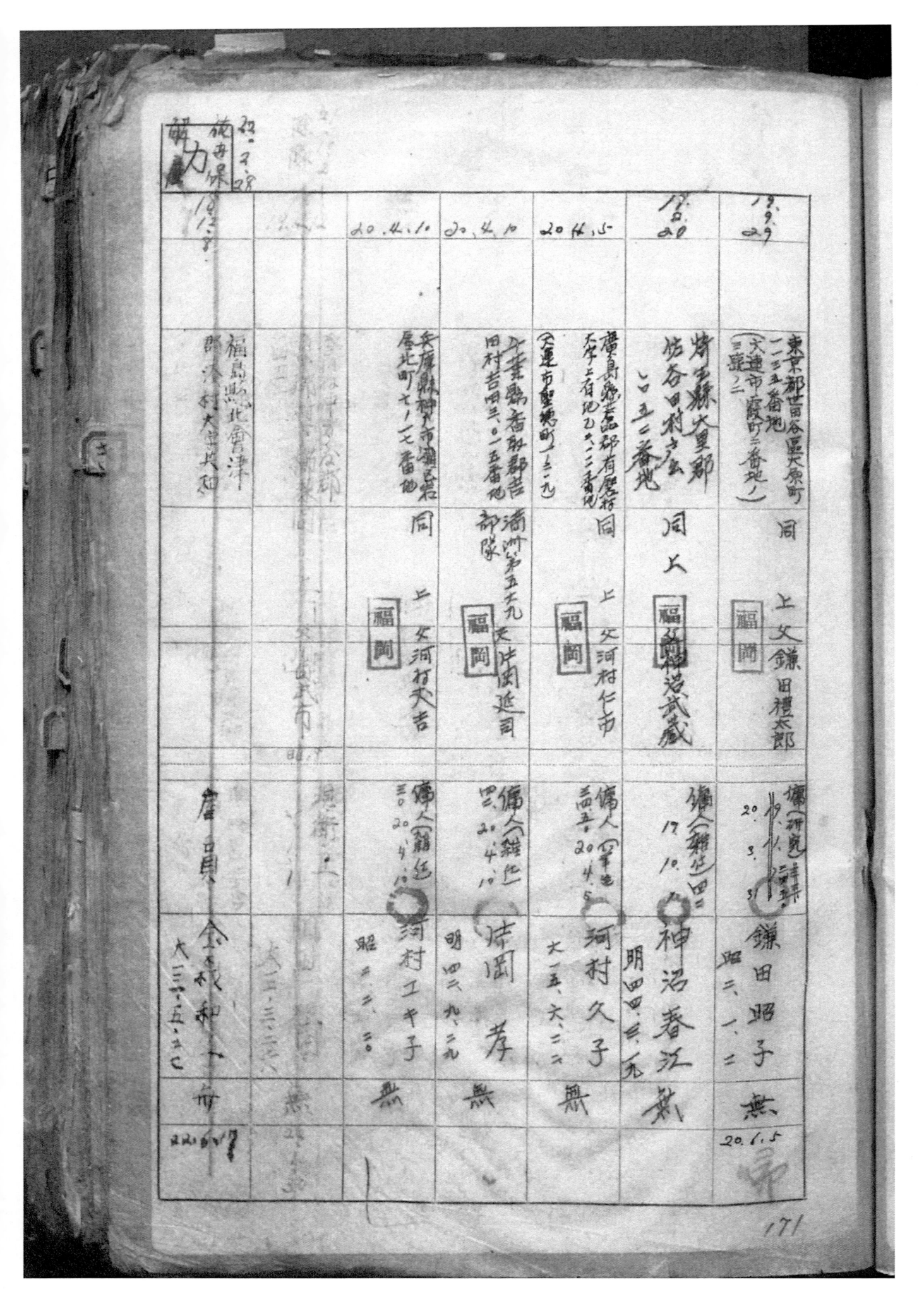

キ

關東軍防疫給水部留守名簿

昭和二十年一月一日
關東軍防疫給水部

編入年月日	編入前所屬及其編入年月日	本籍（在留地）	留守擔當者 住所	留守擔當者 續柄 氏名	集合年 徵任年	役種兵種官等並官等級俸月給額 發令年月日	氏名 生年月日	留守宅渡ノ有無	補修年月日
17.8.1	關東軍司令部附 二、八、天	東京都世田谷區代田二丁目六五二番地ノ五一號	同	妻 北野八重子（福岡）	大10	現 軍醫少將	北野政次 明二六、七、四	有	
17.8.1	東京第一陸軍病院 天、六、三〇	岩手縣和賀郡二子町大字東晴山第六地割字白山一八番地ノ内イ號ノ内一	東京都世田谷區[illegible] 東京都[illegible]	妻 菊池春江（福岡）	大10	現 軍醫大佐 少將 二〇.三.一	菊池齊 明三〇、五、一	有	20.6.14
16.1.17	會寧陸軍病院 五、一、三一	栃木縣塩谷郡喜連川町大字葛城一五五八番地	同	妻 吉川トミ江（福岡）	昭16	現 衛生中尉 大尉 20.6.10	吉川巖 明四二、三、二六	無	20.[illegible].22

172

キ

20、1、17
依母保
解 介

18.8.12	20.4.1	
第二工廠 防爆輸水部 天、七、天		
大分縣北海部郡臼杵町大字海添二四番地	岩手縣西磐井郡彌栄村字[illegible]四八	
東京都小石川区雑司ケ谷二一六番地 菊村ヶ多子方	仝 上	
[illegible] 菊村妙子	母 菊池智恵	
技師 七等 計 1920.6.3.231	仕人 九五・〇〇 20、4、1	
菊村恭太郎 大四、一、三	菊池律子 昭三、十一、二四	
長	無	
20.8.27	22.6.17	

173

キ

17.3.27	要兵第六八 發頭 天一一	鹿児島県鹿児島市南林寺町四二番地	同	福岡 父 木佐貫平之助	昭16	現衛曹長 二.19.13 戦	木佐貫木雄 大七.八.二三	有
17.10		愛媛県越智郡関前村大字岡村甲七三九番地	同	福岡 父 岡本忠作	昭13	現衛軍曹 三.19.12.1	岡本千恵盛 大六.六.二一	無
18.17		愛媛県西宇和郡双岩村大字中津川四番耕地四五二	同	福岡 父 菊地忠平 修	昭19	現衛伍長	菊地修 大二.一.三	無

174

キ

22.1.17 依安保 解職

14.5.1	岩手縣和賀郡上澤町大字十二ヶ所第六田地割七番地	同	菊池ミヨ	属 三.19.9.30	菊池音郎 明三九.一.七	
13.5.10	滋賀縣犬上郡南青柳村大字開出今三五九番地	同	上 木村捨造	技手 三.19.3.31	木村繁次 明四〇.一.三	
18.2.12	大分縣下毛郡真坂村大字佐知三七五番地（大連市下萩町七一番地ノ四ノ九）	同	木川今ヨ	技手 四.20.3.31（17.11.31）	木川又十郎 明三八.七.一	20.6.27 22.6.17
19.4.1	岡山縣児島郡灘崎村大字西高崎五五番地	同	木村雪子	技手 五.19.9.30	木村定 明四五.四.四	
13.9.30	大分縣東國東郡富来町大字富来浦六七五番地ノ一（大連市下萩町八一番地ノ一ノ七）	同	清末信孝	技手 五.19.9.30	清末貢 明四一.四.五	

175

關東軍防疫給水部留守名簿

昭和二十年一月一日
（關東軍防疫給水部）

除隊 21.10.24

編入年月日	前所屬及其編入年月日	本籍（在留地）	留守擔當者 住所 續柄 氏名	徵集年	任官年月日 役種 兵種 官等並等級 給俸月給額	氏名 生年月日	留守宅渡ノ有無	補修年月日
17.1.10		愛媛縣越智郡清水村大字新谷甲九〇五	東京都江戸川區□□町□□ 福岡 父 木山清太郎	16	現衛上 19.6.1	木山武徳 大6.□.5	無	✓
17.1.10		愛媛縣南宇和郡御荘町大字菊川一〇五番地	同 福岡 妻 吉良和子	16	現衛上 19.6.1	吉良新一 大9.1.7	無	22.2.15 ✓
17.1.10		愛媛縣松山市大字□道後町二ノ二	同 福岡 村ツル代	16	現衛上 19.6.1	村武雄 大8.5.25	無	✓
17.1.10		徳島縣那賀郡椿町大字椿濱 二ノ二	同 福岡 父 本本繁太郎	16	現衛兵 19.6.1	本本晴次 大10.9.5	無	✓
18.1.17		高知縣安藝郡野根町乙二九四番地	同 福岡 父 喜多知良	17	現衛一 18.10.1	喜多好信 大11.1.1	無	✓

176

	於 除隊						六
日付	18.1.19	18.1.17	18.1.14	18.1.17	18.1.14	18.1.17	18.1.17
本籍	徳島県麻植郡川田町字柿木谷三	愛媛県北宇和郡下灘村由須下四〇八番地ノ一	愛媛県南宇和郡東外海村七番耕地三〇二	愛媛県西宇和郡日土村六番耕地八二九番地	愛媛県西宇和郡 [redacted]	愛媛県越智郡波方町大字波方一二三番地ノ二	愛媛県八幡浜市大字矢野町九七〇番地
住所	徳島県麻植郡川田町字高瀬元	同	同	同	同	同	同
氏名	福岡 木村豊一	福岡 上等兵 本田皇次郎	福岡 上等兵 菊地鉄義	福岡 上等兵 菊地喜太郎	福岡 上等兵 [redacted]	福岡 上等兵 木村伊佐次	福岡 上等兵 菊地芳吉
年次	昭17	昭17	昭17	昭17	昭17	昭17	昭17
役種	現衛一 18.9.20	現衛上 19.1.1	現衛廿 兵長	現衛兵 19.9.1	現衛兵 20.7.1	現衛上 20.1.1	現衛一 18.9.20
留守担当者	木村新一 大11.6.16	本田勇 大10.9.24	菊地正吉 大11.4.13	菊地富貴夫 大11.7.20	菊池則夫 大11.10.10	木村一夫 大11.6.3	菊池満 大11.8.18
	無	無	無	無	無	無	無
	✓	✓ 22. ライチャ 残留 18.3.	23.5.14	✓	✓	✓	✓

於スマトラ 残留

於21.8.6 残留

177

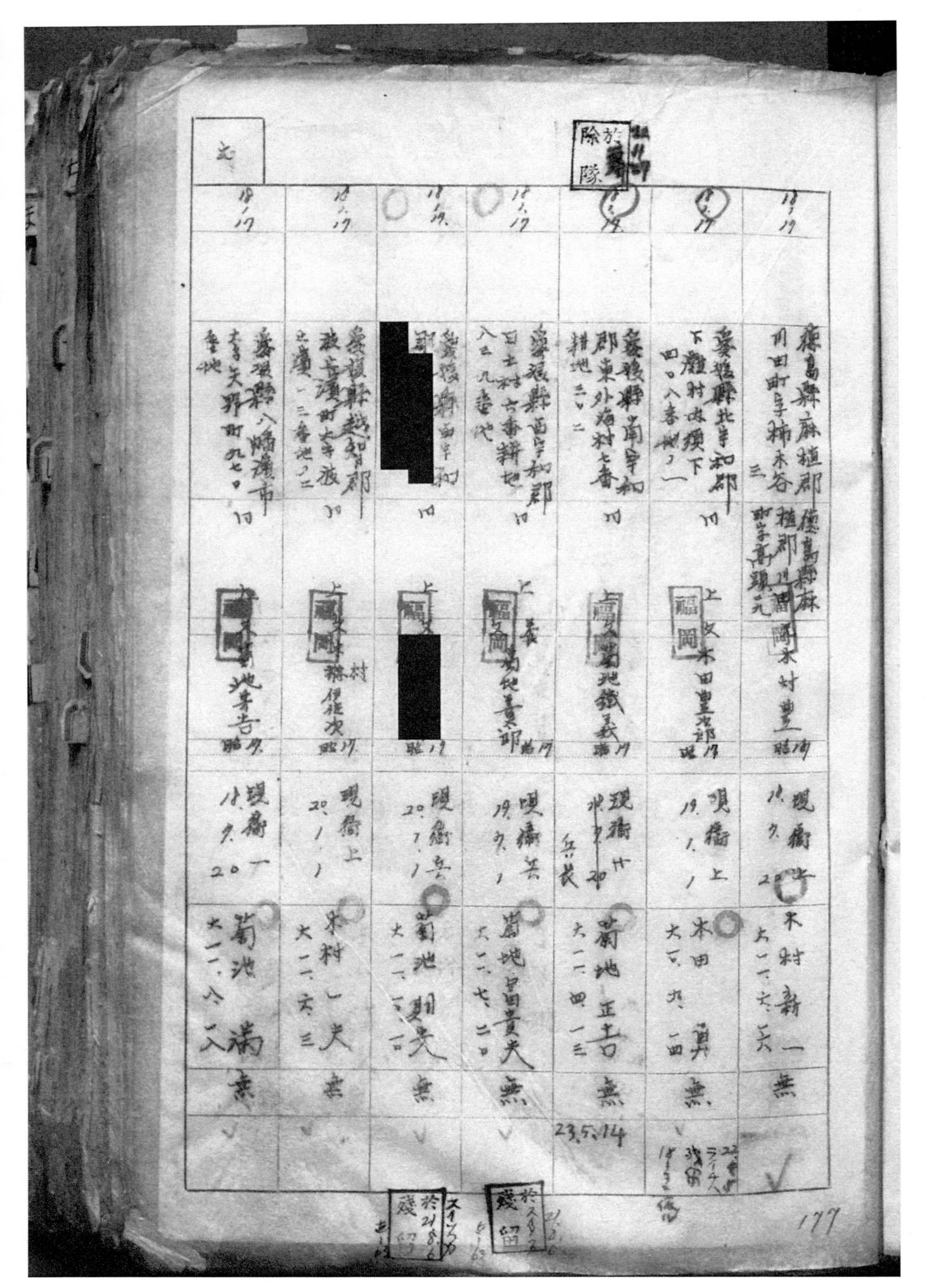

キ

舞鶴 22.8.10

21.2.14 ホスインニフカ 済

19/12	愛媛県越智郡[illegible] 甲二三三〇	愛媛県松山市大街道三丁目七八番地	福岡 菊地積二	昭18	現役 20.1.1 上	菊地朝一郎 大一二.八.一一	無	22.8.22 No.222 [illegible]
19/12	愛媛県北宇和郡[illegible]木村 三五八	京都市右京区[illegible]町三一番地	福岡 木原興市	昭18	現役 20.7.1 上	木原道太郎 大一二.五.二〇	無	
19/12	愛媛県今治市大字鳥生 一四〇四	同	福岡 木船[illegible]	昭18	現役 20.1.1 上	木船健太郎 大一三.一.一二	無	22.12.16 No.1005
19/12	香川県大川郡石田村大字石田東 三三六三	同	福岡 米村藤太郎	昭18	現役 19.10.1 一	米村春清 大一三.四.三	無	
19/12	香川県綾歌郡松山村大字青海 一九二一	同	福岡 木下繁蔵	昭18	現役 20.7.1 上	木下繁信 大一三.一.二	無	

178

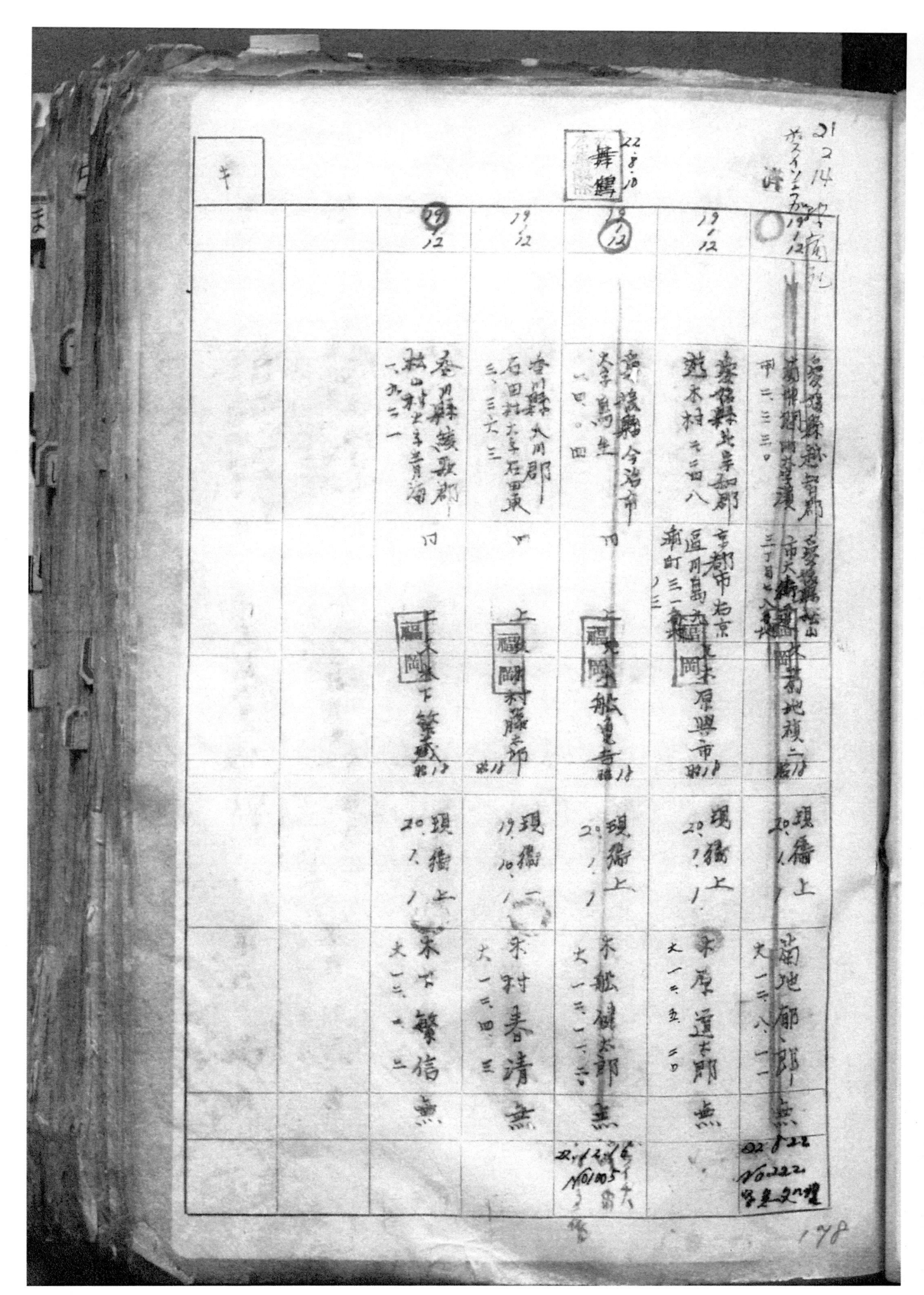

除隊 22.4.19
舞鶴

十一

20.2.26	廣島県豊田郡西野村大字[illegible]一八三九番地ノ一	四	福岡	長 父 清田晃一	昭19	20.2.26 現役	清田 章三 大一四、二、一〇	無
20.2.26	廣島県世羅郡四國村田一〇三番地	四	福岡	長 父 木田春太郎	昭19	20.2.26 現役	木田 繁雄 大一三、一、七	無
20.2.26	廣島県沼隈郡赤坂村大字赤坂八三八番地	四	福岡	長 父 橘高提太郎	昭19	20.2.26 現役	キツタカ 橘高 敏人 大一四、三、一五	無
20.2.26	廣島県世羅郡[illegible]八八七番地	四	福岡	長 父 木原俊三郎	昭19	20.8.5 現役	木原 宗雄 大一四、六、一〇	無
20.2.26	山口県厚狭郡生田村大字第百参番屋敷	四	福岡	長 父 木村梅松	昭19	20.2.26 現役	ミナヨ 木村 蔵夫 大一三、一二、一五	無
20.2.26	廣島県賀茂郡板城村大字小多田一〇九五番地	四	福岡	長 母 北臺玉代	昭19	20.2.26 現役	北臺 門昌 大一四、六、一四	無
20.2.26	廣島県比婆郡口南村大字永田一〇七番地	四	福岡	長 父 北村 勝	昭19	20.2.26 現役	北村 靖正 大一三、六、七	無

22.6.17

残 於

179

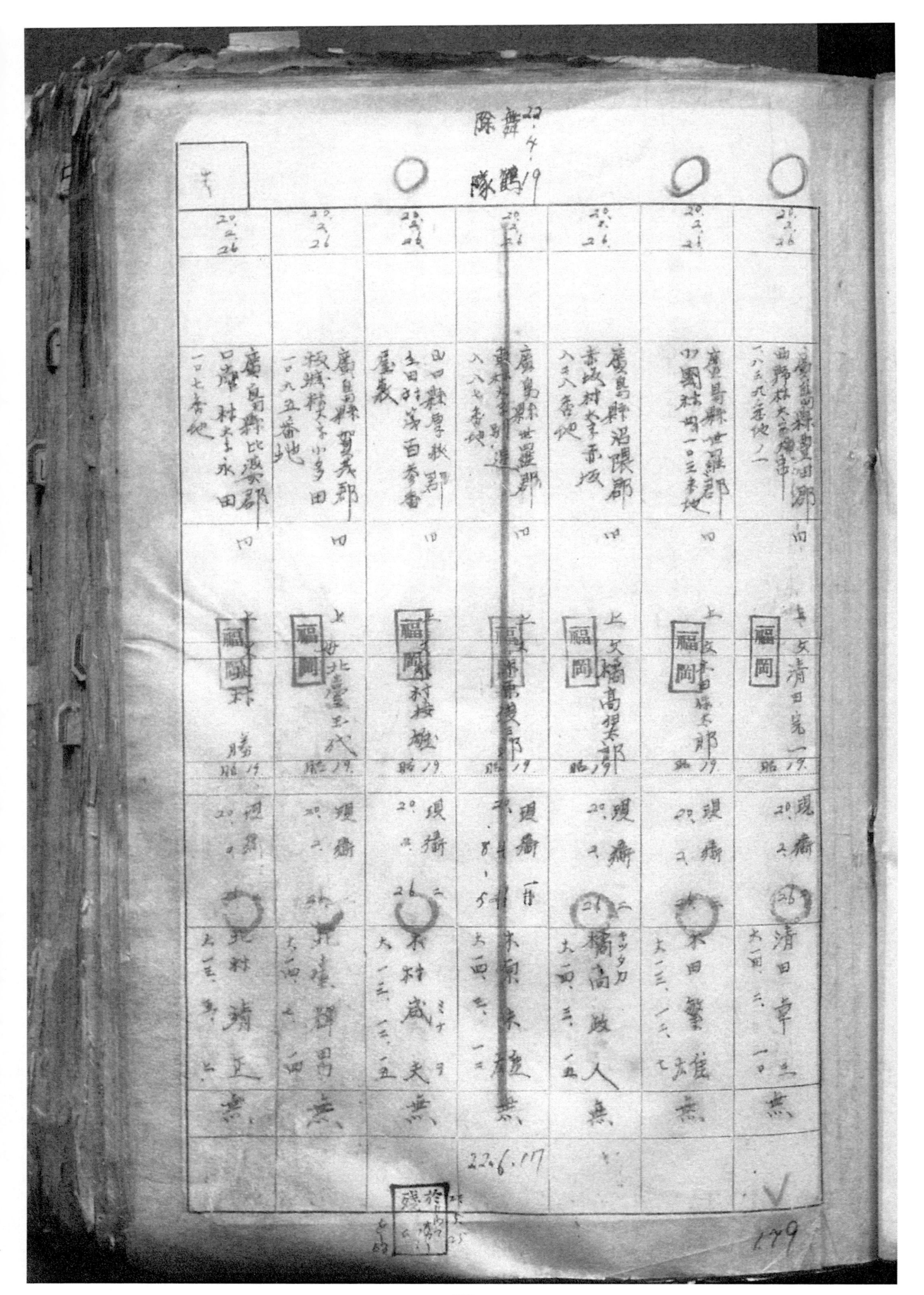

キ

29.2.26	29.4.26
廣島縣佐伯郡友和村大字廣瀬二八五番地ノ二	廣島縣安藝郡安藝津町大字三津四〇七四番地
福岡	福岡
北宮喜六郎 明22	北田玉吉 明19
現職 20.2.26	現職 20.2
北宮康雄 大四.三.一	北田光己 大四.七.二〇
無	無

180

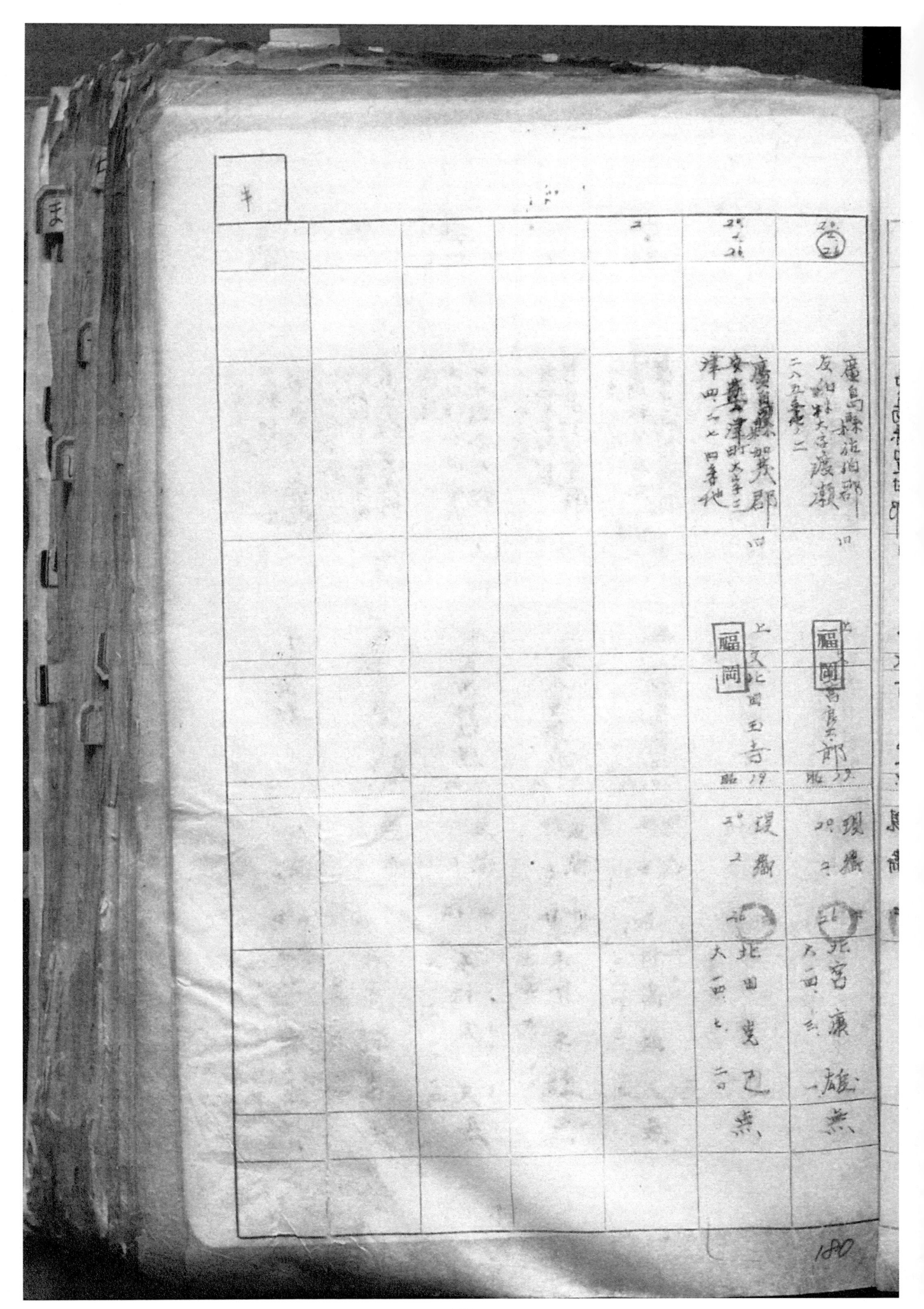

ヤ

關東軍防疫給水部留守名簿

昭和〃年 一月 一日
關東軍防疫給水部

編入年月日	前所屬及其編入年月日	本籍（在留地）	留守擔當者 住所 續柄 氏名	役種兵種官等並ニ集任官年月日 等級俸給月給額 發令年月日	氏名 生年月日	留守宅渡ノ有無	補修年月日
17.3.1		北海道瀬棚郡瀬棚村大字[illegible]別村番外地	同上 福岡 父 菊池駿太郎	雇（技術）[illegible] 17.11.7 20.3.31	菊池金次郎 大五.三.二〇	無	20.6.5
17.11.1		岩手縣江刺郡廣瀬村廣瀬字草[illegible]九拾壹番地	同上 福岡 父 菊池喜兵衛	雇（技術）[illegible] 17.11.六 20.3.31	菊池今朝雄 大九.九.七	無	20.6.5
13.11.8		新潟縣西頸城郡大和川村大字田伏六三六番地	同上 福岡 妻 菊崎テイ	雇（技術）[illegible] 17.11.七 20.3.31	菊崎興四郎 大一〇.九.七	無	20.6.5
17.5.30		北海道松前郡小島村大字館濱村字鷹待岱番外地	滿洲第七三一部隊 福岡 父 岸欽藏	雇（現場監督）[illegible] 17.11.六九 20.3.31	岸秀臣 大七.三.五	無	20.6.5
17.5.20		青森縣三戸郡[illegible]村大字名内字藪ノ上六番一號地	同上 福岡 父 木村ヤス	雇（技術）[illegible] 17.11.六八 20.3.31	木村權八 大七.九.二一	有	20.6.5

181

キ

17.5.31		長崎縣南高来郡加津佐町一一〇五番地	同上	福岡 久間及蔵	雇(教務) 19.11 六七 20.3.31	久間繁義 大七.二.二〇	有	20.6.5
17.5.20		岩手縣江刺郡梁川村字柳澤五三番地	同上	福岡 菊池[illegible]右衛門	雇(事務) 19.11 六九 20.3.31	菊池邦三郎 大七.三.二五	有	20.6.5
12.12.2		岩手縣東磐井郡八澤村槐田字野岡山六八番地	同上	福岡 菊地日之エ	雇(防疫) 事務力手 八 20.8.31	菊地恭治 明四一.四.二	無	20.6.27
16.11.1		宮城縣亘理郡荒濱村二二番地 町字濱四五番地	同上	福岡 木村タマヨ	雇(防疫) 七 19.11	木村清 明三四.九.二五	無	
12.11.1		千葉縣香取郡多古町喜多七七三番地	同上	福岡 木内ちよ	雇(防疫) 七〇 20.3.31	木内直治 明二三.一.七	無	20.6.5
17.7.1		栃木縣上都賀郡今市町大字今市一一六五番地	同上	福岡 父 木舘梅吉	雇(防疫) 六八 20.3.31	木舘勇 大七.八.一	有	20.6.5
17.5.31		福島縣相馬郡中村町大字[illegible]賀畑六番地	同上	福岡 菊地[illegible]	雇(防疫) 19.11 六五 20.3.31	菊地正之松 大六.一二.二二	無	20.6.5

182

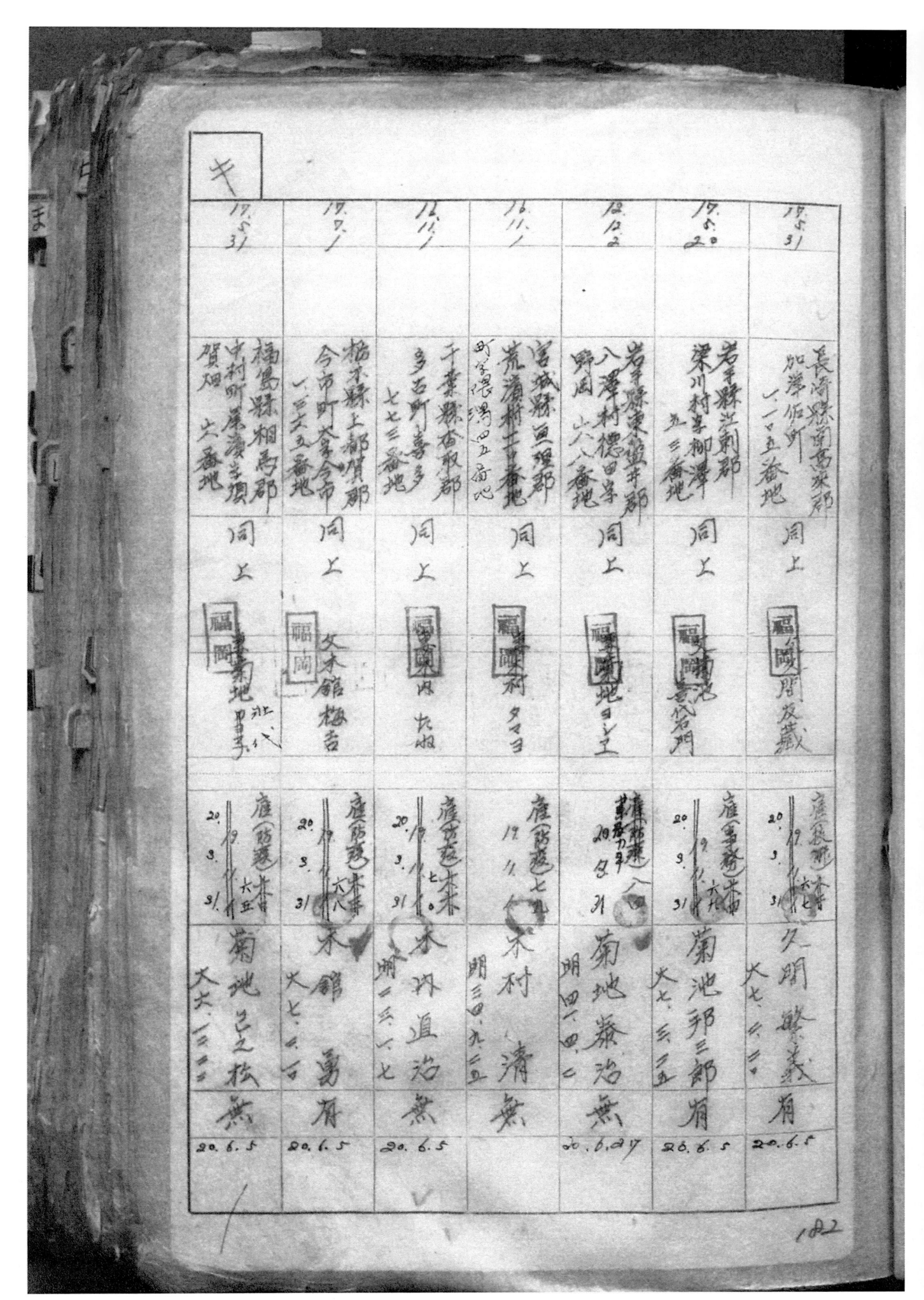

キ

13.5.14	滋賀縣彦根市開出今町二五九番地	同上	福岡 父 木村捨造	雇（事務）[illegible] 12.11.七 20.3.31	木村作三 大五.二.一八	無	20.6.5
17.7.1	東京都淺草區新吉原京町一丁目一八番地	同上	福岡 父 木澤仙之助	雇（技術）[illegible] 19.11.五 20.3.31	木澤元和 大六.六.[illegible]	有	20.6.5
18.5.20	岩手縣東磐井郡興田村沖田字西澤松九番地	同上	福岡 父 菊池公平	雇（防護）[illegible] 19.11.七 20.3.31	菊池米吉 大七.二.一	無	20.3.25
12.12.2	宮城縣柴田郡沼邊村大字沼邊七三	同上	福岡 [illegible] 菊地照子	雇（防護）八分 17.11.1	菊地利三郎 明四三.四.[illegible]	無	
19.6.30	東京都八王子市萬町九二	同上	福岡 父 木代熊五郎	雇（防護）[illegible] 19.11.七 20.3.31	木代弘 大七.一二.一	有	20.6.5
14.11.5	京都市右京區嵯峨明星町九番地一	同上	福岡 [illegible] 木村松江	雇（技術）八五 20.3.31	木村俊一 明四〇.一.[illegible]	無	20.6.27
15.11.9	福岡縣大牟田市上官町一丁目四四番地	同縣大牟田市高砂町[illegible]番地	福岡 母 木下八ク	雇（事務）八三 19.11.1	木下[illegible] 大四.六.九	無	

183

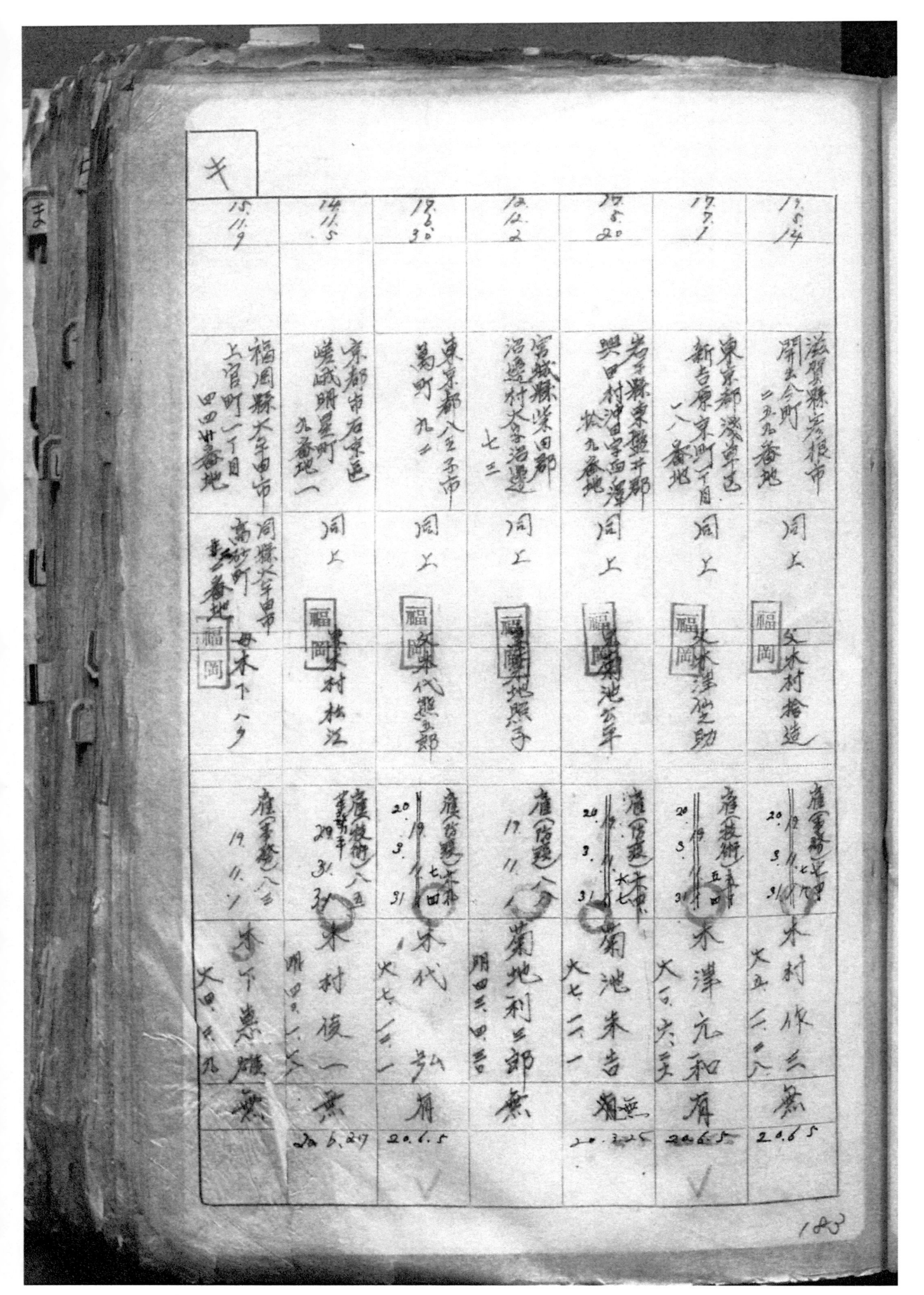

キ

解雇 21.7.8

19.4.21	福岡県大牟田市上官町一丁目四四番地	同県大牟田市高砂町七二番地 〔福岡〕 母 木下ハタ	雇(救術) 大林 一〇 20.3.31	木下晴夫 大九.一〇.二	20.6.5
17.5.31	茨城県真壁郡樺穂村大字田井七三一番地	同県新治郡柿岡町大字柿岡四七三番地 〔福岡〕 菊地晴子	雇(防疫) 六八 20.3.31	菊地一郎 大七.一二.一五	20.6.5
19.4.[illegible]	福井県丹生郡宮崎村古屋第三十一号一四番地	同上 〔福岡〕 木村藤治郎	傭人 雇(防疫) 20.3.31	木村一郎 昭五.一.一〇	20.6.5
19.6.30	茨城県新治郡石岡町大字石岡字[illegible]番地	同上 〔福岡〕 木村仁一	雇(防疫) 七四 20.3.31	木村真五 大七.七.二一	20.6.15

184

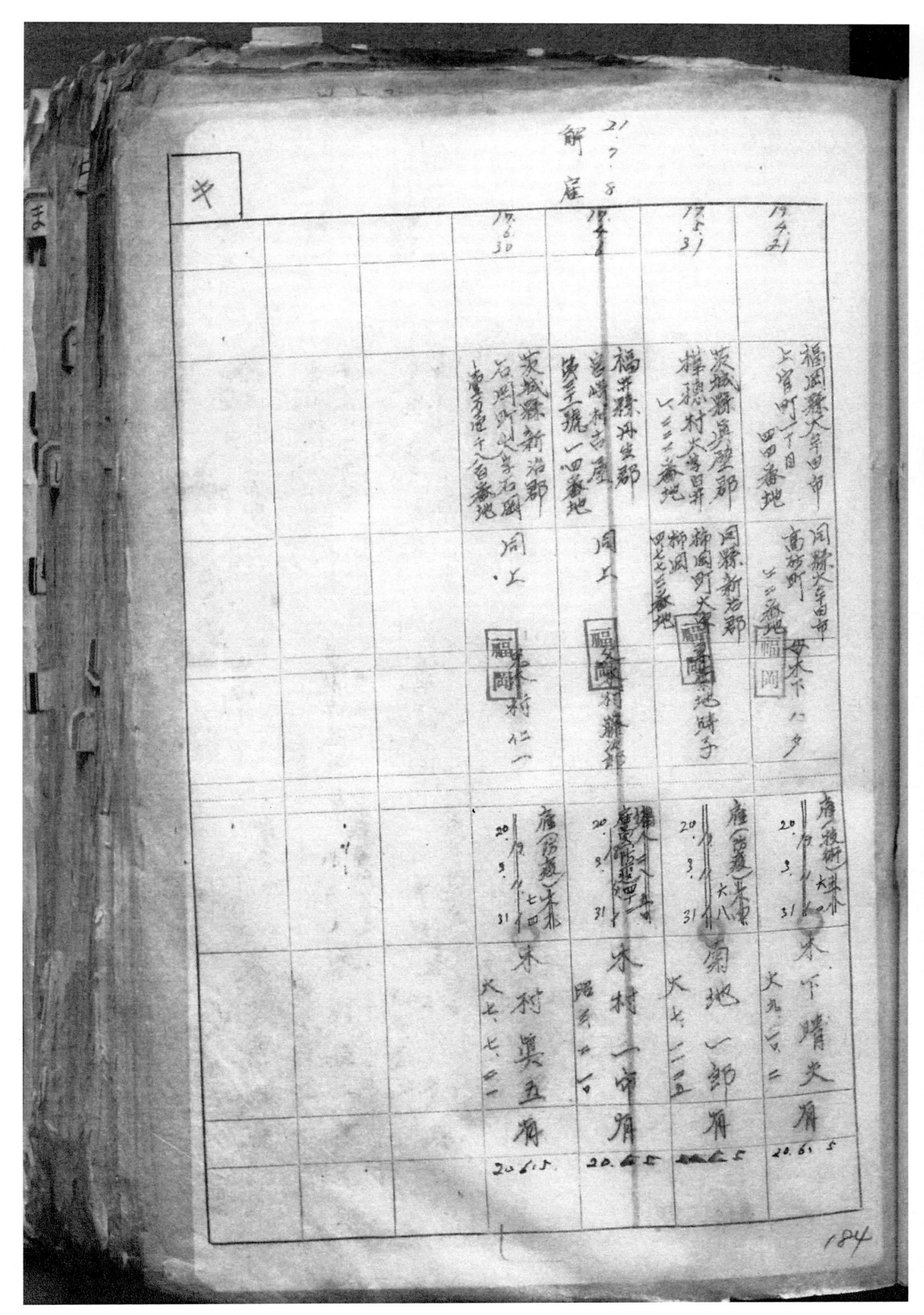

キ

22.1.17 佐世保 解雇

20.8.15 病死 哈爾濱ニ於テ

關東軍防疫給水部留守名簿

昭和二十年一月一日

關東軍防疫給水部

氏名 / 生年月日	留守宅渡ノ有無	補修年月日	役種兵種官等並ニ集給級俸月給額 / 發令年月日	留守擔當者 住所 / 續柄氏名	本籍（在留地）	編入前所屬及其編入年月日	編入年月日
菊口賢治 大[illegible]二八	無	20.6.5	雇（防疫）七十八 20.3.31	同 [illegible] 菊口龍平	新潟縣三島郡與板町大字與板四口番地		17.6.10
金城作吉 大七.一.五	無	20.6.5	雇（技術）七十八 20.3.31	同 父 金城次良	沖縄縣島尻郡豊見城村字[illegible]二二三		17.3.31
切通彌吉 明三六.一.八	無	20.6.5 22.6.17	雇（軍醫）[illegible] 20.3.31	同 [illegible] 切通ヒ[illegible]	鹿児島縣[illegible]郡[illegible]（[illegible]）		17.9.9
北尾芳之助 明三九.三.二一			雇（技術）七十四 20.1.6	[illegible] 北尾[illegible]	[illegible]		20.1.6

（付箋）
佐陸軍技手 陞五級俸 20.3.31發令 北尾芳之助
陞四級俸 20.8.15發令
26.1.26 復員 二九九号

2172

185

＊原簿 185 丁（付箋めくったもの）

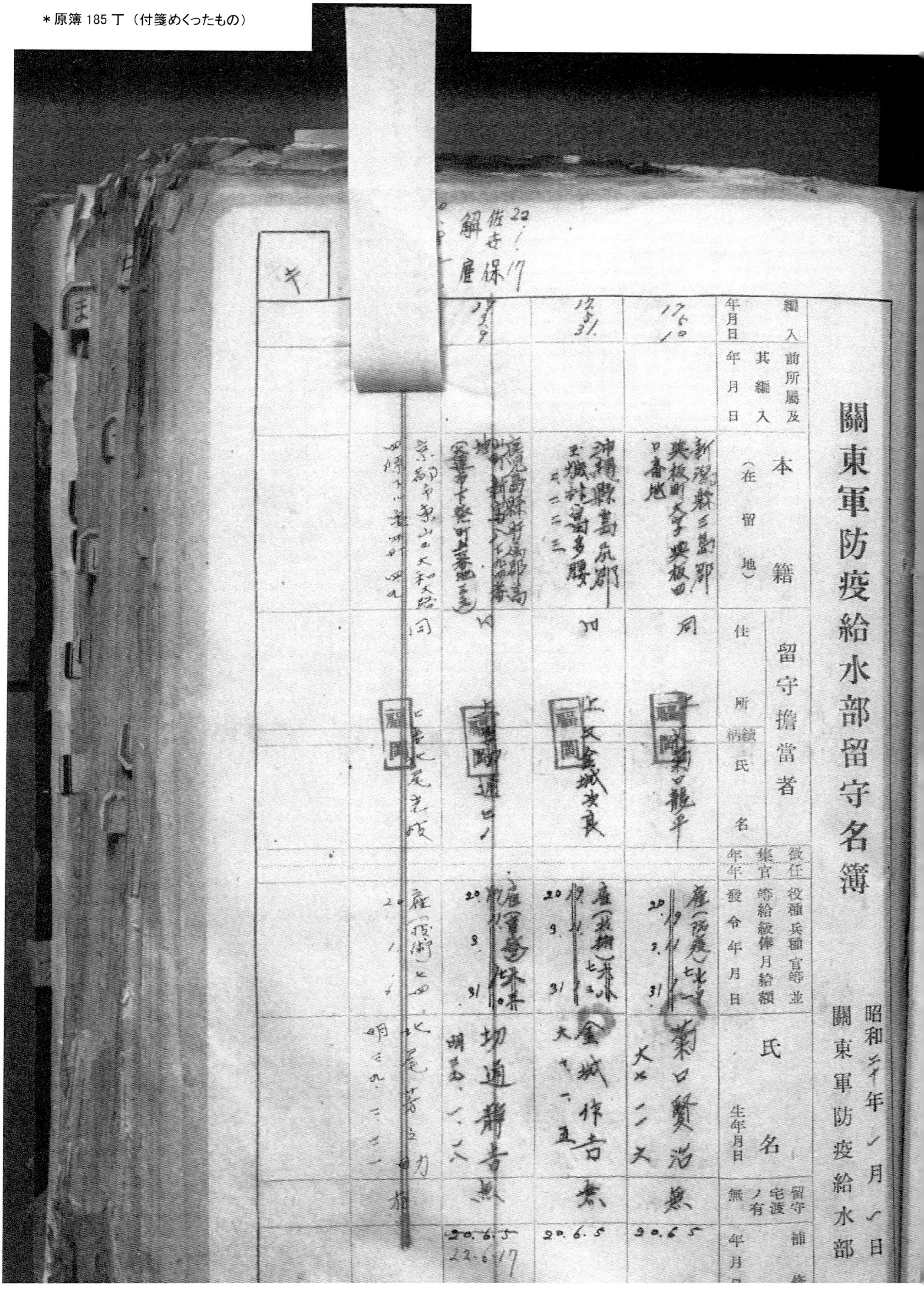

關東軍防疫給水部留守名簿

昭和二十一年一月一日 關東軍防疫給水部

編入年月日	前所屬及其編入年月日	本籍（在留地）	留守擔當者 住所	留守擔當者 續柄 氏名	役種兵種官等並ニ徴任年月日 等級俸給月額 發令年月日	氏名	生年月日	留守宅渡ノ有無	補修年月日
17.6.10		新潟縣三島郡與板町大字與板田口番地	同	福岡 菊口龍平	雇（防疫）七十 20.2.31	菊口賢治	大2.1.1	無	20.6.5
17.3.31		沖縄縣島尻郡玉城村字富名腰	同	福岡 父 金城次良	雇（技術）七十 20.3.31	金城作吉	大7.1.5	無	20.6.5
17.3.9		鹿児島縣薩摩郡高城村（鹿屋市下鉄町）地	同	福岡 切通	雇（實驗）七十 20.3.31	切通辯吉	明35.1.8	無	20.6.5 22.6.17
		京都市東山区大和大路四條下ル	同	福岡 七尾定致	雇（技術）七十 20.1.1	七尾芳五郎	明39.2.21	有	

佐世保 22.1.17 解雇

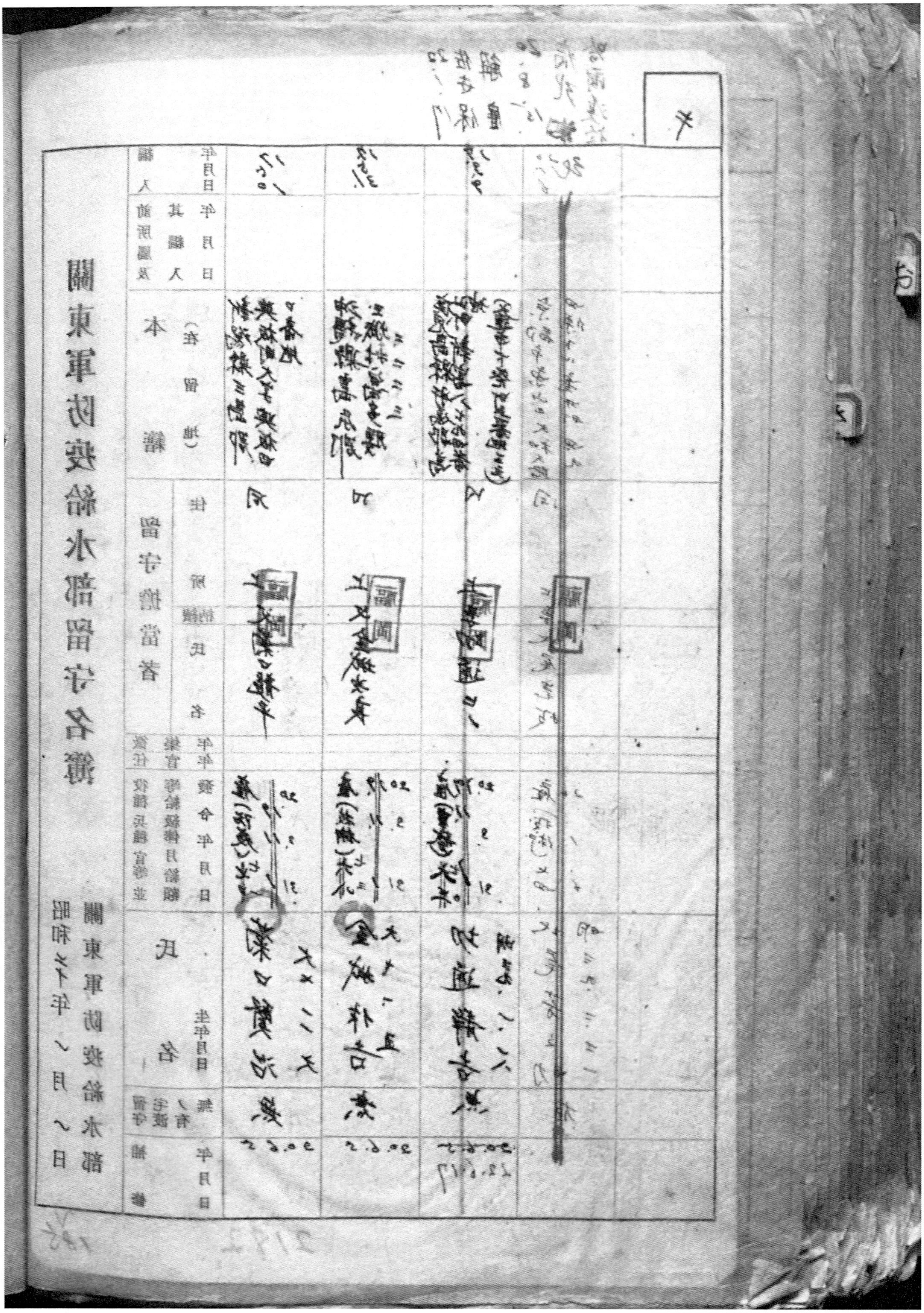
關東軍防疫給水部留守名簿

キ

19.5.1	熊本縣宇土郡緑川村大字馬之瀬八三番地	同上	北野志丈	傭（筆生）日給 一．五〇 20.9.31	北野愛子	大一二、九、八	有	20.6.5
16.2.15	岡山縣児島郡灘崎村大字西高崎五三番地	同上	北村勝三郎	傭（筆生）月給 三五．〇 20.9.31	北村雪子	明三九、一〇、一六	無	20.6.5
18.4.5	大阪市西淀川区花川北之町一丁六六番地	同上	北村安藏	傭（筆生）日給 四八 20.9.31	北村安利子	大五、二、二一	有	20.6.5
18.8.14	岩手縣稗貫郡八幡村大字南寺林第一三地割字野田五八番地	同上	菊池傳介	傭（雑仕）日給 三六 20.9.31	菊池カル	大一一、七、二	有	20.6.5
18.8.12	千葉縣香取郡多古町喜多七七三番地	同上	木内タネ	傭（雑仕）日給 一．五〇 20.9.31	木内とく	昭二、一二、八	有	20.6.5
18.12.7	岩手縣東磐井郡八沢村徳田字野田六八番地	同上	菊地泰治	傭（雑仕）日給 三六 20.9.31	菊地ヨシヱ	大二、一二、一〇	無	20.6.5
19.8.21	山形縣最上郡新庄町十日町五一五番地	同上	岸源助	傭（雑仕）日給 二三 20.9.31	岸シルヱ	大二、七、五	無	20.3.31

186

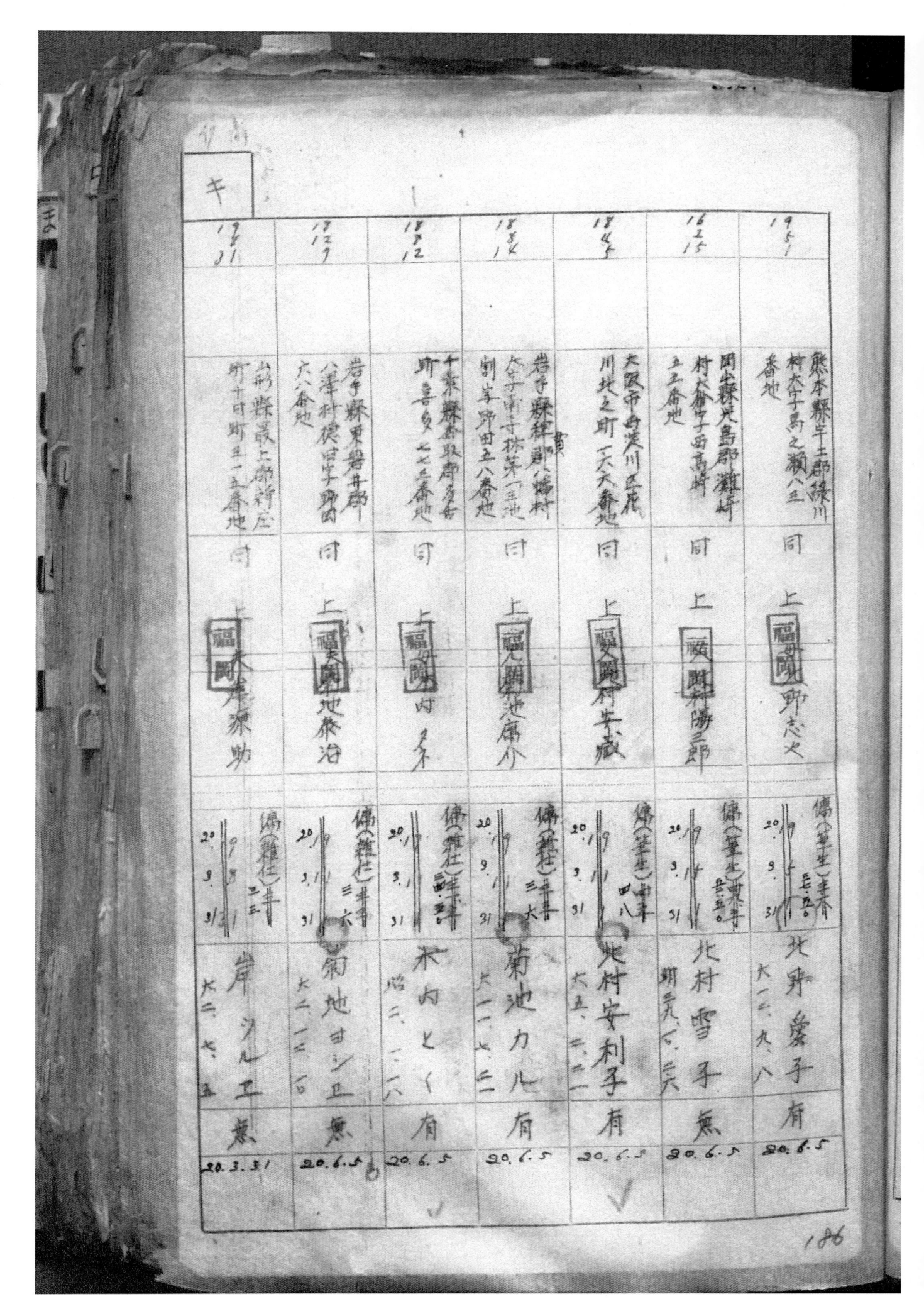

公務ニ病死 一種病 18.3.29

解依 世保 22.3.11

解 傳 備考 22.5.13

19.7.20	北海道浦河郡浦河村大字[illegible]別村番外地	同上	[stamp] 菊地鉄之助	傭(雑仕) 20.9.11	菊地キヨ 大五.三.五	無	20.6.5
19.8.17	静岡県富士郡吉永村比奈一四一二番地ノ二	同上	[stamp] 菊地晴雄	傭(看護) 四十七 20.8.31	菊地すみ江 大一二.一一.六	有	20.6.5
16.6.4	熊本県天草郡[illegible]町[illegible]番地 又[illegible]	同上	[stamp] 木村七十	傭(研究) 四八 20.3.31	木村梅子 大四.三.[illegible]	無	20.6.2 22.1.17
19.7.16	石川県金沢市南新保町イノ六番地 (又通市東金町一番地五)	同上	[stamp] 北喜市	傭(研究) 20.3.[illegible]	北茂 昭三.一.二	無	20.6.5
20.5.10	熊本県熊本市春日町六二八五 (大五一市大江町五五〇)	同上	[stamp] 清崎きよ	雇員(警手) 大六. 20.5.10	清崎信雄 明三九.一.一	無	
18.4.5	鹿児島県大島郡喜界町字湾			傭人	基幸子 昭三.一二.二	無	22.5.14
	山形県西村山郡宮宿町大字西澤1282	同上	母 清野よし	任陸軍[illegible]属 拾六給俸 18.3.28	清野政雄 大6.3.27	母	任官資料ニ依リ追記 22.6.8

187

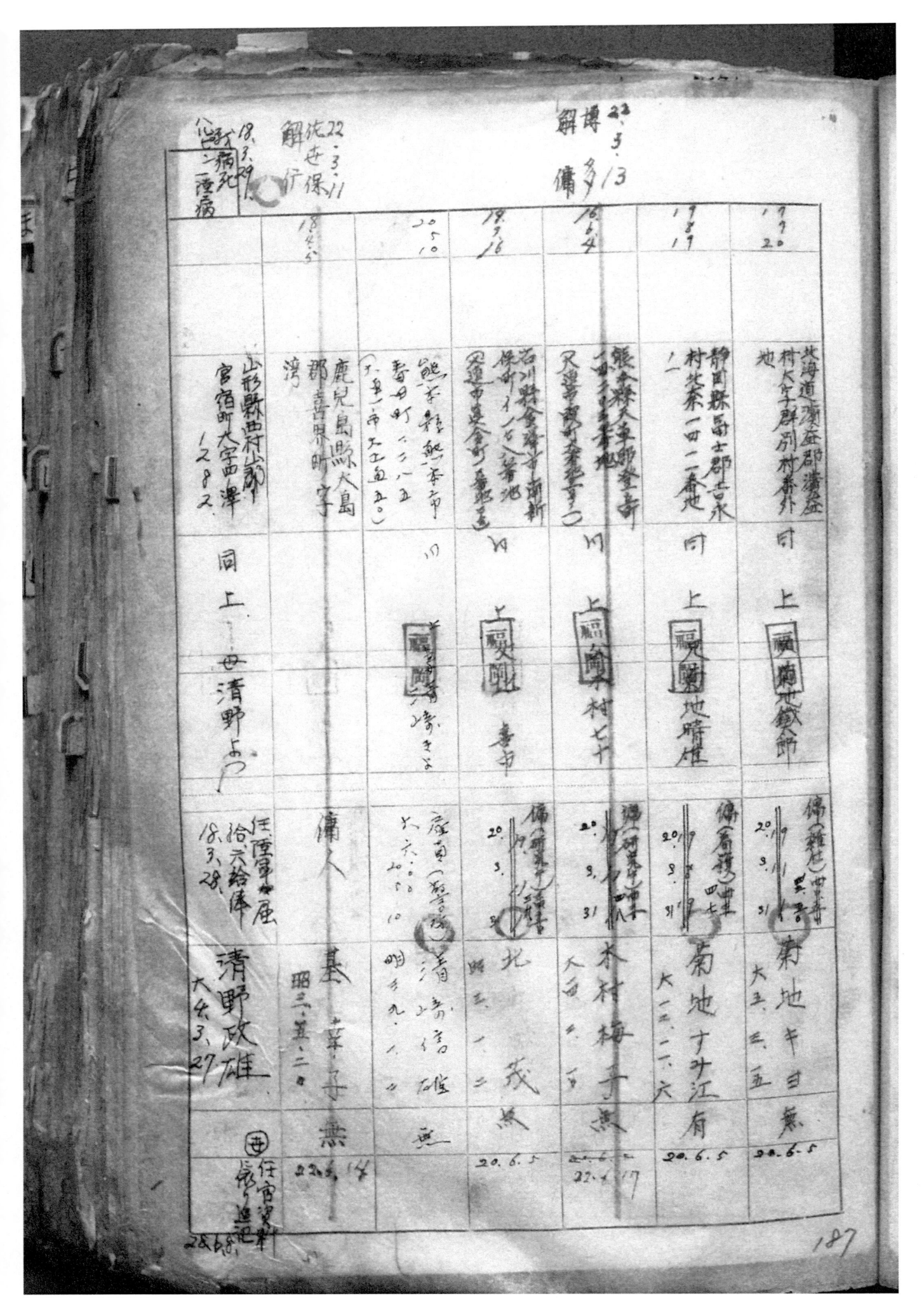

ク

50.5.16 資料班より 森下事務の連絡

28.2.25 復員 本人申立による

關東軍防疫給水部留守名簿

昭和二十年一月一日

關東軍防疫給水部

留守補修 年月日	留守宅渡ノ有無	氏名 生年月日	徴任 集官 年年 / 役種 兵種 官等並 等給級俸月給額 / 發令年月日	留守擔當者 氏名	續柄	住所	本籍（在留地）	編入前所屬及其編入年月日	編入年月日
	無	草味正夫 明三五、八、二〇	大15 現 薬大佐 19.8.1	草味長子	福岡	兵庫県西宮市夙川不老町 吉田俊秀方	東京都本郷区弓町二丁目二〇番地	東京第一衛戍病院 七、八、八	13.5.4
	有	空閑秀郷 大六、二、一七	昭17 現 軍医中尉 下19.1.10 20.1.31	空閑通子 母	福岡	大分県日田市亜陽町二丁目	福岡県浮羽郡柴刈村大字勝利一一七三番地ノ内第二	第二十九師団司令部 一九、六、二〇	19.3.17
20.6.19	無	国枡昌穂 大七、一、七	昭17 現 軍医中尉（大） 下19.1.31 20.3.1	国枡義參	福岡	同	山口県熊毛郡曽根村三五二番地（朝鮮清津府福泉町山二〇番地）	陸軍軍医学校 一九、六、一五	19.12.31

188

ク

18.10.30		熊本県球磨郡免田町大字新田無番地	上海武昌路二三口寺F五 倉井瑞弘方	福岡 妻 倉井薫	技師 大等 有 29.3.31	倉井弘武 明四四、三、二七	無	20.6.27
19.2.2	第二十五師 戦防疫給水部 天七、一四	宮崎県西臼杵郡五ヶ所村大字五ヶ所九四七二番地ノ一	同	福岡 工藤笑子	技師 七等 半 29.3.31	工藤継市 大四、九、五	無	20.6.27
19.2.10	第五十一師 戦防疫給水部 天七、一天	大阪府中河内郡枚岡町大字豊浦八一五番地ノ二	同	福岡 楠本敏子	技師 七等 村 29.3.31	楠本健之 大二、一、五	無	20.6.27
19.7.7		岩手県紫波郡長岡村大字西長岡字大白地割八二番地ノ一	同	福岡 工藤[illegible]	傭託 一七五 19.3.31	工藤與四郎 明三四、二、二五	無	

189

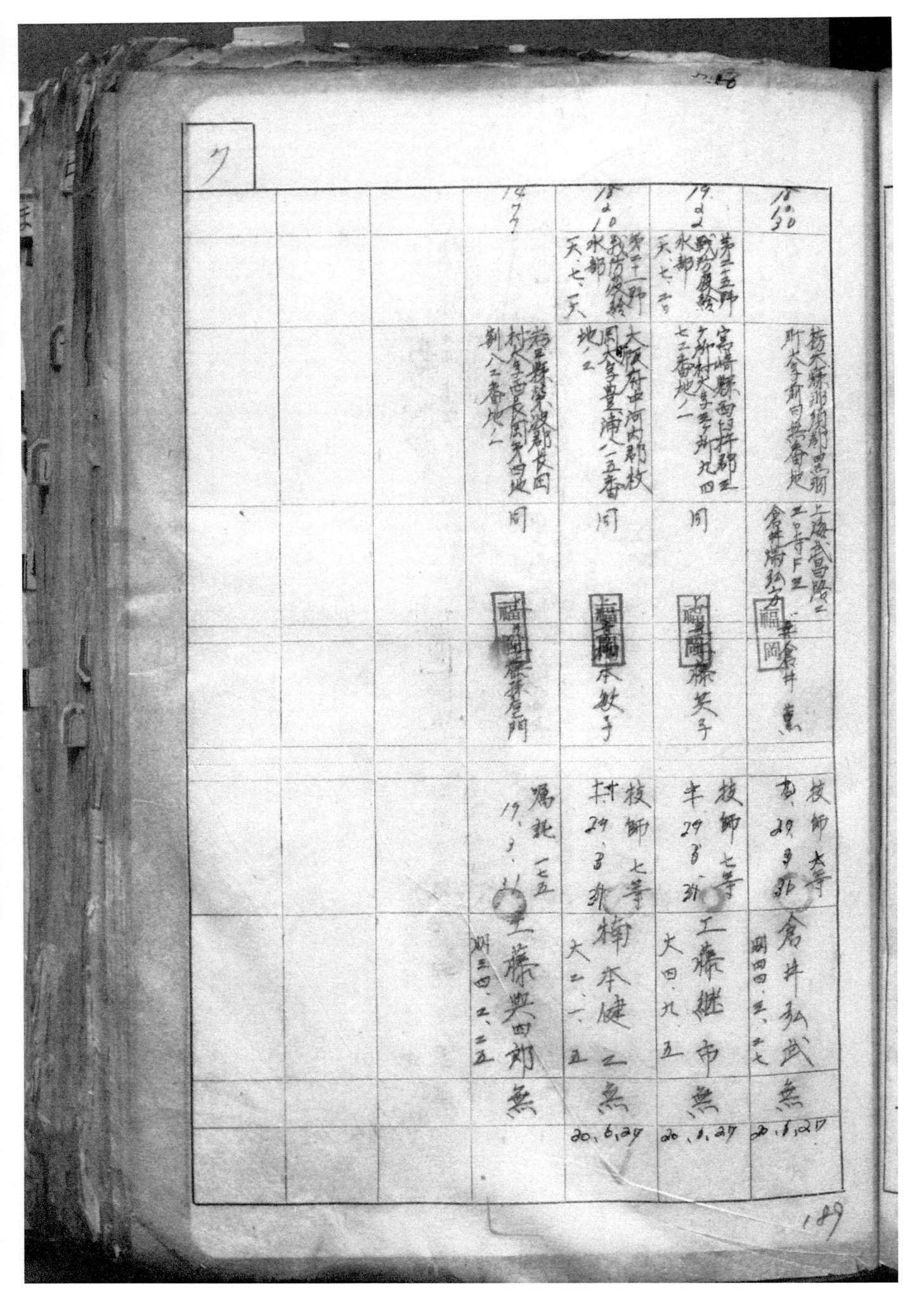

ク

伍長
歩兵第十二聯隊
大七、六、八
香川縣木田郡東植田村大字東植田一五七四番地ノ一
同
大久保忠幸
昭16四、二〇、八
現主曹長
大久保智春
大八、五、八
無

190

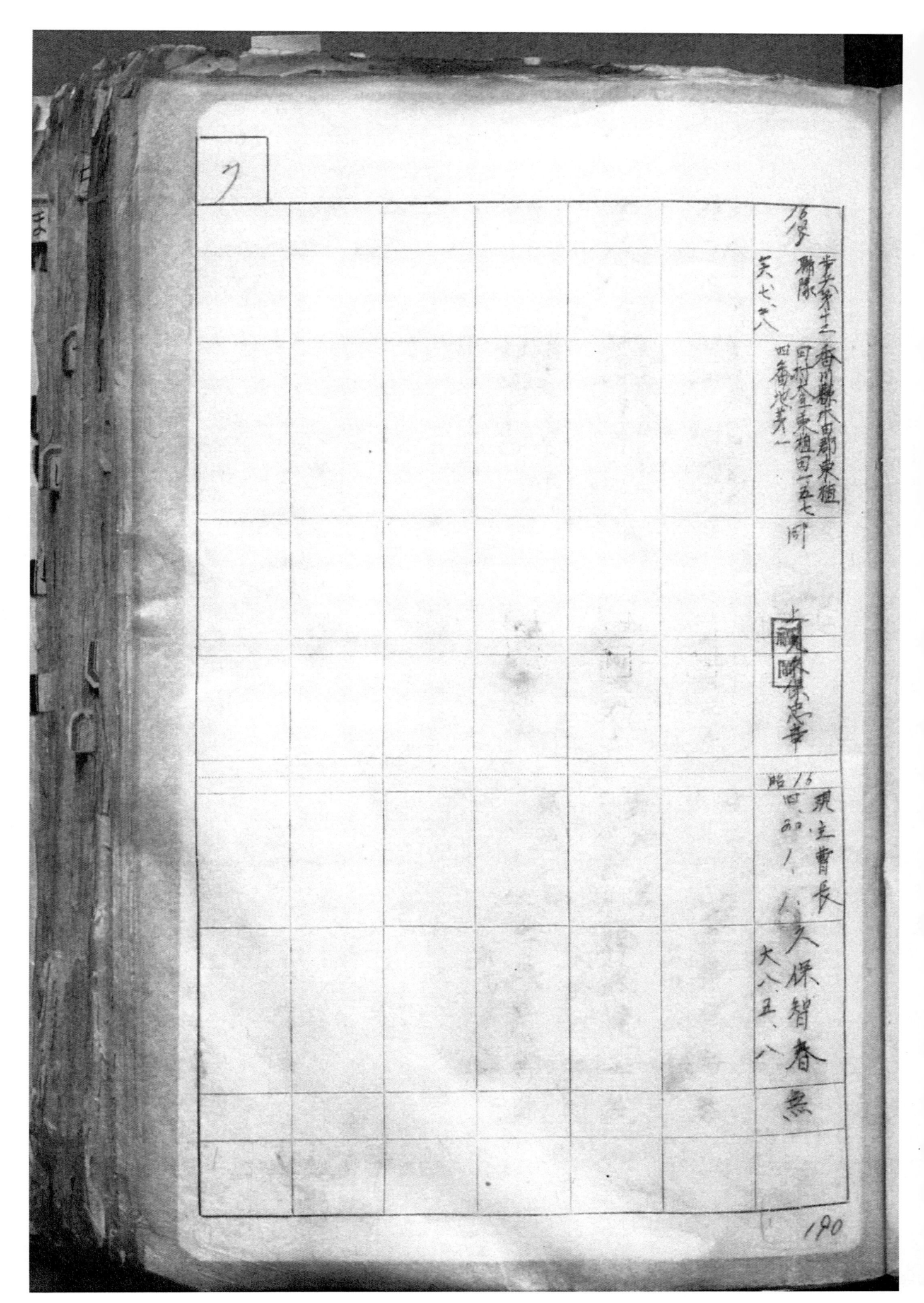

15/9/8	東京都小石川区大塚坂下町三四番地	同	福岡 上妻 工藤光子	技手 昭21.3.31 / 19.3.31	工藤忠雄	明四四、九、五	無	20、6、29
17/4/30	福岡県福岡市上名島町一番地ノ一	同	福岡 上妻 熊本イノ	技手 四、17、9、30	熊本進	明四二、九、一	無	
19/4/30	青森県青森市大字大野字長島九三番地	島根県邑智郡田所村	福岡 上妻 工藤正恵	通訳生 五、18、10、30	工藤慶蔵	明四三、一〇、一二	無	
19/8/31	長野県下伊那郡上村一一二番地	同	福岡 上妻 胡桃澤[illegible]代	技手 五 20.3.31 / 18.8.31	胡桃澤正邦	大二、五、二五	無	20、6、27
19/8/23	栃木県足利郡山辺町大字八幡四〇七番地	同	福岡 上 父 倉林[illegible]郎	業務手一二〇 18、9、30	倉林栄一郎	明四一、五、六	無	
20.5.10	岩手県岩手郡大更村三三	同	福岡 上 父 四葉勇次郎	雇人(研究手) 三三 20.5.10	工[illegible] 七廿六	大一五、六、一五	有	

191

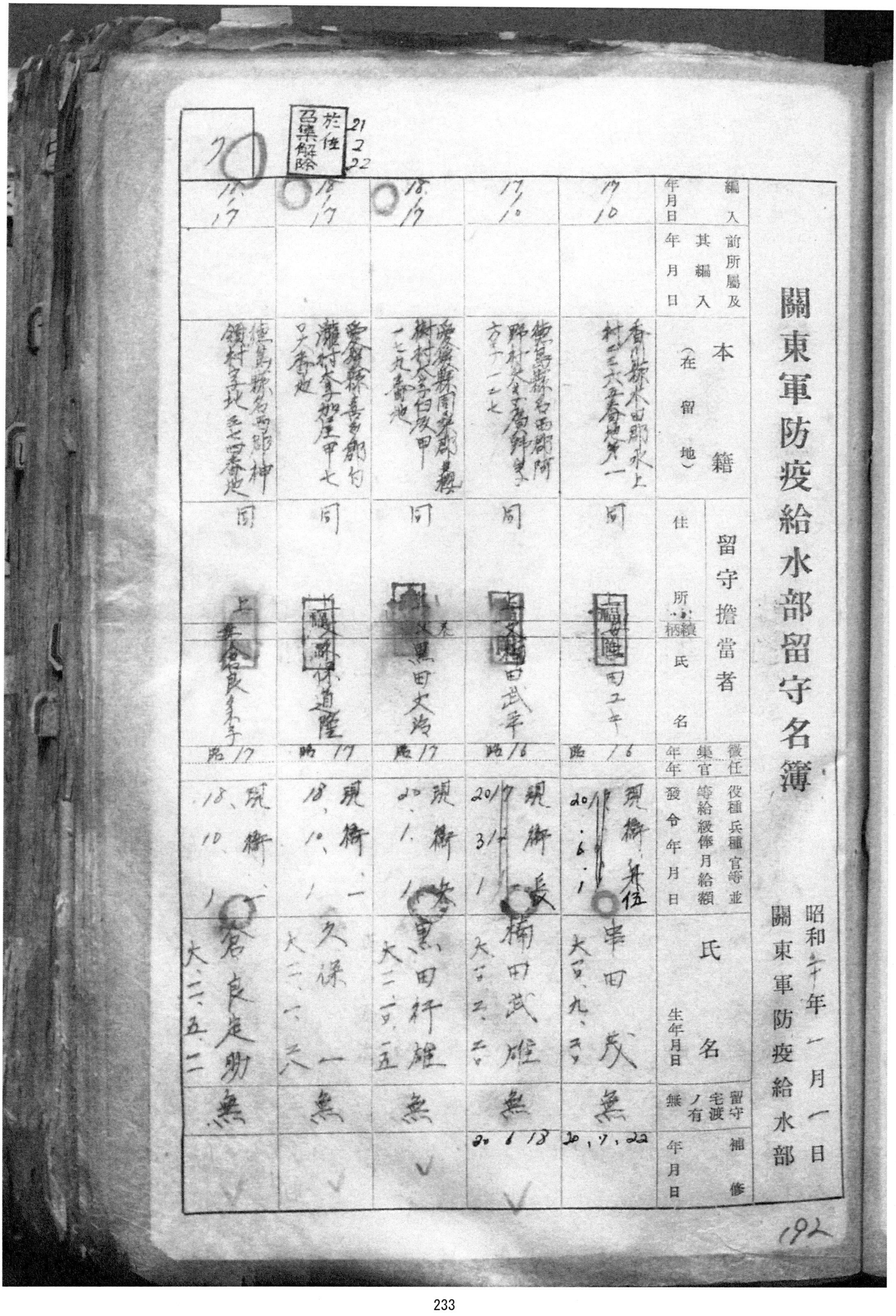

關東軍防疫給水部留守名簿

昭和二十年一月一日

關東軍防疫給水部

於住 召集解除 21.2.22

編入年月日	前所屬及其編入年月日	本籍(在留地)	留守擔當者 住所	留守擔當者 續柄・氏名	徵集任官年	役種兵種官等並等級俸月給額 發令年月日	氏名 生年月日	留守宅渡ノ有無	補修年月日
17.10		香川縣木田郡水上村三六五番地ノ一	同	[illegible]田ユキ	昭16	現衛 昇任 20.6.1	串田茂 大五、九、[illegible]	無	20.7.22
17.10		徳島縣名西郡阿野村[illegible]六一二七	同	[illegible]田武平	昭16	現衛長 20.3.1	楠田武雄 大[illegible]	無	20.6.18
18.6.17		愛媛縣周桑郡[illegible]村大字[illegible]甲一七九番地	同	[illegible]黒田文治	昭17	現衛一等 20.1.1	黒田杵雄 大二、一〇、五	無	
18.6.17		愛媛縣喜多郡[illegible]瀬村大字[illegible]甲七〇[illegible]番地	同	[illegible]林道隆	昭17	現衛一 18.10.1	久保一 大二、六、二八	無	
[illegible].17		徳島縣名西郡神領村字[illegible]三七四番地	同	上[illegible]良[illegible]	昭17	現衛一 18.10.1	[illegible]倉良定助 大二、五、二	無	

192

於舞鶴除隊 22.6.27	於舞鶴除隊 22.12.3		於舞鶴除隊 22.12.9			7
19 / 12	19 / 12	19 / 12	19 / 12	19 / 12	19 / 12	17 / 12
高知県香美郡野市町五六番地	愛媛県北宇和郡高光村大字沢満甲三九番地	愛媛県宇摩郡川之江町三五三九番地 第二	愛媛県今治市大字八町二八二番地	愛媛県松山市名鳳呂町九一〇番地	香川県小豆郡[redacted]	香川県大川郡鶴羽村一五九三番地
同	同	愛媛県宇摩郡金生村大字道上	愛媛県今治市上室来町甲番地	同	同	同
上等兵 久保音恵	上等兵 久保順一	上等兵 窪田長逸	上等兵 窪田幸一	上等兵 黒星三十五	上等兵 [redacted]	上等兵 久米千力
昭17	昭18	昭18	昭18	昭18	昭18	昭18
現衛 18.7.20 一	現衛 17.7.15 上 卅	現衛 20.1.1 上	現衛 19.10.1 上 卅	現衛 19.7.15 一	現衛 19.7.15 一	現衛 17.7.15 一
久保誠治 大二、一〇、二九	久保光男 大三、一〇、一五	窪田宏 大二、九、二	窪田明勇 大三、六、一四	黒星佳照 大三、五、一	久留島祐司 大三、二、二二	久米佳光 大二、一一、八
無	無	無	無	無	無	無
22.8.21 解 28.2 No.325	23.5.14 ✓	✓	23.5.14 ✓	✓		21.12.23

乾 留 21.4.15

画 三 旬 4.22.4.12 取残 193

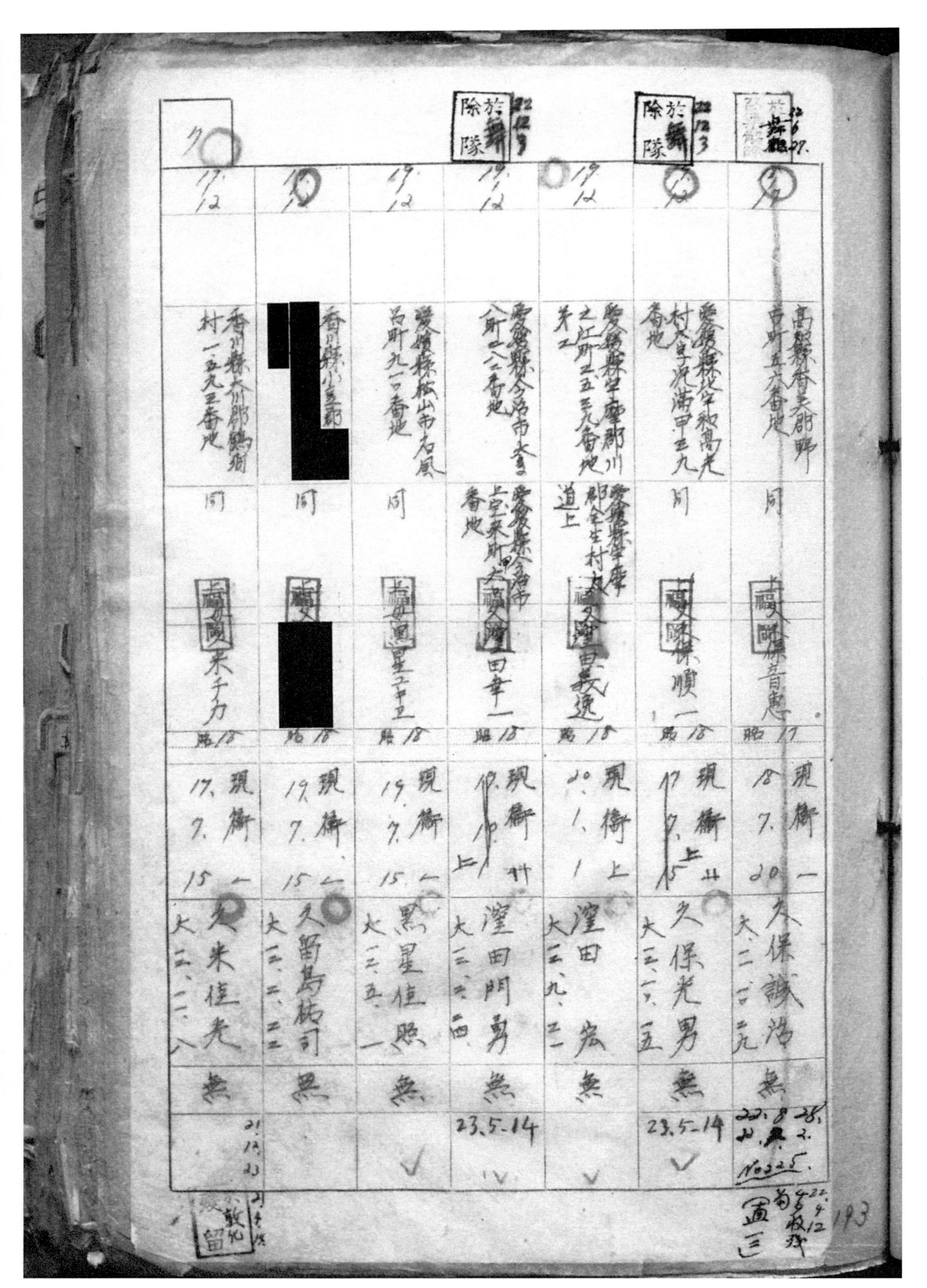

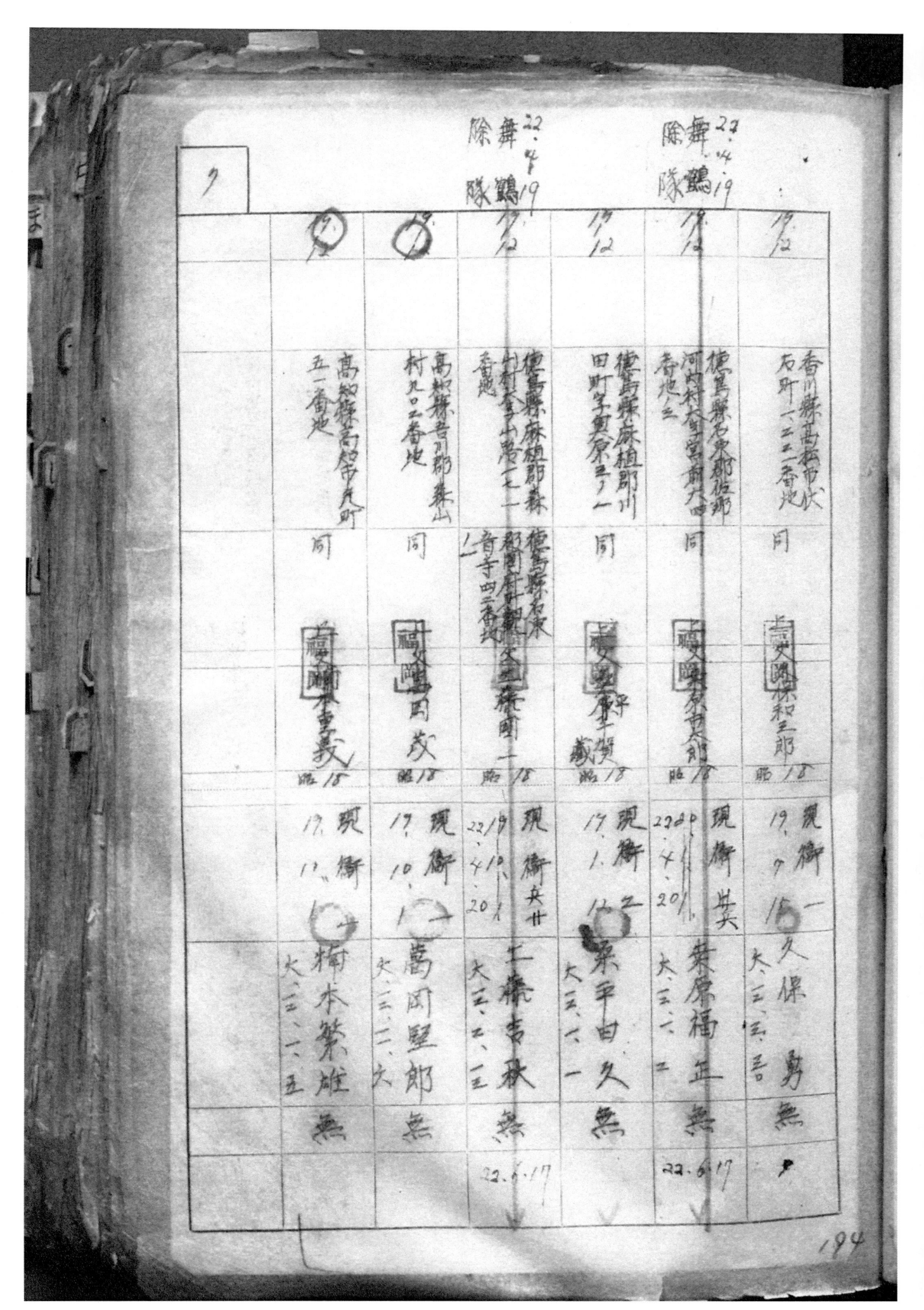

9		除 舞鶴隊 22.4.19			除 舞鶴隊 22.4.19	
	19/12	19/12	19/12	19/12	19/12	19/12
	高知縣高知市九反町五一番地	高知縣吾川郡森山村九〇二番地	徳島縣麻植郡森山村大字山路一七一番地	徳島縣麻植郡川田町字東原三ノ一	徳島縣名東郡佐那河内村大字宮前六四番地ノ三	香川縣高松市伏石町一、二二一番地
	同	同	徳島縣名東郡国府町観音寺四二番地	同	同	同
	楠木吉義	高岡成	上原國一	粟平賀藏	栗原市太郎	久保和三郎
	昭18	昭18	昭18	昭18	昭18	昭18
	現衛一 17、11、1	現衛一 17、10、1	現衛兵廿 22、4、20	現衛二 17、1、12	現衛兵 22、4、20	現衛一 19、7、15
	楠木繁雄 大三、一、五	高岡堅郎 大三、二、六	上原吉秋 大三、五、一五	粟平由久 大三、一、一	栗原福五 大三、一、二	久保勇 大三、三、吾
	無	無	無	無	無	無
			22.6.17		22.6.17	

194

ク

舞鶴除隊 22.4.19

於満州病院 21.5.11 戦病死

20.2.26	廣島県蘆品郡 …… 九五八番地	甲	上兵 福岡 宮田賀新	昭17	20.8.1 現役	倉田行 大一三、一一、二	無	22.6.17
20.2.26	廣島県高田郡 …… 二〇一八番地	甲	上兵 福岡 金本音二	昭17	20.2.26 現役	倉本時文 大一三、一一、一八	無	23.1.30 案知277号
20.2.26	山口県都濃郡須金村大字金峰 五四三番地	甲	上兵 福岡 國本少一	昭19	20.2.26 現役	國本悟 大一四、七、二七	無	
20.2.26	山口県阿武郡 江崎町大字下田万 千四八一番地	甲	上兵 福岡 熊谷正貫	昭17	20.2.26 現役	熊谷直江 大一三、一三、二〇	無	

195

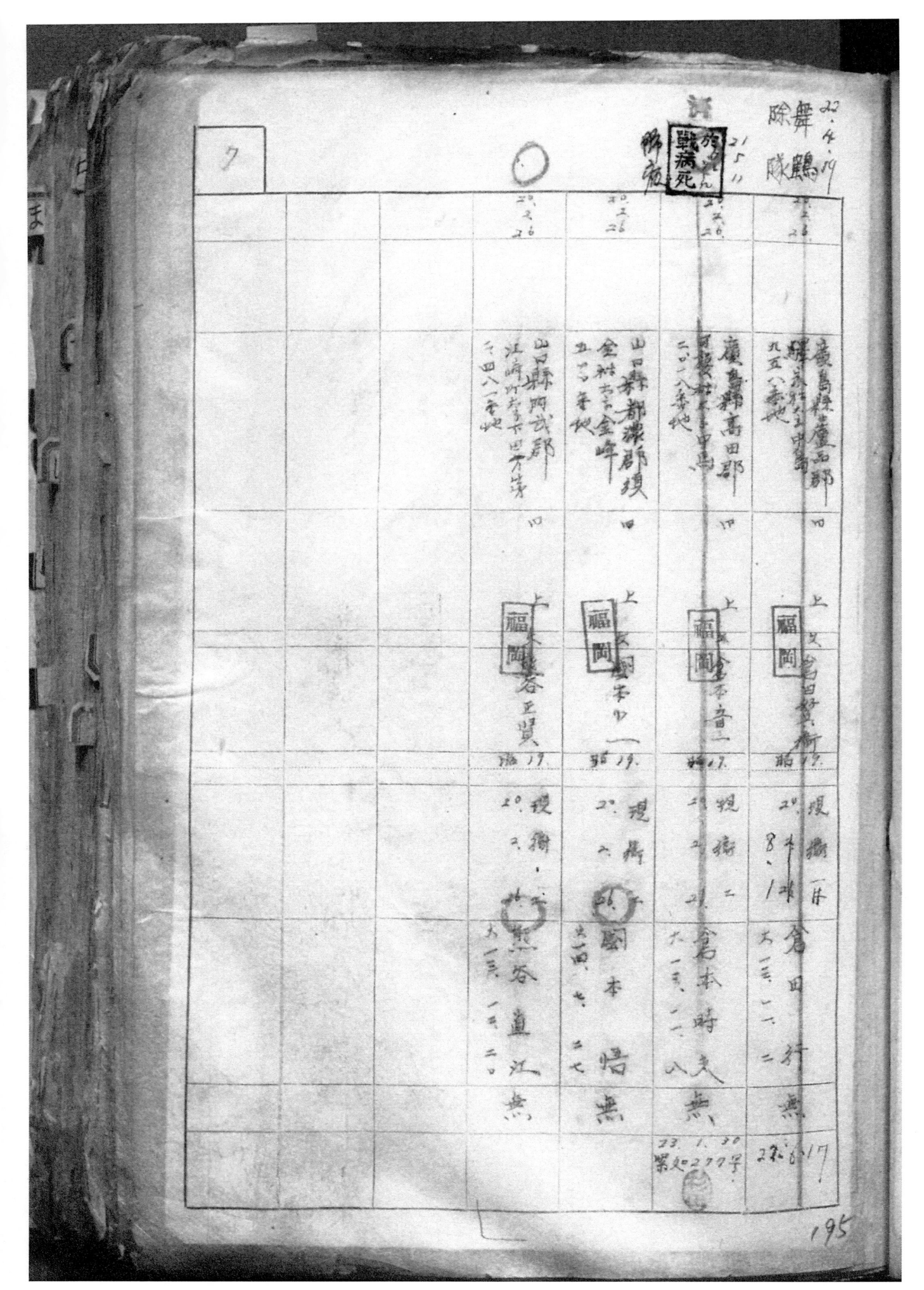

9

關東軍防疫給水部留守名簿

昭和二十年一月一日　關東軍防疫給水部

氏名	久賀義雄	尉丘孝	東江常禪	栗田丘夫	桑原雄平
生年月日	大五.一.二二	大七.七.九	大七.七.九	大七.八.九	大八.九.八
役種 兵種 官等並 徴任 集官 年年 等給 級俸 月給額 發令年月日	雇(技術) 八〇円 19.3.1 20.3.31	雇(事務) 七〇円 19.11 20.3.31	雇(技術) 六八円 19.11 20.3.31	雇(技術) 六八円 19.11 20.3.31	雇(技術) 六〇円 19.11.1
留守宅渡ノ有無	無	無	有	有	無
留守擔當者 住所	同上	同上	沖縄縣中頭郡具志川村大字兼箇段一六〇	同上	同上
留守擔當者 續柄 氏名	妻 久賀ミヨ（福岡）	父 尉平孝 兼彦（福岡）	父 東江常英（福岡）	父 栗田朝平（福岡）	父 桑原松太郎（福岡）
本籍（在留地）	栃木縣宇都宮市四條町一三三番地	福岡縣三井郡金島村大字中川二九番地ノ一	沖縄縣那覇市朝日町久茂地町一丁目九八番地	靜岡縣小笠郡土方村下土方三三五番地	新潟縣南蒲原郡加茂町大字加茂九五六番地ノ一
編入前所屬及其編入年月日					
編入年月日	16.11.11	19.5.31	17.5.31	17.5.31	18.3.22
補修年月日	20.6.5	20.6.5	20.6.5	20.6.5	

196

7

解雇 20.8.24

16.5.1	秋田縣南秋田郡五城目町鵜ノ木六四番地ノ一	同	妻 工藤美代子	雇（防衛）19.11.1 七七	工藤源三郎	大四.一一.五	無	20.6.[illegible]
17.5.10	福島縣西白河郡小田川村大字豊地字谷地六五番地	同	妻 草野敏子	雇（防衛）19.11 六.米田 20.3.31	草野富次	大七.四.一五	無	20.6.5
16.11.1	静岡縣周智郡天方村間詰三ノ七番地	同	伯父 栗田卯八	雇（防衛）19.11 六七 米本 20.3.31	栗田忠信	大七.二.一六	有	20.6.5
17.5.20	秋田縣由利郡金浦村[illegible]字上[illegible]三〇番地	同	妻 工藤敏子	雇（防衛）19.11 六五 米本 20.3.31	工藤金七	大七.九.一	無	20.6.5
16.10.3	千葉縣夷隅郡古澤村岩熊二〇五七番地	同	父 國藤末吉	雇（防衛）19.11 六七 米本 20.3.31	國藤清	大九.二.一五	有	20.6.5
14.5.17	長野縣埴科郡松代町一三九番地	同	父 倉島直治	雇（[illegible]）19.11.1 八二	倉島壽亀	明四四.九.三	有	
14.5.12	埼玉縣入間郡[illegible]町大字[illegible]六三番地	同	妻 栗田[illegible]子	雇（技術）19.11.1 七五	栗田武治郎	大六.七.七	無	

197

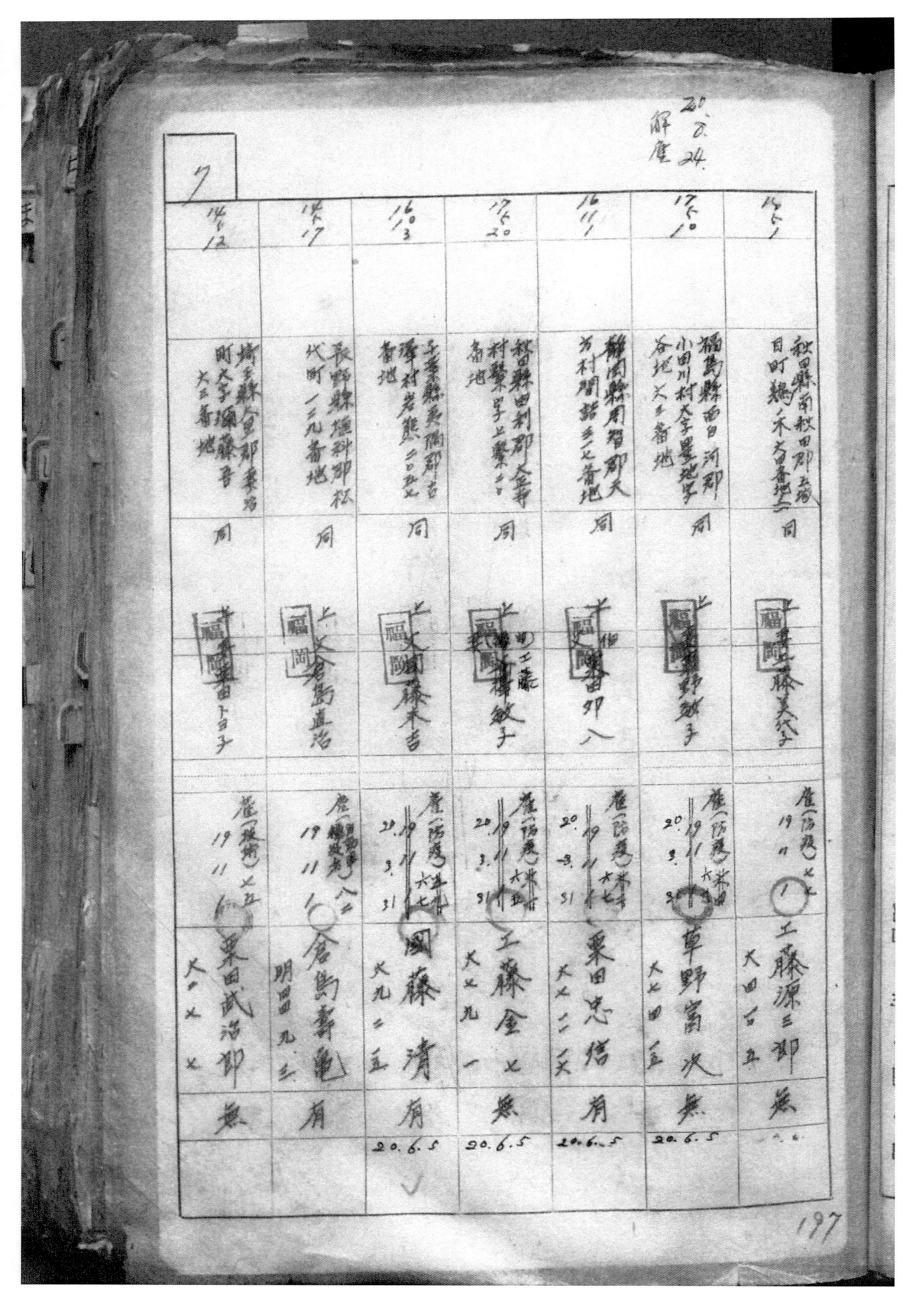

9

12.11.15		広島県山県郡安野村大字穴副五二五九番地	同	福岡 上岩 久保松人	雇(夜警) 七五 20.3.31	久保至	大正三五	有	20.6.5
12.3.20		愛媛県松山市小坂町五百拾弐番地	愛媛県松山市北宮古町	福岡 栗林繁次郎	雇(事務) 全 19.3.31	栗林友一	大正五四	有	V
17.5.31		山形県東村山郡楯山村大字青柳九七〇番地	同	福岡 熊谷鉄造	雇(夜警) 大七 20.3.31	熊谷榮	大正五一	有	20.6.5
13.7.11		三重県安濃郡村主村妙法寺三〇番地	同	福岡 倉田鈴子	雇(夜警) 七七 19.11.1	倉田進	大四 二 二三	無	V
17.5.31		岩手県岩手郡大更村字大更五五番戸	岩手県岩手郡一方井村大字中井月松右エ門方	福岡 工藤丑五	雇(防夜) 大八 20.3.31	工藤氏衛	大七 一 六	無	20.6.5
16.3.1		新潟県南蒲原郡名五村大字東光山一八〇番地	同	福岡 草間稔	雇(事務) 七五 20.3.31	草間飛治	大六四四	無	20.6.5
14.10.25		秋田県由利郡上郷村藤崎字大町一一〇番地	同	福岡 工藤しのぶ	雇(防夜) 七三 20.3.31	工藤勇次郎	明四五八	無	20.6.5

198

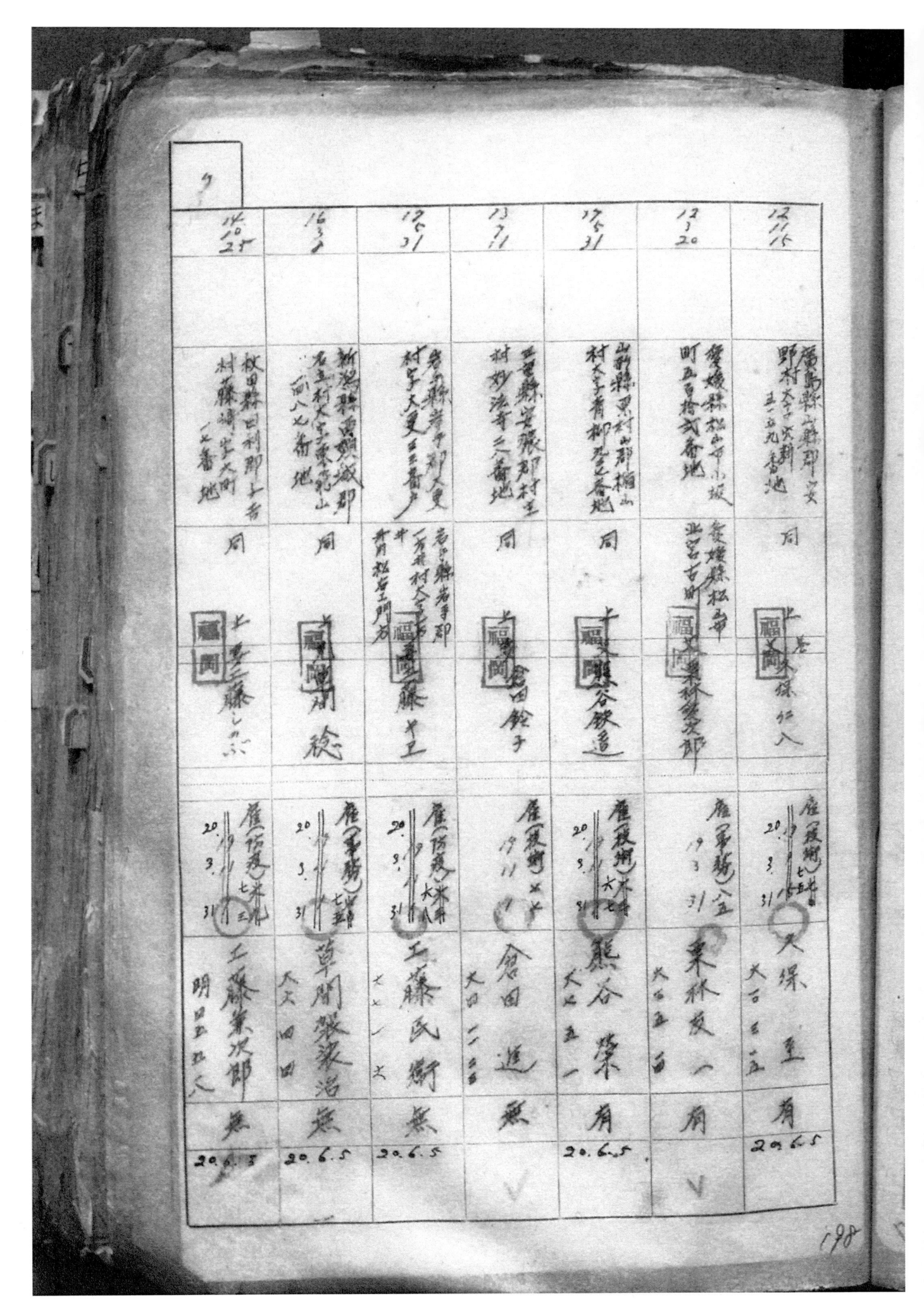

於帝都 召集解除

於舞鶴 召集解除

17.8.1	青森県南津軽郡野沢村大字野田字木戸口八五番地	同	上 (福岡) 藤長次郎	雇(防空) 20.3.31	上藤浅吉 大二.二.一三	有	20.6.5
17.6.2	岐阜県養老郡時村大字下山三六五番地	同	上 (福岡) 桑原春助	雇(防空) 20.3.31	桑原憲雄 大七.八.二	有	20.6.5
17.6.20	秋田県平鹿郡十文字町新田字谷道東十三ノ三番地	秋田県雄勝郡湯沢町千…	(福岡) 熊谷タル	雇(事務) 20.3.31	熊谷敏雄 大七.二.七	無	20.6.5
19.4.7	三重県一志郡香良洲町一三四六番地	同	(福岡) 倉田重四郎	傭 19.4.7	倉田最 昭五.一.九	有	
	大分県北海部郡佐志生村百ノ江	(北海部)		現 衛長	宗野明行		
	山梨県甲府市高畑町九五一		倉金キク	補 鍋	倉金光顕		

199

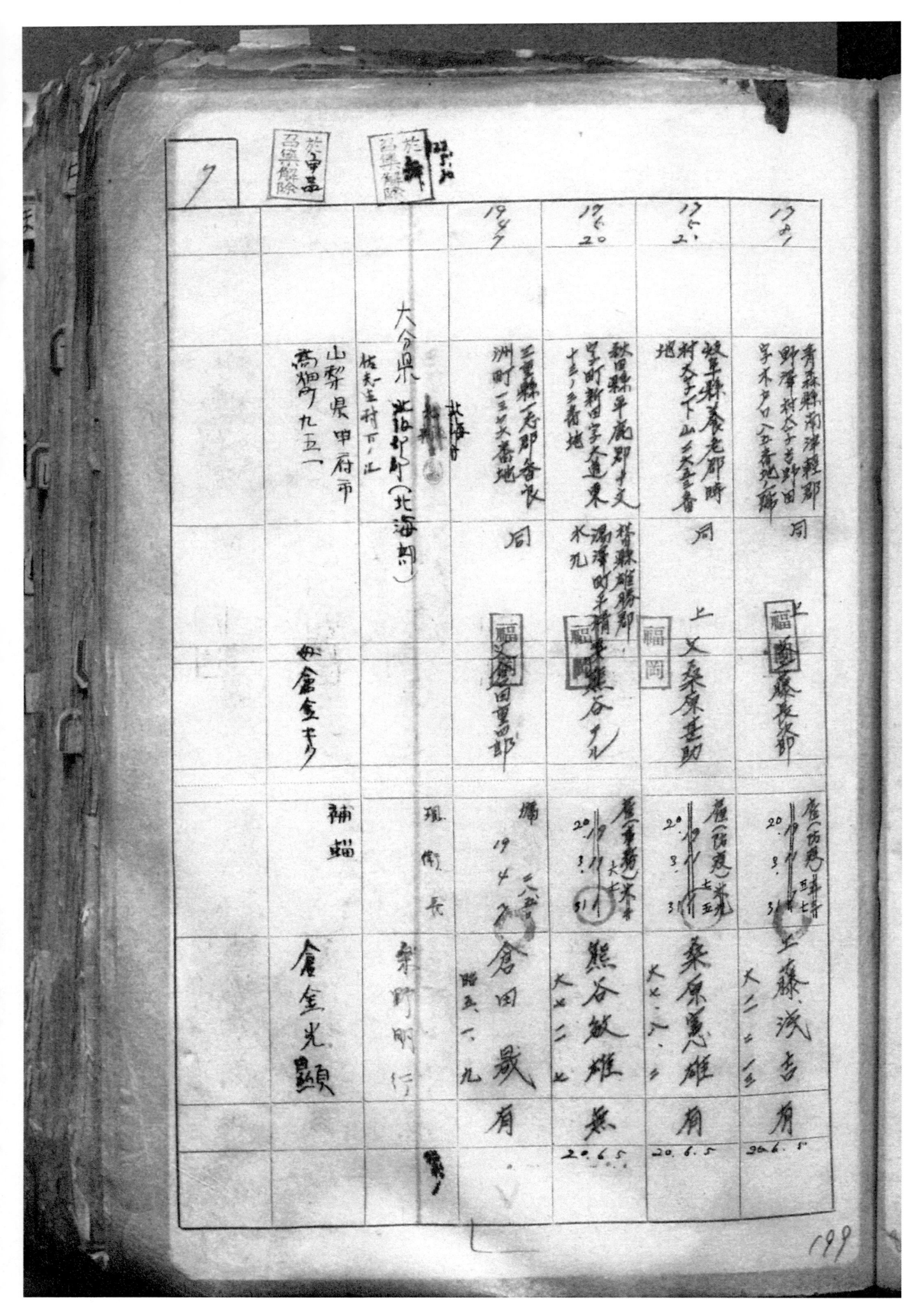

＊原簿 200 丁（付箋あり）

關東軍防疫給水部留守名簿

昭和二十一年一月一日　關東軍防疫給水部

ク

編入年月日	前所屬及其編入年月日	本籍（在留地）	留守擔當者 住所	留守擔當者 續柄氏名	徵任 役種兵種官等並 集官等給級俸月給額 發令年月日	氏名 生年月日	留守宅渡ノ有無	補修年月日
15.5.20		高知縣香美郡佐古村大谷大字[illegible]	同	上見 [illegible]好人（福岡）	雇（事務）[illegible] 七七　20.3.31	黒[illegible]春芳　大七、三、二九	有	20.6.5
16.1.1		群馬縣新田郡[illegible]番地	同	上見 栗田唯好（福岡）	雇（技術）[illegible] 七七　20.3.31	栗田茂　大九、一二、二三	有	20.6.5
17.9.1　解雇 21.10.9		徳島縣美馬郡[illegible]番地	同	上見 國見[illegible]郎（福岡）	傭（事務）[illegible] 五〇　20.3.31	國見清　大一二、六、一〇	有	20.6.5　21.12.21
		[illegible]	[illegible]	上見 桑原隆[illegible]（福岡）	雇（技術）[illegible] 七三　20.3.31	桑原茂　大六、三、一	[illegible]	20.6.5
		宮崎縣東臼杵郡[illegible]町日知屋平野五九二番地	同	上見 黒木義雄（福岡）	雇（技術）[illegible] 七三　20.3.31	黒木明　大七、三、一〇	無	20.6.5

（付箋）任陸軍技手給六級俸　20.6.30 発令　昇五級俸 21.2.1 発令　26.5.2 [illegible]　桑原茂

200

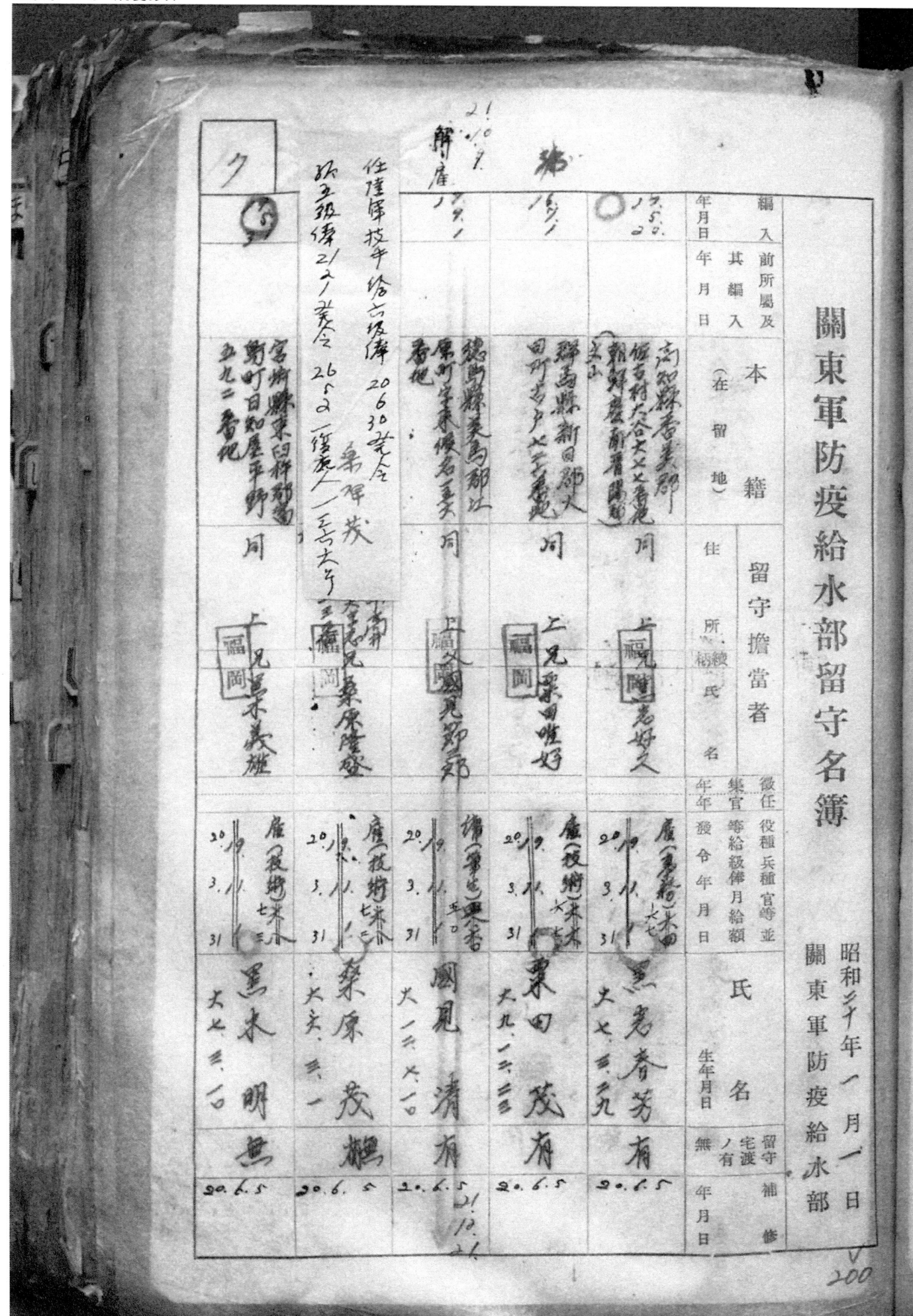

＊原簿 200 丁（付箋めくったもの）

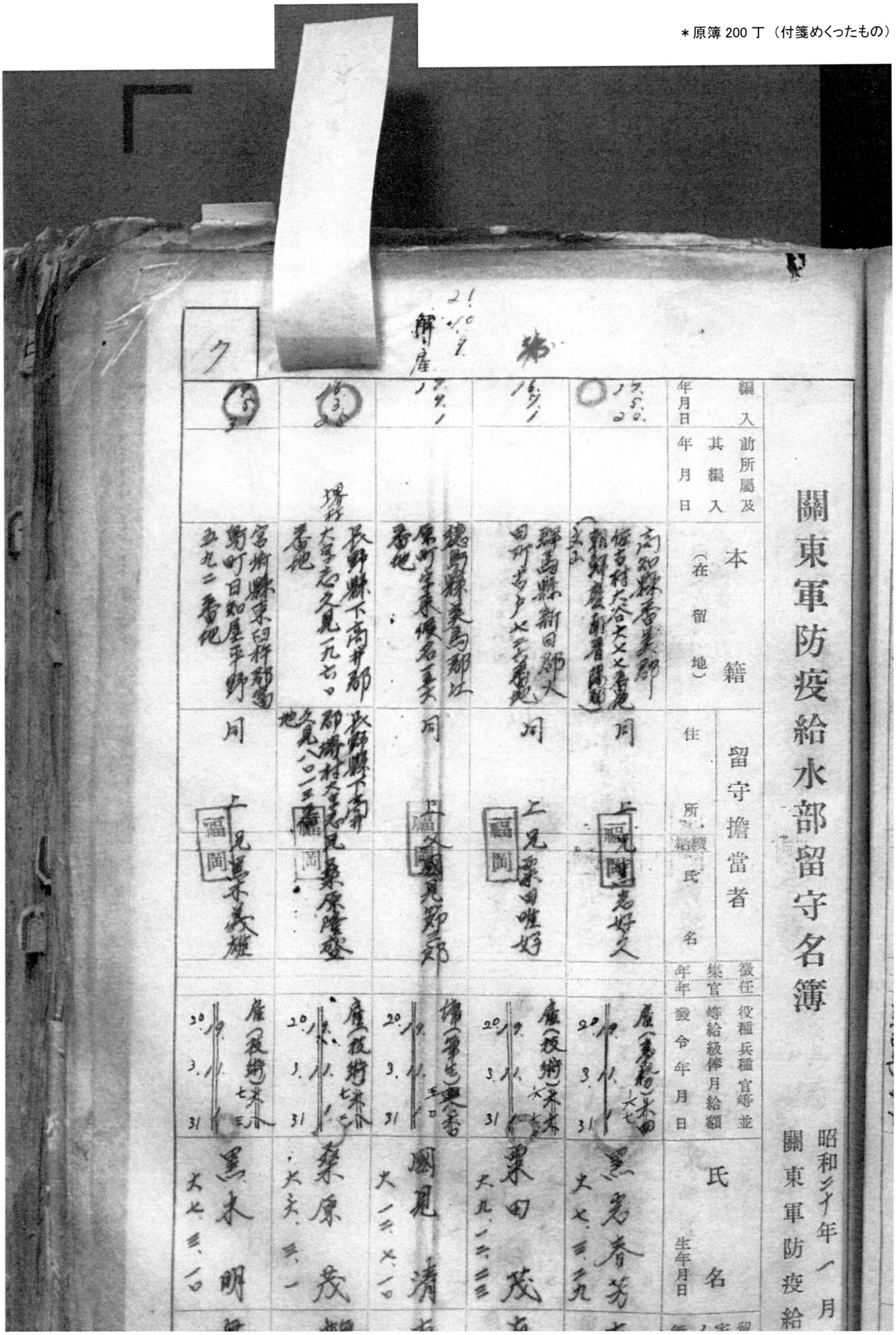

關東軍防疫給水部留守名簿

昭和二十年一月

關東軍防疫給

氏名 生年月日	官等級 任官年月日 役種兵種官等並俸給級俸月給額 發令年月日	留守擔當者 住所 續柄 氏名	本籍（在留地）	前所屬及其編入年月日	編入年月日
黒岩春芳 大七、三、九	雇（事務） 20.3.31	同 上 黒岩好久	高知縣香美郡[illegible]村大谷[illegible]番地		15.5.20
栗田茂 大九、一二、一三	雇（技術） 20.3.31	同 上 栗田唯好	群馬縣新田郡[illegible]番地		15.7.1
國見清 大一一、七、一〇	傭（事務） 20.3.31	同 上 國見[illegible]	群馬縣[illegible]番地		15.7.1
桑原茂 大六、三、一	雇（技術） 20.3.31	長野縣下高井郡堺村大字志久見[illegible]番地 上 桑原[illegible]	長野縣下高井郡[illegible]村大字志久見一九七〇番地		16.3.2
黒木明 大七、三、一〇	雇（技術） 20.3.31	同 上 黒木義雄	宮崎縣東臼杵郡富島町日知屋平野五九二番地		16.3.

21.10.9 解雇

＊原簿 200 丁裏面

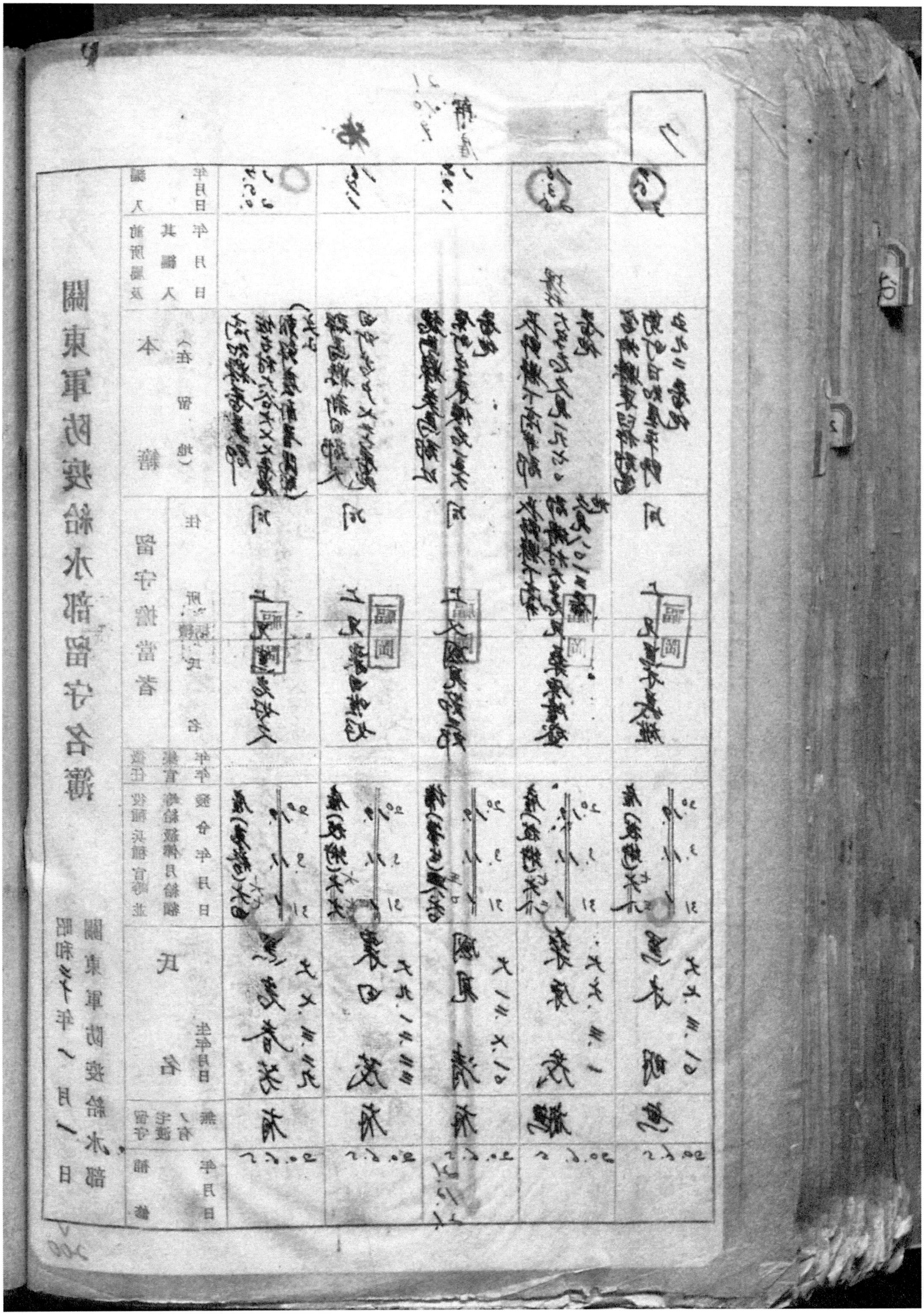
關東軍防疫給水部留守名簿
年月日 編入
年月日 其ノ編入所屬及
本籍（在留地）
留守擔當者 住所 氏名 續柄
氏名 生年月日
關東軍防疫給水部
昭和 年 月 日

7

大六円（20.3.31付）

	14.5.17	16.3.14	22.1.15 依去保 解雇
宮城縣牡鹿郡安川町御前濱字御前三二番地	長野縣更級郡大岡村甲六二六五番地（大連市日新街一〇番地）	熊本縣飽託郡小島町大字下松尾五三〇番地（大連市下萩町七番地ノ一六号）	
同	同	同	
上 熊坂長太郎	上 久保田たつく	上 黒田ヒサエ	
雇（技術）六八 19.11.1	雇（防疫）八一 19.11 20.3.31	雇（防疫） 19.11 20.3.31	
熊坂利一 大七、二、一五	久保田好衛 明四〇、四、一〇	黒田豊次 大二、一一、一四	
無	無	無	
20.6.5		~~20.6.5~~ 22.6.17	

201

＊原簿 201 丁（付箋めくったもの）

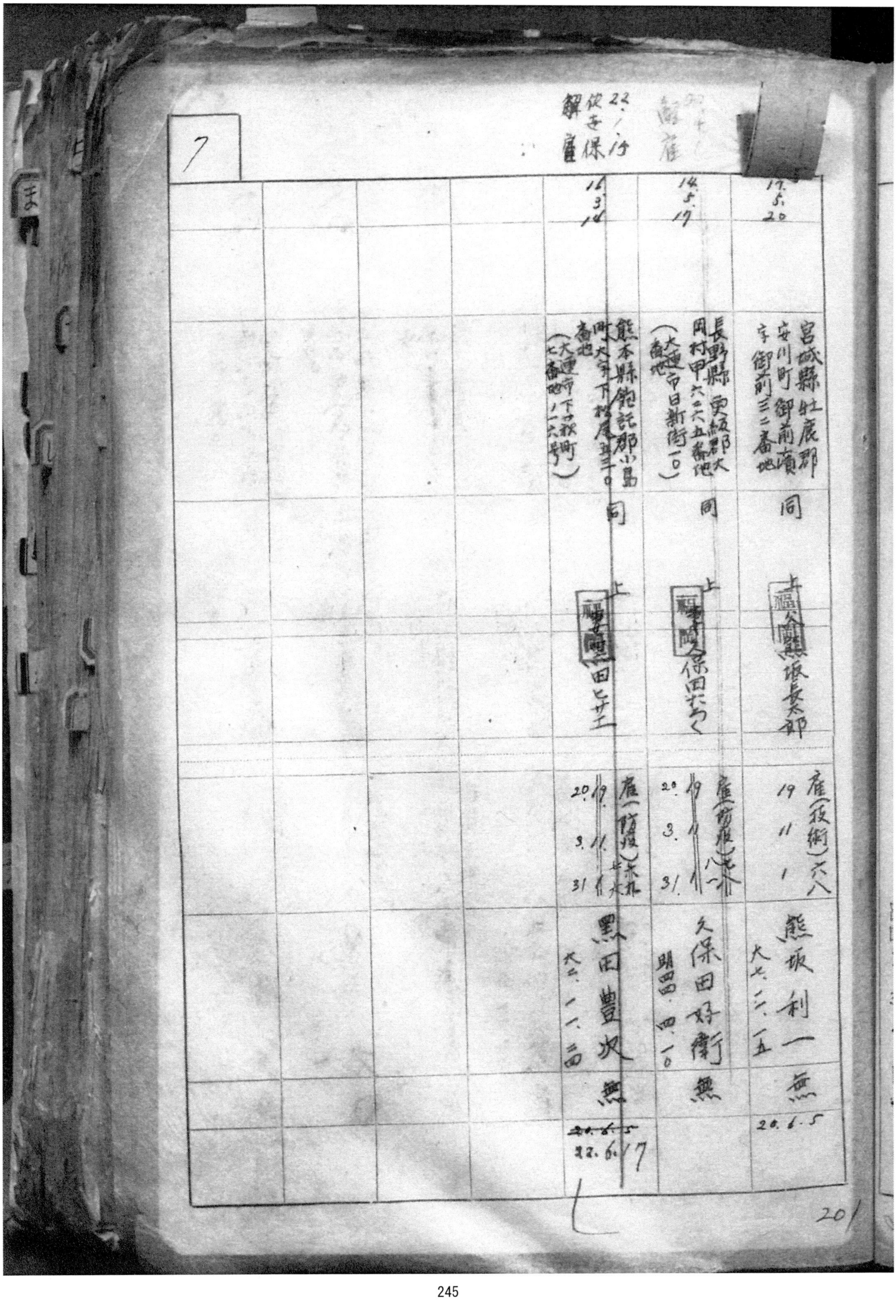

7

22.1.15 依モ保 解雇

解雇

17.5.20	宮城縣牡鹿郡安川町御前濱字御前三二番地	同	上 福岡 熊坂長太郎	雇（技術）六八 19.11.1	熊坂利一 大七、二、一五	無 20.6.5
14.5.17	長野縣更級郡大岡村甲六二六五番地（大連市日新街一〇番地）	同	上 福岡 久保田たつく	雇（防疫）八一 七 19.11 20.3.31	久保田好衛 明四、四、一〇	無
16.3.18	熊本縣飽託郡小島町大字下松尾五三〇番地（大連市下葭町七番地ノ一六号）	同	上 福岡 黒田ヒサエ	雇（防疫）七七 19.11 20.3.31	黒田豊次 大二、一一、二四	無 ~~20.6.5~~ 22.6.17

201

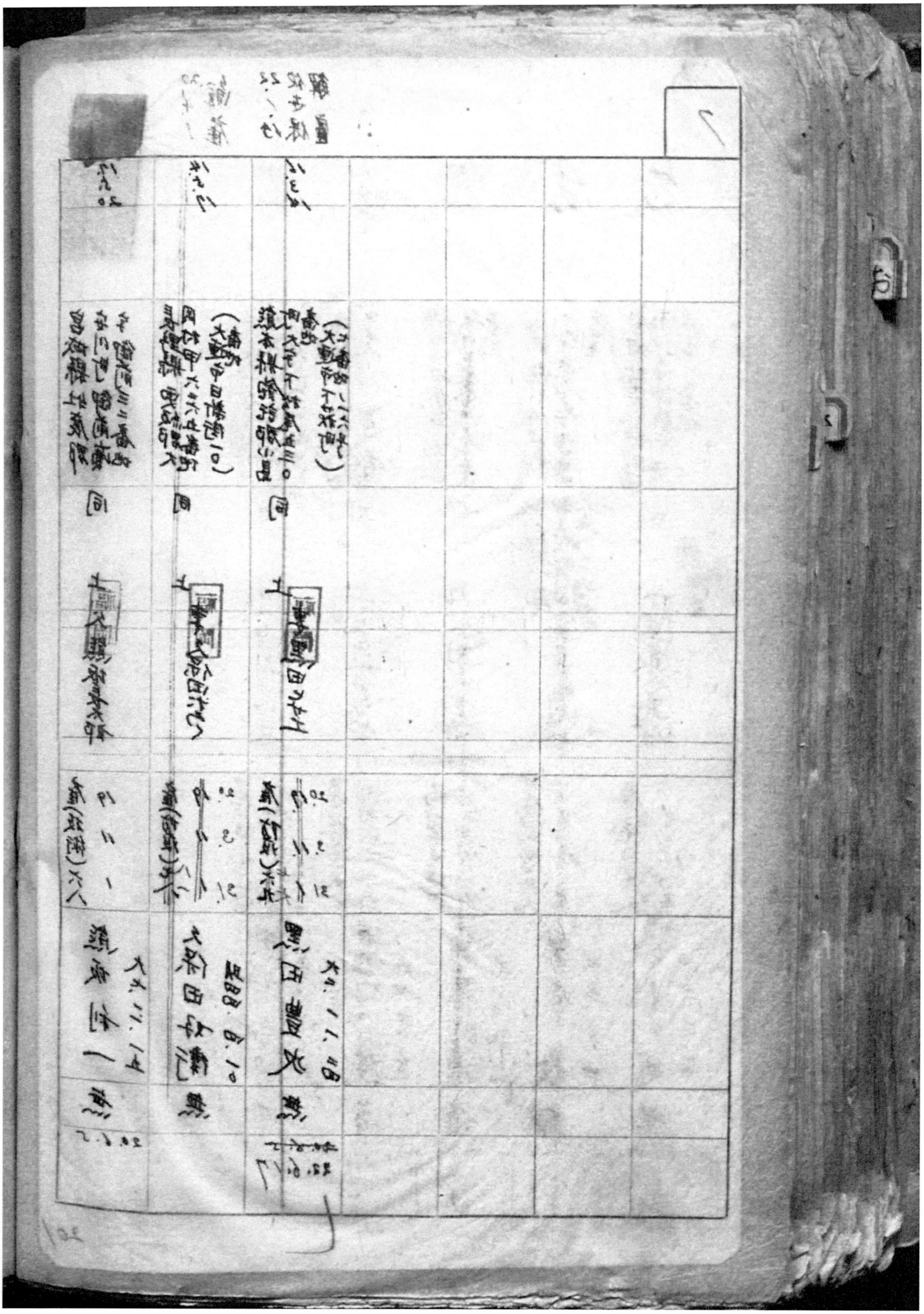

關東軍防疫給水部留守名簿

昭和二十一年一月一日
關東軍防疫給水部

編入年月日	前所屬及其編入年月日	本籍（在留地）	留守擔當者 住所	留守擔當者 續柄 氏名	徴任集官年	役種兵種官等並給級俸月給額 發令年月日	氏名 生年月日	留守宅渡ノ有無	補修年月日
19.4.21		栃木縣足利郡山邊町八幡四七番地	滿洲第七三一部隊	父 倉林榮一郎		傭（電話手）二五円 20.3.31	倉林トシ子 昭五、六、六	無	20.6.15
18.12		秋田縣由利郡子吉村藤崎字大町	同上	父 工藤榮治郎		傭（雇員）四八円 20.3.31	工藤シヅ 大五、十二、五	無	20.6.5 22.6.17
18.9.11		徳島縣麻植郡東山村字月野二八番地（大連市奥町…）	同	父 工藤嘉一		雇（事務）四七円 20.3.31	工藤節子 大七、七、七	無	20.6.5 22.6.17
17.5.14		鹿児島縣姶良郡加治木町本町四番地	同	父 楠本慶二		傭（筆生）四八円 20.3.31	楠本八才子 大四、一〇、八	無	22.6.17
16.3.27		秋田縣北秋田郡早口村早口字岩野目六番地（大連市…番地）	同	父 工藤與四郎		傭（電話手）四四円 20.3.31	工藤トシ 大一五、七、三	無	20.6.5 歸

解 佐22.1.21 保 / 解 佐23.3.27 雇 保 / 解 傳22.3.11 備

202

舞鶴 21.2.24 解什

佐世保 22.3.27 解什

召解 21.9.11

19.3.27	宮城縣桃生郡矢本町字矢本洞ヶ崎（大連市伊町一五七番地）	同上	黒須久之丞	備（研究生）20.3.31	黒須なみ 大七.七.八	無	20.6.5
19.2.17	鹿児島縣川内市宮内町七七四番地（大連市上萩町七五ノ四）	同上	黒屋次郎	備（研究生）20.3.31	黒屋和子 大五.八.八	無	20.6.5
19.3.16	大分縣大野郡小富士村大字草深野一〇三〇番地（大連市千草町八二番地）	同上	工藤祐則	備（研究生）20.3.31	工藤昭子 昭二.四.四	無	20.6.5 22.6.13
19.3.16	福岡縣中津軽郡豊田村大字境二番地（大連市白金町三番地三号）	同上	工藤貞助	備（研究生）20.3.31	工藤節子 昭二.一一.一	無	20.6.5 22.6.17
19.3.16	熊本縣熊本市島崎町一一二一番地（大連市春日町八番地 大日ビル四階九号）	同上	黒部サト	備（研究生）20.3.31	黒部敏惠 昭二.一二.三	無	20.6.5
20.2.24	山口縣徳山市七二三	同上	國廣	備 20.3.31	國廣メ子 明四三.四.一〇	無	20.6.5
	和歌山県日高郡内原村字池田	同上	久保亀郎	予.歩 伍	久保昌蔵 大八.七.二五		21.12.21

203

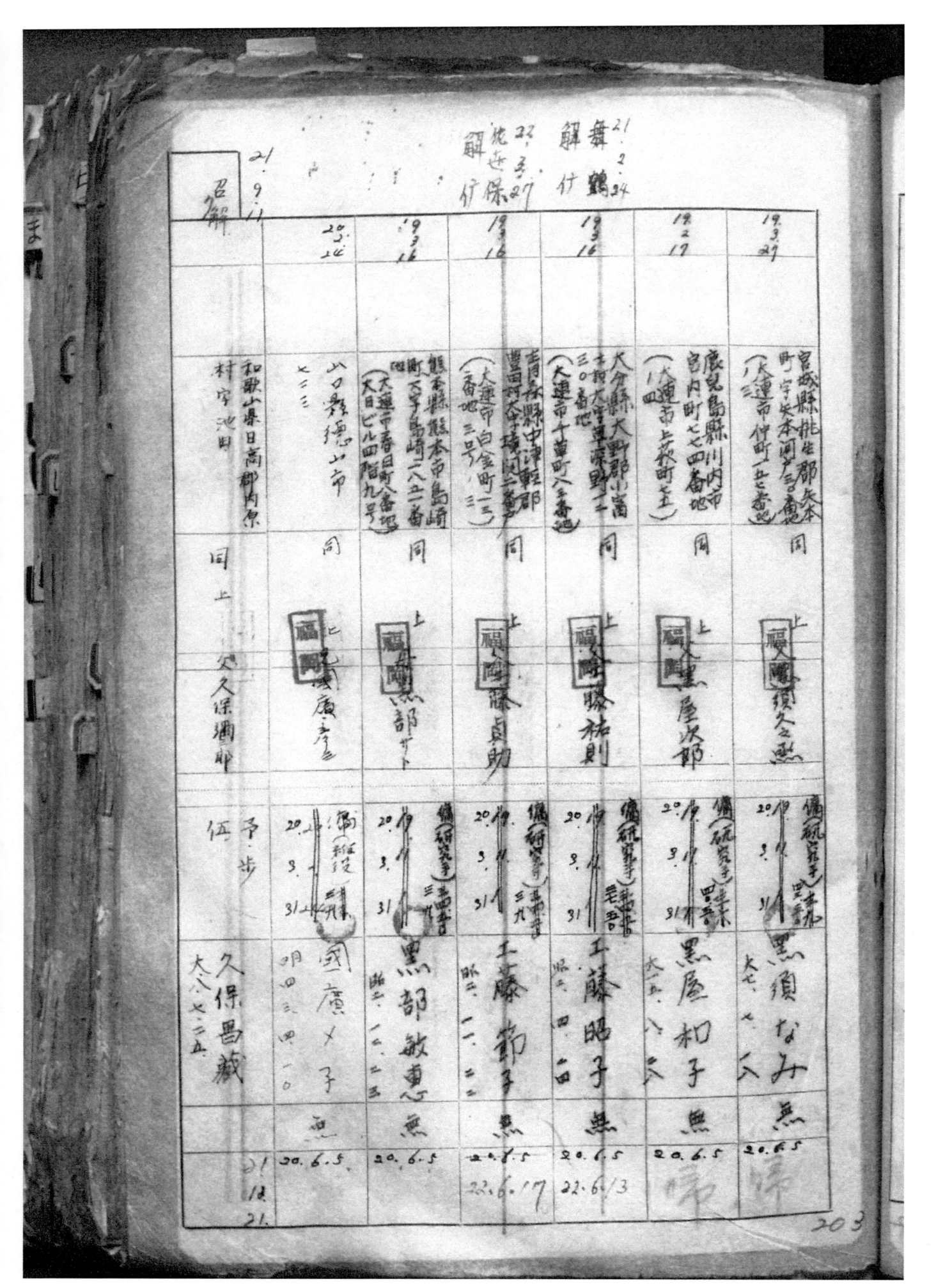

(乙)

20.11.17

長野縣埴科郡松代町西条四六五九
二三九番地

部隊

倉島善吉

備人養子
三 20.3.3

倉島とみ子
大四、三、二〇

兒

204

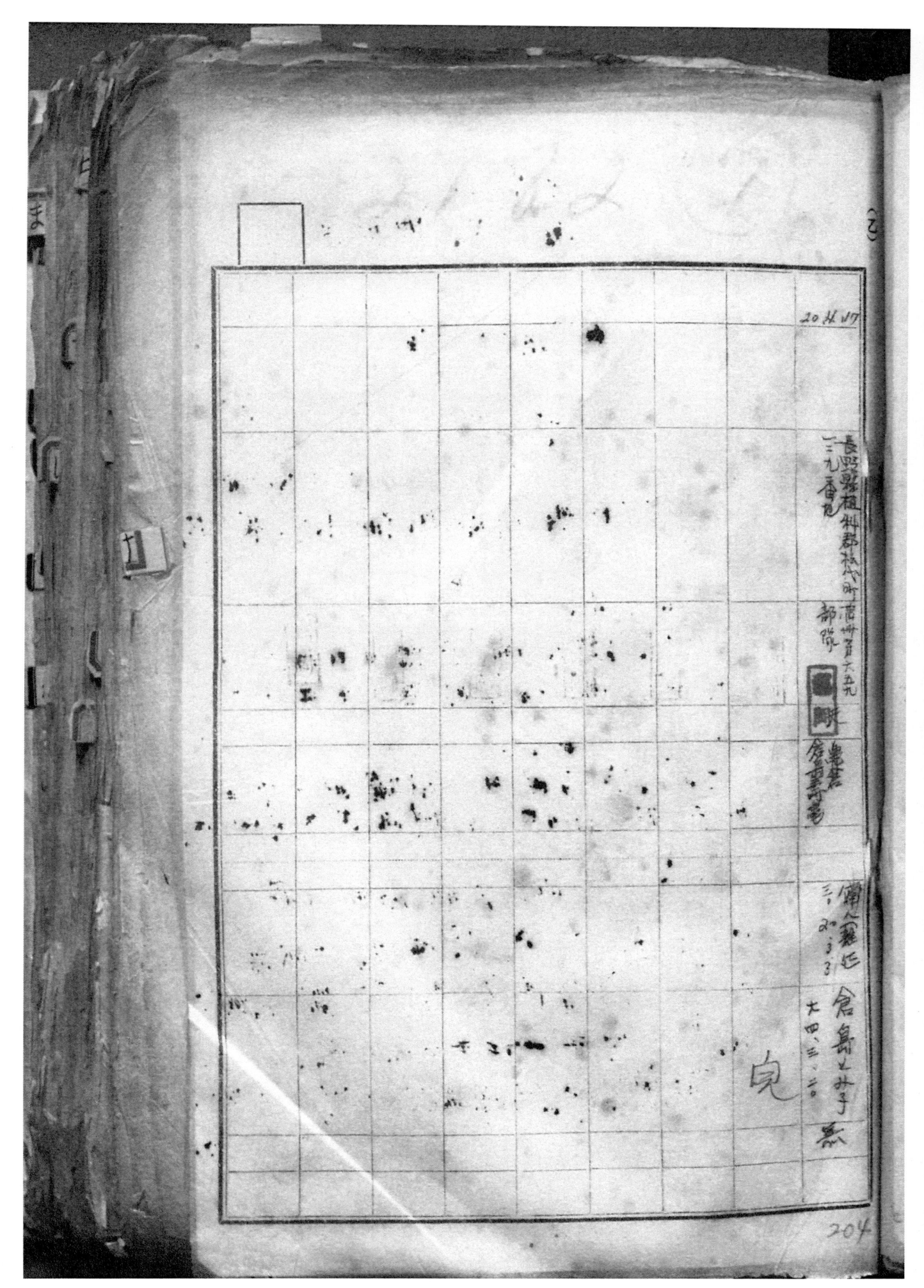

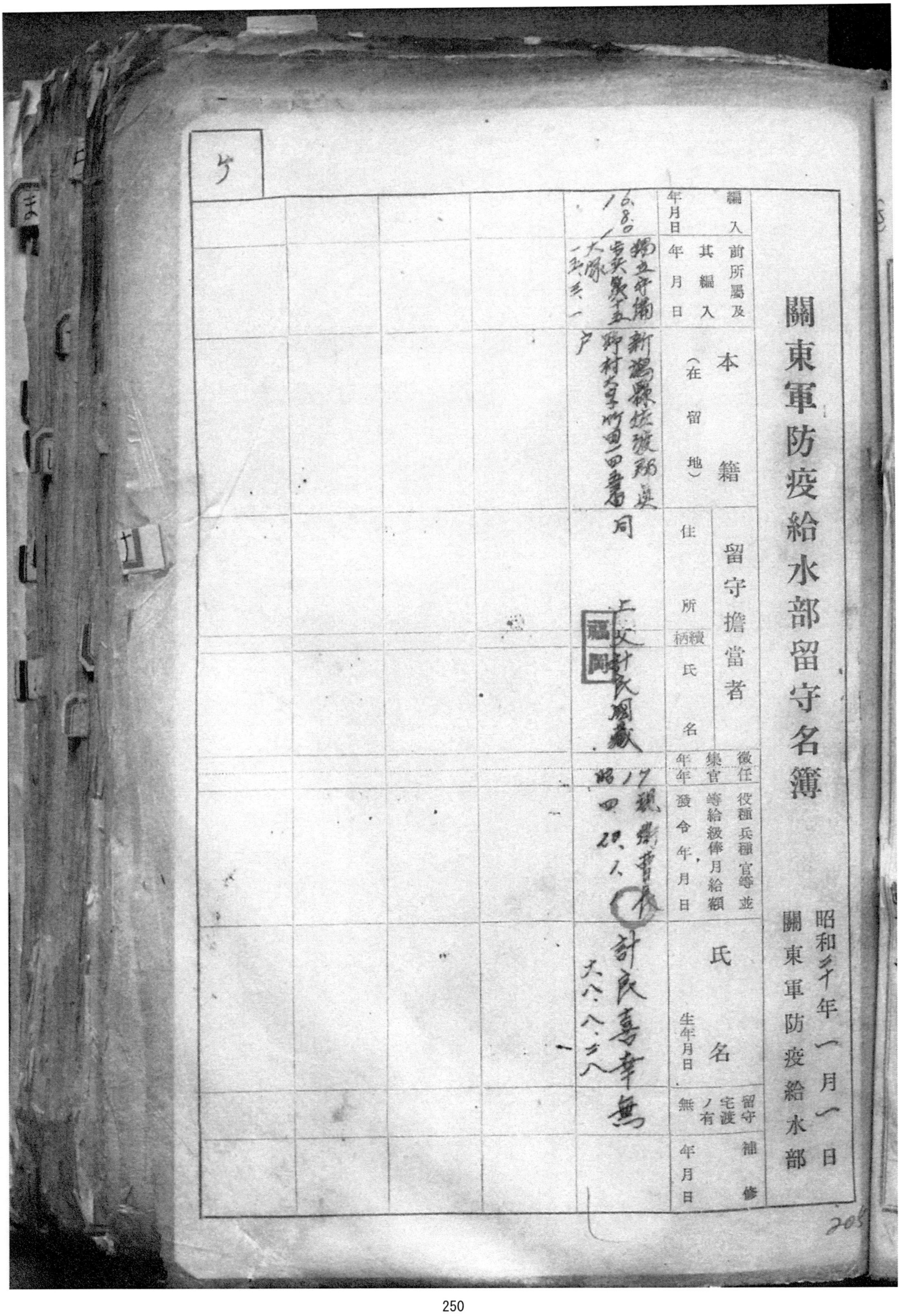
關東軍防疫給水部留守名簿
昭和二十年一月一日
關東軍防疫給水部
氏名
生年月日
留守宅渡ノ有無
補修年月日
役種兵種官等並等給級俸月給額
發令年月日
徴集年 任官年
本籍（在留地）
留守擔當者
住所
續柄
氏名
編入前所屬及其編入年月日
編入年月日
計良喜幸
大八.八.二八
無
同
新潟縣佐渡郡

ケ

關東軍防疫給水部留守名簿

昭和二十年一月一日

關東軍防疫給水部

氏名 / 生年月日	留守宅渡ノ有無	徴集年 任官年	役種兵種官等並等給級俸月給額 / 發令年月日	留守擔當者 住所	留守擔當者 續柄氏名	本籍（在留地）	前所屬及其編入年月日	編入年月日	補修年月日
釼持嘉男 / 大七、六、七	有		雇（防疫） 大七 / 20.3.31	同	釼持林藏	神奈川縣小田原市緑一丁目二六番地		20.3.31	20.6.27
釼持辰吉 / 大七、二、一	無		雇（防疫） 大六 / 20.3.31	北海道礼文郡香深村大字礼文鉄道官舎	釼持文字	山形縣東田川郡黒川村大字黒川高林四四番地		20.3.31	20.6.27

206

2

解雇 22.1.21 依安保 ?

除隊 22.4.16 舞鶴

關東軍防疫給水部留守名簿

昭和二十年一月一日　關東軍防疫給水部

氏名 / 生年月日	留守宅渡ノ有無	留守補修年月日	役種兵種官等並徴任年月日・等給級俸月給額・發令年月日	留守擔當者 住所	留守擔當者 續柄 氏名	本籍（在留地）	編入前所屬及其編入年月日	編入年月日
鶴実 鴻　明四二、九、二	無	20.7.22	現 軍醫少佐　18.10　20.6.30	鹿児島縣薩摩郡高城村高江	父 鶴実 實（福岡）	鹿児島縣日置郡串木野町上名一二三番地 薩摩郡高城村高江二三八九	陸軍輸送部[illegible]司令部附　一七、八、一	19.4.4
小林 松藏　明三九、六、五	無		技衛中尉　18.6　20.1.31	同	上 妻 小林マサ（福岡）	東京都北多摩郡砂川村一八一番地	承徳陸軍病院　一二、一二、一	19.12.1
小林 幸之　昭三、八、一五	無	22.6.16	雇員　20.5.1	仝	上 父 小林 亀八	栃木縣足利市通七丁目三一三七		20.4.1
古田川 清　大四、三、二		[illegible]	現 衛一　20.8.1	仝	上 父 古田川 勇太郎	島根縣仁多郡馬木村字小馬木三一五〇三番地		20.5

207

コ

解傭 21.5.30

22.1.17 佐世保 解職

14.3.3	埼玉県大宮市大字大宮三三八番地	東京市足立区千住寿町[illegible]五五番地	福岡 [illegible]松次郎	技師六等 八.19.9.10 七 20.3.31	小山博	明四五.五.二八	無	20.6.27
18.6.28	新潟県[illegible]郡[illegible]村上[illegible]町[illegible]番地	同	福岡 [illegible]藤順子	技師五等 大 20.3.31	近藤[illegible]一郎	明四三.一二.一五	無	20.6.27 22.6.17
14.2.8	石川県羽咋郡土田村字徳田子五一番地	同	福岡 小門前ひで	技師七等 八 19.2.[illegible] 九 20.3.31	小門前茂正	明三七.一〇.八	有	20.6.27
11.8.6	宮城県加美郡宮崎村宮崎字坂下三番地七七番地ノ二	同	福岡 [illegible]野[illegible]	技師七等 八 20.3.31 九	今野信治	明三二.一二.一	無	20.6.27
13.2.16	山形県酒田市高砂町六一	同	福岡	軍属 日給一.五三	小山豊頼	明三一.一.二		

208

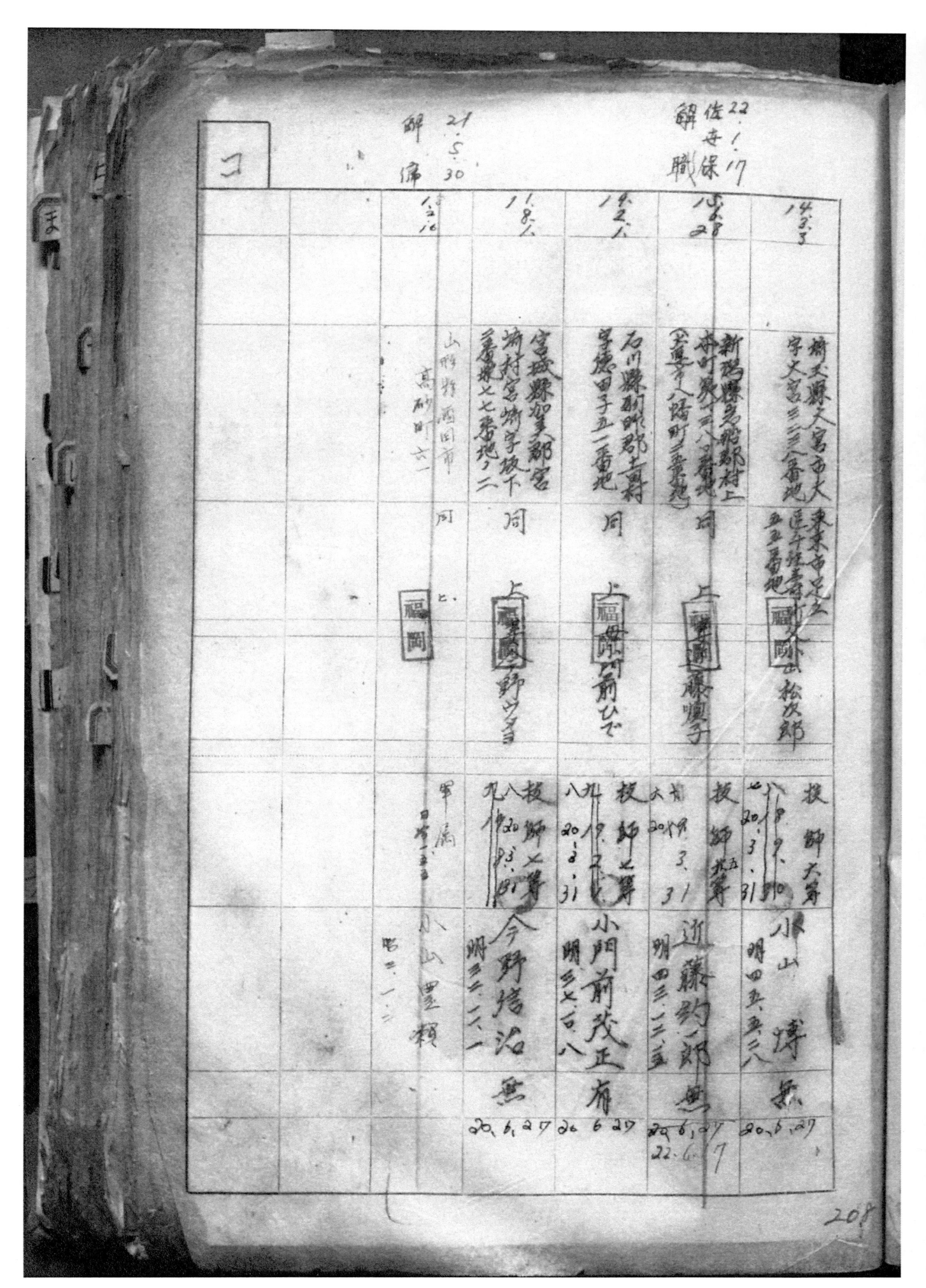

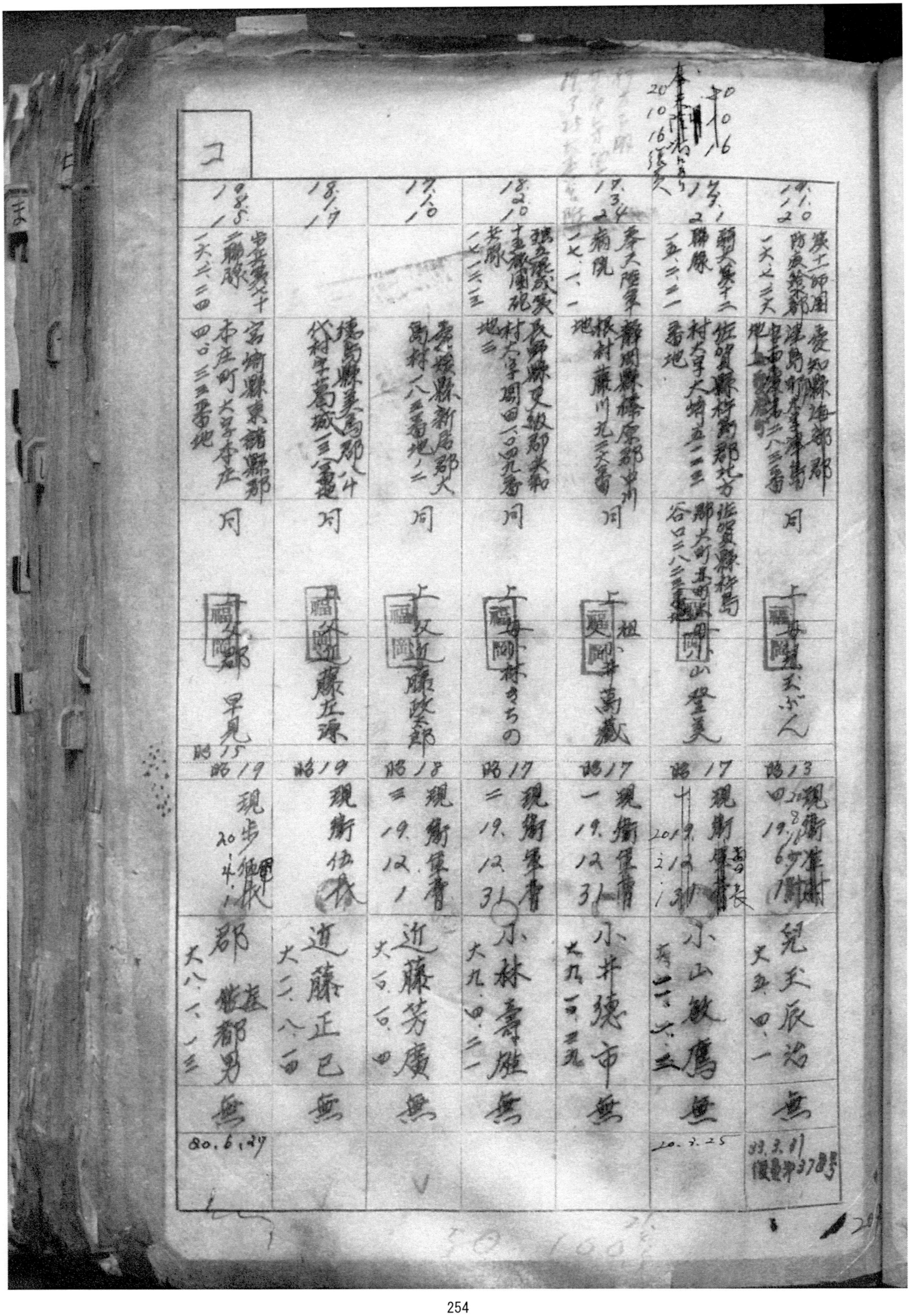

コ

19.1.20	第十一師団防疫給水部 一八、七、三〇	愛知県海部郡津島町[illegible]八三番地	同	上 福岡 母 兒玉ぶん	昭13	現 衛 准尉 四 19.8.16 6ヶ月	兒玉辰治 大五、四、一	無	33.3.31 復員甲378号
15.1.2	騎兵第十二聯隊 一五、二、二一	佐賀県杵島郡北方村大字大崎五一一三番地	佐賀県杵島郡大町[illegible]谷口二八三五番地	上 福岡 母 小山登美	昭17	現 衛 [illegible] 曹長 20.2.1	小山敏鷹 明四二、六、三	無	20.3.25
17.3.24	第六陸軍病院 一七、一、一	静岡県榛原郡中川根村藤川九三六番地	同	上 福岡 祖父 小井萬蔵	昭17	現 衛 [illegible] 一 19.12.31	小井徳市 大九、一〇、二九	無	
18.2.10	[illegible] 一七、一二、一三	[illegible]県更級郡[illegible]村大字関田一〇四九番地ノ三	同	上 福岡 母 小林きちの	昭17	現 衛 軍曹 二 19.12.31	小林壽雄 大九、四、二一	無	
18.10.1		愛媛県新居郡大島村八三番地ノ二	同	上 福岡 父 近藤政太郎	昭18	現 衛 [illegible] 三 19.12.1	近藤芳廣 大六、六、四	無	
18.1.7		徳島県美馬郡一宇村字葛城一三八番地	同	上 福岡 父 近藤左源	昭19	現 衛 伍長	近藤正巳 大二、八、四	無	
19.8.1	中部第五十二聯隊 一八、六、二四	埼玉県児玉郡本庄町大字本庄四〇三五番地	同	上 福岡 父 郡[illegible] 早見	昭15 昭19	現 歩 20.4.1 伍長	郡佐都男 大八、一、一三	無	20.6.29

18.2.13	長野県諏訪郡富士見村四〇八二番地	同	福岡 上妻 小林トキ	技手 四 五 18.10.31 20.3.31	小林信 明四一.八.一五	無	20.6.27
18.9.30	東京都牛込区新小川町三丁目八番地	同	福岡 上妻 小谷マケ 卩子	技手 四 五 20.3.31	小谷義和 大五.五.一六	無	20.6.27
19.4.1	北海道河西郡芽室町大字芽室村字芽室南四線西二四九番地	同	福岡 上妻 後藤キヨ	技手 五 19.4.1	後藤喜市 明三六.一.一六	無	
19.6.1	千葉県山武郡二川村芝山三八〇番地	同	福岡 上妻 五木田みき	技手 五 19.9.30	五木田孝 明四六.八.三一	無	
19.9.1	熊本県阿蘇郡白水村中松一六六〇番地	同	福岡 上妻 後藤夏子	技手 六 五 19.9.30 20.3.31	後藤次男 明四二.三.二七	無	20.6.27
19.11.8	山形県北村山郡東郷村大字東郷甲六三二六番地	同	福岡 上妻 今野ケエ	業務手 六 19.9.30	今野義廣 大六.九.十五	無	
14.3.30	長崎県北高来郡森山村大字森山杉谷名二五一六番地ノ一	同	福岡 上妻 小槻スミ	業務手 八五 19.8.31	小槻力平 明三四.一.一〇	無	

ヌ

210

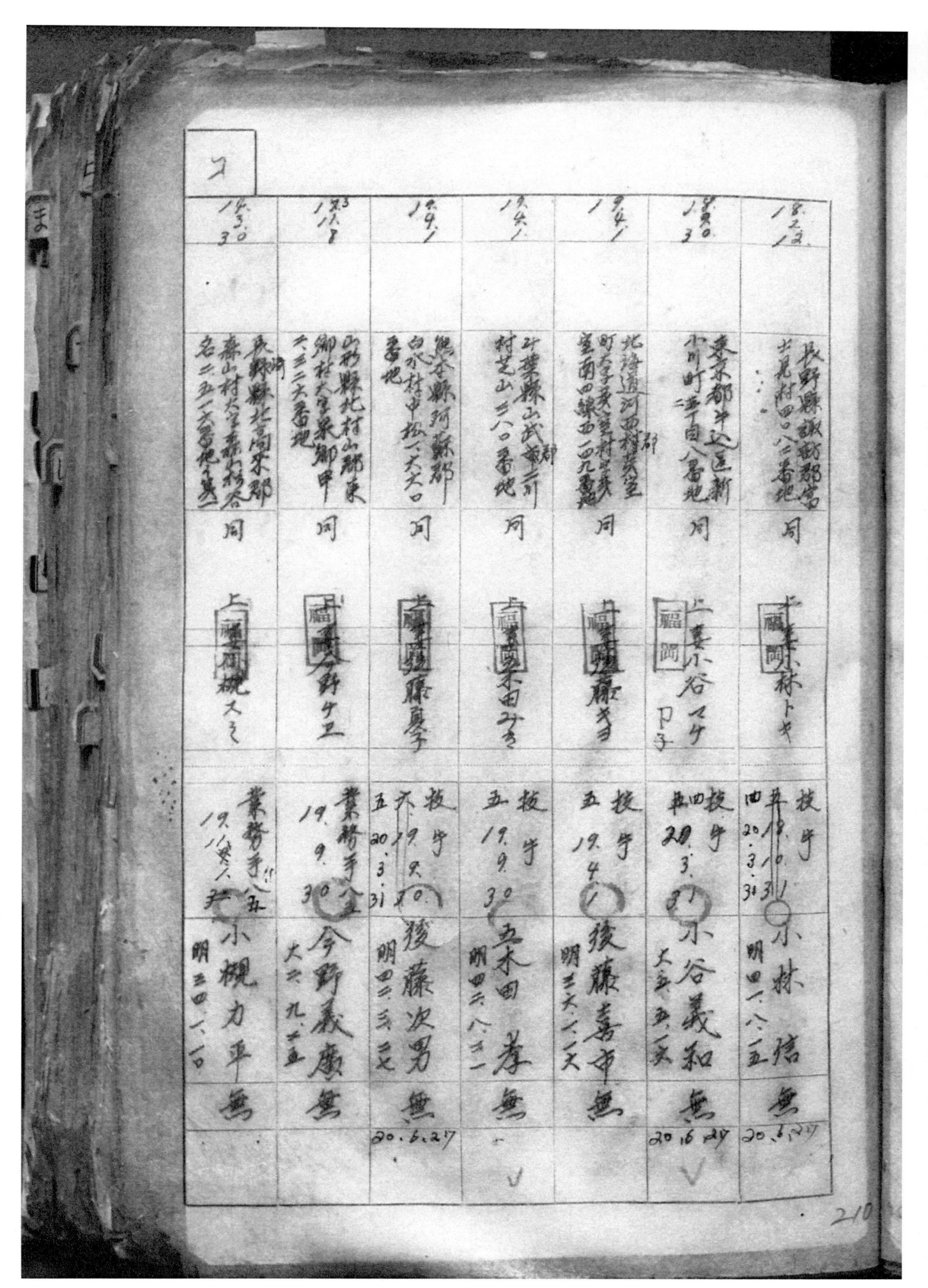

コ

於第…部隊

關東軍防疫給水部留守名簿

昭和二十年一月一日
關東軍防疫給水部

項目	1	2	3	4	5
編入年月日	19.8.14	17.10	17.10	17.10	17.10
前所屬及其編入年月日	第四國境守備第二地区隊 一六.三.六				
本籍（在留地）	兵庫縣洲本市大野 一二八八番地	香川縣仲多度郡七箇村大字七箇村 六七〇番地	香川縣高松市東田町四三〇番地	香川縣丸亀市塩屋八一番地ノ一	香川縣高松市屋島中町五九二番地
留守擔當者 住所	同	大阪市港区音羽町三丁目 番地ノ一	同	丸亀市風袋町二七六番地	同
留守擔當者 續柄 氏名	福岡 中嶋松義	福岡 近藤大郎	福岡 河野茂	福岡 香西綱次	福岡 香西大助
徴集年 任官年	昭15	昭16	昭16	昭16	昭16
役種 兵種 官等並等給 級俸 月給額 發令年月日	現 歩 上 18.9.6	現 衛 上 17.12.1	現 衛 上 18.2.1	現 衛 上 19.6.1	現 衛 上 18.6.1
氏名	中嶋勇	近藤修一	河野善通	香西利一	香西昇
生年月日	大九.一二.二〇	大五.五.二〇	大五.八.二〇	大六.七.一二	大四.五.二九
留守宅渡ノ有無	無	無	無	無	無
補修年月日		23.2.26			

211

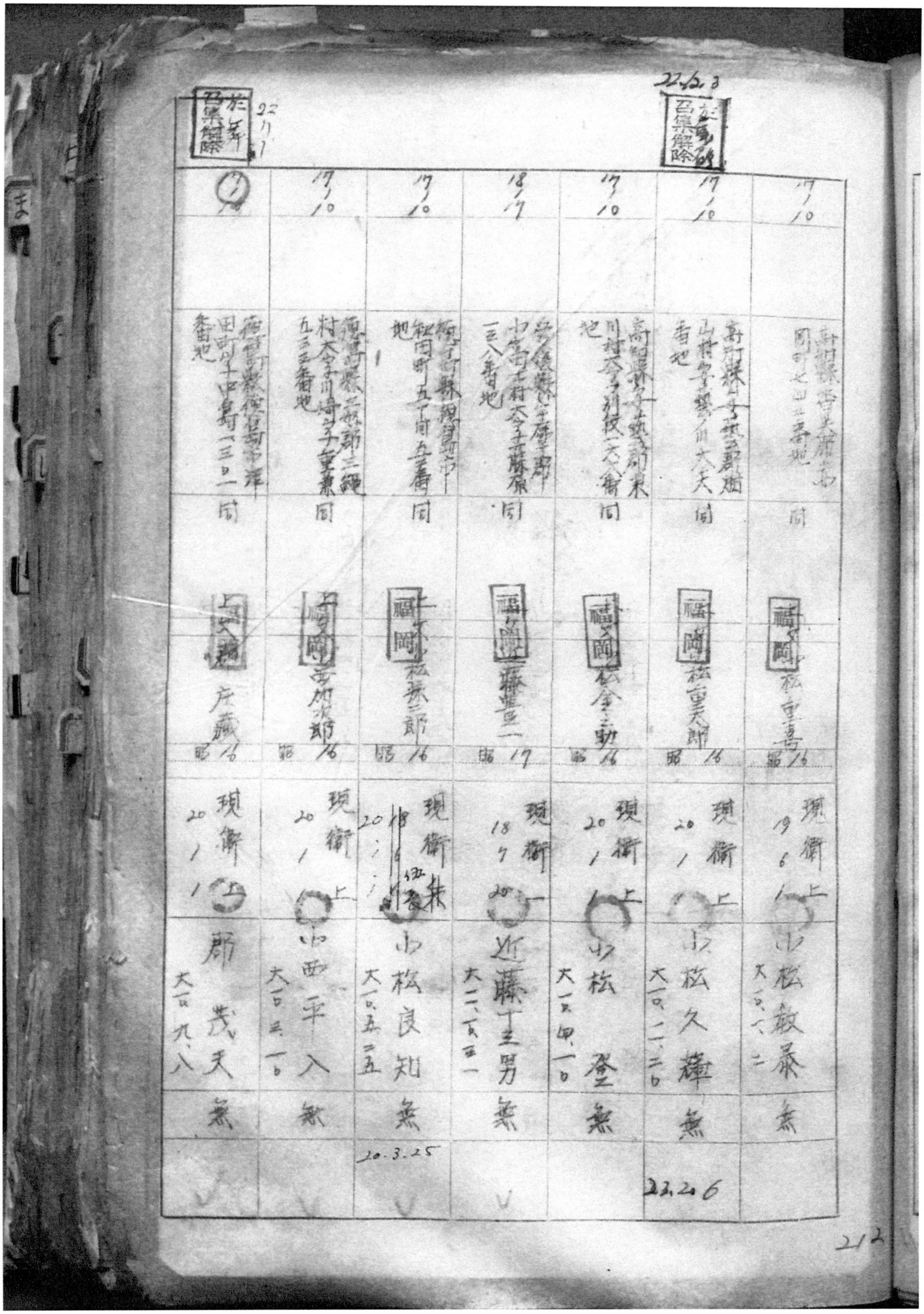

召集解除 22.1.1					召集解除 22.12.3	
17.1.10	17.1.10	17.1.10	18.1.17	17.1.10	17.1.10	17.1.10
福岡県[illegible]田町[illegible]番地	福岡県[illegible]郡[illegible]村大字[illegible]五三五番地	福岡県[illegible]町五丁目五番地	愛媛県[illegible]一三八番地	高知県[illegible]村[illegible]番地	高知県[illegible]山村[illegible]番地	高知県[illegible]町七四二番地
同	同	同	同	同	同	同
[illegible] 庄蔵	福岡 [illegible]加次郎	福岡 松[illegible]三郎	福岡 [illegible]藤[illegible]	福岡 松[illegible]	福岡 松重夫郎	福岡 松重喜
昭16	昭16	昭16	昭17	昭16	昭16	昭16
現衛 20.1.1 上	現衛 20.1.1 上	現衛 20.1.1 集	現衛 18.7 20	現衛 20.1.1 上	現衛 20.1.1 上	現衛 19.6.1 上
郡茂夫	小西平入	小松良知	近藤十三男	小松登	小松久[illegible]	小松[illegible]
大六九八	大五三一〇	大五五二五	大二五二一	大五四一〇	大六二二〇	大六六二
無	無	無	無	無	無	無
		20.3.25			22.2.6	

212

コ

新

~~舞鶴除隊 22.4.19~~	18.7		愛媛縣西條市古川 [illegible]	同	福岡 上安 [illegible]	昭17	現衛一 18.10.1	山福馬 大二.一〇.三	無	22.6.17
	18.7		愛媛縣新居濱市澤津[illegible]	同	福岡 上安 小松虎松	昭17	現衛一 18.10.1	小松敏春 大一〇.五.五	無	
除隊 21.10.9	18.7		徳島縣那賀郡大野村[illegible]	同	福岡 上安 近藤佐五郎	昭17	現衛一 18.9.20	近藤豊 大一一.六.五	無	21.12.21
	18.7		徳島縣麻植郡[illegible]八二番地	同	福岡 上安 近藤利平	昭17	現衛一 18.9.20	近藤幸太郎 大一一.八.二〇	無	
於舞鶴 召集解除 22.9.28	18.7		徳島縣那賀郡富岡町[illegible]番屋敷	同	福岡 上安 幸泉安	昭17	現衛一 18.9.20	幸泉巌 大一一.七.一〇	無	22.12.2 No1050
於舞鶴 召集解除 21.11.4	18.7	[illegible]所属	徳島縣[illegible]郡[illegible]	同	福岡 上安 小西沖太	昭17	現衛一 18.10.1	小西信夫 大一一.九.二五	無	
	18.7		高知縣幡多郡大川筋村[illegible]	同	福岡 上安 近藤佐太郎	昭17	現衛一 18.10.[illegible]	近藤信之 大二[illegible]	無	

213

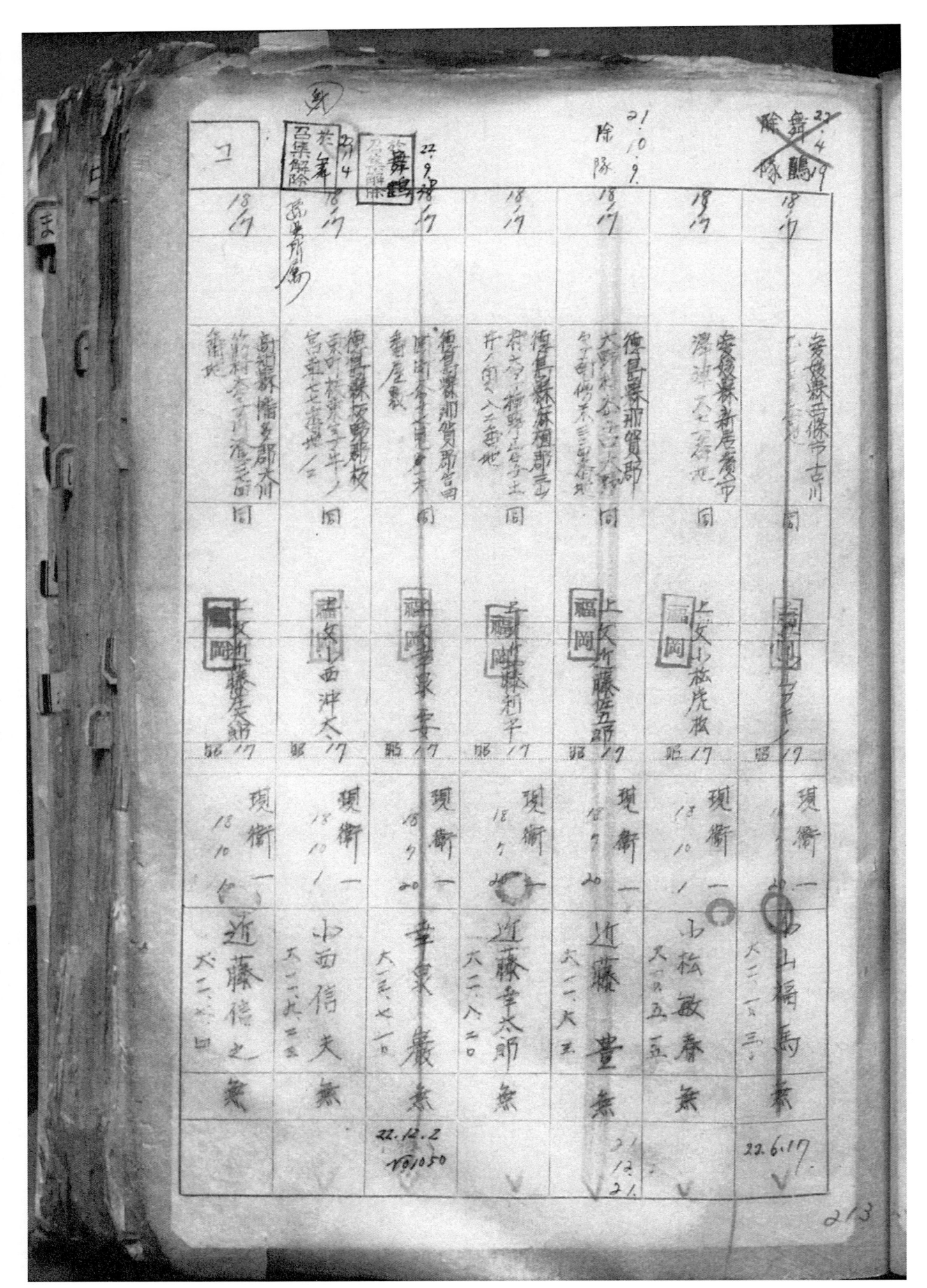

ワ	[illegible] 28/8/16

19/11	愛媛県[illegible]市[illegible]三一番地	同	父 [illegible]雄	昭17	現 衛 上 19 7 1	昊澤[illegible] 大一一、六、二八	無
19/12	愛媛県周桑郡[illegible]村大字吉田一[illegible]番地ノ二	同	父 近藤[illegible]一郎	昭18	現 衛 一 19 7 15	近藤治行 大一一、五、四	無
19/12	愛媛県[illegible]市[illegible]前一六〇番地	同	父 後藤[illegible]郎	昭18	現 衛 上 20 1 1	後藤久 大十一、一二、一〇	無
19/12	愛媛県[illegible]郡[illegible]村大字[illegible]一六六番地	同	父 兒島[illegible]	昭18	現 衛 上 20 1 1	兒島隆雄 大一一、六、二〇	無
19/12	徳島県[illegible]郡住吉村[illegible]二八〇番地ノ一	同	父 近藤[illegible]	昭18	現 衛 上 20 1 1	近藤義春 大一二、八、五	無
19/12	徳島県[illegible]郡井上村[illegible]字[illegible]八番地	同	父 近藤[illegible]一	昭18	現 衛 上 20 1 1	近藤正信 大一一、一〇、七	無

23.1.22
No1097

214

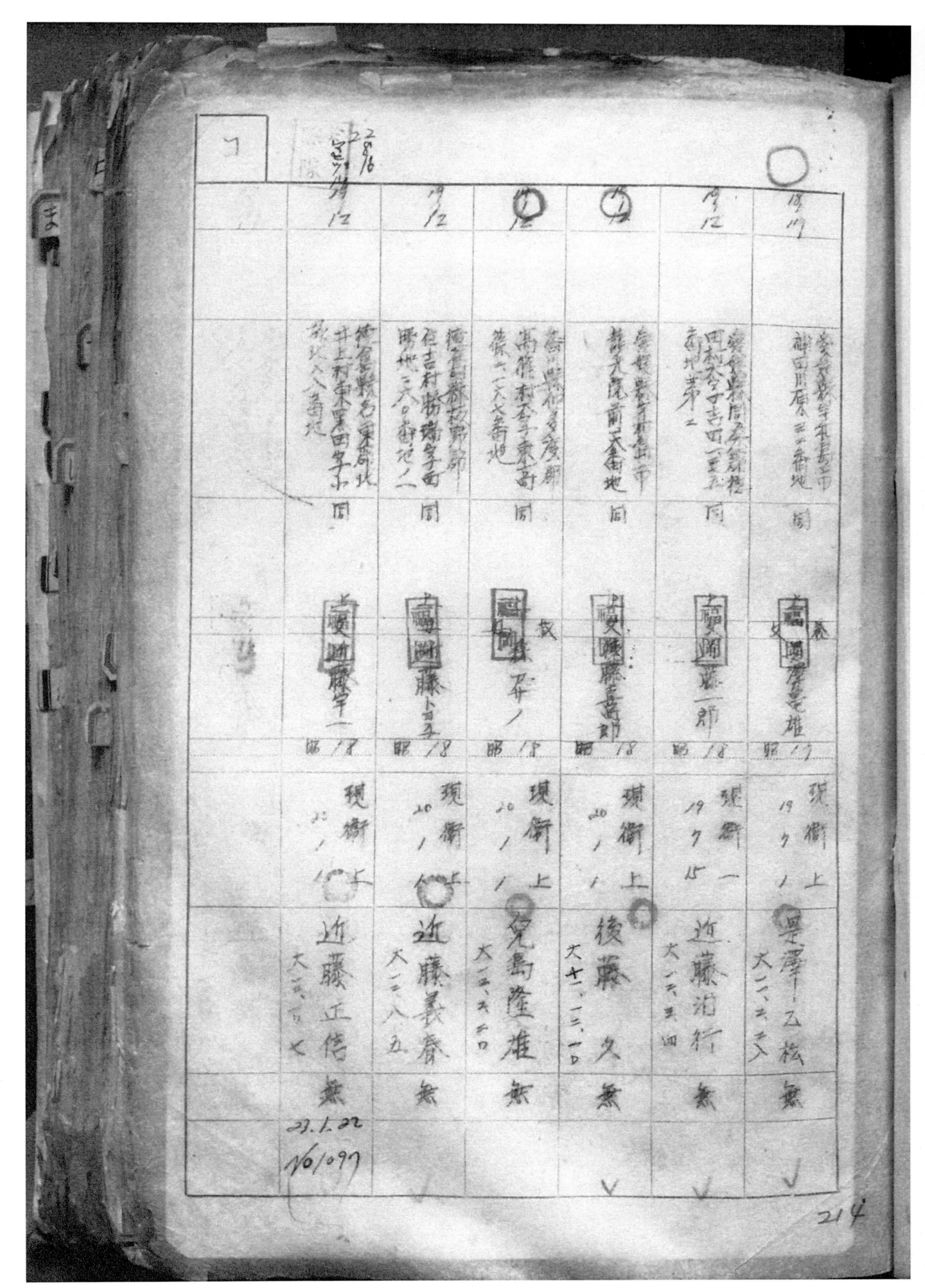

済
20.12.12 [illegible] 12

21.12.21 佐世保 [illegible]

	1	2	3	4	5	6	7
	[illegible]	20.?.7	20	20.2.26	20.2.26	20.2.26	2.
	埼玉県熊谷市字[illegible]三十一四ノ三番地	佐賀県小城郡小城町大字岩藏三七一番地	廣島県御調郡木庄村大字栗山字八八六番地	廣島県甚羅郡服部村大字新山四二四番地	島根県仁多郡鳥上村大字大呂二二八〇番地ノ一	島根県邇摩郡温泉津町大字小濱一五五八番地	廣島県沼隈郡[illegible]郷村大字[illegible]六番地ノ一
	四	四	四	四	四	四	四
	上 福岡 [illegible]	上 福岡 中古賀ツシ	上 福岡 林堅一	上 福岡 田[illegible]クマ	上 福岡 小林虎之助	上 福岡 小島東吉	上 福岡 [illegible]山静一
	昭19	昭19	昭19	昭19	昭19	昭19	昭19
	現衛 21.12.21 一	現衛 20.3.2 二	現衛 20.2.26 二	現衛 20.2.26 二	現衛 20.2.21 二	現衛 20.2.26	現衛 20.2.26 二
	鐘塚[illegible] 大一四.三.一四 一	古賀正義 大十四.五.二三	林敏雄 大一四.八.一〇	児玉誠 大一三.一〇.一 二	小林[illegible]延 大一五.六.八	小島貴[illegible] 大一四.一二.八	中山福二 大一四.三.四
	無	無	無	無	無		無
	22.6.17	23.2.26			22.4.30		

215

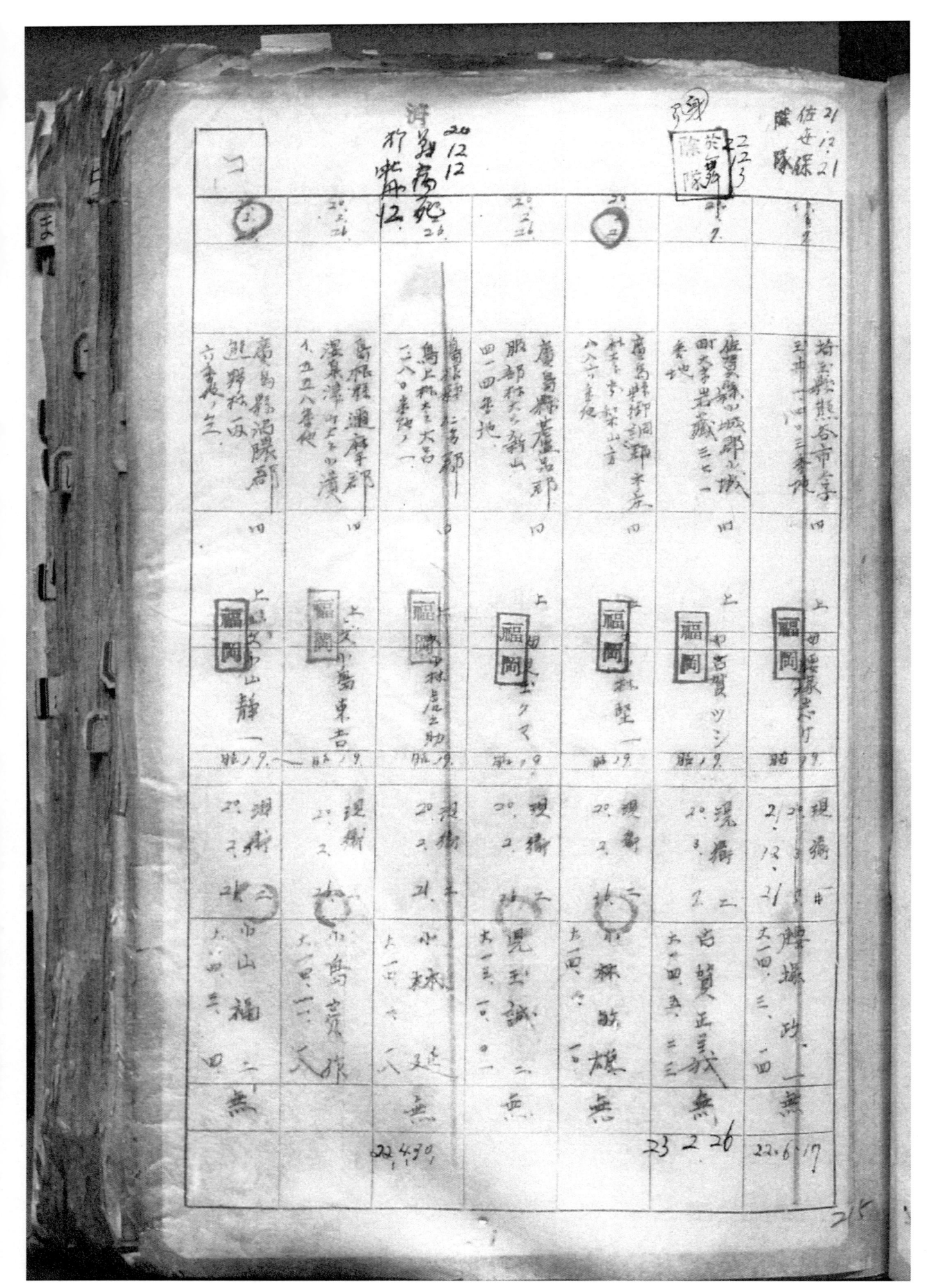

關東軍防疫給水部留守名簿

昭和二十年一月一日　關東軍防疫給水部

コ

編入年月日	編入前所屬及其編入年月日	本籍（在留地）	留守擔當者 住所	留守擔當者 續柄氏名	徴集年 任官年	役種兵種官等並等級俸給月給額 發令年月日	氏名	生年月日	留守宅渡ノ有無	補修年月日
16.2.15		千葉縣香取郡八日市場町イ一二八三番地	千葉縣香取郡多古町大字原内	福岡 林ヤス		19.11.1 雇（技術）八五	小林倉吉	明三八.一二.一五	無	
12.3.8		北海道上川郡東川村西二號北三三番地	北海道上川郡東川村北二號 富田幸	福岡 小森綱子		17.10.1 雇（士警）八五 20.3.31	小森賞藏	明四四.四.四	無	20.6.5
14.12.10		千葉縣山武郡横芝町鳥喰上一一九番地	同	福岡 越川清三郎		19.11.1 雇（技術）八三	越川清吉	明三五.八.一五	無	
14.12.20		茨城縣猿島郡古河町大字古河二三八番地	茨城縣猿島郡古河町大字古河二三八	福岡 小林和一		17.10.1 雇（技術）七四 20.3.31	小林正六	大七.二.二六	無	20.6.5
17.5.20		長野縣上田市大字中之條三三九番地	同	福岡 小坂井安勇		19.11.1 雇（警手）七四 20.3.31	小坂井忠男	大七.九.七	無	20.6.5

216

コ

18.9.9	青森縣中津軽郡千年村大字原ケ平字奥野大二番地ノ一号	青森縣南津軽郡黒石町山形町	林ツネ	雇(技術) 19.3.31 20.3.31	小林重次郎 大八.三.一四	有	20.6.5
17.5.1	秋田縣南秋田郡昭和町大久保字北野鼻淵野二〇番地ノ二	同	林ナツ	雇(技術) 19.3.31 五八	小林利男 明四三.二.一〇	有	
14.10.11	埼玉縣北足立郡馬宮村大字西宮五二七番地	同	河野あい子	雇(技術) 19.3.31 20.3.31 卅	河野照司 明四二.一二.七	無	20.6.5
14.8.1	茨城縣真壁郡下館町甲七五七番地	同	小山くら	雇(防疫) 七八	小山智隆 明四四.四.一三	無	
18.8.14	千葉縣千葉郡睦村吉橋二四五七番地	同	近藤スズ	雇(防疫) 19.3.31 20.3.31	近藤鐵雄 大二.五.二五	無	20.6.5
13.8	秋田縣山本郡濱口村芦崎字追泊四五番地ノ一	秋田縣南秋田郡潟西村大字野口字[illegible]一番地	兒玉與一	雇(防疫) 19.3.31 20.3.31	兒玉富太郎 大一〇.六.二七	有	20.6.5
17.3.1	愛知縣一宮市大字東屋敷一〇九七番地	同	後藤勘郎	雇(防疫) 19.3.31 20.3.31	後藤由廣 大一〇.二.二一	有	20.6.1

217

コ

16.9.30	新潟縣刈羽郡上小國村大字…九三五	同	[福岡] 小島テイ	19.9 雇（防疫） 20.3.31	小島平壽雄	明四二 文 一八	無 20.6.5
18.6.3	愛媛縣宇摩郡長濱村大字野田甲一一五五番地	名古屋市北区岩屋町七番地日河村タケ方	[福岡] 合田シゲ	19.9 雇（防疫） 20.3.31	合田唯市	大三.二.三	無 20.6.5
17.5.31	山梨縣北都留郡島田村鶴島一〇三四番地	同	[福岡] 小俣隆蔵	19.11 雇（防疫） 20.3.31	小俣光明	大八.二.二五	有 20.6.5
17.7.1	栃木縣那須郡荒川村大字大室四九八番地	同	[福岡] 上 小濱操榮	19.11 雇（技術） 20.3.31	小濱一實	大七.一.一〇	有 20.6.5
17.5.20	静岡縣沼津市下香貫馬場四四二番地	同	[福岡] 後藤兼吉	19.11 雇（技術） 20.3.31	後藤慶次	大七.九.二〇	有 20.6.5
17.11.1	熊本縣宇土郡不知火村大字高良二六八二番地	熊本縣熊本市琴平町二ノ六七五	母 小林ヤ [福岡]	19.11 雇（防疫） 20.3.31	小林藤雄	大一〇.二.二〇	有
18.10.25	埼玉縣熊谷市大字玉井一四〇三番地	同	[福岡] 腰塚鶴雄	19.11.9 雇（技術）四四	腰塚政一	大一四.三.一四	有

211

コ

21.7.26
召解
省令五〇号

14.5.1	茨城縣水戸市藤沢小路参百六拾八番地	茨城縣東茨城郡石崎村中石崎千三百番地	小室ます子	19.11.1 産(平勞)七九	小室常男 大四 二 一	無	
16.3.2	函館市千歳町拾貳番地	同	小林やゑ	19.11.1 産(技術)七九	小林政太郎 明四五 一 元	無	21.12.23
13.11.10	滋賀縣愛知郡角井村大字[illegible]之尻参百七番地	同	上妻 小林芳子	19.11.1 産(自動)七九	小林初次 大三 三 一	無	
14.10.10	茨城縣結城郡石下町大字新石貳百貳拾六番地	同	小平タキ	19.11.1 産(自動)七五 20.3.31	小平政[illegible]門 明四三 二 二五	無	20.6.5
12.5.20	新潟縣佐渡郡畑野村大字畑野参百貳番地ノ貳	同	小林美智	19.11.1 産(自動)二四	小林嘉一 大六 一〇 八	無	
16.9.17	茨城縣結城郡石下町大字新石貳百貳拾六番地	同	小平芳郎	19.11.1 産(勤)七九 20.3.31	小平吉雄 大八 三 二九	有	20.6.5
17.7.1	長野縣長野市大字長野東町百六拾番地	長野縣長野市東鶴賀町一六〇	越美世子	19.11.1 産(自動)六〇 21.3.31	越定男 大七 三 一四	無	20.6.5

249

コ

13.11.10		長野県小県郡中塩田村大字下之郷千参百九拾八番地	満洲國吉林省磐石県史區三ノ二	福岡 小池伊勢代	雇(防疫) 19.11 八	小池春吉	明四〇・四・二四	無	
17.7.1		青森県上北郡天間林村大字天間舘字前佐野四〇	青森県上北郡甲地村字来ノ上百	福岡 中田やす	雇(防疫) 19.11 20.3.31	中田岩五郎	大七・四・三	有 無	20.6.5
17.5.31		山形県東置賜郡上郷村大字新田一九一六番地	同	福岡 今野直次	雇(防疫) 19.11 大 20.3.31	今野繁	大一〇・三・三	有	20.6.5
16.5.21		千葉県長生郡東浪見村東浪見四竹九百四番地	同	福岡 小関清蔵	雇(防疫) 19.4.30 五三	小関重雄	大一〇・一二・七	無	
14.11.12		東京市荏原区中延町五一白一二〇番地ノ一	同	福岡 小巻スミ	雇(技術) 19.11.1 八五	小巻重次郎	大三・七・一五	無	
17.9.1		長野県下伊那郡山本村大字竹佐一八三四一番地	同	福岡 小池ミ子	雇(技術) 19.11 大 20.3.31	小池秀代	大七・一・一五	無	20.6.5
17.8.30	函館	北海道松前郡松前町大字大磯三〇番地	同	福岡 小林たい子	雇(看護) 19.11 七 20.3.31	小林敏雄	大七・六・二六	無	20.6.5

220

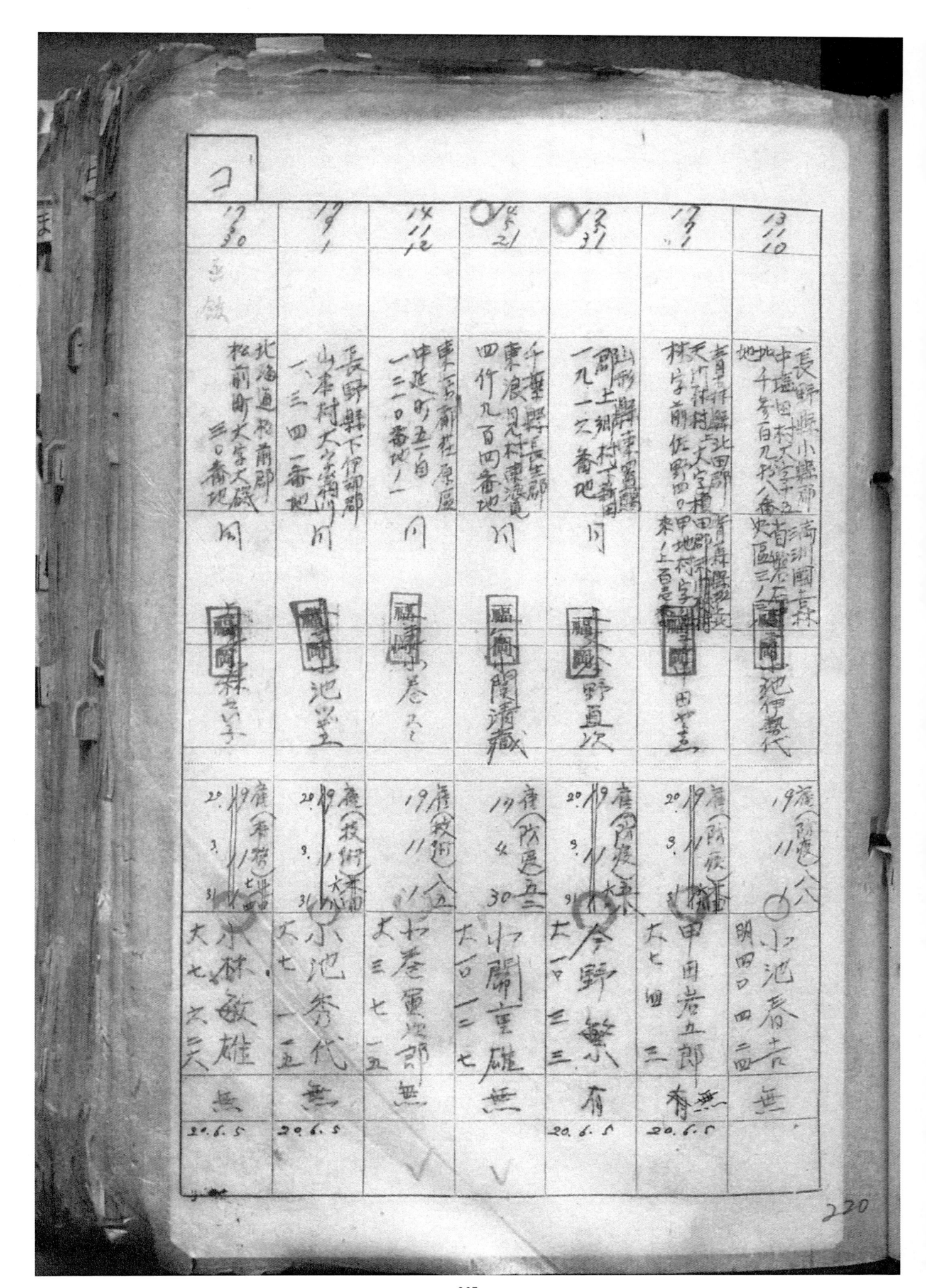

コ

16.2.15	秋田縣秋田郡大久保町字大野 白瀬野武若番地	同	福岡 小林利七郎	徒（事務） 20.3.31	小林利七	大三 五 四	有	20.6.5
17.4.6	新潟縣新潟市西堀町四丁目 三二八三番地	同	福岡 父 後藤石藏	備 二十八五〇 20.3.31 雇員（防疫）四二	後藤長行	昭二 七 二	有	20.6.5
17.4.7	東京都小石川區宮下町二番地	神奈川縣横濱市磯子區 町扇ケ四七六番地	福岡 小倉若李	備 二八五〇	小倉照三	昭三 一 三	有	
17.4.12	千葉縣山武郡千代田村 一七四番地	同	福岡 越川 操	備 二八五〇	越川良雄	昭二 五 一六	有	
17.4.7	栃木縣栃木市萬町一番一番地	栃木縣栃木市泉町三丁目 三一八番地	福岡 父 小林元治郎	備 二十八五〇 20.3.31 雇員（防疫）四〇	小林勇吉	昭二 一 五	有	20.6.5
17.4.8	栃木縣足利郡毛野村山川 一〇八七番地	同	福岡 父 小林房治郎	備 二十八五〇 20.3.31 雇員（防疫）四二	小林義雄	昭三 一 一	有	20.6.5
17.4.7	栃木縣塩谷郡氏家町大字氏家 二四三六番地	同	福岡 父 小池 男	備 二十八五〇 20.3.31 雇員（技術）四二	小池保	昭二 一 三	有	20.6.5

221

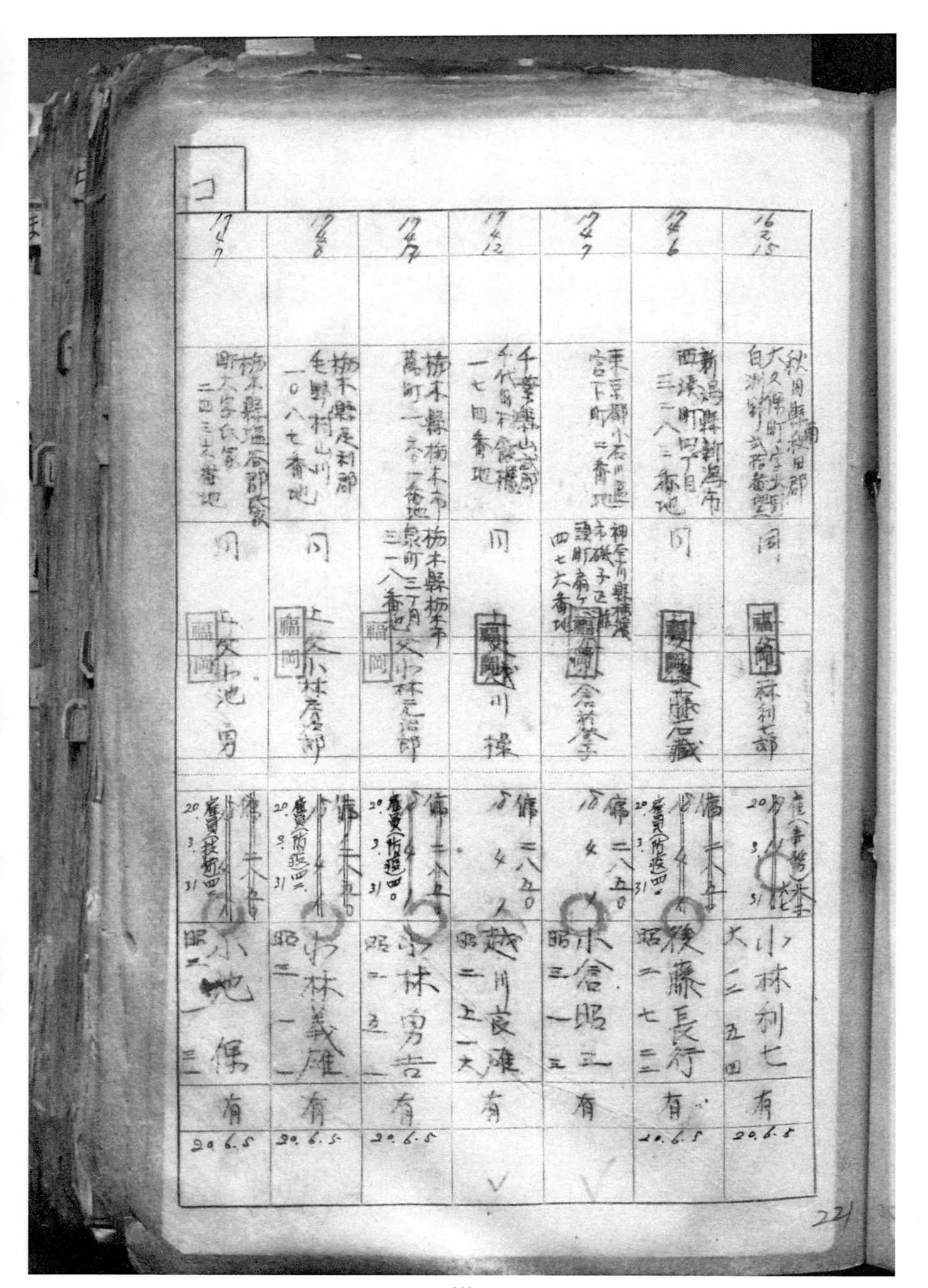

コ

19.4.3		兵庫県神戸市林田区二葉町一丁目大[illegible]番地	神戸市林田区若松[illegible]通四丁目一四五	福岡 [illegible]鳥[illegible]	傭 二八五〇 / 20.5.31 雇員（技術）四二	昭三.三.二三 児島辰彦	有	
18.4.3		福岡県福岡市箱崎町阿多田二五四九番地	福岡市上[illegible]町[illegible]八三五番地	福岡 近藤勝太	傭 10.4.3 二八五〇	昭四.三.二 近藤陽一	有	
18.4.1		大分県北海部郡坂ノ市町木田一九七四	同	福岡 組 小笹市太郎	傭 18.4.1 二八五〇	昭四.一.二三 小笹通	有	
19.4.1		大分県北海部郡臼杵町福良一五三五番地	同	福岡 後藤定	傭 11.4.1 二八五〇	昭三.一一.一二 後藤祥太郎	有	
18.4.3		福岡県筑紫郡山家村[illegible]町五三八	同	福岡 古賀庚次	傭 18.4.3 二八五〇	昭三.五.二 古賀辰美	有	
19.4.15		茨城県猿島郡古河町大字古河二三八番地	同	福岡 小林福松	傭 19.4.15 二八五〇	昭四.四.六 小林政吉	有	
19.4.7		香川県三豊郡観音寺町大字観音寺八六二番地	同	福岡 合田[illegible]吉	傭 19.4.7 二八五〇	昭四.一二.五 合田長治	有	

222

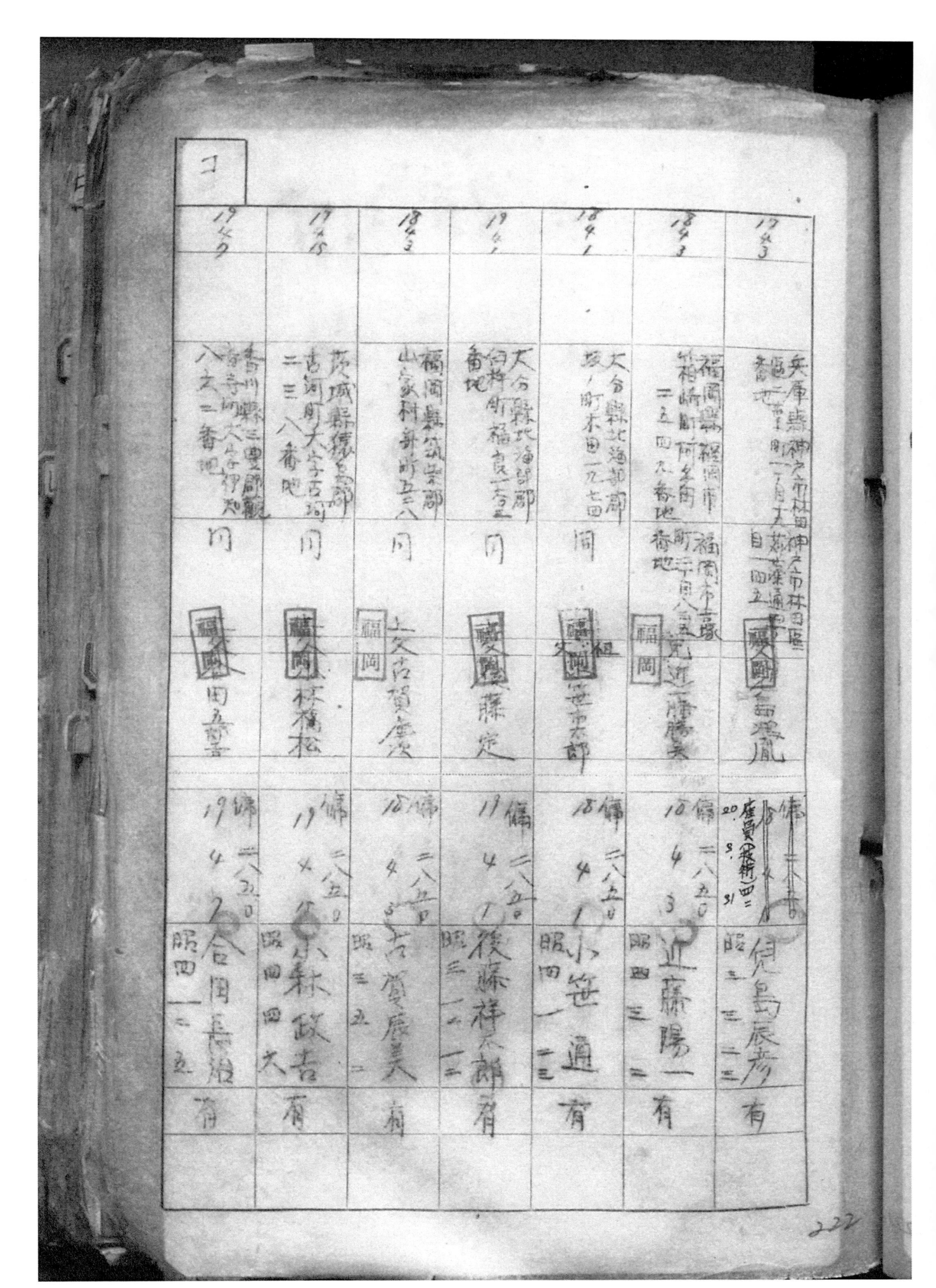

20.5.16
解雇

19.4.8	香川縣大川郡神前村三七三四番地第一	同	小山正義	備 二八五〇 19.4.8	昭五.一.一二	小山敏郎	有	
19.4.3	岡山縣児島郡大字八濱町一三七〇番地	宮崎縣都城市一万城 [illegible]	小板盛利	20.3.31 雇員(技術)四一	大五.九.二五	小板恵	有	~~20.3.31~~ 20.6.5
19.8.1	長野縣東筑摩郡廣丘村大字堅石八百八拾五番地	長野縣松本市常盤町一〇九一	郷原要一	20.3.31 雇(学務)	大六.九.四	郷原壽八	有	~~20.3.31~~ 20.6.5
17.5.10	香川縣綾歌郡法勲寺村大字 [illegible] 参百九拾四番地	同	小林スガ	20.3.31 雇	大七.一〇.二	小林智	有	~~20.3.31~~ 20.6.5
20.6.30 / 20.7.20	[illegible] 一三九.二	同	小林常吉	現 20.7.1	大三.[illegible].二九	小林経男	無	
	徳島県徳島市秋田町五.五	仝上	父 小松啄三郎			小松良知		22.8.12 No.208
	長野縣北佐久郡中佐都村大字平塚一六一	同上	父 小林義二郎	雇員		小林貞子		22.11.1 第241号

於前地 戦病死 20.10.25

22.8.13 省令五十号 解雇

223

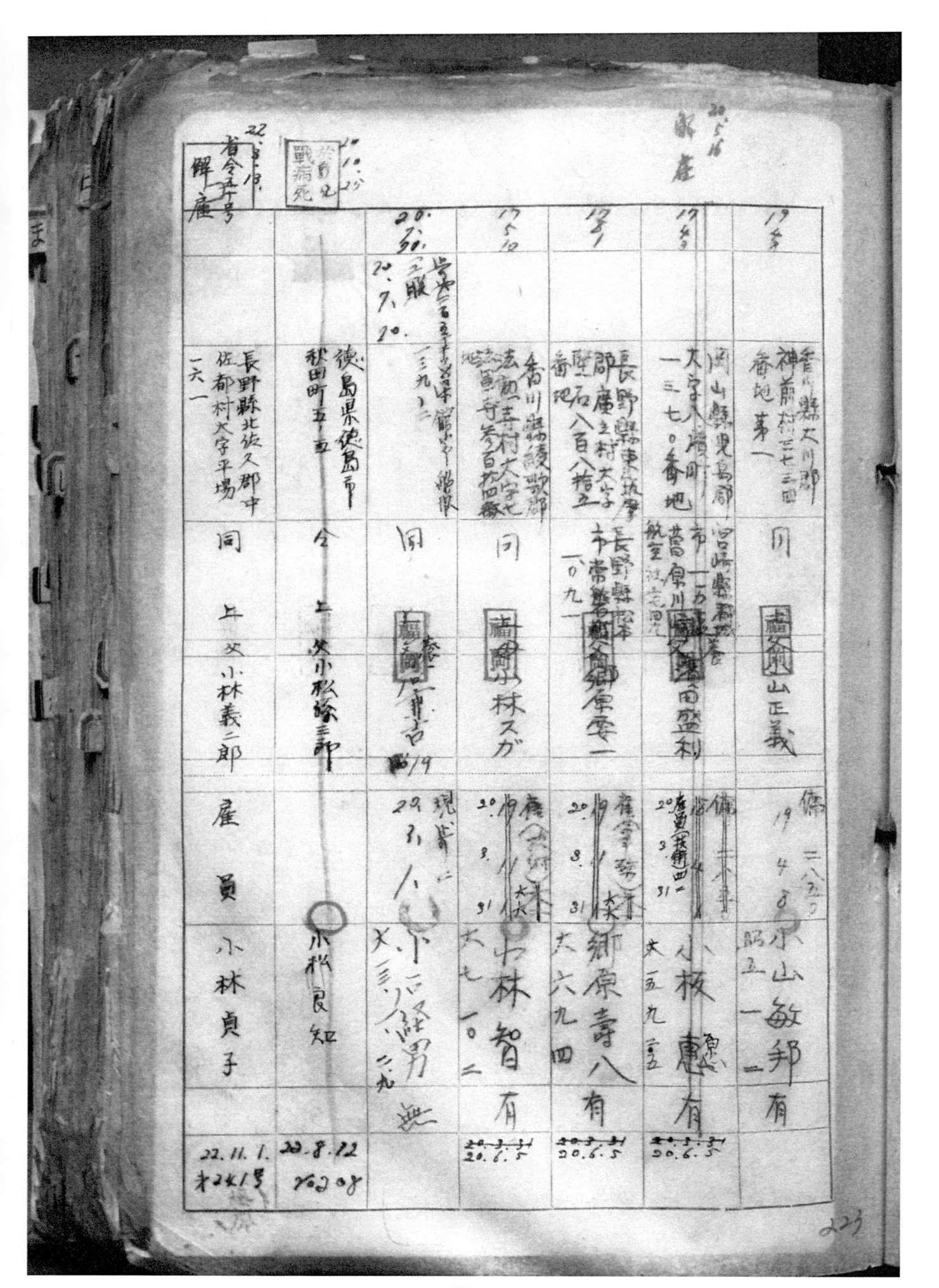

＊原簿 224 丁（付箋あり）

舞鶴 雇 22.6.11

21.八.31

19.5.20	19.?.24	19.5.20	19.5.20	19.5.20	19.5.1	[illegible]
徳島県麻植郡川島町大字桑村二三二四番地	福島県石川郡石川町字[illegible]	山形県東置賜郡糠目村大字[illegible]澤之町六一一番地	高知県高岡郡戸波村本村一〇七	秋田県北秋田郡大館町[illegible]番地	群馬県新田郡太田町大字[illegible]二四番地ノ二	新潟県刈羽郡[illegible]長島[illegible]四三
同	同	同	同	秋田県能代市下川反町四四番地	同	同
上 父 後藤[illegible]次郎	上 叔父 小松友之	上 父 小池小太郎	上 母 小松亀寿	上 父 小坂[illegible]三郎	上 父 小林龍三	上 妻 近藤房子
雇(事務) 19.8.[illegible] 20.3.31	雇(技術) 19.11.[illegible] 20.3.31	雇(技術) 19.11.[illegible] 20.3.31	雇(自操) 19.11.[illegible] 20.3.31	雇(事務) 19.11.[illegible] 20.3.31	雇(事務) 19.11.[illegible] 20.3.31	[illegible] 19.11.5 [illegible]
後藤安男 大七、六、二五	小松美之 大五、一二、一	小池興一 大七、三、五	小松健一 大七、一二、一三	小坂彦三郎 大七、五、三〇	小林輝次 大九、一〇、一三	近藤友孝 大七、三、一二
無	無	有	有	有	有	無
22.11.11 No152	21.7.22					

224

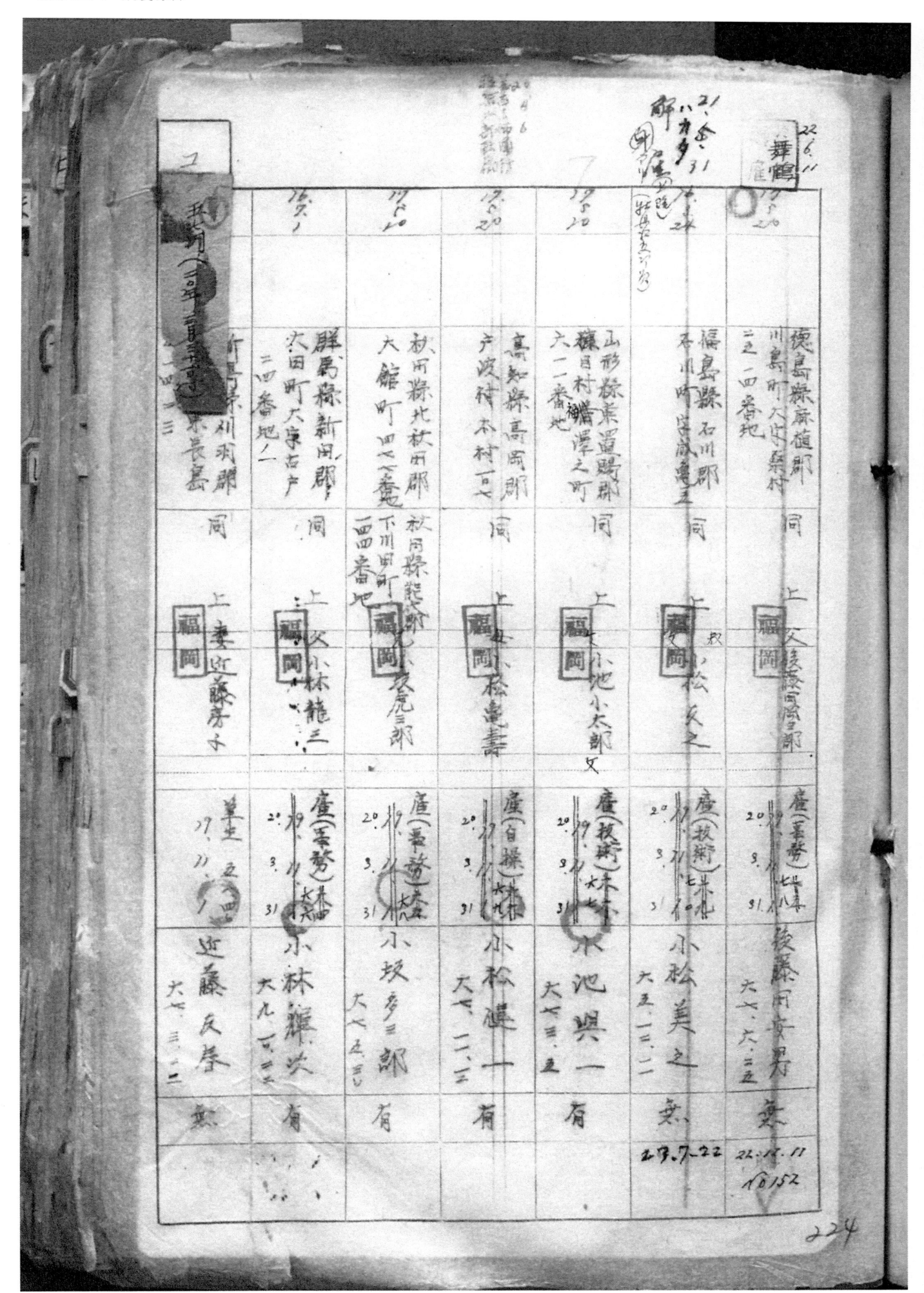

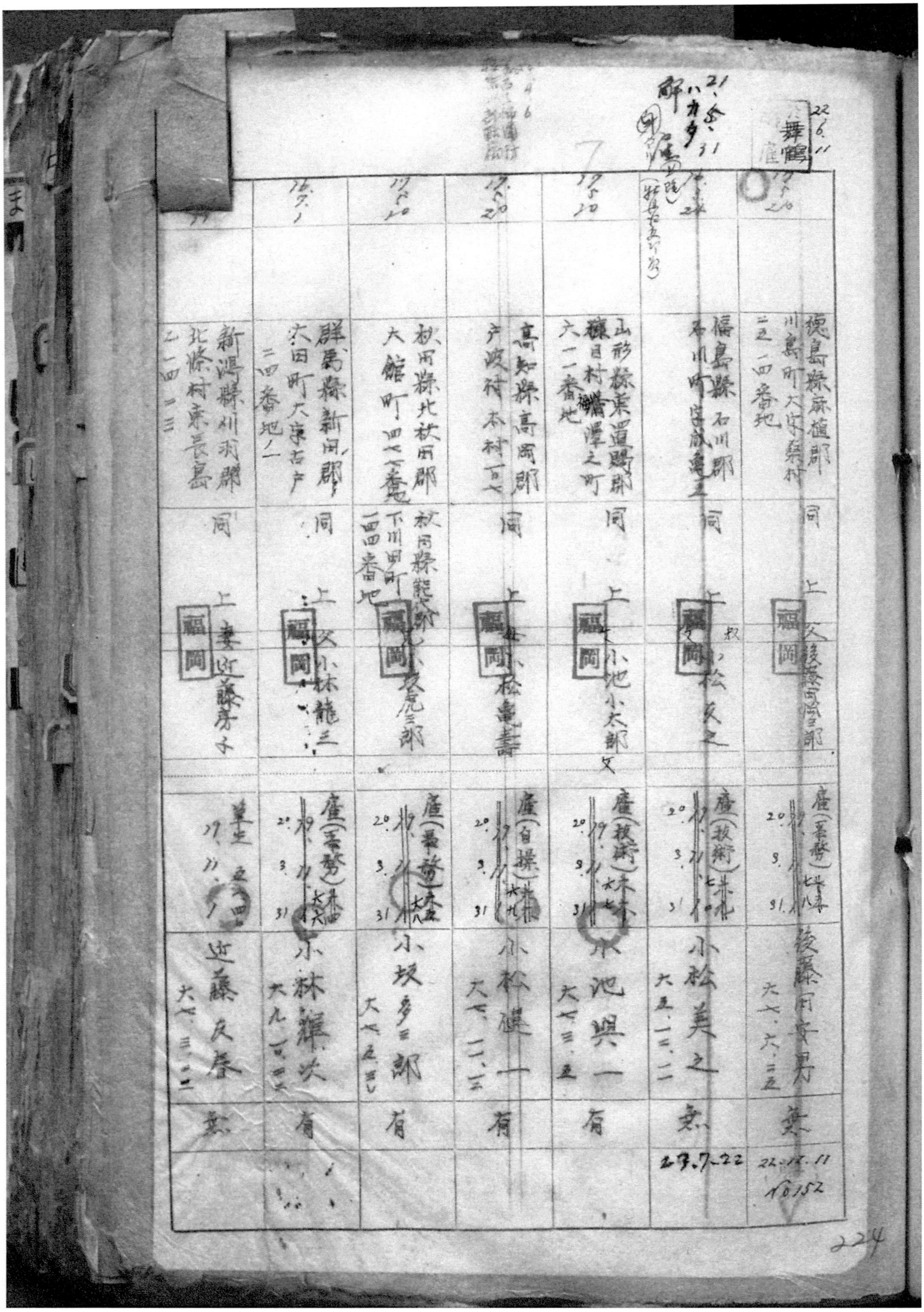

徳島縣麻植郡川島町大字桑村二五二四番地	同上	父 後藤[illegible]部	傭（[illegible]）20.3.31	後藤[illegible] 大六.六.二五	無	22.11.11 No.152
福島縣石川郡石川町[illegible]	同上	叔父 小松[illegible]之	傭（技術）20.3.31	小松美之 大五.一二.二	無	23.7.22
山形縣東置賜郡[illegible]目村[illegible]澤之町六一一番地	同上	父 小池小太郎	傭（技術）20.3.31	小池與一 大七.三.五	有	
高知縣高岡郡戸波村本村一一七	同上	父 小松亀壽	傭（自操）20.3.31	小松健一 大七.二.二六	有	
秋田縣北秋田郡大館町四七一番地	秋田縣[illegible]下川原町二四四番地	父 小坂[illegible]三郎	傭（[illegible]）20.3.31	小坂多三郎 大七.五.[illegible]	有	
群馬縣新田郡太田町大字古戸二四番地ノ一	同上	父 小林龍三	傭（[illegible]）20.3.31	小林輝次 大九.[illegible]	有	
新潟縣[illegible]郡北條村東長嶋二二四三	同上	妻 近藤房子	[illegible] 17.11.1	近藤辰春 大七.三.二二	無	

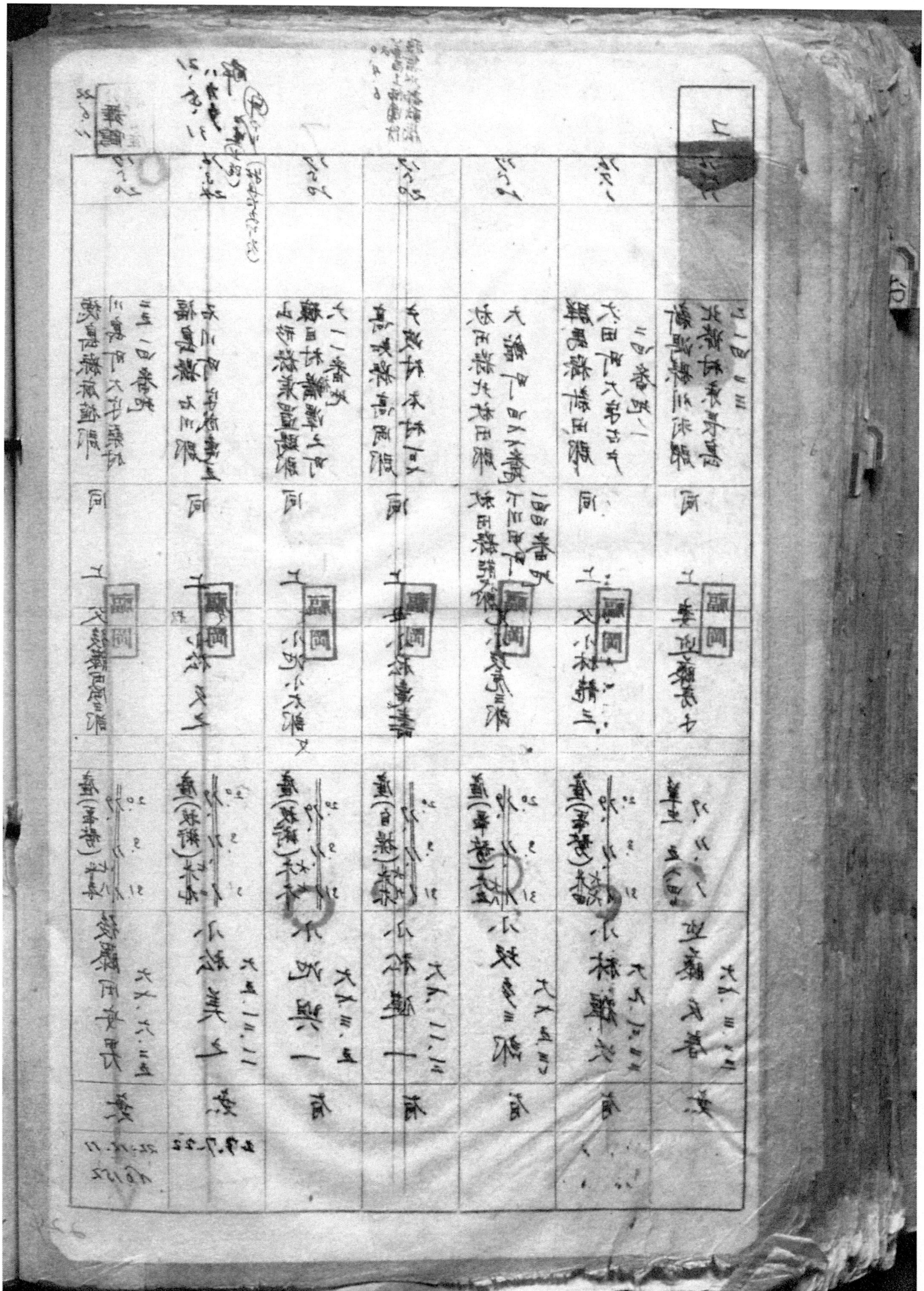

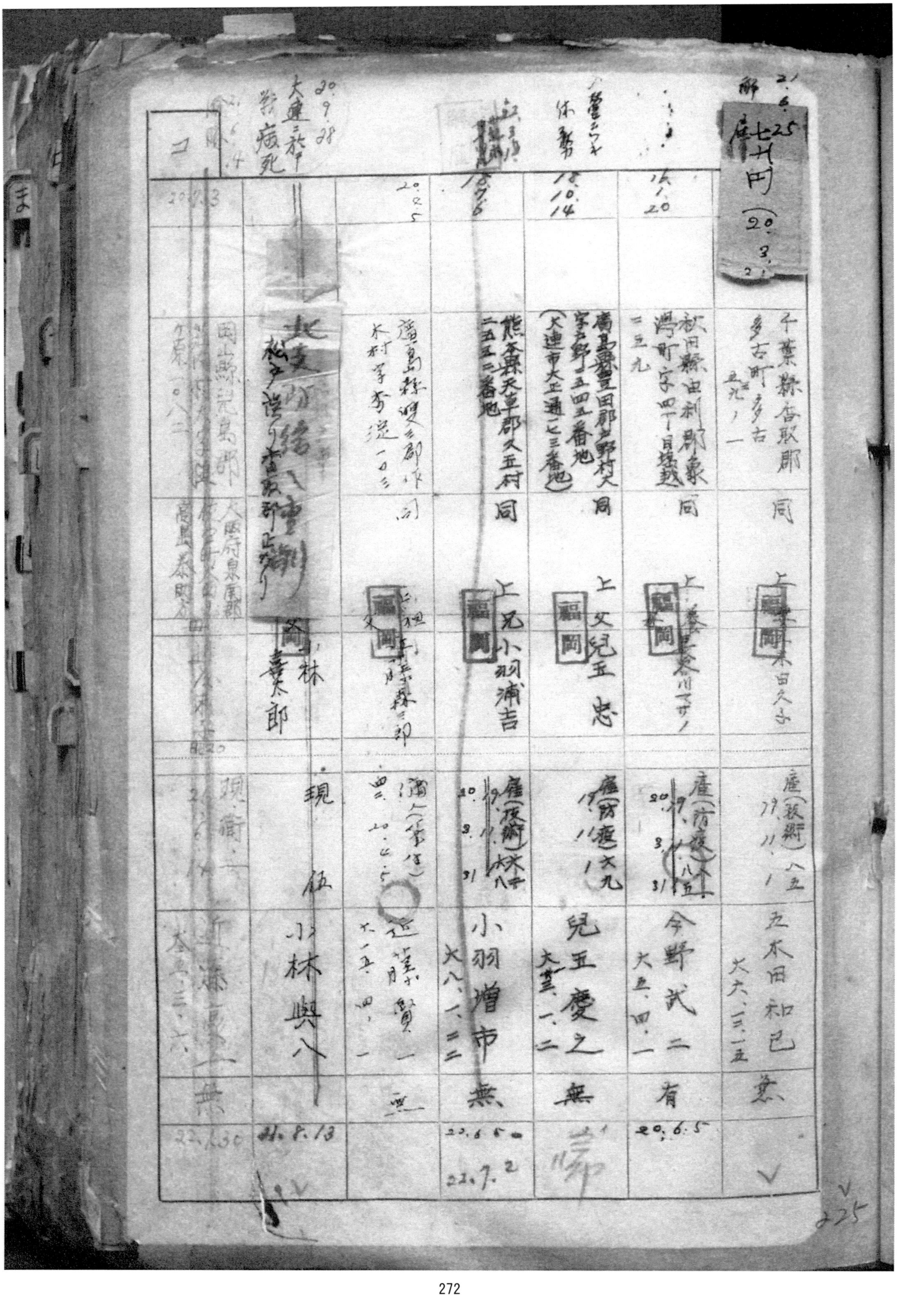

21.6.25 鄙 雇 七十円（20.3.21）	千葉縣香取郡多古町多古五九ノ一	同	上 妻 五木田久子	雇（技術）19.11.1 八五	五木田和巳 大六、一二、一五	無	✓
16.1.20	秋田縣由利郡象潟町字四丁目塩越二五九	同	上 妻 今野ミツノ	雇（防疫）20.3.31 八五	今野武二 大五、四、一	有	20.6.5
小笠ニテ休暇 18.10.14	廣島縣豊田郡豊野村大字戸野五四五番地（大連市大正通七三番地）	同	上 父 兒玉忠	雇（防疫）19.11.1 六九	兒玉慶之 大三、一、二	無	21 帰
18.7.6	熊本縣天草郡久玉村二五三二番地	同	上 兄 小羽浦吉	雇（技術）20.3.31	小羽増市 大八、一、一二	無	20.6.5 22.7.2
20.6.5	廣島縣[illegible]郡[illegible]木村字[illegible]一〇三	同	父 [illegible]三郎	傭人（常傭）20.6.5	近藤賢一 大一五、四、一	無	
20.9.28 大連ニ於テ戦病死	長崎縣[illegible]	[illegible]	林 喜太郎	現 伍	小林與八	無	21.8.13
[illegible]	岡山縣児島郡[illegible]	大阪府泉南郡[illegible]	[illegible]	現 衛[illegible]	近藤[illegible] 大五、三、六	無	22.6.30

225

＊原簿 225 丁（付箋めくったもの）

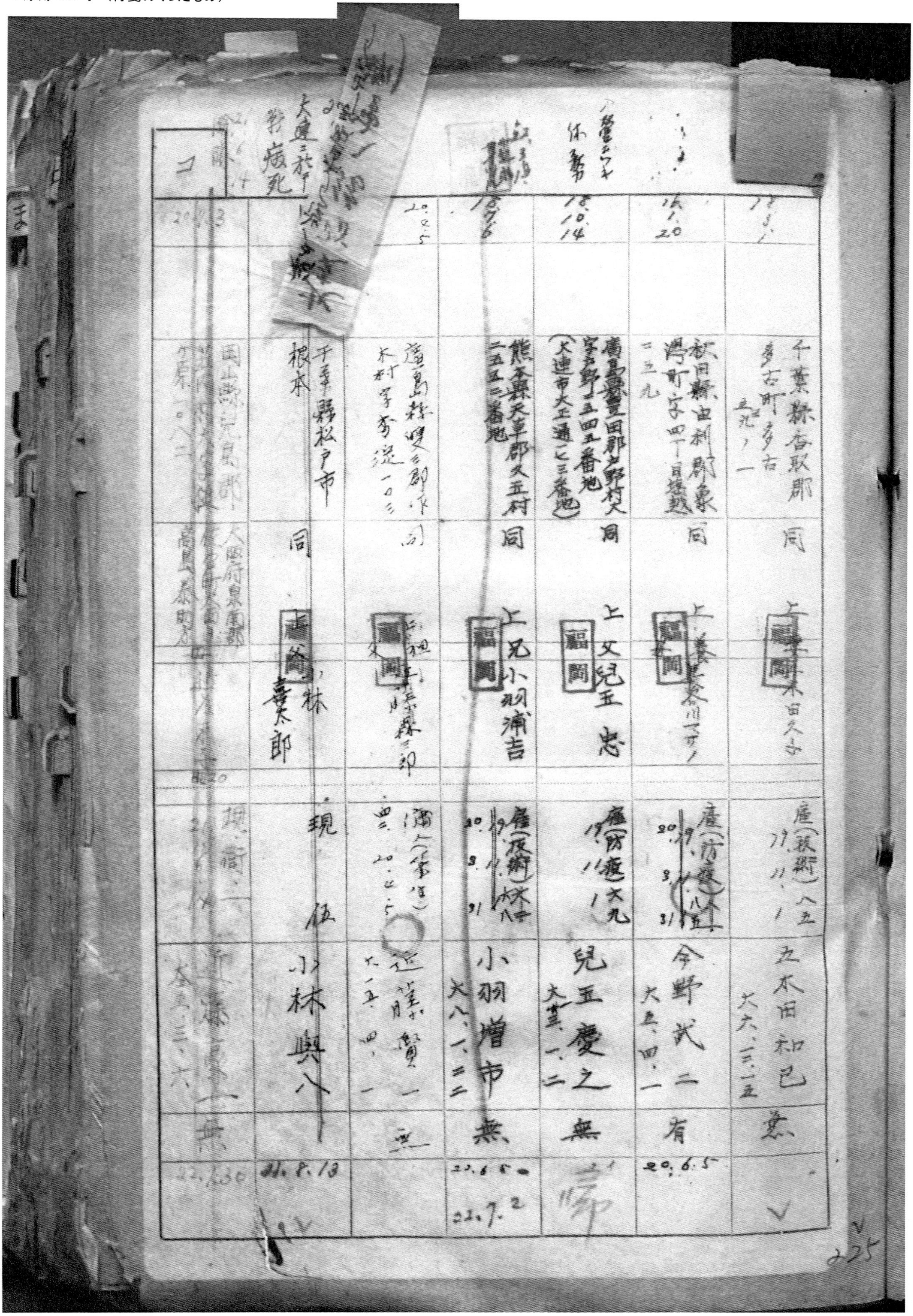

千葉縣香取郡多古町多古五九ノ一　同　上　五木田久子　雇(技術)八五　17.11.1　五木田和巳　大六、一二、一五　無

秋田縣由利郡象潟町字四丁目塩越二五九　同　上　[illegible]　雇(防疫)八五　20.3.31　今野武二　大五、四、一　有　20.6.5

廣島縣豊田郡[illegible]野村大字戸野五四五番地（大連市大正通[illegible]三番地）　同　上　父　兒玉忠　雇(防疫)六九　19.11.1　兒玉慶之　大三、一、二　無

熊本縣天草郡久五村二五五二番地　同　上　兄　小羽浦吉　雇(技術)　20.3.31　小羽増市　大八、一、二　無　22.6.5　22.7.2

廣島縣[illegible]郡[illegible]村字[illegible]一〇三　同　[illegible]　満人　20.4.5　近藤賢一　大一五、四、一　無

千葉縣松戸市根本　同　上　小林喜太郎　現役　小林與八　21.8.13

225

コ

關東軍防疫給水部留守名簿

昭和20年1月1日
關東軍防疫給水部

編入年月日	17.6.7	18.12.28	19.4.9	18.10.22	17.7.2
前所屬及其編入年月日					
本籍(在留地)	鹿児島縣噌唹郡志布志町志布志二五大田番地	宮崎縣東諸縣郡本庄町大字本庄四四五五番地	山形縣西置賜郡長井町小出五三三番地	神戸市湊東区東出町三丁目二八番地ノ一	茨城縣真壁郡下館町甲七五七
留守擔當者 住所	同	同	同	神戸市湊区湊川町大丁目一八ノ五	同
續柄	上	上	上	上	上
氏名	木幡虎蔵	森[illegible]春男	小浦惣次	小林政吉	小山智隆
役種兵種官等並等給級俸月給額發令年月日	傭(打字手) 五四 20.3.31	傭(電話手) 四五 20.3.31	傭(筆生) 四五 20.3.31	傭(筆生) 四五 20.3.31	傭(雑仕) 四〇五〇 20.3.31
氏名 生年月日	木幡エツ子 大四.二.十四	森須磨子 大一一.一三.一	小浦安子 大三.七.二	小林政子 昭二.一.四	小山くら 大七.九.二七
留守宅渡ノ有無	無	有	有	有	無
補修年月日	20.6.5	20.6.5	20.6.6	20.6.5	20.6.5

226

コ

23.1.18 佐世保 解行

18.5.20	山梨縣東山梨郡塩山町萩原第三一一番ノ三	同	福岡	父 小島經廣	傭(單生) 19.11.[illegible] 20.3.31	小島居香子 大一四.五.六	有	20.6.5
16.7.23	長野縣小縣郡中塩田村五加一五九八番地	同	福岡	父 小池春吉	傭(雑仕) 19.11.[illegible] 四五 20.3.31	小池伊勢代 大六.六.六	無	20.6.5
19.12.13	長野縣諏訪郡本郷村大字乙事五〇〇番地	同	福岡	父 五味尚次	傭(看護婦) 19.12.13	五味勝惠 大一三.三.二	有	
14.4.6	福岡縣久留米市梅満町大三三番地 (大連市薄町四〇番地ノ二 四號)	同	福岡	長男 古賀勝之	雇(事務) 19.11.[illegible] 20.3.31	古賀シトエ 明三八.三.三	無	20.6.5
19.3.18	北海道室蘭市御前水町二二番地 (大連市眞金町八八番地ノ三號ノ二)	同	福岡	父 小山三郎	傭(研究) 19.11.[illegible] 20.3.31	小山節子 大一五.三.四	無	20.6.5
18.6.14	愛媛縣喜多郡大洲町大字大洲五四三番地	同	福岡	父 近藤一	傭(研究) 19.11.[illegible] 20.3.31	近藤昌子 大一三.二.二五	無	20.6.5 [illegible].6.17
19.3.16	静岡縣磐田郡磐田町見付三九七七番地 (大連市三室町三番地ノ一二號ノ一)	同	福岡	父 近藤政光	傭(研究) 19.11.[illegible] 20.3.31	近藤敬子 昭二.六.二	無	20.6.5

227

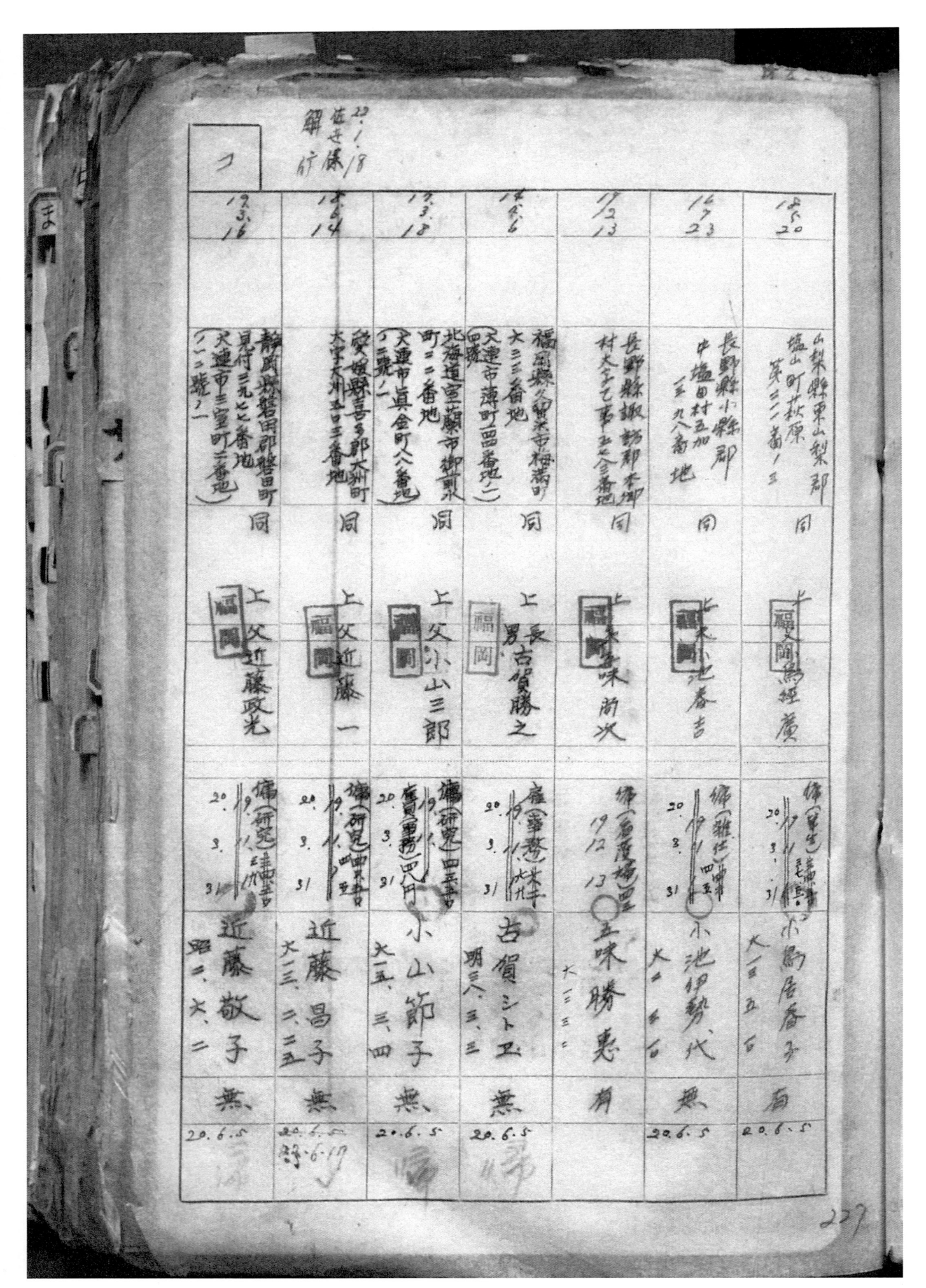

留守名簿

昭和　年　月　日

鮮満残務整理部　調製

編入年月日	前所属部隊及其編入年月日	本籍地	留守担当者 住所	続柄	氏名	年徴集	任官年	役種兵種官等級俸給月給額発令年月日	氏名 生年月日	留守有無	備考
		山口県[illegible]町二三六六	大分市長池町 宗東次男方					傭人	小地千力		21.12.21 復員 十号解傭 / 22.3.18
19.2.5		広島県双三郡作木村字香淀一〇三番地	仝上	叔父	近藤喜市			雇員	近藤賢一 大10.4.1	無	22.2.24 佐世保 解雇 / 22.6.17
[illegible]7		埼玉県熊谷市大字玉井一四〇三	仝上	兄	腰塚鶴雄			現衛一 21.12.21	腰塚政一 大4.3.14	無	佐世保 部隊 / 22.6.17
16.10.1		北海道釧路市浪花町十丁目一番地	仝上	夫	小林曽宣			傭人 20.4.3 3.31	小林幸枝 大4.8.1	[illegible]	22.1.26 佐世保 解傭 / 22.6.17
19.10.[illegible]		大阪市西成区松通六丁目四番地						傭人	近藤三十 明31.4.28	無	22.1.[illegible] 佐世保 解傭 / 22.6.17
[illegible]4.4.[illegible]		福岡県久留米市梅満町大隈六三三						雇員	古賀一枝 明3[illegible].1.13	無	22.3.1 佐世保 解雇 / 22.6.17

228

229

コ

解20
6.10

15	一九一二八	岐阜県土岐郡笠原町四二九〇二		福岡 村玉ら	昭7	補工 18.1.25	小村正夫 明四五、六、二二	無
20.1.5	第七兵站警備隊 一九一〇一	岐阜県土岐郡土岐津町土岐口一〇五三〇	同	福岡 妻 小島あや子	昭7	二 国労 19.6.1	小島静男 明四五、四、八	無
20.1.17	独混二〇旅団 司令部 一九一一三〇	山形県米沢市南町六二〇	宮城県宮城郡松島町高城字町九九	福岡 後藤さき子		六 技手 19.6.1	後藤武雄 明四四、八、二	有
20.1.17	独混二三旅団 司令部 一九一一三〇	茨城県鹿島郡中野村大字荒野一一七	同	福岡 父 小沼萬吉		六 技手 19.6.1	小沼四郎 大六、三、二七	有
19.9.20		長崎県南高来郡北有馬村甲一三九三	大連市黄金町一四九	福岡 父 吉賀茂男		傭 研究手 一五号 20.3.31	吉賀つ子 大五、七、一三	無	20.6.5
20.2.1		広島県三原市西野町一〇六 （大連市下□段町七二二）	同	福岡 父 児玉常人		傭 筆生 三号 20.3.31	児玉光子 昭六、七、一八	無	20.6.5
20.4.16		福岡県□□郡□□町	満州第六五九部隊	福岡 夫 小池興一		傭人（雑役） 三号 20.4.16	小池トク 大三、六、一三	無

229

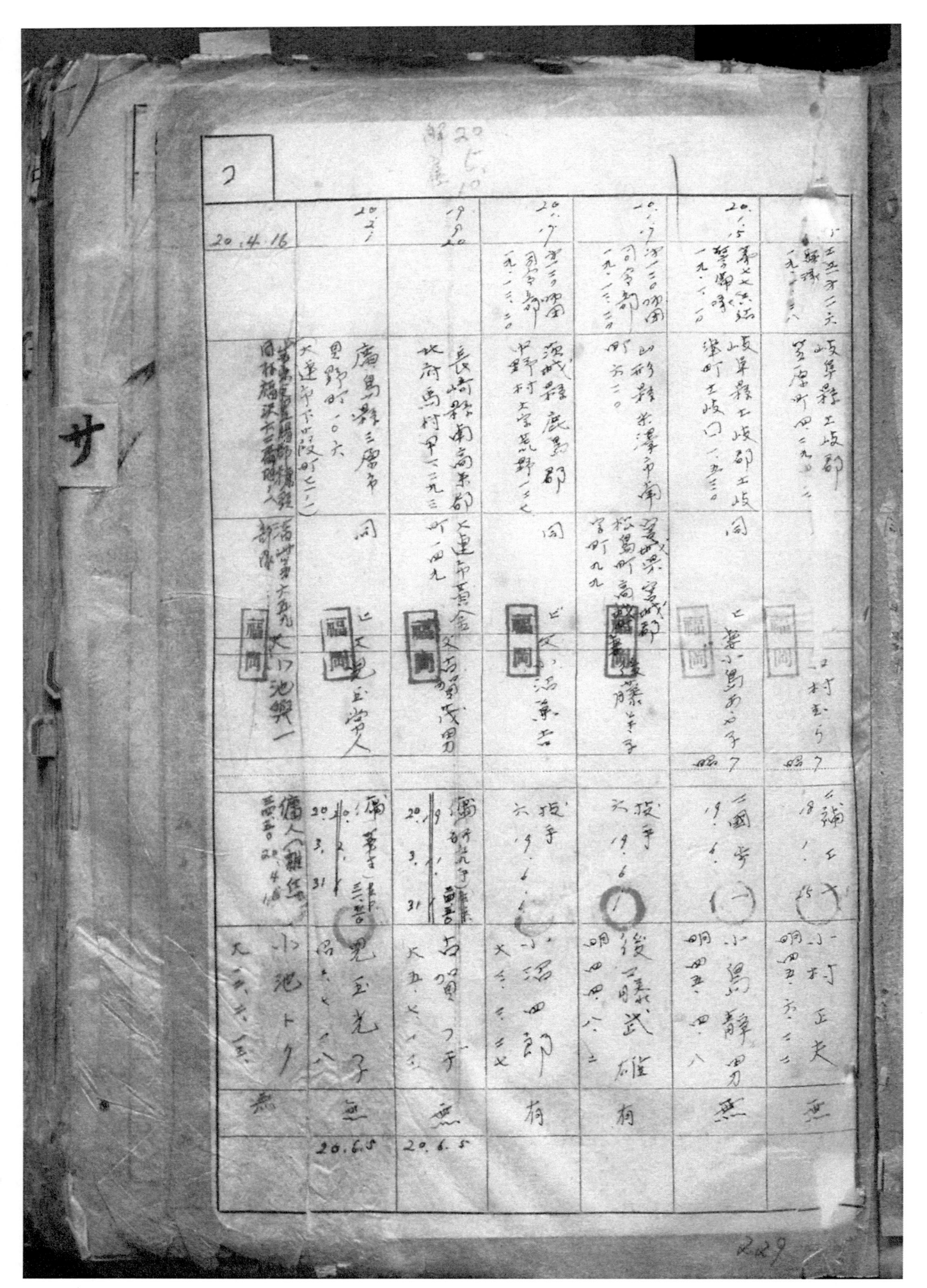

サ

關東軍防疫給水部留守名簿

昭和二十年一月一日
關東軍防疫給水部

編入年月日	編入前所屬及其編入年月日	本籍（在留地）	留守擔當者 住所	留守擔當者 續柄氏名	役種兵種官等並徵任集官等給級俸月給額年年發令年月日	氏名 生年月日	留守宅渡ノ有無	補修年月日
19.3.28	[illegible]聯隊 一八、八、一	東京都世田谷区代々木富ヶ谷町一〇八八番地	同	福岡 [illegible]貴久代	陸9 現軍医大佐 20.3.1	杉山元治 明四三、五、六	無	20.6.15
19.1.5	第五方面軍経理部 一八、一〇、二九	新潟県中魚沼郡川井村大字川井東二五九六番地	同	福岡 佐藤テイ	大15 現主少佐 20.3.1	佐藤重雄 明三四、二、一二	無	20.6.19
19.6.27	南方軍防疫給水部 一四、五、九	秋田県[illegible]町字下川原二四番地	秋田県[illegible]路一〇番地	福岡 佐藤ヨネ	陸9 現衛少佐 20.6.10	佐藤鉄之助 明三七、一〇、八	無	20.3.25
19.12.9	北支那防疫給水部[illegible] 元、三、六	宮崎県[illegible]番地	宮崎県[illegible]二五番地	福岡 佐藤平子	陸16 現衛大尉 元.17.12.1	佐藤資[illegible] 明三九、九、一五	有	
12.12.6	旅順陸軍病院 一六、三、一	愛知県[illegible]一六五二番地	同	福岡 佐伯[illegible]	陸17 現衛大尉 20.6.10	佐伯資 大二、四、三	無	20.9.22

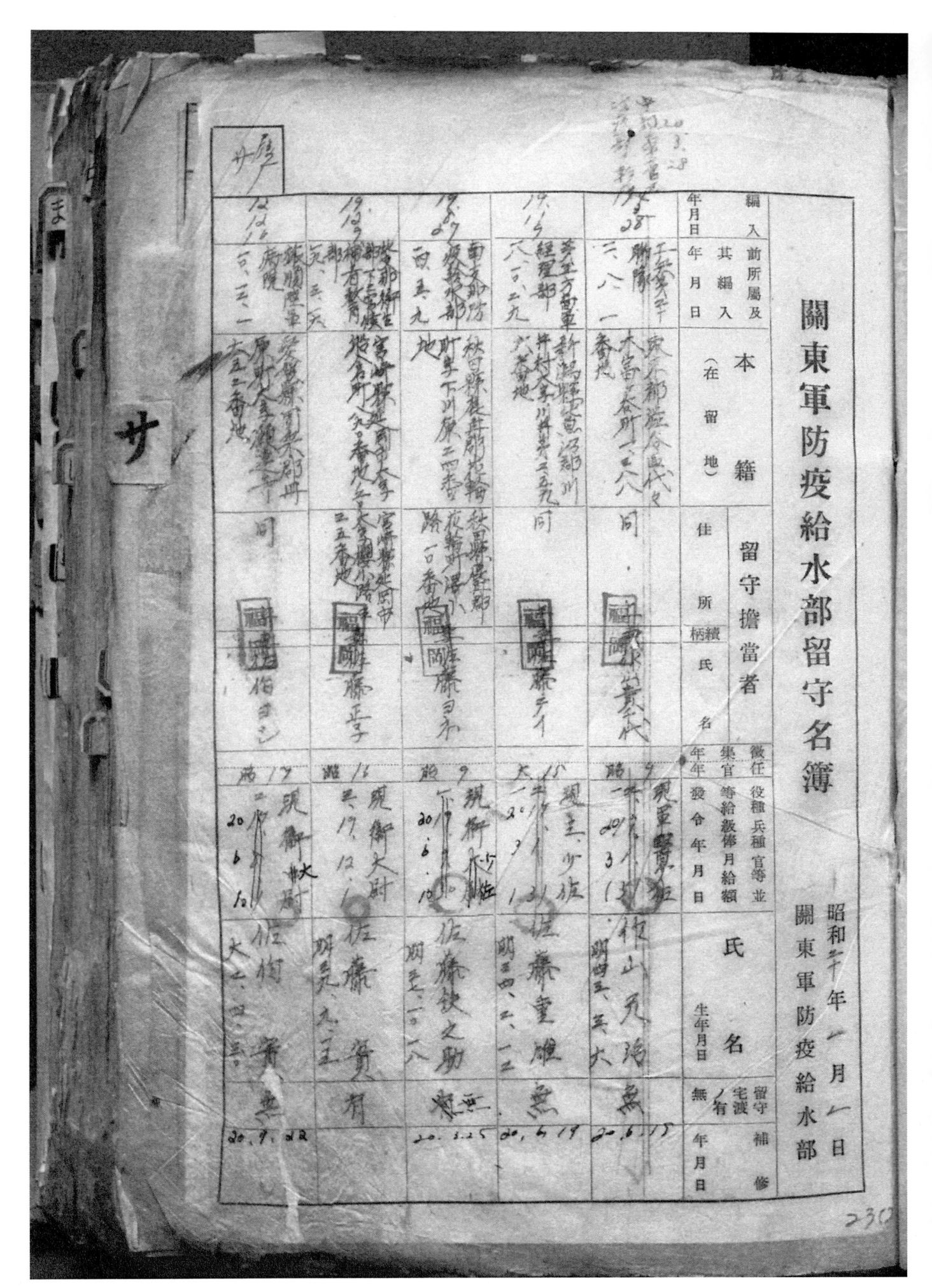

サ

20.6.30 白三五〇部隊 ［印］ 兵庫縣在郷 留守部 所属

32.5.24 舞鶴上陸

1/12	独立重砲兵 陸軍病院 錦州分院 三五、六、二七	大分縣宇佐郡和間村大字佐野一二〇四番地	同	［印］ 坂本廿自	路18	錦州 20、4、20 戦死	坂本七五三八 明四二、二、五	無
19.4	関東防衛 第四野戦病院 元、一、一七	岡山縣岡山市出石町五一番地ノ五	同	［印］ 康房子	路10	現地陸軍病院 20.4.30 戦病死	柳原秀夫 明四四、一、一九	無 20.7.22
19.3.10	錦州陸軍兵事部 一九、八、一七	宮城縣志田郡志田村保柳字城内一二番地	同	［印］ 康綾子	路18	熱河省 20.4.20 戦死	佐藤武司 大八、五、三	無
						二十長	齊藤忠	

［印］ 於三文時 受 留 20.7.[illegible]

［印］ 於 受 20.7.30 留

231

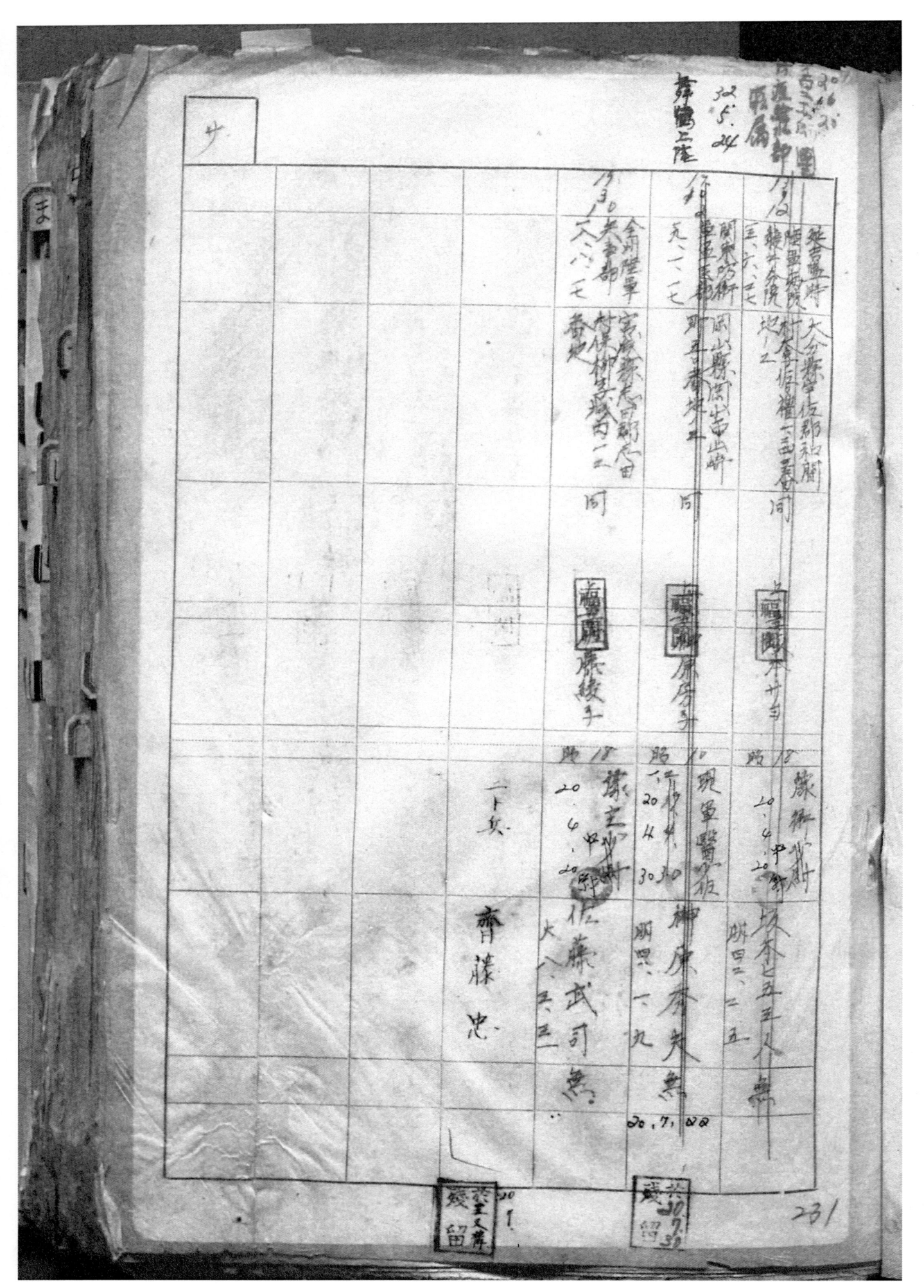

サ

解傭 22.1.18 佐世保
召解 21.7.5

17.8.10	関東軍歩兵第二十三部隊 編補充隊 三、八、一	山形縣北村山郡尾花沢町大字尾花沢 五八四三九番地	同	齋藤[illegible]次郎	技師 五 技手 大17 20.3.31	齋藤[illegible]勝 明三八、三、二七	無 20.6.28
18.5.20 17.5.10	歩兵三七	茨城縣真壁郡 [illegible]町四八	同	齋藤章	上等兵 20.5.20	齋藤敬一 明四五、三、一	
13.9.1		山形縣東田川郡東栄村大字下中野目樋口三九	仝	上 [illegible]	雇員 18.10.31	齋藤與吉 大二、十、八	無 22.6.16

282

抄

18.2.28	18.12.18	18.12.1	19.8.23	18.1.17	18.1.17	18.1.17
四平陸軍戦車学校 一八、八、一	独立守備歩兵第三十三大隊 一二、五、六	歩兵第[illegible]九聯隊 三、三、一〇	独立混成第[illegible]四十五大隊 一九、四、一九			
山形県北村山郡[illegible]村大字次年子八三番地ノ一	東京都[illegible]四丁目一三番地ノ五	神奈川県横須賀市中[illegible]町[illegible]目五三番地	宮崎県[illegible]郡[illegible]町第一一三番地	高知県[illegible]郡[illegible]村[illegible]番屋敷	高知県幡多郡[illegible]町[illegible]三番地	徳島県[illegible]郡[illegible]村大字[illegible]原八〇番地
同	東京都北多摩郡[illegible]町[illegible]三八地	同	同	同	同	同
斎藤[illegible]之	坂井[illegible]之	[illegible]方雄	斎藤[illegible]之	[illegible]井矢吉	[illegible]太郎	[illegible]川大之
昭13	昭13	昭15	昭19	昭19	昭19	昭19
現 衛生准尉 四、18、3	現 衛生准尉 四、19、9	現 衛生曹長 二、19、4、31	衛生伍長	現 衛生伍長	現 衛生伍長	現 衛生伍長
斎藤寅三 大四、一、二〇	坂井金太郎 大五、二、一	佐藤敏雄 大七、八、三一	斎藤喜代治 明四〇、一、二〇	酒井[illegible]保 大二、一〇、四	佐竹[illegible] 大二、二、七	笹川数勝 大二、五、一三
無	無	無	無	無	無	無

233

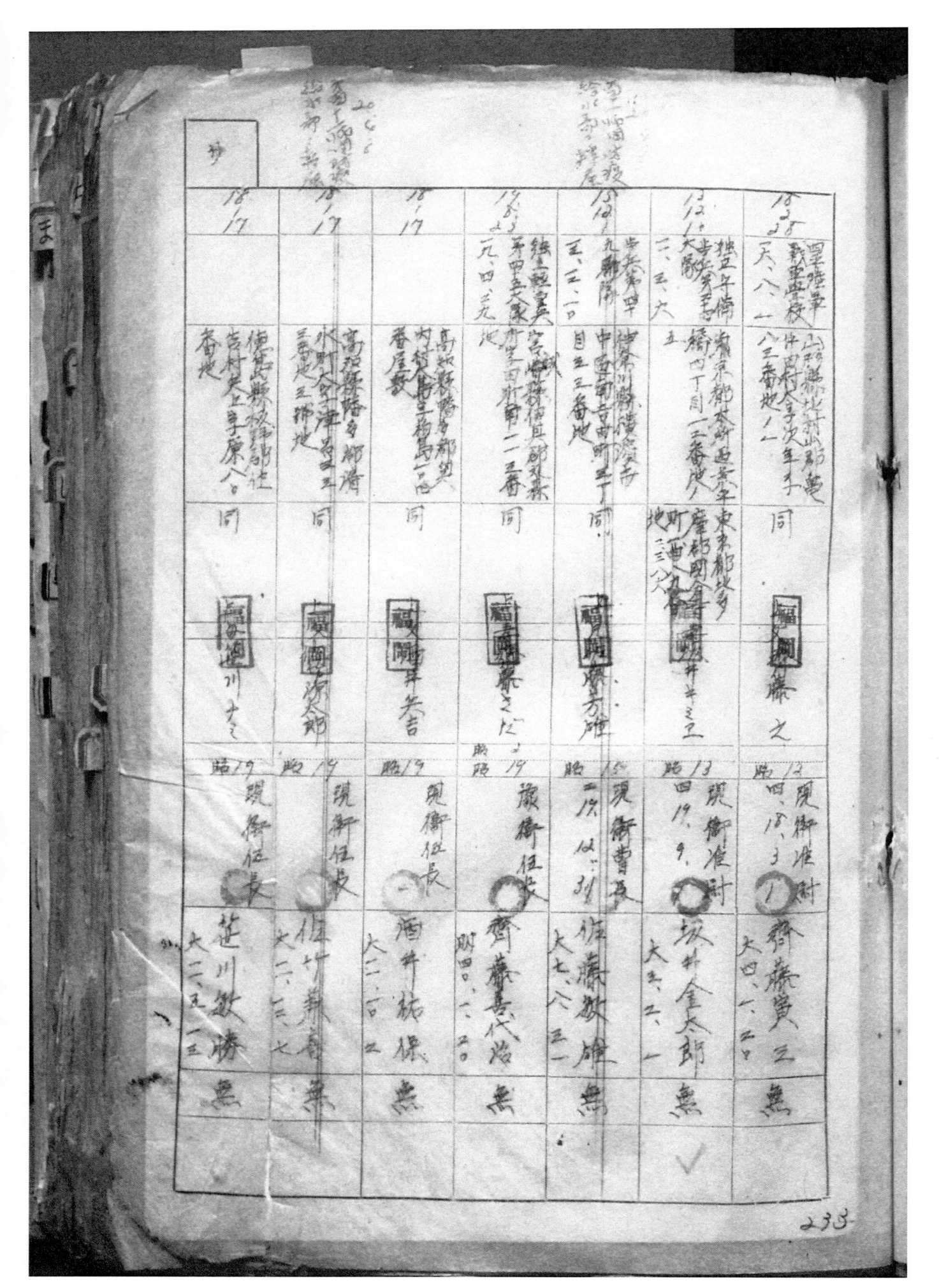

廿八

19.6.10		東京都本所区太平町三丁目四番地ノ一	東京都江戸川区小岩町六ノ一〇〇〇	福岡 佐藤トシ	抜手 20.3.31	1/2 佐藤[illegible]藏 明三[illegible]、二、二三	無	20.6.28
19.8.21		廣島縣安藝郡江田島村六二番地	同	福岡 坂田エワ	抜手 19.3.31	坂田齋 明三七、四、一	無	
15.[illegible].1		福島縣[illegible]郡上川崎村大字上川崎字[illegible]八六番地	同	福岡 佐藤かね	抜手 20.3.31	佐藤[illegible]浦 明四[illegible]、三、七	無	20.6.28
19.3.1	第[illegible]防疫給水部 六、一、五	山形縣[illegible]郡東[illegible]村大字[illegible]字[illegible]澤五四番地	同	福岡 [illegible]田みや	抜手 20.3.31	奥田村雄 明四[illegible]、[illegible]、二二	無	20.6.28
18.[illegible].15		千葉縣香取郡多古町喜多九四番地	同	福岡 佐久間とめ	属 20.3.31	佐久間三工 大[illegible]、六、[illegible]	有	20.6.28
17.8.31		千葉縣[illegible]郡千代田村大里一八四番地	同	福岡 齋藤せつ	抜手 20.[illegible].31	齋藤俊雄 明四四、七、二	無	20.6.28
18.2.12		福島縣[illegible]郡[illegible]村大字伊[illegible]町四九八番地ノ一	同	福岡 坂本ミドリ	抜手 20.[illegible].31	坂本惠 明四三、七、七	無	20.6.28

234

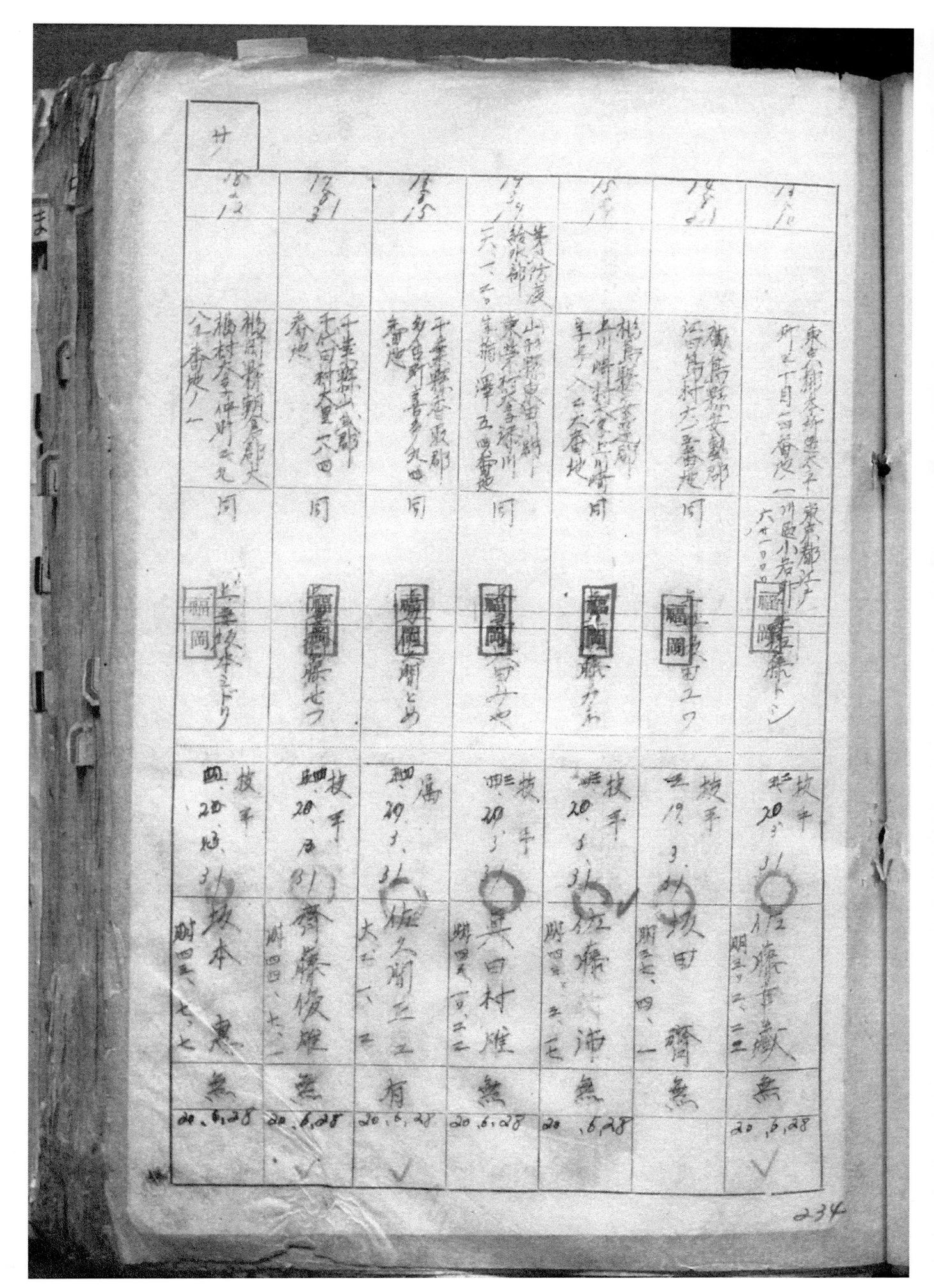

サ

19/4/1	長野県小縣郡和田村一、五七一番地	同	福岡 佐藤田鶴子	技手 五、17、9、30	佐藤忠輔	大四、六、一五	無	
19/4/1	[illegible]崎県[illegible]田郡[illegible]本村三、一四五番地	同	福岡 佐々木露子	通譯生 五 20、3、31	佐々木四郎	大四、二、一三	無	20、6、28
19/8/31	山形県東村山郡高楯村大字高楯二二六番地	同	福岡 佐藤さよ子	技手 五 20、3、31	佐藤誠徳	明四三、一〇、一二	無	20、6、28
19/8/31	岩手県胆沢郡佐倉河村字塩竈新村三〇番地	同	福岡 佐藤[illegible]	技手 五 20、3、31	佐藤栄	明四三、一、一二	無	20、6、28
15/6/23	東京都西多摩郡檜原村九〇〇番地	同	福岡 坂本はる	業務手 17、4 一〇七	坂本猛	明四四、一、一五	無	
15/4/17	千葉県香取郡多古町喜多九五五番地	同	福岡 佐藤かね	業務手 17、9、1 九二	佐藤正雄	明三三、一〇、一五	無	
15/1/16	北海道[illegible] 岩手県江刺郡	岩手県江刺郡広瀬村[illegible]（擬石）	福岡 佐藤ヒ之松	業務手 19、11、16 八五	佐藤宗忠	明四三、六、五	無	

広瀬村広瀬字平一九一番地

235

サ

22.2.27
佐世保
解雇

13.11.8	13.8.1	20.3.11	
		前六第[illegible] 四四四號[illegible] 一八四三	
岩手縣稗貫郡内川目村第二十九地割二十五番地	北海道札幌市豊平五條八丁目三番地	高知縣幡多郡八束村山路一八五八	千葉縣印旛郡和田村直彌四三七
同 佐々木寸シ	函館市宇賀浦町一八九 斉藤利七	高知縣幡多郡十川村 文 佐田鶴次	仝上 父 橋本伊太郎
		昭17 昭19	
業務手 八卅五 20.3.31	業務手 19.11.8	現在組長 19.12.1	雇員
佐々木金重 大三、六、一五	斉藤忠治郎 明四〇、一〇、二五	佐田充稲 大一三、一、一三	橋本武 大五・三・一九
無	無	無	無
			22.6.16
	✓		

236

關東軍防疫給水部留守名簿

昭和二十年一月一日
關東軍防疫給水部

サ

編入年月日	19.3.14	19.8.15	19.8.15	17.1.10	17.1.10
前所屬及其編入年月日	輜重兵第十二聯隊 一六、八、一六	歩兵第七十二聯隊 一七、一、一八	留守第[illegible]陸軍病院 一七、一、二〇		
本籍（在留地）	愛媛縣西條市大町三四四番地	宮崎縣西臼杵郡上野村四〇四番地	富山縣東礪波郡南山田村上見一〇三番地	愛媛縣宇摩郡妻鳥村一八七八番地第三	愛媛縣北宇和郡奥南村大字奥浦甲三七〇番地
留守擔當者 住所	同	同	同	同	同
留守擔當者 續柄 氏名	福岡 父 笹井伊三郎	福岡 父 佐藤政重	福岡 父 笹田友吉	福岡 母 佐々木マキ	福岡 父 坂本久太郎
徴任年 集官年	昭8	昭14	昭15	昭16	昭16
役種兵種官等並等給級俸月給額發令年月日	豫 輜 上 17.12.1	豫 衛 上 19.8.1	豫現 衛 上 18.8.15	現 衛 上 20.1.1	現 衛 上 19.6.1
氏名 生年月日	笹井敏一 大四、九、二七	佐藤墨雄 大四、六、二八	笹田貞次 大九、三、一七	佐々木文明 大一〇、七、三〇	坂本利雄 大一〇、二、一八
留守宅渡ノ有無	無	無	無	無	無
補修年月日					

237

廿

舞鶴 22.10.1

17/10	徳島県板野郡一条町西條字廿ノ元七六番地	同	福岡 坂本衛浅一	昭16	現衛上 20/1/1	坂本重喜 大10.3.15	無
17/10	高知県長岡郡本山町北山[illegible]九一番地	同	福岡 澤田愛久	昭16	現衛上 20/1/1	澤田福市 大10.3.18	無
17/10	高知県高岡郡大野見村竹原[illegible]一一五番地	同	福岡 坂本[illegible]	昭16	現衛上 19/6/1	坂本梅吉 大10.6.23	無
17/10	高知県高知市中久万二七一番地	同	福岡 坂本磯次	昭16	現衛上 19/6/1	坂本武雄 大10.3.10	無
18/7	愛媛県周桑郡田野村大字高松甲五九七番地	同	福岡 佐伯傳左衛門	昭17	現衛上 20/1/1	佐伯勇 大11.6.27	無
18/7	愛媛県新居浜市甲一一〇番地	同	福岡 酒井コマ	昭17	現衛上 18/10/1	酒井栄一郎 大11.3.14	無
18/7	徳島県名西郡上浦村大字中西字ナカノ[illegible]番地	同	福岡 佐々木[illegible]	昭17	現衛上 19/1/1	佐々木瀬太郎 大12.4.10	無

23. 2. 16
No.1062

238

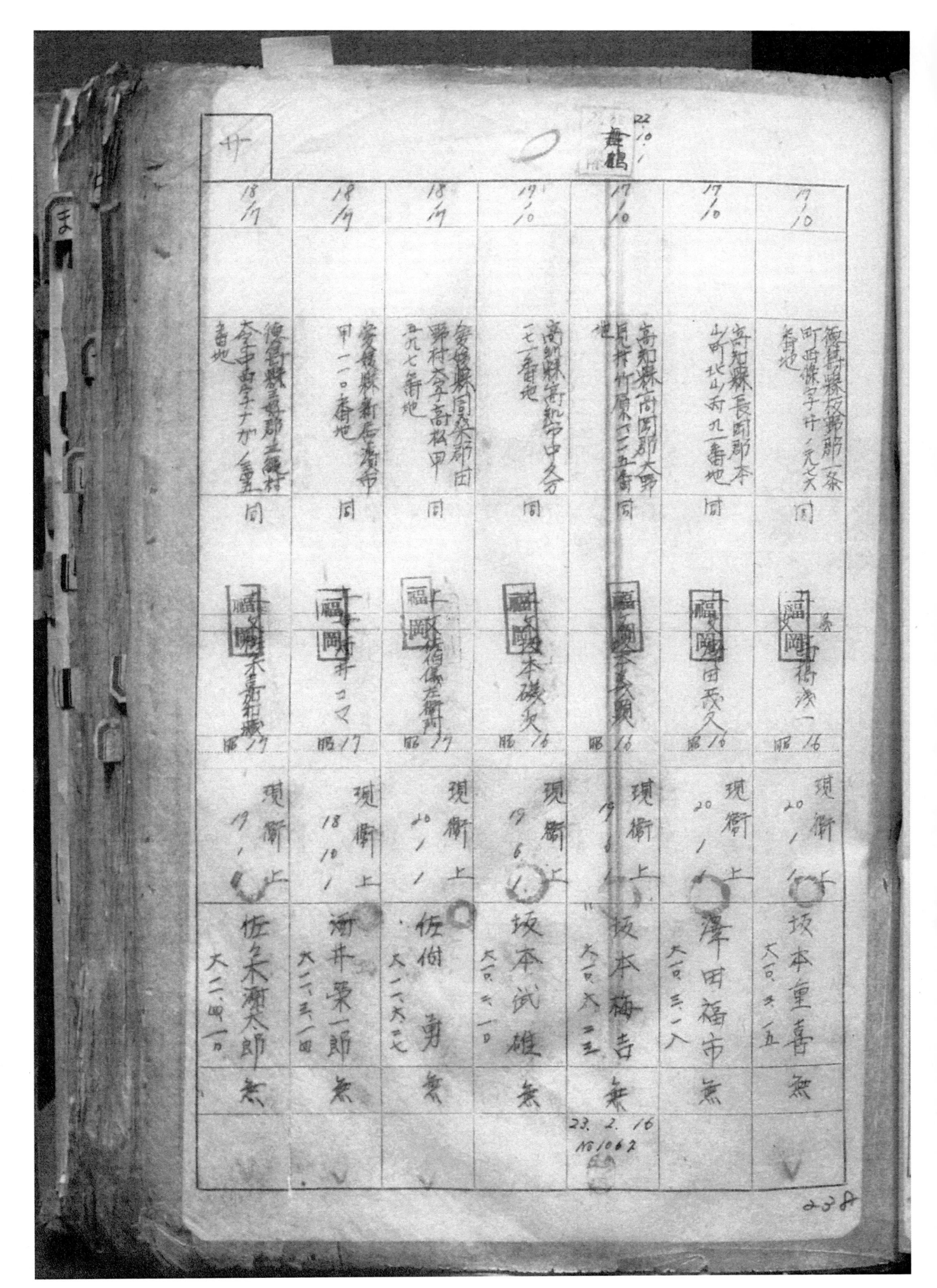

於舞鶴 召集解除 22.9.24	1[illegible]	徳島県海部郡[illegible]村大字[illegible]一七四番屋敷	東京都中野区[illegible]	福岡 財賀かね	昭17	現 衛上 19.1.1	財賀龍雄 大二.四.一二	無 22.1.28 No.1048.
	19.1.[illegible]	高知県幡多郡十川村大字地吉一一番屋敷	同	福岡 父 酒井正市	昭17	現 衛一 18.9.20	酒井圭馬 大二.一〇.一	無
於舞鶴 除隊 22.12.3	19.1.12	愛媛県[illegible]郡[illegible]村大字東[illegible]番耕地第二	同	福岡 [illegible]辰[illegible]	昭18	現 衛 兵長	酒井常俊 大二.六.[illegible]	無 23.5.14
於舞鶴 除隊 22.12.3	19.1.12	愛媛県東宇和郡惣川村一一番耕地二二九番地	同	福岡 祖 [illegible]	昭18	現 衛 兵長	真田真喜男 大二.[illegible].四	無 23.5.14
於スイシエフカ 戦病死 21.2.12	19.1.12	愛媛県[illegible]郡[illegible]町大字新屋敷甲一三三番地第二	同	福岡 祖 [illegible]	昭18	現 衛上 20.1.1	佐々木濟 大一二.九.五	無 22.10.13 死亡 234号
於舞鶴 除隊 22.12.3	19.1.12	愛媛県[illegible]郡[illegible]村大字[illegible]八一九番地	同	福岡 [illegible]	昭18	現 衛上	真田武 大一三.八.五	無 [illegible]
於舞鶴 除隊 22.12.5	19.1.12	愛媛県[illegible]郡[illegible]村[illegible]番地 一八番地	宇和島市[illegible]町三番地	福岡 [illegible]造	昭18	現 衛上 20.1.1	佐藤七郎 大一三.八.[illegible]	無 23.5.14

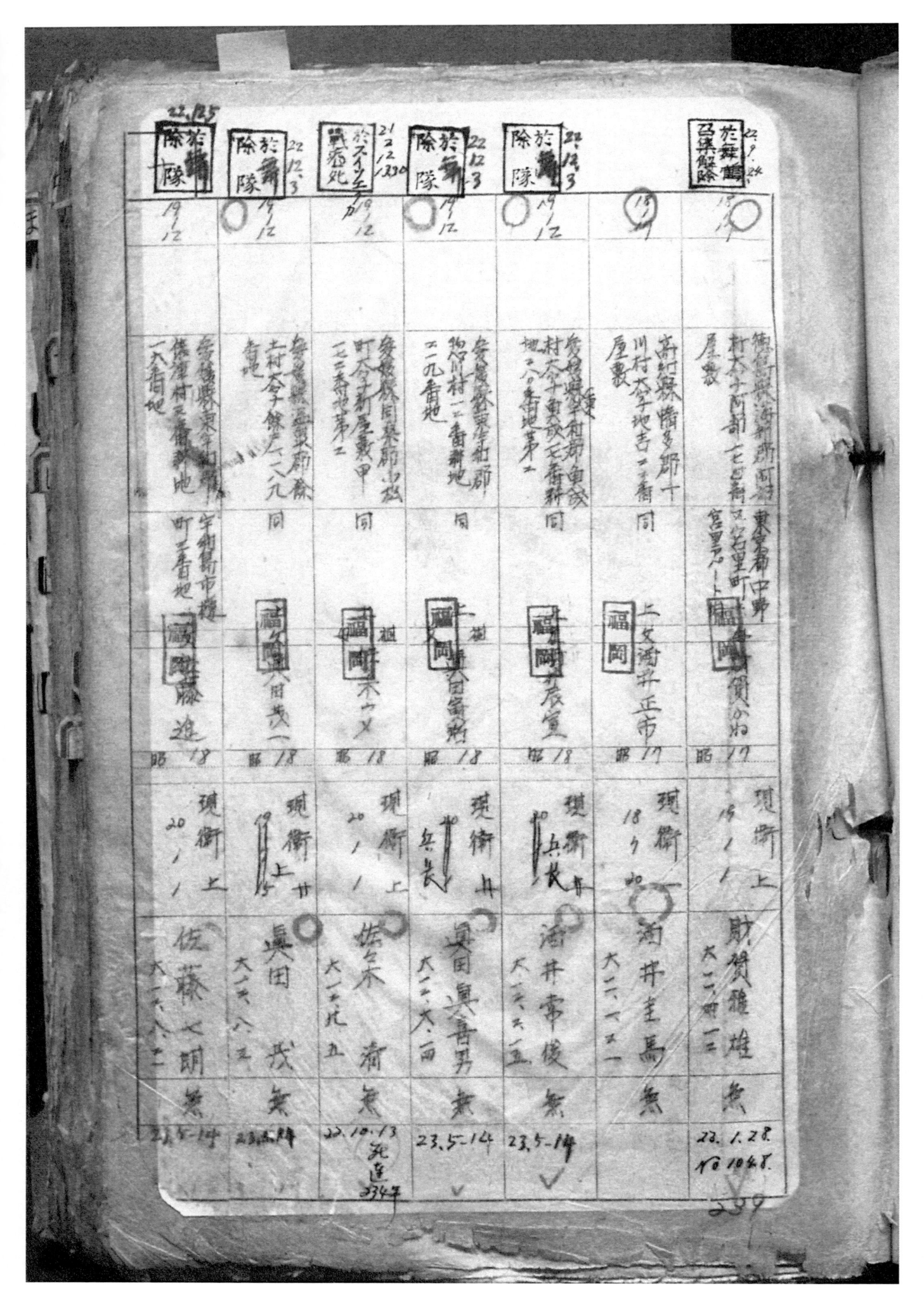

サ

20.1.5 奉天陸軍[illegible] [illegible]

[illegible]

19/1/2		鹿児島県[illegible]村大字藪生甲八四番地	同	福岡 [illegible]清市	昭18	現衛上 20.1.1	佐竹雅夫 大一三、六、元	無
19/1/2		愛媛県越智郡大井村大字九三甲一〇八五番地ノ第一	同	福岡 [illegible]兼一郎	昭18	現衛一 19.7.15	佐間武光 大一三、一三、一	無
19/1/2		高知県香美郡田島村田村乙一〇八九番地	同	福岡 [illegible]皇治	昭18	現衛一 19.7.15	佐竹年治 大一三、一、一〇	無
20.2.2	[illegible] 一九.四.二〇	青森県上北郡三本木町大字三本木稲生町七五番地	同	福岡 亡父 及亡 石松	昭17 昭19	現至 19.9.1	坂上薫	無
20.1.5	[illegible]備考 一九.九.二五	佐賀県西松浦郡西川村一一三五〇	同	福岡 亡父 酒井右門	昭3	一補 19.9.8	酒井田重治 明四〇.一一.一四	無
19.12.30	[illegible]	東京都南多摩郡堺村相原	同	亡父 佐竹				

完

240

除隊 於〇〇

日付	本籍	留守宅	関係・氏名	生年	兵種	氏名・生年月日	
21.2.26	廣島縣山縣郡殿賀村大字下殿河内一六二〇番地	同	上 妻 福岡 斉藤キク	明17	現衛 21.2.26 二	斉藤 勉 大一三.八.一八	無
21.2.26	廣島縣山縣郡八重町大字後有田一三二七番地	中支浙江省杭州迎紫路一〇一號	上 兄 福岡 三田晧登	明19	現衛 20.2.26	三田 薫 大一三.三.三〇	無
21.2.26	島根縣知夫郡黒木村大字美田一八二五番地	島根縣松江市大海崎町	上 父 福岡 坂口賢太郎	明19	現衛 21.2.	坂口 秋田 大一三.一一.四	無
21.2.26	島根縣邑智郡川越村大字田津二二〇番地	同	上 父 福岡 坂根勤助	明9	現衛 21.2.1	坂根 猛 大一四.六.二	無
21.2.26	島根縣大原郡海潮村大字塩田六〇九番地	同	上 父 福岡 佐名木勝一	明19	現衛 21.2.26	佐名木 正好 大一四.一〇.一七	無
21.2.26	島根縣飯石郡西須佐村大字大呂二一五番地	同	上 父 福岡 雛賀喜邊一	明19	現衛 20.2.26	雛賀 喜真 大一四.六.二三	無
21.2.26	廣島縣廣島市尾長町一番地	廣島縣廣島市〇〇町一二番地	上 父 福岡 坂本儀一	明18	現衛 21.2.1 二	坂本 昇明 大一四.一.	無

22.9.24 44 137

241

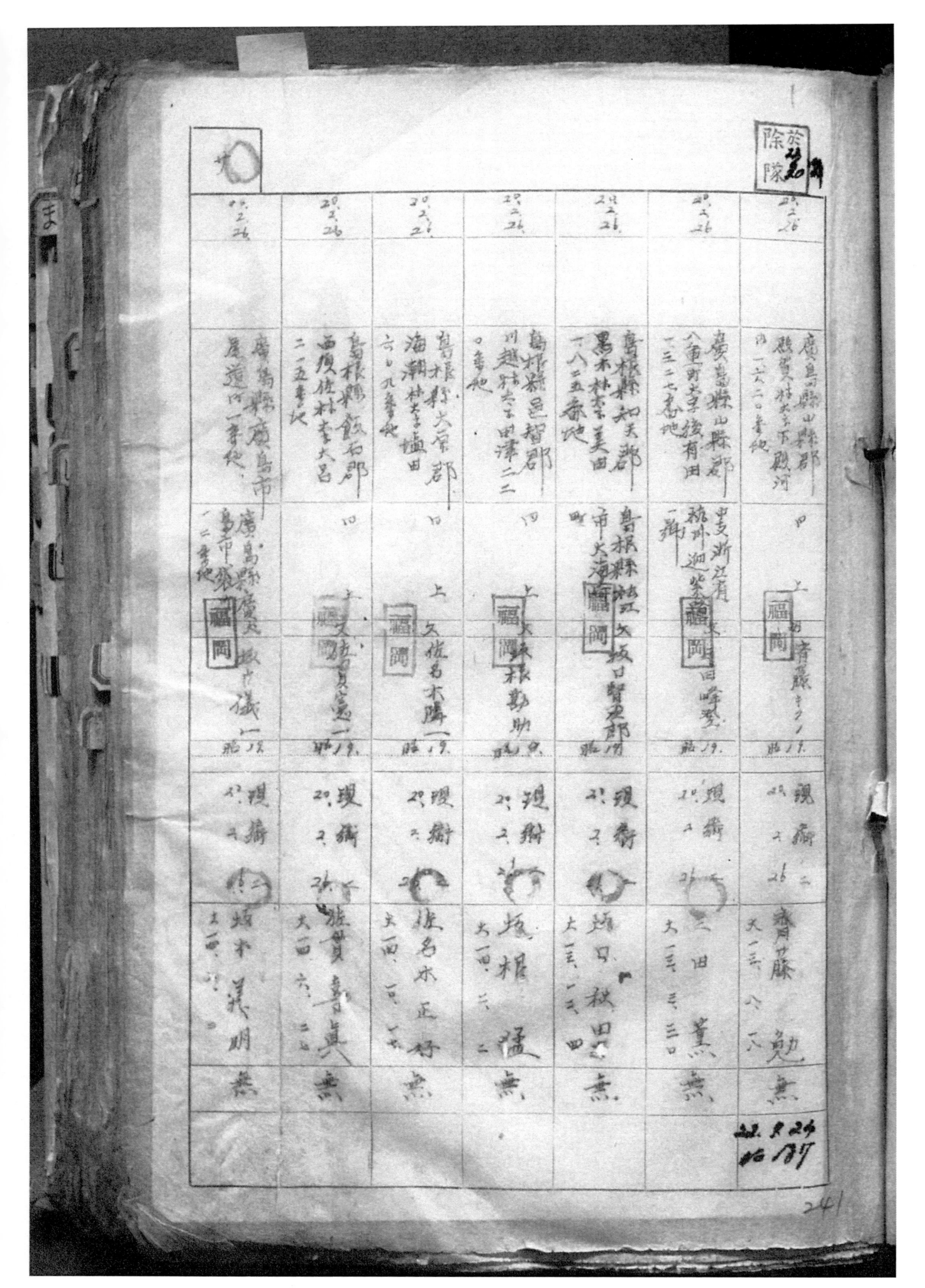

サ

除 佐世保 21.12.21　除 佐世保 21.12.21

20.2.26		山口県玖珂郡本郷村大字本谷第五三一番地	四	上	福岡　父 笠川満平	昭19	20.2 現役
20.2.26		山口県熊毛郡伊保庄村第二五九〇番地	四	上	福岡　父 貞永精一	昭19	20.8.1 現役 船舶
20.2.26		山口県大島郡蒲野村大字椋野五五五番地	四	上	福岡　兄 佐藤長夫	昭19	20.8.1 現役 船舶一
20.2.26		山口県阿武郡宇田郷村大字惣郷第一〇三二番地	四	上	福岡　父 齊藤喜熊	昭19	20.2 現役

笠川茂一	大一三．一二．二五	無	
貞永節	大四．一〇．二七	無	22.6.16
佐藤道夫	大一四．四．一五	無	22.6.16
齊藤菊吉	大十一．四．八一六	無	

242

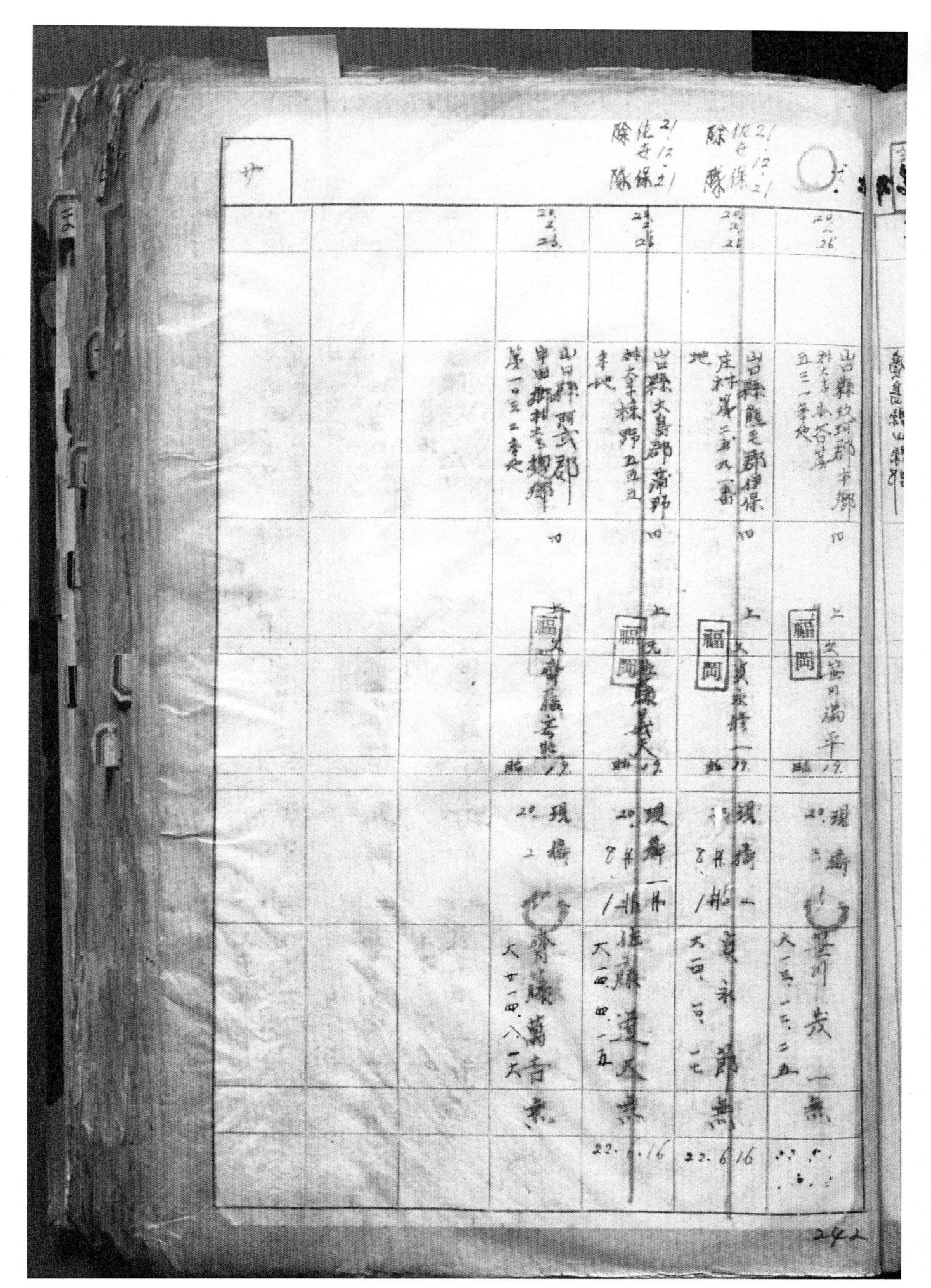

關東軍防疫給水部留守名簿

昭和二十年一月一日

關東軍防疫給水部

サ

解雇 上陸 20.8.27

編入年月日	前所属及其編入年月日	本籍（在留地）	留守擔當者 住所	留守擔當者 續柄 氏名	役種 兵種 官等並等給級俸月給額 / 發令年月日	氏名 生年月日	留守宅渡ノ有無	補修年月日
12.3.20		栃木県河内郡姿川村大字下砥上八五三番地	同	上 佐藤[illegible]	雇（事務）七五 19.12.30	佐藤邦重 明四五、八、二五	無	
14.12.10		群馬県群馬郡中川村大字大八木三九番地	同	叔父 佐藤良治	雇（技術）七九 19.11.1	佐藤朋司 大五、一〇、二〇	無	
14.10.16		秋田県仙北郡横堀村[illegible]川原道下二五番地	同	父 [illegible]太郎	雇（技術）七五 19.11.1	佐々木謙治 明四三、四、六	無	
14.5.17		群馬県碓氷郡八幡村大字剣崎甲一〇一五番地	同	父 [illegible]康三七	雇（現場監督）四七九 傭 20.3.31	[illegible]原富作 大五、六、七	無	20.6.5
14.1.12		群馬県多野郡[illegible]岡村大字[illegible]岡一八〇番地	東京都[illegible]区[illegible]町一丁目[illegible] 作業班[illegible]方	[illegible]	雇（技術）七八 傭 20.3.31	[illegible]宮秀夫 明四五、五、一七	無	20.6.5

243

サ

解雇 20.9.5

19.4.7		青森県北津軽郡中川村大字[illegible]番地内三番	同 佐藤方[illegible]	上 [illegible] 佐藤そで	産([illegible]) 20.4.1–3.31	佐藤方三郎 大二、五、一五	無	20.6.5
19.7.1	函館	北海道函館市[illegible]町一九七番地	同	上 [illegible] 猿田欽治	産(技術) 20.4.1–3.31	猿田貞助 明四四、二、一五	無	20.6.5
19.7.1		大分県大分郡[illegible]村大字江無田[illegible]四番地	同	上 [illegible] 佐藤[illegible]蔵	産(技術) 20.4.1–3.31	佐藤秋生 大七、二、一	有	20.6.5
19.5.20		秋田県雄勝郡湯沢町字清水新町五九番地	同	上 [illegible] 佐藤[illegible]太郎	産([illegible]) 20.4.1–3.31	佐藤七郎 大七、一〇、二五	有	20.6.5
19.5.31		熊本県阿蘇郡小国町大字[illegible]三七番地	同	上 [illegible] 佐藤保	産(警防) 20.4.1–3.31	佐藤[illegible]雄 大七、二、一	有	20.6.5
19.1.1		福岡県[illegible]郡[illegible]二九八五番地ノ二	同	上 福岡 坂本房雄	産(技術) 20.4.1–3.31	坂本廣美 大七、五、二四	有	20.6.5
19.9.1		岩手県[illegible]郡[illegible]村[illegible]八番地ノ一	同	上 [illegible] 斎藤[illegible]吉	産(技術) 20.4.1–3.31	斎藤[illegible]一 大五、五、二六	有	20.6.5

244

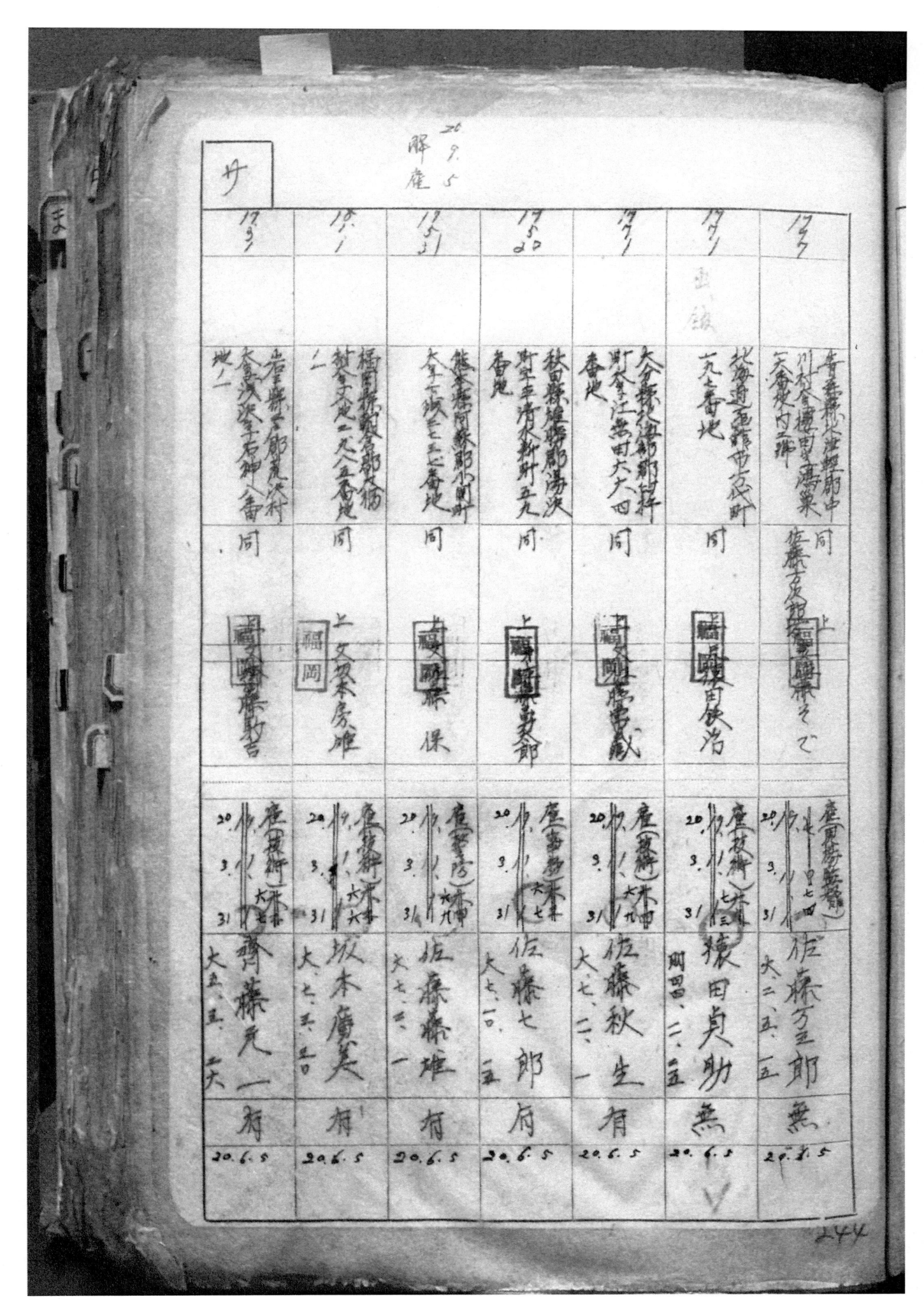

サ

17.7.1	長野県上伊那郡[illegible]字諏訪形四五七番口地	同	父 真田次作	雇(技術)廿一 17.11.1 六四 / 20.3.31	真田茂男 大八、三、三	有	20.6.5
15.3.24	岩手県西磐井郡[illegible]村大字[illegible]沢番地	同	父 佐藤一	雇(技術)廿一 17.11.1 六四 / 20.3.31	佐藤富雄 大八、四、一二	有	20.6.5
14.12.10	千葉県香取郡久賀村高津原二九〇番地	同	父 櫻井[illegible]	雇(技術)八五 19.11.1	櫻井辰之助 大五、七、四	無	
15.12.1	岩手県西磐井郡永井村字菓師沢二番地	同	父 佐藤ホル	雇(防疫)八四 19.11.1	佐藤新治郎 明四三、九、三〇	無	
15.1.11	千葉県香取郡多古町五反田七六番地	同	母 齊藤なみ	雇(技術)七九 19.11.1	齊藤通 大三、三、二一	無	
13.2.28	千葉県香取郡多古町[illegible]九四番地	同	母 佐久間とく	雇(防疫)七五 19.11.1	佐久間清 大六、二、二六	無	
13.1.18	福島県伊達郡富田村大字鶴沢字細蔵二〇番地	同	母 佐野愛子	雇(技術)卅八 七五 / 20.3.31	佐野一衛 大七、三、一九	無	20.6.5

245

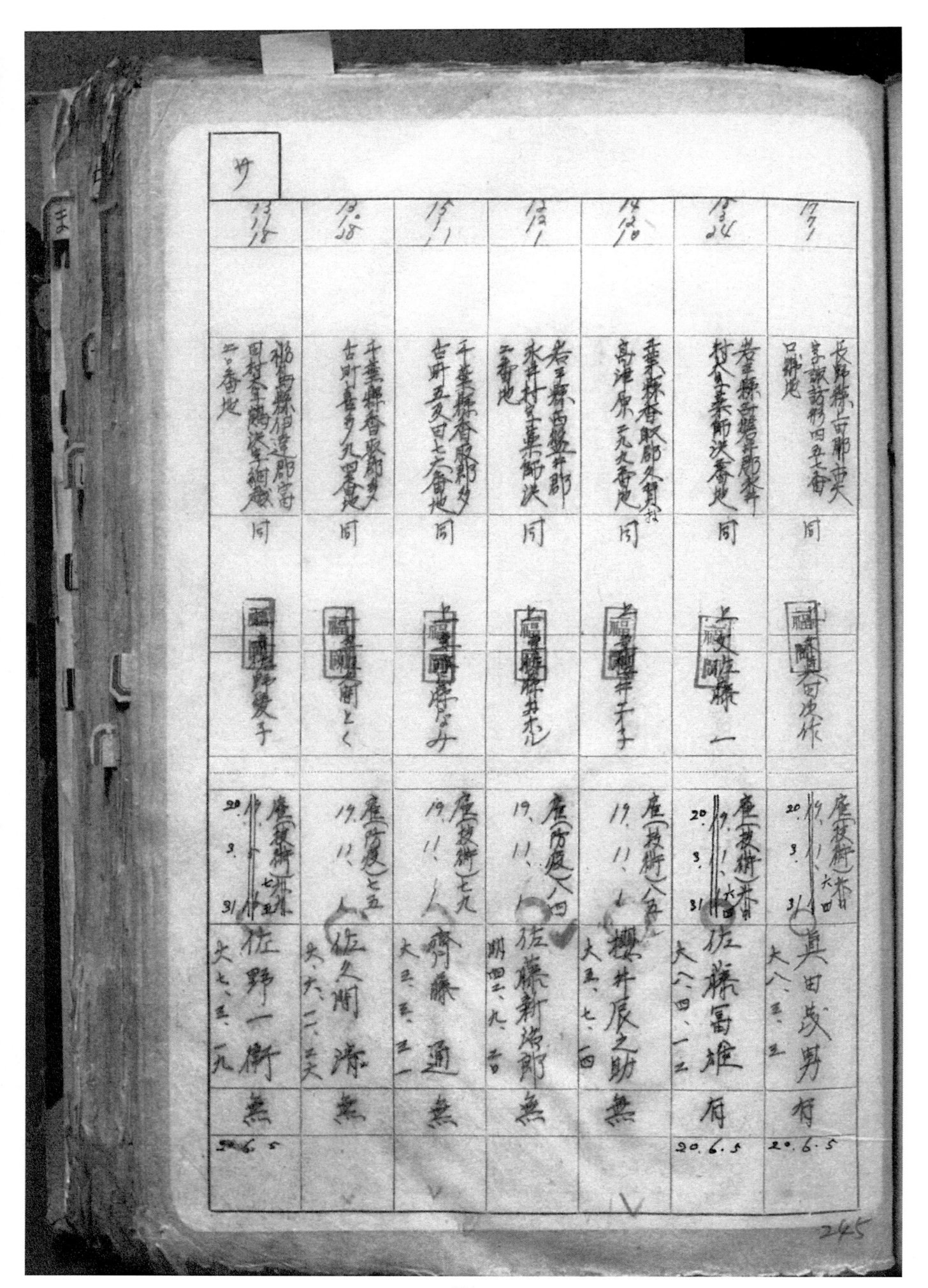

サ						
13 / 15	15 / 11 / 13	16 / 11 / 1	17 / 5 / 31	19 / 3 / 10	17 / 7 / 1	15 / 3 / 7
千葉縣香取郡多古町喜多免五番地	岩手縣岩手郡沼宮内町大字沼宮内第六地割二番地	新潟縣中魚沼郡秋成村大字秋成六九〇番地	山形縣北村山郡楯岡町大字楯岡三三七九番地	新潟縣北蒲原郡[illegible]町大字五十里四〇七番地	宮城縣遠田郡田尻町大貫字金田三六番地	山形縣東村山郡[illegible]谷沢村大字[illegible]字楯山一二番地
同	同	同	同	同	同	同
祖父 佐藤鶴吉	母 佐藤ヨシ	母 佐藤つき	母 佐々木千代	母 佐々木笑子	母 佐々木ちよの	父 齊藤[illegible]吉
20.3.31 雇(調理補導) 七十一	20.3.31 雇(防疫) 七十四	20.3.31 雇(防疫) 七十四	20.3.31 雇(防疫) 六十九	20.3.31 雇(防疫) 六十八	20.3.31 雇(防疫) 六十八	20.3.31 雇(防疫) 六十三
佐藤清 大二、二、二一	佐藤三郎 大六、五、三	佐藤與三 大二、二、五	佐々木一 大七、三、二八	佐々木朝路 大七、十、二二	佐々木秋郎 大六、五、二六	齊藤金吾 大七、一一、二五
有	無	無	無	無	無	有
20.6.5	20.6.5	20.6.5	20.6.2	20.6.5	20.6.5	21.6.5

246

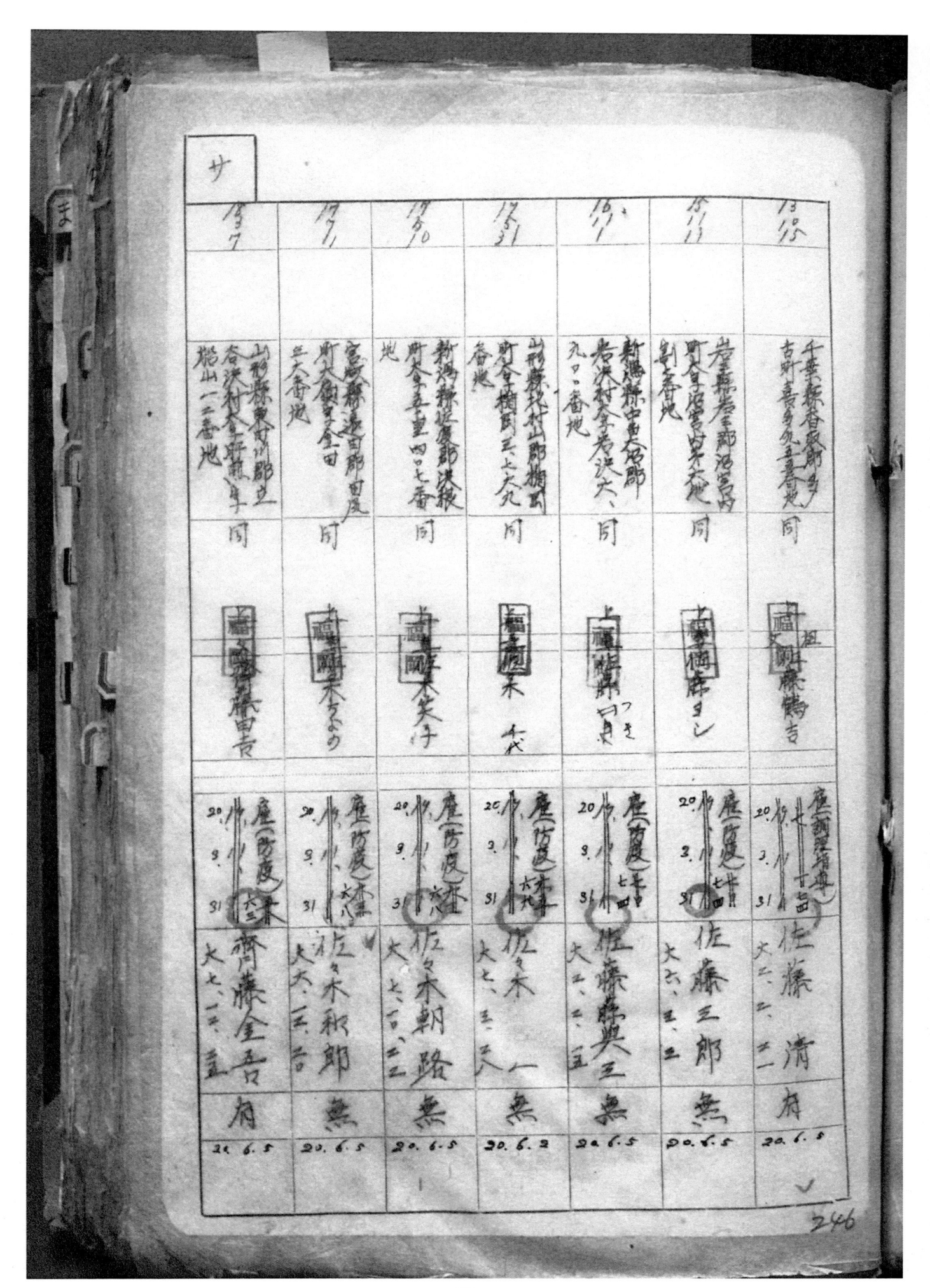

サ

15/6/22	13/10/8	15/9/21	17/8/31	16/9/20	17/5/2	17/7/1
宮城県伊具郡筆甫村字小筆甫入口番地ノ二	岩手県気仙郡広田村字中澤二二番地ノ二	岩手県東磐井郡生母村赤生津字剣林八九番地ノ二	群馬県碓氷郡[illegible]町大字[illegible]番地	新潟県[illegible]郡[illegible]村大字[illegible]四三九番地	千葉県山武郡千代田村大字[illegible]一八四番地	岩手県[illegible]郡[illegible]村大字[illegible]四二七番地
同	同	同	同	同	同	同
[illegible]井まさよ	[illegible]子	[illegible]	[illegible]信雄	[illegible]ミヨ	[illegible]	[illegible]郎
19.11.17 應(防衛)六六	19.11.1 應(技術)七〇	19.11.1 應(防衛)七五	19.11.1 應(技術)七八 20.3.31	19.11.1 應(防衛)七九 20.3.31	19.11.1 應(技術)八一 20.3.31	19.11.1 應(防衛)七[illegible] 20.3.31
酒井良一 大六.一〇.一	佐々木周三郎 大三.一〇.二九	佐藤権左門 明三九.六.四	坂本益三 大七.五.二一	坂本正八 明四一.五.二九	斎藤秋[illegible] 大七.一〇.七	佐藤敏夫 大七.一二.一五
有	無	無	有	無	有	有
	~~20.6.5~~	~~20.6.5~~	20.6.5	20.6.5	20.6.5	20.6.5

247

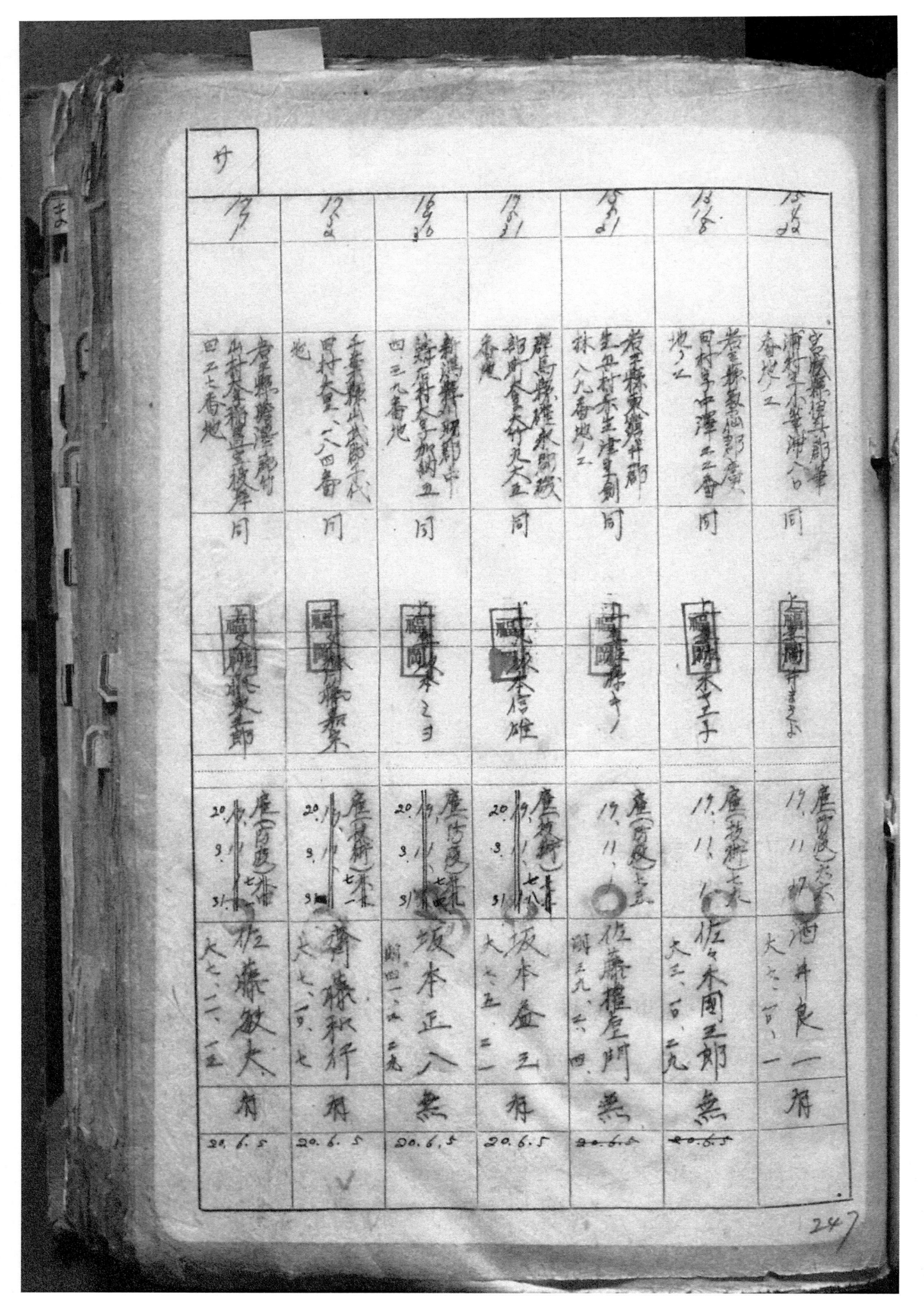

サ

宮城県宮城郡松島町松島字町内一三九番地	宮城県宮城郡松島町松島九七番地	櫻井とみゑ	應（宮城）19、11、1	櫻井繁	大四、八、二六	無
新潟県北魚沼郡廣瀬村大字大沢六四番地	同	坂西アキ	應（宮城）七九 19、11、1	坂西米作	大六、一二、二	無
福島県安達郡岩根村字根本六八番地	福島県安達郡[illegible] 中山城入[illegible]	齋藤文子	應 20、3、31	齋藤幸之吉	大五、八、一五	無
山形県東村山郡高楯村大字滑川四二番地	山形県東村山郡高楯村大字滑川四二番地	佐藤林内	應（防衛）19、11、1	佐藤林治郎	大七、二、二七	有
長野県小縣郡西塩田村大字十人区一四四番地	同	佐藤強	應 本六七 20、9、31	佐藤三七郎	大六、五、一七	有
福島県伊達郡小坂村大字東白平川地三八番地	福島県伊達郡小坂村[illegible]	齋藤キヨ代	應 大四 20、9、31	齋藤勝雄	大八、八、一	有
東京都杉並区西高井戸一ノ一二一番地	東京都杉並区高井戸一ノ一二一	佐伯栓三	應（宮城）七七 19、11、1	佐伯橋太郎	明四五、五、二	有

248

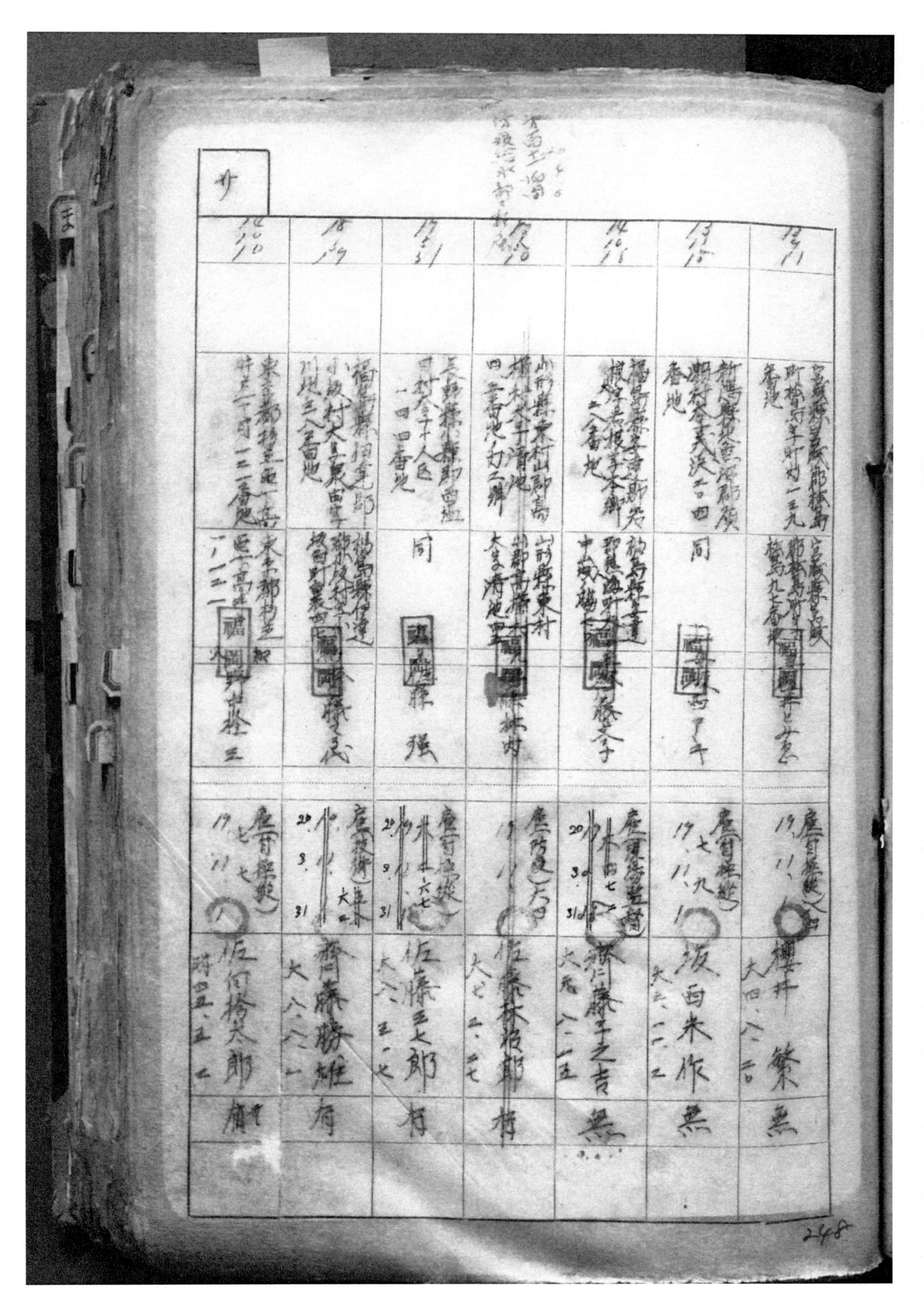

サ

20.6.19
解雇

15.9.26	佐賀県[illegible]長瀬一〇九番地	同	福岡 佐藤まさ	雇（技術）九年 17.10	佐藤忠三郎 明三三、一、一八	無	
13.1.18	宮城県仙台市原町苦竹字南裏二一番地	同	福岡 佐藤けさの	雇（技術）五 20.3.31	佐藤新一 明四三、五、二八	無	20.1.28
13.1.18	宮城県名取郡岩沼町字新地一一番地	同	福岡 佐藤すえの	雇（技術）八四 20.3.31	佐藤吉雄 大二、五、一三	無	20.6.5
15.[illegible].15	岐阜県土岐郡土岐津町高山五〇八番地	同	福岡 佐々木[illegible]	雇（技術）[illegible] 20.3.31	佐々木[illegible] 大五、五、六	有	20.6.5
14.11.10	新潟県東蒲原郡両川村大字神谷五四番戸	同	福岡 [illegible]之助	雇（技術）七大 14.11.1	讃岐一夫 大五、三、三	有	
14.10.16	宮城県[illegible]村字[illegible]西館五二番地	同	福岡 斎藤常治	雇（技術）七九 20.3.31	斎藤清一 大四、七、二一	無	20.6.5
15.3.27	秋田県[illegible]里見村字東里一二七番地	同	福岡 佐藤[illegible]	雇（技術）七五 20.3.31	佐藤辰三 大五、三、二九	有	20.6.5

249

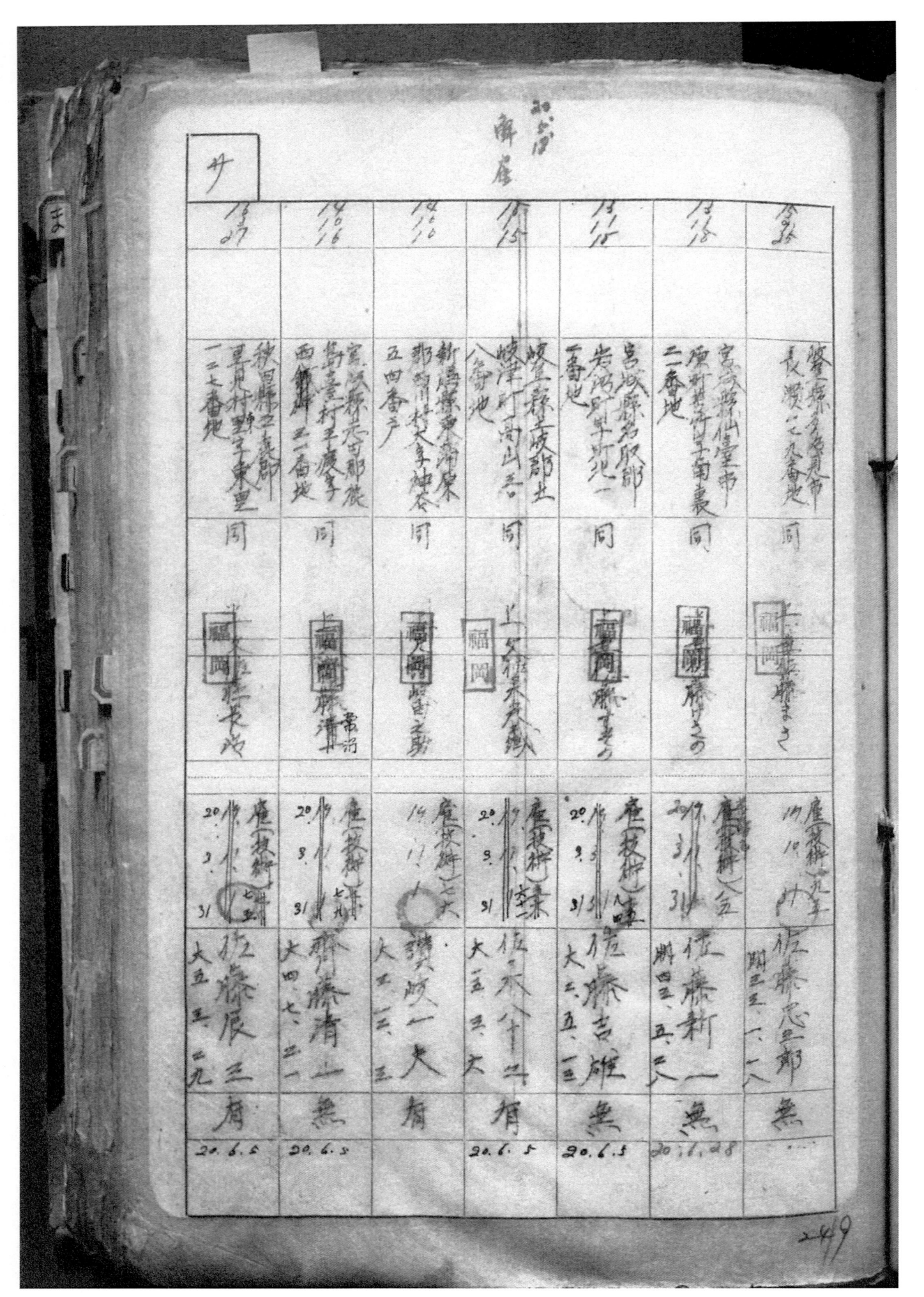

サ

19.1.17	18.2.27	[illegible] 4.4	17.4.6	17.4.1	17.3.31	17.4.6
北海道千歳郡千歳村大字千歳村字シ一クヌンチ三四番地	千葉県香取郡大須賀村横山五八一番地	宮城県伊具郡西根村大字高倉字高畑八	新潟県北蒲原郡新発田町大字新発田町甲一三一七番地乙	広島県尾道市西日町一二七番地	徳島県名東郡国府町南岩延四三番地	福井県丹生郡天津村[illegible]巻
同	同	同	新潟県北蒲原郡新発田町[illegible]二二六番地	同	同	福井市[illegible]新町一ノ三番地
佐藤トメ	[illegible]三太郎	[illegible]作蔵	櫻井富治	[illegible]政蔵	佐藤好之	斎藤[illegible]
雇(日傭後) 19.[illegible] 七三 20.3.31	雇(夜街) 19.[illegible] 五九 20.9.31	雇(夜街) 19.11.1	傭人 雇員(防疫)四三 20.3.31	傭人 雇員(防疫)四三 20.3.31	傭人 雇員(防疫)四三 20.3.31	傭人 雇員 四二 20.3.31
佐藤京一 大正五.一五	坂田清吉 大八.九.一四	森[illegible]智 大八.四.一三	櫻井富雄 昭五.二.五	貞政照三郎 昭二.二.一	佐藤儀一 昭三.五.二四	斎藤一三 昭二.五.二五
無	有	有	有	有	有	有
20.6.5	20.6.5		20.6.5	20.6.5	20.3.31	20.3.31

250

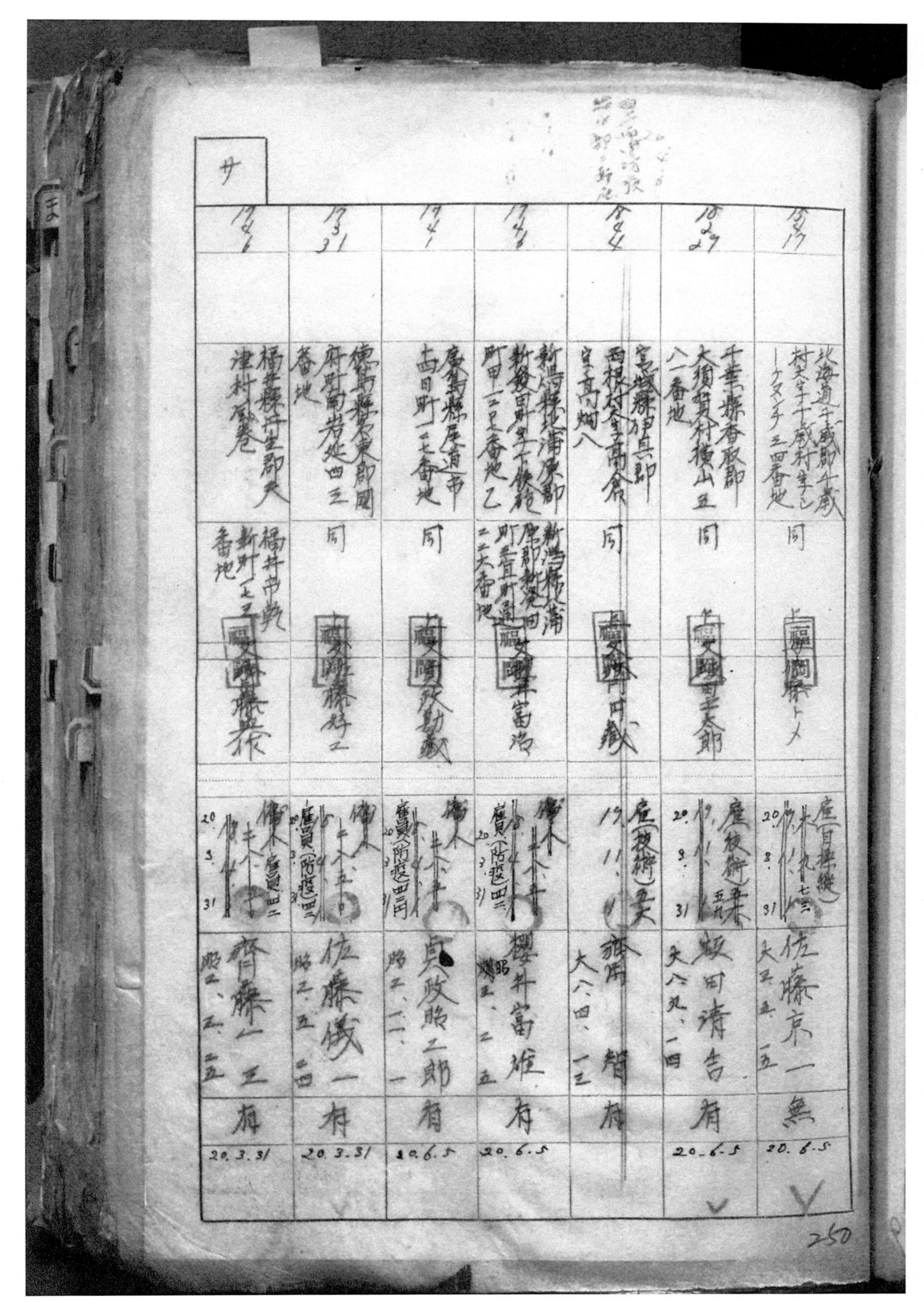

サ

17.3.31	香川縣高松市今里町七九番地	同	父 佐藤辰治	傭人 十七.五.[illegible] 20.3.31 雇員(防疫)四六	佐藤秀男	昭二.一〇.一五	有 20.6.5
17.3.[illegible]	愛知縣名古屋市東區東海道東町三四番地	同	父 榊原一二	傭人 十八.五.[illegible] 20.3.31 雇員(防疫)四[illegible]	榊原昭之	昭二.九.三	有 20.6.5
17.4.5	愛知縣西春日井郡枇杷島町下小田井堤新五番地	同	父 櫻井秋次郎	傭人 十八.五.[illegible] 20.3.31 雇員(防疫)四[illegible]	櫻井三郎	昭二.五.三	有 20.6.5
17.3.18	新潟縣古志郡栃尾町大字栃尾町戊一七五番地	同	妻 佐藤ヨシ	19.11 雇(防疫)[illegible]	佐藤榮一	明四一.三.二七	無
17.7.1	秋田縣仙北郡四ッ屋村高関上郷字杉本一三九番地	同	父 佐藤[illegible]	20.3.31 雇(防疫)七三	佐藤[illegible]平	大二.一二.二七	有 20.6.5
17.3.31	福島縣双葉郡請戸村大字中浜西原八五ノ三番地	同	父 佐藤[illegible]太郎	20.3.31 雇(技術)七四	佐藤次先	大七.一一.二七	有 20.6.5
17.3.31	岩手縣江刺郡米里村字人首沢四番地	同	母 佐藤サキ	20.3.31 雇(防疫)六七	佐藤久平	大六.六.八	無 20.6.5

251

帰還 20 8 30

小倉 20 1 22

19 5 31	岩手県東磐井郡[illegible]猿沢村字猿沢民大九	北海道釧路[illegible]厚岸郡厚岸町本[illegible]字上尾	確認 佐藤[illegible]	屋(防衛)[illegible] 20 3 31 六七	佐藤敏雄 大七、二、七	有	20.6.5
19 5 31	宮城県遠田郡涌谷町[illegible]二五ノ五	同	確認 [illegible]	屋(防衛)[illegible] 20 3 31 六七	佐藤文資 大六、四、三	無	20.6.5
19 5 31	宮城県[illegible]郡[illegible]村[illegible]泉八三番地	同	確認 [illegible]	屋(防衛)[illegible] 20 3 31 大大	斎藤軍正 大七、二、一三	無	20.6.5
19 3 1	新潟県中魚沼郡水沢村大字[illegible]三三之二	同	確認 [illegible]作	屋(防衛)[illegible] 20 3 31 六四	佐藤国之助 大八、五、八	有	20.6.5
19 5 31	青森県[illegible]郡[illegible]小中野町[illegible]九番地	同	確認 [illegible]郎	屋(防衛)[illegible] 20 3 31 大三	佐藤[illegible]三郎 大八、六、二六	有	20.6.5
19 5 31	秋田県[illegible]郡神岡[illegible]村[illegible]一八〇八番地	同	確認 [illegible]作	屋(防衛)[illegible] 20 3 31 大三	佐竹忠男 大七、七、一	有	20.6.5
19 5 31	宮城県[illegible]郡[illegible]町[illegible]一三ノ番地	同	確認 斎藤[illegible]蔵	屋(防衛)四八 19 11 1	斎藤[illegible]治 大一〇、二、一三	[illegible]	

252

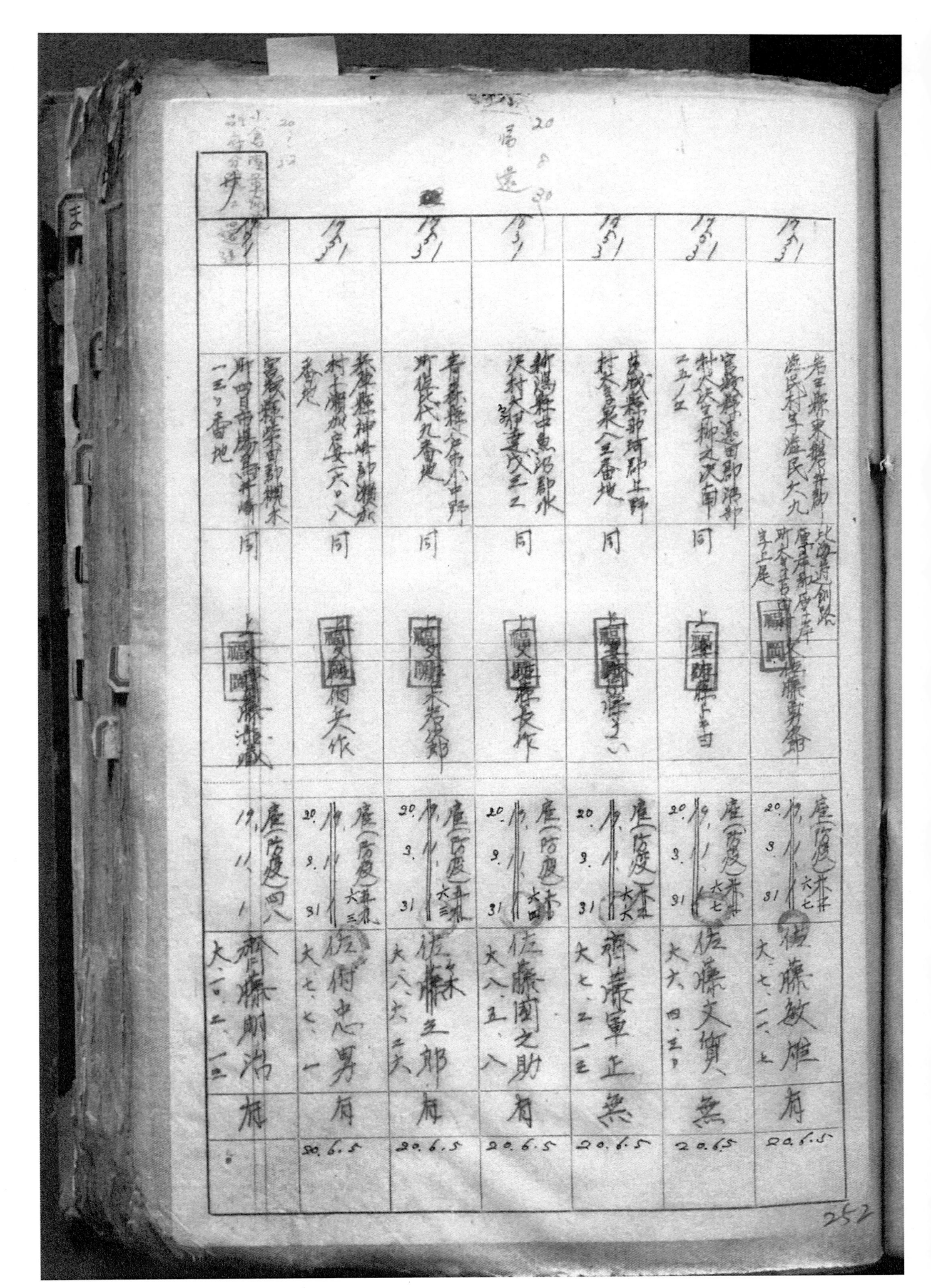

サ

日付	本籍		戸主・続柄	記事	氏名・生年月日	存否
19.8.31	栃木県上都賀郡北犬飼村大字下石川五〇七番地	同	福岡 上 早乙女一男	雇（防度）木林六六 19.11.20.3.31	早乙女茂男 大七、三、一三	存
19.4.5	愛知県宝飯郡小坂井町大字平井小野田五四番地	同	福岡 上 酒井兼八太郎	傭人 四二、木林 雇員（防空）20.3.31	酒井正次 昭二、八、四	存
19.4.5	長野県北佐久郡岩村田町猿久保二八八番地	同	福岡 上 櫻山好四郎	傭人 木林 雇員（技術）四二 20.3.31	櫻山辰 昭二、十二、六	存
19.4.6	山梨県東山梨郡松里村大字井尻一四八番地	同	福岡 上 佐々木尚武	傭人 木林 雇員（技術）四二 20.3.31	佐々木忠男 昭二、六、一九	存
19.4.2	熊本県玉名郡川沼村内田四〇六五番地	同	福岡 上 坂本誠一	傭人 三八、五〇 19.4.2	坂本伍一 昭四、五、二六	存
18.4.2	熊本県玉名郡睦合村関田三七番地	同	福岡 上 坂上弘美	傭人 二八、五〇 18.4.2	坂上剛 昭三、一〇、二五	存
				上	佐竹公秀	戦 [illegible]

(18-8) 253

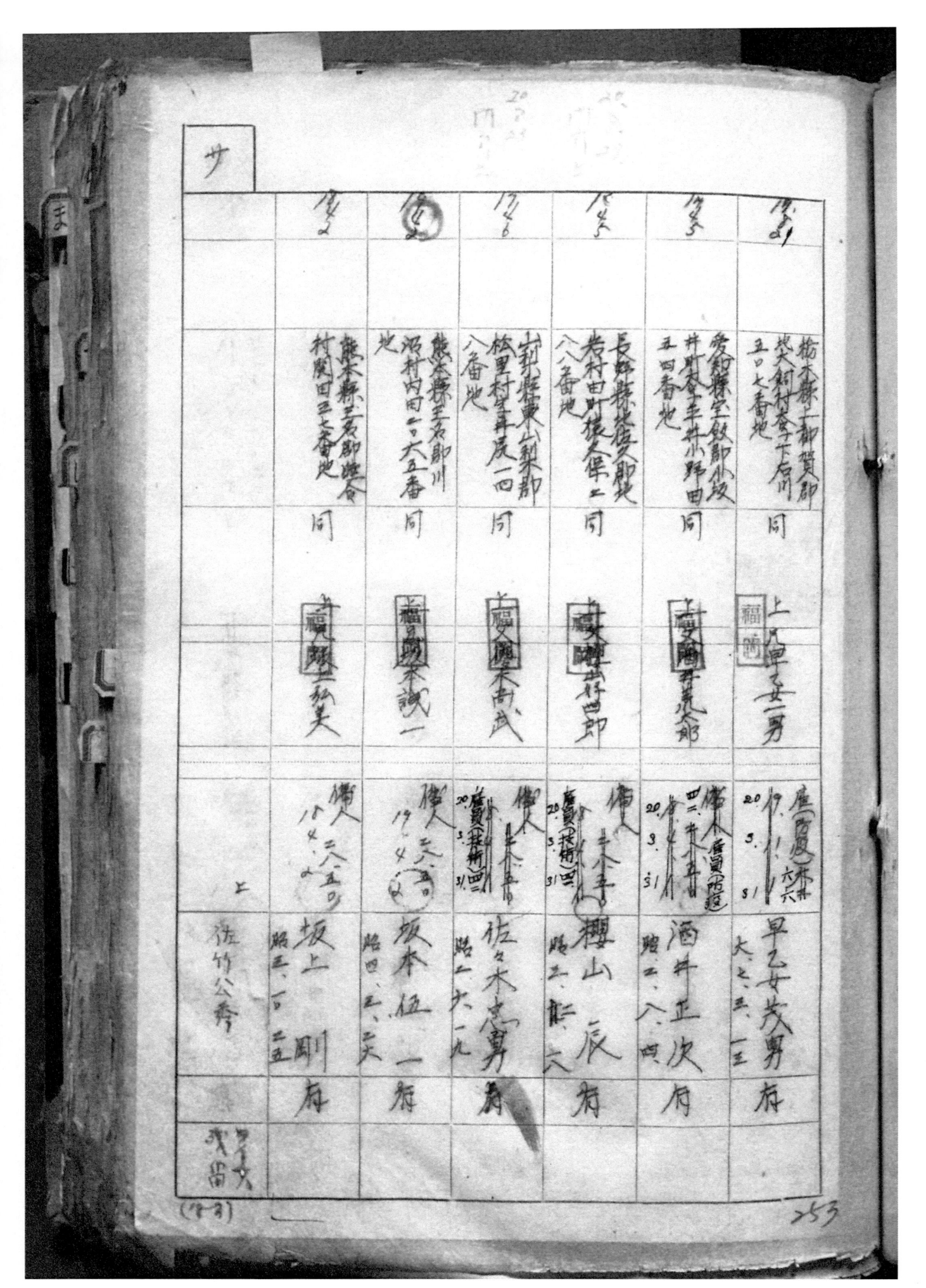

サ

18.5.1		大分縣大分郡湯平村大字下川三、〇五四番地	同上	福岡 佐藤長次郎	傭人二八五〇 18.5.1	佐藤清一 昭三、三、五	有
18.5.8		山形縣東村山郡千歳村大字長町一五二番地	同上	福岡 佐藤吉次郎	傭人二八五〇 18.5.1	佐藤朝雄 昭三、一一、二	有
19.5.15		千葉縣香取郡多古町島多九五五番地	同上	福岡 佐藤かね	傭人二八五〇 19.5.15	佐藤浩一 昭五、一、五	有 ✓
19.5.8		香川縣綾歌郡山田村大字山田下一五六番戸	同上	福岡 祖 佐志喜八郎	傭人二八五〇 19.5.8	佐志貞春 昭五、三、三	有

254

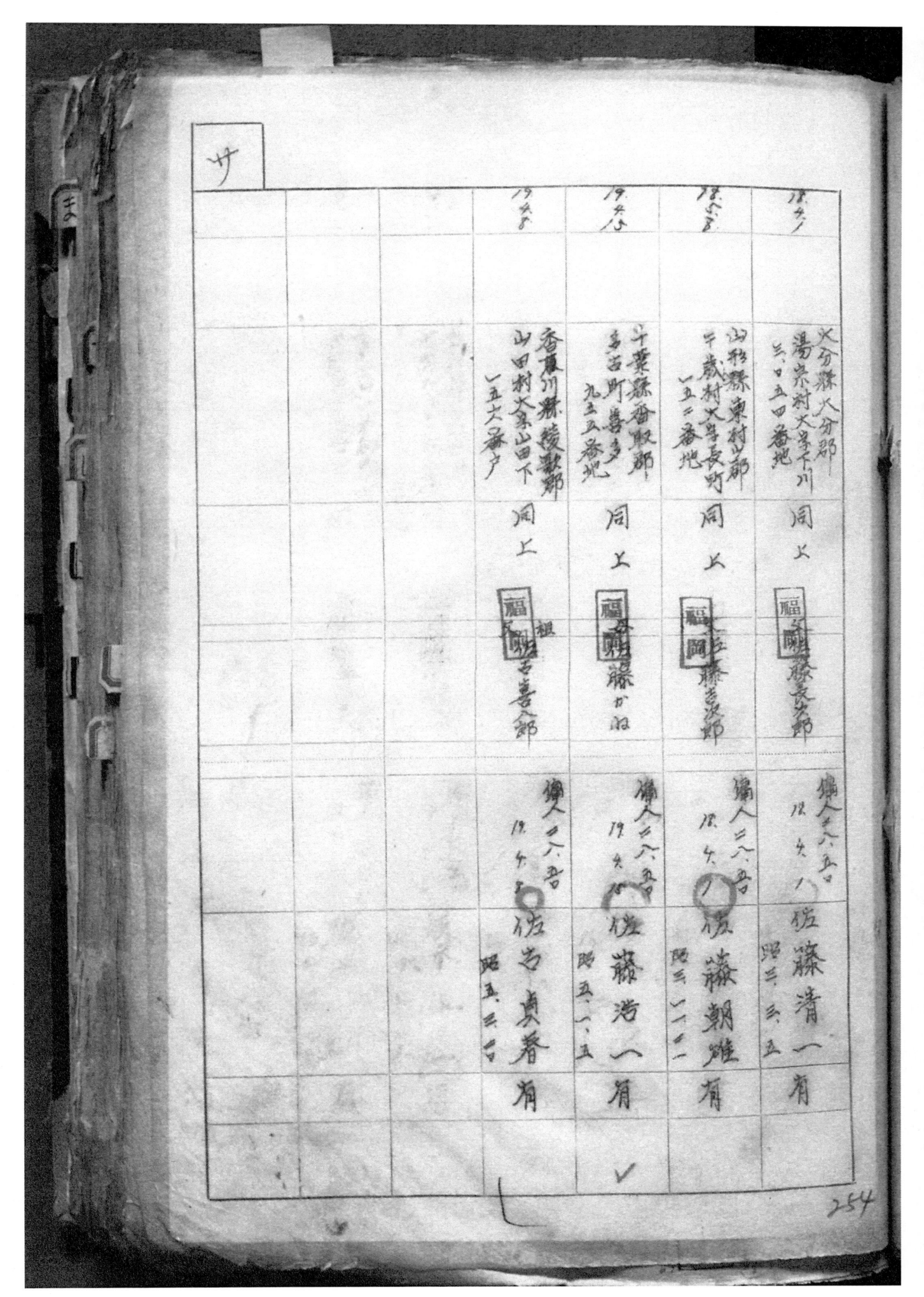

将

19.1.11	東京都北多摩郡府中町五七四八	同	十一 福岡 佐伯徳子	雇(技術)八五 19.11.1	佐伯昌 明四〇、一〇、一三	無	
16.5.25	宮城県仙台市釣取町八ノ二	同	上 福岡 佐藤まつの	雇(技術)七二 19.11. 20.3.31	佐藤廣一 明三八、二、二四	無	20.6.5
19.4.1	東京都蒲田北糀谷町三八二	新潟県西蒲原郡鎧郷村下山	叔父 福岡 [illegible]石四男	雇(技術)七一〇 19.11. 20.3.31	齊藤正輝 大六、五、一九	有	20.6.5
19.5.10	山形県西村山郡西山村字間沢三三九	茨城県[illegible]郡中里村四ノ四七	叔父 福岡 佐藤政蔵	雇(技術)大一 19.11. 20.3.31	佐藤照雄 大七、三、三一	有	20.6.5
16.8.5	福島県田村郡常葉村字東ノ内三四番地	同	十一 福岡 佐藤喜久江	雇(事務)七七 19.11. 20.3.31	佐藤和雄 大六、五、六	無	20.6.5
19.5.3	岐阜県郡上郡西和良村大字小比郡四六六七	同	上 福岡 妻 佐藤綾子	雇(防衛)七一 19.11. 20.3.31	佐藤利一 大七、三、三	無	20.6.5
18.5.7	秋田県仙北郡神宮寺町四一番地	同	上 福岡 妻 佐々木[illegible]	雇(防衛)六八 19.11. 20.3.31	佐々木三郎 大七、一二、八	無	20.6.5

255

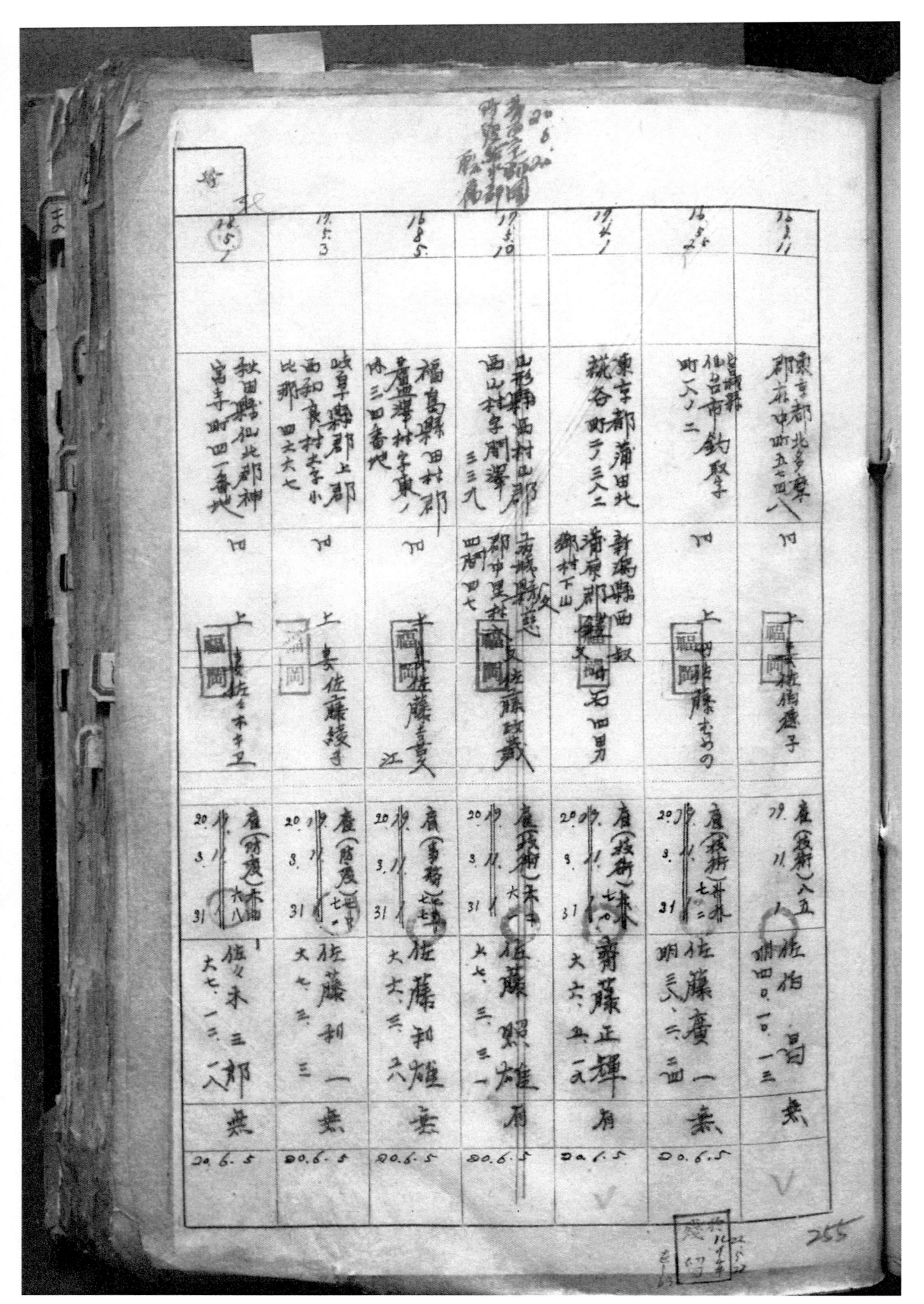

解 佐世保 22.3.12 雇

解 佐世保 22.3.12 雇

9

㊞ 引揚所属 解 舞鶴 22.8.10 雇

22.10.1	秋田県南秋田郡下新城村中野字鍛冶沢三七四	満洲国東満総省[illegible]古城鎮寧路[illegible]	福岡 妻 佐藤レミ子	20.1.3.31 雇(技術) 六〇	佐藤嬰一郎 大一〇.一〇.八	無	20.6.5 22.8.28.
18.6.29	岩手県西磐井郡永井村字薬師沢四二番地		福岡 上 父 佐藤[illegible]一	20.[illegible] 雇員(技術)五〇 傭(無線)四〇	佐藤福治 大一二.二.五	有	20.6.5 22.12.1 No.1004
16.6.1	山口県熊毛郡光町三井第千番地		福岡 上 兄 坂口又造	20.3.11.31 雇(官撰) 八一	坂口一夫 大六.七.八	無	20.6.5
17.3.3	兵庫県宍粟郡神野村安積(?)六一六 二	兵庫県宍粟郡神野村清野	福岡 妻 坂越美子	20.3.31 雇(技術) 七三	坂越一郎 大六.二.四	有	20.6.5
17.10.1	宮崎県児湯郡高鍋町大字南高鍋一三六三七		福岡 妻 齊藤兆子	20.3.31 雇(事務) 六七	齊藤吉文 大七.五.二〇	無	20.6.5
19.4.1	熊本県熊本市春日町五七六番地	福岡市住吉上宮崎町六〇	福岡 妻 酒井タミ	19.11.1 雇(事務) 七三	酒井敏 明四〇.四.二	無	22.6.16
16.4.20	秋田県南秋田郡金足村下刈字潟[illegible]二六二番地		福岡 父 佐藤総之助	20.3.31 雇(事務) 八二	佐藤寅之助 大三.一一.二二	有	20.6.5 22.6.16

於[illegible] 残留

22.4.[illegible]

送 22.[illegible] 適 一六

266

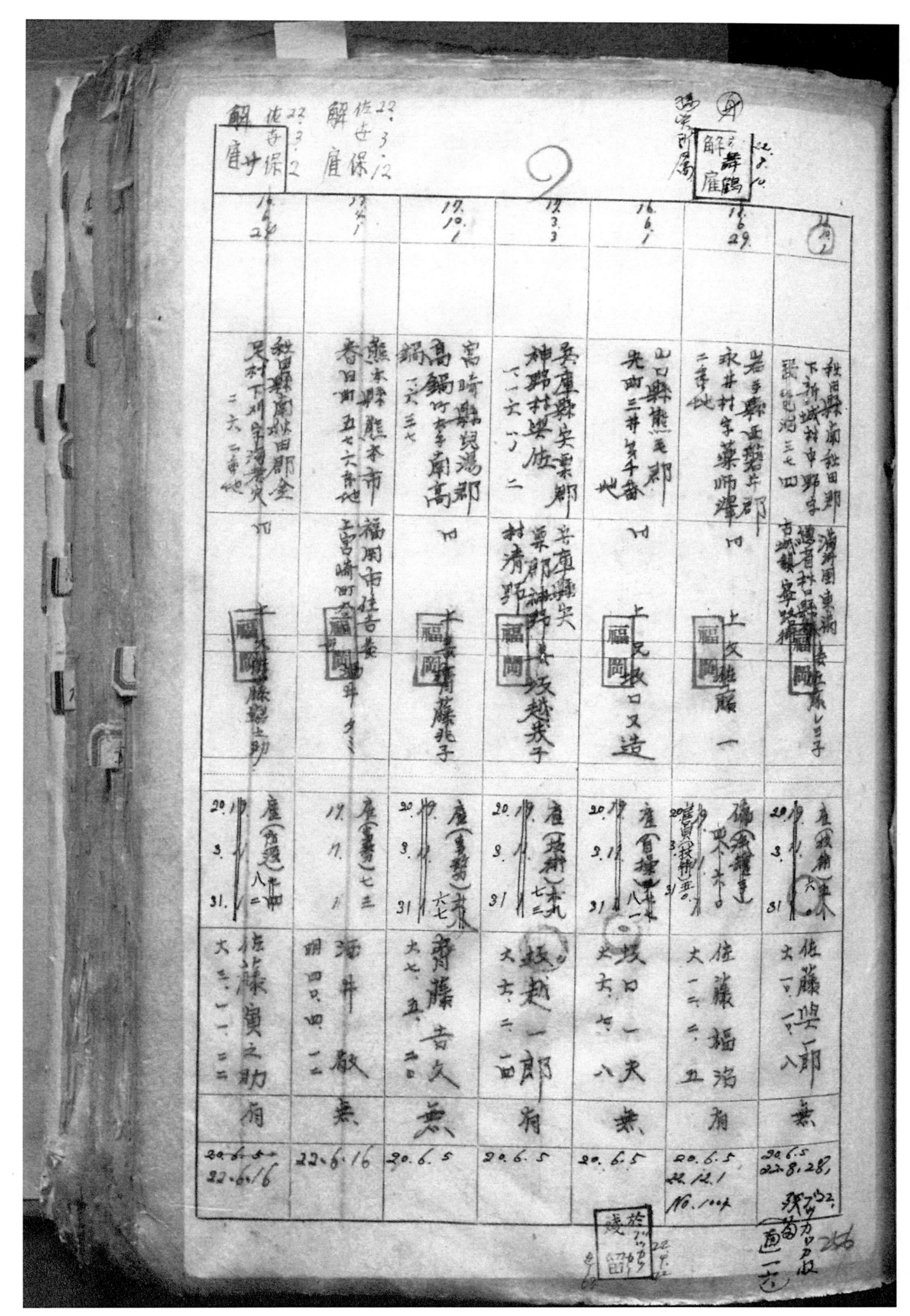

サ

氏名	生年月日	有無	職種	家族	本籍・住所	異動
佐藤善一	大九、二、三	無	雇（防疫）七〇 20.3.31	上 妻 佐藤百合子 福岡	青森県三戸郡北川村大字剣吉字中町一三番地 同	20.6.5 23.7.1 22.1.12 佐世保 解雇
櫻井弘尊	大一三、四、八	有	雇（防疫）五五 20.3.31	多田アミ 福岡	京都市下京区萬寿寺通西堀川西入柿本町五七二合地 福井県三方郡西郷村 釜山	20.6.5 22.6.16 23.3.20 22.1.30 佐世保 解雇
櫻井一夫	昭四三、三、二五	無	雇（防疫）八〇 20.3.31	上 妻 櫻井花子 福岡	福岡県久留米市小頓町一九四番地（大連市下藤町） 同	20.6.5 22.6.16 24.10.17
斎藤道雄	大四、六、三〇	有	傭員（技術）大五 20.3.31	上 父 斎藤政太郎 福岡	大分県宇佐郡北院内村大字定別当三八四番地 同	20.6.5 22.6.16 24.6.7 22.3.18 佐世保 解雇

20.3.6 現役入営 高木精

251

サ

19/11	新潟市旭町通一番町七五六番地ノ一〇	東京都杉並区大宮前四丁目四七	福岡 [illegible]藤佐太郎	座（打手） 20.3.31 [illegible]	佐藤道 大八.一〇.二二	有	20.6.5
18/25	兵庫県尼崎市西[illegible]前[illegible]九番地ノ一	兵庫県尼崎市西[illegible]開[illegible]七五	福岡 [illegible]	傭人（[illegible]） 20.3.31 [illegible]	阪口鈴子 大三.三.七	有	20.6.5
19/25	秋田県仙北郡[illegible]村[illegible]二五番地	同	福岡 [illegible]	傭人（雑仕） 20.3.31 [illegible]	佐々木八千 大五.七.一	無	20.6.5
18/20	石川県金沢市[illegible]坂[illegible]三五番地	同	福岡 [illegible]	傭人（雑仕） 20.3.31 [illegible]	櫻谷美代子 大五.七.一三	有	20.6.5
19/9	岩手県[illegible]郡[illegible]村[illegible]四番地	同	福岡 [illegible]	傭人（雑仕） 20.3.31 [illegible]	佐藤サヨ 大三.七.八	無	20.6.5
19/7	青森県[illegible]郡中川村[illegible]番地	同	福岡 [illegible]	傭人（雑仕） 20.3.31 [illegible]	佐藤そで 大六.四.二	無	20.6.5
19/11	山形県[illegible]郡[illegible]村[illegible]六九番地	同	福岡 [illegible]	傭人（[illegible]） 20.3.31 [illegible]	佐々木千代 大四.二.[illegible]	無	20.6.5

258

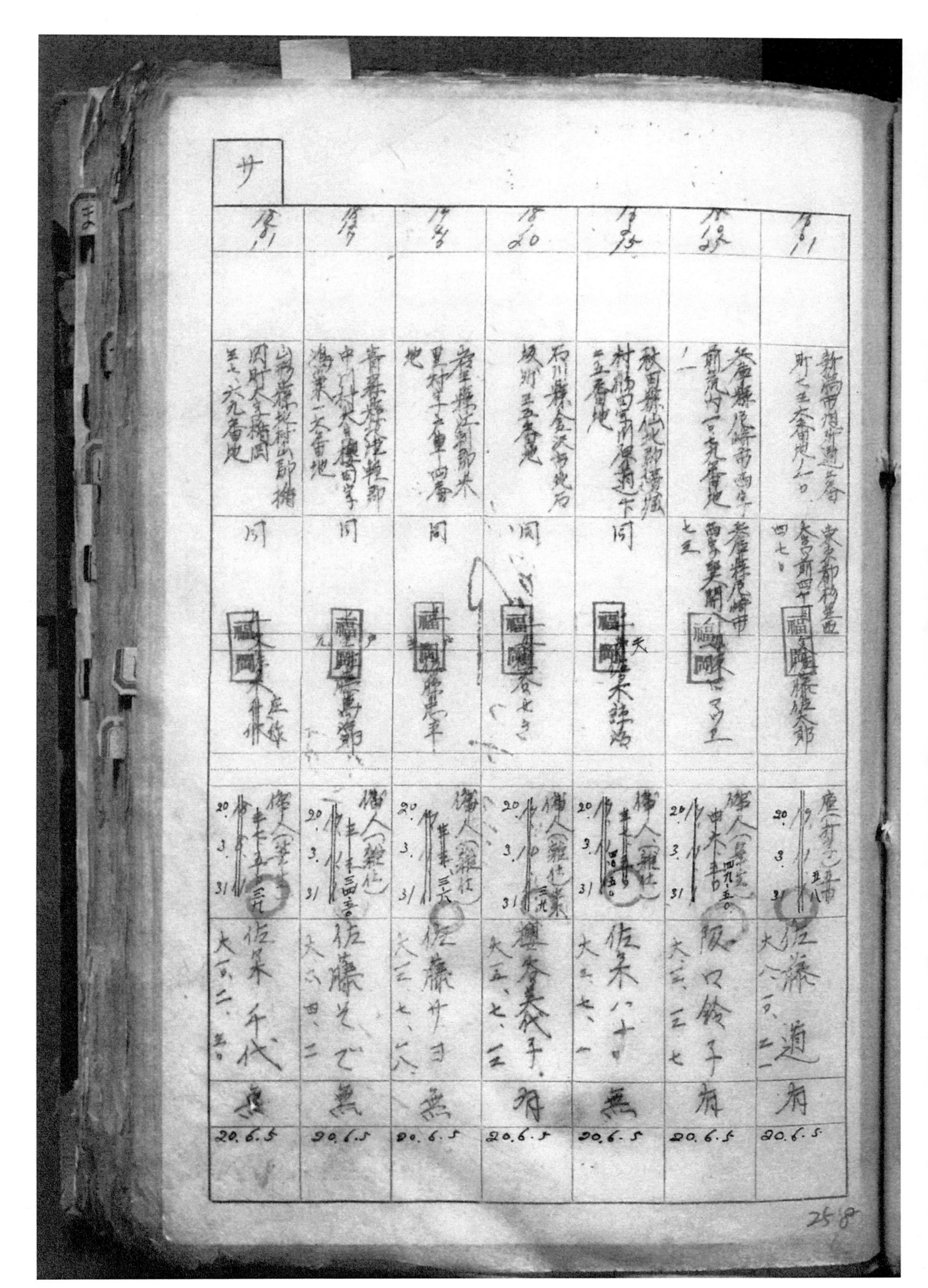

サ

解 佐寺 保 23.1.29

解 佐 20.4.10

17.5.12	17.6.5	17.12.21	16.10.29	16.10.20	18.5.1	19.5.1
鹿児島県○○市○○町二五番地	新潟県新潟市○町弐ノ七五六番地	熊本県天草郡佐伊津村二八五番地	北海道小樽市入船町五丁目一四番地（大連市晴明台六六）	島根県那賀郡都野津町二七八三番地	宮城県伊具郡金山町○番地（大連市芝生町八六四）	栃木県芳賀郡清原村六八○番地（大連市○○町○○番地）
鹿児島市西田町七番地	東京都杉並区天沼町四七	同上	同上	同上	同上	同上
福岡 崎元 天童丹	福岡 佐藤 精太郎	福岡 佐藤 益吉	福岡 斉藤 浅吉	福岡 佐々木 茂	福岡 佐久間 トメ	福岡 坂本 キサ
備人（打字） 20.9.31 五四八	傭人（看護婦） 20.9.31 五七	傭人（研究手） 20.9.31 四五	傭人（工） 20.9.31 四五	傭人（研究手） 20.9.31 四五	傭人（研究手） 20.9.31 四五	傭人（研究手） 20.9.31 四五
崎元信子 大五、六、四五	佐藤節 大五、二、九	佐藤芳子 大一○、二、二七	斉藤ナツエ 大元、一○、一五	佐々木フサコ 大一二、一○、二	佐久間和子 昭二、一、三	坂本幸子 大四、五、一五
有	有	無	無	無	無	無
20.6.5	20.6.5	20.6.5	20.6.5	~~20.6.5~~ 22.5.16	20.6.5	20.6.5

259

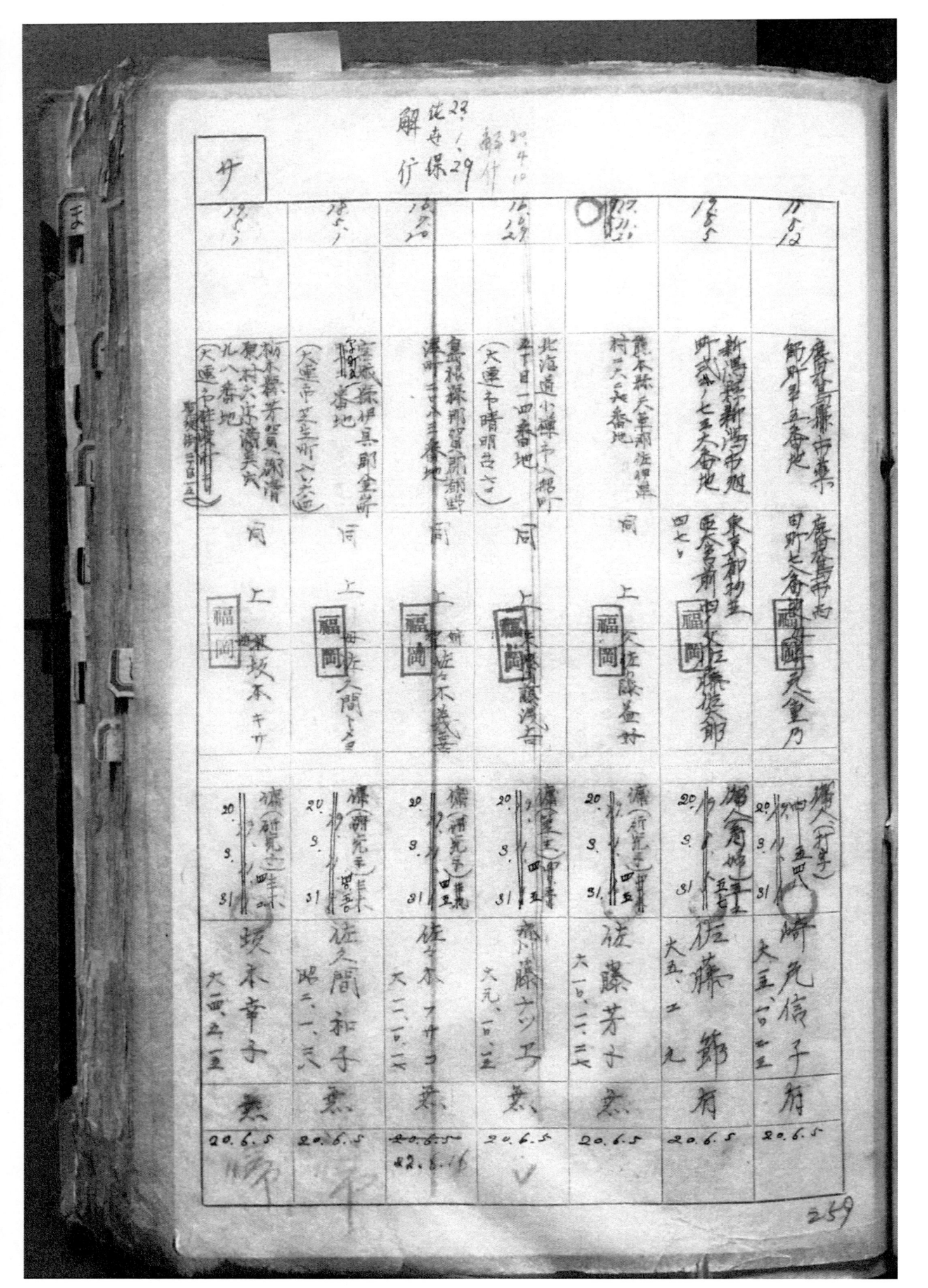

省令五〇号ニ依ル解雇後傭
解傭 22.3.15

22.2.15 舞鶴 解傭

22.3.15 佐世保 解傭

サ

19.5.1		群馬県北甘楽郡富岡町大字富岡一〇七八番地（大連市佐渡町二五）	同	上 父 坂本恭輔 福岡	傭（研究手）三十五 20.3.31 四〇.五〇	坂本和子 昭二.二.八	無	20.6.5 22.8.20 （No.0220号）
19.9.1		福井県敦賀市川崎一番地（大連市早苗町九八）	同	上 母 齊藤てる 福岡	傭（研究手）三十五 20.3.31 三四.五〇	齊藤節子 昭二.六.四	無	20.6.5 22.6.13
19.11.1		鹿児島県熊毛郡南種子村平山二〇二三番地（[illegible]）	同	上 父 坂口吉蔵 福岡	傭（研究手）三三 17.7	坂口久子 大四.二.九	無	
19.11.10		長崎県長崎市中新町七一（大連市聖徳街四ノ一五）	同	上 父 [illegible]藤清市 福岡	傭（研究）三三 19.12.10	[illegible]藤[illegible]子 大一四.一二.二〇	無	22.6.16
20.1.15	第一国境守備隊 元.九.二五	佐賀県西松浦郡曲川村丁三五六番地	同	上 父 酒井田右エ門 福岡	一傭 20.4 歩 15	酒井田貞治 明四一.一二.一四	無	
20.4.10		静岡県庵原郡蒲原町中三七六番地	満州国奉天市[illegible]地段街[illegible]	上 櫻井長市 福岡	傭人（研究手）三大 20.4.10	櫻井[illegible] 昭四.一.一六	無	
20.4.16		千葉県安房郡南三原村大字[illegible]三九番地	同	上 長 笹子千枝 福岡	雇員（事務）四〇 20.4.16	笹子[illegible]節子 大五.一.五	無	

260

博多 21.10.24 解雇	20.4.9	三重県南牟婁郡阿田和村阿田和四四六一番地	三重県南牟婁郡御船村大字成川大四五番地 父 [illegible]善太郎	傭人（筆生） 四二、20.4.9	阪口としゑ 大一三、三、五	有	✓
博多 21.10.24 解雇	17.5.3	岐阜県郡上郡西和良村小那比四六六七	仝 上 妻 佐藤りか	雇員 19. 七八〇〇	佐藤和貴 大七、三、一六	無	22.6.13
佐世保 22.3.15 解傭	16.12.16	長崎市中新町七一番地	鹿児島県熊毛郡屋久島[illegible]宮浦 [illegible]清兵衛	筆生	佐々[illegible]春枝 明三、五、一〇	無	22.6.16
佐世保 22.1.29 除隊	20.8.13	島根県周吉郡中條村大字[illegible]原田一五六八		二〇、[illegible]、三 20.8.13	齊藤福男 明四〇、三、三	無	22.6.16
佐世保 21.10.3 解傭	20.5.1	福岡県久留米市野中町五〇七	熊本市出水町砂取 兄 [illegible]次三郎	傭人 20.5.1 [illegible]	佐田初枝 明三八、二、五	無	22.6.18
佐世保 21.10.[illegible] 解傭		北海道中川郡美深町字東一条九三二四七番地	仝 上 父 [illegible]吉郎	同 上	坂本豊治 明三八、[illegible]		

26

關東軍防疫給水部留守名簿

昭和二十年一月一日
關東軍防疫給水部

シ

氏名 / 生年月日	役種 兵種 官等並 等給 級俸 月給額 / 發令年月日	徴集 任官 年	留守擔當者 氏名	續柄	住所	本籍 （在留地）	前所屬及其編入年月日	編入年月日	留守宅渡ノ有無	補修年月日
篠原君助 明三六、一二、一五	[illegible]大尉 五、19、9、15	昭14	篠原静江	妻(?)	同	福岡県[illegible]郡[illegible]町[illegible]番地	第十二師団[illegible]病院 一八、七、二九	19、8、1	無	
清水英次郎 大五、二、二七	[illegible]技大尉 五、19、12、1	昭18	清水ミツ	[illegible]	同	福岡県[illegible]郡[illegible]町[illegible]番地		19、9、1	無	
栗野金吾 明三八、[illegible]	[illegible]薬大佐 五、17、8、1	大13	栗野フエ(?)	[illegible]	同	[illegible]郡[illegible]村二[illegible]番地	陸軍衛生材料本廠 一八、三、一	18、[illegible]、1	無	

262

シ

22.1.14 佐世保 解職	19.1.31	奈良県高市郡畝傍町[illegible]番地	同	十廿	技師七等 17.11.30	篠崎正英 大四、一二、一〇	無	22.6.16
22.2.3 佐世保 解職	16.3.3	大分県別府市御成町	長崎県[illegible]屋敷町一六九		傭人	篠崎喜代子 大六、七、二九	無	22.6.16
22.4.1 佐世保 解傭	20.4	福井県福井市豊島中町三五			傭人	志方典子 昭三、九、二八	無	22.6.16
23.2.25 佐世保 解職	20.2.2	北海道紋別郡遠軽町丸瀬布	北海道北見市[illegible]町 小杉田清吉	塩田貞子	技手	塩田正徳 大四、五、一〇	無	22.6.16
除隊		香川県香川郡川岡村	同	上文情 直三郎	現衛兵	清水隆良 大2.12.5		23.2.26

263

ン

西予備隊 20.4.6 部隊 ... 渡部 (top annotation)

19.12.2	知覧支部駐 足軍司令部 五三、二〇	福岡縣早良郡内野村大字内野九百六十番地	同	福岡 上 嶋田静子	昭13 現衛曹長 十七、七、一 一九、一二、三一	嶋田国雄 大六、二、一四	有	20.3.25
19.12.17		愛媛縣松山市松谷町九番地	同	[illegible] 上 白形義一	昭19 現衛伍長	白形義満 大二、一〇、八	無	

264

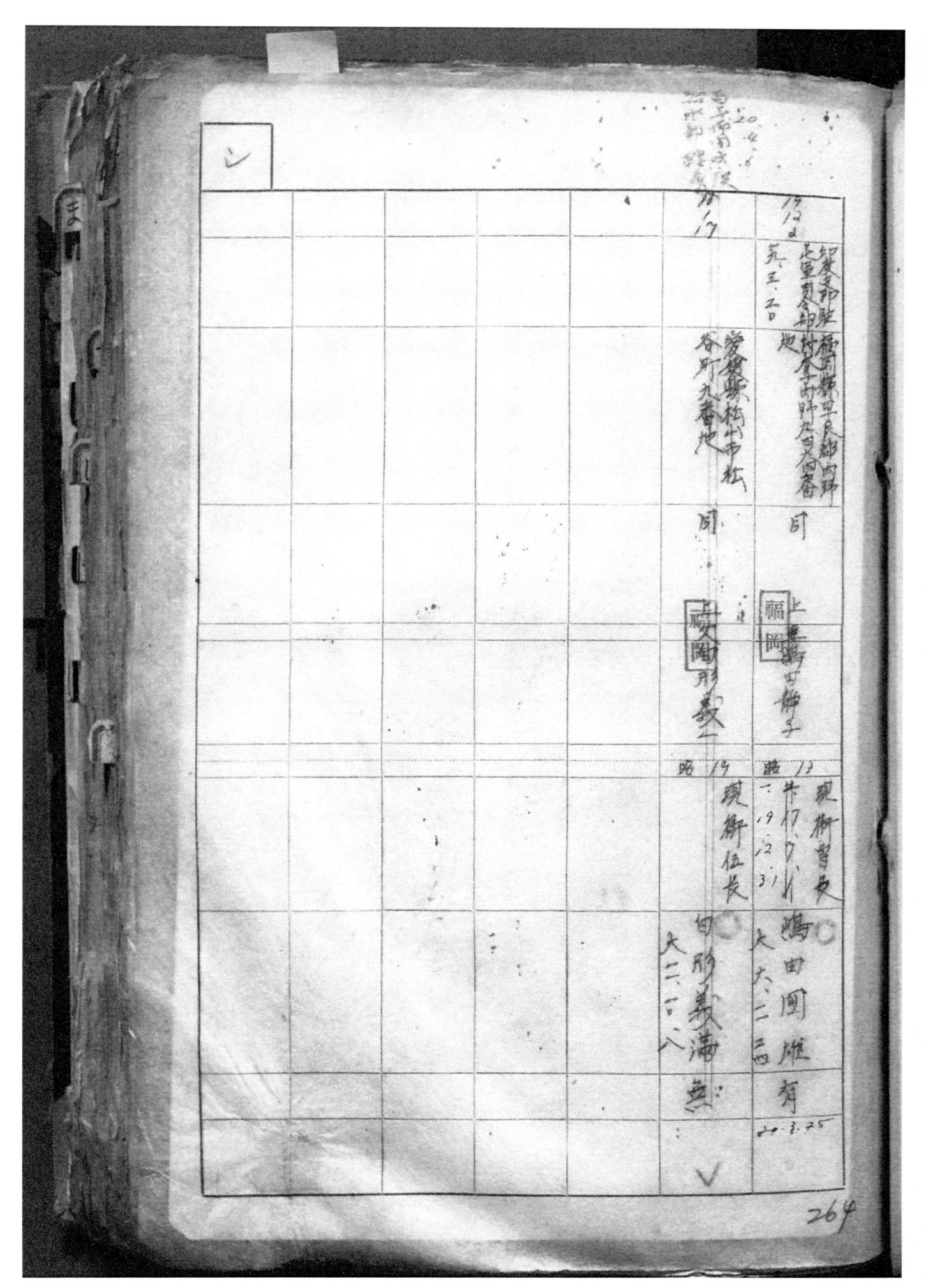

ミ

舞鶴 22.2.26 解職

20.8.22 歸還

日付	記事	本籍	住所	家族	職・級・日付	氏名・生年月日	賞罰	備考
19.6.26	壁量番匠 學校 六二之八	東京都中野區沼 四ノ一〇四三四番地	同	福岡 石とめ	傭 二、19.9.10	白石林蔵 明三四、一、一三	無	
19.5.10		廣島縣安藝郡大屋村九八番地（實 大連市晴明台七三）	同	福岡 島地ふか	技手 三 19.3.31	島地大一 明三四、一二、二一	無	22.6.13
19.6.10		福岡縣門司市大字大里四四六番地	山口縣小野田市岩鼻町六三七之二	福岡 島本光子	傭 三、19.9.3	島本清 明三五、四、二五	無	
19.7.31		秋田縣平鹿郡醍醐村下醍醐字館ノ下五七番地	同	福岡 柴田郁	技手 三、19.9.10	柴田重蔵 明四四、二、一七	無	
19.7.31		福島縣東白川郡鮫川村大字赤坂東野字梅ノ保五三番地	同	福岡 坂初枝	技手 四、19.9	坂信己 明四三、八、[illegible]	無	
19.7.20		長野縣上伊那郡西箕輪村七五三九番地	同	福岡 坂取つる	傭 四 20.3.31	坂取啓良 明三六、六、一七	無	20.6.28
19.4.1		埼玉縣入間郡狭山村大字武藏野一二六番地	同	福岡 村みな	技手 五 19.9.30	花村丸平 大二、一〇、一五	無	

265

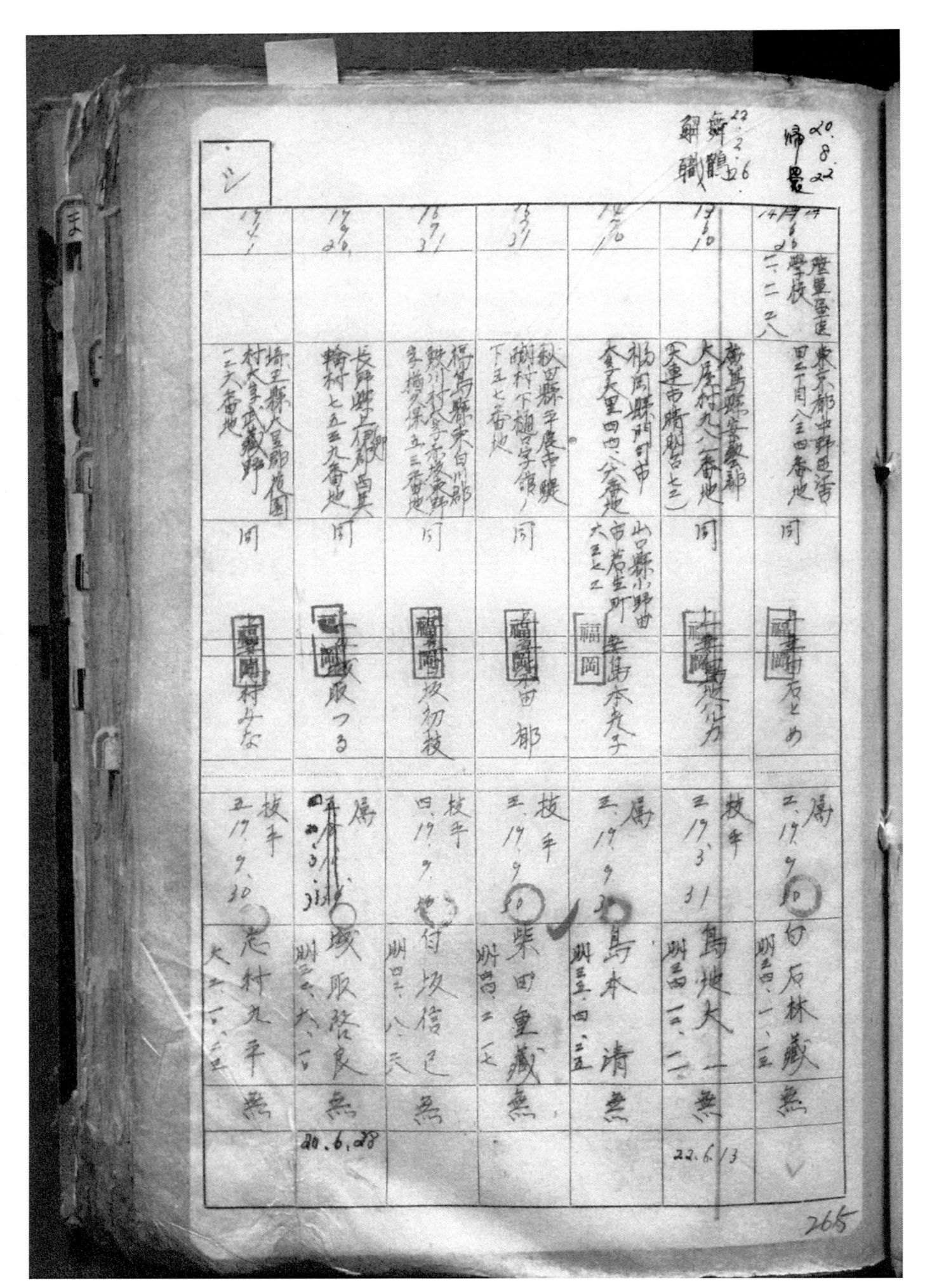

シ

22.1.18
徳帯保
解雇

17.4.1	宮崎縣延岡市[illegible]新町八百番地ノ五	同	福岡 庄子ミ[illegible]	技手 五 17.4.1	庄子 平三郎 明四五.五.二〇	無	
17.4.1	東京都本郷区湯島下同町四番地	同	福岡 付井ナヲ	技手 五 17.9.1	付井 勇 大五.五.二〇	有	✓
17.4.6	愛媛縣宇摩郡別子山村甲五三七番地	同	福岡 柴田代書	業務手 昭19.12.1 鈴	柴田 廣雄 明四四.二.六	無	✓
19.9.1	栃木縣河内郡篠郷村大字任[illegible]一五五九番地	同	福岡 上篠原鮮治	業務手 八等 19.9.20	篠原 豊三郎 明四四.五.一	有	22.6.16
19.9.15	群馬縣伊勢崎市大字[illegible]二二六番地ノ一	同	福岡 濱澤ヒサの	業務手 八五 19.9.30	濱澤 榮一 明四三.一三.二	無	
19.9.25	福島縣[illegible]郡[illegible]村字[illegible]外地	同	福岡 島キクヨ	業務手 19.9.11 八五	島 春秀 大四.二.四	無	

268

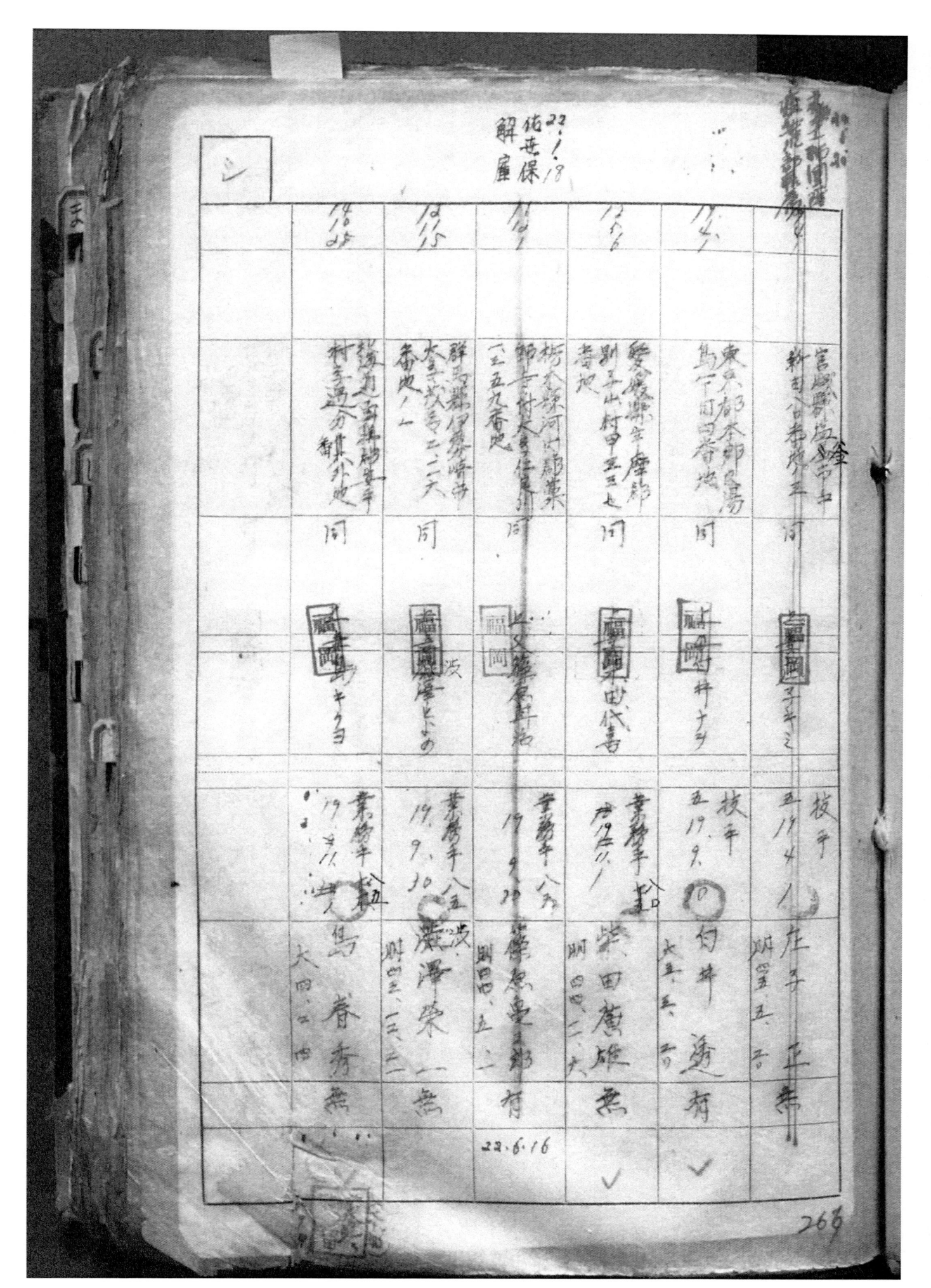

シ/

於21.10.21 除隊

關東軍防疫給水部留守名簿

昭和二十年一月一日
關東軍防疫給水部

編入年月日	前所屬及其編入年月日	本籍（在留地）	留守擔當者 住所	留守擔當者 續柄 氏名	徴集年 任官年	役種兵種官等並等級俸給月額 發令年月日	氏名 生年月日	留守宅渡ノ有無	補修年月日
19.8.14	追擊第十三大隊 一九.四.一五	埼玉縣北足立郡[illegible]村三六三番地	同	福岡 [illegible] 島村美吉	昭15	現歩上 18.1.10	島村秋義 大九.七.七	無	
19.8.17	騎兵第十三聯隊 一八.一.二〇	青森縣[illegible]郡上北郡[illegible]村字[illegible]番地	同	福岡 [illegible]	昭15	現騎上 19.1.20	清水目喜八郎 大九.三.九	無	
19.8.1		香川縣[illegible]郡[illegible]村字[illegible]番地	同	福岡 [illegible]安八郎	昭16	現衛上 20.1.1（20.8.31 衛伍長）	新池澄雄 大一〇.一〇.三〇	無	20.10.19
17.10		香川縣高松市[illegible]番地	同	福岡 [illegible]米太郎	昭16	現衛上 20.1.1	神崎信義 大一〇.六.二	無	22.3.17
17.10		愛媛縣温泉郡[illegible]村大字[illegible]乙九五番地	同	福岡 [illegible]徳太郎	昭16	現衛上 20.1.1	白方芳之 大一〇.四.一五	無	

269

シ

21.10.4 除隊

17/10	愛媛県温泉郡浅海村大字浅海原甲五一八番地	同	白石守	昭16	現 衛上 20/1/1	白石悟	大一〇.四.一三	無	✓
17/10	愛媛県西宇和郡二木生村大字二及三番耕地三八二番地	同	上甲正安	昭16	現 衛上 20/1/1	上甲正廣	大一〇.一〇.二〇	無	✓
17/10	愛媛県新居浜市金子乙八六四番地	新居浜市新厳町宮通四二一三番地	神野重吉	昭16	現 衛 20.6.1	神野信行	大一〇.七.一四	無	20.7.22 ✓
17/10	徳島県麻植郡牛島村大字上浦二一〇番地	同	島田金一	昭16	現 衛上 19/6/1	島田嘉郎	大九.一二.一四	無	21.12.21 ✓
18/17	愛媛県周桑郡吉井村大字大在家七四番地	同	塩崎喜惣次	昭17	現 衛一 18/9/20	塩崎喜代美	大一〇.六.二五	無	✓
18/17	愛媛県温泉郡粟井村大字苞水甲五番地	同	清水シゲヨ	昭17	現 衛上 20/1/1	清水隆一	大一一.九.一三	無	✓
18/17	愛媛県北宇和郡奥南村大字奥浦南甲大三番地	同	清水小八郎	昭17	現 衛一 18/9/20	清水竹雄	大一一.三.一八	無	✓

268

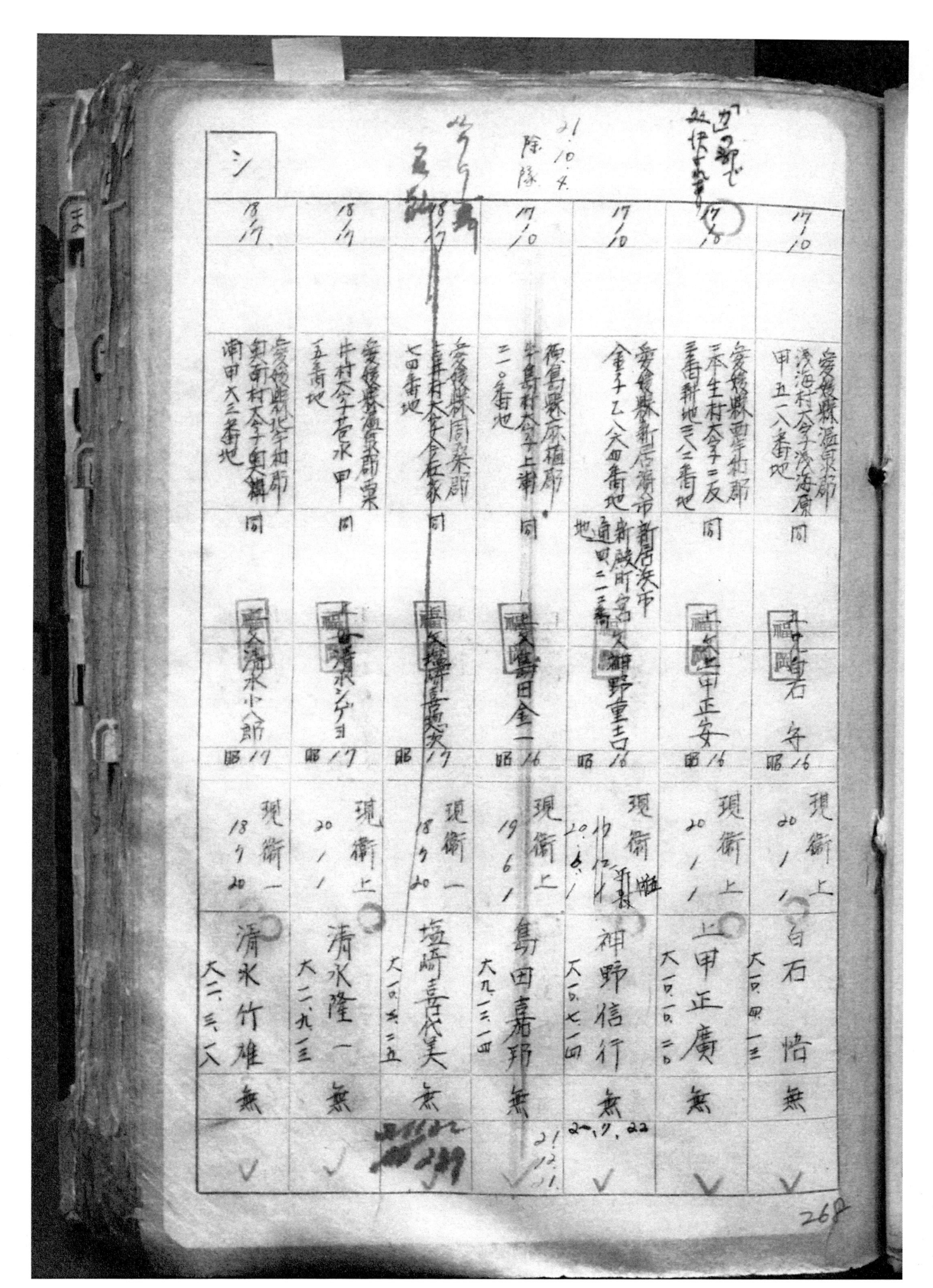

シ

補充部 佐世保

21.6.19

19/7	愛媛県西條市[illegible]一六番地	同	福岡 [illegible]太郎	昭17	現衛 兵 18.7.20 21.6.19	島津春男 大一一、一〇、一二	無	✓
18/7	香川県三豊郡豊田村大字新田一六八二番地ノ一	同	福岡 篠原喜平	昭17	現衛 上 20.1.1	篠原豊 大一一、一一、一〇	無	
18/7	香川県三豊郡詫間村大字松崎二三九番戸	同	福岡 白井爲補	昭17	現衛 一 18.7.20	白井大吉 大一二、七、三五	無	
19/12	愛媛県喜多郡大洲村大字[illegible]松一六九番地	同	福岡 白石清市	昭18	現衛 上 20.1.1	白石俊之 大一〇、八、三一	無	✓
19/12	愛媛県伊豫郡北伊豫村大字横田一四六番地第一	同	福岡 重松[illegible]	昭18	現衛 一 19.7.15	重松光男 大一二、一、三	無	✓
19/12	香川県香川郡川岡村大字岡本一八五番地	同	福岡 清水[illegible]郎	昭18	現衛 上 20.1.1	清水隆良 大一二、七、五	無	
19/12	香川県丸亀市林田町三七一六番地第一	同	福岡 [illegible]	昭18	現衛 一 19.7.15	白河利幸 大一三、一一、五	無	

269

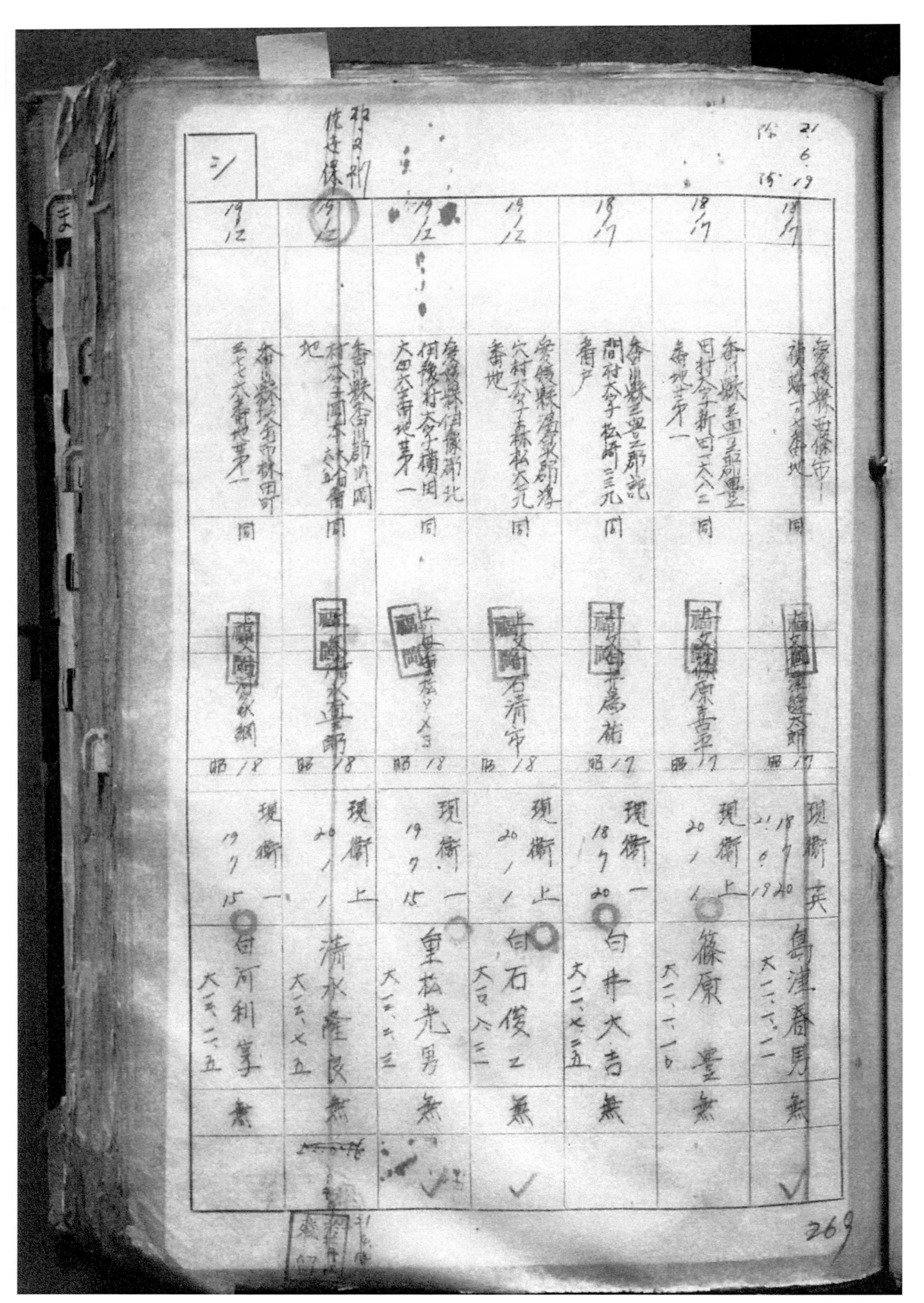

於舞鶴 除隊 22.6.29			於舞鶴 召集解除 22.11.4			シ/
19/12	19/12	19/12	19/12	19/12	19/12	19/12
徳島県徳島市大和町三丁目一三番地	徳島県那賀郡中野島村大字南新町一四五番地	徳島県徳島市幸町三丁目五五番地ノ二	徳島県板野郡堀江村市場字十林本五一番地ノ二	高知県高岡郡大野見村萩中一〇番地	高知県高岡郡東津野村船戸一〇八八番地	高知県幡多郡平田村大字[illegible]番地
同	同	徳島市[illegible]町大工町	同	同	同	同
福岡 上[illegible]	福岡 叔 下川[illegible]一	福岡 叔 父 清水徳藏	福岡 父 清水長太郎	福岡 父 下元作馬	福岡 父 下村利吉	福岡 父 篠田美政
昭18	昭18	昭18	昭18	昭18	昭18	昭18
現衛 20.1.1 兵長	現衛一 19.7.15	現衛一 19.7.15	現衛一 19.10.1	現衛一 19.7.15	現衛一 19.10.1	現衛上 20.1.1
島田作士 大一三.二.五	下川忠雄 大一三.七.一	清水正弘 大一三.十.八	清水明 大一三.十.五	下元正治 大一三.一一.一〇	下村秀夫 大一三.四.八	篠田政治 大一三.八.二
無	無	無	無	無	無	無
22.7.28 No.228.	22年 [illegible]					22.8.28.
						22.4.12 [illegible]

(18-3)

270

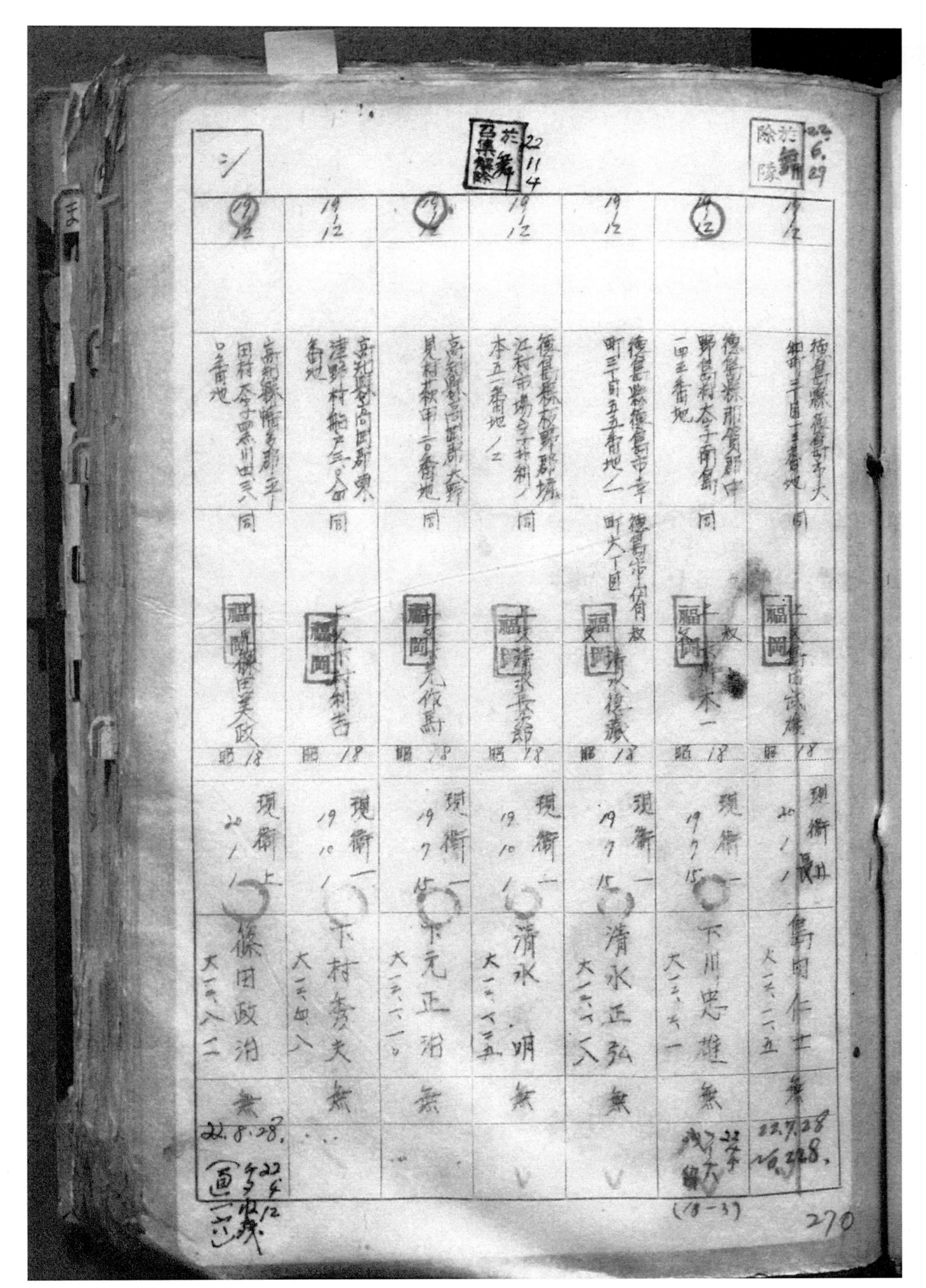

シ/

20.8.15 [illegible] 中隊	
沖縄縣那覇市壹屋町一一三	高知縣高知市[illegible]永町一〇七番地
同縣同市同町一一四 福岡 島袋代表 常孝	高知市北農人町四四番地 福岡 [illegible]
昭和5	昭 18
一補 編上 18.7.31	輜衛 20.8.[illegible]
島袋常孝 明四三.五.一七	嶋田和夫 大三.九.四
無	無
	23.10 6.41

271

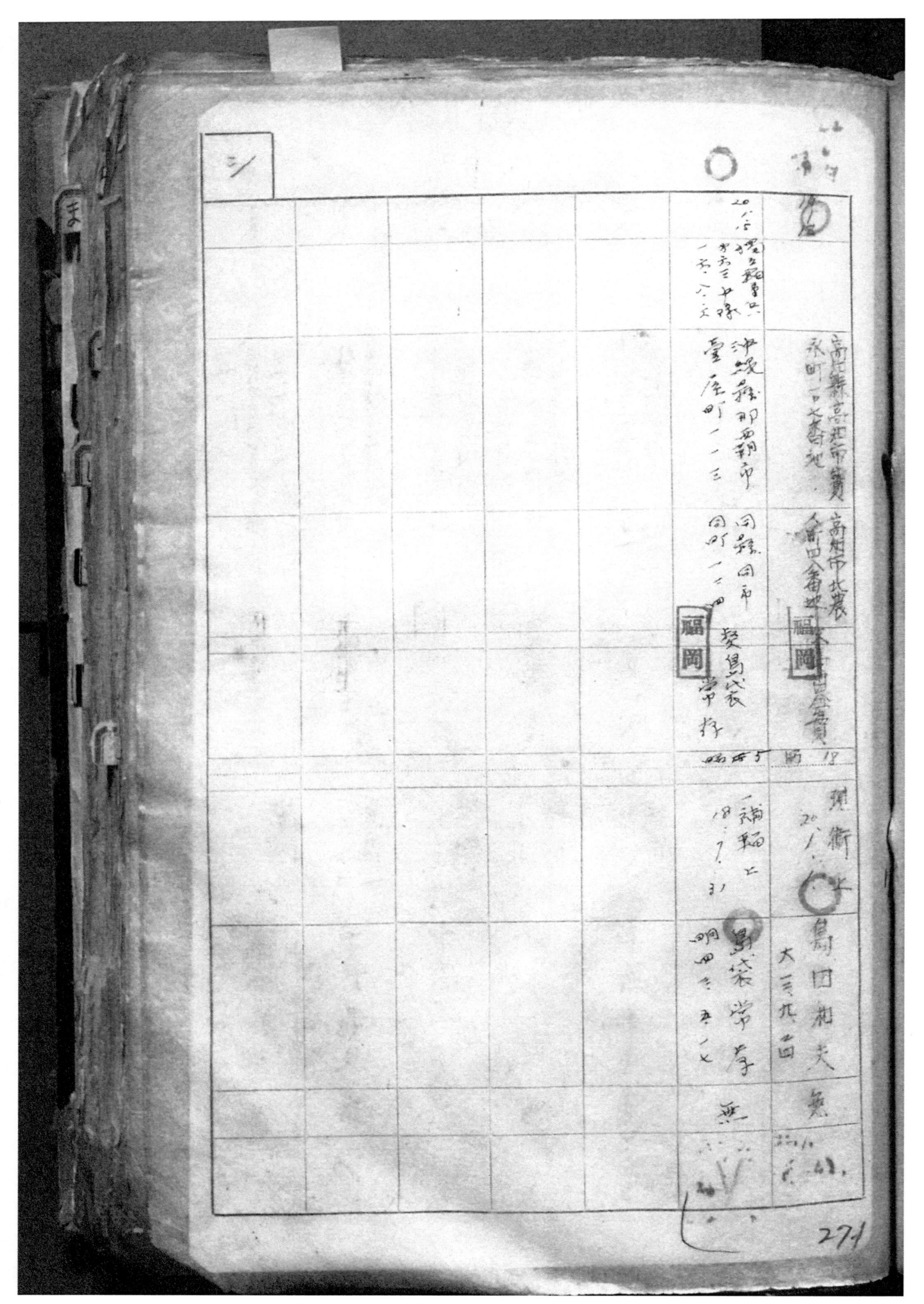

除隊 22.8.16	依命保安隊 21.12.21 除隊				解除 22.12.4	
20.2.26	20.2.26	20.2.26	20.2.26	20.2.26	20.2.26	20.2.26
廣島縣豊田郡豊浜村大字清武二八三三番地	廣島縣比婆郡高杉村大字小用八三六番地	山口縣山口市大字上郷第一五六七番地ノ一	山口縣佐波郡出雲村第一八三三番屋敷	山口縣厚狭郡出合村大字小野第一四一〇番地	山口縣玖珂郡玖珂町一五六八番地	山口縣阿武郡吉部村大字吉部上第一六四番地
四 廣島縣豊田郡豊浜村 重吉乃美	四	四	四	四	四	四
上 福岡 重吉市	上 福岡 久 新山房一	上 福岡 志賀又七	上 福岡 重本隆一	上 福岡 天重禅	上 福岡 重岡チヅ	上 福岡 清水盛一
昭19	昭19	昭19	昭19	昭19	昭19	昭19
20.8.26 現役	20.2.26 現役	20.2.26 現役一年 21.1.13 21.1.18	20.2.26 現役	20.2.26 現役	20.2.26 現役	20.2.26 現役
重吉政 大一四.一.三一	新山保 大一三.一.五	志賀武夫 大一四.二.二八	重本武雄 大一四.一.八	重光晃 大一四.七.二一	重岡勲 大一三.五.二九	清水穏 大一三.一二.二八
無	無	無	無	無	無	無
23.1.22 №01097		22.6.16				

272

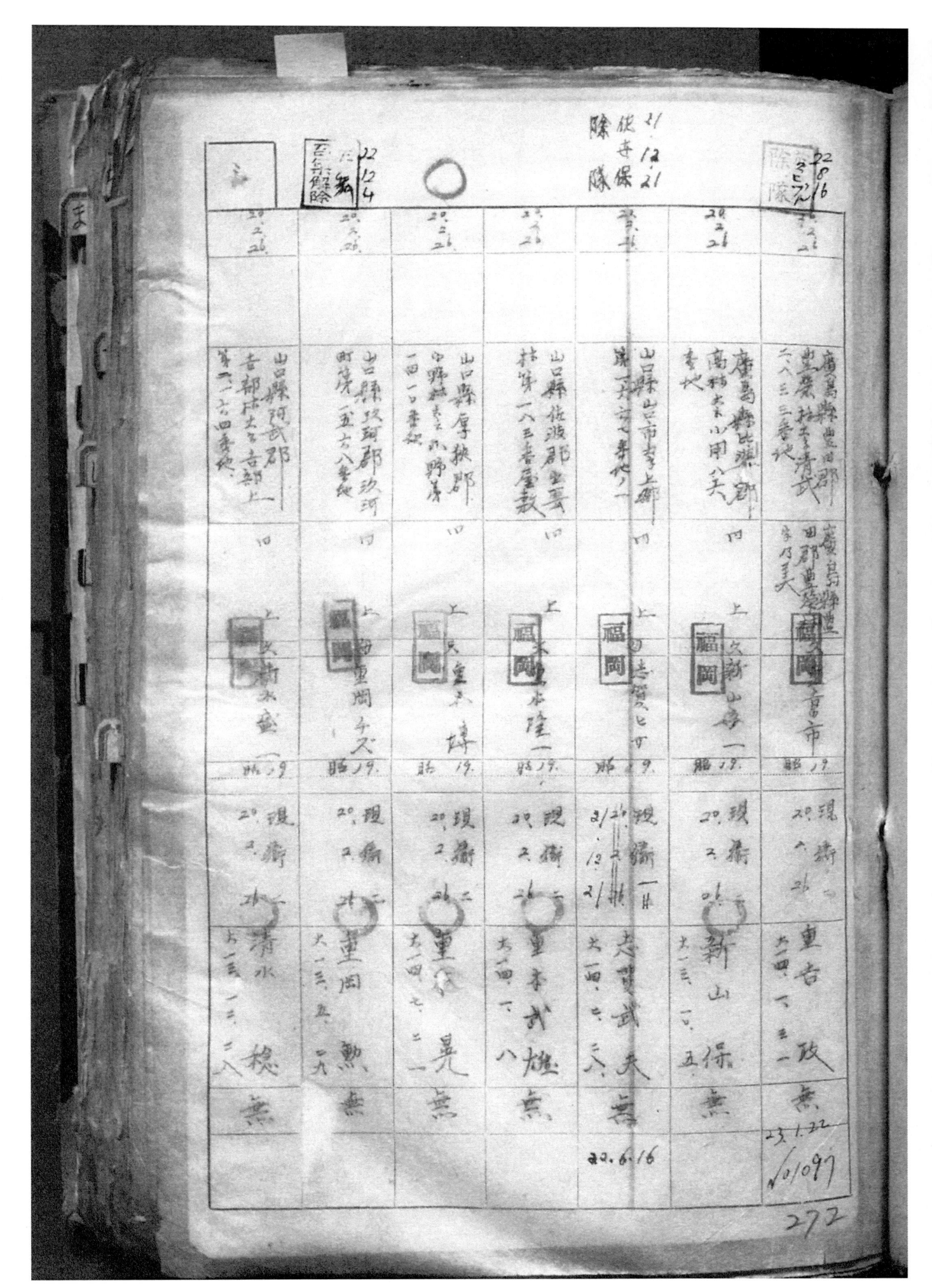

3/

29.2.23	山口県厚狭郡小野村大字小野四四六四番地	四	上 福岡	父 柴田加太郎	昭19	現 衛 29.2	柴田習一 大四.八.一六	無
29.2.26	山口県大津郡三隅町大字三隅中第三九五二番地	四	上 福岡	母 篠原ルギ	昭19	現 衛 29.2	篠原三郎 大一四.三.二六	無
29.2.26	山口県大津郡向津具村大字向津具下第三五四二番地	四	上 福岡	母 嶋田トヨ子	昭19	現 衛 29.2	嶋田勇 大一四.五.一五	無
29.2.24	広島県比婆郡比和町大字古頃八九八番地	広島県双三郡君田村大字石原	福岡	黒瀬志津恵	昭19	現 衛 29.2	[illegible]下藤実一 大三.一一.一七	無

273

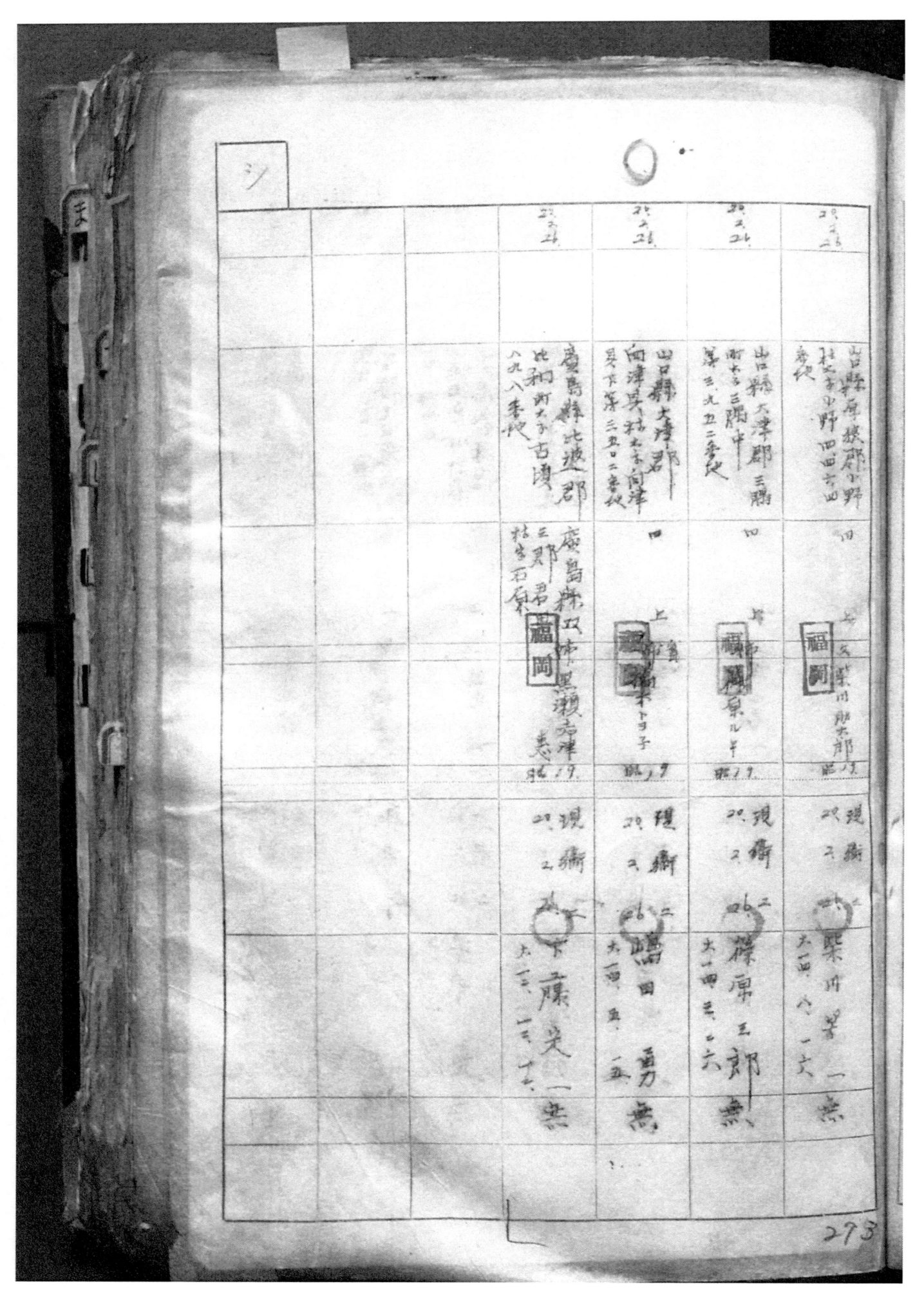

關東軍防疫給水部留守名簿

昭和二十年一月一日 關東軍防疫給水部

シ

編入年月日	編入前所屬及其編入年月日	本籍（在留地）	留守擔當者 住所	留守擔當者 續柄 氏名	役種兵種官等並給級俸月給額・發令年月日	氏名 生年月日	留守宅渡ノ有無	補修年月日
17.5.10		三重縣度會郡中島村大字大方竈五五番地	〃	福岡 父 島田松男	雇員（技術）六七 20.3.31	島田金次郎 大七.七.一	有	20.6.5
19.5.20		兵庫縣美方郡大庭村戸田二六一番地	〃	福岡 父 島田精一	雇（技術）六七 20.3.31	島田敏雄 大七.五.八	有	20.6.5
19.5.10		宮城縣宮城郡大澤村大字芋沢字萱屋敷二六番地	〃	福岡 父 庄子我吉	雇（技術）六八 20.3.31	庄子房吉 大七.九.二	無	20.6.5
19.5.20		千葉縣匝瑳郡八日市場町八ノ二八四番地	〃	福岡 母 志賀みつ	雇（調理指導）六六 20.3.31	志賀善作 大七.三.八	無	20.6.5
18.9.29		島根縣安濃郡鳥井村大字鳥井一六八九番地	〃	福岡 父 品川朝恩	傭（筆生）四五 20.3.31	品川朝男 大四.二.天	有	20.6.5

274

シ

20.2.16 解雇

19.6.21	千葉縣香取郡常磐村東松崎一九〇二番地	同	上 福岡 實川まさ	19.11.1 廣(防通)八五	實川作藏 明四三、一、二八	有	
19.11.13	千葉縣長生郡水上村大津倉一三五〇番地	同	上 福岡 廣開禅子	19.11.1 廣(防通)八	廣開博治 大五、四、一八	無	
19.5.27	熊本縣飽託郡三和町字高橋三二八番地	同	上 福岡 嶋田芳枝	20.3.31 廣(防通)七四	嶋田常次 明四五、二、一〇	無	20.6.5
19.12.7	山形縣北村山郡尾花澤町大字尾花澤第二八〇番地	同	上 福岡 柴崎豐治	20.3.31 廣(防通)七四	柴崎光三郎 大六、二、一八	有	20.6.5
19.7.1	滋賀縣高島郡廣瀬村大字上古賀九八八番地	同	上 福岡 島本芳松	20.3.31 廣(防通)六六	島本久吉 大六、九、二〇	有	20.6.5
19.5.12	埼玉縣熊谷市大字原嶋七三一番地	埼玉縣熊谷市箱田常盤町	上 福岡 志村シケ	20.3.31	志村武夫 大三、一二、六	無	20.6.5
19.9.21	岐阜縣揖斐郡藤橋村大字鶴見六八五番地	同	上 福岡 清水タツ代	20.3.31 七五	清水善彌 明四四、五、三〇	無	20.6.28

275

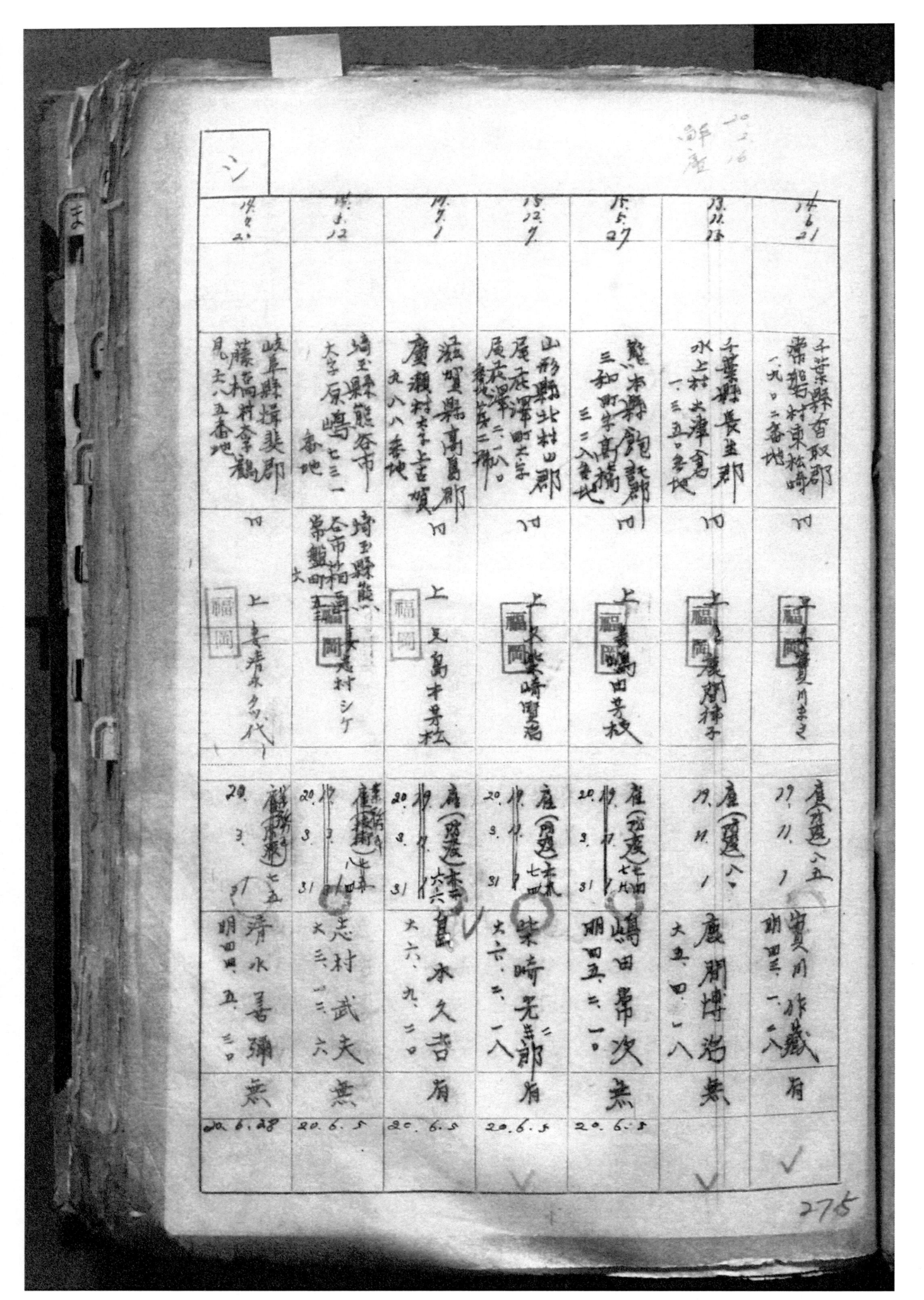

シ

召解 20.10.30

18.6.1	17.11.11	18.5.31	17.5.20	19.3.1	14.6.30	14.10.16
埼玉縣入間郡[illegible] 八九〇番地	東京都杉並區[illegible]町一一二番地	千葉縣香取郡小見川町小見川 二六二番地ノ一	兵庫縣[illegible]郡多加野村青野 五〇三番地ノ二	靜岡縣周智郡三倉村 二一二四番地	靜岡縣[illegible]郡藤岡[illegible] 二六〇五	千葉縣山武郡[illegible] 二〇五二番地ノ二
四	四	四	四	四 靜岡縣周智郡[illegible] 柴本[illegible]吉方	四	四
福岡 上 清水[illegible]郎	福岡 上 篠原[illegible]子	福岡 上 椎名かつ子	福岡 上 [illegible]田[illegible]	福岡 上 柴本[illegible]	福岡 上 [illegible]崎[illegible]	福岡 上 [illegible]崎[illegible]
雇(整備) 七[illegible] 20.3.31	雇(普操) 六 19.11.1	雇 六六 20.3.31	雇 七二 20.3.31	雇 七三 20.3.31	雇(整備) 七七 20.3.31	雇(通信) 七七 20.3.31
清水忠三郎 大二.一一.一七	篠原了 明三八.八.一〇	椎名義雄 大七.四.二一	柴田武一 大七.三.二一	柴本寅八 大三.一〇.二七	高嶋信三 大七.三.三	篠崎正男 明四三.九
無	無	無	有	無	無	無
20.6.5		20.6.5	20.6.5	20.6.5	20.6.5	20.6.5

276

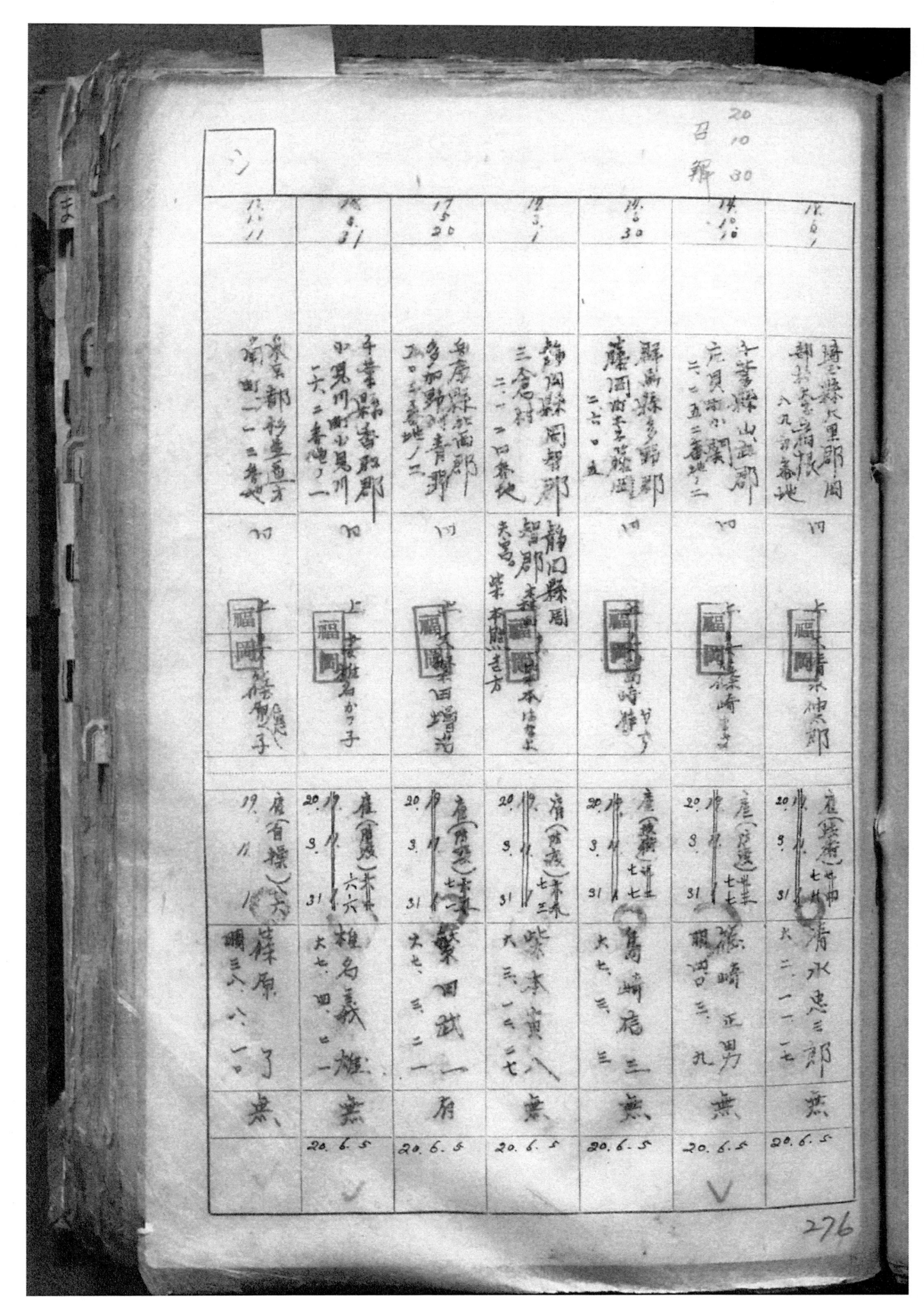

シ

20.6.26

15.5.17	15.10.16	15.9.1	19.9.1	15.5.31	15.8.21	15.9.2
	函館					
滋賀縣伊香郡木之本町大字黒田七六八番地	北海道遠輕田郡根法草村字八幡町一〇五番地	栃木縣上都賀郡足尾町赤澤二五七〇番地	栃木縣河内郡薬師寺村大字薬師寺一七四四番地	茨城縣猿島郡朝日村大字荒川本郷九八三	鹿児島縣肝属郡高山町波見三一三三	三重縣三重郡鵜川原村大字川北六一二番地
滋賀縣伊香郡木之本町木之本一〇八二	ロ	ロ	ロ	ロ	ロ	ロ
上 福岡 柴田俊文子	上 福岡 父 白鳥定子	上 福岡 父 島田精 孝三郎	上 福岡 父 篠崎運吉 松太郎	上 福岡 父 下村長三郎	上 福岡 父 城ヶ崎佐利	上 福岡 父 道土文次
雇（陸軍） 19.3.31 20.3.31 八 廿五	雇（鍛冶） 19.3.31 20.3.31 七 廿四	雇（警防） 19.3.31 20.3.31 六八	雇（警防） 19.3.31 20.3.31 六	雇（運搬） 19.3.31 20.3.31 七一	雇（防護） 19.3.31 20.3.31 六三	雇（防護） 19.3.31 20.3.31 七四
柴田正男 大元.九.五	白鳥留治 大二.六.二二	島田請 大七.一.三	篠崎道四郎 大七.九.八	下村誠 大七.一〇.二	城ヶ崎菊二 大八.四.一五	道土義榮 大九.一〇.一二
無	無	有	有	有	有	有
20.6.5	20.6.5	20.6.5	20.6.5	20.6.5	20.6.5	20.6.5
✓	✓					✓

277

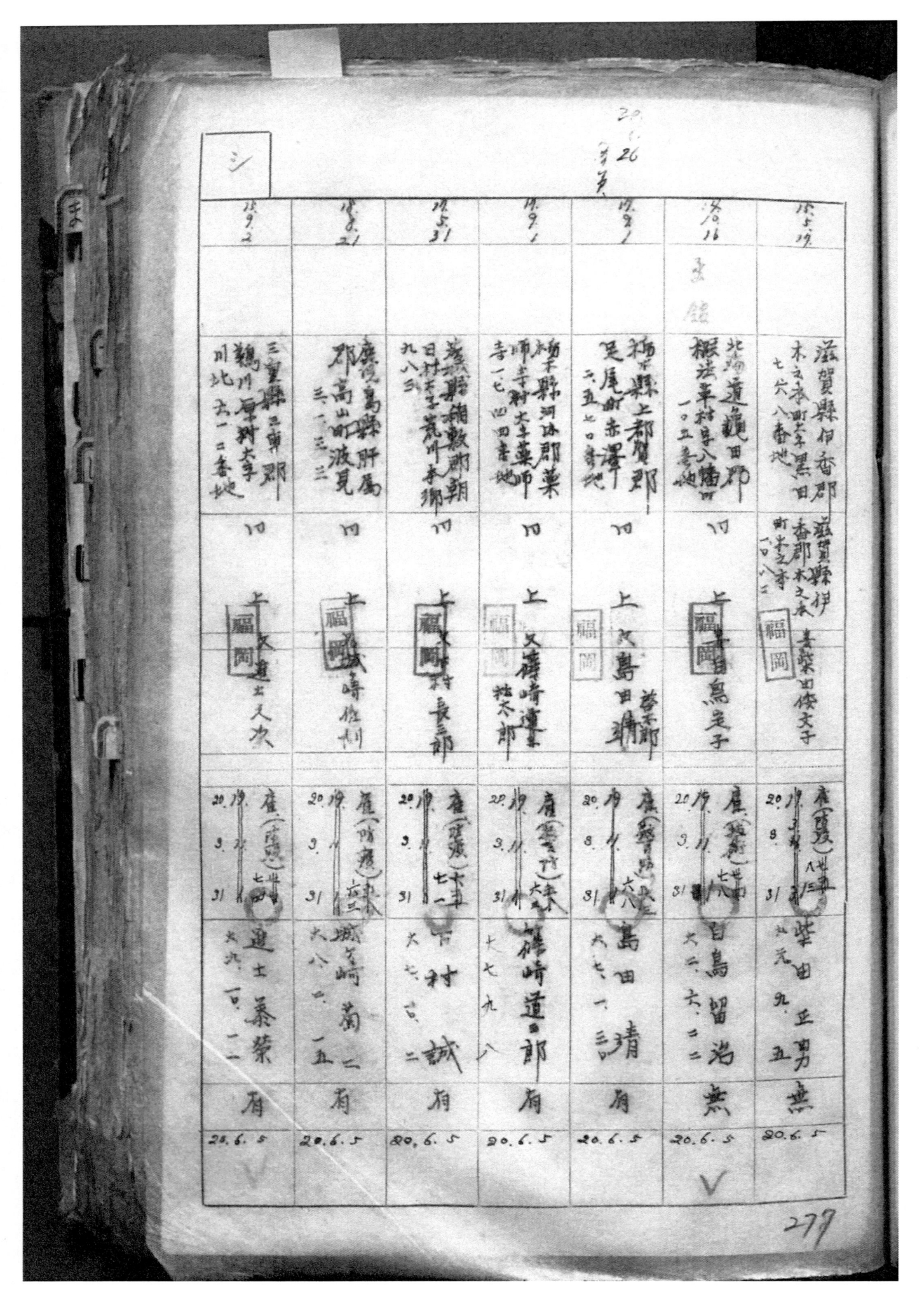

雇 20.3.13

ふ

18.6.21	16.7.5	18.9.1	18.7.17	19.5.10	19.7.1	19.4.6
群馬県群馬郡淀川町五三〇番地	千葉県香取郡中村北中久保二〇四九番地	熊本県下益城郡松橋町百〇五番地	秋田県北秋田郡前田村阿仁前田七五〇番地	長野県南安曇郡温村三四二二番地	京都府与謝郡養老村字中波見六五番地	富山県射水郡大島村中野二三五九
父	父	父 熊本県鹿本郡植木町	父	父	父	父
上 福岡 [illegible]野忠助	上 福岡 [illegible]とく	上 福岡 下田勝	上 福岡 [illegible]司源作	上 福岡 [illegible]野[illegible]平	上 福岡 [illegible]川[illegible]三郎	上 福岡 島田[illegible]次郎
雇（技術）七 18.7.30	雇（西遠）市中 六八 20.3.31	雇（技術）六五 20.3.31	雇（技術）七八 19.11.1	雇（西遠）市中 六八 20.3.31	雇（西遠）五九 20.3.31	傭人 六八.五〇 雇員（西遠）
上野松雄 明四四.五.八	[illegible]名清 大五.一一.九	下田茂 大八.九.一〇	[illegible]司源作 明四三.四.二三	[illegible]野熊三郎 大七.三.一六	[illegible]川三郎 大一〇.一二.二	島田精一 明[illegible].四.一
無	無	有	有	有	有	有
	20.6.5	20.6.5		20.6.5	20.6.5	20.6.5

278

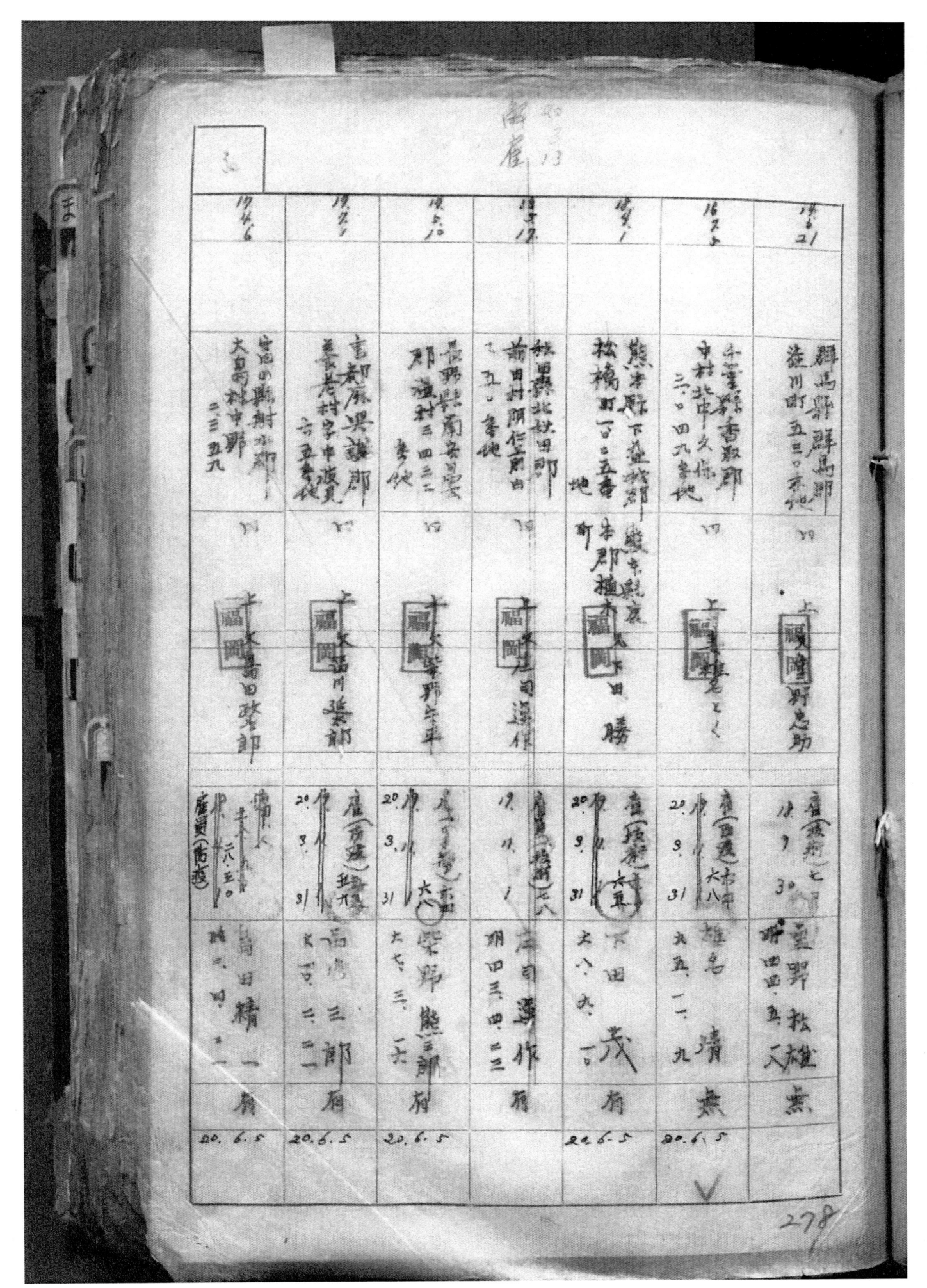

21.6.8 解

19.4.3	兵庫縣飾磨郡御國野村御着二〇二番地	四	福岡 嶋田勝次	傭人、二八、五〇 19.[illegible] 20.3.31 雇員(技術)	嶋田一君雄 明三、二、五 有 20.6.5
19.4.16	山形縣東村山郡千歳村大字長町三一一番地	四	上 福岡 文 設楽常吉 通七	傭人、二八、五〇 19.[illegible] 20.3.31 雇員(防援)	設楽清三 明二、一二、二六 有 20.6.5
19.4.8	香川縣仲多度郡吉原村大字吉原一三五五	四	上 福岡 文 白井龍吉	傭人、二六、五〇 19.4	白井惣四郎 明四、一二、一六 有
19.2.21	山形縣酒田市十五堂町四一番地	山形縣酒田市本町七丁目 四	福岡 遠藤與作	雇(事務)七十四 20.9.11 31	遠藤嘉藏 大二、九、一三 無 20.6.5
19.4.22	兵庫縣揖保郡三日月町上本郷九七二番地	四	上 福岡 文 鳴村亀治	傭人(調理手) 二六、六二 20.3.31	鳴村登一 大八、三、二七 有 20.6.5
20.7.20	東京都城東区大島町一五四二番地	同	上 福岡 白井政子	解技 20.2.10	白井幸三郎 明四三、八、[illegible] 無

279

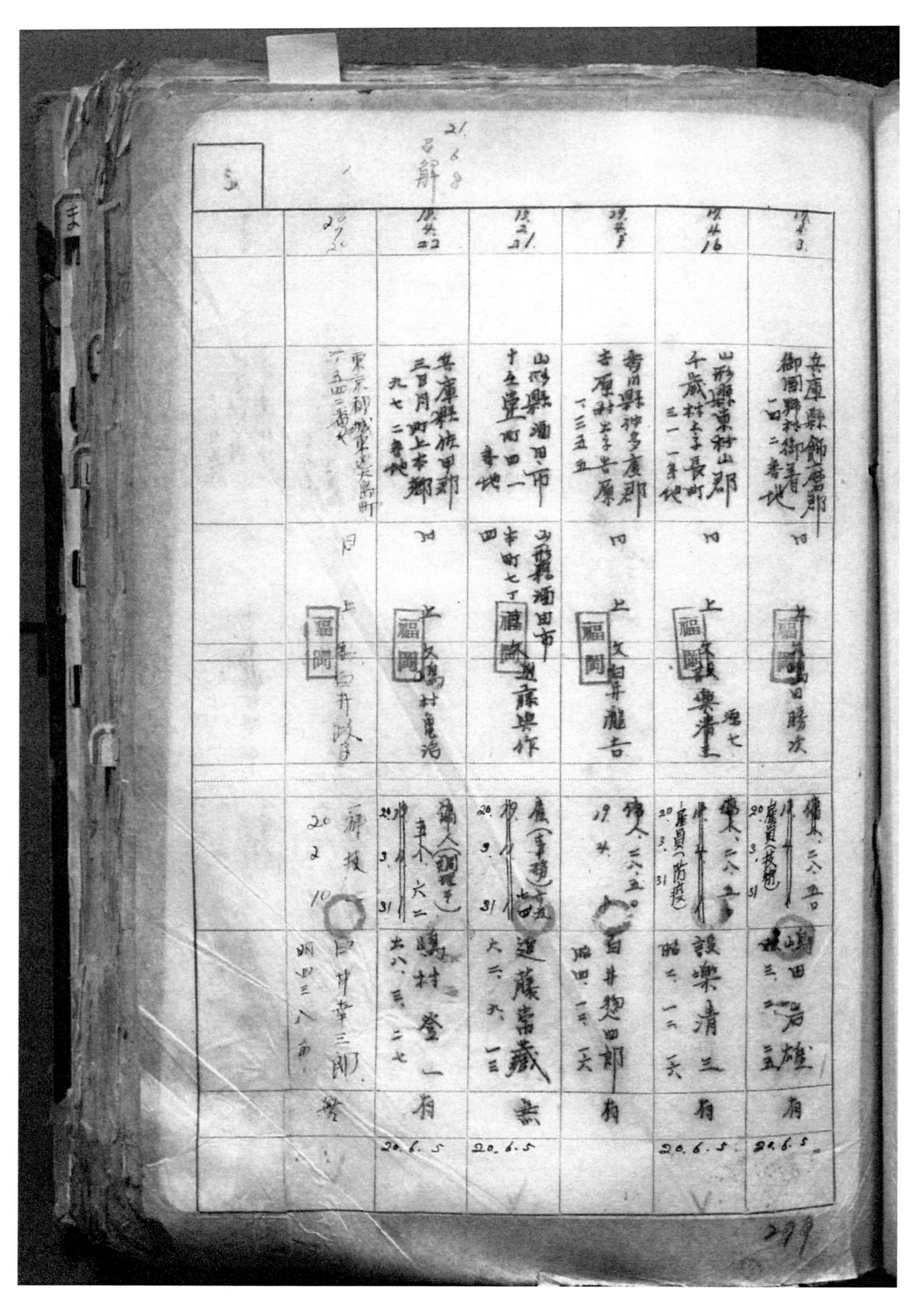

＊原簿 280 丁（付箋あり）

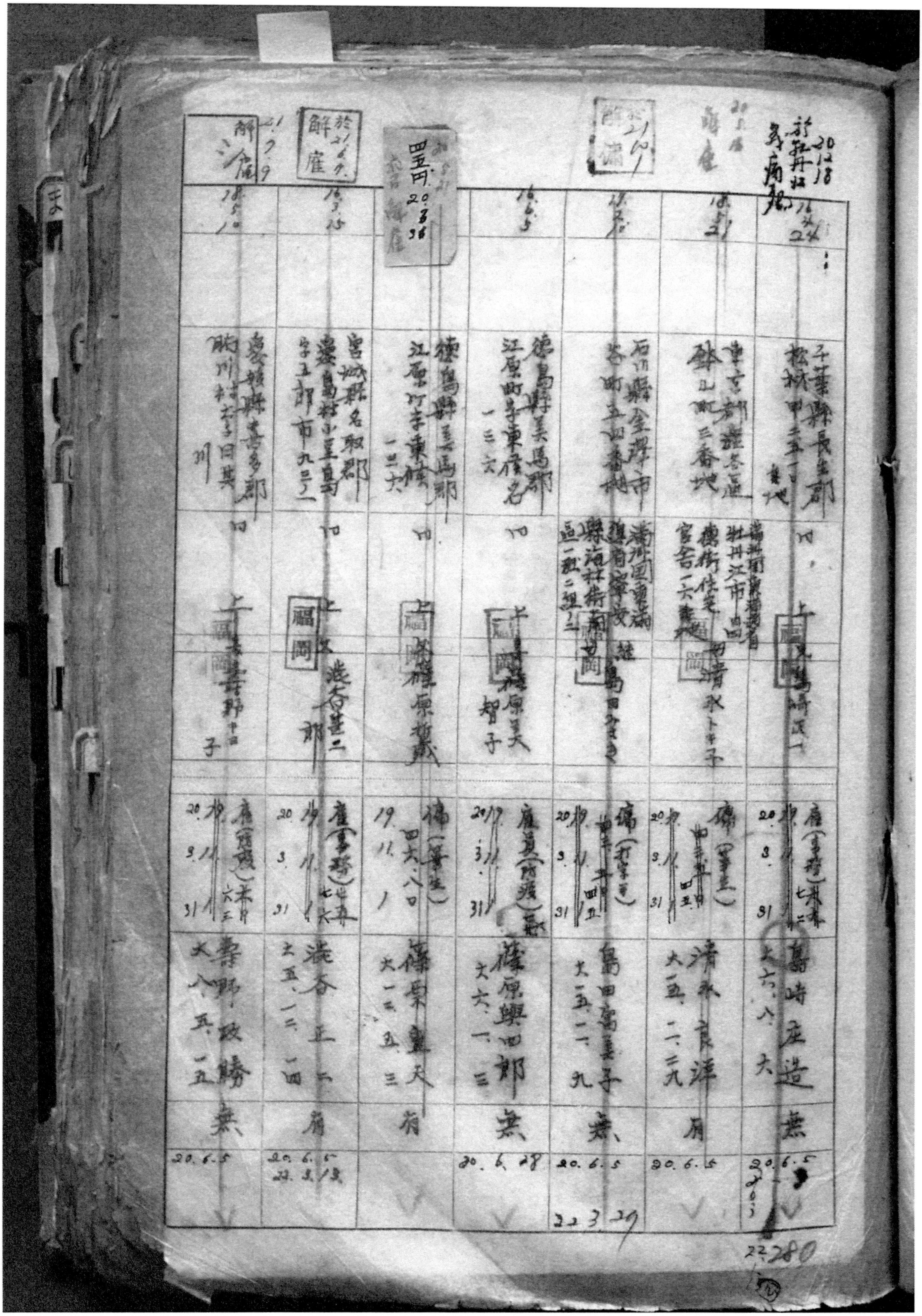

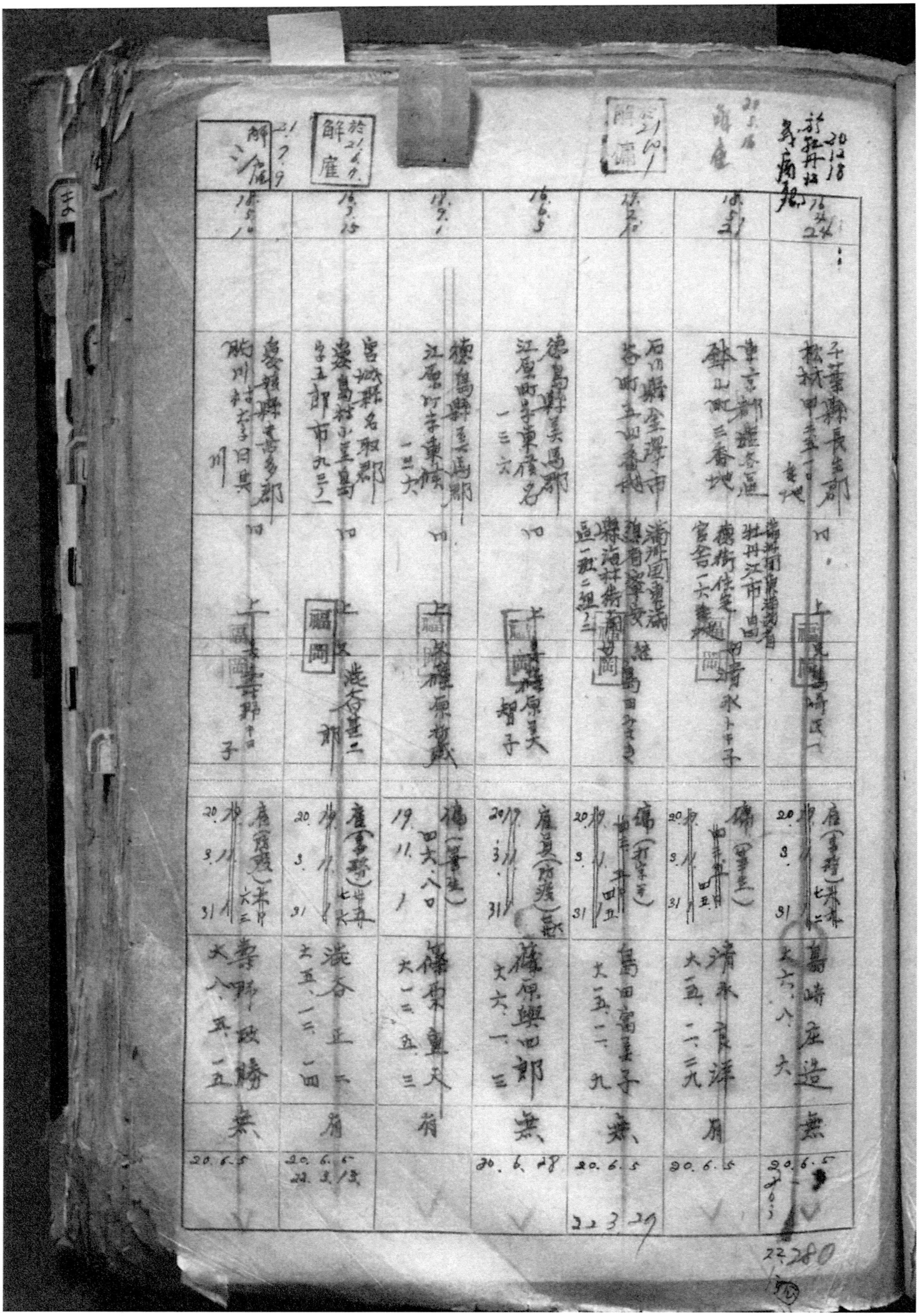

氏名	生年月日		日付
島崎庄造	大六、八、六	無	20.6.5
清水良洋?	大五、二、二九	有	20.6.5
島田富美子	大一五、二、九	無	20.6.5
篠原與四郎	大六、一、三	無	20.6.28
篠栗重夫?	大一二、五、三	有	
澁谷正二	大五、一二、四	有	20.6.5 22.3.13
寺野政勝	大八、五、一五	無	20.6.5

＊原簿 280 丁裏面

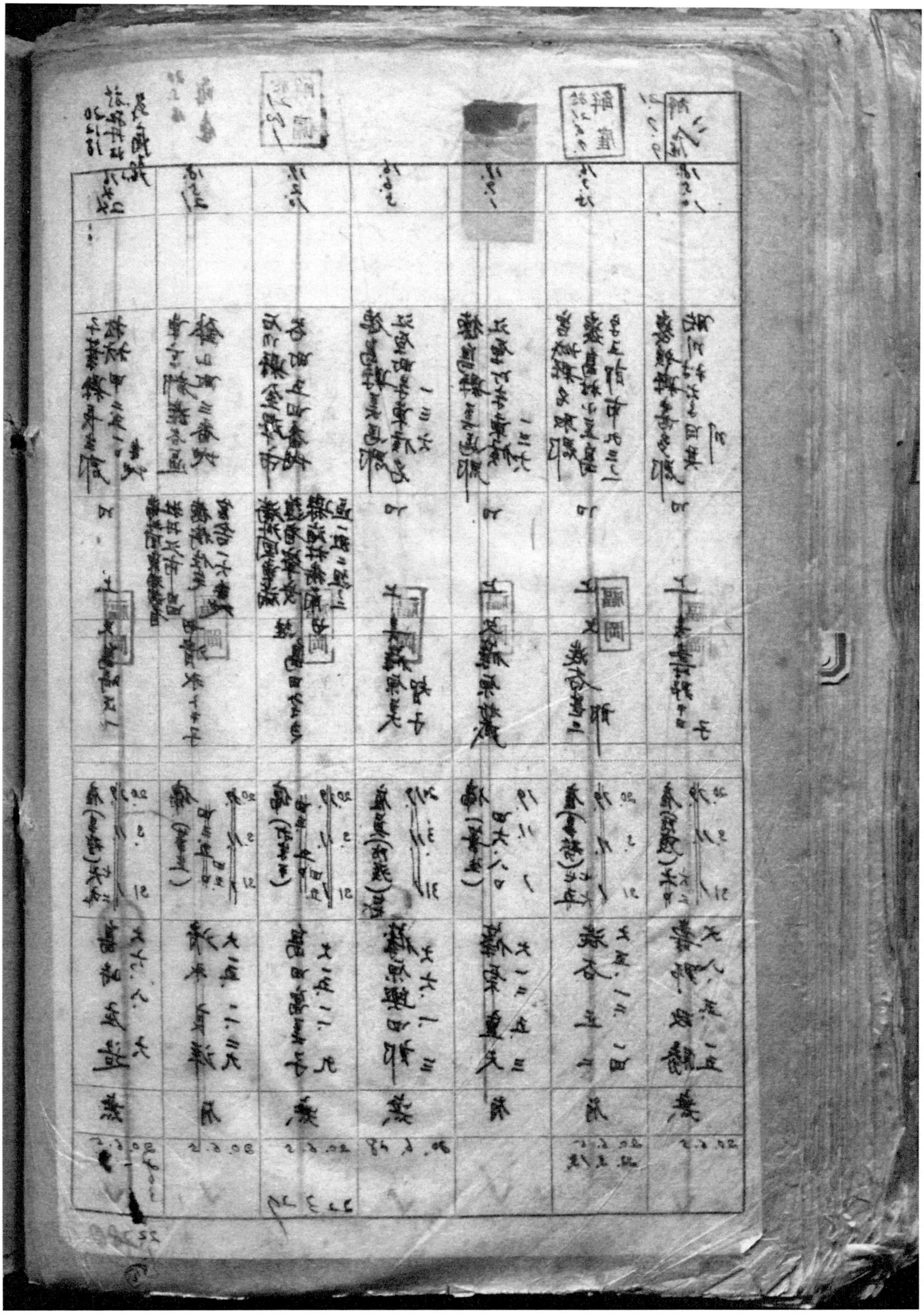

＊p 312 右

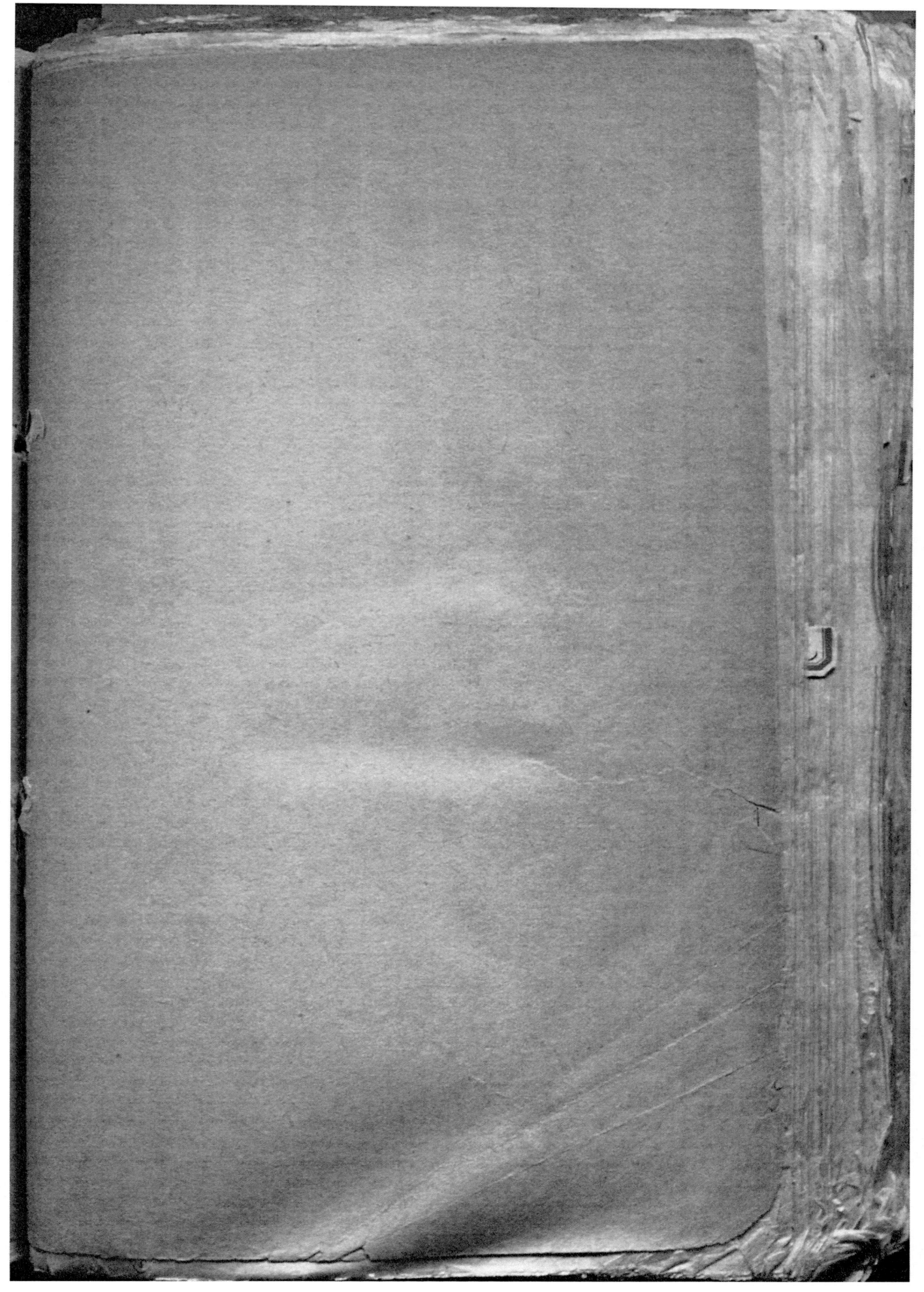

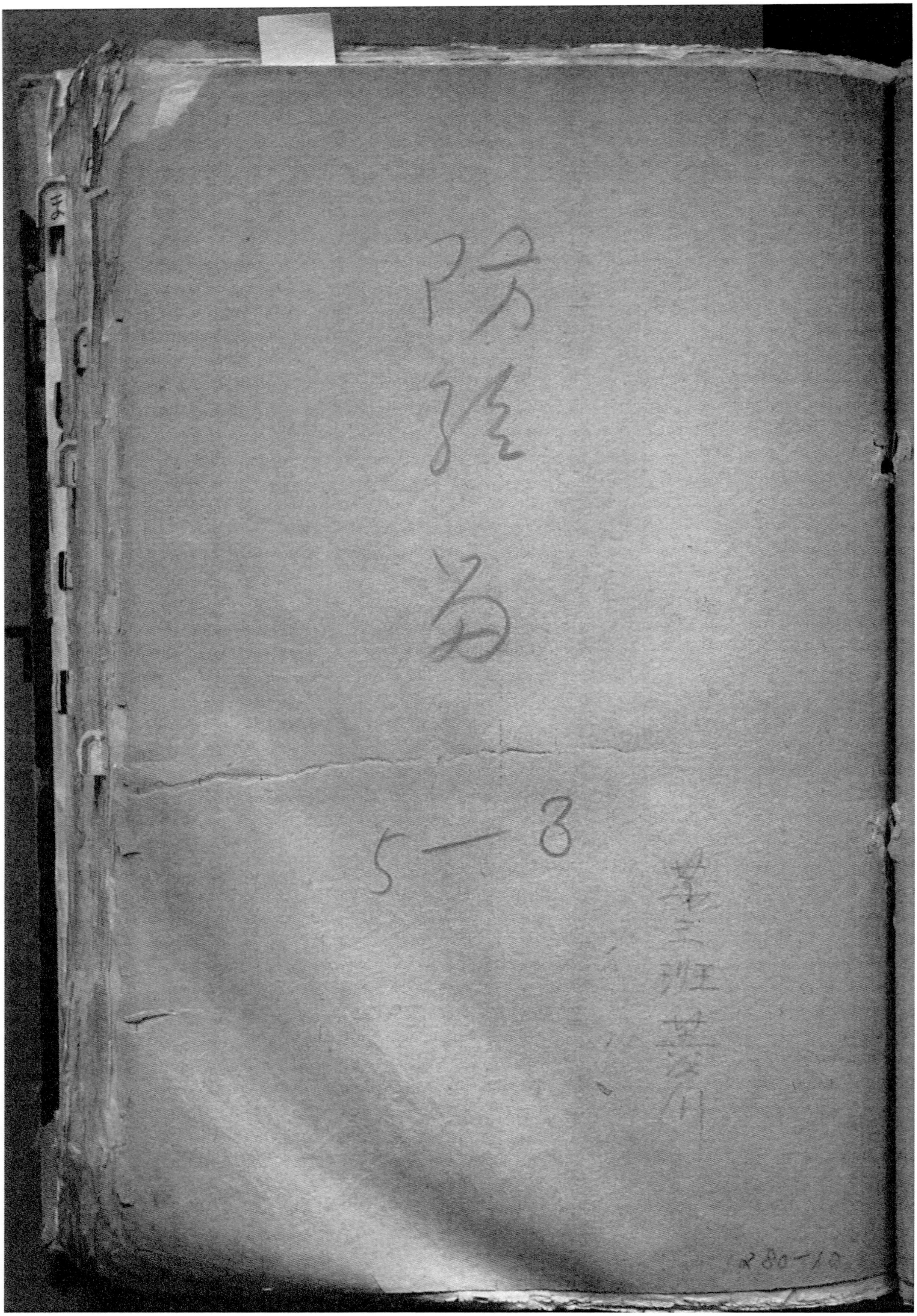
5—8

＊p 313 右

備考	日付	本籍		関係者	雇用	氏名・生年月日		日付
22.1.18 依安保 解雇	17.1.30	兵庫県宍粟郡神戸村伊和字[illegible]屋敷	同	新宮樟子	雇(事務) 20.3.31 七七	新宮儀一 大八、五、一六	無	~~20.6.6~~ 22.6.16
	15.11.11	広島県[illegible]郡[illegible]町油井大丸四番地	同	重田三ツ	雇(防疫) 20.3.31 七六	重田敗義 大四、一一、一〇	無	20.6.5
22.2.27 依安保 解雇	13.8.31	長野県東筑摩郡[illegible]村吾口番地	同	清水まず	雇(防疫) 20.3.31 七四	清水嘉彦 大六、一一、二五	無	~~20.6.5~~ 22.6.16

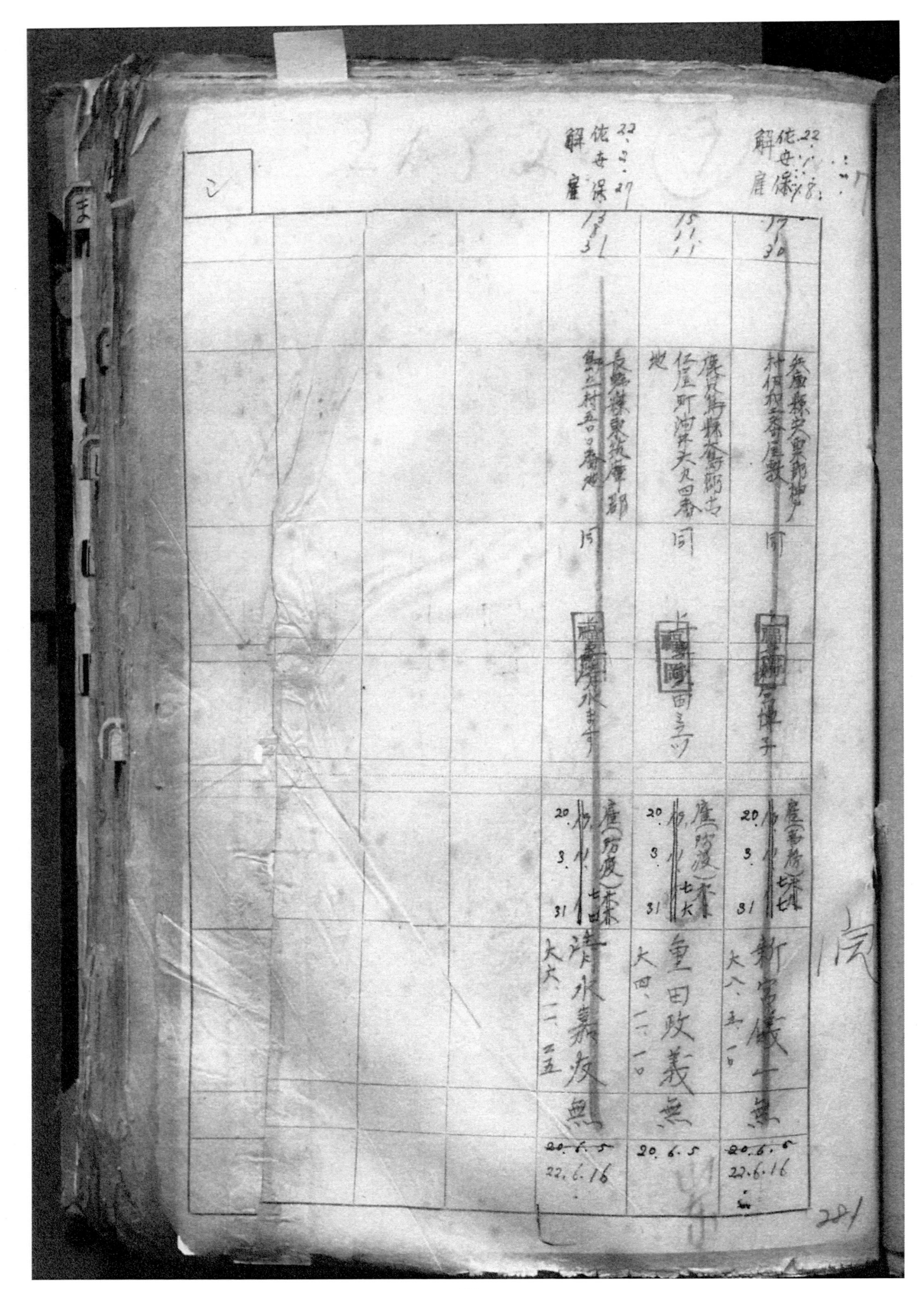

20.5.16 解雇					22.3.2 佐世保 解雇	22.3.? 佐世保 解雇
18.5.10	19.10.23	19.8.26	19.3.1	19.10.25	19.10.11	19.10.1
栃木県[illegible]郡川口村八四二七番地	山梨県中巨摩郡[illegible]合村湯澤四四番地	福井県敦賀市松島町一〇三番地	福井県敦賀市松島町一〇三番地	千葉県香取郡中村久保五〇三番地	島根県邇摩郡湯里村大字湯里一七三三番地（大連市[illegible]町二）	長野県南安曇郡穂高町大字[illegible]番地（大連市寿町[illegible]）
同	同	哈爾濱満洲第六三一部隊官舎	哈爾濱満洲第七三一部隊官舎	同	同	同
清水久く	塩澤熊藏	慈観金三郎	慈観金三郎	椎名とく	新沼カメ	重野[illegible]壽
傭（雑役）三六 20.3.31	傭（雑役）三大 20.3.31	傭（雑役）五五 20.3.31	傭（打字手）四二 20.3.31	傭（雑役）二七 19.10.25	雇（事務）五五 20.3.31	雇（事務）五一 20.3.31
清水芳子 昭二、三、一〇	塩澤きく江 大一一、六、一〇	慈観ヨシ子 昭四、九、七	慈観照子 昭六、八、一〇	椎名タケ 昭二、五、一三	新沼エツ子 大一一、五、九	重野眞利子 大一三、一二、二
有	有	無	無	無	無	無
20.6.5	20.6.5	20.6.5	20.6.5		20.6.5 22.6.16	20.6.5 22.6.18

282

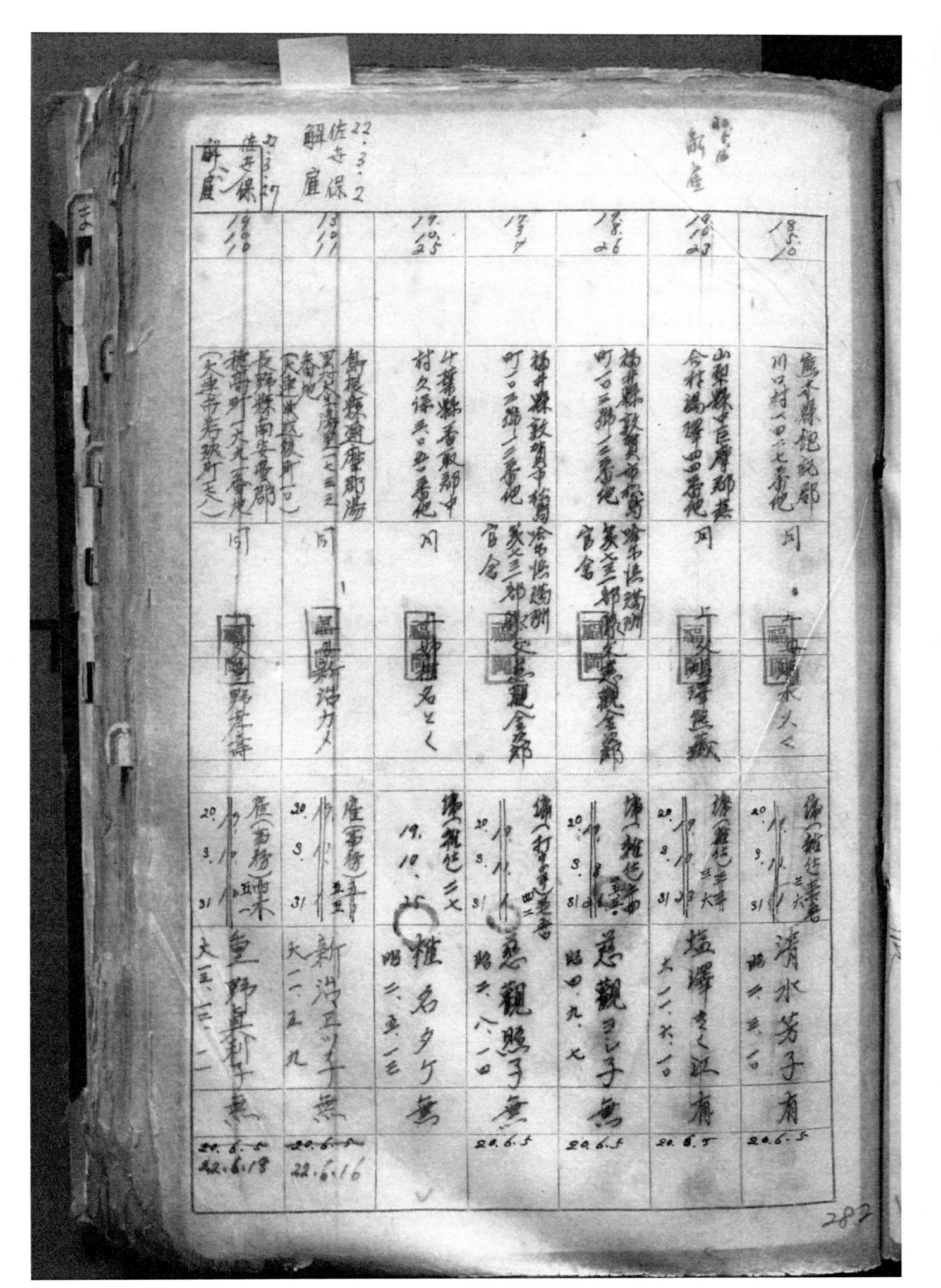

解傭 佐世保 22.1.16　解傭 佐世保 22.3.6

19.3.30	千葉県銚子市松本町一丁目九三九番地（大連市霞町一八七）	同	福岡 喜代治	傭人（打字） 20.3.31	神静江	大五、九、八	無	20.6.5
19.?.17	熊本県天草郡長洲町一四七三番地（大連市春日町二六七ノ五）	同	福岡 嶋崎丈太郎	傭人（打字） 20.3.31	島崎チサ子	昭三、一〇、七	無	20.6.5
19.5.1	熊本県飽託郡河内村大字船津一九六八四番地（大連市伏見町三〇四）	同	福岡 嶋崎謙三郎	傭人（筆生） 20.3.31	嶋崎タツ子	昭五、一、二五	無	20.6.5
19.5.1	長崎県佐世保市五町一八五番地（大連市真金町三九四）	同	福岡 島添孝	傭人（研究） 20.3.31	島添和子	昭二、六、五	無	20.6.5 22.6.16
19.5.1	岡山県都窪郡妹尾町大字妹尾七四七番地（大連市尾上町五三）	同	福岡 清水はるゑ	傭人（研究） 20.3.31	清水佐智子	昭三、三、九	無	20.6.5 22.6.16
19.12.20	岐阜県吉城郡吉川町大字武町一三（大連市明町九五）	同	福岡 清水文蔵	傭（防疫） 20.3.31	清水美智子	大一二、一、八	無	20.6.5
20.1.1	秋田県北秋田郡大五村大字長走字陣場六五	同	福岡 新澤	雇（防衛） 20.3.31	新澤美代治	大六、一、一四	無	20.6.5

289

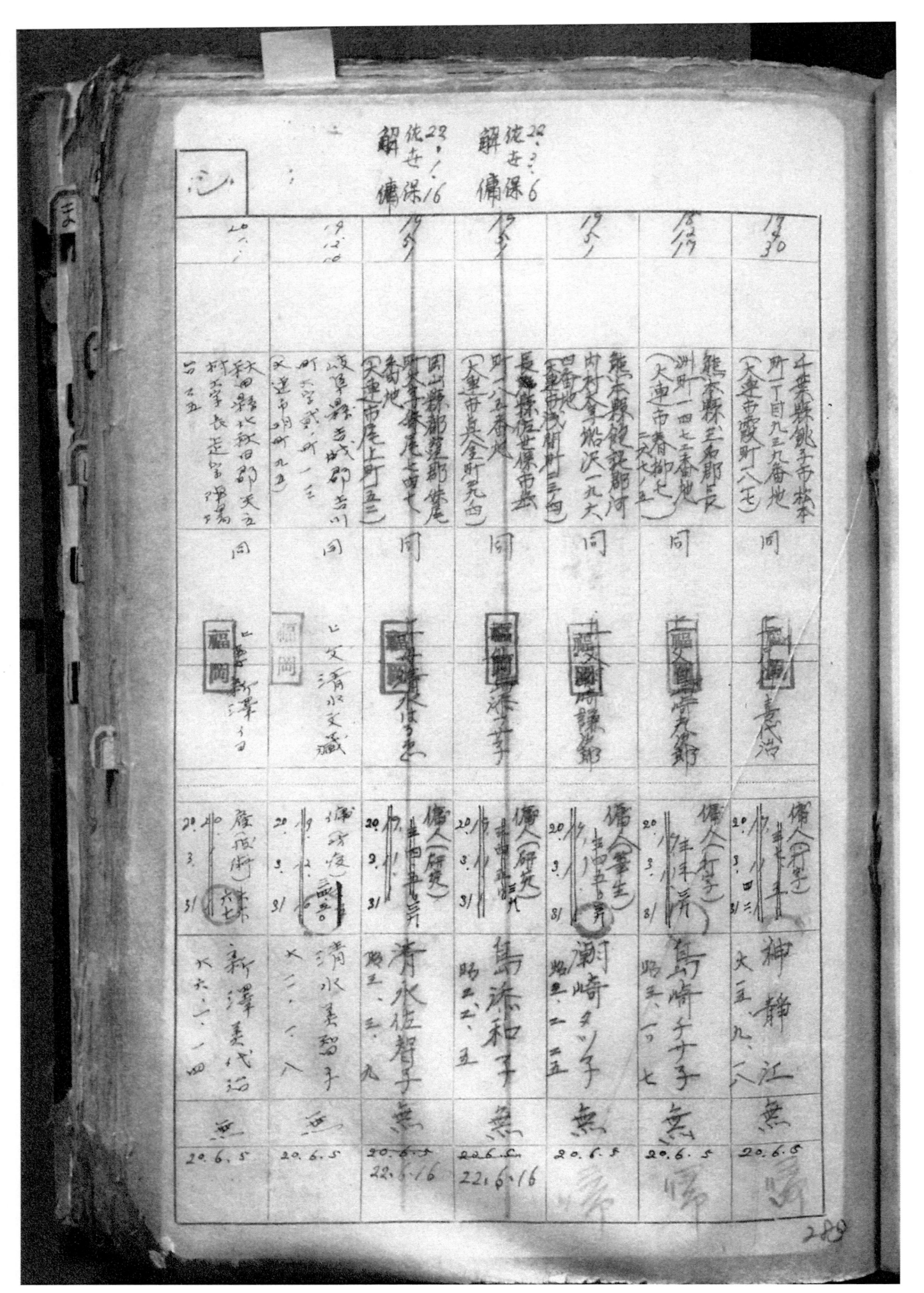

ま

解職 佐世保 22.1.18

解傭 21.8.18

20.4.10	廣島縣佐伯郡上(?)田 水内村大字多田 大三三番地ノ一	上	福岡 [illegible]井チノ白	傭(軍属) 三九 20.3.27	白井麗子 昭二.二.一	有	
20.5.7	兵庫縣美方郡大庭村 戸田二六一番地	播州第五六九部隊	福岡 島田敏雄	傭(雑仕) 三六 20.5.7	島田ますゑ 大七.五.八	無	
20.5.19	長野縣上伊那郡 西箕輪村七五三九	満洲第六六五九部隊	福岡 城(?)毅留良	雇員(技術) 四四 20.5.19	城毅良 昭六.一〇.一八	無	
20.5.29	千葉縣[illegible]郡 總元村部田十六	同	福岡 清水文亮	傭人(雑仕) 三六 20.5.29	清水キヨシ 大[illegible].八.一九	有	
	秋田縣山本郡澤目村 字水澤稲荷堂後 一三四	同上	父 白鳥得三郎	軍傭	白鳥正 昭三.十.十		21.12.21
13.4.1	大分縣東国東郡 富来町字松原 二〇七三	仝上	母 清水キク	属五 19.9.30	清水貢 明二[illegible].四.二五	毎	22.6.16
					新見常吉		[illegible]

284

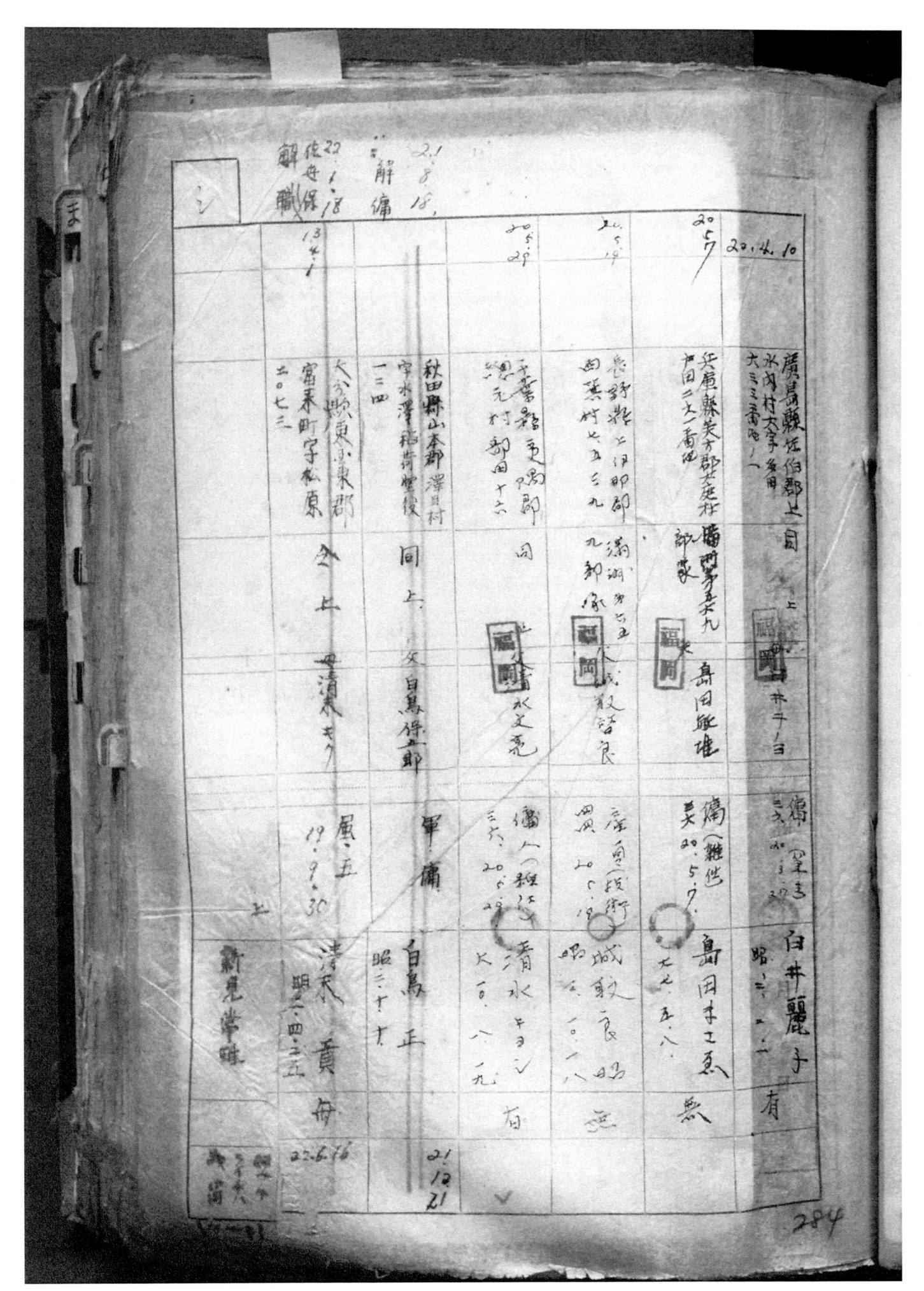

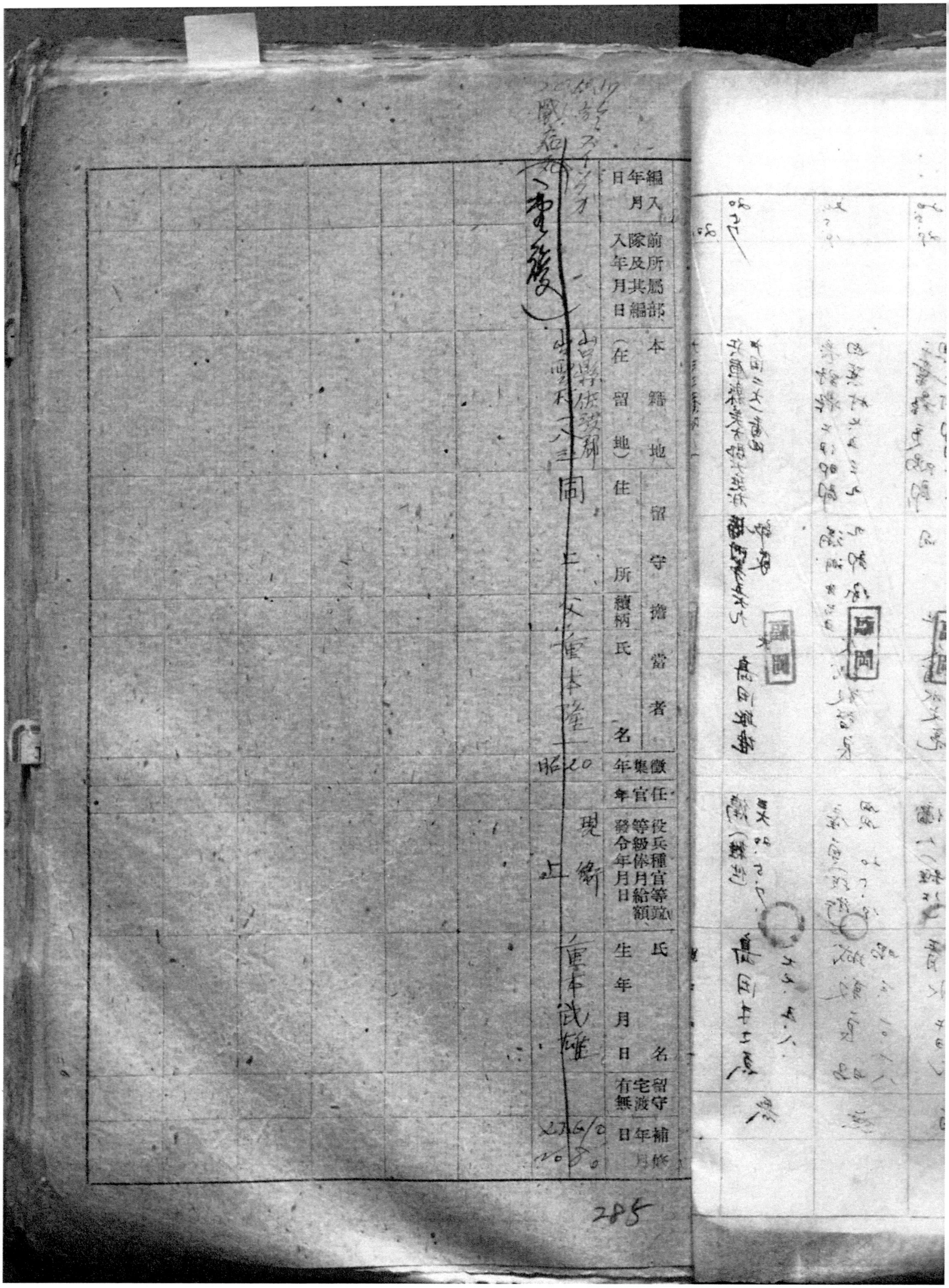
編入年月日
入隊前所屬部及其編入年月日
本籍地（在留地）
留守擔當者
住所
續柄氏名
徵集年
任官年
役兵種官等級俸月給額、發令年月日
氏名
生年月日
留守宅渡有無
補修年月日
285

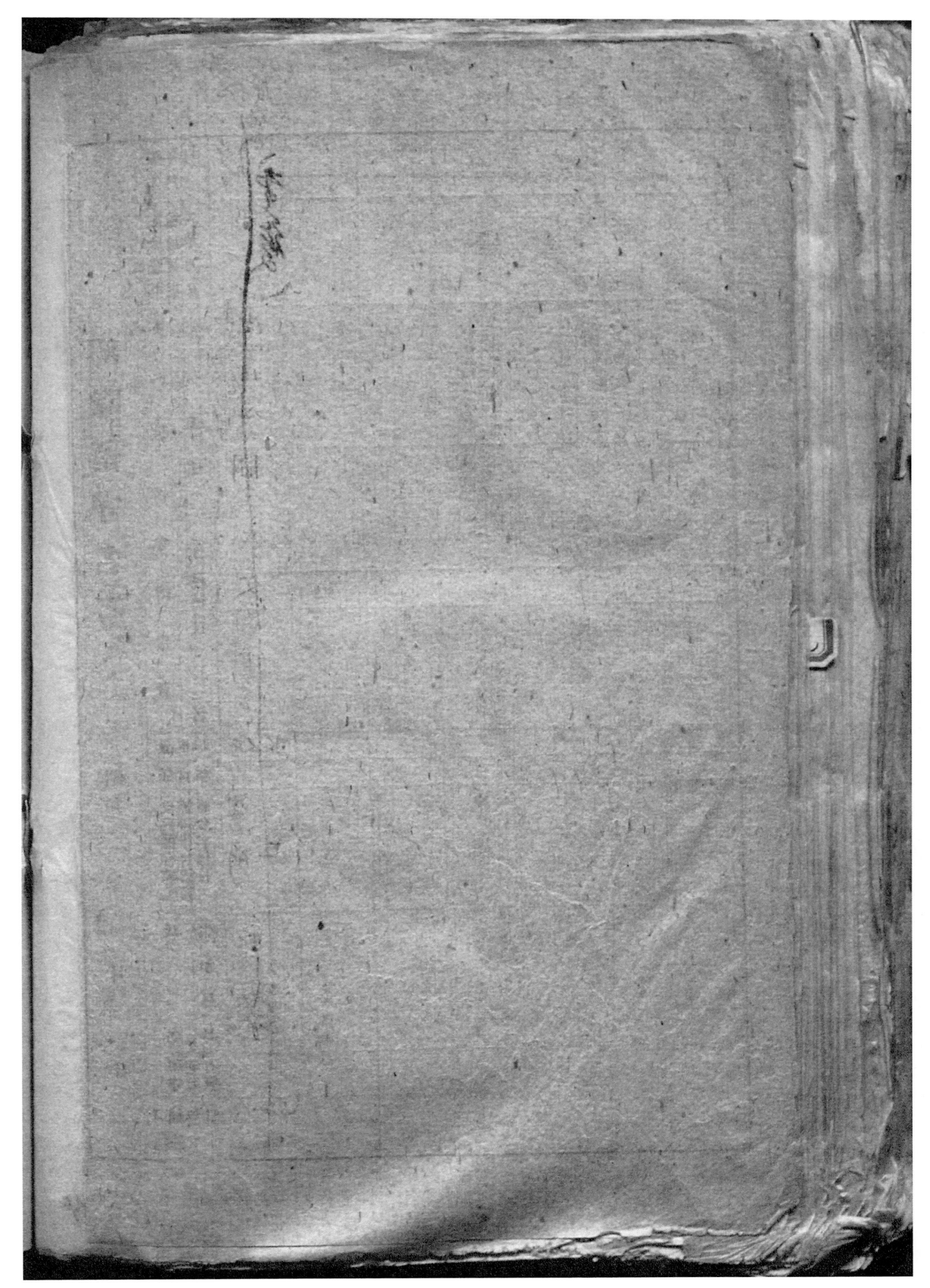

關東軍防疫給水部留守名簿

昭和二十年一月一日
關東軍防疫給水部

入

(欄外)		20 8 27	20 12 15	
編入年月日	19 3 30	14 5 10	13 5 10	17 5 25
編入前所屬及其編入年月日	東部師團司令部 六、八、二			関東野戰貨物廠 一六、八、一五
本籍（在留地）	岩手縣氣仙郡盛町字町九七番地	東京都本所區緑町四丁目一五番ノ三	横濱市中區元町五丁目一〇三番地	静岡縣榛原郡[illegible]川村相津四一九番地
留守擔當者 住所	宮城縣仙台市琵琶首町三 水野時田方	埼玉縣大里郡寄居町櫻沢 中小前田	愛媛縣宇和島市追手通一丁四	同
留守擔當者 續柄氏名	妻 鈴木時子	妻 鈴木文子	兄 鈴木九雄	妻 鈴木トミノ
徵集年 任官年	昭 11	昭 17	昭 18	昭 17
役種 兵種 官等並等給 級俸 月給額 發令年月日	現軍醫少佐 二、19、4、30	現技少佐 一、19、9、30	現技大尉 三、19、12	豫衛中尉 二、19、9、15
氏名 生年月日	鈴木[illegible]男 明四三、二、一七	鈴木重夫 明四一、三、三	鈴木二郎 大二、七、二二	鈴木司郎 明三八、一〇、一五
留守宅渡ノ有無	無	無	無	無
補修年月日	20.3.25			

286

久

済
於延吉 戦病死 21.1.29

召集解除 於21.10.24

除隊 22.10.31

③	歩兵第[illegible]部隊 一七七六	茨城県結城郡[illegible]村大字[illegible]田六〇〇番地	同	福岡 [illegible]浦[illegible]	略 12	現役准尉 四、19、6、1	鈴木貫 大四、六、一	無	21.2.26
19.5.23	輜重兵第四十五大隊 気四五元	福島県田村郡[illegible]根町大字[illegible]一三〇番地	同	福岡 鈴木勝記	略 14 17	[illegible]伍長	鈴木勝一 大八、三、二	無	
19.10		香川県香川郡仏生山村大字百相五七五番地	同	福岡 須賀[illegible]吉	略 18	現役軍曹 五、19、12、1	須賀泉偉 大六、九、一	無	
		千葉県香取郡佐原町中宿 七六四	仝	上 父菅佐芳造		[illegible]軍曹 19、6、24	菅原静 明四四、七、二七	〃	23.2.15
チブス		山口県阿武郡福川村大字福井下 五二七七	仝	上 父鈴木直吉		傭人 六・1	鈴木徳章 大5、12、21		22.12.4 No.251号

287

放送 23.10.7

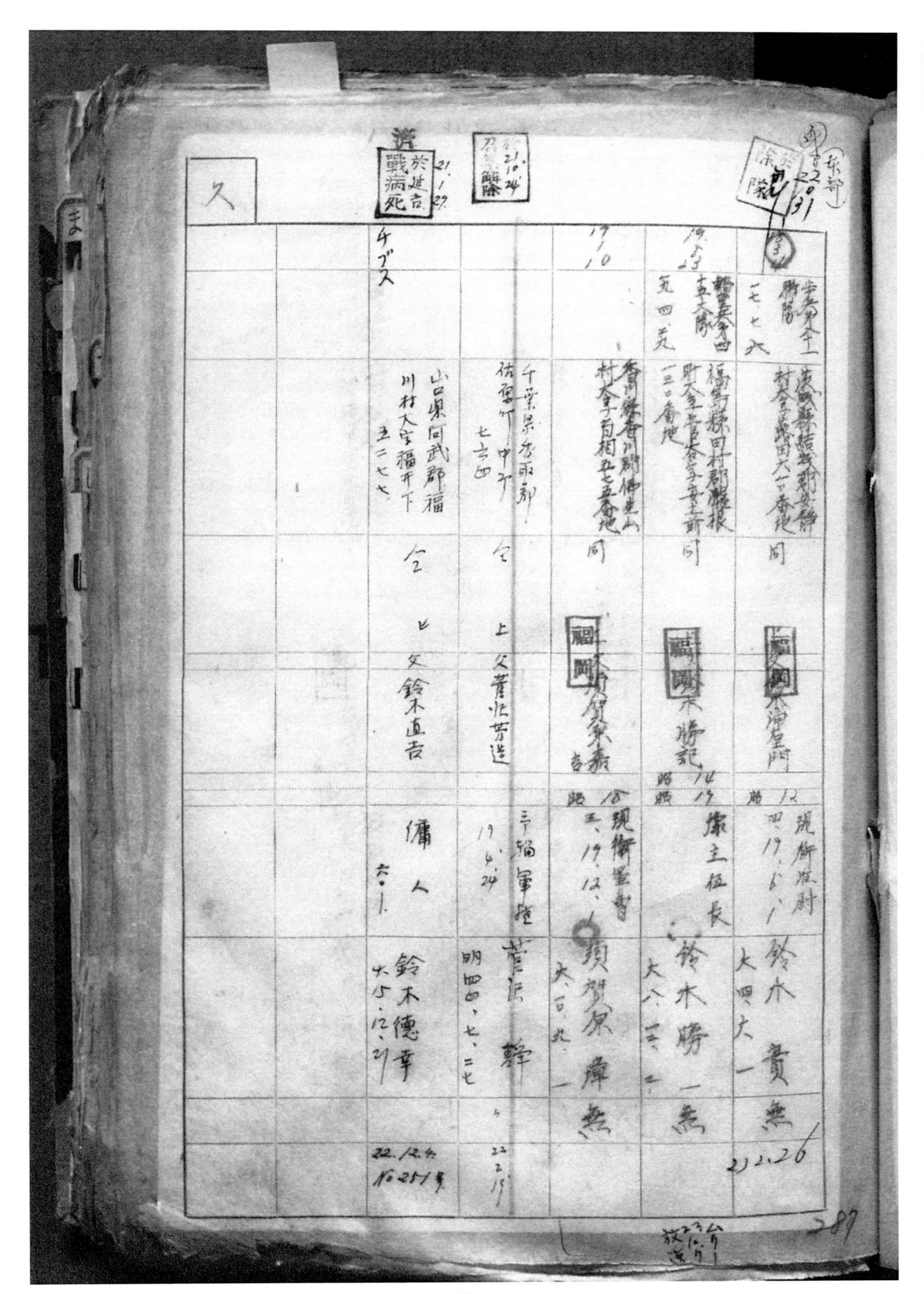

大

19.3.26	七.一一 関東軍野戦貨物廠 満州国錦州省錦縣 (?) 大字佐野三五二番地	大連市山形通三六番地	福岡 養父 須田外次郎	昭17	現衛曹長 四.二〇.八.一	須田明 大一〇.一〇.一二	無 21.12.23
①	愛媛県西條市橋本三六番地	同	福岡 祖父 福岡長平	昭16 昭17	20 現衛伍長 (軍曹) 20.4.1	福岡豊 大一五.八.二一	無 20.6.28
20.1.15 第一〇師団衛生隊 一九.八.一〇 五三	愛知県幡豆郡高浜町大字西浜戸	同	福岡 上等兵 杉浦はつゑ	昭2	陣・輜上 19.9.1	杉浦正利 明四〇.三.一七	無

21.4.14 於整位 288

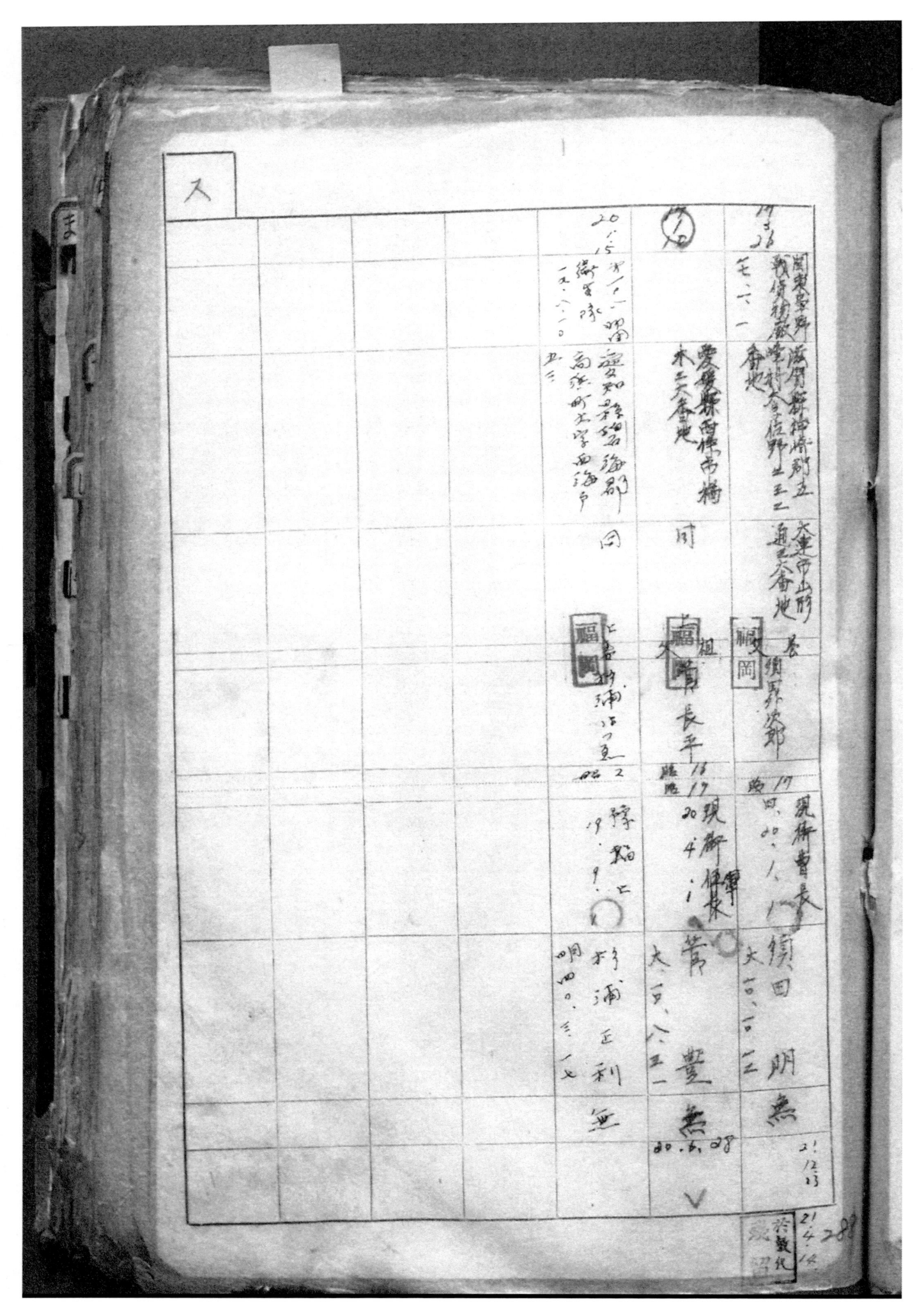

久

19.5.10		東京都洲橋區洲橋 五二六番地	同	福岡 須貝厚子	技手 二、19.9.30	須貝國平 明三四、四、二二	無	✓
19.9.30		富山縣[illegible]方全谷屋敷	同	福岡 鈴木ツヤ子	技手 四、19.9.30	鈴木登 大五、八、六	無	✓
19.4.1		宮崎縣西臼杵郡北方村[illegible] 四八九番地	同	福岡 鈴木[illegible]	屬 五、19.4.1	鈴木孝一 明四三、一、八	無	
19.4.1		福岡縣福岡市伊崎町[illegible]番地	東京都江戸川區平井町[illegible] 酒井[illegible]子方	福岡 母 宗[illegible]美津	技手 五、19.4.1	宗次保男 明四二、二、二	有	
19.4.1		栃木縣塩谷郡藤原町大字[illegible]四九番地	同 菊池[illegible]方	福岡 上 鈴永サワ	技手 五、19.4.	鈴永義雄 明四五、五、一	無	
18.9.30		石川縣鹿島郡熊木村字上野ヶ部十一番地	同	福岡 杉森[illegible]子	技手 五、19.9.30	杉森喜作 明四五、五、二八	無	
19.3.5		岡山縣勝田郡勝加茂村大字[illegible]千番地	神戸市林田區千歳町五[illegible] 四八	福岡 鈴木ひさ	看護婦長 五、19.3.31	鈴木光江 明四一、七、二六	有	

289

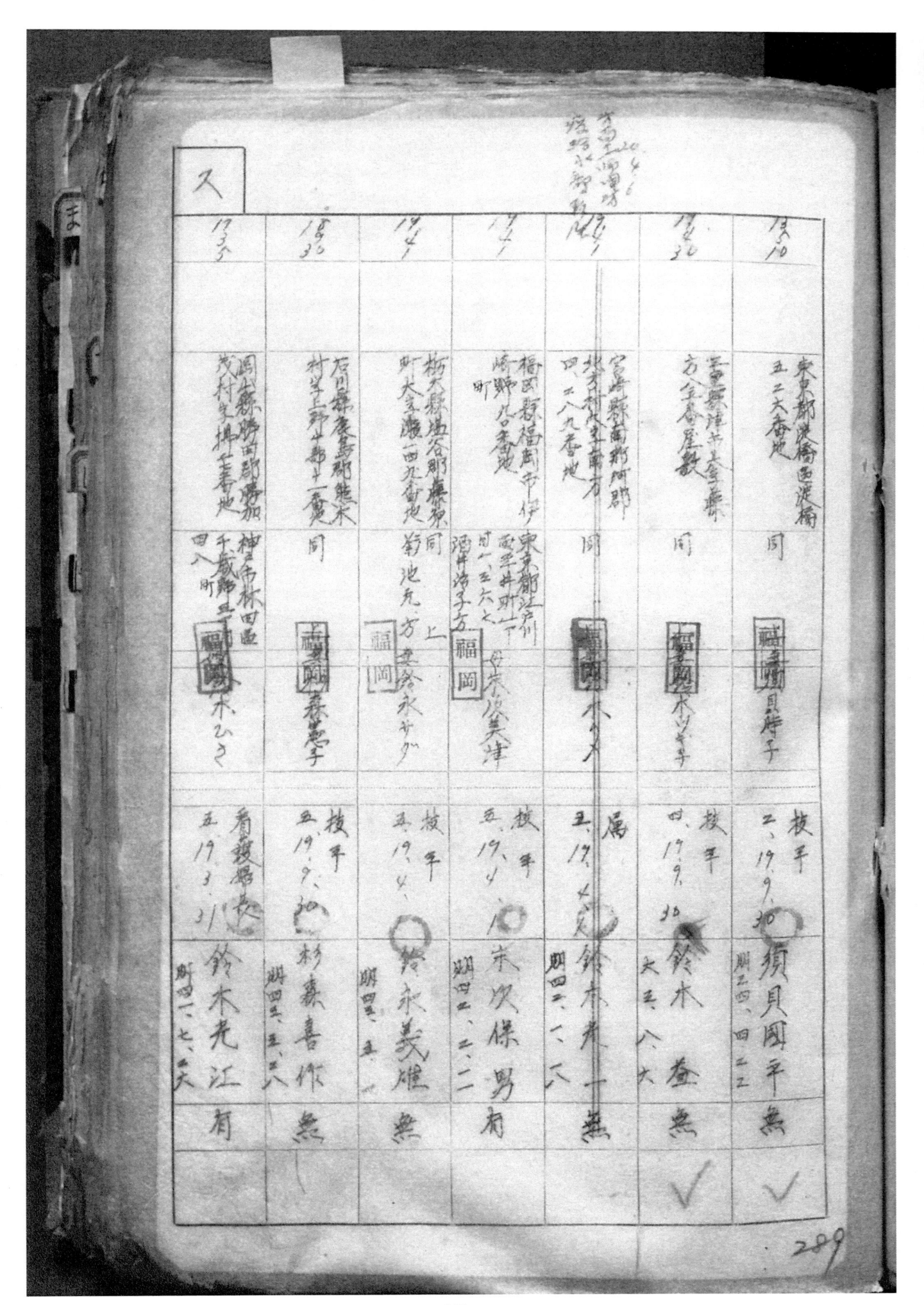

ス

20.9.5. 依願解雇
19.2.22
宮城縣仙台市南小泉字〇〇〇〇四五番地　同
戸主　鈴木たけの
業務手　廿　19.8.1　無　二
鈴木実雄　無
大三.九.一二

21.7.6　解雇
17.4.1
青森縣東津軽郡蟹田村　同
戸主　鈴木栄作
雇員　大四.二.
鈴木栄次郎　無
大一二.六.二

22.2.28 依願解雇
20.
福島縣安達郡太田村大字下太田字前石田七一
傭人
菅野七三　無
明三六.三.三
22.6.16

290

除隊 22.4.19 舞鶴

ス

關東軍防疫給水部留守名簿

昭和二十年一月一日
關東軍防疫給水部

編入年月日	前所屬及其編入年月日	本籍（在留地）	留守擔當者 住所	留守擔當者 續柄 氏名	徴任年 集官年	役種兵種官等並給級俸月給額 發令年月日	氏名 生年月日	留守宅渡ノ有無	補修年月日
19.5.15	勃利陸軍病院 一八、五、一二	兵庫縣加東郡[illegible]村[illegible]七〇番地	同	兄 末廣駿次	昭15	現 衛伍長 20.6.1	末廣祐二 大九、九、一六	無	20.11.22
19.5.15	[illegible]部隊 一五、一二、四	千葉縣安房郡[illegible]村[illegible]七〇番地	同	父 杉田貞次	昭15	現 歩兵 20.8.1	杉田信治 大九、五、二四	無	
17.10		愛媛縣宇摩郡[illegible]村[illegible]五番地	同	父 鈴木[illegible]	昭16	現 衛 [illegible]伍長 20.1.1	鈴木[illegible]一 大[illegible]、[illegible]、[illegible]	無	~~20.3.25~~ 22.6.16
18.[illegible].17		愛媛縣越智郡[illegible]村國分 甲三八五	愛媛縣今治市[illegible]通三五五番地	父 [illegible]三郎	昭17	現 衛 18.10.1	[illegible] 大[illegible]、[illegible]、[illegible]	無	
18.[illegible].17		徳島縣美馬郡三島村大字舞中島二二八九	同	[illegible]友孝太	昭17	現 衛 19.[illegible].1	住友正巳 大一一、一、一四	無	

留

291

ス

除隊・死亡	入隊	本籍		戸主・続柄	役種・兵種・階級	氏名・生年月日		備考
於舞鶴 除隊 22.9.28	19/12	徳島県徳島市船場字船場町一〇六	同	上 父 杉本小平 明17	現 徧 一 19.10.1	杉本幸雄	大一一.一一.二二	無 22.9.10
	19/12	香川県綾歌郡端岡村字新居三六六	同	上 父 杉村庄三郎 明18	現 徧 一 19.10.1	杉村英夫	大一三.三.一三	無
	19/12	徳島県名西郡浦庄村大字大萬一七五	同	上 父 住吉和八 明18	現 徧 一 19.10.1	住吉常雄	大一三.一.九	無
於琉球 戦死 20.6.16	19/12	徳島県徳島市南佐古町九丁目五八	同	上 父 杉本熊一 明18	現 徧 一 19.10.1	杉本通雄	大一三.一.一	無 22.8.12 ×8208
22.9.1 佐世保 除隊	20/3/15	北海道空知郡中富良野村東三線北十六号	仝	上 父 住友房太郎 明17	現 補 伍 20.3.1	住友順一	大一一.五.二二	無 22.6.16

於沖縄 20.8.? 生死不明 南1 37 22.6.17

292

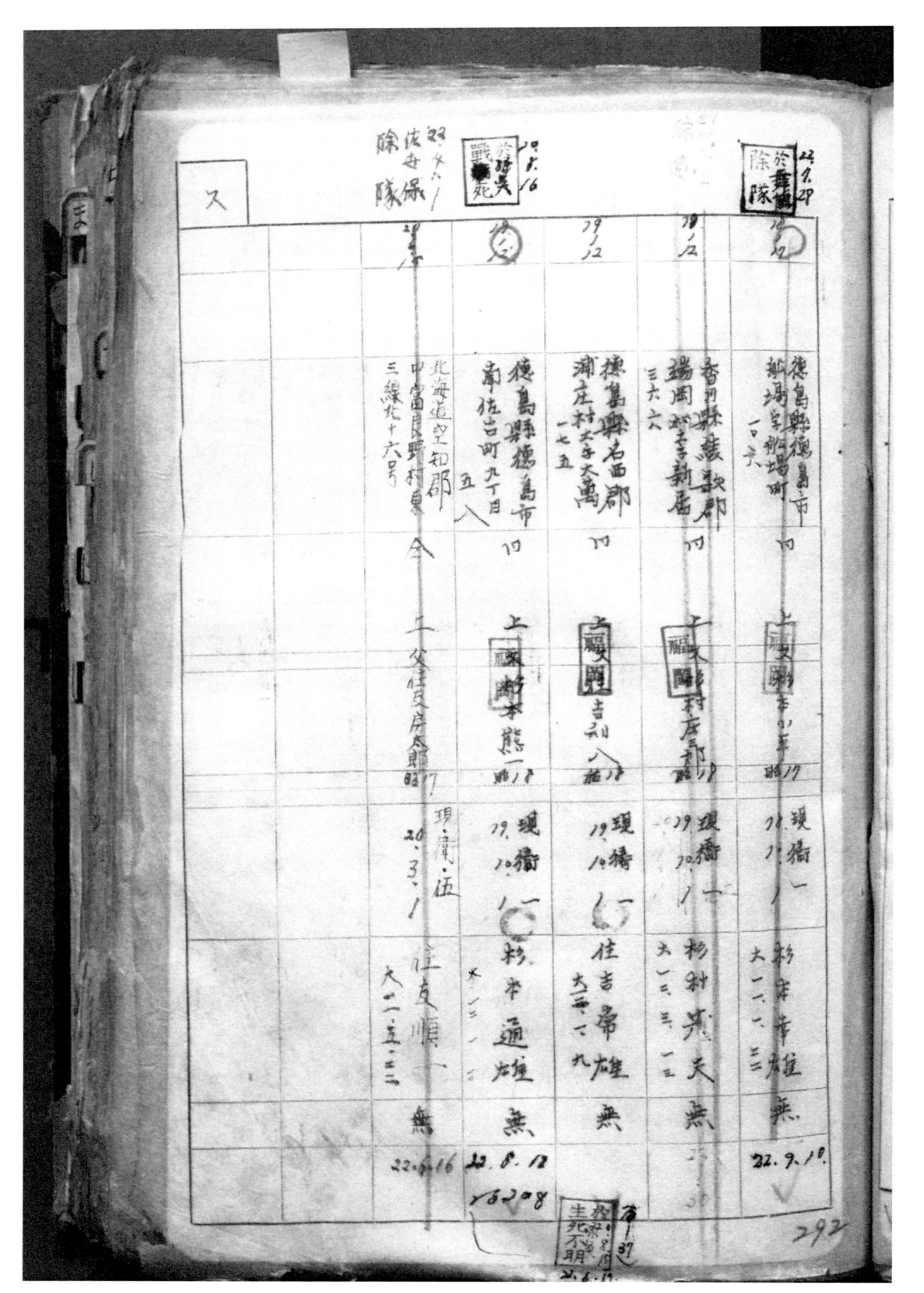

ス

21.2.26	21.2.26	31	
島根県簸川郡神西村大字蘆渡一七三六番地	山口県阿武郡吉部村大字吉部下四四四九八番地ノ一		
島根県出雲市今市町東町一二八三番地 西岡 須谷善市	山口県阿武郡紫福村 西岡 杉山嘉博		
昭19.	昭19.		
現役 21.2.26 二	現役 21.2.26 二		
須谷良一 大正一四、三、一	杉山武 大正一四、七、一九	鈴木義夫 大八、八、七	
無	無	有	
		20.6.5	

293

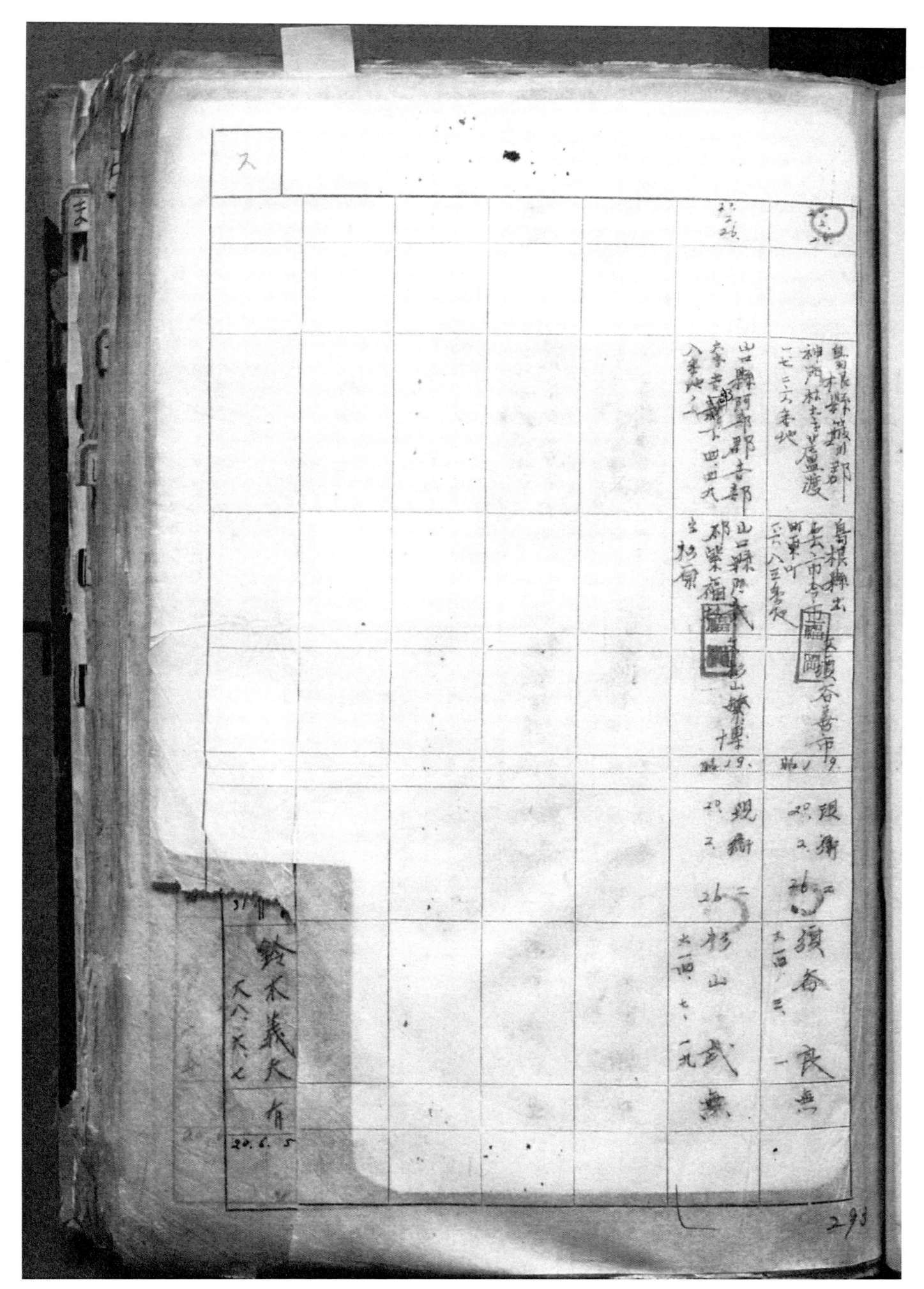

21.2.12 復七より了解

久

關東軍防疫給水部留守名簿

昭和二十年一月一日 關東軍防疫給水部

編入年月日	前所屬及其編入年月日	本籍(在留地)	留守擔當者 住所	留守擔當者 續柄 氏名	徴任集官年年 役種兵種官等並等給級俸月給額 發令年月日	氏名 生年月日	留守宅渡ノ有無	補修年月日
13.11.10		福島縣伊達郡青木村字下箱尾二二番地	福島縣伊達郡内郷村大字宮字峯越六二	妻 須田鶴子	雇(事務)八〇 19.11.1	須田一男 大四.八.五	無	
14.12.10		栃木縣宇都宮市塙田町一九一番地	同	上 母 鈴木クヤ	雇(事務)八三 20.3.31	鈴木武次 大三.八.二六	有	20.6.5
19.5.31		鹿児島縣伊佐郡横川町中之三五四番地	同	父 住吉三太郎	雇(技術)七五 20.3.31	住吉喜一 大七.八.二〇	無	20.6.5
14.12.10		千葉縣山武郡成東町辺田三九番地	同	父 鈴木仲	雇(技術)六八 20.3.31	鈴木進 大九.五.一〇	無	20.6.5
18.2.27		千葉縣印旛郡安食町大字矢口一三九番地	同	父 鈴木松次	雇(技術)大〇 20.3.31	鈴木義夫 大八.六.七	有	20.6.5

294

入

日付	本籍	現住所	家族	職	氏名・生年月日		備考
19.12.10	千葉縣山武郡二川村新井田三七八番地	同	上 福岡 菅井はま	雇(調理補導?)八四 19.11.1	菅井一雄 明三八、七、三一	有	
19.10.25	山形縣西村山郡西村山村大字海味四二六番地	同	上 福岡 菅野ミ	雇(防疫)五五 19.11.1	菅野武 大六、二、二七	無	
19.7.1	岐阜縣可児郡平牧村羽崎五六七番地	同	上 福岡 鈴木八重子	雇(防疫員)[illegible] 19.11.1〜20.3.31	鈴木辰夫 大五、三、八	無	20.6.5
19.5.31	宮城縣仙臺市立町六〇番地	同	上 福岡 菅原亀吉	雇(防疫)[illegible] 19.11.1〜20.3.31	菅原祐次 大八、一、〇五	有	20.6.5
19.5.31	北海道夕張郡南田村字南南田一四〇番地	同	上 福岡 鈴木美雪	雇(防疫)[illegible] 19.11.1〜20.3.31	鈴木正 大七、一、三一	無	20.6.5
19.5.12	佐賀縣小城郡小城町大字畑田三〇八七番地	同	上 福岡 杉野六蔵	雇(技術)七九 19.11.1	杉野正美 明四三、九、一〇	無	
19.2.19	福島縣石城郡内郷村大字綴字下馬場二〇四番地	岐阜縣安八郡小城村小野三〇[illegible] 小野彦一方	福岡 鈴木ブ	雇(技術)[illegible] 19.11.1〜20.3.31	鈴木忠太郎 明三三、一、五	無	20.6.5

295

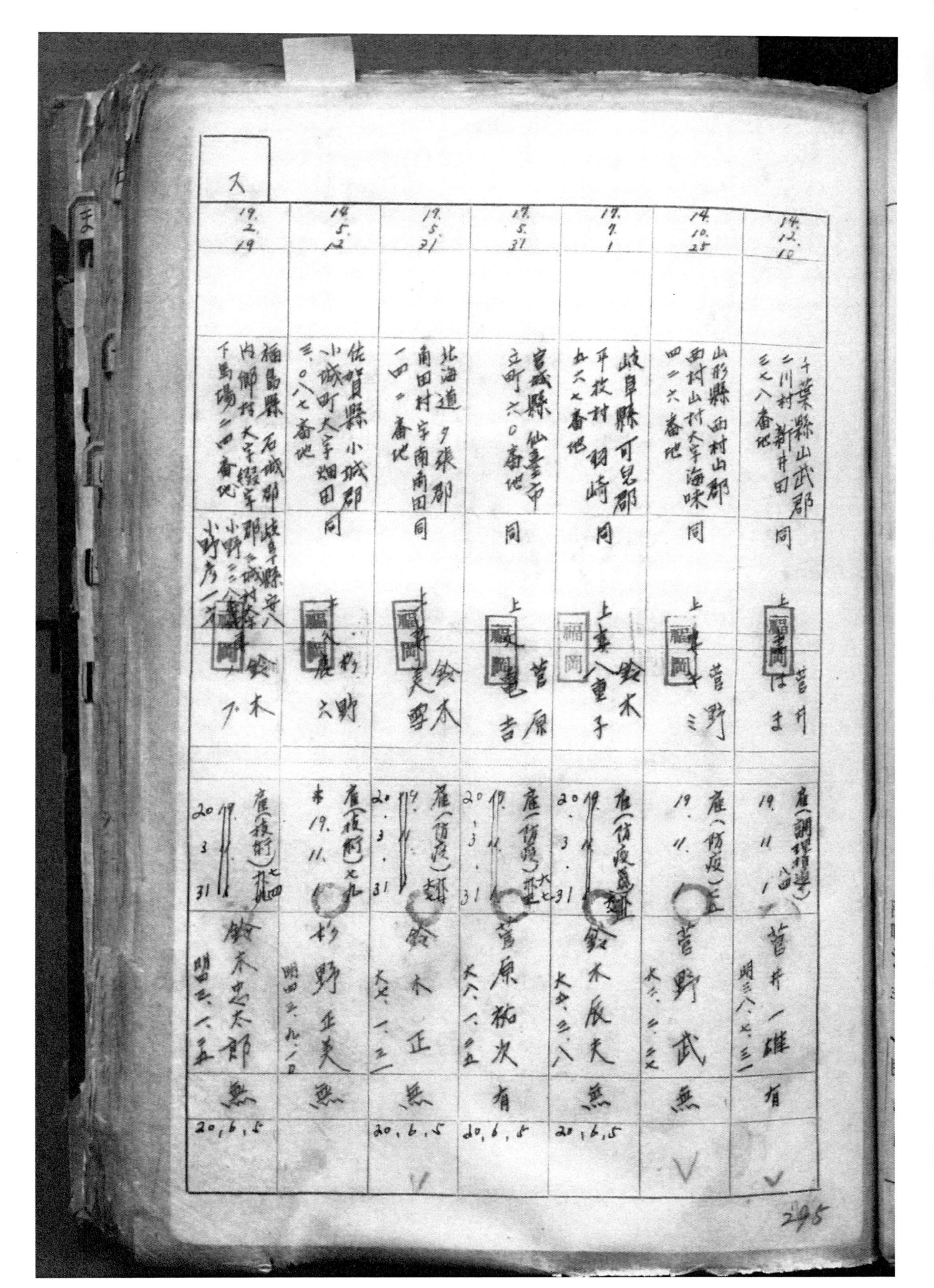

久

本籍地證記
ニ付辞記

19.5.10	千葉縣山武郡大網村中臺六九八番地	同上	兄 鈴木潔	雇(防疫)補 大十 20.19.3.11.31	鈴木競 大八.一一.二〇	無	20.6.5
19.5.31	北海道札幌郡白石村大字上白石村一一七番地	同上	兄 鈴木吉雄	雇(技術)補 大九 20.19.3.11.31	鈴木卯吉 大九.三.一	有	20.6.5
19.7.11	栃木縣塩谷郡藤原町大字滝一四九番地	同上	従兄 菊地元	雇(技術)補 大九 20.19.3.11.31	鈴木和三郎 大三.五.二六	有	20.6.5
17.5.31	茨城縣久慈郡金砂村大字赤土九一二番地	東京都足立区千住龍田町二〇番地	養母 鈴木ムエノ	雇(技術)六三 20.19.3.11.31	鈴木勇 大七.八.八	有	20.6.5
15.11.22	北海道苫前郡羽幌町字羽幌一五一五番地	同上	母 菅野サク	雇(自動車操縦)手 大三 20.19.3.11.31	菅野政一 大三.一一.一二	無	20.6.5
17.5.20	岩手縣東磐井郡門崎村字小台一〇四番地ノ二	岩手縣西磐井郡山目村字林二八	父 菅原芳治	雇(自操)大十 20.19.3.11.31	菅原千雄 大七.二.一五	有	20.6.5
18.4.2	秋田縣仙北郡花舘村字黒瀬一十番地	秋田縣仙北郡四ツ屋村小若場	叔父 鈴木松蔵	雇(調理指導)補 大七 20.19.3.11.31	鈴木武治 大七.八.一五	有	20.6.5

296

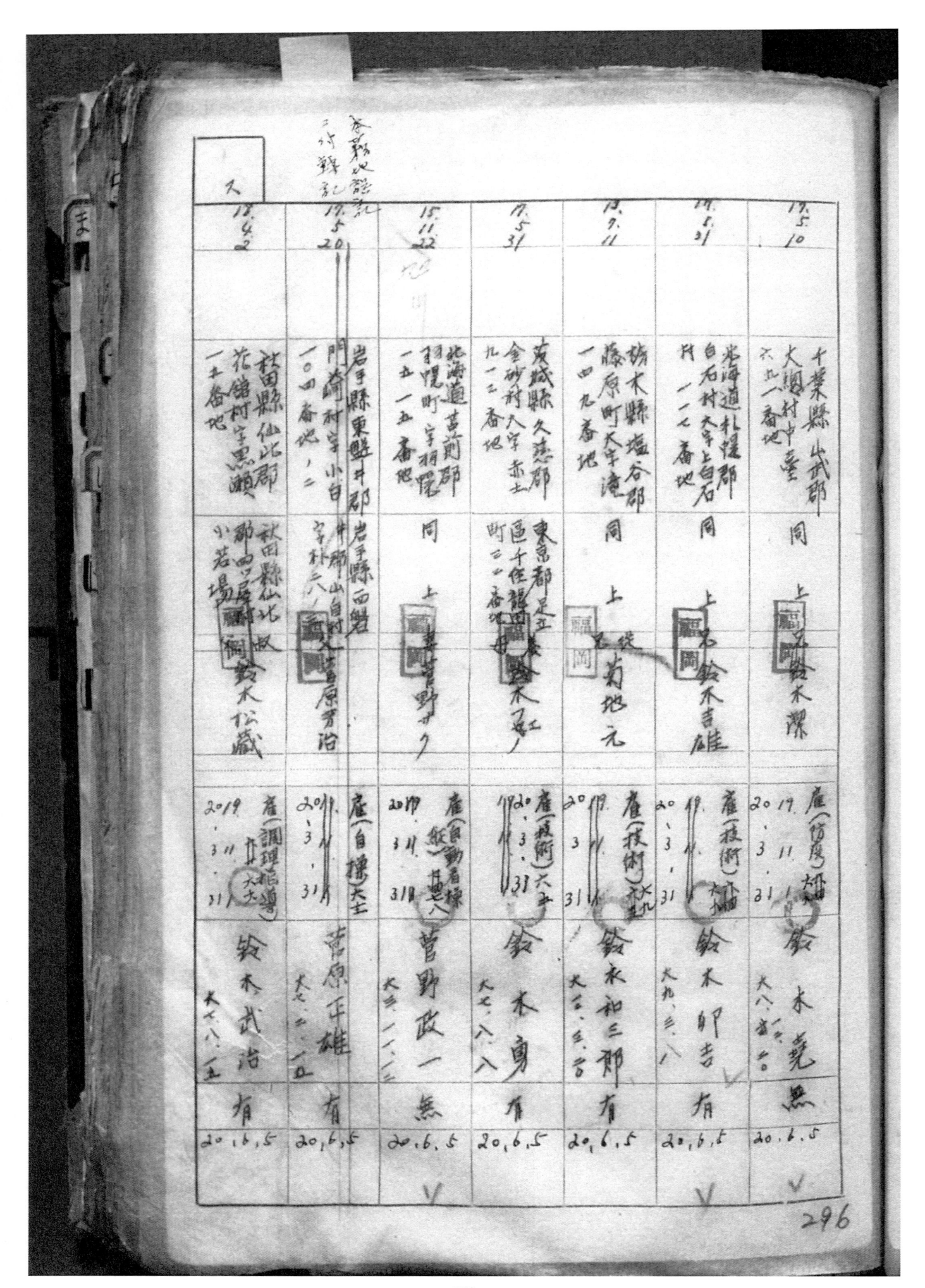

大

19.9.1	旭川	北海道苫前郡羽幌町字羽幌一五一五番地	同上	菅野長四郎	雇(自線)20.3.31	菅野弘 大九.四.五	無有	20.6.5
19.5.31		静岡県志太郡島川村大島新島二七三六番地	同上	杉本永吉	雇(防疫)20.3.31	杉本元一 大〇.三.三	有	20.6.5
19.5.31		福島県河沼郡勝常村大字佐野目字西青川甲一一二番地	同上	菅井キミ	雇(防疫)20.3.31	菅井迪之進 大七.一一.五	無	20.6.5
19.5.31		福島県岩瀬郡赤井村大字赤井字比良一〇番地	福島県岩瀬郡赤井村大字赤井字浅口	鈴木善正	雇(防疫)20.3.31	鈴木比良夫 大〇.六.三〇	有	20.6.5
19.5.20		岩手県膽澤郡前澤町大字前澤字屋敷四六番地	同上	鈴木幸治	雇(防疫)20.3.31	鈴木清助 大七.七.一七	有	20.6.5
19.5.31		京都市中京區壬生森町三九番地	同上	杉山君尾	雇(防疫)20.3.31	杉山清松 大七.三.一	有	20.6.5
15.5.23		静岡県静岡市安東二丁目五七番地	同上	杉山宗太郎	雇(技術)19.11.1	杉山松蔵 明四五.五.一	無	

297

久　解雇 20.1.31

14.7.19	宮城縣柴田郡沼邊村大字沼邊字中山四八番地	同	上 福岡 鈴木ふみ子	雇（技術）八十 19.11.1	鈴木忠良 大六.一.二五	無	
13.8.11	千葉縣木更津市[illegible]五二四番地	同	上 福岡 鈴木津滿	雇（技術）七九 19.11.1	鈴木明治 明三二.四.二	無	
14.8.1	福島縣石川郡母畑村大字北山字羽貫田一二二番地	同	上 福岡 鈴木キセ	雇（防疫）七九 19.11.1	鈴木二代松 明二九.六.九	有	
14.11.12	千葉縣香取郡名古町飯笹六三四番地	同	上 福岡 菅澤静枝	雇（防疫）八〇 19.11.1 20.3.31	菅澤榮 大五.一一.一二	無	20.6.5
19.9.1	茨城縣筑波郡谷田部町大字上萱丸二五三番地	同	上 福岡 鈴木貞造	雇（軍醫）六六 19.11.1 20.3.31	鈴木信義 大七.一.一	無	20.6.5
19.9.1	栃木縣下都賀郡藤岡町大字藤岡五二九番地二	同	上 福岡 父 砂川信吉	雇（軍醫）五八 19.11.1	砂川藤四郎 大六.一〇.二六	有	
14.12.10	千葉縣山武郡千代田村大里一五〇〇番地	同	上 福岡 菅澤[illegible]で	雇（[illegible]）七九 19.11.1 20.3.31	菅澤操 明一〇.四.二一	無	20.6.28

248

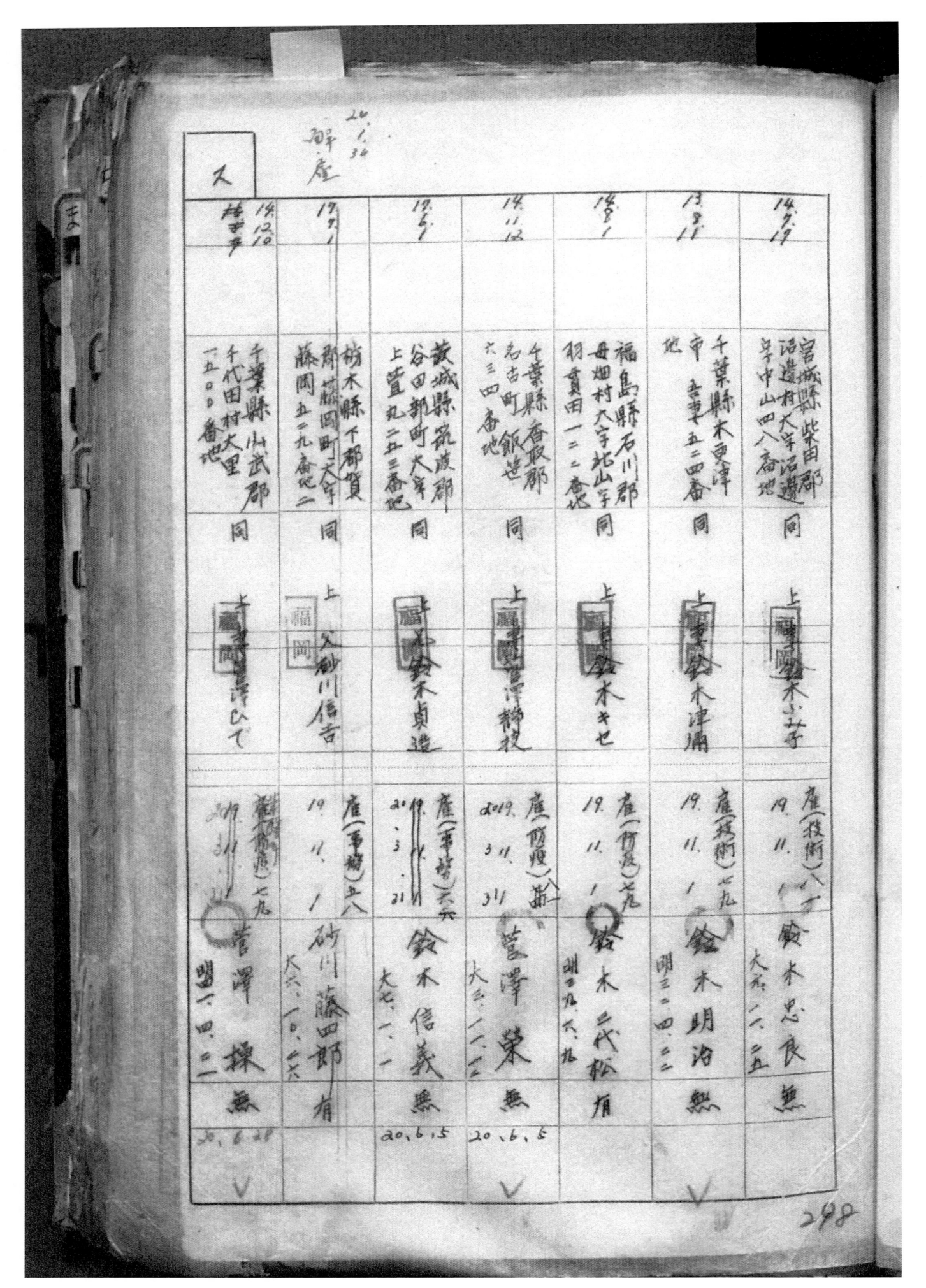

ス

15.9.5	北海道勇払郡占冠村字双珠別東三線一六番地	同	上 福岡 父 杉原喜代	雇(事務) 20.11.31	杉原源一 大六.一.一	無	20.6.5
19.3.31	徳島縣名東郡國府町和田村居内一八七番地一	同	上 福岡 父 鈴江章一	傭人 20.3.31 四三〇	鈴江照一 昭二.七.四	有	20.6.5
19.4.5	長野縣飯田市大字飯田二九三一番地	同	上 福岡 父 矜場弘平	傭人 20.3.31 四三〇	矜場章二 昭四.九.四	有	20.6.5
19.4.8	栃木縣下都賀郡吹上村大字吹上一五九番地	栃木市入舟町三丁目三四番地	福岡 父 鈴木歐男	傭人 18.4.	鈴木保 昭二.七.八	有	20.6.5
19.4.7	栃木縣上都賀郡菊澤村大字宝田八〇五番地	同	上 福岡 父 鈴木順一郎	傭人 20.3.31 四三〇	鈴木郁夫 昭二.六.四	有	20.6.5
19.4.6	富山縣東礪波郡出町東江村六九六番地	同	上 福岡 父 矜田喜太郎	傭人 20.3.31 四三〇	矜田爲雄 昭二.一〇.二	有	20.6.5
19.4.5	長野縣北佐久郡軽井澤町大字長倉三一一五八	同	上 福岡 父 德永福作	傭人 20.3.31 四三〇	德永鬼久太 昭二.一一.三	有	20.6.5

299

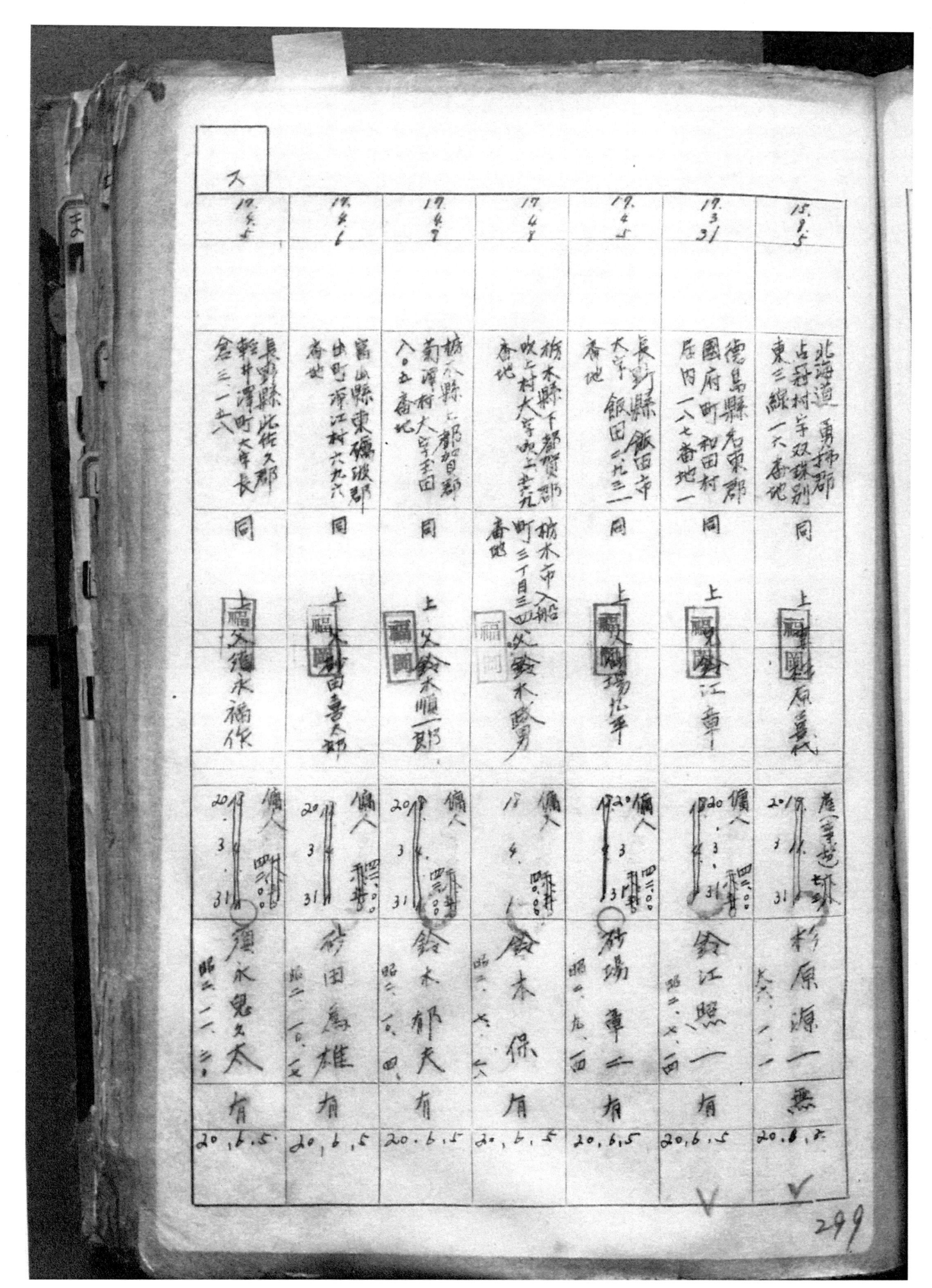

解傭 於21/10/18

久

18.4.4	17.5.31	18.7.14	18.2.16（20.6.15 解傭）	18.8.23（20.6.25 解傭）	15.6.18	16.5.7
福岡県田川郡伊田町大字伊田 三、〇七〇	岩手県岩手郡雫石村四地割 一九番地	福島県石川郡母畑村大字北山字[illegible] 一二三番地	福島県石川郡[illegible]北山 一二三番地	静岡県[illegible]郡[illegible]	千葉県[illegible]郡[illegible] 二五番地	千葉県香取郡多古町[illegible] 一二五五番地
同上	同上	同上	同上	同上	[illegible]	同上
福岡 杉野国松	福岡 諏訪幸三郎	福岡 鈴木カネ	福岡 鈴木[illegible]	福岡 鈴木[illegible]	福岡 鈴木清	福岡 [illegible]学
傭人 18.4.4 六八五〇	雇（消防） 20.1.3.11.31 六五〇	傭人（[illegible]） 20.1.3.11.31 [illegible]	傭（[illegible]） 20.1.3.10.31 三五	傭（[illegible]） 20.1.3.10.31 [illegible]	傭（[illegible]） 20.1.3.11.31 [illegible]	傭（[illegible]） 20.1.3.11.31 [illegible]
杉野[illegible] 昭四、三、六	諏訪忠 大七、四、一五	鈴木タケヨ 大一三、二、七	鈴木[illegible]子 大一四、二、二	鈴木[illegible]江 大五、一二、三	鈴木[illegible] 明三七、八、五	[illegible]静枝 大六、四、一三
有	有	無	有	有	無	無
22.3.18	20.6.5	20.6.5	20.6.5	20.6.5	20.6.5	20.6.5

300

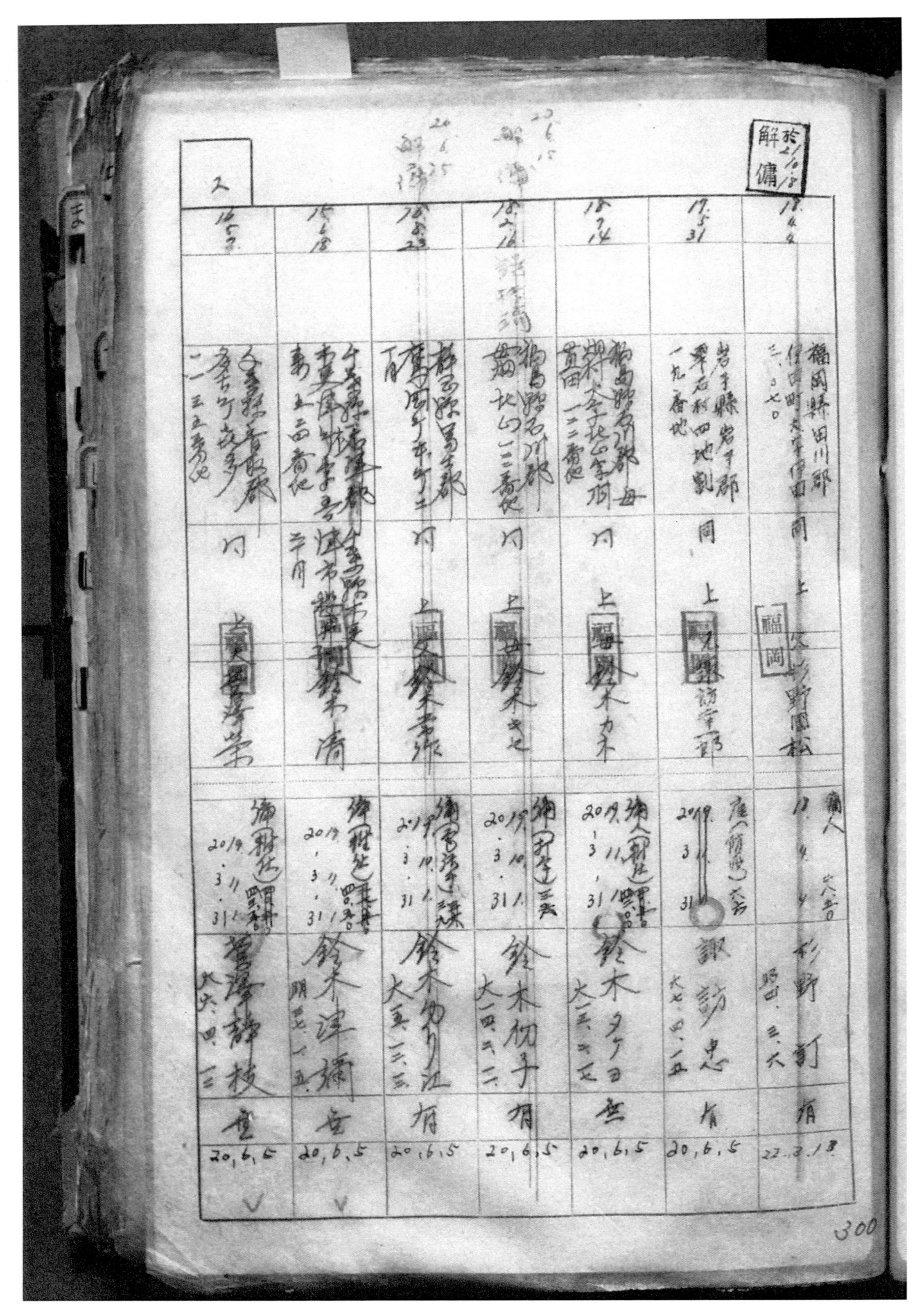

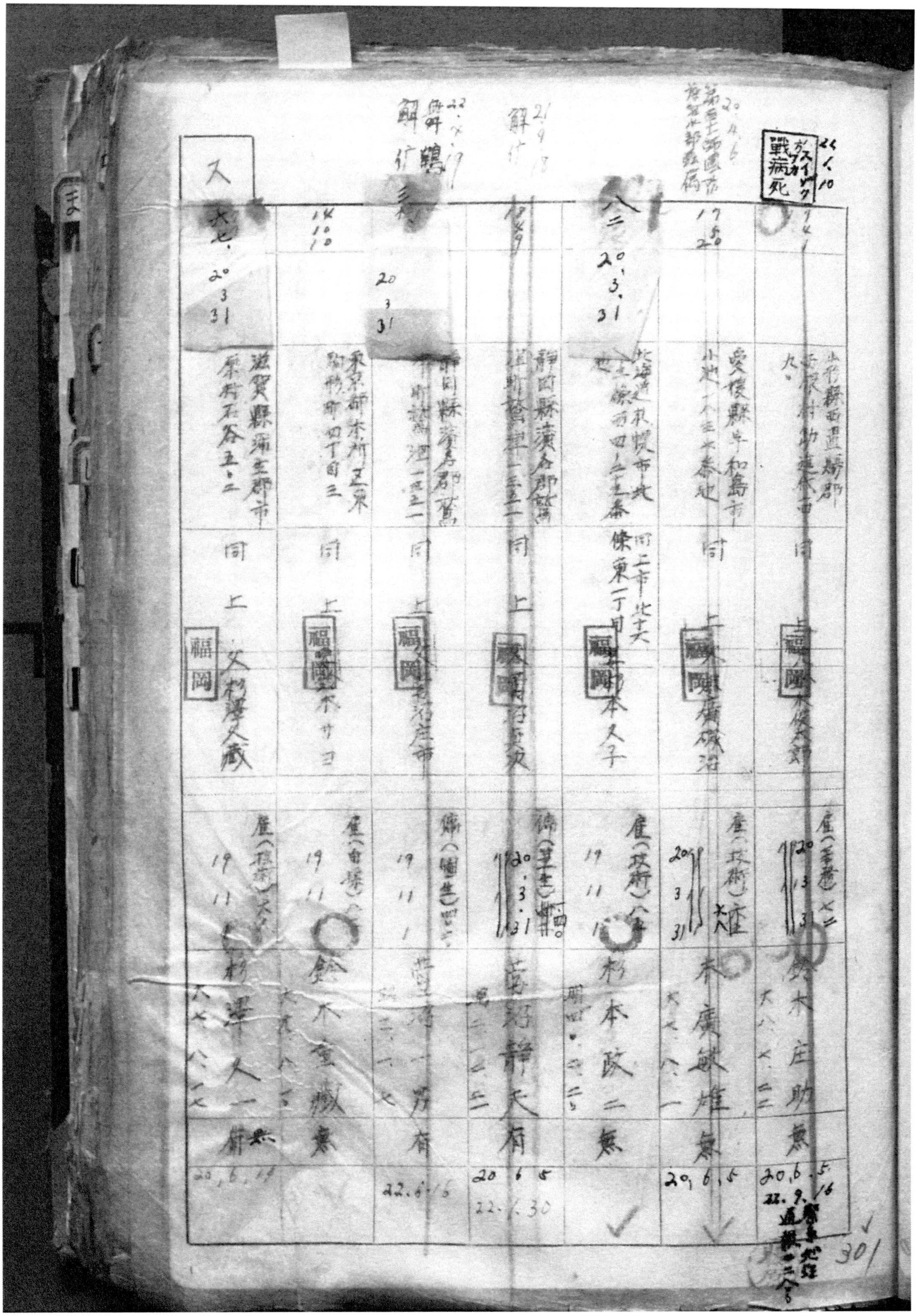
戰病死
同上
福岡
301

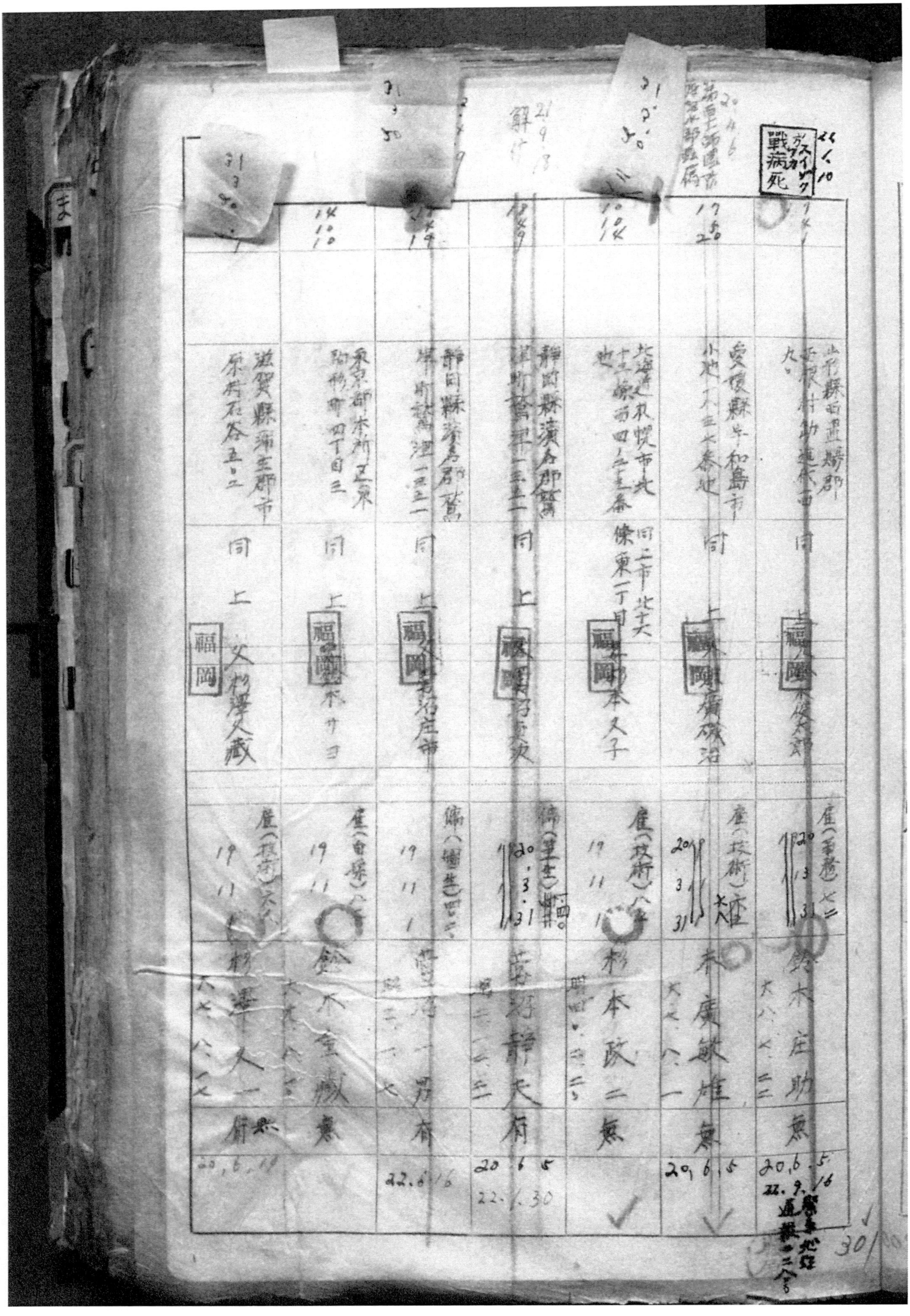

＊原簿 301 丁裏面

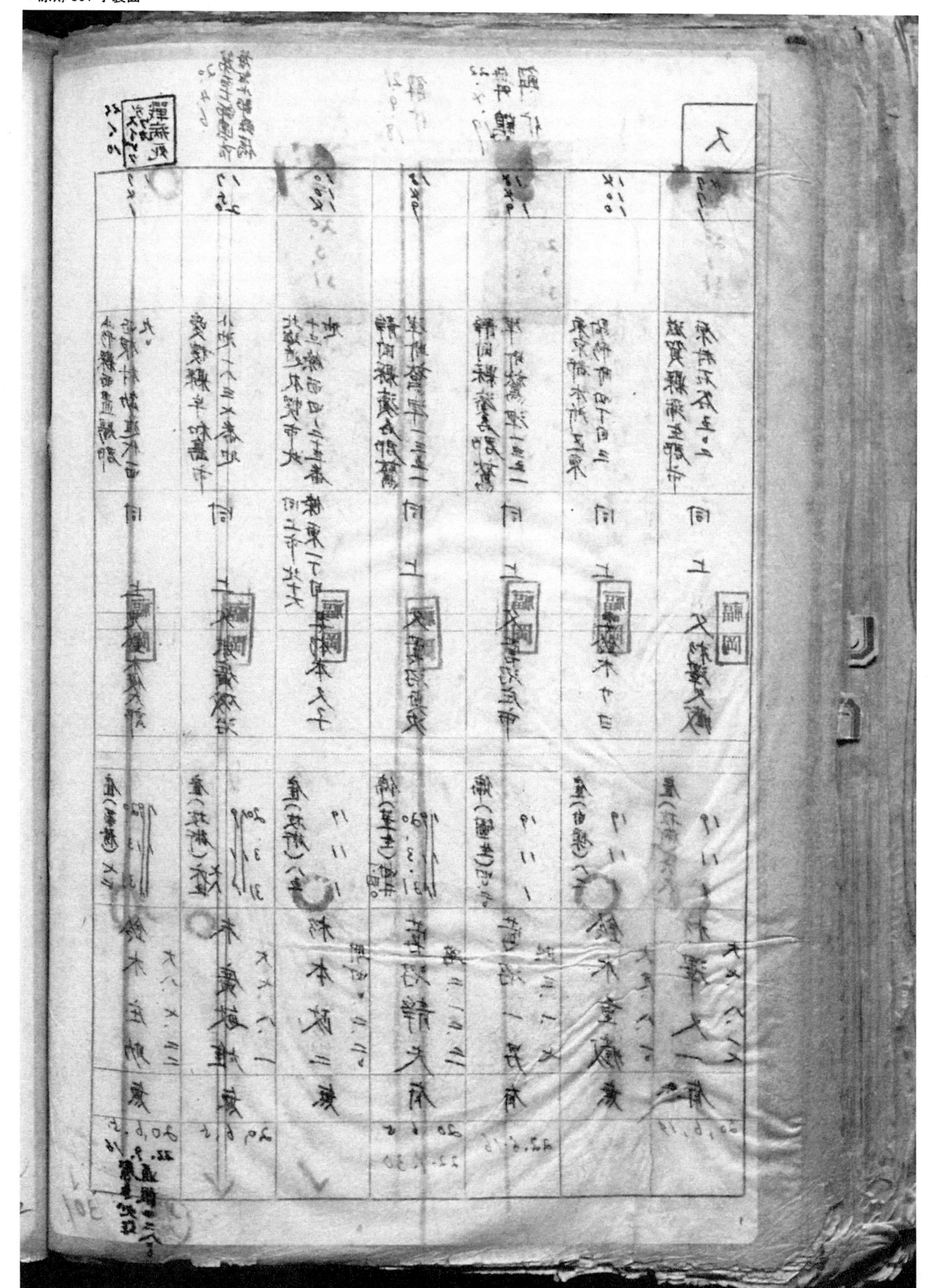

ス

氏名・生年月日	家族	日付	身分・日付	留守担当者	本籍	住所	日付	備考
鈴木勇太郎 明三八、一二、一四	無	20.6.5	雇（軍務）廿九 傭五〇傭八二 20.3.31	福岡 鈴木幸			[illegible]	20.6.6 [illegible] 死
須藤誠之 大二、二、五	無	~~20.6.5~~ 22.6.16	雇（軍務）廿四 八四 20.3.31	福岡 須藤菊江	同上	松江市奥谷町 百四拾弐番地（大連市下萩町十二番地）	19.2.3	22.3.7 依安保 解雇
杉本茂 大三、六、八	無	~~20.6.5~~ 22.6.16	雇（防疫員）廿四 七〇 20.3.31	福岡 杉本[illegible]	同上	福井県南條郡武生町 七拾参番地（大連市下萩町七番地）	16.10.29	22.3.2 依安保 解雇
寺富復亮 大九、三、二一	無	~~20.6.5~~ 22.6.16	雇（防疫員）廿四 五五 20.3.31	福岡 寺富[illegible]	同上	山口県萩市大字木尾 町弐番地（大連市上萩町七五番地）	18.12.17	22.1.18 依安保 解雇
菅原正佐 大七、二、五	有		雇（白援）六三 19.11.1	福岡 菅原芳治	岩手県東磐井郡門崎村[illegible]	岩手県西磐井郡山ノ目村字[illegible]二八番地	17.6.20	
鈴木初子 大一四、三、二	有		傭（打字）美 20.3.31	福岡 鈴木キセ	仝	福島県石川郡母畑北山一二二	18.2.8	

付箋：任陸軍属 昭二〇級傭 20.3 引受令 昭二〇級傭 20.5.6 免令 鈴木勇太郎 26.9.29 復 [illegible]

302

＊原簿 302 丁（付箋めくったもの）

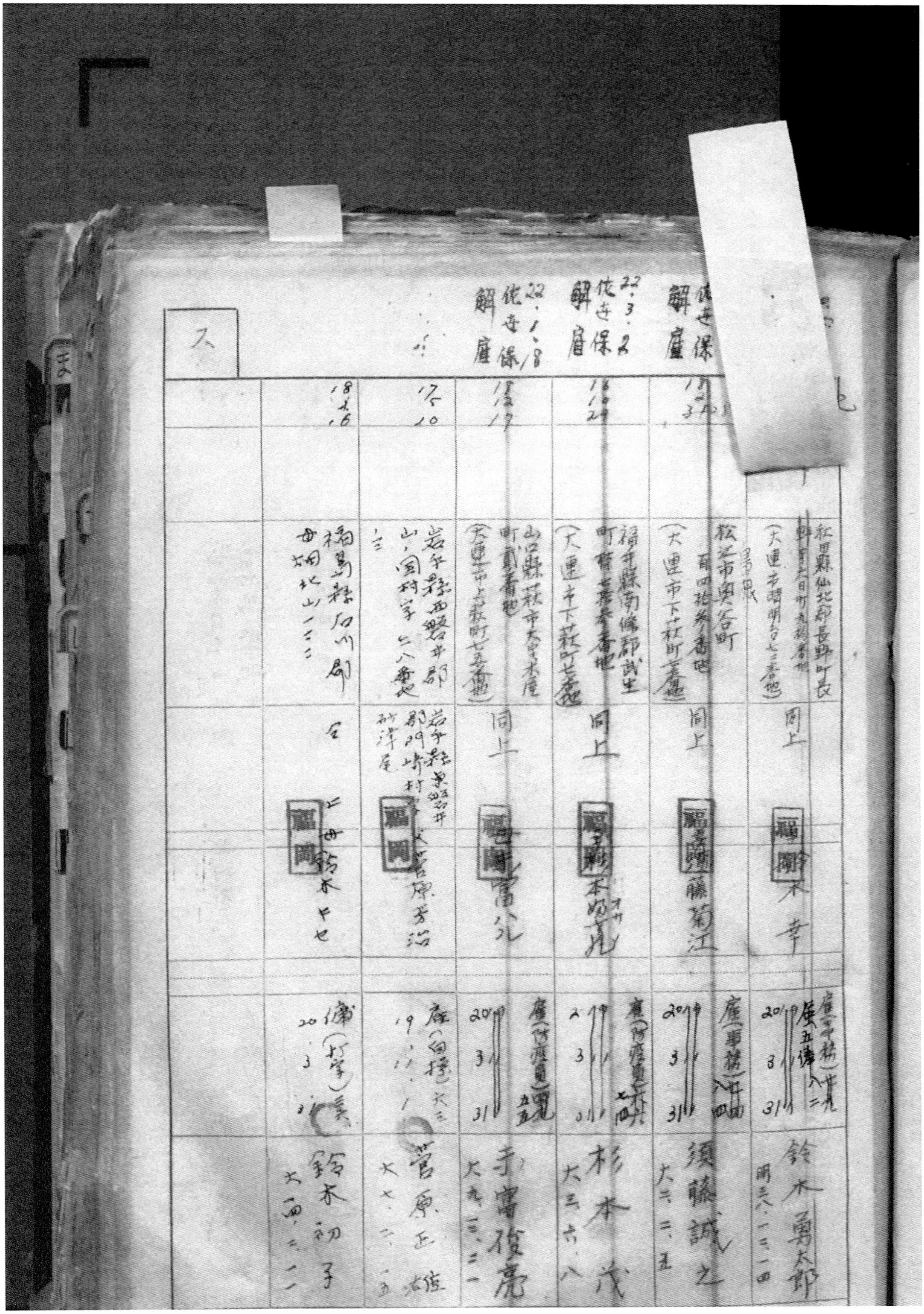

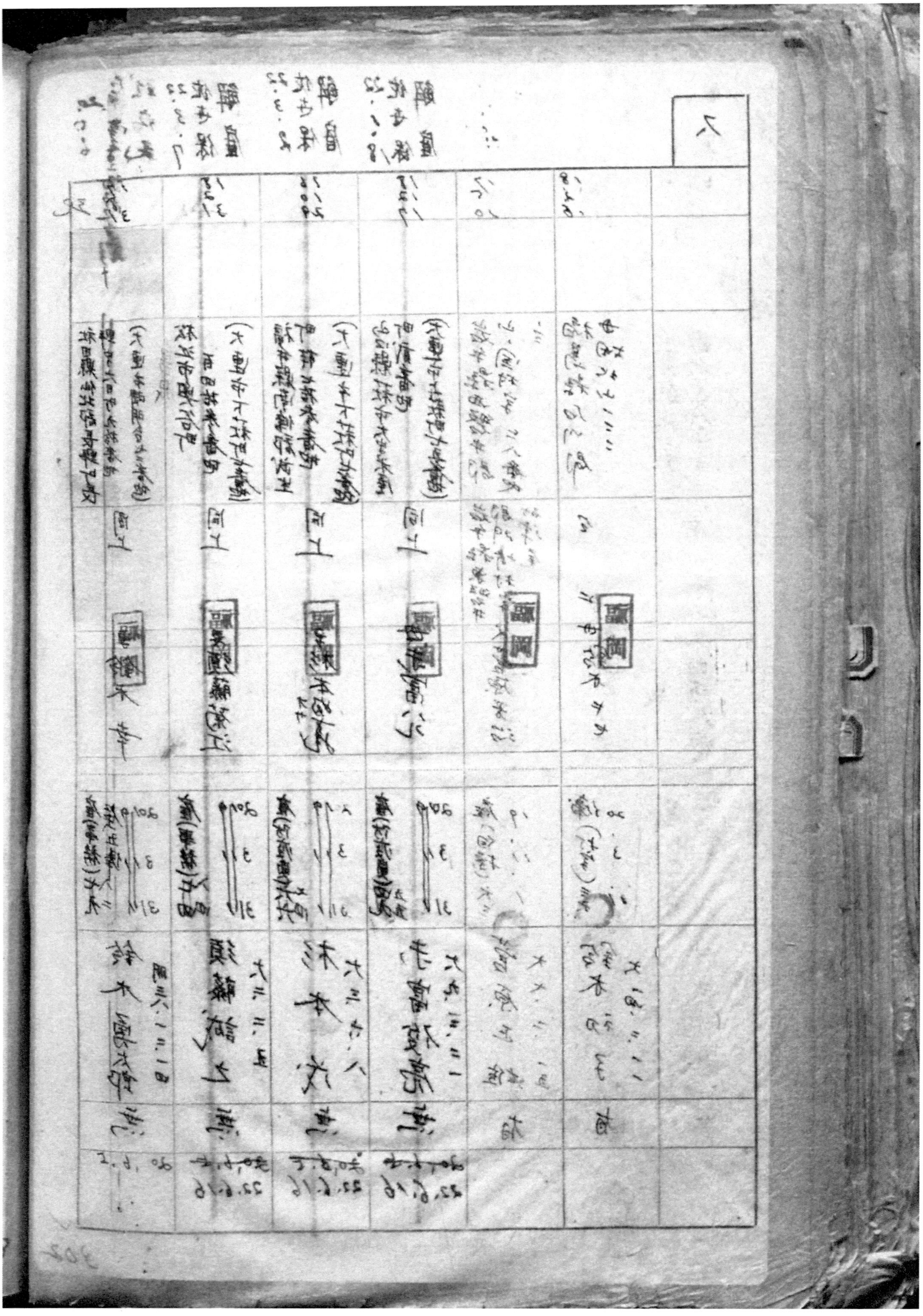

久

解雇 21.2.25

19.4.20	19.8.25	19.5.1	19.5.1	20.5.10	20.3.10	20.3.10
静岡県浜名郡知波田村神座九五番地	新潟県岩船郡金屋村大字長政弐百四拾参番地	東京都下谷区四上根岸町百拾七番地（大阪市千草町二三）	新潟県中蒲原郡小須戸町大字小須戸参千四百七番地（大連市[illegible]）	北海道亀田郡亀田村字桔梗[illegible]地	広島県広島市職町九七番地	同右
同上	同上	同上	同上	同上	同上	同右
福岡 父 杉浦善平	福岡 父 鈴木都三郎	福岡 父 菅野道則	福岡 父 須藤新郎	福岡 父 鈴木貞次郎	福岡 父 杉岡武	福岡 同右
傭人（筆生）20.3.31 四三.五	傭人（看護婦）20.3.31 四〇	傭人（研究手）20.3.31 三九	傭人（研究手）20.3.31 三九	傭（研究手）20.5.10 三大	傭人（筆生）20.3.10 四三五	傭人（筆生）20.3.10 四五〇
杉浦きよの 大一三.五.二三	鈴木トリ 大五.三.三	菅野かつ 昭二.五.四	須藤晃 昭三.一.一	鈴木敏枝 大一五.一一.一九	杉岡波枝 大一二.一.五	杉岡訓子 大一四.一.一
無	有	無	無	無	有	有
20.6.6	20.6.5	20.6.6	20.6.5			

303

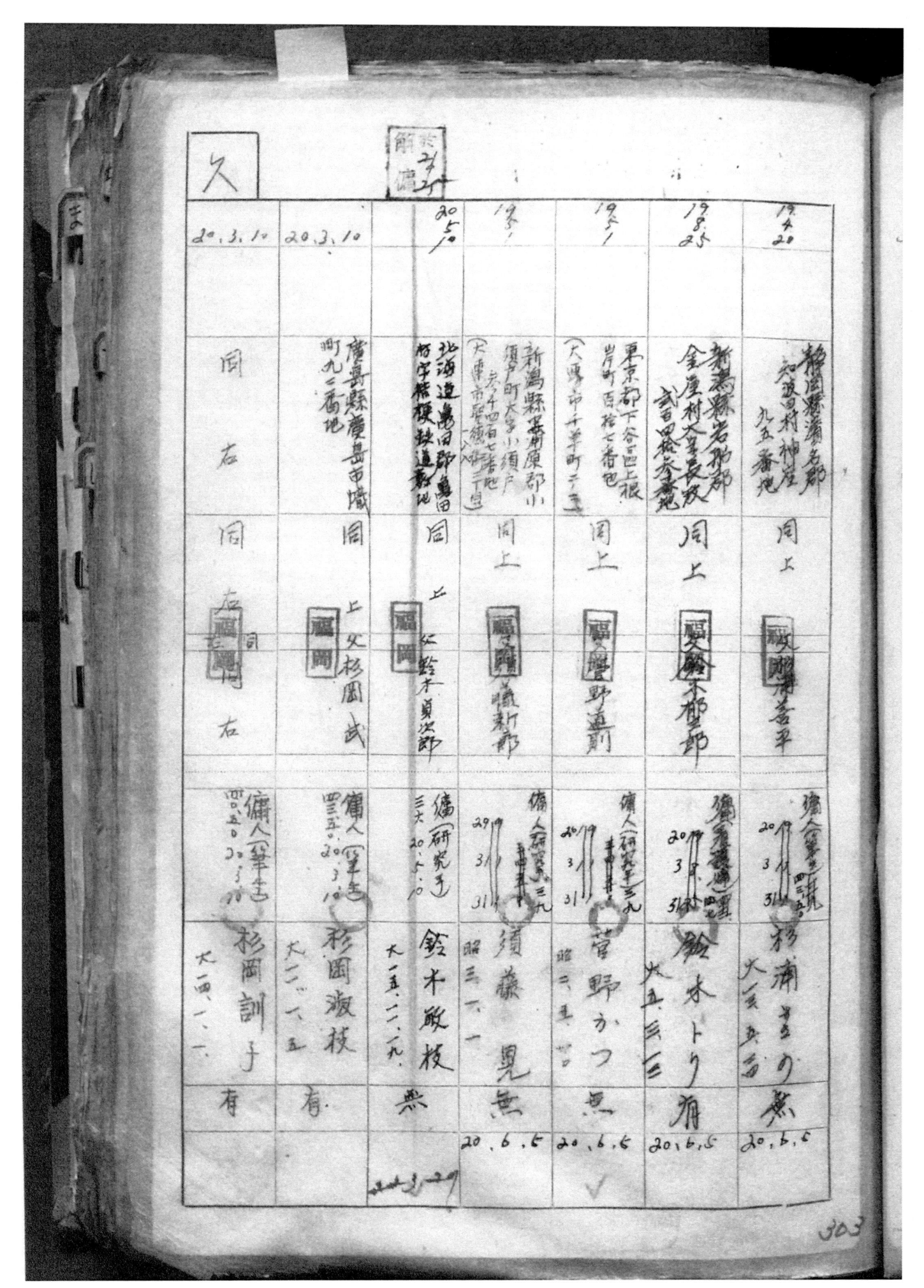

於舞鶴除隊 20/12/3

20.4.5	20.5.19		19.3.20	昭20.5.15
			第十師団司	昭20.6.21 廣鉄八一三部隊ニ入営
静岡県榛原郡川崎町細江二〇大大〇番地（大通市仲町八八一）	宮崎県南那珂郡北方村大字南方四二八九	徳島県徳島市南佐古九丁目八五	岡山県吉備郡足守町上足守七五二	北海道夕張郡長沼村市街地
同	同	同		同
上		上		上
父 鈴木信平	父 鈴木兵太郎	父 杉本熊一	妻 杉原文	父 杉沢三太郎
傭人（研究手）二〇、四、	傭人（雑仕）三九、20.5.		医.少佐	二国歩 一
鈴木ヨシ 大大二、一七	鈴木ハル 明四四.二.二	杉本	杉原正毅	杉澤繁二 大正五、三、七
無	無			無
			23.2.27 轉返名簿 <37>	23.5.14

304

關東軍防疫給水部留守名簿

昭和二十一年一月一日
關東軍防疫給水部

氏名	瀬越健一
生年月日	大九、七、二
留守宅渡ノ有無	無
役種兵種官等並等級俸給月額發令年月日	薬剤少尉
徵集任官年	19
留守擔當者 住所	大阪府布施市長栄寺町一大五
留守擔當者 續柄氏名	松村徹夫
本籍（在留地）	山口縣熊毛郡阿[illegible]村第一二二〇番地
編入前所屬及其編入年月日	陸軍軍醫學校 六、八、一〇
編入年月日	18.11.11
補修年月日	誤記 熊本縣天草郡宮田村一二三六番地 備人 瀬崎春子 22.6.16

セ

22.2.3 旅安保 解除

305

セ

11/28 長野縣下高井郡日野村大字間山八二五番地ノ二 同 [福岡]土屋関取ツマ 技師七等 九、19、8、1　關取武治　有 明三六、一〇、二四						

306

セ

20.6.10

[illegible]

75/17

愛媛縣伊豫郡松前町大字筒井二二口番地

同

仙波安太郎

明17

現衛伍長

仙波靜雄

大二、七、一五

無

307

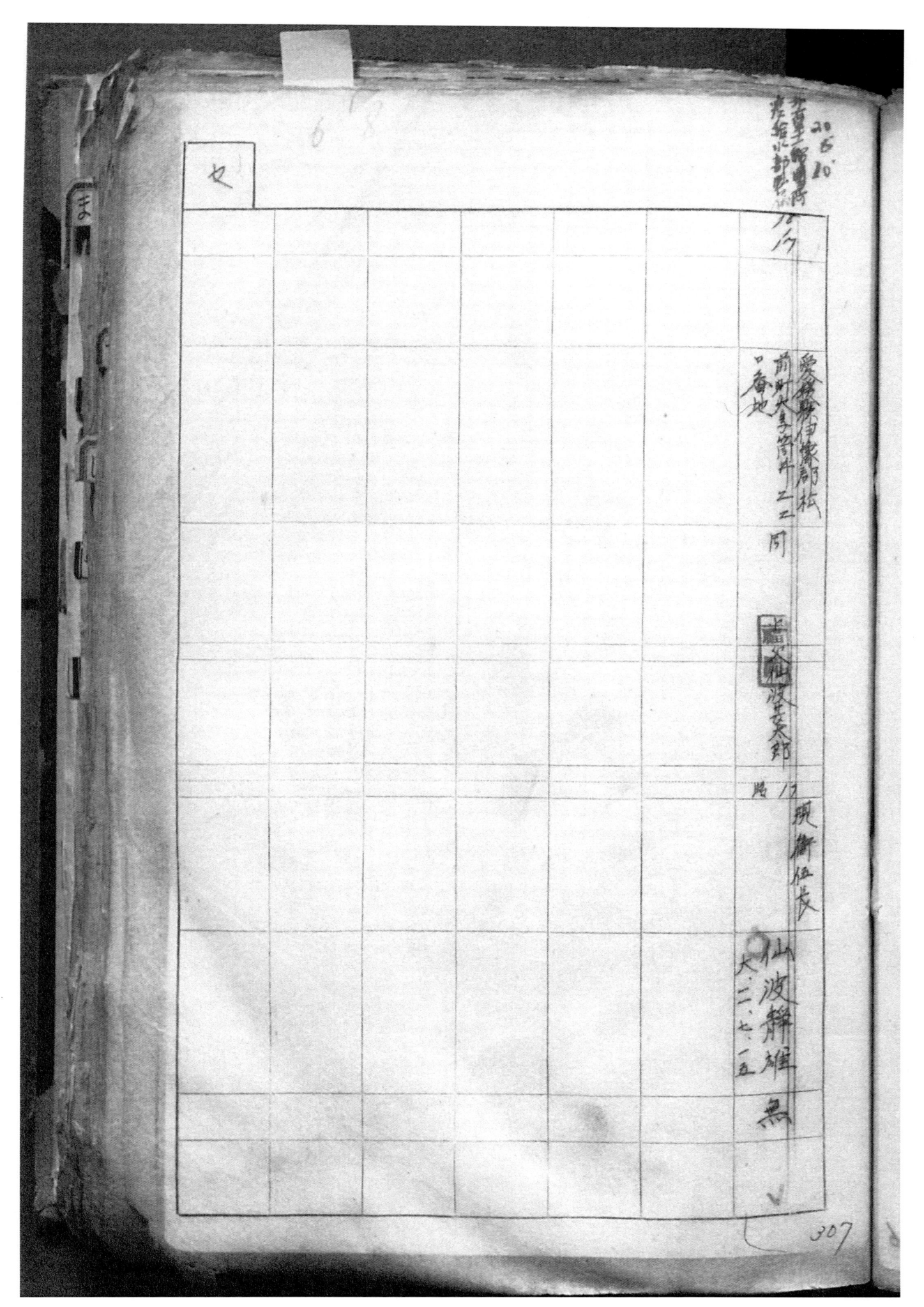

セ

17 7 20

福岡県嘉穂郡千手村大字泉河内
二九九五番地

福岡県嘉穂郡穂波村字平恒
添田嘉三郎方

福岡

瀬尾智慧子

技手
五年15.10.21
四 20.3.31

瀬尾末雄
昭四、三、一

無

20.6.29

308

關東軍防疫給水部留守名簿

昭和二十年一月一日
關東軍防疫給水部

七

於舞鶴 召集解除 22.11.1

編入年月日	編入前所屬及其編入年月日	本籍（在留地）	留守擔當者 住所 續柄 氏名	徵任 集官 年年	役種 兵種 官等級 俸給月給額 發令年月日	氏名 生年月日	留守宅渡ノ有無	補修年月日
19.7		愛媛縣北宇和郡□泉村大字小西野甲六一二 ㇰ	福岡 上 父 清家昊雄	昭18	現衛上 19.6.1	清家清 大一〇・七・二	無	✓
17		高知縣高岡郡宇佐町宇佐 六三七番屋敷 ㇰ	福岡 上 父 宇崎熊太郎	昭18	現衛上 20.1.1	宇崎章松 大一〇・三・八	無	
18.7.17		愛媛縣北宇和郡好藤村大字西仲甲三〇九 ㇰ	福岡 上 父 善家兼義	昭17	現衛上 20.7.1	善家良 大一一・三・二六	無	✓
17		徳島縣海部郡浅川村大字浅川字川ヨリ東二三 ㇰ	福岡 上 父 節川長義	昭17	現衛兵伍 20.6.1 20.9	節川三郎 大一二・一・一八	無	20.9.22 ✓

309

廿

於舞鶴 戰病死 第 20.2.26	島根縣美濃郡匹見上村大字紙祖イ四六五番地	加 福岡	父 關口兼市	昭19.	現 20.5.26 衛二	關口忠男 大一三.一一.五	無	22.12.11 No.[illegible]
於舞鶴 除隊 22.7.16	廣島縣呉市清水通三丁目一一一番地	呉市和庄通二丁目三六番 福岡	母 世羅フサエ	昭19.	現 昭20.2.26 衛一	世羅信義 大一四.四.一	無	22.11.18 No.256

310

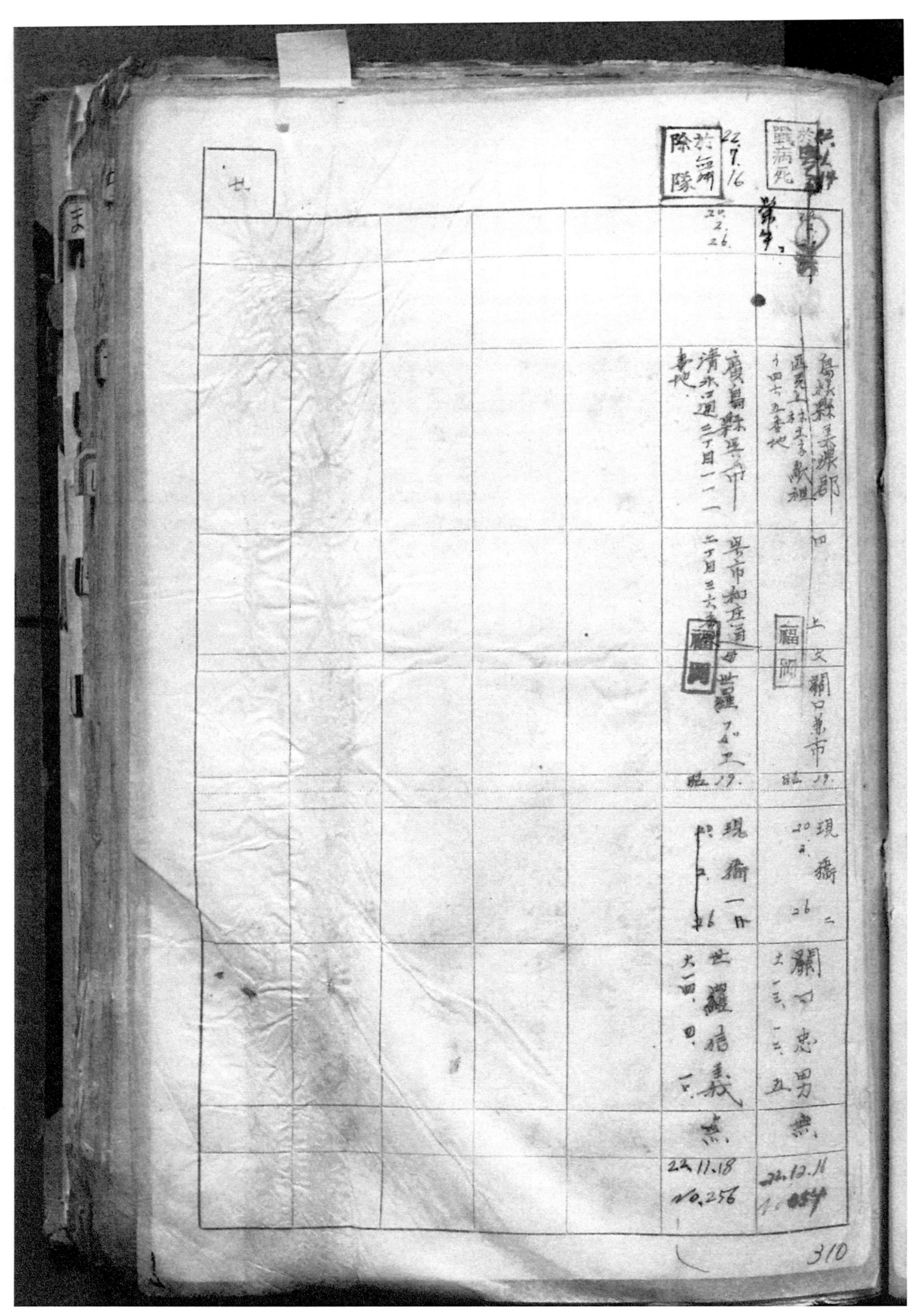

關東軍防疫給水部留守名簿

昭和廿一年一月一日
關東軍防疫給水部

編入年月日	前所屬及其編入年月日	本籍（在留地）	留守擔當者 住所	續柄 氏名	役種兵種官等並徵集任官年年給級俸月給額發令年月日	氏名 生年月日	留守宅渡ノ有無	補修年月日
19.5.31		岩手縣稗貫郡新堀村大字新堀第七地割七拾番地	同上	父 瀬川清エ門	雇（…）20.3.31	瀬川清四郎 明四五.八.一	無	20.6.5
14.9.20		岐阜縣揖斐郡豊木村大字野千式四拾八番地	同上	父 瀬戸孝三郎	雇（技術）19.11.	瀬戸文一 大九.六.二五	無	
15.5.17		福井縣大野郡大野町大野清水二二八號二番地	同上	妻 千斛たみ子	雇（防疫）七六 20.3.31	千斛一郎 大六.五.一	無	20.6.5
18.5.18		東京都深川區門前仲町二丁目七番地	同上	兄 關根秀男	雇（防疫）20.3.31	關根秀吉 大八.一〇.一五	有	20.6.5
19.7.1		千葉縣千葉郡誉田村野田字中文字二七番地	同上	父 瀬川奥藏	雇（技術）20.3.31	瀬川秀丸 大一三.五.一七	有	20.6.5 22.5.13

311

セ

20.3.15 解傭 19.6.15	福島縣田村郡大越村大字大越字川向七三二番地	同上	福岡 母 先崎サキ	傭(技術)三九 19.11.1	先崎秀一 大一三.一二.一九	有	20.6.5
20.6.20 [illegible] 19.8.5	兵庫縣神崎郡福崎町西治武千四拾七番地	同上	福岡 父 瀬戸川照手	雇(防疫)七四 19.… 20.3.31	瀬戸川武 大四.六.五	無	20.6.5
20.4.17 解傭 19.3.12	栃木縣下都賀郡富山村大字富田五六四八番地	同上	福岡 兄 瀬下熔一	雇(事務) 大三 19.… 20.3.31	瀬下正一 大八.五.七	有	20.6.5
19.4.3	鹿児島縣鹿児島市上龍尾町二二番地	鹿児島市上龍尾町二二番地	福岡 父 瀬戸口孝之丞	傭人 四〇.〇〇 19.… 20.3.31	瀬戸口祐雄 昭二.九.二八	有	20.6.5
20.1.1	長崎縣佐世保市西大久保町五 (大連市[illegible]街五ノ一三六)	同	福岡 父 関文四郎	傭(筆生) 19.12.1 20.3.31	関久子 大四.三.一六	無	20.6.5

312

五の17 解除

セ

18.10.15		静岡県沼津市 錦町六四六番地	同	上 井澤 とめ 〔福岡〕	備(六七号) 四三、五、四 19.11.1	井澤利夫 大五、三、三〇	有
19.3.6		熊本県菊地郡 大津町引水村五番	同	上 東上田新造 〔福岡〕	庭(技術)工(六八) 2019.3.31.31	瀬川作平 明三四、三、一五	無
20.5.20	満洲三三九三 20.5.20	長野県[illegible] [illegible]	同	上 〔福岡〕 [illegible]	一種 卯 二 20.3.20	関 傳夫	無

20.6.5　20.6.5　21.1.22

313

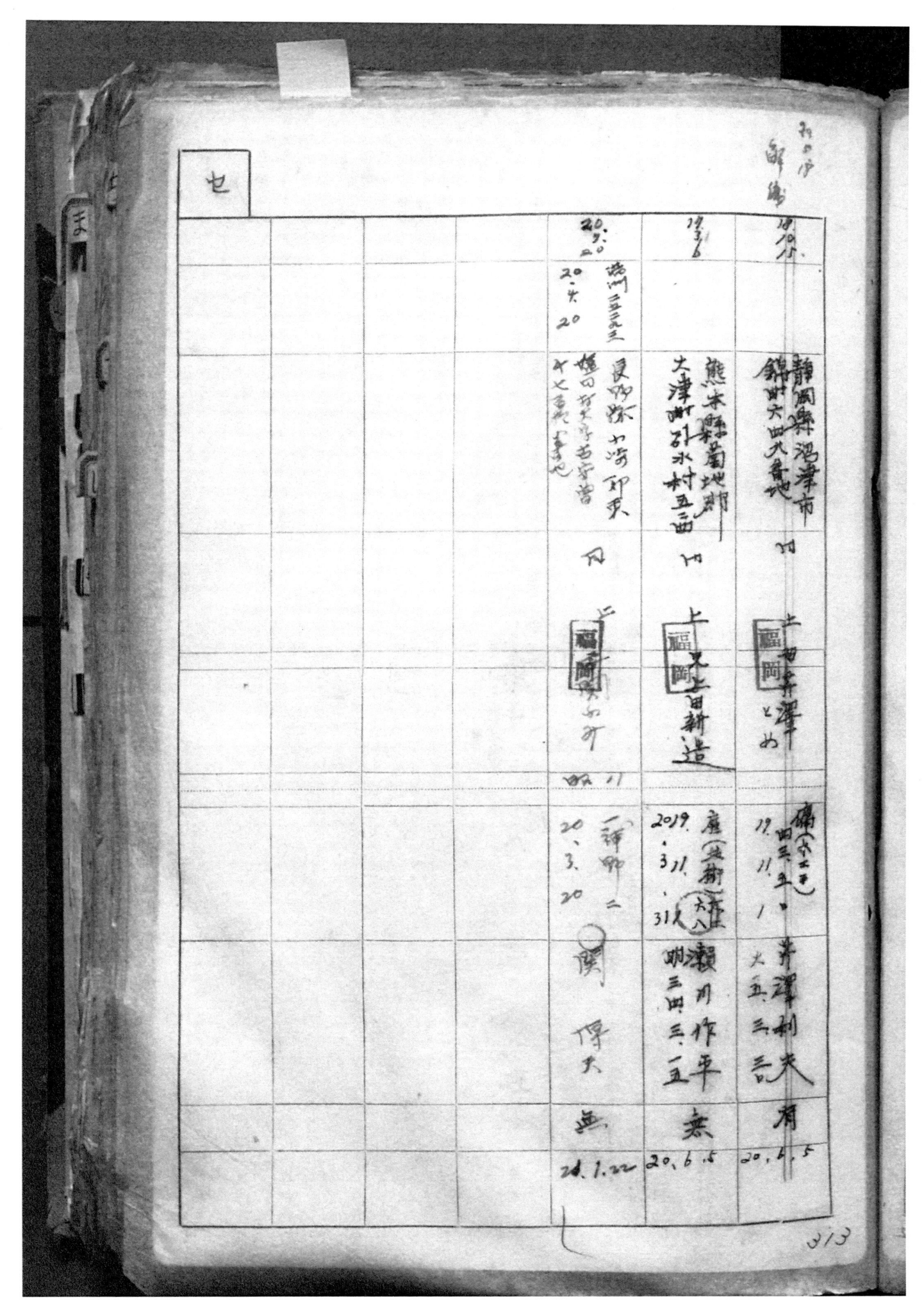

19.5.18	19.5.1					
岩手県稗貫郡新堀村大字新堀第七地割七〇番地 70	長野県松本市大字北深志東町(三三四番地 70 (大連市蔦町五)					
上 瀬川清之門	上 福岡廣正文					
傭(寮生)三井四番 20.3.1–31.	傭(研究室)三井十一番 20.3.11–31.[illegible]					
瀬川サト 大二.一一.一二	福岡智子 昭二.七.一一					
無	無					
20.6.5	20.6.5					

W14

關東軍防疫給水部留守名簿

昭和廿年一月一日
關東軍防疫給水部

役種兵種官等並 徵任 集官 年年 俸給級俸月給額 發令年月日	氏名 生年月日	留守宅渡ノ有無	補修年月日	編入年月日	編入前所屬及其編入年月日	本籍（在留地）	留守擔當者 住所	留守擔當者 續柄 氏名
現軍醫少佐 昭一四、五、八	園口忠男 大二、四、二一	無		20.1.6	陸軍軍醫學校 八、四、一	熊本縣天草郡大道村一〇四六	同	父 園口清入 （福岡）
業務手 15.11.30	[illegible]根清一 大二、九、二〇	無		13.11.18		千葉縣千葉市今井町三七三番地 内田方	同	[illegible]根行子 （福岡）

215

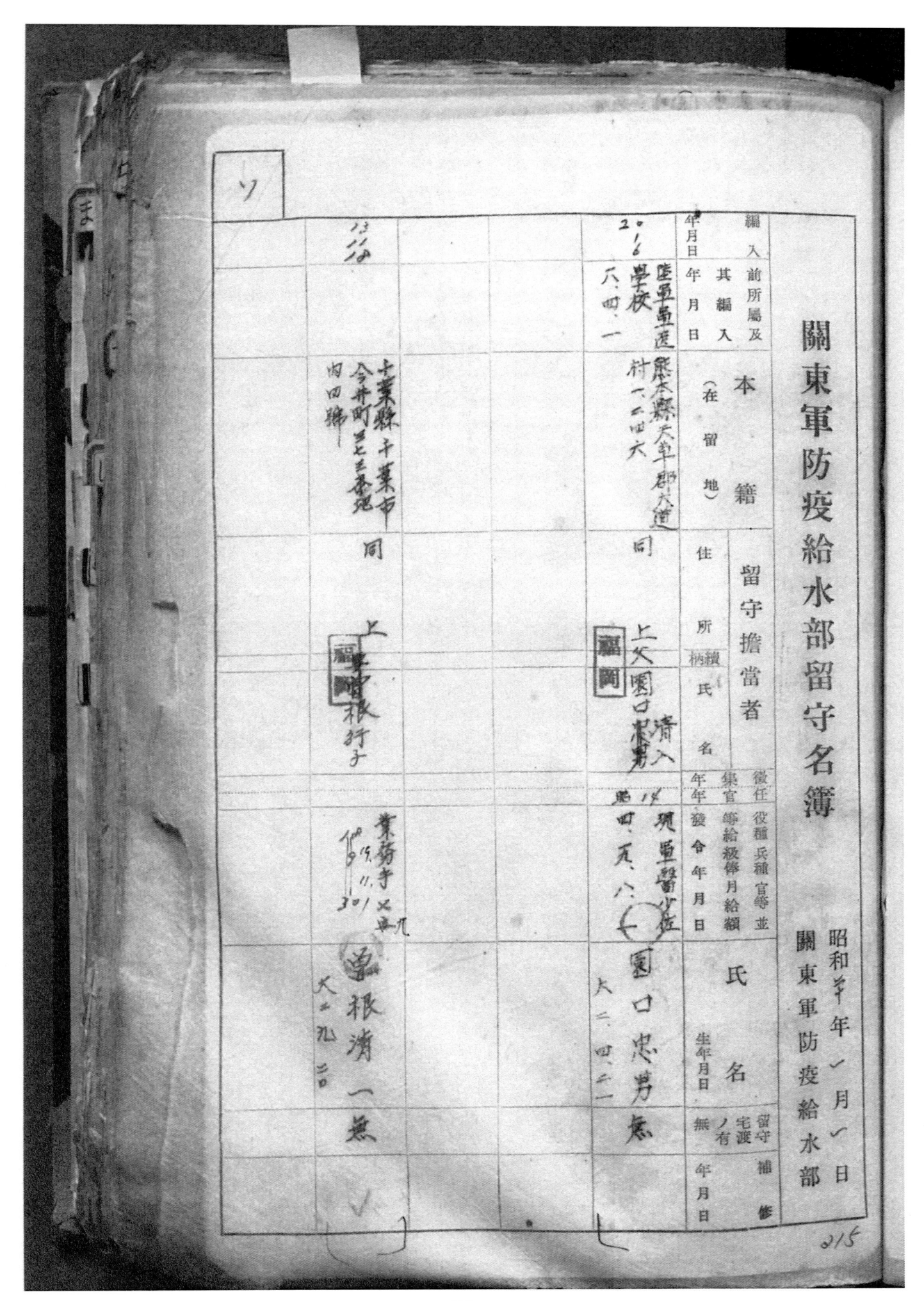

ソ

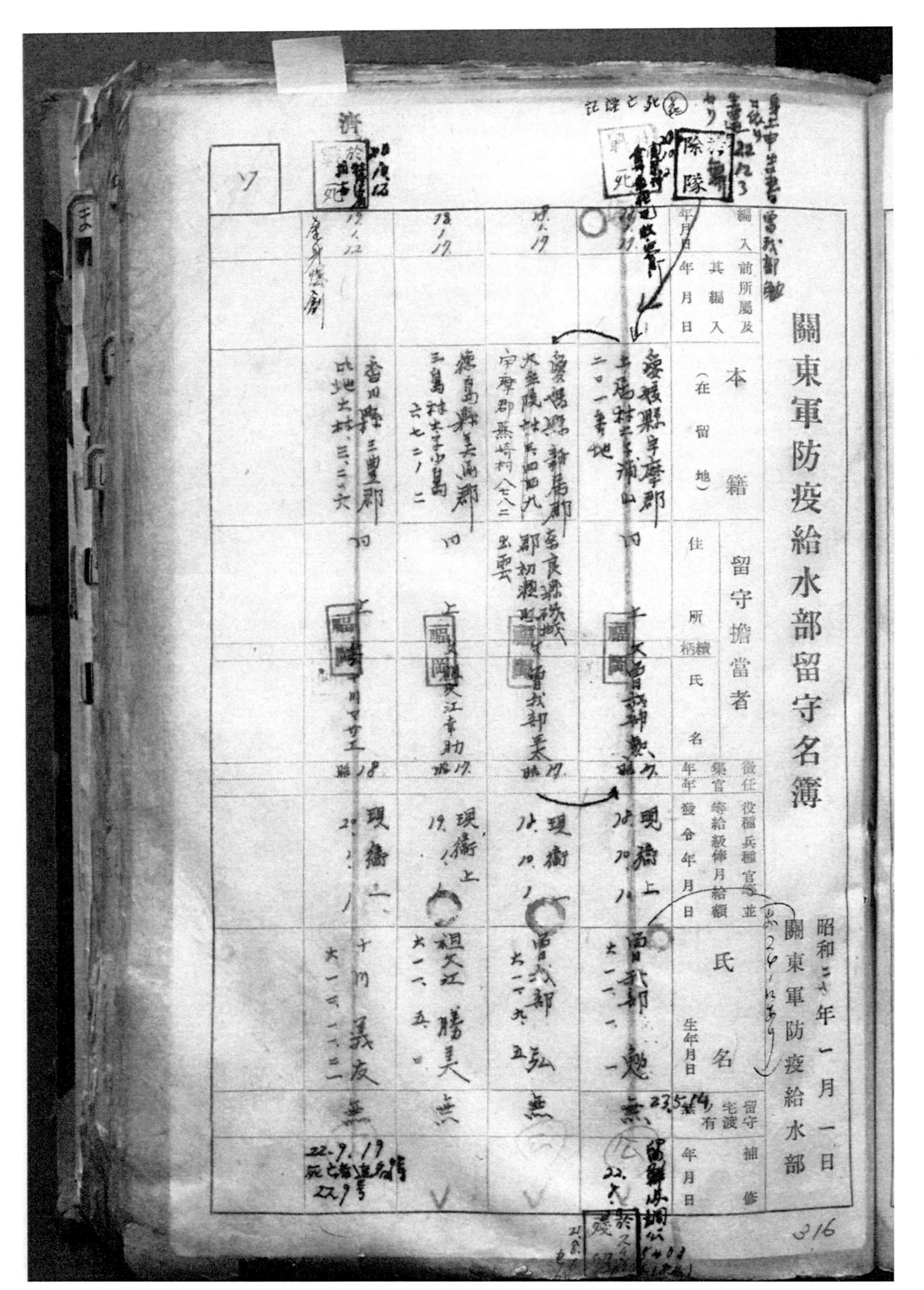

關東軍防疫給水部留守名簿

昭和二十年一月一日 關東軍防疫給水部

編入年月日	前所屬及其編入年月日	本籍（在留地）	留守擔當者住所	留守擔當者續柄氏名	徵集年・任官年	役種兵種官等並俸給額・發令年月日	氏名・生年月日	留守宅渡有無	補修年月日
19.1.21		愛媛縣宇摩郡上分村大字上分 二〇一番地	同	父 曾我部勉	昭17	現衛上 19.10.1	曾我部勉 大一一.一.一	無	
19.1.19		愛媛縣新居郡大生院村 宇摩郡蕪崎村（七八二）	奈良縣磯城郡初瀬町	曾我部美太	昭17	現衛上 19.10.1	曾我部弘 大一一.九.五	無	
19.1.17		徳島縣美馬郡三島村大字少島 六七二ノ二	同	上 祖父江幸助	昭17	現衛上 19.1	祖父江勝美 大一一.五.四	無	
19.1.22		香川縣三豊郡比地大村 三,二六	同	母 十川マサエ	昭18	現衛上 20.1.1	十川義友 大一一.一一.二一	無	22.9.19 死亡者 22.9

316

ソ

關東軍防疫給水部留守名簿

昭和二十年一月一日
關東軍防疫給水部

編入年月日	17.5.20	17.5.31	17.5.31	17.5.20	19.4.7
前所屬及其編入年月日					
本籍(在留地)	滋賀縣蒲生郡馬渕村大字馬渕五〇〇番地	大分縣北海部郡津久見町大字津久見一〇〇二番地ノ一	千葉縣東葛飾郡七福村谷津九〇番地	新潟縣中魚沼郡中深見甲二四七一番地	三重縣津市大字刑部大三一番地
留守擔當者 住所	同	同	同	同	同
留守擔當者 續柄 氏名	上 母 園田いの (福岡)	上 父 宗又四郎 (福岡)	上 妻 粱谷よし子 (福岡)	上 母 反目シナエ (福岡)	上 父 荘村座太郎 (福岡)
徵任 集官 年年 役種兵種官等並等給級俸月給額 發令年月日	雇(技術) 大大 19.11.1	雇(事務) 20.19.3.11.31	雇(防疫) 七八 20.1.3.31	雇(防疫) 大六 20.3.31	傭人 六八 19.4.7
氏名	園田清	宗正一	粱谷幸造	反目久安	荘村美雄
生年月日	大七.一.三	大十四.七.七	大七.六.五	大七.四.八	昭五.一.一
留守宅渡ノ有無	有	無	無	無	有
補修年月日		20.6.5	20.6.5	20.6.5	

317

ソ

20.3.31 解雇 16.7.29	島根県簸川郡乙立村大字乙立二五三一	四	上 長 園山イト	福岡	雇(事務)七七 19.11.1	園山榮 大六、二、二二 無
20.3.10 解傭 19.11.11	熊本県熊本市南新坪井七五番地 (大津市膳花台一六四)	同	上 父 園部又三郎	福岡	傭(研究)三六 19.11.1	園部貞子 大一四、三、三一 無

318

編集・解説者紹介

西山勝夫

にしやま・かつお

1942年生まれ。滋賀医科大学名誉教授。

主な著書：

『新労働科学論』（共著、労働経済社、1988年）

『運転手の腰痛と全身振動』（共著、文理閣、2004年）

『建設労働者の職業病』（共著、文理閣、2006年）

『フォークリフト運転座席の改善と腰痛予防効果』（編著、文理閣、2007年）

『パネル集　戦争と医の倫理 日本の医学者・医師の「15年戦争」への加担と責任』（共著、三恵社、2012年）

『戦争と医学』（文理閣、2014年〔中国語版2015年〕）

『NO MORE 731 日本軍細菌戦部隊』（編著、文理閣、2015年）

『戦争・七三一と大学・医科大学』（編著、文理閣、2016年）

十五年戦争陸軍留守名簿資料集①

留守名簿　関東軍防疫給水部　第1冊

2018年8月15日　第1刷発行

定価（本体18,000円＋税）

編集・解説　西山勝夫

発行者　小林淳子

発行所　不二出版株式会社

東京都文京区水道2-10-10

電話03-5981-6704

印刷所　栄光

製本所　青木製本

第1冊　ISBN 978-4-8350-8251-6